径山茶文化研究论文集萃

杭州市余杭区茶文化研究会 编

西泠印社 出版社

序

位于杭州余杭的径山,产茶历史悠久,茶文化底蕴深厚,是人类非遗"径山茶宴"的诞生地。900多年前,苏东坡《游径山》诗中写道:"众峰来自天目山,势若骏马奔平川",描绘了径山秀美的自然风光。径山系天目山脉东北峰,因径通天目而得名,其北经双溪小盆地与莫干山相连,坐落于苕溪之滨。径山寺为唐代名刹,位列江南五山十刹之首,乃东南第一禅院。径山茶崇尚自然,讲究"真色、真香、真味",具有"清、善、和、德"的文化内涵,品质优越,名声响亮。

径山现有茶园面积7.15万亩,茶叶年总产量8600余吨,已先后获得中国驰名商标、国家地理标志保护产品、国家农产品地理标志认证、"中国气候生态优品""中华文化名茶"等荣誉,深受消费者的喜爱;2017年,径山茶成功入驻中国茶叶品牌馆;2020年,以径山茶为唯一主导产业的余杭区国家现代农业产业园成功创建;2023年径山茶品牌价值达31.65亿元。目前,径山茶产业已发展成为以径山毛峰绿茶为龙头,径山红茶、径山抹茶及各类茶衍生产品共同发展的茶全产业链格局。

2022年,余杭区专门成立径山茶发展领导小组,党政主要领导亲自挂帅,举全区之力振兴径山茶,充分彰显了区委区政府深入践行习近平总书记关于"三茶"统筹重要指示的政治觉悟和保护传承"人类非遗"径山茶宴的使命担当。

径山茶的生态文化、禅修文化、民俗文化、工艺文化、农耕文明、工业文明等丰富内涵,具有十分重要的历史传承价值和当代现实意义。从发展现状看,当下径山茶文化也存在碎片化、散佚化的现象,缺乏权威性注解,特别是鉴定和文化的共识体系尚未建立。通过深入发掘和研究,精选编撰一部突出科学表达径山茶文化全景的权威著作非常必要。

值此盛世,作为"陆羽著经之地、日本茶道之源、中华抹茶之源",余杭区径山茶发展领导小组、余杭区茶文化研究会、径山寺面向未来、着眼发展,在认真收集整理文献资料、组织专家学者研讨论证的基础上,组织编写的《径山茶文化研究论文集萃》一书,内容丰富、文字精练,深入浅出、雅俗共赏,是一部经典之作。相信此书的出版发行,必将为扩大径山茶文化影响、促进径山茶产业高质量发展、实现茶文旅一体化起到积极的作用。为此欣然作序,以勉之。

中国国际茶文化研究会副会长
中共杭州市委原副书记　张仲燦

目　录

非遗习俗

农商文明

禅茶拾贝

世界影响

杭州径山"宋韵茶事"的世界影响

沈　昱　周　锋　官少辉　施鸿鑫　陈小法

摘要:本论文梳理、提炼宋代径山茶事为主的宋韵茶事基本史实、精神内核,阐明其文化意义以及对世界的影响。一是宋代茶事对朝鲜半岛、日本等国茶礼、茶道、社会经济生活的影响。二是宋代以径山为中心的中国禅宗、禅茶文化精神具有普世意义,径山宋韵茶事内涵丰富,影响宋以后的华夏世界,对王阳明心学具有重要影响。三是阐述了径山宋韵茶事当代价值:昭示了中国传统文化中天人合一的哲学思想,展现了道法自然、安然心灵的生活美学,体现了系统宏观的全局视野。并就发扬径山宋韵茶文化提出了三条建议:1.提高发扬径山宋韵茶文化的政治站位;2.以"六茶共舞"的理念打造径山宋韵;3.系统谋划、齐抓共促,形成发展径山宋韵文化的合力。

一、杭州径山地位非凡的史实

(一)山川地理

古之禅师选择驻锡地是有一定原则的,求补山川之缺进以助国运昌盛。禅宗丛林中,依托错综复杂的山区地形,具有荒僻深隐特征的占了极大的比重。[1]浙江主要山脉有三支,都作西南—东北方向延伸。北支有天目山,中支有仙霞岭,南支有雁荡山。天目山主峰西天目山高近1500米,是长江水系和钱塘江水系的分水岭。天目山以南还有千里岗山和龙门山

作者简介:沈昱,余杭区茶文化研究会会员;周锋,余杭区茶文化研究会会员;官少辉,杭州市茶文化研究会会员;施鸿鑫,杭州径山茶发展有限公司;陈小法,湖南师范大学。

等。[2]径山系天目山脉东北峰,明代万历《杭州府志》称"有径通天目,故名"。宋代苏轼作《游径山》赞其为名山胜景:"众峰来自天目山,势若骏马奔平川。"径山主峰凌霄峰,海拔 769 米,堆珠峰、大人峰、鹏搏峰、宴坐峰、朝阳峰"五峰环抱,奇胜特异"[3]。其北经双溪小盆地与莫干山相连,山麓已是苕溪之滨,交通相对便利。

(二)禅茶文化重要发祥地

天宝元年(742)道钦禅师(即法钦禅师、国一禅师、大觉禅师、径山大师)在径山双径处结庵传牛头宗法(禅宗宗派之一,由四祖道信弟子法融创立),苏轼有诗赞:"道人天眼识王气,结茅宴坐荒山巅。"法钦禅师"尝手植茶树数株,采以供佛"[4],故今人以法钦禅师为径山茶祖,纪念这位开创径山禅和茶的"开山鼻祖"。上元初年陆羽隐居径山,结庐于苕溪之湄,闭门读书,不杂非类,与名僧高士谈宴永日,常扁舟往来山寺。[5]当时,陆羽与法钦都还是默默无闻各自在茶、禅领域研究、修持。陆羽在径山撰写了世界上第一部茶书《茶经》,而且也是第一部茶道之经。[6]大历四年(769),唐代宗下诏"敕杭州守臣于山中重建寺宇,长吏月至候问",官方创立了径山禅寺,法钦被迎为开山祖师。[7]两位儒者出身的人,一位是将来的茶圣、茶仙,将茶文化理论化、系统化,一位是将来照耀佛界的新星,奠定径山大德高僧辈出的祖师,当下的我们已很难窥测他们当时是否见过或听说过对方,但相隔数十里路之隔,两位巨人一茶一禅,因缘际会,正是径山"茶禅一味"精神的写照,其影响极其深远。

(三)天下名山

吴越国(893—978)历代国王恩顾径山,钱镠临终遗言云:"吾昔自径山法济示吾霸业,自此发迹,建国立功,故吾常厚顾此山焉。他日汝等无废吾志。"后来,元瓘、弘佐、弘俶,均不忘钱镠遗训。北宋徽宗,南宋高、孝二宗及显仁皇后(宋孝宗赵昚御书"径山兴圣万寿禅寺"),清康熙大帝等帝王曾登临径山。[8]法钦、二祖无上禅师(钱鉴)、洪諲(法济大师)、大慧宗杲(临济正宗第一人)、了明禅师、蒙庵元聪、浙翁如琰、无准师范、痴绝道冲、石溪心月、偃溪广闻、虚堂智愚、虚舟普度、云峰妙高、紫柏大师等高僧功彪禅史。日本僧人南宋有俊芿、东福圆尔、神子荣尊、性才法心、随乘湛慧、妙见道佑、音(禅人)、悟空敬念、生(藏主)、一翁院豪、印(上人)、觉琳、心地觉心、觉仪、观明、无象静照、寒岩义尹、俊(侍者)、海月明心、樵谷惟仙、南浦绍明、无传圣禅、智光、寂庵上昭、舜上人、合上人、巨山志源、藏山顺空、元禅人、无外尔然、约翁德俭、桂觉琼林等人在径山寺留学访问。元代有杰翁宗英、天岸慧广等四十七位日本僧人到径山寺修禅法。明代有绝海中津、如心中恕、雪舟等杨、湖心硕鼎、策彦周良等日本僧侣、官员参访径山寺。[9]朝鲜半岛方面,有寿介等五位僧人入宋于径山寺修学佛法。[10]国内历代来过径山的名人很多,举要如下:唐代有宰相李吉甫、崔玄亮及曾主浙的官员虞集、张羽、周忱等;宋代有蔡襄、苏轼、苏辙、黄庭坚、陆游、范成大、周必大、晁无咎等;元代有惟则、张翥、郑元祐等;明代有王阳明、吴延简、慎蒙、吴之鲸、李谷、陶奭龄、周枕、夏元吉、夏止善、俞景寅、张复阳、邵经邦、邵经济、赵居仁、吴扩、周礼、方九叙、张振先、方相卿、黄汝亭、缪希雍、李长庚、李长房、洪都、田艺蘅、蒋灼、陈继儒等;清代有玉林通琇、朱文藻、张思齐、章楹、许甲、赵昕、王绍贞、王丹瑶、洪亮吉、张吉安、陈月舸、任昌运、超教等人。[11]

二、径山宋韵茶事概要、特征

(一)径山宋韵茶事历史背景

茶"发乎神农,闻于鲁周公",起初是一种药用植物。不少名茶的起源与佛教寺庙有关。而"佛教之入中国,盖在西汉之末,东汉之初","蝉嫣五六百年,至于隋、唐之时,遂成为极盛时代"。[12]中国有记载的饮茶源于公元3世纪,晋朝军事家刘琨(271—318)任并州刺史时写给他侄子的书信《与兄子南兖州刺史演书》云:"前得安州干茶二斤、姜一斤、桂一斤,皆所须也。吾体中烦闷,恒假负茶,汝可信信致之。"[13]晋张华《博物志》记载:"饮真茶,令少眼睡。"[14]三国时,开始有以茶当酒之说,"孙皓每飨宴,无不竟日,坐席无能否率以七升为限,虽不悉入口,皆浇灌取尽。曜素饮酒不过二升,初见礼异时,常为裁减,或密赐茶荈以当酒。"[15]茶,到了唐天宝末年后遂成举国之饮,"开元中,泰山灵岩寺有降魔师大兴禅教,学禅务于不寐,又不夕食,皆许其饮茶。人自怀挟,到处煮饮,从此转相仿效,遂成风俗。自邹、齐、沧、棣,渐至京邑,城市多开店铺煎茶卖之,不问道俗,投钱取饮。其茶自江、淮而来,舟车相继,所在山积,色额甚多"[16]。朱自振先生认为饮茶蔚然成风则要到唐中期以后。[17]有一系列标志性事件可以印证此说:在唐一代,"荼"去一画,始有"茶"字;陆羽作经,才出现茶学;茶始征税(建中三年十一税),才建立茶政。朱重圣先生分析了唐宋茶业兴盛的原因,认为是交通发达,运销便捷,陆羽著经、卢仝作歌、文人雅士推崇,加之僧道生活,借茶为助,设茗待客等的间接刺激,饮茶至唐中期后始臻于极盛,宋尤盛于唐。[18]

(二)径山宋韵茶事概要

1. 茶生产

陆羽《茶经》载全国产茶有 8 个茶区,共辖 30 多个州。顾况《临平坞杂题·焙茶坞》:"新茶已上焙,旧架忧生醭。旋旋续新烟,呼儿劈寒木。"[19]说明杭州临平在唐代已有一个采制茶叶比较集中的焙茶坞。吴越国社会安定,经济繁荣,茶作为外贸商品,刺激了茶叶生产,《旧五代史》中有乾化元年(911)"两浙进大方茶两万斤"[20]的记载。大方茶外形扁而挺直,色泽绿润,形似龙井茶,但较龙井茶长大,香气浓锐而有熟栗子香。入宋后,"江南百姓营生,多以种茶为业"[21]。据《宋史·食货志》载,到了南宋时已有 66 个州,242 个县产茶。宋代全国茶叶年产量 50 多万担,其中一半产自四川。[22]杭州所领各县农户多有种茶制茶的。南宋咸淳《临安志·风土志》载:"近日径山寺僧采谷雨前者,以小缶贮送。"[23]说明径山在南宋已采制散茶(炒青茶)。宋代浙江产茶地区扩大,有 10 个府州出茶,绍兴三十二年(1162)产额 550 多万斤,种茶是有盈利性的主要行业。[24]鉴于当时市场物流便捷,福建建安团茶中的官焙茶经权贵赠送寺院,私焙茶经商贾巨贩、士大夫也会作为贵重礼物赠送寺院。笔者认为,作为京畿重地,南宋杭州径山茶事所用的茶确定是来自当时宋境内各重要产茶区,至少有北苑片茶,因为北苑本是南唐的一处宫苑,944 年,吴越国攻克福州,北苑归于吴越国,而北苑贡茶为宋代第一等好茶。宋代林逋在《烹北苑茶有怀》诗中曾吟咏:"石碾轻飞瑟瑟尘,乳花烹出建溪春。人间绝品应难识,闲对《茶经》忆古人。"可见林逋品的就是有"世间绝品"之称的建州北苑茶。径山、天目、龙井等江南茶区的"草茶",有宋代欧阳修《归田录》卷一谈茶句子为证:"腊茶出于剑、建,草茶盛于两浙。两浙之品,日注为第一。"[25]

2. 茶生态

径山属东天目山余脉,生态环境独特,适宜茶树生长。首先径山之美是大美,竹山、清水和迷雾孕育了径山茶特有的品质。宋诗中有苏辙的"朝从径山来,泱莽径山色"[26],晁补之的"朔风吹雪乱沾襟,走马投村日向沉。遥想道人敲石火,冷杉寒竹五峰深"[27],晁公溯的"径山苕溪两奇绝,风舞龙飞临观阙"[28],蔡襄的"三十年前浙右行,径山才称爱山情。油幢慅慅丝杉翠,环佩涓涓石涧鸣。极峻只疑天上党,遥临初觉地东倾。分符不得重游赏,碣石岩边记姓名"[29]。径山的水质非常好,双溪陆羽泉为天下第四泉,径山山水甘洌宜茶,蔡襄《游径山记》云:"松下石泓,激泉成沸,甘白可爱,即之煮茶。凡茶出北苑第品之无上者,最难其水,而此宜之。"[30]

3. 茶生活

不可否认的是,茶文化最早是由贵族推动的。隋代首开科举后,地方士绅、地主阶层子弟有机会投身政界,皇室贵族、士大夫有力地推动了茶文化发展,寺院、民间无不饮茶。这个时代是充满创造力的,茶器具、茶家具、茶诗词歌赋、茶书画篆刻、茶著作充满精致风雅韵味;交子、茶引、专业园户是近现代金融的发端,茶商颇得其便利;禅宗思想发展成熟,茶在儒道释交融中扮演了重要角色。宋人黄儒《品茶要录》中称:"自国初以来,士大夫沐浴膏泽,咏歌升平之日久矣。夫体势洒落,神观冲淡,惟兹茗饮为可喜。"[31]饮茶及其礼仪正式列入华夏社会交往"仪礼",首先是皇家、权贵、士大夫,渐次进入寺院、民间。宋代《禅苑清规》于崇宁二年(1103)完成,已规定"礼须一茶一汤"[32],茶与汤药并列为禅院日常必需品,且依四时喝不同茶汤:"煎点茶汤,各依时节。"[33]说明寺院饮茶已与世俗世界趋同。茶礼体现在各种茶艺礼仪、宴会、汤会中,其集大成者当属径山茶宴茶礼,显赫且隆重,用于招待贵宾贤达。禅与茶光显了径山,名人名山彰显禅茶文化之荣耀,径山文化颇有逍遥物外之特点,有诗为证:"人间尘垢子,羞读径山文。"[34]

4. 茶演绎

宋代流行食茶,无论散茶多好,也要像饼茶一样碾末而饮。[35]讲究茶精、水好和点茶技艺,并且由士大夫之间比评茶汤优劣进而演绎出"斗茶"游戏(又叫茗战)。而民间模仿径山茶宴,举办茶汤会、大茶会。南宋临安城都市文化深受汴京影响,"今杭城茶肆亦如之,插四时花,挂名人画,装点店面"[36]。

(三)径山宋韵茶事基本特征

1. 极具审美艺术

宋代茶叶"采择之精,制作之工,品第之胜,烹点之妙,莫不盛造其极"[37]。而蔡襄《茶录》总结了宋代茶艺术化成就,并形成理论体系。点茶是斗茶的高潮,斗茶是听觉(候汤)、视觉(汤花)、嗅觉(茶香)、味觉(醇爽)、触觉(碾、罗、击拂)等通觉的调试相较。[38]宋代上自皇帝大臣,下自贩夫走卒都喜欢斗茶,点茶技艺十分普及。宋画《撵茶图》《斗茶图》《茗园赌市图》《博古图》等细致描绘了宋代点茶的场景。士大夫为茶作诗著文、借茶阐述思想,蔚为大观。苏轼"何须魏帝一丸药,且尽卢仝七碗茶"[39],陆游"矮纸斜行闲作草,晴窗细乳戏分茶"[40],朱熹"如一盏茶,一味是茶,便是真。如有别的滋味,便是物夹杂了,便是二"[41]。以纯茶为喻,说"诚意"为一之理。由此观之,在宋代茶已由"柴米油盐酱醋茶"的"俗"升华为"琴棋书画诗花茶"的"雅",完成了茶从世俗生活到精神符号的飞跃。宋代品茶艺术讲究茶精、水良、器美、艺高,它承载着宋人的审美精神,寄托着审美人生观,充满人文精神和文化理念。

2. 极具包容性

写作于780—824年之间的《茶酒论》是从夹杂在敦煌洞窟发现的佛经中发现的,它能传世纯属偶然。[42]文中列举饮茶的各种弊病,如"茶吃只是腰疼,多吃令人患肚",也列举了酒的各种弊病,如"酒能破家散宅,广作邪淫"。最后靠水出面来调停说:"由自不说能圣,两个何用争功?从今以后,切须和同。酒店发富,茶坊无穷。"笔者认为,这反映一种历史现象,由茶酒水三者关系来影射儒道释三教磨合的艰难过程。宋代也是磨合期,如北宋名僧慧洪就批评过那些不惜受辱而与士大夫往来的禅僧:"法道陵迟,沙门交士大夫,未尝得预下之礼,津津喜见眉目。"[43]《丛林盛事》还斥责与士大夫交往的僧人为"万死奚赎"的"破法比丘"。但宋代皇家较为包容,营造了宽松的政治氛围,这就为士大夫与禅僧的交往提供了宽松的政治氛围。宋代诸帝大多提倡三教并举,宣扬三教一致,特别是孝宗皇帝,更是写过《三教论》,《建炎以来朝野杂记》记其大略云:"以佛修心,以道养生,以儒治世可也,又何惑焉?"[44]

3. 极简主义

蒋勋说过:古代美学,到宋代达到最高,要求绝对单纯,就是圆、方、素色、质感的单纯。器物上低调奢华来形容,每样物品都是有用的,据南宋审安老人《茶具图赞》可知,宋代点茶用具为十数件,其中十二件被命名为"十二先生",分别冠以官职名,即茶焙("韦鸿胪")、砧椎("木待制")、茶碾("金法曹")、茶磨("石转运")、茶罗("罗枢密")、茶帚("宗从事")、茶盏("陶宝文")、茶托("漆雕秘阁")、汤瓶("汤提点")、茶筅("竺副帅")、茶巾("司职方")、盛水器("胡员外")。此外还有茶杓、滤水囊、茶台子。[45]其中,因宋代茶汤以白为贵(今日本抹茶以绿见著),在斗茶时就要求使用黑色的茶盏,平时用其他单色茶盏居多。建盏、天目茶盏、斗笠盏等宋瓷看起来都是那么素,雾面,甚至缺少光泽,却很美,没有一点花边,没有一点火气。另外,从宋画、宋服等方面也以简单、淡雅而著称。这是一种由简洁优美、朴实无华的生活理念造就的典雅平正的艺术风格。

4. 禅为本体

笔者认为,径山在南宋的中兴,一是得益于北宋杭州太守苏轼倡导径山十方选贤制度,招揽天下领军型人才;二是得益于以江西为主阵地的一批禅僧大德的数十年的苦心坚守使禅宗传灯不灭。唐至五代,禅宗鼎盛于江西,禅宗五个宗派中的曹洞、沩仰、临济三宗以及临济分出的杨岐、黄龙二派皆直接诞生于江西。[46]江西是当时中国禅宗的温床,径山中兴的火种正是从江西而来。随着宋室南渡,临安府(今杭州)成为大宋国的政治经济文化中心,汴京以及其他北方地区大量人士南迁,杭州迎来空前的发展,人口从原来的"参差十万人家"逐渐变为"参差近百万余家"[47]。大慧宗杲禅师(1089—1163),字昙晦,别号妙喜老人,今安徽宁国人,佛教禅宗"看话禅"创始人。他本为儒生,17 岁出家断然遁入空门,前往江西求学游方,遍访名师,后来到江西南昌泐潭山宝峰寺投身于湛堂文准禅师门下,花了六年时间学习黄龙禅法,后遵湛堂文准禅师临终嘱咐,赴汴京拜圆悟克勤为师学习杨岐禅法。大慧宗杲于宋高宗绍兴七年(1137)首次主径山(成为径山寺第十三代住持),绍兴二十八年(1158)奉旨第二次主径山(第二十代住持)。大慧宗杲以革新和进取的精神推出了旨在探求和觉悟人生本质、人生价值意义的参禅方法——看话禅。[48]看者究也,话者疑也,小疑小悟,大疑大悟,不疑不悟。宗杲的这一革新,不仅给临济宗的法运注入了勃勃生机,同时也造就了径山的中兴。据记载,当时僧众多至1700余人,而且皆诸方角立之士,号称临济再兴。[49]嘉定年间(1208—1224)径山寺被列为"五山十刹"之首,被誉为"天下东南第一释寺"。宗杲为临济正宗第一人,此后,了明禅师、蒙庵元聪、浙翁如琰、无准师范等高僧大德陆续主径山,使径山寺这座南宋皇家寺院成为当时享誉东亚的禅学第一圣地,留学访学僧人络绎不绝,径山茶宴及其礼仪也随禅学一起传至海外。

5. 禅茶一味

法钦、大慧宗杲、无准师范等大德高僧以茶修禅、禅心论茶,牛头宗、沩仰宗、临济杨岐派等宗派在此弘法,成就斐然,永彪史册。尤其是看话禅兴起径山后,茶宴又是一大成就。在径山独特的自然环境中,径山茶宴完美地把茶与禅融会一体,实为禅茶一味之体现,正如宗杲主张的佛法在"吃茶吃饭处"。从径山二十五代十方主持密庵咸杰《径山茶汤会首求颂二首》[50]也可以看到径山茶宴禅茶一味的特征:径山大施门开,长者悭贪具破。烹煎凤髓龙团,供养千个万个。若作佛法商量,知我以床领过。其二云:有智大丈夫,发心贵真实。心真万法空,处处无踪迹。所谓大空王,显不思议力。况复念世间,来者正疲极。一茶一汤功德香,普令信者从兹入。径山宋韵茶事的核心还是禅茶一味,这个禅是茶的本体,这个禅可以是"看话禅",也可以是宋孝宗眼里的三教融合的"这个禅",难怪现任主持戒兴和尚形象地称径山茶宴为"看话茶"。

三、径山宋韵茶事对世界的影响

(一)对朝韩的影响

1. 中国茶饮之风"东渐"首推朝鲜半岛

中国茶叶通过使者和僧侣向周边地区各国传播,首推朝鲜。我国的茶叶作为饮料向外传播,历史久远。公元4世纪末5世纪初,佛教由我国传入高丽,随着天台宗、华严宗的往来,饮茶之风亦进入朝鲜半岛。[51]

2. 朝鲜半岛茶籽来自中国

《三国史记·新罗本纪》载:"茶自善德王有之。"[52]说明在632—647年朝鲜半岛开始种茶。据记载是由一位留唐的新罗僧人带去茶种,种于现在的韩国河东郡双溪寺。大和二年(828),新罗使者金大廉携回茶籽,[53]种于智异山下的华岩寺周围。[54]

3. 径山对朝鲜半岛禅茶文化的影响

北宋元祐四年(1089),高丽僧统义天(高丽国王文宗仁孝王第四子)遣派寿介等五位僧人入宋求学佛法,时在杭州任职的苏轼将其推举于径山禅寺修学佛法。[55]据研究,大慧宗杲于径山寺所倡导的"看话禅",在宗杲圆寂后三十年内就传入海东高丽,引起高丽王朝(918—1392)禅僧的推崇,并有刊本问世(知讷《看话决疑论》一卷,1215年刊行)。知讷吸收大慧宗杲等人的思想后,合并禅门"九山",建立高丽曹溪宗,日后成为了韩国第一大禅宗。

4. 出生于余杭的两大名僧对朝鲜半岛佛学的影响

(1)法眼文益(885—958),唐末五代高僧,俗姓鲁,浙江余杭人,号无相。中国禅宗"法眼宗"的创始人。有高丽弟子慧炬、灵鉴等人,他们学成归国后"开法各化一方",在高丽传播法眼宗。

(2)智觉禅师延寿(904—975),俗姓王,浙江余杭人。北宋初期法眼宗第三祖。著有《宗镜录》一百卷,诗偈赋咏,凡千万言,播于海外。[56]高丽光宗阅后十分钦佩,派遣僧人入宋学习法眼宗归国弘扬。根据道原《景德传灯录》卷二十六的记载:"高丽国王览师言教,遣使赍书,叙弟子之礼……彼国僧三十六人亲承印记,前后归本国,各化一方。"[57]使法眼宗在高丽得到进一步传播与发展。

5. 径山茶礼或是间接传播到朝鲜半岛

据明代《径山志》记载,虚堂智愚(1185—1269)是径山寺第四十代住持,"先是,高丽国王请师于彼国说法,八载还山。问法弟子,常随千指。后嘉靖间,高丽遣法嗣至山扫塔,云彼国法道甚盛焉"[58]。韩国在虚堂的影响和作用下,不仅传播了佛法,还形成了以"茶礼"为中心、普遍流传我国宋时"点茶"法的茶文化。目前尚无其他旁证材料印证虚堂智愚究竟是否去过高丽国,笔者猜测可能是虚堂智愚的日本法嗣南浦绍明的弟子在高丽弘扬虚堂佛法和接引茶礼,虚堂智愚属于日韩弟子共尊的祖师。

总结:朝鲜半岛与中国山海相连,跟日本等 15 个国家一起,在明代被朱元璋定为"永不征讨之国"[59]。朝鲜茶礼的形成发展都离不开中国茶文化的滋养,从最早的茶籽,到禅与茶的结合,通过茶及茶礼,大量吸收了中国优秀传统文化,使朝鲜茶文化具有鲜明的儒道释融合的特质。

(二)对日本的影响

1. 陆羽《茶经》对日本的影响

《茶经》一书以作者的实践调查为基础,系统阐述了唐代茶叶生产技术与经验,并集历代茶叶史料于一体,其中涵盖了茶叶栽培、生产加工、药理、茶具、历史、文化、茶产区划等方面的内容,是世界上第一部茶书,对后世中国茶文化(包括寺院茶礼)产生了深远的影响,并被中日两国茶人共同尊奉为最高的茶学经典。宋欧阳修语:"后世言茶者必本陆鸿渐,盖为茶著书自其始也。"[60]日本天岸慧广禅师(1273—1335)的《东归录》有诗曰:"掬泉师陆羽,停碗忆卢仝。"日本义堂周信(1325—1388)《和嵩隐联句诗寄苔密室东晖大道及同社诸贤》:"煎茶怜陆羽,采药学神农。"而明庵荣西(1141—1215)是日本临济宗开山始祖,有日本"陆羽"之誉。在其所著《吃茶养生记》中提出:"茶也,养生之仙药也,延龄之妙术也。"[61]书中多次引用《茶经》。

2. 径山寺对日本的影响

(1)日本僧人赴径山参学

南宋庆元五年(1199),日本律宗之祖俊芿登径山拜谒蒙庵元聪禅师学习禅法。

南宋嘉定十七年(1224),日本僧人希玄道元入宋求法,受到时年 73 岁高龄的径山禅寺住持浙翁如琰禅师接见,并在明月堂设茶宴招待。道元归国后,在兴圣寺、永平寺按照唐宋禅寺的清规(唐百丈怀海禅师《百丈清规》等),制定了《永平清规》,这是最早记载日本禅院中行茶礼的日本典籍。

南宋端平二年(1235)，日本僧人圆尔、性才法心、随乘湛慧等上径山求法，从无准师范习禅，于1241年嗣其法而归，并带回经论章疏二千一百余卷，其中一千二百余卷为佛学汉文著作(含北宋宗赜的《禅苑清规》一卷)，九百一十九卷为非佛学类汉籍。此外，还有《大宋诸山伽蓝及器具等之图》《制粉机构造图》[62]、锡鼓、径山茶籽和径山沏茶方法等。在日本创建了东福寺，被天皇封为"圣一国师"。他将茶籽播种于静冈县，并按径山茶的制法生产出日本抹茶。不仅如此，据称径山寺的纺织、制药、麦面、豆腐等工艺也被传入日本。1351年，东福寺的第二十八代住持大道一以清点师祖从中国携回的大宗典籍整理成《普门院经论章疏语录儒书等目录》，这批典籍无异全部是宋与宋之前的写本或刊刻本，其价值无穷，是径山对宋韵文化传播的铁证，有些书籍已为孤本，国内不复存在，为保留唐宋文献立下功德。性才法心归国后开创松岛圆福寺、十和田法莲寺、茨城天目山照明寺。随乘湛慧归国后创建崇福寺。

1259年，南浦绍明来中国拜虚堂智愚为师学习禅法，虚堂主径山时，跟随到径山修学，1267年学成归国，带回中国茶典籍多部及径山茶宴用的茶台子及茶道器具多种，"南浦绍明由宋归国，把茶台子、茶具一式，带到崇福寺"[63]。典籍中有刘元甫的《茶堂清规》，使径山茶宴暨中国禅院茶礼系统地传入日本。以后逐渐发展为日本茶道，其法脉如下：

圆悟克勤—虎丘绍隆—应庵昙华—密庵咸杰—松源崇岳—运庵普岩—虚堂智愚—南浦绍明—宗峰妙超—彻翁义亨—言外宗忠—华叟宗昙—一休宗纯—村田珠光—武野绍鸥—千利休。

(2)径山派弟子扶桑传教。

无准师范禅师弟子兰溪道隆于南宋淳祐六年(1246)赴日传播禅法，为幕府所重，特建巨福山建长寺，聘为开山祖师。在日弟子有南浦绍明，后入宋拜虚堂智愚为师，为日本茶道始祖。

南宋景定元年(1260)兀庵普宁应请东渡日本传播禅法。

南宋咸淳五年(1269)大休正念东渡日本，历任禅兴、建长、福寿诸寺的住持。

元至元十六年(1279)无学祖元应请东渡传播禅法，于建长、圆觉二寺传弘禅法。

总结：日本茶道起源于禅茶，深受陆羽《茶经》所载"精行俭德"之道影响，深受有胸襟与远见的径山寺历任住持密庵咸杰（第28代）、无准师范（第34代）、虚堂智愚（第40代）等高僧大德的悉心栽培与无私传授。正如虚堂智愚禅师赠偈告别南浦绍明云："敲磕门庭细揣摩，路头通处再经过；明明说与虚堂叟，东海儿孙日渐多。"日本茶道的勃兴，使径山禅茶文化暨中华文化产生更大的世界影响力、留史存远。

（三）对阳明心学的影响

1. 明代茶事革新

江南地区从唐代起就出现散茶（草茶），但唐宋贡茶和主流茶类是片茶（团茶）。到了明代，明太祖朱元璋诏令贡茶"罢造龙团，一照各处，采芽以进"，茶类结构调整，随着而来制茶工艺改变，更专注种植、炒制，讲究茶之正味，流行瀹泡法（杭式撮泡法）。

2. 明代径山茶事

明代径山茶事注重守正创新，径山茶为文人士大夫所重视。元末明初学者谢应芳《寄径山颜悦堂长老》诗云："每忆城南隐者家，昆山石火径山茶。年年春晚重门闭，怕听阶前落地花。"[64]高度赞美径山名茶。而从明代径山高僧来复《卧雪斋》诗句"碧碗茶香清瀹乳，红炉木火生暖烟"可以看到，明代茶具尚白瓷、紫砂。宋元之后，日本僧人继续来径山参学访学。其中，日本应安五年（1372）受五山第一的径山兴圣万寿寺住持全室和尚之邀，日僧绝海中津禅师为该寺首席。以径山寂照庵、径山化城寺为主要刻刊地的《径山藏》从万历七年（1579）开始历时129年，至清康熙四十六年（1707）完成。[65]《径山藏》以其收入典籍之多、内容之全、篇幅之大，成为大乘佛教最完整的一部经书典籍。该巨著还收入了宋元明清四朝禅僧语录、文集、杂著等260余种。"茶话"成为与"示众""佛事""赞偈""问答""机缘"等并列的内容。如《竺峰敏禅师语录》云："小除茶话，古德云五蕴山头有一片放光石……，有僧为点茶，三巡后便问……"[66]吃茶作为说话的由头，参扣禅机的话头。

3. 明代径山士大夫推崇禅茶文化

喝茶是僧侣一种生活需求,禅院茶礼更是日常生活交往的一项重要仪式。而在民间,更由于士大夫的推崇,影响深远。明代大臣董其昌为夏树芳《茶董》题词:"荀子曰:'其为人也多暇,其出人也不远矣。'陶通明曰:'不为无益之事,何以悦有涯之生。'余谓:'茗椀之事,足当之。盖幽人高士蝉蜕势利,借以耗壮心而送日月。水源之轻重,辨若缁渑;火候之文武,调若丹鼎。非枕漱之侣不亲,非文字之饮不比者也。'"[67]将茶艺视为健康的高尚的生活方式。径山茶汤会在明代成为径山地区民间重要茶事礼仪,士大夫相约于茶"一期一会",席上唱吟作对,谈性理人生,抒家国情怀,论诸子百家。径山宋韵禅茶文化对明代文人的影响依旧深刻。姚广孝(1335—1418)于1363年上径山从愚庵大师潜心于内外典籍之学,成为当时较有名望的高僧,后成为朱棣的重要谋士、《永乐大典》的主编撰官,一生以粗茶淡饭为生,常伴青灯古佛左右。

4. 径山禅茶文化对王学的影响

南宋以后的学者、圣贤多多少少得到过禅宗的滋养。据说,宋明理学集大成者朱熹当年参加科举考试时书包里仅有一本《大慧语录》[68],说明朱熹读了不少禅宗典籍。王阳明先生是浙江人,对禅宗思想也深有造诣,经常拜访禅寺,宦海沉浮,历经艰辛。回浙江时曾参访径山下院化城寺(位于双溪化城),作《化城寺六首》,[69]写道:"僧屋烟霏外,山深绝世哗。茶分龙井水,饭带石田砂。香细云岚杂,窗高峰影遮。林栖无一事,终日弄丹霞。"游览径山禅境,"今日揩双眼,幽怀二十年","仙骨自憐何日化,尘缘翻觉此生浮"。《兰亭次秦行人韵》有:"野老逢人谈往事,山僧留客荐新茶。"均为王阳明极其稀少的茶诗遗珍。2019年7月16日举办的中国径山禅茶文化座谈会上,径山寺法涌法师演讲中提及:"在中国,'禅茶一味'依旧保留'平常心''平常事'的特质。"[70]这也是径山禅茶文化的特色之一。在大径山地区,士大夫通过茶汤会进行人情交往、谈经论道、激扬思想,妇女们也通过"打茶会"的形式,吃"烘豆茶",谈论家长里短,交流生活体会,促进邻里和睦,守望相助。[71]借禅茶之滋养,树独立之人格,这不正契合王学所倡导的"致良知"吗?!"近水楼台先得月",浙江杭绍、杭嘉湖地区肯定是受径山禅茶文化影响最早、最深刻的地区。或许可以从王阳明先生的一首禅理诗印证,王阳明《答人问道》诗云:"饥来吃饭倦来眠,只此修行玄更玄。说与世人浑不信,却从身外觅神仙。"[72]简单而深刻,颇具宋诗风格。王学的核心从最初的"心即理",到"知行合一",再到"致良知",也是一步一个脚印。王学对世界的影响深远,成为世界上的一门"显学",是日本明治维新能成功的根本原因,正如日本学者高濑武次郎在《日本之阳明学》中说的:"我邦阳明学之特色,在其有活动的事业家,乃至维新诸豪杰震天动地之伟业,殆无一不由于王学所赐予。"[73]

总结:南宋径山禅茶文化发展到明代,随着商品经济的发展,市民经济的繁荣,南来北往的士人、儒商借茶宴以交流。五山之首的径山寺仍雄视东南,直接或间接影响了大量浙江士人,王阳明先生曾经为径山下院化城寺写过6首诗就是印证,而王学对日本乃至当今世界产生的巨大影响是众所周知的。

四、径山宋韵茶事的当代价值

所谓径山宋韵茶事,本质上是原创于南宋时期京城临安府(今杭州市)的宋茶文化现象,这是一种高势能的禅茶文化,代表古代禅、茶"两顶峰";这是一种极富审美价值的茶艺,代表宋室俭朴而精致的生活理念;这更是一种强大的文化基因,代表封建社会精英的理想与宇宙观,内涵丰富,底蕴深厚。正因如此,其在国内影响元明清至今而生生不息,其在国外也不断开花结果,成为中日韩禅茶文化祖庭和高地。南宋,作为我华夏民族最重要的朝代之一,其文献之博大精深、器物的巧夺天工、制度之文明让人感叹不已。宋代径山茶事已不可追,其神韵却如天上日月,永远照耀天下,"问渠那得清如许,唯有源头活水来"[74],宋代径山茶事正是这股活水。经过元明清至今的传承与发展,进入中国特色社会主义新时代以来,径山宋韵茶事正从以下几方面体现着她的当代价值:

(一)昭示了中国传统文化中天人合一的哲学思想

"海内五峰秀,天涯双径游"[75]、"清风明月本无价,近水遥山皆有情"[76],杭州径山钟灵毓秀,历史悠久,至宋成为人文秀区。大慧宗杲"看话禅"体现以人为主的南禅精神宗旨,而径山宋韵茶事中的礼仪饱含着儒家敬天爱人的理念,平常心、非常道又与道家思想契合,宋孝宗的《三教论》曰:"以佛修心,以道养生,以儒治世可也,又何惑焉。"径山宋韵茶文化昭示了中国传统文化中天人合一的哲学思想。

(二)展现了道法自然、安然心灵的生活美学

宋人懂生活,将生活艺术化,过的是审美的人生。正如荷尔德林诗中所说:"人充满劳绩,但还诗意地安居于这块大地之上。"[77]宋代就产生了极简主义美学,径山茶宴在南宋时已完善成为一种气氛上生动活泼,意境上和敬清寂的茶礼仪社交活动,[78]品茶修禅,禅心论茶,造就了雅韵自溯、文化内涵的禅茶气质,[79]展现了道法自然、安然心灵的生活美学。

(三)体现了系统宏观的全局视野

陈寅恪先生说:"华夏民族之文化,历数千载之演进,造极于赵宋之世。后渐衰微,终必复振。"[80]黄宽重先生则从南宋背海立国的形式、经济的生长和稳定、君权和代理相权的独断、包容政治的控制、尚文轻武、文学艺术哲学造诣高超且趋普遍、理学或道学的兴起、三教融合等方面论述南宋的重要性。[81]径山宋韵茶事凝聚着中华茶人智慧,所用之茶生长在清新淡露云雾之地,茶品卓绝不计其利,具有佛门善举关心百姓日用、禅茶济世平心静气的传统和社会功能,体现了系统宏观的全局视野。今天余杭径山茶产业博览园曾是茶生产、茶制造、茶科研、茶现代文明重地。对中国现代茶业影响深远。2021年习近平总书记视察福建武夷山时指出要统筹做好茶文化、茶产业、茶科技这篇大文章。深入践行"三茶"统筹重要指示精神,径山宋韵茶事是历史悠久、内涵丰富、审美极致、影响广泛的茶事典范,在提振径山茶产业、"杭为茶都"建设、"世界茶乡看浙江"中,径山宋韵茶文化具有十分重要的当代价值。

五、发扬径山宋韵茶文化的若干建议

(一)提高发扬径山宋韵茶文化的政治站位

余杭正在"逐冠"新赛道,奋力打造杭州城市新中心,争当科技创新、产业发展、文化传承、生态文明、数字治理"五个第一区",在这样的宏伟目标下,径山茶产业面临新机遇、新动力。径山茶文化的目标站位应该确定为:一是"三茶统筹"的示范,二是以茶共富的样板,三是宋韵文化的高地,

四是"城市之窗"的风景。要以这样的定位目标去谋划。

(二)以"六茶共舞"的理念打造径山宋韵

文化引领,科技驱动,助推产业复壮。大力发展现代绿色服务业,大径山成为"六茶"(喝茶、饮茶、吃茶、用茶、玩茶、事茶)共舞、三产融合、融界拓展、全价利用的引领地。彰显禅与茶的魅力,开发"文化+"的潜力,激化茶文旅融合的活力。利用好"中国径山禅茶文化园""中日韩禅茶文化中心""中华抹茶之源"三块牌子,做足文章。

(三)系统谋划齐抓共促形成发展径山宋韵文化的合力

传承和弘扬径山宋韵文化的价值——"禅茶一味";以绿色安全、丰产优质、高效低耗的径山茶产业为基础,以科技创新、数智赋能的径山茶科技为支撑,提振径山茶产业;以打造经典版、通俗版、时尚版三台茶演绎为抓手,复兴雅俗共赏的"径山茶宴"。

注:

[1]吴洲:中晚唐禅宗地理考释[M].北京:宗教文化出版社,2012年。

[2]杭州大学地理系.浙江地理[M].杭州:浙江人民出版社,1978.

[3]《径山志》卷十二,明天启四年刻本。

[4]嘉庆《余杭县志》,清嘉庆十三年刻本。

[5]宋李昉,等,编纂《文苑英华》卷793陆文学自传[M].北京:中华书局出版社.1966.

[6]吴茂棋.茶经解读[M].北京:中国轻工业出版社,2020.

[7][宋]志磐撰,释道法校注.佛祖统纪校注[M].上海:上海古籍出版社,2012.

[8]唐维生主编,赵大川编著.径山茶业图史[M].杭州:杭州出版社,2013.

[9]陈小法,江静.径山文化与中日交流[M].上海:上海辞书出版社,2009.

[10]戒兴.径山茶宴所载之至道[M].杭州:径山寺《看话径山》,2018.

[11]参照[8]

[12]柳诒徵.中国文化史[M].上海:东方出版中心,1988.

[13]《太平御览》饮食部卷二十五.茗

[14]同[13].

[15][晋]陈寿.三国志·吴书二十王楼贺韦华传》

[16][唐]封演,赵贞信校注,《封氏闻见记校注》卷六.饮茶[M].北京:中华书局,2005.

［17］朱自振.茶史初探［M］.北京：中国农业出版社，1996.

［18］宋史座谈会.《宋史研究集》第十四辑.朱重圣.我国饮茶成风之原因及其对唐宋社会与官府之影响［M］.台北：国立编译馆中华丛书编审委员会，1957.

［19］《浙江通志》编纂委员会编.浙江通志·茶叶专志［M］.杭州：浙江人民出版社，2020.

［20］［宋］薛居正监修，卢多逊等撰，陈尚君点校，《旧五代史·梁史》.太祖纪六［M］.北京：中华书局，2016.

［21］［宋］王钦若，杨亿，等，编.《册府元龟》卷四九四.山泽［M］.北京：中华书局，1960.

［22］庄晚芳.中国茶史散论［M］.北京：科学出版社，1988.

［23］施谔.淳祐临安志［M］.杭州：杭州古籍书店，1986.

［24］〔加〕贝剑铭著，朱慧颖译.茶在中国：一部宗教与文化史［M］.北京：中国工人出版社，2019.

［25］［宋］欧阳修.归田录［M］.上海：上海古籍出版社，2012.

［26］［宋］苏辙.《次韵子瞻自径山回宿湖上》，《全宋诗》［M］.北京：北京大学出版社，1998.

［27］［宋］晁补之.《汴堤暮雪怀径山澄慧道人》，《全宋诗》［M］.北京：北京大学出版社，1998.

［28］［宋］晁公溯.怀浙中兄弟》，《全宋诗》［M］.北京：北京大学出版社，1998.

［29］［宋］蔡襄.和孙推官忆径山游》，《全宋诗》［M］.北京：北京大学出版社，1998.

［30］［宋］蔡襄.记径山之游》，《全宋诗》［M］.北京：北京大学出版社，1998.

［31］［宋］黄儒.品茶要录》，四库全书·子部·谱录类

［32］《禅苑清规》，卷5，《续藏经》第63册第1245部或同［24］P219倒数第4行

［33］同［32］侍者文

［34］［宋］戴表元.《道衡书寄求诗》，《全宋诗》［M］.北京：北京大学出版社，1998.

［35］同［24］P121

［36］［宋］孟元老，吴自牧著.《东京梦华录·梦粱录》卷十六茶肆条.

［37］［宋］赵佶.《大观茶论》

［38］朱家骥.杭州茶史［M］.杭州：杭州出版社，2013.

［39］［宋］苏轼.《游诸佛舍，一日饮酽茶七盏，戏书勤师壁》，《全宋诗》［M］.北京：北京大学出版社，1998.

［40］［宋］陆游.临安春雨初霁》，《全宋诗》［M］.北京：北京大学出版社，1998.

［41］［宋］黎靖德 编，王星贤点校.朱子语类》卷15，第304页［M］.北京：中华书局，2007.

［42］同［24］，《茶酒论》的点校版可参见郑培凯、朱自振《中国历代茶书汇编（校注

本)》[M].香港:商务印书馆,2007:42-46.

[43]魏道儒.宋代禅宗文化[M].郑州:中州古籍出版社,1993:44.

[44]黄宽重.略论南宋的重要性》,1985.

[45]王家斌,等,编著.径山茶宴原型研究[J].中国茶叶加工,2010年增刊(总第116期).

[46]段晓华,刘松来.红土·禅床:江西禅宗文化研究[M].北京:中国社会科学出版社,2000.

[47]全汉升.宋代东京对于杭州都市文明的影响[J].食货半月刊,第2卷第3期,1935.

[48]王跃建,曹祖发,吴茂棋.试论径山茶祖的勇于革新精神及其当代价值[M].茶都,2021.

[49][明]李烨然删定.徐文龙,陈懋德、宋奎光编修.径山志》卷二列祖 十方主持 第十三代.

[50][宋]释咸杰.径山茶汤会首求颂二首》,《全宋诗》[M].北京:北京大学出版社,1998.

[51]姚国坤.茶文化概论[M].杭州:浙江摄影出版社,2004.

[52][高丽]金富轼《三国史记 新罗本纪》

[53]施建中.中国古代史(下册)[M].北京:北京师范大学出版社,1996:135.

[54]余悦.茶趣异彩 中国茶的外传与外国茶事[M].北京:光明日报出版社,1999.

[55]同[10]

[56][明]吴之鲸,赵一新总编.武林梵志》卷九[M].杭州:杭州出版社,2006.

[57][宋]释道原 撰.黄夏年、杨曾文编,冯国栋点校.《景德传灯录》[M].郑州:中州古籍出版社,2019.

[58]同[49]《径山志》卷二列祖 十方主持 第四十代

[59][明]朱元璋.《皇明祖训》[M].北京:国家图书馆出版社,2003.

[60][宋]欧阳修.《欧阳修文集》卷一四二·集古录跋尾卷九.唐陆文学传(咸通十五年)

[61][日]荣西 著,施袁喜 译注.吃茶记[M].北京:作家出版社,2015.

[62]同[9]P100

[63][日]宫崎成身 编《续视听草》

[64][清]嘉庆《余杭县志》卷29

[65]吕伟刚.明代,〈径山藏〉刊刻地径山古梅庵寻踪》,载于《余杭茶文化研究论文集(2015-2021)》,余杭区茶文化研究会编

[66][明]《嘉兴大藏经》第四十册四八三章《竺峰敏禅师语录六卷》卷一,台北:新文丰出版股份有限公司,1986.

［67］［明］夏树芳 辑，［明］陈继儒 补正，《茶董附茶董补》［M］.北京：中国书店，2013.

［68］李承贵.《朱熹对禅宗的理解与误读》，原载《朱子学刊》2003

［69］［明］王守仁 撰.吴光，钱明，董平，姚延福 编校.《王阳明全集》，P666［M］.上海：上海古籍出版社，1992.

［70］法涌《径山寺与禅茶文化》，载于《中国径山禅茶文化纵横》P45，杭州市茶文化研究会、余杭区茶文化研究会编

［71］杭州市余杭区政协文史和教文卫体委员会编.余杭美食［M］.杭州：杭州出版社，2016.

［72］同［69］P791

［73］［日］高濑武次郎.日本之阳明学［M］.济南：山东人民出版社，2019.

［74］［宋］朱熹. 观书有感二首》

［75］［宋］范大成. 题径山寺楼》

［76］同［44］

［77］Poetry，Language，Thought，p.216–218

［78］同［48］

［79］何关新《品茶修禅 禅心论茶》，《余杭区茶文化研究会论文集（2015–2021）》，p326–327

［80］陈寅恪《邓广铭〈宋史职官志考正〉序》

［81］同［44］黄宽重《〈南宋史研究集〉代序》

中国禅茶文化的起源与日、韩传播交流

屠幼英　杨雅琴　释志祥

摘要：禅茶文化缘起于中国佛教的茶事活动，"禅茶"是僧人以茶悟道，用以修身养性的一种生活艺术。佛教使茶文化兴盛，并传到世界各地，禅茶文化也随之传入日本和韩国，两国结合自身的文化背景分别形成了日本茶道、韩国茶礼。通过梳理禅茶文化的起源和发展，从历史和新时代两个时间维度，阐述中国禅茶文化与日、韩禅茶文化的交流进展和未来。

关键词：中国禅茶；日本茶道；韩国茶礼；交流发展

中国是最早发现茶和利用茶的国家，也是茶文化的起源之地，利用茶已有 5000 多年的历史。几千年来，宗教文化与茶产生了千丝万缕的联系，茶已经成为各种宗教活动的必需品。

一、我国禅茶的起源与发展

"茶之为用，味至寒，为饮最宜精行俭德之人。"中国茶文化的精神被茶圣陆羽在他的《茶经》里精练地概括为"精行俭德"，这与佛教提倡的"寂静淡泊"的人生态度若合一契。茶与佛教的结合是君子之交，禅茶文化是在僧人植茶、制茶、采茶、饮茶等活动的应用过程中所产生的形而上的文化现象，也就是僧人通过一杯茶在禅修和礼佛活动中孕育出来的价值观念。[1]名山有名寺，名寺出名茶，二者相得益彰。因佛教与茶之缘，著名佛教寺院多出好茶。宋代，不少皇帝敕建禅寺等庆典或祈祷会时，往往会举

作者单位：屠幼英，浙江大学茶学系；杨雅琴，浙江大学茶学系；释志祥，杭州灵隐寺。

行盛大的茶宴。出席茶宴者均为寺院高僧及当地社会名流。饮茶在寺院中十分重要,有帮助坐禅、清心养身的功效,还有联络僧众感情、团结合作之功用。如《晋书·单道开传》记载,敦煌人单道开在昭德寺修行,除"日服镇守药"外,"时复饮茶苏一二升而已";赵州古佛以"吃茶去"为禅茶一味的典范;扣冰古佛用"以茶净心,心净则国土净;以禅安心,心安则众生安"教化闽王。杭州径山寺有"径山茶宴",寺内僧众千人饮茶,其风极盛,开创了径山茶宴的一套固定、讲究的仪式,如献茶、闻香、观色、尝味、瀹茶、叙谊等,把精深奥妙的佛法禅理简练成了一杯茶,把从容、超越的生命境界淡定成了一杯茶。近年来,儒、释、道共同提出了中国茶道的核心"正、清、和、雅"。"正"为儒家的浩然正气,中庸之道;"清"乃道家的清风道骨;"和"是佛家的一团和气,人人平等;"雅"是茶的和甘清香的风雅之气。这就把儒、释、道的主张组成了具有中国特色的茶文化,真可谓"千年儒释道,万古山水茶"。

二、中国禅茶文化在日本和朝鲜半岛的传播与发展

中国茶向国外传播是从东邻朝鲜、日本开始的。公元 10 世纪以后到了越南、泰国、柬埔寨。到达印度、斯里兰卡则晚在 18 世纪以后。中国禅茶文化通过海上丝绸之路随着茶叶传播进入日本和朝鲜。

(一)中国禅茶文化在日本的传播与发展

茶叶传到日本与佛教东传及长达 200 多年日本向中国派遣遣唐使和留学僧制度有关。茶叶引入日本首先必须提到的便是最澄、空海和永忠 3 位高僧,他们是向日本国内传播中国唐代文化的最著名使者。除了将密教文化带回日本外,还带回了中国的茶籽、茶饼、茶具。[2]另外,从弘仁饮茶及其茶诗与中国茶诗雷同可见,《茶经》与中国茶诗也由最澄、空海一并带回了日本。以嵯峨天皇为首的日本上层人士,对这些饮茶文化表现出极大的关注与热情。尤其是嵯峨天皇,他在皇宫里特置茶园,并下令在近畿地区种茶,形成一股"弘仁茶风"。

1. 茶的引入

浙江天台山盛产茶叶,早在东汉末,葛玄在天台山的主峰华顶炼丹便开辟茶圃。唐代天台山道士徐灵府的《天台山记》说,华顶上"松花仙药,可给朝食;石茗香泉,堪充暮饮"。805年春,天台山采新茶的时节,最澄返日,台州刺史陆淳以茶代酒为其饯行。台州司马为此茶会撰写了《送最澄上人还日本国序》:"三月初吉,遐方景浓,酌新茗以饯行,劝春风以送远。"回到日本后,最澄向天皇复命,将带回的经书章疏230部460卷、金字《妙法莲华经》《金刚经》及图像、法器等献上,创建了日本天台宗。把天台山带回的茶籽播种在京都比睿山麓的日吉神社,开启了日本列岛种茶的历史。现在在日吉神社的池上茶园还立着日本最早茶园"日吉茶园之碑"。所以,最澄等人对日本茶的发展有历史性的贡献。

2. 日本茶的普及

1191年,另一位日本高僧荣西从中国回日后便热衷推广种植茶树,并且使茶获得了国饮的地位,博得了统治阶层、僧侣和广大民众的青睐。荣西从中国引进抹茶和佛教的临济宗,使茶和禅宗之间的关系得以延续。作为禅宗的一个支派,临济宗以其影响深远的戒律而著称,其中就有饮茶健身的内容。荣西还在其著作《吃茶养生记》中对茶的疗效大加赞扬。镰仓时代(1185—1333)初期,佛教僧侣们把末茶当饮料,而后沿袭形成日本茶道品饮形式之主流。

3. 日本茶道缘起。

南宋开庆元年(1259),日僧南浦绍明到浙江余杭径山寺修行,学习并研究该寺《禅院茶礼》。1267年归国时,带回径山寺1套茶台子和7部中国茶典。回国后,他一边弘扬佛法,一边将"径山茶宴"发展成为"体现禅道核心的修身养性之日本茶道雏形"。据日本《类聚名物考》记载:"茶道之起,在正元中筑前崇福寺开山长老南浦绍明由宋传入。"《百丈清规》是我国第一部佛门的茶事文书,由唐代高僧百丈怀海禅师所撰写。唐朝中叶以后,由于旧教规与禅宗发展存在尖锐矛盾,怀海禅师大胆进行教规改革,设立百丈清规,对禅宗发展具有不可磨灭的重大贡献。后来宋代湖北黄梅五祖山松涛庵和尚(杨歧派二祖白云守端弟子)刘元甫在其师兄法演修行处,开设"松涛庵"茶禅道场时,又进一步写了《茶堂清规》确立了"和、敬、清、寂"的茶道宗旨。《茶堂清规》传到日本,日本人抽出了某些章节编辑成了《茶道清规》,"和、敬、清、寂"就成了日本茶道的核心,成了千利休等日本茶人顶礼膜拜的茶道宗旨。[3]千利休通过茶道仪式及环境布置、茶器搭配、主客行为等规范了和谐、互敬、纯净和安详的茶事准则,这些准则至今仍然是茶道的基本思想。

(二)中国禅茶文化在朝鲜半岛的传播与发展

根据朝鲜史籍《三国遗事》记载,中国隋朝时正是朝鲜半岛三韩时代(544),北部的高句丽、东南部的新罗、西南部的百济三足鼎立。新罗发展势头强劲。660年,百济联合高句丽进攻新罗,新罗向唐高宗求救,唐军联合新罗于668年灭高句丽,统一朝鲜。从此,新罗大量吸收中华文化,包括茶与茶文化。朝鲜全罗南道智异山华岩寺就有种茶记录,比中国茶种传到日本尚早200余年。据传,632年新罗善德女王时期,遣唐使就从中国带回茶籽,植于地理山(河东郡花开一带)。此外,金良鉴成书于1075—1082年间的《驾洛国记》还记载了四川普州人许黄玉嫁给金首露王带来茶种的故事,也广为流传。

1. 韩国茶禅始祖之一唐代高僧金乔觉

韩国茶禅始祖之一的新罗王子金乔觉,于唐朝时期到九华山修行并且坐化。他开创的无相禅茶之法,其仪规和精神内涵可从嗣法弟子无助禅师的《茶偈》中得以解读:"幽谷生灵草,堪为入道媒。樵人采其叶,美味入流杯。静虑成虚识,明心照会台。不劳人气力,直笪法门开。"清楚地揭示茶道与禅均为修身悟道、静虑等参禅与修习茶道的共同要求。

2. 花郎对朝鲜茶文化的影响

史载新罗王为了培养建国人才实行了花郎制度,花郎为新罗时代高贵阶层的子孙。花郎徒与佛教有很密切的关系,因为负责花郎徒教育的教师是德高望重的和尚,花郎学习歌舞、各种武术和茶道等,为韩国茶文化贡献良多。新罗时代的和尚地位相当高,知识非常丰富,并且允许禅宗的喝茶修行方法,让他们了解东土的茶文化,使韩国茶文化逐步兴起。如高丽宋寅(1356—1432)的茶诗《次江陵东轩韵》写道:"客程容易送余年,腊尽江城雪满天。归梦共云常过岭,宦愁如海不知边。涛声动地来喧枕,唇气浮空望似灭。镜浦台空茶灶冷,更于何处拟逢仙。"诗中的江陵镜浦台是花郎徒游学修行所到过的地方。朝鲜后期文人李景奭(1595—1671)也作《寒松亭》主题茶诗颂扬茶人花郎:"尚有烧丹灶,犹流煮茗泉。寒松今寂寞,海月自千年。"此外,朝鲜时代文人尹宗仪(1805—1886)在《新增东国舆地胜览》里记载寒松亭是花郎徒所游之处,有茶泉、茶灶、石臼,花郎在喝茶的时候也考虑便利性、合理性,显出知行合一的精神。

3.《东茶颂》与草衣

茶事活动在佛教盛兴的高丽时代发展最旺盛。朝鲜后期的草衣禅师(1786—1866)既是一位高僧,也是优秀的茶人、卓越的艺术家,《东茶颂》是他茶道思想的代表作,是韩国茶文化的代表。《东茶颂》由草衣意恂在1837年以七言绝句的形式写成,是一首赞颂韩国茶的茶诗,共492字。《东茶颂》的内容包含茶树栽培生理、生长环境、茶的历史、效能、制茶、饮茶、东茶的优秀性、茶的精神。草衣禅师把"东茶"重新解释为源于中国但已适应于韩国生长环境的本土茶。草衣的《东茶颂》将茶道思想从禅的观点视为"茶禅一味",从儒学的观点视为中正思想,进而升华至没有现实世界和理想世界界限的无心境界,即"不二"。朝鲜后期,大多数儒学家在日常生活中都会饮茶,他们中的许多人在与草衣禅师相识之后都喜欢上了他亲制的茶,并被草衣的茶思想深深打动,开始积极宣传品质优异的韩国茶。

4. 中国使者对朝鲜茶文化最早报道

1122年,北宋使臣徐竞出使高丽,回国后将其见闻写成《宣和奉使高丽图经》,其中关于茶的记载反映了宋代我国与朝鲜半岛韩茶文化频繁交流状况,有力佐证了中华茶文化对朝鲜半岛的影响。认真阅读《宣和奉使高丽图经》一文,可以从多角度了解朝鲜半岛从公元5世纪开始接受汉文化影响的大量史实。而金富轼(1075—1151)完成于1145年左右的《三国史记》则写道:"遣使入唐朝贡。文宗召对于麟德殿,宴赐有差,入唐回使大廉持茶种子来,王使命植地理山。茶自善德王时有之,至此盛焉。"以上佐证表明,中国茶传入朝鲜应是公元5世纪,但人工栽培茶叶是在公元7世纪以后。徐竞《宣和奉使高丽图经》以物证、事证反映了中国对朝鲜茶文化之全面影响。综上所述,历史上中国禅茶文化与日本和朝鲜半岛禅茶文化的交流,多由遣唐使和留学僧促进,并且以中国禅茶文化输出为主,而后结合自身文化发展出各具特色的禅茶文化。

三、新时代下禅茶文化的交流和提高

(一)更加广泛和深入地交流禅茶文化

从喝茶养生到喝茶参禅,从唐朝的煎茶法到宋朝的点茶法,中国禅茶文化总是随着历史的潮流不断变化和发展。在多元化的时代背景下,禅茶文化的发展应跟随时代的步伐,改良和创新禅茶文化的精神内涵和物质载体,在适应全球大环境的基础上走出国门,同时也要吸收国内外优秀禅茶文化的内在精神和外在形式。历史上,中国禅茶文化与日本、韩国的交流以中国输出为主,且因时空距离的限制,交流的程度有限。如今,为了更好地促进禅茶文化的交流,中国与日本和韩国之间的禅茶文化能够跨越时空的阻隔,进行更广泛和深入的交流,相互学习、共同进步,如径山寺成立了中、日、韩三国禅茶交流中心,并于2019年5月25日在径山举行了由杭州市茶文化研究会、浙江大学茶文化与健康研究会、韩国国际总会主办,余杭区茶文化研究会承办的中韩禅茶文化交流座谈会;中国国际茶文化研究会在2010年发起成立了中日韩茶道交流协会,2019年3月22—25日,中国国际茶文化研究会禅茶研究中心在杭州灵隐寺隆重举行了第八届禅茶论坛;日本里千家茶道在浙江大学茶学系也设有交流教学点。另有世界禅茶文化交流大会,题为"共修禅茶"的茶境·国际茶文化交流展活动等一系列禅茶交流组织和活动。

(二)更好地丰富禅茶的形式

随着制茶技术的发展,茶叶的品类更加丰富,由绿茶为主的传统茶类发展为六大茶类百花齐放的新局面,这就使得禅茶的物质载体种类更加丰富,对外交流的内容也更加丰富。由于不同的茶类其性质不同,所属的地域文化也不同,其冲泡方法和表现形式也会各有差异。所以,就传统的禅茶文化而言,新时代下的禅茶文化应改良和创新更多的载体形式。不管是从空间布置,还是对茶器的选择、对水的把握,抑或是泡茶的手法,都应顺应不同的茶性而有所变化。佛法云:"恒顺众生",于茶而言亦当遵循此法。

(三)注重饮茶的科学性

寺院以素食为主,饮食结构淀粉类偏多,蛋白质和油脂类偏少,故不

宜过多饮用消脂作用较强的茶类，且茶叶中含有许多不溶于水的蛋白质和其他营养物质，所以吃茶的方式也许比喝茶更有益于寺院众人的身体健康。发扬禅茶文化最大的特点莫过于指导人们如何科学地泡茶，从基础理论出发指导不同人群科学地饮茶。综上所述，由于茶学科学的发展，中国的禅茶文化更加多样化和科学化。中国禅茶文化与日本、韩国禅茶文化交流日益活跃，茶事活动频繁，呈现相互学习、共同进步的发展态势。千年来各国对禅茶文化都有不同的发展和理解，通过相互学习进而创新形式、丰富内容、提升价值观，将会进一步促进禅茶文化的发展，让禅茶文化越来越充满生机和活力。

参考文献

[1]舒曼,鲍丽丽.论"佛茶文化"与"禅茶文化"之关系[J].农业考古,2018(2):163-169.

[2]刘勤晋.中国茶在世界传播的历史[J].中国茶叶,2012,34(8):30-33.

[3]许语.赴日元僧清拙正澄在日活动研究[D].杭州:浙江工商大学,2018.

日本茶道的渊源与演变

（日）棚桥篁峰

追溯中日两国文化交流的历史,中国茶传入日本大致可以分为三次。第一次是日本的平安时代(794—1192),由遣唐使把中国唐代的煮茶法带回日本;第二次是镰仓时代(1185—1333),日本佛教僧侣把宋代的点茶法传到了日本;第三次也就是当代。在第二次和第三次之间,明代散茶的撮泡法(淹茶法、泡茶法)也被传入日本,当时日本正处于江户时代(1603—1868)。中国茶三次传入日本,每次都具有不同的历史意义。而且,在不同的历史背景下,日本人对中国茶的接受方式各不相同。在茶文化漫长的历史发展过程中,我们只有正确掌握每次中国茶传入日本时的具体情况,才能发现各个时代的不同之处。

日本古代有关茶叶的最早记录出现在《正仓院文书》中。这本书收集了天平六年(734)至宝龟二年(771)间的四十篇文书,全部都是写经学生购买食品的清单。在这些清单中就有茶叶。有人认为此书的内容有误,理由是茶叶缘何会出现在食品清单里。在中国古代,茶叶首先是被人们用作药物,当成食品的,所以食品清单里出现茶叶应该是很正常的,当然还需要进一步考证。这个时代的茶叶很有可能是遣唐使带回日本的。由于可以佐证的资料极少,因此我们现在还无法了解当时日本人是如何认识中国茶的。

一、平安时代(794—1192)的中国茶

中国茶第一次传入日本是在平安时代,是由最澄(767—822)、空海

作者简介:棚桥篁峰,日本中国泡茶道篁峰会会长。

（774—835）、永忠（743—816）等入唐求法的佛教高僧带回日本的。最澄和空海于延历二十三年（804）七月乘遣唐使船到达唐朝，这一年正是陆羽去世的时间。最澄到达唐朝后即前往佛教圣地学法，空海则随遣唐大使藤原葛野麻吕进入长安。在长安迎接他们的是西明寺的僧侣释永忠。永忠是宝龟年间（770—780）随遣唐使入唐，在唐朝修行了近三十年的日本留学僧，他到达唐朝的时候正好是德宗建中元年（780），即陆羽著成《茶经》的时期。当时整个唐朝饮茶之风盛行，永忠在唐朝寺院修行必然会接触到寺院里的饮茶文化，所以我认为永忠才是真正把中国茶传入日本的第一人。然而，日本人普遍认为最澄是第一个把茶树带回日本并种植在近江国（现在的滋贺县）坂本日吉茶园的人。我认为这仅仅是一种传说而已。最澄入唐后第二年（805）就回国了。自他回国的那一年到 814 年的近十年期间，日本国内没有关于饮茶的记载。如果是他带回了茶树并种植成功，那么史料中肯定会有记录。同样，空海也是在唐朝短暂停留后于大同元年（806）返回日本的。从他们在唐朝逗留的时间来看，我认为这两个人不可能将茶树带回日本。而且，他们都埋头于密教研究，是否完全了解唐朝的饮茶文化很值得怀疑。

与之相反，永忠是延历二十四年（805）才回国的。他在唐朝的寺院里生活了近三十年，完全有可能通过寺院生活深入了解唐朝的饮茶文化。当时，日本的上层社会非常崇尚唐朝的文化风俗，精通唐朝文化的永忠回国后自然被日本贵族社会推崇，他所谙熟的唐朝饮茶风俗自然也被贵族阶级接受。最澄和空海传入中国茶之说，很有可能是后人出于对传教大师和弘法大师的敬仰而附加的。

弘仁五年（814）之后，日本的史料中出现了一些关于饮茶的记载和文学作品。例如，弘仁五年（814）4 月 28 日，嵯峨天皇在参加藤原冬嗣宅中举行的游园会中曾吟诗一首，诗中有"吟诗香茗捣不厌，乘兴雅弹偏可听"。淳和天皇也曾有诗提到饮茶。

夏日左大将军藤原朝臣闲院纳凉

日本　淳和天皇

此院由来人事少，

况乎水竹每成闲。

送春蔷棘珊瑚色,

迎夏严苔玳瑁斑。

避景追风长松下,

提琴捣茗老桐间。

知贪鸾驾忘嚣处,

日落西山不解还。

《日本后记》中记载了弘仁六年(815)4月15日永忠煎茶之事:"葵壬,幸近江国滋贺韩(唐)崎,便过崇福寺。大僧都永忠、护命法师等率众僧奉迎于门外。皇帝降兴,升堂礼佛。更过梵释寺,停车赋诗。皇太弟及群臣奉和者众。"永忠亲自为嵯峨天皇煎茶、奉茶。

两个月后,嵯峨天皇便诏命在畿内、近江、播磨各国种植茶树,并指示每年都要上贡朝廷。可见当时日本国内已经种植有茶树,所以才可以应诏广植茶树。至于茶树是从中国传来的,还是日本自生自长的,还有待考证。嵯峨天皇时代饮茶之风盛行,史料中出现了一些有关茶叶的记录。可是随着嵯峨天皇的退位,茶事活动以及茶树种植的记载都消失殆尽。只有源高明所著的《西宫记》以及藤原行成的日记《权记》中出现有"大同三年(808)宫中大内里设有专门的茶园,制造团茶(饼茶)"的记录。至于茶叶的加工等未见详细说明。可见,宫内有少量的茶叶生产并一直持续到平安时代末期。

嵯峨天皇之后,日本的饮茶之风迅速衰退,原因就在于饮茶仅流行于天皇以及部分贵族之间,只是他们模仿唐人的一种兴趣爱好,饮茶并没有成为人们日常生活中的一部分。空海、最澄以及永忠所用的茶叶应该是他们从唐朝带回来的团茶(饼茶),因为史料中并没有关于茶叶生产量的记载。

那么,当时饮茶的日本人究竟如何认识中国茶呢?

• 茶叶内的咖啡因具有醒脑作用,佛教僧侣常在写经时饮茶,以保持头脑清醒,维持体力。

• 都良香在《都氏文集》的《铫子回文铭》中提到茶叶的药用功能,认为"人多饮茶茗,调和体内,去闷,除病"。

● 饮茶代表了先进的唐朝文化。

第一点说明在佛教寺院里,无论是修行还是写经,僧人们都很重视饮茶,而正是寺院的饮茶习俗最终成为日本中世纪茶文化发展的先驱。第二点关于茶叶的药用效果应该源于中国古代的神农传说,这些传说是遣唐使传来的。第三点是因为这个时代的日本人非常崇尚先进的唐朝文化,特别是嵯峨天皇时期唐朝文化最流行,所以饮茶就被认为是一种非常高雅的风俗习惯。

由此可见,平安时代中国茶传入日本以后就成为一部分上流阶级,特别是以天皇家族为中心的贵族以及寺院里的僧侣效仿唐人的一种文化趣味,并没有渗透到普通百姓的生活当中。

到了平安时代后期,日本有关饮茶的记录就非常少了。只有延久四年(1072)入宋的成寻和尚在他的《参天台五台山记》中提到几次饮茶。成寻把饮茶称为"点茶",这表明饮茶方式已经从唐代的淹茶法发展成为点茶法,从用水煮茶进化到用开水泡茶的阶段。"点茶"这个词后来成为"冲泡日本抹茶"的专用词语。成寻日记中的"点茶"应该是当时宋人"用水泡茶"的意思。成寻于永保元年(1081)在开封城外的开宝寺坐化,这本留学日记由他的弟子带回日本了。至于他在日记中提到的"点茶"的饮茶方式是否也被他的弟子带回日本还有待考证。

二、镰仓时代(1185—1333)的中国茶

(一)荣西与中国茶

中国茶第二次传入日本是在镰仓时代初期,由日本禅宗祖师荣西(1141—1215)完成的。荣西曾两度入宋,第一次是仁安三年(1168),半年之后就回国了。第二次是文治三年(1187)到达宋朝,建久二年(1191)7月回到日本。据说荣西第二次返回日本时把茶籽带回国,并栽种在肥前(佐贺县)平户岛的苇浦。当地以荣西所建的富春庵命名的富春园茶园至今依然保存完好。另外,荣西在福冈县与佐贺县接壤的背振山石上坊也载种了茶树。有人对荣西带回来的茶籽的成活率表示怀疑,认为茶苗才有可能。理由是荣西7月回国,8月、9月是茶籽发芽能力最弱的时期,夏季过后种

子的发芽能力更会丧失 90%(松下智的《日本茶的传入》)。我认为荣西在肥前背振山石上坊和筑前博多的圣福寺(日本最早的禅窟)附近栽种成功是完全有可能的。2008 年我试着栽种了 8 粒从中国带回来的茶籽,2009年春天有 2 粒发芽了。以我的经验来看,荣西成功栽种茶籽应该是不成问题的。荣西后来还把一部分茶籽赠送给京都拇尾高山寺的明惠上人。明惠上人把这些茶籽种在高山寺的山中,生产出高品质的茶叶。后人将拇尾茶称作"本茶",与非本地产的"非茶"加以区别。明惠后来在其近卫家族的领地宇治大量种植茶叶,使宇治地区成为今天日本茶叶的著名产地。

荣西引进中国茶,在日本饮茶史上具有很重要的意义。因为平安时代初期中国茶传入日本以后,宫中虽然有饮茶活动,大内里也有茶园,但是后来都荒芜了。寺院里虽然也有僧人饮茶,但是饮茶在当时的社会生活中并没有产生很大影响。然而,荣西是把茶叶与禅宗一起传入日本,并试着在日本各地栽种茶树,使饮茶之风在日本得以发扬光大。

平安时期的日本人饮用中国茶,只是出于对唐朝高雅文化的崇尚,并不重视茶叶的药用功效。饮茶活动也只限于贵族社会,并没有普及到普通百姓当中。荣西不仅从中国带回来了茶籽,还完成了日本第一部茶书——《吃茶养生记》。在这部书的开篇,荣西就强调了茶叶的药用功效:"茶者养生之仙药也,延寿之妙术也。"他还认为:"肝脏好酸味,肺脏好辛味,心脏好苦味,肾脏好咸味……今吃茶则心脏强,无病也。"荣西认为喝茶可以治疗心脏疾病,虽然缺乏科学性,但是就当时的医学发展状况来看,很有说服力和实用性,因此很快被日本人所接受。荣西借助禅宗在镰仓时代掀起了新的饮茶之风,它不同于平安时代,很快就在一般社会中流行开来,并促使茶叶种植面积迅速扩大。但是,这一时期还没有形成"茶禅一味"的茶道思想,人们对茶叶的认识仅限于其实用性。

荣西注重中国茶的实用价值,改变了以前日本人对中国茶的认识,使饮茶之风逐渐渗透到日本社会内部。他也因此成为日本历史上具有划时代意义的伟大人物。之后,在很长一段时期,日本人一直把茶叶当成药物,直到茶叶作为饮料发展起来以后,才形成了带有日本文化色彩的饮茶文化。

（二）中国茶文化的传入

荣西把饮茶传入了日本，但是是否将宋代的茶文化也一起传入了日本，这个问题还有待商榷。荣西在《吃茶养生记》中只论述了茶叶的药用功能，没有提及茶文化或寺院茶礼，更看不到今天日本茶道的原型。而且，这本书没有记录当时日本人的饮茶方式，只有在下卷的"吃茶法"中记载"极热汤以服之，方寸匙二三匙。多小（少）虽随意，但汤少好，其又随意……"这种饮茶的方式就是宋代的点茶法。荣西入宋以后在天台山万年禅寺学习佛法，因此他介绍的饮茶方式应该来源于宋代佛教禅宗寺院的茶礼。

如果荣西的饮茶方式源于禅宗寺院的茶礼，那么就应该属于寺院清规中的一部分。唐代中期，百丈怀海禅师（724—814）制定了中国第一部寺院清规，即《百丈清规》，但是其内容现已不可考。据《宋史·艺文志》记载，宋徽宗崇宁二年（1103）宗颐法师制定了《禅苑清规》。另外，南宋宁宗嘉泰二年（1202）圆悟克勤的弟子无量宗寿制定并推行了《入众日用清规》。随着时代的变迁和寺院的发展，清规也不断被更新修改。元代天历、至顺年间，怀海禅师的法孙东阳德辉奉敕重修清规，名为《敕修百丈清规》。

自荣西回国后，又经过了四十年，仁治二年（1243）日本东福寺的开山祖师圆而弁圆（圣一国师）（1202—1208）从中国返回日本时，带回了一卷《禅苑清规》，并在此基础上制定了东福寺的清规。镰仓建长寺兰溪道隆的法嗣南浦绍明（大应国师）（1235—1308）于正元元年（1259）入宋，学法于径山万寿寺的虚堂智愚，并于文永四年（1267）携带七部茶典和茶台子回国，在日本开始推行南宋禅院的茶礼。

宋代的饮茶方式（点茶法）就这样随着禅院茶礼被传入日本。可是，日本寺院的清规以及相关史料中都没有详细记录这一时期的点茶法。中国国内也没有南宋末期径山万寿寺茶礼的详细史料，只有宋襄（1012—1067）所著的《茶录》（1064）上篇"论茶"中详细介绍了宋代的点茶法。"茶少汤多，则云脚散；汤少茶多，则粥面聚。钞茶一钱七，先注汤调令极匀，又添注入环回击拂。汤上盏可四分则止，视其面色鲜白，著盏无水痕为绝佳。建安斗试，以水痕先者为负，耐久者为胜。"这种点茶法可以说是宋代最普遍的饮茶方式。径山万寿寺的禅院茶礼应该是在蔡襄的点茶法的基础上形成的具有佛教特色的饮茶方式。换言之,蔡襄的点茶法演变成南宋的禅院茶礼,后来又传到日本,形成了今天日本的抹茶道。虽然,径山万寿寺的禅院茶礼现在很难考证,但是,我们可以通过源自南宋禅院茶礼的"日本建仁寺四头茶会"来推测径山万寿寺茶礼的大概情况。

(三)日本茶文化的新发展

中国茶的传入促使日本的茶文化出现了一些新的变化。但是,饮茶并没有马上在日本普及开来。据"兴福寺文书"(《镰仓遗文》7143号)记载,建长元年(1249)"年年茶中,今年茶最上品,寺院众僧皆喜,争相来饮。仅三四个月茶尽。期望明年产六斗许"。建长六年(1254)该庄园的茶叶产量增加到了一石。茶叶产量如此之少,饮茶当然不可能广泛普及,茶叶还属于贵重的药品。这一时期还有一些有关饮茶的记载:

• 弘长二年(1262),奈良西大寺的睿尊法师在前往镰仓的路上,曾休息饮茶。随行弟子性海在《关东往还记》中记载:"六日宿守山,储茶","七日宿爱智河,储茶"。"储茶"即饮茶之意。

• 无住道晓(1226—1312)所著的《沙石集》(1279—1283)是一部佛教故事集。其中有这样一个故事:一个放牛郎看见僧人在喝茶,就问他们喝的是什么药,能否给自己施舍一些。僧人回答说:这是茶,有三个功效:一助人醒目,二消食化积,三抑制性欲。放牛郎听了以后就想:睡觉是一大乐趣,不睡觉可不行;每天吃得本来就少,一下子都消化了也不行;不能抱老婆那就更不行了,这种药我还是不要了。连放牛郎这样的普通民众都开始关注茶叶,说明饮茶渐渐开始普及了。

• 《金泽文库古文书》"贞显书状626号"中有一断关于金泽贞显(1278—1333)与茶的内容。"贞显非常喜欢新茶。新茶一喝完,就到处寻求新茶。以往都是从京都的友人颢助那里得到新茶,现在颢助返回镰仓了,贞显就得不到新茶了。"贞显曾向称名寺的僧侣明忍房剑阿索取新茶。称名寺,建于文应元年(1260),据说曾产有质量上乘的茶叶,而且寺院曾将茶叶分送给"好茶之人"。

这时距离荣西引进中国茶已有七八十年了,京都和镰仓等地开始流行饮茶。寺院以及当时的统治者,甚至包括《沙石集》中提到的普通百姓都开始关注茶叶。通过以上这些史料,可以断定饮茶应该是从这一时期才开始普及的,但具体的饮茶方式却无从考证。这些史料中都没有详细记载当时的饮茶方式,可以肯定这一时期还没有出现可以称之为茶道的茶文化。

总之,荣西之后,又经过了很长一段时间日本的饮茶才出现一些新的变化和发展,与以前纯粹模仿中国茶文化不同,开始形成了具有独特的饮茶形式和精神世界的日本茶文化。通过以下三个内容,我们可以大概了解日本茶文化形成演变的过程。

1. 京都建仁寺的四头茶会

京都建仁寺的四头茶会属于禅宗寺院的茶礼,据说最初是在开山祖师忌日众僧共进斋饭时举行的。建仁寺的开山祖师是荣西,每年 4 月 20 日在建仁寺举行的四头茶会上,大方丈的正面墙壁中央都挂着禅宗开山祖师荣西法师的画像,画像的左右悬挂两幅水墨画,画像前有祭祀器具,房间中央摆放一个大香炉。四头茶会是由四名"正客",即主宾(主位、宾位、主对位、宾对位)带着八位各自的"相伴客"(副主宾)一同参加的茶会。四位僧侣(主宾)坐在指定的位置上,三十二位副主宾坐在大方丈内四周的榻榻米上。据说这种茶礼是属于古代禅宗"清规"的一种,其他禅宗寺院也保留类似的茶礼。

主宾与副主宾入座后,在走廊待命的一名"侍香"僧(负责烧香的僧人)即进入大方丈内,向正面墙上的开山师祖画像敬香、献茶。随后,进来四名"供给"僧(负责点茶的僧人)依次为主宾和副主宾客人承上一个托盘,托盘中摆放着盛有抹茶粉的天目茶碗和点心。

一切准备就绪后,"供给"僧左手提一把瓶口插着茶筅的净瓶,走到客人面前从主宾开始为每一位客人注水点茶。为主宾点茶时,"供给"僧必须单腿(右腿)跪地,而为"相伴客"点茶时,站着前倾上身就可以了。客人须将自己的茶碗连同茶托一起举到眉头。点茶时,僧侣左腋下夹着净瓶,右手持茶筅为客人点茶。抹茶点好之后,客人即可端起饮茶,然后品尝点心。客人都喝完茶后,四名"供给"僧进来收拾所有茶具后退出。至此,四头茶会结束。

　　四头茶会的饮茶形式是流传到日本的最古老的中国禅院茶礼。但是，它是否完全传承了径山万寿寺的南宋禅院茶礼？前文提到茶礼属于清规的一部分，今枝爱真所著的《清规的传入与普及》中介绍了清规传入日本的过程。"在日本最先提出应该重视清规的人，是越前永平寺的开山祖师道元法师，他根据《禅苑清规》撰述了日本第一部清规《永平清规》。仁治二年（1241），东福寺的开山始祖圆而弁圆（圣一国师）从中国返回日本时，带回一卷《禅苑清规》，并在此基础上制定了东福寺的清规。另外，宽元四年（1246）中国高僧兰溪道隆法师将宋代的规范传到日本。据无住的《杂谈集》记载，道隆法师在建长寺实行宋朝的清规，不久这种清规就普及到了全国各地的禅宗寺院。"今枝爱真着重强调了镰仓末期嘉历元年（1326）来日本的中国高僧清拙正澄（1274—1339）和他所制定的《大鉴清规》的重要性。清拙法师曾历任建长寺、净智寺、圆觉寺、建仁寺、南禅寺等寺院的住持。他主张禅宗寺院的清规戒律应该遵循中国的样式，指责日本的佛教寺院无视来日高僧传法，固守陈规，并提出若要纠正日本禅宗寺院的规矩，必须全面接收中国寺院的清规。

　　由此可见，作为清规内容之一的建仁寺四头茶会应该完整地保留了南宋的禅院茶礼。当然，建仁寺的四头茶会中有一些属于日本本土化的内容。例如：

　　（1）客人坐在榻榻米上接受茶礼，而径山万寿寺则使用椅子。

　　（2）点心可能最先始于日本。

　　（3）茶室（大方丈）的装饰属于建仁寺的风格。

　　至于点茶方式，建仁寺四头茶会的点茶方式与赵孟頫的《南宋卖浆图》（也称《斗茶图》）所描绘的市井商贩点茶的情形非常相似，可以肯定建仁寺四头茶会的点茶方式就是南宋的点茶方式。虽然在形式上发生了一些变化，但是依然保留了南宋禅院茶礼的浓厚色彩。因此可以断定南宋禅院茶礼的点茶方式应该与建仁寺四头茶会极其相近。

　　关于点茶法，在北宋蔡襄的《茶录》中有非常详细的记载，其内容与南宋的斗茶非常相似，说明南宋的斗茶形式是从蔡襄的点茶法发展而来的。依此类推，南宋的禅院茶礼也应该是从蔡襄的点茶法演变而来的。后来，这种点茶法随着禅院茶礼传到了日本。日本人具有完整地传承和保存传统文化的民族特性，可以肯定建仁寺的四头茶会完整地保留了南宋禅院茶礼的形式。只要把一部分日本本土化的内容分离出来，就可以从中看到南宋径山万寿寺茶礼的原貌。所以，通过分析南宋禅院茶礼传入日本的过程，我们就可以了解作为日本茶道渊源的南宋禅院茶礼的全貌。

2. "茶寄和"（茶会）上的斗茶

"茶寄和"似模仿宋代的斗茶，其实是日本本土的茶文化。宋代的斗茶是评比茶质的优劣和点茶技艺的高低，而"茶寄和"则是鉴别茶叶是"本茶"（拇尾高山茶），还是"非茶"。所以从"茶寄和"中可以看到具有日本特色的斗茶的变化。

据《花园院宸记》记载，元亨四年（1324）11月"日野资朝、日野俊基等聚会，举行茶会。世间称之为'无讲礼'或'破讲礼'"。这种茶会就是赌输赢的斗茶茶会。《光严院宸记》正庆元年（1332）6月5日的条目中记：朝廷官员之间盛行饮茶猜茶叶产地来赌输赢。据"二条河原落书"记载"镰仓也有饮十种茶后猜茶叶名字的茶会。京都的这种茶会则更多，是镰仓的一倍多"。在《太平记》卷33中，"以佐渡判官佐佐木都誉为首的滞留京都的大名们每天聚在一起举行茶会"；在36卷中，佐佐木都誉"把自己家中七处装饰了一番，分别举行了七次饮茶会，收集了七百多种物品用来打赌，喝了七十杯本茶和非茶"。可见，赌输赢的斗茶会已经从贵族阶层发展到了武士阶层。人们称这种斗茶是"了解茶之异同"，即饮茶辨别茶叶产地。根据南北朝时代（1336—1392）的《异制庭训往来》记载"我朝（日本）茶之名山第一是拇尾。仁和寺、醍醐、宇治、叶室、般若寺、神尾寺都是拇尾的'辅佐'。另外国内还有大和室生、伊贺服部、伊势河居、骏河清见、武藏川越等茶。但是，仁和寺、大和、伊贺的茶与国内其他茶相比，如同玛瑙与瓦砾，而拇尾茶与仁和寺、醍醐茶相比，如同黄金与铅铁"。由此可见，茶寄和仅仅采用了斗茶的形式，内容完全不同于中国的斗茶。

室町时代末期，斗茶最后发展成为收集、炫耀中国名茶器的聚会。

3. 茶之汤的出现

日本茶道也称"茶之汤"，自村田珠光（1423—1502）至武野绍鸥，

（1502—1555），再至千利休（1522—1592）集大成而成茶道。千玄室（日本茶道里千家前家元）认为茶道的理想境界就是"理念性地游戏于另一世界"，即"身处现实社会，追求高层次的精神快乐……通过茶之汤的形式，在高雅的精神世界里获得自由"。抹茶道是由这些茶人在禅宗的影响下，在高度的精神性、美术性、艺术性的多维空间里，通过茶表现自己崇高的精神世界。江户时代抹茶道的这种文化性发展，体现了日本茶道的本质性特征，最终形成了与中国茶道不同的具有日本特色的茶道世界。

荣西把茶叶传入日本后，茶文化开始朝日本特有的样式美和精神美的方向发展，与纯粹模仿唐风的平安时代完全不同。日本茶文化的独自展开与禅宗的普及分不开，最终日本茶道以禅为媒介在日本文化中占据一席之地。可以说这种发展变化实际上是为了满足各类饮茶人的不同需求。

上述的寺院茶礼与四头茶会是在以僧侣为中心的佛教界发展起来的；而"茶寄和"等是为了满足新兴武士阶级及豪商们的需求；"茶之汤"则被追求高尚精神世界的文人们所接受。这一时期，无论是僧侣、武士还是文人，都对茶文化有共同的理解，从而使茶文化发展成为具有日本特色的茶道。那么在中国已经退出历史舞台的抹茶为什么会在日本成为茶道的中心呢？这与日本人的民族习惯有很大关系。由荣西引进的抹茶（用团茶调制的）和斗茶代表先进的中国茶文化，作为日本人有义务继承并发扬它。继承中国茶文化就是让抹茶更精细更完美，其结果就是依然保留了食用茶叶的形式。发扬中国茶文化就是融入了具有日本独特审美意识和高度艺术性的插花、书画、陶艺、建筑等艺术，形成了日本独特的茶道艺术世界。总之，茶道发展到今天与日本人追求高度的精神世界是分不开的。

日本茶道就茶叶本质上来看是继承了中国宋代的茶叶形式，江户时代传入日本的煎茶道也属于蒸青绿茶。就这样，日本茶以抹茶和煎茶这两种形态为代表一直到明治时代都没有发生任何变化。

三、江户时代（1603—1868）煎茶道的出现

江户时代，福建省黄檗山万福寺的隐元隆琦（1592—1673）带领三十几名弟子于承应三年（1654）到达日本长崎。万治元年（1658），隐元隆琦在京都府宇治市建成黄檗宗万福寺，将中国明代的散茶传到了日本。一百多

年后,被称为"卖茶翁"的高游外,即柴山元昭(1675—1763)于享保二十年(1735)在京都开了一家茶叶店。另外,永谷宗七郎,即宗元(1681—1777)创制了日本煎茶(蒸青散茶),并于元文三年(1738)在江户(现在的东京)销售煎茶。就这样煎茶传入日本后,形成了日本的煎茶道。日本煎茶道是在日本蒸青绿茶的基础上发展起来的新型茶道,很少受到当时中国茶文化的影响,可以说是日本独特的茶文化。

四、当代日本流行的中国茶

进入明代以后,中国茶叶迎来了一个很大的发展变化时期。明太祖朱元璋于洪武二十四年(1391)九月十六日下诏"废团茶,兴散茶"。绿茶的加工技术由蒸青法发展成为炒青法和烘青法。花茶正式开始生产。乌龙茶、红茶的出现以及功夫茶艺的形成等等。

然而,中国茶叶的这些发展变化都没有影响到日本,可见明治维新以前,日本人根本不关心中国茶的变化,只注重日本茶道的普及。明治维新以后,或许有少数人注意到中国茶叶的发展,但是并没有对日本的茶文化产生任何影响。

可以说,直至中日战争结束,日本茶文化没有任何变化。

中国茶第三次传入日本是1972年中日两国邦交正常化以后。在这之前,日本人从香港和台湾了解到新型中国茶。从中国茶叶的整体来看,当时日本人知道的只是华南部分地区生产的乌龙茶,所以导致很多日本人认为以乌龙茶为主的青茶就是当代的中国茶。后来,普洱茶经香港也传入日本。这个时期日本人认为绿茶是日本的,中国只有乌龙茶。除了一部分专业研究人员以外,大部分的日本人对中国茶是一无所知。

中国茶第四次传入日本,与平安、镰仓、江户时代完全不同。平安时代的中国茶数量很少,仅是贵族阶级模仿唐风的一种趣味爱好;镰仓时代日本引进了茶籽,开创了制造茶叶的历史;江户时代的煎茶促进了日本蒸青绿茶的发展;当代最大的特点就是拥有现代化和国际化的流通渠道。当代日本人与过去一样,把中国茶当作一种外来文化来看待。特别值得一提的是镰仓时代种植生产茶叶,对日本茶文化的发展产生了很大影响。

受时代影响,当代的中国茶叶最先并不是从大陆,而是通过香港、台湾,以青茶和黑茶(日本四国也有被称为"碁石茶"的黑茶,但是数量很少)的形式进入日本市场的。因为日本人从没有见过这类茶,意识到中国的茶叶是外国的,外形与滋味等都与日本茶不同。一部分中国茶爱好者在品饮了铁观音、武夷岩茶、洞顶乌龙茶、普洱茶等后,开始慢慢接受中国茶。且说在中国国内,20世纪80年代初期还没有流行品茶。我自1980年开始每年到中国各地访问交流,至今已经有220多次了。据我所了解,20世纪80年代的中国绝对没有像今天这么多的既时尚又古典的茶馆。当时只有浙江、四川、广东等地有几家老茶馆,上海和北京有几家茶叶店而已。改革开放后,中国各地的茶馆逐渐增多,为观光旅游的日本人提供更多了解中国茶叶的机会。进入90年代后,各地相继召开与茶有关的国际会议、茶文化节等,这种流行潮流也波及到了日本。1981年三得利公司率先开始在日本销售罐装乌龙茶。在日本,人们除了买茶叶以外,很少花钱买茶水。罐装乌龙茶改变了日本人的意识。

开始流行中国茶的时候,日本人对中国茶是一知半解。人们只知道乌龙茶,对中国茶叶缺乏整体的认识。片面的知识妨碍了人们进一步了解中国茶。我认为出现这种现象有以下几个原因。

(一)中国茶最先从香港和台湾进入日本

当代的中国茶叶最先从香港和台湾进入日本,所以很多日本人认为中国茶就是乌龙茶,不知道中国还有绿茶、白茶、黄茶、黑茶、红茶。日本的罐装乌龙茶是昭和五十六年(1981)上市的,而罐装中国绿茶则是平成十四年(2002)才出现的,二十年的间隔说明了日本人对当代中国茶叶的认识是很片面的。

(二)由茶商引进的中国茶是一种商业性茶文化

为了开拓日本茶叶市场,部分茶商以高价出售低质中国茶叶。而中国国内的茶馆一般不为客人提供详细介绍各类茶叶的服务,所以很多日本人即便是到过中国的茶馆,也不了解中国的茶叶。

(三)日本人还没有具备中国茶文化的基础知识,社会上就已经开始流行中国茶了

由于人们缺乏正确的中国茶叶的基础知识,对茶文化的理解不透彻,

所以只能依靠茶叶的品牌和价格来判断茶叶的好坏，不知道什么茶叶最适合自己。

（四）日本学术研究分类过细，致使茶叶学专家不懂茶文化

日本茶叶学是研究日本茶叶的学问。也有人研究中国茶，只是因为中国茶是日本茶的发源地。从中国茶文化整体着手研究中国茶的学者很少。

（五）品种繁多的中国茶叶同时涌入日本市场，让日本人来不及了解每一种茶叶的特性

这是因为日本人主要喝绿茶，人们一时间还无法理解中国茶叶的博大精深。

（六）没有培养出能全面理解中国茶文化的茶人

当代日本几乎没有人能全面理解中国茶文化（包括诗、书、画、民俗习惯等）的丰富内涵，也就是说我们还没有培养出能全面理解中国茶文化的茶人。

虽然存在以上这些问题，但是中国茶叶依然源源不断地涌入日本。为了解决这些问题，我们应该重新研究和普及中国茶知识。因此，1999年由陈文华先生和余悦先生提倡并制定的《中国茶艺师国家职业标准》，具有非常重要的时代意义。没有茶文化知识就无法普及中国茶。为了让中国茶的普及工作向国际化方向发展，在两位先生的协助下，我们自2003年始在日本定期举办"中国茶文化国际检定"。当代的中国茶不仅仅属于中国人，它属于全世界所有热爱中国茶的人们。因此，我们必须要了解中国茶5000年的历史和文化。未来的中国茶文化肯定会改变现在这种以商业为中心的形式，肯定会出现具有综合理解能力、健全的人格和高尚品格的茶人。只有这样才能促进中国茶文化发展，才能超越陆羽所提倡的茶道精神。我愿意与在座的各位一起为理解中国茶文化、普及中国茶文化而努力。谢谢大家。

2011年12月23日 于江西南昌

（本文转载自径山万寿禅寺主编之《径山茶宴研究论文集》）

参考文献

1. 《茶文化史》村井康彦·岩波新书

2. 日本古典文学大系《文华秀丽集》·岩波书店

3. 《吃茶养生记》荣西著·古田绍钦译注·讲谈社学术文库

4. 《茶之精神》千玄室著·讲谈社学术文库

5. 《茶事遍路》陈舜臣著·朝日新闻社

6. 《中国茶文化》棚桥篁峰著·紫翠会出版

7. 《中国的茶书》布目潮风*,中村乔编译·平凡社东洋文库

8. 《日本的茶书》林屋辰三郎、横井清、*林忠男编注·平凡社东洋文库

9. 《茶之汤的历史》熊仓功夫著·朝日选书

10. 《日本历史》146号 今枝爱真"清规的掺入与推广"

径山寺大慧派高僧与
日本禅宗以及茶道文化之考论

胡建明(法音)

一、绪论

径山自唐代法钦(或称道钦,714—792)开山以来,唐代的江南禅林,牛头宗处于最大的优势,在当时来说,马祖道一(709—788)在江西、石头希迁(700—790)在湖南举扬曹溪宗旨,而法钦继承牛头宗鹤林玄素衣钵之后,在南方余杭的西山(径山)大开禅旨,成为径山寺鼻祖。大历三年(768)入内,为代宗皇帝说法,大悦帝心,赐封国一大师及径山寺名。相国崔涣、裴度、陈少游等皆执弟子礼,西堂智藏(735—814)、天皇道悟(748—808)、丹霞天然(739—824)等皆远来参问。贞元八年(792)示寂,德宗皇帝追谥大觉禅师,相国李吉甫(760—814)撰《杭州径山寺大觉禅师碑铭并序》(《全唐文》卷512)。因此,所谓的南宗(或称南方宗旨)即为江西的洪州宗、湖南的石头宗,而能与此二者并驾齐驱、分庭抗礼、成鼎足之势的只有径山法钦的牛头南宗[1]了。

到了赵宋南迁临安府之后,径山寺得天时地利,禅风大振,一跃成为江南禅林之魁首,历代名僧辈出,法誉遍布。特别是大慧宗杲(1089—1163)〔绍兴七年至十一年(1137—1141)初住、绍兴二十八年至隆兴元年(1158—1163)再住〕、无准师范(1177—1249)〔绍定六年至淳祐九年(1233—1249)住山〕、虚堂智愚(1185—1269)〔咸淳元年至咸淳五年(1265—1269)住山〕等临济宗高僧住持期间,法门盛极一时,法脉流布日

作者简介:胡建明,驹泽大学佛教经济研究所研究员、文学博士、哲学博士。

本等国。尤其是无准的破庵派、虚堂的松源派成为日本禅宗(临济宗)的主流门派，并对日本中世的禅林文化以及日本茶道的形成和发展均有深远的影响。本论拟以大慧宗杲为派祖的大慧(派)禅作为主题，即以径山寺大慧派高僧为中心，将此派对日本禅宗以及茶道文化的影响进行探讨和研究，至于径山寺无准的破庵派、虚堂的松源派的论究，由于篇幅等的原因，权且割爱，以后再与学界诸贤商榷。

二、大慧宗杲和大慧禅对日本禅宗的影响

大慧宗杲，安徽宣州人，俗姓奚氏。16岁披缁出家后，遍参尊宿，最后得法于临济宗杨岐派圆悟克勤(1063—1135)，其法脉为临济义玄—兴化存奖—南院慧颙—风穴延昭—首山省念—汾阳善昭—石霜楚圆—杨岐方会—白云守端—五祖法演—圆悟克勤—大慧宗杲。其事迹可见于《大慧普觉禅师书》《大慧普觉禅师年谱》《佛祖历代通载》《释氏稽古略记》等史料文献。

大慧之师圆悟克勤(佛果禅师)是北宋末、南宋初期最伟大的禅师之一，著有《碧岩录》十卷。圆寂之后由其弟子虎丘绍隆(1076—1136)等编成《圆悟佛果禅师语录》二十卷。由子文编录《圆悟禅师心要》两卷。圆悟门下出二高足，一为大慧宗杲，二则为虎丘绍隆。南宋之后，临济宗大倡于天下，皆以大慧宗杲为派祖的大慧派和以虎丘绍隆为派祖的虎丘派(此论暂搁不述)为两大主流，而且对邻邦日本和朝鲜等国产生了巨大的影响。

关于大慧的生平(事迹和文人、士大夫的交往等)以及大慧禅形成的社会背景和特点等问题，请参考拙著《宋代高僧墨迹研究》的第二章《南宋初期禅宗高僧墨迹》[2]的相关内容。本论要重点论述的是，大慧(派)禅对日本的禅宗和茶道等究竟产生了怎样的影响和作用的问题。

(一)大慧禅对日本禅宗的影响

如要论述大慧宗杲本人对日本禅宗以及茶道所产生什么影响的话，大凡莫过于他的《大慧语录》《大慧书》《正法眼藏》等著作，以及大慧禅师东传于日本的数种珍贵的墨迹。这方面的内容在上面提及的拙著中已有论及，故于此不再赘述。

在这里要探讨的是如下三个问题。

第一,大慧的弟子拙庵德光(亦称东庵,1121—1203)和日本达磨宗的关系。

第二,拙庵的弟子北涧居简(1164—1246)下四世日本入元僧中岩圆月(1300—1375)所建立的中岩派的问题。

第三,拙庵的弟子无际了派(1149—1124)与入宋僧明全(1184—1225)和道元(1200—1253)的关系等相关问题,下文将逐一进行探讨。

1. 德光和日本达磨宗

拙庵德光是南宋大慧派中最有代表的禅僧之一。俗姓彭氏,江西新喻人。遍参尊宿五十余人,最后在明州阿育王寺大慧宗杲会下得法。淳熙三年(1176)诏住杭州灵隐寺,是年十一月孝宗皇帝召德光入内问佛法大意,大悦帝心,以颂诗赐之,并敕封佛照禅师之号。未久日本平重盛为追荐先祖以及祈祷合家平安,特派使者送黄金三千两献给宋孝宗,孝宗皇帝将之转交灵隐寺,拙庵德光为之操办佛事,并书赠《与正瑛偈颂》墨迹带回日本,日本茶道界借此因缘称之为"黄金换来的墨迹"(金渡しの墨蹟)。此具体内容,请参考拙论《拙庵德光禅师墨迹论考》[3]。

淳熙七年(1180)奉诏住持阿育王寺,绍熙四年(1193)受旨住持杭州径山寺。门下有浙翁如琰、无际了派、秀岩师瑞、妙峰之善、空叟宗印、北涧居简、海门师齐等高足。

淳熙十三年(1186),日本大和(奈良县)多武峰三宝寺大日房能忍,独自坐禅,无师自悟,因仰慕德光之名,于是特遣弟子练中、胜辩二人,怀藏自己悟道后所书之偈语,梯航远涉来到阿育王寺,出示其偈,以求印可。德光深感其诚,欣然答应。将嗣书、自赞顶相等交付二人,并于淳熙十六年(1189)六月初一日,亲题《朱衣半身达磨像》赠之,以示师资之证。虽然,日本达磨宗后来受到日本佛教界的弹劾和打击而断绝了,但是这可以说是开了禅宗东渐之先端,在时间上比荣西在淳熙十四年(1187)第二次入宋向天台山虚庵怀敞(黄龙宗,生卒不详)求法还要早一年。荣西是在绍熙二年(1191)在天童寺得到虚庵禅师印可的,这也比大日房能忍得法晚了两年。可见,宋代最初将禅宗传到日本的是拙庵德光的大慧派禅法,这在中日佛教交流史上具有特别重要的意义。有关这方面的具体内容以及拙庵的墨迹和题达磨画赞等图片资料,见上文所提拙论或者拙著《宋代高僧墨迹研究》第二章之第四节《拙庵德光禅师的墨迹》第105—111页的论述,此处就不再重复了。

2. 入元求法僧中岩圆月和大慧禅中岩派

中岩圆月,日本相模(神奈川县)人,俗姓土屋,号中岩或中正子。8岁出家于寿福寺,13岁受具于梓山律师,在三宝院学律之后,转向禅门,历参宽通圆、约翁德俭、嵁崖巧安、云屋慧轮、东明慧日(东渡僧、曹洞宗宏智派,1272—1340)等禅德,日本文保二年(1318)南游筑前(福冈县),后归京都参问于万寿寺绝崖宗卓禅师。又往越前(福井县)遍参永平义云,以及玉山德璇、灵山道隐、虎关师錬等大德。

日本南朝正中二年(1325,元泰定二年)入元求法,历参灵石如芝、济川若楫、古林清茂、竺田悟心、龙山德见、绝际永中等尊宿。最后在道场山东阳德辉(?—1339)会下充书记,冬至秉拂深得德辉赞赏而嗣法,其法脉为大慧宗杲—拙庵德光—北涧居简—物初大观—晦机元熙 [4]—东阳德辉—中岩圆月。

圆月于日本南朝元弘二年(1332,元至顺三年)归日,在南禅寺明极楚俊(东渡僧、临济宗松源派虎岩净伏法嗣、明极派之祖,1262—1336)会下参究,又参访东明慧日禅师。历应二年(1339)十一月,大友氏请其在上野(群马县)利根吉祥寺开堂燃嗣承香(报恩香)时,才开始表明承嗣的是大慧派东阳德辉禅师之法。后住持万寿、建仁、等持、建长、龙泽、崇福等名刹。晚年退居近江(滋贺县)龙兴寺,日本南朝天授四年(北朝永和元年,1375)正月八日示寂,世寿七十六。追谥佛种慧济禅师。中岩圆月在日本开创大慧派中岩派,成为日本禅宗二十四门流之一。他极富文才,除语录外,有《东海一沤集》《中岩月和尚自历谱》行世,对日本五山文学有很大的贡献。中岩圆月也善书法,有多种墨迹传世。

3. 天童了派和入宋求法僧明全、道元的关系

南宋初年,大慧派风靡一时,当时江南的各大丛林巨刹,住山开法的大多为大慧的法子法孙。南宋宁宗皇帝嘉定十六年(1223),建仁寺僧道元跟随老师佛树房明全和尚 [5]由筑前博多港搭乘开往明州港的商船,踏上

了入宋求法的旅程。

入宋后的明全和道元跟随当时在天童住持的无际了派禅师参究大慧禅。明全在了派示寂的第二年,也抱病身亡,真可谓是壮志犹未酬,身先死客地!道元虽然后来在曹洞宗的如净会下悟道得法,但起初也追随了派学大慧禅法,在外参学时也曾参问过无际了派的同门兄弟浙翁如琰、笑翁妙堪等尊宿。

据道元在《正法眼藏》之《嗣书》中记载,嘉定十六年(1223)在天童寺挂单时,因同国求法僧隆禅上座之缘,得以拜见临济宗杨岐派佛眼清远禅师的远孙传藏主之嗣书。另在嘉定十七年(1224)正月二十一日,在智庚处得见天童住持了派禅师的嗣书后,特去无际和尚处烧香礼谢,无际对他说:"这一段事,少得见知,如今老兄知得,便是学道之实归也。"道元听后不胜喜感之至。[6]

可见,在与如净相见之前,道元和其师明全一样,都一心一意地追随着了派禅师学习大慧禅,假设说了派禅师再能多存世数年的话,或许道元所传承的禅法可能就不是曹洞禅而是大慧禅了。当然,这只是一种假设而已。在此仅仅想说明的是,当时南宋所隆兴的是临济宗大慧禅,了派的圆寂促成了如净与道元在天童山中的相见,乃至得以师资相承,这实在是历史上一次奇妙的巧合,道元作为临济宗荣西的法孙,入宋传得正处颓势的曹洞禅法,委属是一种偶然中的必然吧。

另外,道元于宝庆三年(1127)回日本,后来在兴圣寺开法,日本文历元年(1234)前来相投的孤云怀奘(1198—1280)、以及日本仁治二年(1241)来相投的彻通义介(1219—1309)、义演、寒岩义尹(1217—1300)等皆属于师从于传承大慧派法脉的达磨宗大日能忍—佛地觉晏—觉禅怀鉴的门流,而且在日本宽元元年(1243),道元北越入山的因缘,与当时达磨宗的重镇之一越前波著寺的怀鉴(怀奘的法兄)等的怂恿应有相当大的关系。而且,怀鉴门下的弟子并没有因为跟随了道元而放弃达磨宗所传承的大慧派嗣书。[7]道元原始教团中法脉传承的不统一性,在日本禅宗史上是极为罕见的现象,值得令人深思其中奥妙所在。

不管怎么说,道元和大慧派从一开始就有剪不断、理还乱的错综关系,而我们在道元的《正法眼藏》中,能看到他从北越入山之后,不断地对大慧宗杲和拙庵德光的禅法提出批评,这是否可以看作是他对永平寺僧团内始终阴魂不散的达磨宗的一种影射和不满的发泄呢?

(二)大慧派禅僧的东传墨迹对日本茶道文化的影响

拙著《宋代高僧墨迹研究》,已经对大慧宗杲、拙庵德光、淮海元肇等径山寺高僧作了深入的探讨和研究。本论将对未加论述的大慧派北涧居简、笑翁妙堪、偃溪广闻、物初大观、东阳德辉、楚石梵琦六位禅僧的墨迹进行考究,以阐述这些传世墨迹在日本茶道文化史上所产生的意义和作用。

1. 北涧居简的墨迹

居简,俗姓王氏(一说龙氏),四川潼川人。道号敬叟,因在杭州飞来峰的北涧结庵而居,故世人称之为"北涧和尚"。随故乡广福院的圆澄和尚出家后,出川往径山寺参问别峰宝印、径山涂毒等禅师。因见卐庵道颜之语而有省,遂往阿育王寺随拙庵德光学道,勤苦参究 15 年,方得印可嗣法。最初住持台州般若禅院,后移锡同州报恩光孝禅寺。因庐山东林寺虚席,请之前去住持,称疾固辞,在飞来峰下的北涧筑一室,闲居十年。之后,在湖州铁观音禅寺、大觉禅寺、安吉州思溪的圆觉禅寺、宁国府的彰教禅寺、常州的显庆禅寺、碧云崇明禅寺、平江府常熟的慧日禅寺、湖州道场山护圣万寿禅寺、临安府净慈报恩光孝禅寺历住。后请住北山灵隐禅寺,固辞不就。推举天童山景德禅寺的痴绝道冲禅师入住。淳祐六年(1246)四月一日示寂,世寿八十三,法腊六十二。有《北涧和尚语录》、《北涧文集》十卷、《北涧诗集》九卷、《北涧外集》一卷行世。北涧居简的著作,对日本中世纪的禅林五山文化的发展有巨大影响。而且有数种墨迹东传于日本,作为茶室中的挂轴(茶挂),历代为日本禅宗和茶人所珍重。对日本的茶道文化有着深远的影响。在此对其最享盛名的《登承天万佛阁偈》墨迹进行探讨。

《登承天万佛阁偈》墨迹,横 80.9 厘米,竖 31.5 厘米,纸本。现为东京国立博物馆所收藏。书于绍定二年(1229),北涧居简时年 66 岁。墨迹文字内容如下:

登承天万佛阁

北涧居简

睹史何年官，蜚跨双蛾眉。又疑听经塔，涌出踞地维。

不然钧天人，来下观阙随。去年曾出游，入眼未始窥。

西风一回首，突兀凌烟霏。璇题翚万橼，雕础逾十围。

神速藐鬼工，莫知为者谁？或曰金泉英，短发霜披披。

信孚全吴地，幻此一段奇。胸中楚泽小，檐外吴地低。

举手天可扪，纵脚云可梯。江穷水屈折，港尽天畛畦。

因知广大量，弗与狭隘移。阁中优昙花，万朵秋不萎。

天子寿万年，一年开一枝。

己丑仲冬几望（斗：天可扪作斗可扪）

此诗中的"承天"是苏州吴县西北的承天寺，明代改称能仁寺，全称承天能仁寺。寺的山门前有二土阜，故也俗称之"双蛾寺"。诗中"蜚跨双蛾眉"即斯意。寺中有万佛阁，高耸插云霄，居简来此登临，口占此一诗偈以咏胸臆之气。居简工诗，取法江西。书法清奇瘦劲，用笔爽利多姿，行间错落有致，极有章法。深得唐人欧阳询、欧阳通父子书法遗韵，也显出北宋司马光书法的某些笔意和特征。居简对书法很有研究，他的《北涧集》卷七中，有对书法名迹的题跋，其中有阅览苏东坡、黄山谷、米元章、陆放翁等书帖以及道潜、圆悟、卍庵等墨迹的记述，并论及曾用心研习过唐人虞世南《孔子庙堂碑》和欧阳询《九成宫醴泉铭》等名作。居简为南宋初期大慧派著名高僧，诗颂、书法皆清奇淡雅，为日本禅宗和茶人珍视，其墨迹在很多次重要的茶会中高挂于茶室的床间[8]（茶室中最神圣的空间，用来挂书画或清供香花、香炉之物等），供人礼拜瞻仰。日本茶会记《松屋会记》《久政茶会记》中记载道：（日本）天文六年（1537）酉九月十二日朝，往京都十四屋宗伍，久政壹人，床挂北涧之文字（墨迹）云云。

另在天正十二年（1584）十二月十四日的一次重要的茶会上，也悬挂了北涧居简的墨迹作为茶室挂轴。裱装的裂（绢、锦等材料）上下为浅葱色、中间黑色、一文字（日本装裱用语，用金线编织的锦襕材料来装裱书画原件上下的一细条，如"一"文字故。上部较下部为宽，约一倍）为椋花色

(淡绿)金底金襕。从上之装裱内容记录来看,很可能所挂的就是这幅墨迹。此墨迹现为日本国重要文化遗产。

居简的传世墨迹尚有《赠梅坡吟友诗》(横 35 厘米,竖 23.5 厘米,纸本,服部正次氏藏)和《梅树偈》(横 46.1 厘米,竖 28.2 厘米,纸本。大阪正木美术馆收藏,重要文化遗产,有名的茶挂小品)。考虑到论文篇幅的关系,对此二墨迹暂搁下不论。

2. 笑翁妙堪的墨迹

笑翁妙堪(1177—1248)俗姓毛氏,庆元府慈溪人。先参灵隐寺松源崇岳,后在天童山无用净全会下领悟玄旨。其法脉为大慧宗杲—无用净全—笑翁妙堪。最初主明州妙胜寺法席,后在同州光孝寺、台州报恩寺、苏州虎丘山、福州雪峰山、杭州灵隐寺历住。理宗皇帝时,深受宰相史弥远归依,请为明州大慈寺开山。后移锡台州瑞岩寺、温州江心寺。又在净慈、天童、育王等五山巨刹中历住。淳祐八年(1248)三月二十七日示寂,世寿七十二,法腊五十二。

笑翁妙堪流传在日本的墨迹只有两件而已,即《贺辕洲翁古稀偈颂》墨迹和一幅水墨人物画赞。故其墨迹深受日本茶人珍重。《贺辕洲翁古稀偈颂》墨迹为纸本,横为 67.8 厘米,竖为 26.6 厘米。文字内容如下:

松郁郁,石齿齿,磐石乔松两相倚。君不见徂徕百尺松,冰霜久历摩苍穹。又不见南山一片石,岁月不改逾坚白。桃溪溪北辕洲翁,清风劲节松石同。今季古稀值初度,角巾华发颜如童。闭门著书阅今古,歌风啸月轻王公。烟霞泉石总适意,琴樽杖屦何从容。不特貌古心亦古,试比聃老人中龙。愿期退算越百岁,花甲两度重相逢。比丘妙堪。

偈颂中的"辕洲翁"不知何许人也,今已不可考,想必是妙堪的道友。"桃溪"之名有数处,若在浙江之地,也许是瓯江的支流,大概在温州永嘉一带。妙堪的墨迹用笔沉着痛快,有蔡君谟之笔意。此幅装裱上下为浓茶色本绢,中为黑地唐花细蔓金襕,一文字和风带皆用卐字底纹、宝相花纹之金纱,是典型的日本茶道挂轴。虽还未能在茶会记里查出它在何时何地挂过的相关记录,但此墨迹在日本被认定为重要文化遗产,其历史文化价值实乃不可估量。

3. 偃溪广闻的画赞墨迹

偃溪广闻(1189—1263),福州侯官县林氏,18岁在宛陵光孝寺受具。先在铁牛印禅师处参禅,后往径山寺师从浙翁如琰[9],参"赵州洗钵"公案而冰释疑情。

绍定元年(1228)住持庆元府明州净慈寺,继而又移住香山智度寺、万寿寺。淳祐五年(1245)敕住明州雪窦山资圣寺,淳祐八年(1248)转住明州阿育王山广利寺,淳祐十一年(1251)临安府南山净慈寺住持。宝祐二年(1254)主席灵隐寺,最后在径山万寿寺住持。景定四年(1263)六月十四日示寂。世寿七十五,法腊五十七,有佛智禅师谥号,林希逸撰其塔铭。有《偃溪和尚语录》二卷行世。

偃溪的画赞墨迹有数种传世,如由东京大东急文库收藏的国宝文物《(直翁画)六祖挟担图赞》、京都妙心寺收藏的重要文化遗产《丰干图赞》,纸本水墨画,竖105厘米,宽32厘米。同样由京都妙心寺收藏的重要文化遗产《(李确画)布袋图赞》纸本水墨画,竖105厘米,宽31厘米。

《六祖挟担图赞》,纸本水墨画,竖92.5厘米,横31厘米。此画的左下方有"直翁"朱印,由此可知是宋代直翁若敬的作品。直翁之名不见于画史,生卒、事迹不甚明了。从传世作品来看,擅长于禅宗人物画。此画中人物是禅宗六祖慧能,是慧能在去黄梅求法前在市井中买柴时,在路旁伫立凝神听人念《金刚经》的场面。画面全体以淡墨渲染,用南宋初期画僧智融所创的罔两(魍魉)画法,衣衫等部分极为简略,头巾用墨较浓一些,面部用简练的笔画精细勾勒出来,表现出相当出色的传神之笔。画的上部是偃溪广闻的画赞,画赞的文字内容为:

> 担子全肩荷负,
> 目前归路无差。
> 心知应无所住,
> 知柴落在谁家?
> 　住冷泉黄闻赞

以上的画赞内容,与他《语录》中所录《六祖挟担》的文字内容大体类似。

落款的"住冷泉",是灵隐寺的冷泉庵,可知是偃溪广闻住持灵隐寺时(宝祐二年至四年,1254—1256)的题赞作品,赞文末尾有"广闻印章"(正方形白文)、"偃谿"(长方形细朱文)、"起于涧东"(香炉形细朱文),是典型的宋元时代的印章风格。此作原由岛根县松江市乙部家旧藏。

《丰干图赞》和《(李确画)布袋图赞》的文字内容分别是:

> 只解据虎头,
>
> 不解收虎尾。
>
> 惑乱老间丘,
>
> 罪头元是你。
>
> 　　径山偃溪黄闻

> 荡荡行,波波走,
>
> 到处去来多少。
>
> 漏逗瑶楼阁前,
>
> 善财去后草青。
>
> 青青处还知否?
>
> 　　住径山黄闻

《丰干图赞》为何人所画,因无相关的落款和印记,不可考。但是从画风来看,乃为南宋梁楷减笔画风格的作品。丰干为唐代天台山国清寺神异之高僧,口吟歌颂,往来驾驭猛虎,常与寒山、拾得酬答往来。台州知事间丘胤不具道眼,见二子疯癫,只敬重丰干,当丰干告知他寒山、拾得乃是文殊、普贤的化身之后,才恭敬向寒山、拾得礼拜,使寒山、拾得二子捧腹大笑而走。赞文末有"广闻印章"(正方形白文)、"遇径"(香炉形细朱文)、"五髻山人"(长方形复边细朱文)。

《(李确画)布袋图赞》的画面左下方有"李确"的落款,赞文末尾有"广闻印章"(同《丰干图赞》)、"偃谿"(同《六祖挟担图赞》)、"五髻山人"(同《丰干图赞》)三印。据《画图宝鉴》中记载,李确曾跟随梁楷学习过白描,现存作品除此画之外,尚未发现其他作品。《丰干图赞》与此作在画风上有所差异,想必不是出于同一人之手。不过,《丰干图赞》《(李确画)布袋图赞》

两幅是对幅作品,从人物的动静虚实来看,配合得相得益彰,而且俱为梁楷的减笔人物画特色的作品。画赞落款《丰干图赞》为"径山偃溪广闻",《(李确画)布袋图赞》为"住径山黄闻",可见均为偃溪晚年住持径山万寿寺时期的笔迹,也许是年龄的关系吧,《丰干图赞》《(李确画)布袋图赞》较《六祖挟担图赞》笔锋稍见软弱平和一些。偃溪的书法很有黄山谷行书的笔法,也兼有放翁书法的韵致。顺便想提一下的是,入宋求法僧道元的墨迹有不少取法偃溪的痕迹,如从时间和地理上来看,两人应该有相见的可能性,不过从现存史料中已无可查考。

广闻一生历住五山名刹,名震海内外,他的题赞墨迹代代为日本禅林和茶家珍视,《丰干图赞》《(李确画)布袋图赞》两幅至今为临济宗大本山妙心寺所珍藏,足见其在中日文化交流史上的地位极为卓著。

4. 物初大观的墨迹

物初大观(1201—1268)俗姓陆氏,明州鄞县横溪人。受具于道场山北海悟心,得法于北涧居简。淳祐元年(1241)七月在临安府法相禅院晋住。后转住安吉州显慈禅寺、绍兴府象田兴教禅院、庆元府智门禅寺、大慈山教忠报国禅寺。又于景定四年(1263)十一月晋住阿育王山广利寺和主席其他六处道场。大振大慧禅风,四方缁素闻风来投。咸淳三年(1267),在觉心居士所再刊的《古尊宿语要》上题了总序。咸淳四年六月十七日示寂。世寿六十八。门人晦机元熙撰《峰西庵塔铭》,门人德溥编《物初和尚语录》一卷,并有诗文集《物初剩语》二十五卷行世。上面曾论及其师北涧居简有诗文集《北涧集》,足可见大慧派的禅僧在南宋丛林之中,盛行文学活动,而且成就卓越。这无疑对后来日本的五山文学运动的展开起到了相当大的推进作用。

物初的遗墨并不多,现在所知道的有神奈川县常盘山文库收藏的《偈颂》,纸本,横31.9厘米,宽24.3厘米。另外有晚年在阿育王山所写的《黄山谷草书跋》(咸淳三年秋,重要文化遗产,服部正次藏)和绢本的《山阴语(法语)》(藤田美术馆藏,重要文化遗产,写于咸淳四年)最为著名。

本稿拟将墨迹《偈颂》来作分析和研究。首先看其文字内容:

> 钩头耳饵挑多时,

湘水楚云念得迟。

今日钓他阿臭骨，

谁知群有不无知。

慈云比丘大观

（正方朱文印"大观""物初"）

本墨迹七字一行，整然而书，从尺幅大小以及形式来看，很可能是画赞。从诗文内容来看，是题垂钓图的画赞，后来被人将画和赞语分割为二。此《偈颂》

墨迹被装裱成茶挂样式，为茶家所爱用。大观的墨迹在重要的茶会上有挂用的记录，如在宗及的《天王寺屋会记》中记道：永禄十年（1567）十一月五日朝，挂物初墨迹，裱物上下浅葱色，中间黄茶，一文字和风带似为白地金襕。从裱具来看，好像不是这幅《偈颂》墨迹。物初的字，有黄山谷书法的用笔，但写得比较平整。

5. 东阳德辉的墨迹二种

东阳德辉，出生时间和地点不详。参径山晦机元熙，言下大悟。初在百丈山住山，次移锡湖州道场山，后隐居金华北山草堂。元顺帝元统三年（1235）秋，奉诏重修《敕修百丈清规》八卷，并请同门师兄笑隐大欣[10]校正。上述日本入元求法僧中岩圆月从其学道得法。

东阳德辉的墨迹，主要有东京五岛美术馆收藏的重要文化遗产《与笑隐大诉尺牍》和岩崎孝子旧藏、现为东京国立博物馆收藏的《清藏主偈颂》。

本稿先对德辉的《与笑隐大欣尺牍》墨迹进行探讨。本墨迹为印有水仙花纹腊笺，四边印有青线水涡形图纹，是当时最高级的料纸。墨迹横为61.7厘米，竖为31.9厘米，文字内容如下：

大龙翔堂上全悟师兄大和尚尊几：

自去年徒弟归自座下，领答字将一年矣。不得嗣贡安问，但时时有人到府就水陆，探信颇知近履安好为慰耳。彼此无事，亦不欲苦寻，便寄书上涵侍者，闻已奉旨开堂，济济多士，概可想见。高安兰秀谷，久从如庵和上，大小职务无不历，谨而好礼。小弟入院后，相聚且二年，为洞山南溪兄挽去。旧岁过此,索书拜函丈,拭目盛事,以其未即行,尝诺之。兹趣装,复遣人来征,不敢重辞。雨窗谨敕此上渎尊视,幸欣。

德辉九拜上
二月十八日

从上面尺牍文字来看,可以推想此尺牍应写于天历二年(1329),正值德辉同门师兄笑隐在大龙翔集庆寺进院开堂未久的二月十八日。从文中可知,德辉未能参加笑隐的升座典礼,故云"济济多士,概可想见"。此墨迹原为出云松江藩(岛根县)大名茶人松平不昧公(1751—1818)收藏,载入《云州藏帐》中。可见它是日本茶道史上的重要墨迹之一。

《清藏主偈颂》又称为《无梦—清道号颂》,纸本,横为 47.1 厘米,竖为 30.1 厘米,写于元顺帝至元五年(1339)春,墨迹文字内容如下:

无梦

惺惺彻底惺惺也,

真不求兮妄不除。

一任梅花吹画角,

令人常忆太原孚。

至元再己卯春三月初二日,为百丈清藏主作,道场德辉

这幅墨迹是德辉为日本入元求法僧一清藏主所题《无梦》道号的偈颂。一清在百丈山德辉会下充藏主之职,他又曾参访过当时石室祖瑛、龙岩德真、了庵清欲等名衲。偈颂中言及的太原孚,是唐末雪峰义存禅师法嗣,文中内容是孚上座的投机偈,即悟道后的歌颂。日本道元的《正法眼藏》《梅花》中记道:"太原孚上座颂悟道云:忆昔当初未悟时,一声画角一声悲。如今枕上无闲梦,一任梅花大小吹。"[11]在这里德辉教诫清藏主,要达到真妄不计较,善恶不思惟的超然之境界,即如孚上座所咏枕上"无梦",任凭笛声或高或低、或大或小地吹出梅花曲调,心地空寂,不为所动。做到"常惺惺",即达到明历历、露堂堂的灵知妙觉之境界。德辉的墨迹楷法工整谨严,明显受到当时赵松雪书法的影响。

6. 楚石梵琦的墨迹

楚石梵琦(1296—1370),俗姓朱氏,明州象山人。字昙曜,后改楚石,

号西斋老人。9岁时，随海盐天宁寺讷翁模和尚出家。后往湖州崇恩寺晋翁洵参禅。16岁去杭州昭庆寺受具。历访径山虚谷希陵、天童云外云岫、净慈晦机元熙等一代名衲，后在径山元叟行端[12]会下得道嗣法。其法脉为大慧宗杲—拙庵德光—妙峰之善—藏叟善珍—元叟行端—楚石梵琦。泰定元年（1324）受请入住海盐福臻寺，天历元年（1328）二月三日转住天宁永祚禅寺，至元元年（1335）七月二十五日住持杭州凤山大报恩寺，至正四年（1344）八月八日嘉兴府本觉寺晋住，敕封佛日普照慧辩禅师之号。至正十七年（1357）八月一日入住报恩光孝寺，后又在天宁永祚寺再住。十九年（1359）在永祚寺之西创建一寺，名西斋寺，作为退居之处。后奉诏在金陵蒋山寺说法。与宋濂、钱惟善等文人交游甚笃。明洪武三年（1370）七月二十六日示寂。世寿七十五，法腊六十三。于八月三日送葬荼毗，塔于西斋寺。宋濂撰《佛日普照慧辩禅师塔铭》，门人祖光等编修《楚石梵琦禅师语录》二十卷，至仁撰《楚石和尚行状》。有《净土诗》《慈氏上生偈》《北游集》《凤山集》《西斋集》《和天台三圣诗》《永明寿禅师山居诗》等诗文作品传世。梵琦的墨迹在日本甚多，据笔者过目者就有近二十幅。最著名的是五幅国宝文物，是题因陀罗所画的禅宗公案题材的《问答图赞》。还有静冈MOA美术馆收藏的《与石屏子介送别语》（重要文化遗产）、东京五岛美术馆收藏的《与椿庭海寿送别偈》（重要文化遗产）等墨迹名作。本稿拟将此两件墨迹介绍给读者。

（1）《与石屏子介送别语》，纸本，横为 82.2 厘米，竖为 31.2 厘米。书于至正十三年（1353）冬。墨迹文字内容如下：

尽十方世界，是一个普门，入得入不得，当甚破沙盆。东海西来孤绝处，有缘蹉过无心遇。行住坐卧皆现成，半满偏圆体指注。来者从他来，去者从它去。寒烧烂红叶，饥餐大紫芋。又谁问你佛与祖？贫与富，朝与暮，度想众生无可度，青萝直上寒松树。

石屏介藏主，日东有道之士，万里西游，参承知识，所得既妙，可以为人。松江乌泥涯上，有普门兰若，乃信公忏首之所置也。榜为禅居，延诸英衲，命石屏主之，于其行笔此饯焉。

至正十三年冬，前本觉梵琦

从此墨迹内容来看,是梵琦给日本入元求法僧石屏子介的饯别诗。石屏子介为周防(山口县)人,出家后,在灵山道隐处悟道。后入元在楚石的禅席下参究。这幅作品是石屏归国前,向楚石辞别时,楚石为他作饯别诗并亲笔书写见赠,可见师弟情重。在诗文中,引用了宋代应庵昙华禅师送弟子密庵咸杰(1118—1186)归乡时作的偈颂"大彻投机句,当阳廓顶门。相从今四载,微诘洞无痕。虽未付钵袋,气宇吞乾坤。却把正法眼,唤作破沙盆。此行将省觐,切忌便踉踉。吾有末后句,待归要汝遵"中的一句。"破沙盆"是密庵与应庵的投机语,有一天,应庵厉声问密庵:"如何是正法眼?"密庵从容不迫地答道:"破沙盆。"应庵深器之,私下证契。可见,梵琦对石屏也相当器重,称其为"日东有道之士",并让他住持普门兰若。石屏回国后,受周防藩大内义弘归依,招为香积寺开山。后有敕诏请住京都天龙寺,辞而未就。

此幅墨迹是梵琦58岁时的作品,原为团男爵家的旧藏。

(2)《与椿庭海寿送别偈》纸本,横为94.2厘米,竖为30.6厘米。书于至正二十三年(1363)春。

墨迹文字内容如下:

> 日出西方夜落东,正当腊月飘春风。
>
> 如今此话向谁举?十个五双皆梦中。
>
> 只恐冤家不相遇,遇着何须重解注。
>
> 三千里外摘杨花,却唤痴儿拈柳絮。
>
> 棒头太窄舌头干,德山临济俱颠顶。
>
> 梅庭藏主但一默,五千余卷诚无端。
>
> 曲录木床参大老,未启口时先被扫。
>
> 玄玄玄处更须诃,了了了时无可了。
>
> 扶桑国里旧禅榻,苍苔满地无人踏。
>
> 倚樯高唱归去来,古镜重磨光透匣。
>
> 寒山之狂拾得颠,须弥山顶撑铁船。
>
> 诸方说禅浩浩地,何似饭饱横刀眠。
>
> 山僧蘸笔聊相送,莫把封皮作信传。

日本椿庭寿藏主,高明博达,胸中不着一毫人我,直取无上菩提者。它日孤峰顶上盘结草庵,诃佛骂祖去在,非浪许也。尝记余主嘉禾天宁时道聚半载,感其高谊不可忘。今归故里,无可为贶,因用了庵和尚高韵以祖之,且作再会张本云。

至正二十三年三月闰月二十二日,楚石道人梵琦

此幅墨迹是梵琦东传墨迹中最大的作品,全篇共 26 行,293 字。从墨迹的文字内容来看,是借用了庵清欲(1288—1363)的诗偈,来作书赠别椿庭寿藏主归扶桑。后文中赞叹椿庭禅人是"高明博达,胸中不着一毫人我,直取无上菩提者",并回忆昔日在主嘉兴天宁寺法席时,椿庭来会下参旨,道聚半年,有旧谊难忘。适其归国在即,遂作此书以为饯别之礼。至正二十三年(1363),梵琦 68 岁,已经退居西斋寺。

椿庭海寿,俗姓藤原氏,远江(静冈县)人。随东渡僧(1329 年东渡)竺仙梵仙(1292—1346)出家,竺仙入住京都南禅寺,随侍为衣钵侍者。大概是因为竺仙示寂的缘故,发心入元求学。先在竺仙的同门师兄了庵清欲会下参学,并访月江正印(1267—1350?)了堂惟一等名衲。据说椿庭在明太祖洪武初,曾受诏住持明州鄞县福昌寺,可能是他在至元二十三年回国以后的五六年之后,又出使明朝后的事吧?因为椿庭海寿是当时第一号的中国通。日本中世纪时,凡出使中国的日本国使者绝大部分是精通汉语的僧人。椿庭海寿后来在本国的真如寺、圆觉寺、天龙寺、南禅寺等禅林巨刹任住持。

楚石梵琦的墨迹笔法精美,风雅俊逸,完全效法赵孟頫,但是决无赵字媚艳之态。可见他作为禅门大德,久在山林,心志清白,故其墨迹能出俗入圣,字虽学赵体,神气超之远甚。

梵琦的墨迹在日本禅林和茶道界有深远的影响。譬如在宗湛的茶书《宗湛日记》中记载道:文禄三年(1594)四月二日晚的茶会上,挂楚石和尚墨迹,裱件的上下是鼠色,中间是浅葱色,一文字及风带为金襕角唐草纹,红色。至于究竟用了哪件墨迹,由于梵琦的墨迹甚多,故实在难以查考。

三、结语

综上所述,以径山寺大慧宗杲为派祖的大慧派禅僧们,对日本禅宗的

形成和发展起到了极大的作用,而且在日本茶道文化史上,大慧派禅僧的墨迹,受到格外的珍重。

本稿由于篇幅所限,只能列举六位高僧和精选十二幅墨迹来作考论,以飨我国广大读者。许多不得不割爱的内容,只能有待于将来有机缘再作研究发表了。

我国实行改革开放政策以来,政通人和,国富民安。径山寺也得天时地利人和,百废俱兴,蒸蒸日上。想当年拙僧游学日本之前,曾走访过径山,当时只有一古钟尚在,瓦砾之中野草丛生,几同废墟。后来在日本,又见得来访日的当时径山当家福生老法师,口口声声说志在恢复径山古刹。想今日,径山在大慧、无准两大禅师两度中兴的760余年后,又迎来了建寺1270年的大庆,实在是令人感慨无量。

径山是中国禅林五山首刹,历代高僧辈出,其禅宗文化源远流长,对邻邦诸国,特别是日本禅宗及其禅林文化的形成和发展起到不可估量的作用。深入探讨和研究径山寺的禅宗历史文化,对继承和发展中国禅宗文化传统,以及中日两国的友好往来都具有深远的意义。

借此径山寺禅学会议召开的胜缘,拙衲将22年来游学日本所得的一点浅陋见闻,撰成此论,聊示庆贺云尔。

(本文原载于杭州城市学研究理事会主编之《慧焰薪传——径山禅茶文化研究》)

注释:

[1]具见拙著《圭峯宗密思想の綜合的研究》,日本春秋社出版2012年版,第148页。

[2]《宋代高僧墨迹研究》,西泠印社出版社2010年版,第65—99页。

[3]《拙庵德光禅师墨迹论考》,《书法》2005年7月刊。

[4]晦机元熙(1238—1319),俗姓唐氏,江西南昌人。早年与其兄元龄勤读,志于科举。后从西山明禅师披染出家。物初大观在玉几开法时,元熙在会下侍从参学,师资投合,得以印可嗣法。后在百丈山、净慈寺、仰山等住持法席,元仁宗皇帝延祐六年闰八月十七日示寂,世寿八十二。有墨迹及画赞墨迹东传日本。如守屋孝藏氏所收藏的

《法语》墨迹,相当出色,取法苏字。

[5]明全,伊势(三重县)出生,俗姓苏氏(苏我氏?)。8岁离开父母上比睿山,拜首楞严院杉井房明融阿阇梨为师披缁出家。当时千光房明庵荣西由南宋还,传临济宗黄龙派禅法,受镰仓幕府归依,在镰仓寿福寺和京都建仁寺倡导新兴的禅宗。不过,荣西在传播禅法的同时,对日本古来的天台、密宗、律宗加以兼弘并修。很多对新兴的禅宗抱有兴趣的僧侣,纷纷前去参问,明全便是其中之一,并后来成为荣西门下的俊足之一。日本建保五年(1217),18岁的道元往建仁寺拜明全为师,跟随明全学习临济宗旨,并兼学天台、密教和戒律。日本贞元二年(1223)二月,明全带着道元入宋求法,于四月抵达明州港。明全上天童山景德禅寺,在大慧的法孙、拙庵的法子无际了派禅师会下参究,道元因入山手续上的问题,在船上滞留数月之后,也上山随无际了派学禅。入宋后的明全一直四大不调,因此一直未能离开天童,去踏访其师荣西的足迹。嘉定十七年(1224)夏安居前住持了派禅师迁化,未久,如净禅师入山住持,在外参学中的道元匆匆赶回天童,与明全一起随如净参禅。翌年宝庆元年(1225)五月,明全病情转笃,同月二十七日在了然轩示寂,世寿四十二。

[6]本山版缩刷《正法眼藏》,第147—149页。

[7]日本建长三年(1251)春,怀鉴将大日能忍所传的达磨宗的嗣书等法物传给彻通义介。

[8]参考拙著《宋代高僧墨迹研究》第二章《南宋初期禅宗高僧墨迹》、第三节密庵咸杰禅师的墨迹,第104页以及图21"京都大德寺龙光院密庵席床间"。

[9]浙翁如琰(1151—1225),拙庵德光之法嗣,为五山第一位的径山寺住持。道元入宋时曾去参访过。门下出淮海元肇、大川普济、偃溪广闻等俊足。有佛心禅师之号。

[10]笑隐大欣(1284—1344)俗姓陈氏,江西南昌人,于南昌水陆院出家。受具后,往庐山开先寺参一山万禅师,又往百丈山晦机元熙会下参究,印可嗣法。追随元熙移住净慈寺,充书记之职。后又曾在天目山中峰明本(1263—1323)处参学。至大四年(1311)先在湖州乌回禅寺开法,延祐七年(1320)四月在杭州大报恩寺、泰定二年(1325)十月在中天竺寺、天历二年(1329)二月在金陵大龙翔集庆寺相继晋住。天历帝(文宗)将在金陵的潜宫改为大龙翔集庆寺,请笑隐开山晋住。又赐大中大夫官职并封广智全悟大禅师之号。奉诏入内说法,帝心大悦,赐金衲衣及金币,将中天竺寺敕称天历永祚寺。大欣所居之庵敕号广智。顺帝至元二年(1236)又加封释教宗主之号,统领禅林五山。著有《蒲室集》一卷。至元四年五月二十四日示寂。世寿六十一,法腊四十六,有《笑隐欣禅师语录》四卷。虞集撰写《元广智全悟大禅师住持大龙翔集庆寺释教宗主兼领五山寺笑隐欣公行道记》,黄潘撰《元大中大夫广智全悟大禅师住持大龙翔集庆寺释教宗主兼领五山寺欣公塔铭》。

[11]本山版缩刷《正法眼藏》,第540页。

[12]元叟行端(1255—1341),俗姓何氏,台州临海人。生于儒学世家。早岁从在余

杭化城寺的叔父茂上人剃发。后遍参尊宿,最后在径山藏叟善珍处大事了毕。大德四年(1300)住持湖州翔凤山资福禅寺。八年(1304)敕住杭州中天竺万寿禅寺,封赐慧文正辩禅师号。继而在灵隐寺晋住,又追赐佛日普照之号。至治二年(1322)住持径山万寿禅寺,此间曾三度赐给金襕袈裟,深受历代皇帝的归依。至正元年(1341)八月四日示寂,世寿八十八,法腊七十六。黄溍撰其塔铭。有《慧文正辩佛日普照元叟行端禅师语录》八卷行世。有《偈颂》《达磨像赞》等墨迹东传日本。

中国禅院茶礼与日本茶道

张家成

日本茶道源于中国文化,已为学术界所公认。具体而言,有明庵荣西始祖说,以天台山为日本茶道的发祥地;有圆尔辨圆、南浦昭明始祖说,尊径山(径山茶宴)为其起源地。此二说较为普遍。另外还有以中国明代朱权的《茶谱》为茶道的起源,[1]以及陆羽《茶经》提供了日本茶道精神之原型的说法等。[2]

一、中国禅院茶礼与径山茶宴

中国是茶文化的发祥地。据《神农本草经》记载,早在神农氏时就已发现了"荼"(即茶)。不过,是以茶为药,饮茶成为文化习俗则兴起于唐朝,盛行于宋朝。而唐宋以来中国人饮茶习俗的流行与中国佛教文化特别是禅宗的盛行以及陆羽《茶经》一书的写作和传播紧密相关。

据唐人封演《封氏闻见记》记载:"唐开元中,泰山灵岩寺有降魔师,大兴禅教,学禅务于不寐,又不夕食,皆许其饮茶,人自怀挟,到处煮饮,从此转相仿效,遂成风俗。"[3]因而饮茶习俗首先在佛门得到普及。与封演同时代、被后世尊奉为"茶圣"的陆羽也是在寺庙里长大,并隐居在寺院附近写出了中国历史也是世界历史上第一部茶书——《茶经》。《茶经》一书系统地阐述了唐及以前茶的历史、产地、栽培、制作、煮煎、饮用及器具等,对后世中国茶文化(包括寺院茶礼)产生了深远的影响,并被中日两国茶人共同尊奉为最高的茶学经典。

由陆羽、常伯熊所倡导的唐代饮茶之风主要流行于上层社会(文人墨客、官场尤其是朝廷)和禅林僧侣之间,并且主要以"茶宴""茶礼"形式表

作者单位:浙江大学。

现出来。在良辰美景之际,以茶代酒,辅以点心,请客作宴,成为一种清操绝俗的时尚。中唐以后,随着佛教的进一步中国化和禅宗的盛行,茶与佛教的关系进一步密切。特别是在南方许多寺院,出现了寺寺种茶、无僧不嗜茶的禅林风尚。而茶宴、茶礼在僧侣生活中的地位也日渐提高,饮茶甚至被列入禅门清规,被制度化。到了宋代,随着种茶区域的日益扩大,制茶方法的创新,饮茶方式也随之改变,"茶宴"之风在禅林及士林更为流行。其中最负盛名且在中日佛教文化、茶文化交流史上影响最为重要的当推宋代杭州余杭县径山寺的"径山茶宴"。

径山禅寺创建于唐天宝年间,由法钦禅师开山。南宋时名僧大慧宗杲住持该山,弘传临济杨岐宗法,提倡"看话禅",由此道法隆盛。南宋嘉定年间被评列为江南禅院"五山十刹"之首,号称"东南第一禅院"。径山寺的茶文化历史悠久。据编于清康熙年间的《余杭县志》记载,法钦禅师曾手植茶数株,采以供佛,逾年蔓延山岩。径山茶"色淡味长",品质优良,特异他产。宋以来还常被用作皇室贡茶和招待高僧及名流。唐陆羽隐居著书之地即为径山寺附近的苕溪。南宋时都城南迁杭州,宫廷显贵以及苏轼、陆游、范成大等名流都曾慕名到径山寺参佛品茶。宋孝宗皇帝还偕显仁皇后登临径山,改寺名为"径山兴圣万寿禅寺",且亲书寺额。所题"孝御碑",历800年至今残碑犹存。朝廷也多次假径山寺举办茶宴招待有关人士,进行社交活动。从而使得"径山茶宴"名扬天下。

二、中日禅僧的往来与茶礼(宴)的东传

中国的茶和饮茶礼仪是伴随着中国佛教文化而传到东邻日本的。日本学者以为,在日本圣武天皇时代,中国僧人鉴真东渡扶桑,带去大量药品,茶即其中之一。这是日本文献中有关茶的最早记载。[4]

在宋代,随着中日禅僧来往的增多,饮茶方法也传到日本。1168年,日僧明庵荣西(1141—1215)入宋求法,由明州(今宁波)登天台山。当年,荣西携天台宗典籍数十部归国。1187年,荣西再次入宋,登天台山,拜万年寺虚庵怀敞为师。后随师迁天童寺,并得虚庵所传禅法。传到日本,从而形成日临济宗黄龙派法系。荣西在中国的数年时间内,除习禅外,还切身体验到中国僧人吃茶的风俗和茶的效用,深感有必要在日本推广,于是带回天台茶种、天台山制茶技术、饮茶方法及有关茶书,亲自在肥前(今佐贺)背振山及博多的圣福寺山内栽培,并以自己的体会和知识为基础写成了《吃茶养生记》一书,这是日本最早的茶书。由于该著在日本的广泛流传,促使饮茶之风在日本兴起,荣西亦被尊为日本的"茶祖""日本国的陆羽"。

诚然,荣西来到中国时见过并研究过陆羽《茶经》及众多的中国茶典籍,其《吃茶养生记》中详细介绍了茶的形态、功能、栽培、调制和饮用,也谈到宋代人的饮茶方法,但据日本当代茶道里千家家元、千利休居士十五世千宗室研究认为,"有关荣西著《吃茶养生记》的意图可做如下结论:(1)荣西所关心的只是茶在生理上的效能;(2)对于饮茶这一行为所拥有的意义,即关于饮茶行为的思想问题,荣西没有附上什么含义。对荣西来说,茶是饮料之茶,除了茶的药学上的效用外,荣西不抱任何兴趣。偶而引用陆羽以及其他中国文献时,也是为了明确茶的如上效用。"[5]另外,日本学者铃木大拙在其《禅与茶道》[6]一书及村井康彦在其《茶文化史》[7]一书中也有类似观点,兹不赘述。应当说,上述观点是有道理的。不过,也应看到,正是荣西第一个系统地向日本人介绍了中国茶文化,其《吃茶养生记》一书也被日本史书《吾妻镜》称为"赞誉茶德之书",其对于后世日本茶道的形成和流行功不可没。

荣西之后,曾为荣西之弟子的禅僧希玄道元(1200—1253)于日贞应二年(1223)与荣西另一弟子明全相伴入宋。道元在宁波阿育王寺、余杭径山寺习禅后,入天童寺师事曹洞宗13代祖如净禅师,受曹洞禅法而归,在日本建永平寺、兴圣寺等禅寺,倡曹洞宗风。道元还依《禅院清规》制定出《永平清规》,作为日本禅寺的礼仪规式,其中就有多处关于寺院茶礼的规定。如"新命辞众上堂茶汤""受请人辞众升座茶汤""堂司特为新旧侍者茶汤""方丈特为新首座茶""方丈特为新挂搭茶"等等,皆有详细的规定。[8]道元的《永平清规》是最早记载日本禅院中行茶礼仪的日本典籍。其对于日镰仓幕府时期寺院茶的普及从而对日本茶道的形成起了关键作用。不过,道元虽到过径山寺,但他所从学的是与径山宗杲所倡"看话禅"相对立的曹洞宗的"默照禅",可以判断,他对径山茶宴特别是行茶礼仪中的茶具和室内布置重视不够。真正将径山茶宴移入日本,从而使日本禅院茶礼完整化、规范化的是道元之后的日僧圆尔辨圆（1201—1280）、南浦昭明（1236—1308）和径山寺僧兰溪道隆、无学祖元。

1235年,圆尔辨圆（谥号圣一国师）因慕南宋禅风入中土求法,在余杭径山寺从无准师范等习禅3年,于1241年嗣法而归,并带去了《禅院清规》1卷、锡鼓、径山茶种和饮茶方法。圆尔辨圆将茶种栽培于其故乡,生产出日本碾茶（末茶）,他还创建了东福寺,并开创了日临济宗东福寺派法系。他还依《禅院清规》制定出《东福寺清规》,将茶礼列为禅僧日常生活中必须遵守的行仪作法。其后径山寺僧、曾与圆尔辨圆为同门师兄弟的兰溪道隆、无学祖元也先后赴日弘教,与圆尔辨圆互为呼应。在日本禅院中大量移植宋法,使宋代禅风广为流布,禅院茶礼特别是径山茶宴即其中之一。

南宋开庆元年（1259）,在日的兰溪道隆门下弟子日僧南浦昭明（谥号元通大应国师）入宋求法,在杭州净慈寺拜虚堂智愚为师。后虚堂奉诏住持径山法席,昭明亦迹随至径山续学,并于咸淳三年（1267）辞山归国,带回中国茶典籍多部及径山茶宴用的茶台子及茶道器具多种,从而将径山茶宴暨中国禅院茶礼系统地传入日本。

三、"融合和汉"与日本茶道的形成

日本镰仓时代（约12世纪末至14世纪）是中日佛教文化交流最频繁的时期之一。荣西自宋归国后,为幕府将军源实朝"劝茶"疗疾,促使幕府当政更加醉心于宋朝的禅法和茶文化,多次派遣使节（僧人）入中土求法,剪延请中国禅师赴日传法;同时中国禅僧东渡"游行化导"者亦日众,出现了继唐代日本向中国派遣留学生、学问僧之后,两国文化交流的新局面。除佛教典籍外,中国禅院茶礼、民间的饮茶风俗（如"斗茶"）、茶种、茶具以及大量的被称为唐物的中国绘画、书法作品及工艺品等也相继传入日本,从而带动了茶礼、茶宴、茶会在日本社会的流行。

正是在镰仓幕府时期,茶的栽培逐渐由寺院向其他地方普及,而末茶饮法以及茶宴、茶会也开始由僧侣、贵族（武士）阶层向民众推广。特别是宋代流行的斗茶习俗传到日本后风行一时。"斗茶"又称"茗战",中国人在斗茶时除品评茶之优劣外,还十分看重水质和茶具。在日本,斗茶会的形式模仿中国禅院茶礼,会场(日本人称为吃茶亭)陈设以安放名贵唐物为时尚,而斗茶的内容重在竞猜茶之产地及品种。斗茶结束后再入酒宴席。斗茶会的流行使得茶在日本已脱离作为药物和生理必备品之性质,而成为游艺娱乐之物。随着斗茶会场摆设及酒宴日趋奢华,斗茶的玩法也花样翻新,甚至借茶聚会大行赌博之事。这样的茶会流于玩兴而渐失去茶礼原有的意义。但此时,吃茶的主体不再只是贵族和僧侣,而是日本民众了。

到了日本室町时期(约14—16世纪)中叶的东山时代,杰出的艺术家能阿弥起而改革流俗:首先设计出了与书院茶事相宜的书院装饰,确定了茶室内台子装饰的式样,形成了由日本社会社交性游艺的茶会与禅院茶礼相混合而成的"台子饰茶会"(或称书院式台子茶汤),成为迈向现代茶道的第一步。而完成从追求饮茶形式到更进一步追求精神解脱的转变者是禅僧村田珠光(1422—1502)。

村田珠光曾为能阿弥之花道弟子。他在读书习禅时常因瞌睡而犯愁,便向医生请教。医生嘱其吃茶养心。于是他参阅了《茶经》《茶谱》《试茶论》《茶录》等中国茶书,遂倾心于茶事,并习孔子儒学。后来在奈良大德寺与一休禅师交游和参禅辩道,被告以"茶汤中亦有佛法之委细"[9],并自一休禅师处得到宋圆悟克勤禅师之墨迹(按即"茶禅一味"之字)。由此从禅宗的世界里发现了茶道的最高理想,并根据茶禅一味的的精神对茶室和茶具做了精心的改良。他将书院式的大茶厅改为四叠半小草房,称"数寄"(日语嗜好于道之意)屋,欣赏品摆设亦由书院饰改为数寄屋饰:将黑漆台改为白木板下装竹足的台子,以竹子作水筒,舀茶末的杓子也由银或象牙制改用竹质品,并提倡任何花草均可作装饰欣赏,此即为"草庵茶",其中所体现的为"佗茶"精神。(佗,日语原意为古朴典雅。)村田珠光还将自己的茶道观凝聚在一篇被称为《心之文》的短文中,并作为秘传书传给了其弟子。文中提到:"此道(即茶道)之一大重点是融合和汉之界线,甚重要,应注意也。"[10]"融合和汉之界"是指在茶事和茶具上要协调使用和式(日本式)与汉式(中国式),禁止只重唐式茶具和习俗的风流茶会。由此产生了在中国和日本都不曾有的茶道论:雅趣茶。其以谨、敬、清、寂为精神必备。日本茶道的规式由此定型。

村田珠光之后,禅僧武野绍鸥(1503—1555)继承并发扬了珠光流茶道的草庵茶,并深化了茶道中的佗茶理念,在珠光流庄重的茶道中加入了艺术要素,从而使茶道在日本室町末期日渐隆盛,广为流布。此后千利休(1522—1591)则继承绍鸥的业绩,综合书院茶道与草庵茶,并进行了一系列改良,使其进一步日本化。千利休将茶道的第一理念即佗茶精神总结为和、敬、清、寂四规,且须由茶室、庭院及茶道具作为基本要素来贯通和体现之。从此,由中国传入的禅院茶礼(宴)暨宋代的饮茶方法转变为纯粹日本式的茶道。而千利休的茶道亦由其子孙世袭相传,成为日本千家正统茶道延传至今。

(本文原载于径山万寿禅寺主编之《径山茶宴研究论文集》)

注释:

[1]郭雅敏:《中国茶道纵论》,载《茶文化论》,文化艺术出版社,1991年。

[2]彭华:《陆羽茶经和日本茶道》,载《茶文化论》,文化艺术出版社,1991年。

[3](日)千宗室:《〈茶经〉与日本茶道的历史意义》,萧艳华译,南开大学出版社,1992年。

[4]封演:《封氏闻见记》卷六"饮茶",《丛书集成初编》本。

[5](日)樋口清之:《日本人与日本传统文化》,王彦、陈俊杰译,南开大学出版社,1989年,第111页。

[6](日)千宗室:《茶经与日本茶道的历史意义》,萧艳华译,南开大学出版社,1992年,第83页。

[7][日]铃木大拙:《禅与茶道》,沈迪中选译,载《佛教与东方艺术》,吉林教育出版社,1989年,第851页。

[8][日]村井康彦:《茶文化史》,岩波书店,1979年,第79页。

[9]见[日]千宗室:《〈茶经〉与日本茶道的历史意义》,萧艳华译,南开大学出版社,1992年,第148页。

[10]《心之文》全文载于千宗室所著《〈茶经〉与日本茶道的历史意义》一书,见中译本第150页。

关于陆羽著茶经之地

吴茂棋　许华金

关于余杭是陆羽著《茶经》之地，最直接的史料依据是清嘉庆《余杭县志》卷十所载："陆羽泉 在县西北三十五里吴山界双溪路侧，广二尺许，深不盈尺，大旱不竭，味极清冽。（嘉庆《县志》）。唐陆鸿渐隐居苕霅著《茶经》其地，常用此泉烹茶，品其名次，以为甘冽清香，中冷、惠泉而下，此为竟爽云。（旧《县志》）"仅此，"余杭是陆羽著经之地"之说应该是不必争议的了，但关键是余杭到底有没有苕霅，或是不是只有湖州有苕霅。

一、苕霅是泛指天目山之水

显然，如果苕霅是局限于某一处的地名那就难说了，因为余杭境内的确无"苕霅"这样一个确切的地名，但据有关史料研究，所谓 "苕霅"实际上就是苕溪，而且可泛指天目山之水。为此，特引几则史料与业界人士共同商榷。

清《塘栖志》载《周圣夫桥庵略记》云："塘栖为浙藩首镇，地属武林、吴兴二郡之界，水为天目苕霅诸流之委。"这里的"委"是名词，据《辞海》应作"水的下流"解。塘栖地属运河水系，因地势低洼，是典型的江南水乡地貌，所以诸流汇聚，其水资源除自然降水外，主要来自上游杭州的天目苕霅诸流，即天目山之水。而太湖水是属苕溪水系，虽有小水路可通，但它是在下流，在非特殊情况下是不可能倒灌的。

清嘉庆帝为董浩画册所题的《苕霅农桑》云："双溪佳胜擅，春景纪余杭。农事方耘稻，妇功近采桑。罨崖云影润，夹岸菜花香。力作无休息，三时候正长。"这首五言律诗是比较通俗易懂的，不难理解，诗中的苕霅就是

作者简介：余杭区农业农村局高级农艺师。

指双溪、余杭这一带,也即指北苕溪、中苕溪、南苕溪之流域。

《南岳单传记》中第六十七祖明州天童圆悟禅师(1566—1642)行记云:"师佩记南行,由燕、齐、淮南北、三吴,达浙西路。双径、天目、苕霅诸山,无不探幽索隐,罔当其意者。渡钱塘,至于会稽,访周海门陶石篑,与佛法相见。"传记中的"双径"即径山,因西径通天目,东径通余杭而得名。而圆悟应该是走东径经余杭的,因为还要渡钱塘,一路爬山涉水,所谓"天目苕霅诸山"即大大小小的苕溪支流及天目诸山。

宋代苏籀《大暑忆灵隐寺冷泉一首》有句:"京江谢洁滑,苕霅雄偏州。月夕了无滓,暑天常似秋。"历史上灵隐寺冷泉是很有名的,白居易在《冷泉亭记》中曾说:"东南山水,余杭为最,就郡则灵隐寺为尤,就寺则冷泉亭为甲。"但灵隐寺的冷泉,以及西湖、九溪十八涧等等已非苕溪流域,所以该句中的"苕霅"是泛指天目山之水。对此,明代赵左1609年所作山水画的题识中也有"余客西湖、苕霅间十年矣"句可证。

经上述史料印证,说明苕霅就是苕溪,而且可泛指天目山之水,于是南宋咸淳《临安志》中洪咨夔的"余杭,苕霅之津会"一说也就不难理解了。《说文》中曰:"津,水渡也","会,合也"。所以,洪咨夔对余杭的概括是非常正确的,是诸路苕霅之水,即上游苕溪之水会合的地方。其中主要有两路水:一路是南苕溪,干流长63千米,流域面积720平方千米,发源于东天目山的水竹坞,流经里畈水库至桥东村,与东天目山南部各溪聚汇后,流经临安市区,而后进入青山水库,出水库北流,在古镇余杭与上游中苕溪之水汇合入东苕溪。二是中苕溪,干流长47.8千米,流域面积229平方千米,因居北、南苕溪之中而得名,发源于石门姜岭坑,向东南流经临安石门、高虹、横畈、余杭长乐至汤湾渡,由左岸与南苕溪之水汇入东苕溪。南、中苕溪汇合后称东苕溪,至瓶窑左汇北苕溪,主河道经德清,在湖州与发源于安吉的西苕溪汇合后入太湖。东苕溪余杭段右岸叫西险大塘,始建于唐代,是苕溪流域最为重要的水利工程之一,用于保护杭嘉湖平安,正如清嘉庆《余杭县志》所云:这里是"汇万山之水于一溪,下关杭嘉湖三郡田庐性命"。

二、余杭是陆羽著经之地

综上所述，说明所谓的苕霅实际上就是苕溪，并可泛指天目山之水，而且余杭还是诸苕霅之水（南、中、北苕溪）津汇（汇合）的地方，所以断定余杭无苕霅，并进而否定陆羽在余杭著茶经的说法是有失公允的。但还是有学者提出质疑，认为单凭嘉庆《余杭县志》记载总有点不敢全信。对此，赵大川先生等实际上已考证过大量的历史资料，但为了进一步厘清事实真相，看来还是有必要将相关史料记载等重新再罗列一遍，并梳理如下表，以便于我们作进一步的分析、比较和考究：

序	出处	记载
1	《文苑英华》（北宋四大部书）卷七百九十三"陆文学自传"条	陆子名羽字鸿渐……又与人为信，纵水雪千里，虎狼当道而不辞也。上元初，结庐于苕溪之湄，闭关读书，不杂非类，名僧高士，谈讌永日，常扁舟往来山寺。
2	嘉泰《吴兴志》卷十八"桑苎翁"条	唐·陆羽，字鸿渐，初隐居苎山，自称桑苎翁，撰《茶经》三卷。常时闭户著书，或独行野中诵诗、击水、徘徊，不得意或恸哭而归，时人谓今之接舆。
3	《新唐书·陆羽传》	陆羽，字鸿渐，一名疾，字季疵，复州竟陵人，不知所生，或言……与人期，雨雪虎狼不避也。上元初更隐苕溪，自称桑苎翁，阖门著书。
4	《唐才子传》卷八"陆羽"条	……上元初结庐苕溪上，闭门读书，名僧高士，谈宴终日。
5	清《湖州府志》卷九十"寓贤 陆羽"条	陆羽，字鸿渐，复州竟陵人，不知所生，或言有僧得之滨，畜之既长，以易自筮得蹇之渐，曰鸿渐，于陆其羽可用为仪用以为姓，名而字之。上元初隐苕溪，自称桑苎翁，阖门著书。
6	清嘉庆戊辰原本《余杭县志》卷二十八"寓贤传 陆羽"条	陆羽，字鸿渐，竟陵人，以筮得渐之蹇，曰鸿渐，于陆其羽可用为仪，吉，因以为名氏。上元初隐苕上，自称桑苎翁，时人方之接舆。尝作灵隐山二寺记，镌于石（钱塘县志）。羽隐苕溪，阖门著书，或独行野中诵诗，不得已或恸哭而归（吕祖俭卧游录）。吴山双溪路侧有泉，羽著茶经，品其名次，以为甘洌清香，堪与中冷惠泉竞爽（旧县志）。
7	清嘉庆戊辰原本《余杭县志》卷十"山水 陆羽泉"条	陆羽泉 在县西北三十五里吴山界双溪路侧，广二尺许，深不盈尺，大旱不竭，味极清洌。（嘉庆《县志》）。唐陆鸿渐隐居苕霅著《茶经》其地，常用此泉烹茶，品其名次，以为甘洌清香，中冷、惠泉而下，此为竟爽云。（旧《县志》）

序	出处	记载
8	明万历《余杭县志》卷六"人物志 寓贤 唐 陆羽"条	唐 陆羽 竟陵僧于水边得婴儿,育为弟子。稍长,自筮得鸿渐于陆,其羽可用为仪,乃姓陆,名羽,字鸿渐。与释皎然,为缁素忘年之交。隐苕溪,自称桑苎翁。忌有才辨,好属文,尝作《君臣契》三卷、《源解》三十卷、《吴兴历官记》三卷、《湖州刺史记》一卷、《四悲诗》《天之未明赋》《占梦》上中下三卷,并贮于褐布囊。或独行野中,徘徊不得意,即痛哭而归。人谓今时接舆。精于茶理,著《茶经》三卷,后鬻茶之家,祀为茶神……至今有陆羽泉,在吴山界双溪路侧。
9	南宋淳祐《临安志》卷五十四关于"余杭"的"记文"	洪忠文公记曰:余杭,苕雪之津会。故冬予奉老亲行雪上诸山,扁舟循苕溪而下……
10	南宋淳祐《临安志》卷九"苎山"条	苎山 在钱塘县孝女南乡,高一十丈,周回五里。(笔者注:宋时余杭曾归属钱塘县。)
11	清嘉庆戊辰原本《余杭县志》卷十"山水"条《南湖赋》中有关"苎山"的记载	是以南接凤凰,西拱琴鹤,北顾苎山,东连安乐,挹澄泓之鉴亭,窥羽宫之篱落……(笔者注:苎山在南湖之北,所在村叫"仙宅","羽宫"应该就是指茶仙陆羽之宅,不然又作何解呢?)
12	《浙江水陆道里记》杭州府余杭县"干路"条中的"苎山桥"等	石凉亭 自三里铺北少西行至此三里五分。苎山桥 自石凉亭西北行至此二里一分。邵墓桥 自苎山桥西北行过新岭(新岭高十二丈)至此五里七分。

以上史料足可证明三点:(1)从《文苑英华》、嘉泰《吴兴志》、《新唐书》、《唐才子传》、《湖州府志》直到《余杭县志》(参见上表之1—7)都一致公认陆羽是在上元初开始隐居苕溪(苕雪)著《茶经》。至于其中也有"读书""对书"一说也是不难理解的,著《茶经》必定要参阅并考证大量文献资料,何况唐代的条件非现在可比,更需隐居下来,排除干扰,认真读书、对书。(2)隐居地点是在余杭境内。苕溪也好,苕雪也罢,乃是一个大的流域,所以必须弄明白是在苕溪(苕雪)那一个具体的地方。而这个问题在嘉泰《吴兴志》和清嘉庆戊辰原本《余杭县志》中已经说得再清楚不过了,初始是在"苎山",后又隐居到余杭县西北三十五里吴山界双溪路侧,叫"陆羽泉"(参见上表之2及6—8)。(3)现余杭镇境内的"苎山"就是嘉泰《吴兴志》中所说的"苎山",具体有南宋淳祐《临安志》、《余杭县志》卷十"山水"条、《浙江水陆道里记》的记载为证(参见上表之9—12),而且经茶文化学

者赵大川、俞清源等赴现场踏勘考察,结果与上述记载也都一一相符。"苎山"一说非常重要,因为陆羽就自称桑苎翁,说明他对苎山特别有感情,据说苎山所在的村名"仙宅",就有纪念"茶仙陆羽曾宅此地"的意思,并有清嘉庆戊辰原本《余杭县志》中《南湖赋》条的"北顾苎山……窥羽宫之篱落"可作印证(参见表之 11),其中"宫"和"篱落"的用词也相当贴切,符合世人尊陆羽为仙和文人隐居生活的建筑风格。此外,还存有历史遗迹"苎山桥",虽然已历经千年,但桥上"苎山桥"三字仍清晰可辨。(4)苎山和陆羽泉都地处苕溪有港口的地方,出行方便,既符合"结庐于苕溪之湄"的记载,也符合陆羽隐居和出行考察方便的双重需要。其中陆羽泉在北苕溪上游支流黄湖溪和太平溪的汇合处,古称径山港,水路到苎山不到 10 千米,登岸后北可去安吉、孝丰,西可上径山、天目。苎山紧傍苎山港,取水路可广游于杭、嘉、湖之间。

剩下来的问题是陆羽在余杭到底稳居了多长时间。有学者认为,陆羽在余杭的时间不到一年,上元元年(760)之秋就移居吴兴了,主要根据就是《辞海》的释文,说苕溪是吴兴县的别称,所以史称的"上元初更隐苕溪"就是迁居吴兴,但至今却未见能证明迁居吴兴某地的确切史料,不像"余杭说"那样有根有据。所以,笔者认为"更隐苕溪就是更隐吴兴"之说也是不能成立的,原因是把"苕溪是吴兴县别称"之说唯一化了。而且即便如此,那么《陆文学自传》之"结庐于苕溪之湄"又作何解?是结庐于吴兴的什么"湄"?而余杭境内的"苎山"和"陆羽泉"倒是完全符合的,其中苎山在东苕溪之湄,陆羽泉在北苕溪的径山港之湄,湄者岸边也。所以结论是史称的"上元初更隐苕溪"就是指上元初隐居于余杭的苎山和陆羽泉,与"上元初结庐于苕溪之湄""初隐居苎山""上元初结庐苕溪上""上元初隐苕溪"其实是一码子事。再说,当年陆羽起兴头"结庐",而且"结庐"了"苎山"和"陆羽泉"两个地方,结果总共住了不到一年就"更隐"到吴兴"之湄"去了,这岂不是纯粹在闹折腾吗?还著什么《茶经》,自称什么"桑苎翁"呢?

为此我们认为,余杭作为陆羽的著经之地,在时间点上至少可延续到大历元年(766),这时《茶经》初稿已成,竞相传抄。客观上,陆羽在这六个年头里,除著《茶经》外,在杭一带的活动也痕迹多多,如春游钱塘、邂逅李治、重游余杭、作《天竺、灵隐二寺记》等,直到大历元年春,还要春游杭州,并作《武林山记》。至于大历元年以后,就有可能是以湖州为主了,而且可作印证的史料也多,以至人称湖州是陆羽的第二故乡。

三、小结

综上结论:余杭是陆羽著《茶经》之地,具体地点是余杭镇仙宅村的苎山,以及现径山镇双溪的"陆羽泉",时间是唐上元元年至大历元年(760—766)。

但此说并不排斥湖州或其他某处也有陆羽著《茶经》之地,因为客观地说,自陆羽于公元766年在余杭完成《茶经》三卷初稿,到公元780年正式付梓,前后足有15年的跨度,在这15年里陆羽又去了哪里?考察了哪些茶事?又如何用这些考察资料对《茶经》做反复修正?如此等等。所以,从真正意义上说,这些都应该是著《茶经》的过程,也就是说,别处的著经之地肯定还会有,但"余杭是陆羽的著经之地"一说毕竟已经是有根有据了。

日本人的径山之梦

陈小法

序言

当今常用的日语词汇中,与径山有关的至少有两个。一是"径山寺味噌",即源自余杭径山寺的一种副食酱。它的特别之处是在黄豆酱中加入切碎的茄子、黄瓜等蔬菜,甚至是鱼、肉而后密闭封存而食之。由于"径山"在日语中的发音很特殊,不念"KEI ZAN",而读成"KIN ZAN",所以常与"金山"相混。因而,"径山寺味噌"也常写成"金山寺味噌",实际上这是一种误解。日本江户时代学者寺岛良安在《和汉三才图会》中又写成"经山寺未酱",说它是"纳豆之类也。唐僧多造之,云经山寺始造之",并附有详细的制作工艺。[1]其实,三者都是一回事。另一个单词是"径山寺屋",即以前挑着味噌担子挨家挨户兜售的商贩。

据称,径山寺味噌的制作工艺是由入宋僧心地觉心(法灯国师)于1254年归国时传入日本,最早的生产地是在和歌山鹫峰山兴国寺旁的汤浅。不仅如此,据称"开门七件事"中的酱油,其起源也与径山寺味噌有关,即由心地觉心用来调理菜肴的酱汤发展而来。

味噌也好,酱油也罢,都是日本人日常生活中必不可少的食品。如上述史话属实,那它们就是扎根于日本人心底、与日本人生活最密切的文化之一了。可见,径山对日本文化产生影响之深远!

一、日本文化中的径山元素

当然,味噌也许只是径山文化对日本产生影响的冰山一角而已,细细

作者简介:陈小法,湖南师范大学教授。

数来,日本文化中的径山元素其实还有很多。

(一)日本茶道之源流

1241 年,师从径山无准师范的日僧东福圆尔(1202—1280)学成归国。他将从径山带回的茶籽种在故乡静冈县安倍郡足久保村,几年后人们按照径山茶的制法试制成功了日本高档抹茶"本山茶",自此本山茶成为了产茶大县静冈的最主要茶类。不仅如此,圆尔还从径山寺带回了《禅院清规》一册,并以此为蓝本,制定了《东福寺清规》,其中就有仿效径山茶宴的东福寺茶礼,这可以说是径山茶宴的初传,也是日本茶道的雏形。之后登临径山的日僧南浦绍明(1235—1308)在 1267 年回国时,带回了七部茶书和一套点茶用具。在南浦绍明主持崇福寺禅事 33 年间,也曾仿照径山茶宴进行过奉茶仪式,日本茶道再次得以延续和完善。15 世纪后期,村田珠光在上述的基础上,整理出一套完整的日本茶道点茶法,自此日本茶道日臻完美。因此,日本茶道的源流在径山乃是毋庸置疑之事。而当今日本的艺术,几乎无不受到日本茶道的影响,这其中径山茶宴功不可没。

(二)日本临济之祖庭

在日本禅宗二十四流派中,有十五个流派的开山与径山寺有关联,其中七名开山祖师就是径山弟子。而临济宗杨岐派中,竟然有十四流派与径山相关。可见,把径山称之为日本临济宗的祖庭乃名至实归。

众所周知,禅宗在日本文化开转之际占据了核心地位,发挥了重要作用。从某种意义上来说,今天的日本文化,其渊源可谓在杭州。[2]而径山又扮演着最重要的角色。

表 1 与径山有关的日本禅宗流派

宗派	流派	开山	身份	嗣法	与径山的关系
曹洞宗		道元派	永平道元	入宋僧	天童如净	到过杭州、上过径山
临济宗	杨岐派	圣一派	圆尔	入宋僧	无准师范	径山弟子
		大觉派	兰溪道隆	赴日僧	松源崇岳	兰溪道隆曾参学径山、净慈 [3]
		法海派	无象静照	入宋僧	石溪心月	径山弟子
		大应派	南浦绍明	入宋僧	虚堂智愚	径山弟子

续表

宗派	流派	开山	身份	嗣法	与径山的关系
临济宗	杨岐派	兀庵派	兀庵普宁	赴日僧	无准师范	径山弟子
		大休派	大休正念	赴日僧	石溪心月	径山弟子
		佛光派	无学祖元	赴日僧	无准师范	径山弟子
		镜堂派	镜堂觉圆	赴日僧	环溪惟一	环溪惟一曾任径山寺首座
		古先派	古先印原	入元僧	中峰明本	古先印原乃天目幻住庵弟子
		中岩派	中岩圆月	入元僧	东阳德辉	中岩圆月曾参学天目幻住庵、净慈寺、径山禅寺
		明极派	明极楚俊	赴日僧	虎岩净伏	明极楚俊乃灵隐寺弟子,曾任灵隐、净慈、径山首座[4]
		竺仙派	竺仙梵仙	赴日僧	古林清茂	竺仙梵仙乃在灵隐寺受具足戒,参学天目明本、净慈寺、虎跑寺、径山寺等[5]
		大拙派	大拙祖能	入元僧	千岩祖雄	大拙祖能曾上天目、径山巡礼
		别传派	别传明胤	赴日僧	虚谷希陵	径山弟子

（三）日本枯山水之母体

最近,日本都市庭园规划设计师兼学者白井隆研究发现,作为枯山水的代表、在世界上享有盛名的京都龙安寺的石庭,其实是宋代径山禅寺庭园的仿作。众所周知,被视为日本庭园文化代表的枯山水,与禅宗有着极为密切的联系。而径山禅寺庭园的设计,基于中国传统的自然观和山水思想,这种自然观和山水思想又与禅宗思想密不可分。

（四）日僧求法巡礼之圣地

南宋开始,径山寺成为了日僧渡海求法的圣地。据径山研究的先驱者俞清源先生的统计,南宋至明末至少有 443 位日僧来华求法,其中 129 人史册留名,而这 129 人中的大部分都登临过径山。[6]他们在径山寺参禅求法,时间最长者达九年。其中,嗣法于径山祖师的有 11 人,嗣法于"径山派"三传以内弟子的有 41 人之多。此外,自南宋至明末清初中国赴日弘法的僧侣有 45 人,其中隶属于径山派三传以内弟子的有 27 人。[7]

（五）日本寺院伽蓝建造的模本

由于径山寺当时名列五山之首，声名远扬日本，对日本禅寺的影响也是最大，成为日本禅院模仿的主要对象。这在南宋时期出自日僧之手的《五山十刹图》也可看出，书中所录的伽蓝配置、寺院建筑、家具法器、仪式作法、杂录等七十项内容中，径山寺名列榜首，其数量远超其他各寺。[8]而迄今为止所知的日本禅院中，模仿径山寺伽蓝所建的至少有以下十多座：

1. 神子荣尊（1195—1272）回国后，在肥前佐贺县水上山创建"兴圣万寿禅寺"。

2. 性才法心（1198—1273）回国后，在松岛创建"圆福寺"（后改"瑞岩寺"）。后又在十和田创建"法莲寺"，在茨城仿天目山创建"照明寺"。

3. 湛慧回国后，在九州大宰府横岳山创建"崇福寺"。

4. 道佑（1201—1256）回国后，在北山创建"妙见堂"。

5. 无象静照回国后，先后开创东京平安山"佛心寺"、镰仓"龙华山真际精舍"。

6. 寒岩义尹（1217—1300）回国后在肥后创建"大慈寺"。

7. 南浦绍明（1235—1380）回国后，创建"嘉元禅寺"。

8. 寂室元光（1290—1367）回国后创建"永德寺""本净寺""永源寺"等。

9. 圆尔辨圆在1241年自宋回国后，修建了"东福寺"。

10. 南宋僧人兰溪道隆在1253年建成镰仓"建长寺"。

（六）日本国宝中的径山文物

到2016年2月为止，日本共有国宝1097件，包括建造物223件（282栋）、工艺美术品874件。其中，与径山相关的文物至少15件，包括径山各住持的书画作品10件和从径山传至日本的天目茶碗5个。另外，与径山有关联的人物如牧溪、竺仙梵仙、兰溪道隆等人也有作品被列入日本国宝之中。

我们知道，国宝乃是一个国家和民族的文化基因和灵魂所在。如此众多的文物被认定为日本国宝，可以说径山不愧是中国文化影响日本的巅峰之地。

表2　日本国宝中的径山文物

类别	名称	作者	年代	藏所
陶瓷	曜变天目茶碗	不明	南宋	静嘉堂文库
	曜变天目茶碗	不明	南宋	藤田美术馆
	曜变天目茶碗	不明	南宋	京都龙光院
	油滴天目茶碗	不明	南宋	大阪市立东洋陶瓷美术馆
	玳玻天目茶碗	不明	南宋	京都相国寺
绘画	无准师范像	无准师范自赞	南宋	京都东福寺
墨迹	达磨忌拈香语	虚堂智愚	南宋	京都大德寺
	法语	虚堂智愚	南宋	东京国立博物馆
	法语	密庵咸杰	南宋	京都龙光院
	与长乐寺一翁偈语	无学祖元	南宋	京都相国寺（4幅）
	圆尔印可状	无准师范	南宋	京都东福寺
	山门疏	无准师范	南宋	五岛美术馆
	尺牍（板渡墨迹）	无准师范	南宋	东京国立博物馆
	尺牍	大慧宗杲	南宋	畠山博物馆
	与无相居士尺牍	大慧宗杲	南宋	东京国立博物馆

应该说，径山文化对日本的影响是比较全面的，涉及面较广。除上述的几大类外，还有饮食、药物、制度以及艺术等。径山文化东传日本，人物往来的交流可能是最主要的，它包括西来求学和东渡弘法两大类。其次就是文物的流播，包括顶相、墨迹和书籍、道具等。此外，径山还以一些特殊的方式影响着日本文化。试举几例如下：

二、渡唐天神：菅原道真的径山之梦

对菅原道真（845—903）这位日本平安前期的著名学者，也许并不被国人所熟知，但周作人曾誉称他犹如我国的文昌帝君。在1926年1月发刊的《语丝》第63期中，周作人曾这样写道："他（菅原道真）曾主张所谓和魂汉才，这与张之洞的那个中学为体、西学为用正是一样。菅原生当中国唐末，十一岁即能诗，事君尽忠，为同僚所谗毁，谪居筑紫，后人崇祀为天满神,犹中国之文昌帝君。"[9]周作人寥寥数语基本描绘出了菅原道真一生的重要轨迹。

天满宫,这个日本遍地可见的神社时常热闹非凡,虔诚的信徒络绎不绝。而宫内祭祀的正是这位刚正不阿的名臣、杰出的文学家菅原道真。每到高考来临,莘莘学子成群结队来向这位有"学问神"之称的人神祈祷,以求助自己能金榜题名。那么,这位类似我国孔圣的菅原道真,怎会有如此神力? 这还得从头说起。

(一)名臣冤死成天神

日本昌泰四年(901)正月,权臣藤原氏以策划废黜醍醐天皇为由,把时任右大臣的菅原道真贬谪为太宰权帅。左迁后的道真整日蛰居发配地的某个荒寺,仅以赋诗来慰藉自己。短短二年后的延喜三年(903)二月十五日,道真抑郁而死,享年五十九。不料两个月后的四月二十日,朝廷不仅恢复了道真的右大臣一职,烧了左迁的敕书,而且还将他升至正二位,并赐神号"天满",并建神社以来祭祀。然而,这些举措似乎并未能平息已故菅原道真的怨愤。

延喜四年以后,日本国内瘟疫多发,旱灾不断,因而自然就有了道真冤魂作祟之风传。鉴于此,藤原时平一派作了些时弊的匡正,宇多天皇也一头扎入天台、真言的法门世界,积极奔走。

延喜八年(908),谗言道真的中心人物之一藤原菅根去世。次年四月,仅三十九岁的藤原时平也亡命。十二年(912)三月,曾和道真对立的右大臣源光逝殂,十八年(918)十月,三善清行也殁世。朝廷要员如此接二连三地非正常离世,致使"道真冤魂作祟"的流言再次盛行。十九年(919),因一连的不安和噩耗而慑惧的藤原仲平(时平之弟)重修了筑前安乐寺,以慰抚道真冤魂之用。

但灾难并未就此结束。延长四年(926)十月,传言在旧宅显灵的道真告诫儿子兼茂说,最近朝廷有大事,要注意保护自己。延长六年、七年,果然瘟疫横行,尸骨满街。宫廷周围甚至流传起闹鬼之说。

延长八年(930)六月二十六日,天皇所居的清凉殿遭雷击,大纳言藤原清贯等三人被劈死。九月二十九日,醍醐天皇因受惊吓也驾崩,享年仅四十六。因此,菅原道真也被称之为"火雷天神"。

先有郁闷致死的道真,后有满目疮痍的世事,这或许只是偶然,但为火雷天神的信仰即"天神信仰"之普及却起了极大的推动作用。

（二）天神渡唐之缘由

室町时期日本东福寺灵隐轩主大极的日记《碧山日录》"长禄三年二月二十二日"中有如下一则记载:

> 昔岁西府太守某有一女子,发风狂之疾,诸医不能疗之也。或时自发,其言曰:"我是宰府之天满神也。有垢习未除者,愿集净侣一千人,同音俾诵法华经,王以助吾神化云。"太守如其言矣。又托曰:"重请禀生之不淫徒一千俾诵焉。"太守无奈何之时,乃祖一国师聆之曰:"我能为之。"即造方丈室,悬水晶念珠十串于其四面而独坐其中,而诵经一部。曰:"一千人功毕。"其日女子立疗。神后现形于一国师前曰:"愿投师以为弟子。"师曰:"吾曾入宋,而师佛鉴老人咨决心要也。公往于径山,以执师资之礼可乎。"神乃以国师之命而入神通力,三昧现此形,而参佛鉴于径山也云云。[10]

大意是说福冈太宰府太守为了给自己疯癫的女儿治病,就按照天神所托之言行事。不料天神所求难以执行,犯难之际,从径山学成归国的圣一国师(圆尔)为其解了围,疯女之病也得以痊愈。天神有感国师之法力,愿执弟子之礼。可国师推辞并劝说天神赴径山,入室自己师傅无准师范之门下。于是,天神决意参禅径山佛鉴老人。

（三）天神的华丽转身

关于天神与无准师范的师徒关系,最早论及此说的文献可追溯至花山院长亲[11]于日本应永二年(1395)左右撰写的《两圣记》。"两圣",即无准师范和菅原道真。该书的起首处说到无准和尚住持径山时,某日深夜,一位自称日本菅丞相的人恳求传法授衣予他。

而日本人伊藤松在《邻交征书》中收录了有关天神的两首诗,其中一首曰:"天下梅花主,扶桑文字祖。这个正法眼,云门答道普。"[12]诗文的作者为"师范",即"径山佛鉴禅师无准师范",典出天授院古写本。其实关于此诗文的来龙去脉,日本文献《群书类从》卷第十九《菅神入宋授衣记》中有更详细的记载:

一朝天未明，见丈室庭上有一丛茆草。禅师自谓："昨之夕无此草，今之旦为甚么生之乎？"于是有神人只手擎一枝梅花，突然出来矣。禅师问曰："汝是何人乎？"神人无语，唯指庭上茆草。禅师忽谓曰："茆者，菅也。"即知扶桑菅姓之神也。神人呈一枝梅于禅师前，胡跪，有一首和歌曰："唐衣不织而北野之神也，袖尔为持梅一枝。"忽谓，禀禅师之密旨，亲面悟解。禅师即付梅花纹僧伽梨，示一偈，偈曰："天下梅花主，扶桑文字祖。这个正法眼，云门答曰普。"神人亲顶拜僧伽梨并证偈了。又献一偈，曰："手里梅花顶上囊，不离安乐现南方。径山衣法亲传授，何用时时仰彼苍。"[13]

事件纪年为"宋淳祐元年，而日本仁治二年辛丑十二月十八日是也。"宋淳祐元年即1241年，正值入宋僧圆尔学成归国之岁。[14]至于该年的十二月，国师应在博多一带活动。其实，传说在菅原道真飞渡径坞之前，曾至承天寺问法国师。因此，传说的时空选选定，自然与当时国师的踪迹有关。

菅原道真死后由天神再借助圣一国师之法力，凭借一枝梅花"一夜飞香渡海云"（明代洪恕赞渡唐天神诗句），终于登堂入室与自己相去三百三十多年的无准师范门下，心愿遂了。而得到无准师范点化的天神，荣归日本，摇身一变成了"渡唐天神"，法力也随之大增。

尽管"天神问禅无准"是个犹如关公战秦琼式的荒唐杜撰，但在日本室町时代的五山禅僧之间曾广为流传，影响深远。伴随"神佛习合"思想的流行，渡唐天神像也呼之而出。从现存大量画像的构图看，大多为仙冠道服的菅原道真正面拱手而立，头披幞头，腰佩小囊，手把梅枝，风貌拟唐。

(四)牧溪的天神像

根据日本文献资料记载，无准师范曾请人画过日本天神之像，其中的画手之一就是牧溪。这也表明，在南宋时期日本的天神信仰已经传至中国禅林。那么，其中的原委又是什么？

先来看无准师范写的第二首《天神》偈文，其曰：

菅君本不假凡胎，直自灵山会上来。

五百年间无识者，扶桑佛法一枝梅。[15]

援伊藤松之说，同样出自天授院古写本。而关于此诗的来历，《菅神入宋授衣记》作如下说：

无准师范与菅神相见之后,使人画此像,自笔顶上赞曰:"君氏元不假凡胎,直自灵山会上来。五百年间无识者,扶桑佛法一枝梅。"其时日本承天僧某在径山,乞其神像,持以归本国,上圣一云。"[16]

也就是说,无准与菅原道真相见之后,让人画了天神像,自己还在画上题了偈颂。后来此画被日本承天寺僧人带回日本送给了圆尔。

无独有偶,日本五山禅僧瑞溪周凤在日记《卧云日件录拔尤》"文正元年(1466)五月七日"条中有如下记载:

等持院主栴室[17]来访,话次及北野天神参无准之事。栴室曰:"某童年,侍胜定相公[18]五年。大内德雄[19]居士就正禅院奉请胜定院殿。德雄以天神像献相公。"先谓某曰:"此像珍秘久矣。今日相公辱来临,殊以献之。"盖牧溪笔、无准赞,赞有小序云云。某持以呈相公,细述德雄意。时严中和尚[20]隔墙闻此,问某其赞如何? 只诵三四句曰:"凌霄峰顶梦醒后,袖里边界香。"其余不记。严中曰:"唯此二句足云云。"[21]

上文的大致意思是说,大内盛见敬献给幕府将军足利义持的天神像乃出自南宋著名画僧牧溪之笔,上有无准师范的题赞,赞词中有"凌霄峰顶梦醒后,袖里边界香"之句。

结合上述《菅神入宋授衣记》的记载,我们不难推测牧溪可能画了两幅天神之像,而且画上都有无准的题赞。遗憾的是,画作早已散佚不存,实情无从考证。

(五)中日的渡唐天神像

上文已经提到,天神像也有出自中国人之手的作品。那么,渡唐天神像又如何呢?

1. 日本最早的渡唐天神像

据笔者管见,有关日本渡唐天神像的始出记载,是东福寺灵隐轩主大极的日记《碧山日录》,其"长禄三年二月二十二日"条中有如下记载:

近世多绘受衣天神之像,此始于观庵主也。有医僧源心知客者,依庵主于藏光。彼一宵梦曰:"有一伟丈夫,风姿壮丽也。以伽梨之囊挂其右胁,且挟梅花之枝。予讶之,时空中有声,告曰此北野天满大自在天也。"醒后以之告庵主。是乃明德末也。后应永甲戌之岁,播州之僧名佐者,以一画轴遣于庵主曰:"是北野天满神,以通力入径坞之室,传佛鉴之衣形象也。"乃展之睹。则心知客之所梦如以合符也。庵主奇之,竟命画僧明兆绘之,以传于天下。吾藏光舍,以此护法之神。

文中的庵主指藏光庵主休翁普宽。医僧源心知客指月溪源心。月溪源心梦见北野天满大自在天是在明德(1390—1394)末年。"播州之僧名佐者"即指播磨人忠庵昌佐。忠庵昌佐持"传佛鉴之衣形象"的北野天满神画轴给休翁普宽是在应永甲戌之岁(1394)。画轴中的北野天满神竟与月溪源心梦见的伟丈夫相符,感到惊讶的休翁普宽因此命画僧吉山明兆绘制了渡唐天神像,并以此传于天下,这也就是当前学界认可的渡唐天神像之滥觞。

2. 宁波的渡唐天神像

明代的宁波,被指定为唯一一个日本贡使船只的登陆地。永乐三年(1405),建成了接待日本使节食宿设施的安远驿和嘉宾馆。因此,不管是初来乍到之时还是扬帆归国之际,宁波成了日本使者必经之地,也是他们在中国滞留时间最长的地方。

与海有缘的渡唐天神信仰产生后,迅速在以五山禅僧为中心而传开,小型的渡唐天神像甚至成为了航海保护神,因而日本国内的需求量也自然日益增大。在当时大量进口中国书画的同时,在海外的宁波画坊求取国内所需的天神像亦是不难想象。

目前研究表明,出自宁波的渡唐天神像有以下几幅:

(1)明景泰五年(1454)六月,日本东福寺僧斯立光幢从明朝携回中国产的渡唐天神像一幅。据日本学者海老根聪郎的研究,其产地为宁波。[22]

(2)季弘大叔的《蔗轩日录》"文明十八年(1486)三月七日"条中载:"竹谷道者大叔拜稽首敬赞,命董和明字十首,题天神曰:'东海词臣姓是菅,凌霄峰顶扣禅关。传金襕外付何物,带得梅花一朵还。'唐人画天神像,向日本人云天神买了。其姿如本朝所图云云。"[23]据渡唐天神研究专家今泉淑夫认为,这卖给日本人的天神像产自宁波。[24]

(3) 某日大安寺僧西川丈人请著名文人万里集九为自己所藏的渡唐天神像题赞,面对眼前的画像,万里叹曰:"盖大明国之店笔,而衣巾之态度、梅花之颜色与本邦所图者不同。南游好事之人,所贿者也。"[25]这是万里集九在其《梅花无尽藏》中的一段记载。其实,还俗的万里对渡唐天神一直持否定态度,所以对画像也以非常严厉的眼光来审视。和上述季弘大叔不同,他认为中国产的天神像无论是姿势还是梅花的颜色都与日本的不同。对于上述西川丈人所藏的天神像,高桥范子认为亦是宁波所产。[26]

(4)京都妙心寺麟华院藏有一幅题为《梅厓赞渡唐天神像》,据今泉淑夫的研究,画的作者亦就是题赞的宁波文人方梅厓。[27]此外,今泉淑夫还认为东京个人所藏的方梅厓题赞的渡唐天神像、佐贺县立博物馆藏的方梅厓题赞的渡唐天神像都是宁波一带所产。[28]而高桥范子认为京都清静华院藏有的方兰坡题赞的渡唐天神像、京都北野天满宫所藏的赵植轩题赞的渡唐天神像也都是宁波所产。[29]

3. 宁波文人与渡唐天神像

明代的宁波,是中日文化交流的重镇。宁波文人与遣明使的交流呈现空前的盛况,多位文人也曾为异国的渡唐天神像题过画赞。詹仲和、方震、方梅厓、赵植轩等就是其中代表。

(1)詹仲和

据明代凌迪知在《万姓统谱》卷六十七的记载,詹仲和,名僖,号铁冠道人,鄞人。初为县诸生,已而弃去。学书师王右军及赵子昂,诸帖皆逼真,年七十余灯下作小楷如蝇头状,遒劲可法。两京俱有碑刻,人皆珍焉。

由于詹仲和在书画上的造诣,以至成为当时入明日僧必见的中国文人之一。其许多作品被传至东瀛,如最著名的是和日本画圣雪舟等杨合作的《富士三保清见寺图》,上有其的题跋。明弘治九年(1496)雪舟的弟子如寄归国时携回的画上也有詹仲和之赞。[30]正德七年(1512)八月十八日,詹仲和为日本遣明使三宅壹岐守宗徹题写《苇牧斋跋》。[31]正德八年五月,詹仲和赠七言绝句与日本山科本愿寺的实如[32],等等。可见詹仲和与日本文人的交往比较密切。

值得注意的是,在日本江户时代后期儒学者立原翠轩的笔录《此君堂后素谈》中,记载着以下一段关于詹仲和与渡唐天神的逸闻。

一日,詹仲和问入明的日僧雪舟:"日本有称菅丞相的人吗?"雪舟答道："那是日本神，为何有此问？""其实前几日梦见一手持梅枝的老人，当我问他是谁时，自称是日本菅丞相。因姿态与一般老人不一，所以出于敬慕就把他的梦中姿态描了下来。"詹仲和回答说。听了此话的雪舟，照着詹仲和的画像亦画了一幅，并把自己的留在了中国，而把詹仲和的带回了日本。

据传，此画被一位名叫八十村路通的人所珍藏。立原翠轩接着说，世间流传的渡唐天神像其实最早出于詹仲和之手，而在日本，雪舟是第一人。当然，故事的真伪一目了然，其事主要用意是对画圣雪舟的附会，但是从中亦可见明人詹仲和在日本的知名程度。

（2）方氏父子

方氏父子指的是宁波人方震和方梅厓。方震，号友梅，浙江宁波人，与入明僧多有交往。曾因日本天龙寺僧胤叔梵绍之请，作《日本天满大自在天神像》之赞。赞文如下："梅花肉骨，冰雪精神，自非母胎所产，而是维岳生申。抚菅氏手，得元气者，慕宣尼之轨范，为延喜之朝绅。诸史百家，冠日东之无二。九州四海，称亟相之一人。遭平卿之谗谤，谪太宰之遐滨。作火雷而焚阙，为观世以现身，乃天降以赠号，有七字而可珍。参径山之禅味，入大唐之要津，是宜一邦绘像享祀于千秋也欤。"[33]

方梅厓，讳仕，字伯行，宁波人。梅厓为其号。能书善画，著有《续图绘宝鉴》《集古隶韵》。与日本文人的交往也是非常密切。据日本《宝山塔头由绪》的记载，日本大德寺龙源院和兴临院的匾额都出自方梅厓之亲笔。[34]《上村本宗派目子》提到大慈庵天华室和水月南轩的匾额皆署名为"大明梅崖山人"。[35]与遣明使湖心硕鼎、策彦周良交往甚密，尤其与后者，在诗文唱酬、书画互赠、典籍交流[36]、信函往来等方面，《初渡集》中都有详细记载。而据今泉淑夫研究表明，有方梅厓题赞的渡唐天神像在日本至少传存有三幅。具体藏所，上文已提及，不再赘言。

（3）赵植轩

赵植轩，宁波文人，生平不详。由其题赞的渡唐天神像现藏京都北野天满宫。赞文如下："日本曾闻北野君，爱梅潇洒又能文。谪居宰府三千里，一夜飞香渡海云。"落款为"赵植轩述"。但值得注意的是，我国元末明初一位名叫洪恕[37]的文人在此前亦曾作《天神》一首："日本曾闻北野君,爱梅潇洒又能文。谪居西府三千里,一夜飞香渡海云。"[38]两者内容几乎完全一样,应该是赵植轩引用了洪恕的诗文,可见异国天神在明代文人间具有一定的影响。

三、虚堂同身:一休宗纯的径山之梦

在径山的对外文化交流史上,虚堂智愚无疑是最重要人物之一。本节就一休与虚堂之间的关系作一探索。

随着日本动画片《聪明的一休》在我国的播放,那个聪明伶俐、机智可爱的小和尚一休便成为家喻户晓的名人,直至今天,可以说一休哥还是最有名的日本人之一。甚至在网站上流行的世界十大历史杰出少年中,一休哥也名列其中。这十人依次为:少年康熙擒鳌拜、曹冲称象、孔融让梨、司马光砸缸救友、夏完淳怒斥洪承畴、彼得大帝、音乐神童莫扎特、圣女贞德、一休哥和癫狂小神童徐渭。可见,一休哥在国人心中有相当的知名度。可是,大家对于一休哥的原型人物未必了解,他的全名为"一休宗纯"(1394—1481),临济宗大应派高僧,法讳初曰"周建",后改为"宗纯",一时也称"宗顺"。字"一休",号"狂云",别号"国景、梦闺"等。后小松天皇(1377—1433)的皇子,母亲出身于南朝遗臣华山院家族。应永六年(1399)师六岁时成为了山城安国寺象外集鉴的僧童。象外是铁舟德济的高徒,"周建"一名就是他所授。二十二年(1415)参拜近江坚田的华叟宗昙,二十七年(1420)得"一休"之印可。

(一)"虚堂七世天下老和尚"

一休没有到过中国,虚堂也未曾东渡扶桑,因此两者没有直接交流关系。但是,一休心仪虚堂,自称是虚堂七世法孙。两人缘分深厚,其中的纽带正是径山,此寺的禅风将他俩联系在了一起。

日本康正三年(1457)己卯,一休大师时年六十六岁。一天有人叫卖虚堂祖翁的唐本画像,上有虚堂的自赞,曰:"容易肯人,难与共语。竹篦头惜之如金,禅床角委之如土。净覃知藏善知机,电光影里分宾主。"于是歇叟绍休(一休弟子)以重金买下了这幅虚堂的顶相,便准备与其他杂货一起赠予酬恩庵。可当时的酬恩塔主墨斋夜梦,见一瞎驴和尚来到寺里。

次日早上说梦与众人,不料午后果虚堂像至。于是挂壁各拜,众僧皆叹曰:"梦乃瞎驴和尚,觉则虚堂翁。堂其和尚前身乎。如梦而来,不亦奇乎。"[39]前面也提到过,瞎驴庵是一休于享德元年(1452)创建的,所以梦见的瞎驴和尚就是指一休。梦见的是瞎驴和尚,结果来的是虚堂智愚顶相,所以大家一致认为一休的前身就是虚堂。这也是后来"虚堂一休同身说"流行的原因所在,而一休本人也完全承认。后来还出现了虚堂一休同身说像。

日本文明四年(1472)壬辰,一休七十九岁。有人出小帧子以需书牌位,师当即点笔书与之曰:"住德禅某甲虚堂七世天下老和尚。"[40]这就是"虚堂七世天下老和尚"的由来。

咸淳三年(1267),入宋日僧南浦绍明得到虚堂智愚的印可后归国,常住崇福寺达三十三年,宗风大振,创立大应派。高徒之一宗峰妙超(1282—1338)于正中二年(1325)建成大德寺,并创建了临济宗的大德寺派。圆寂时,将大德寺交付给了出生岛根县的彻翁义亨(1295—1369)。义亨制定"大德寺法度",致力于奠定寺院经营及教团组织的基础。后因足利尊氏拥护与宗峰一派对立的梦窗疎石派,该寺退出五山之列,寺势渐衰。义亨的法嗣言外宗忠出任大德寺第七世,继而华叟宗昙(1352—1428)嗣法言外,可大德寺并未得到重振,直到一休宗纯,大德寺才得以复兴,重现昔日旺盛之景象。因此,从虚堂至一休的宗法关系为:虚堂智愚—南浦绍明—宗峰妙超—彻翁义亨—言外宗忠—华叟宗昙—一休宗纯,一休名副其实是虚堂的七世孙。

(二)《狂云集》与虚堂智愚

一休擅长偈颂,留下的诗作丰富,他的弟子集其成为《狂云集》,其中收诗六百六十九首。这些诗记述了一休自己的生平,读其诗如见其人。

文集中也有多首关于虚堂智愚的偈颂,谨摘录以下,以助了解一休眼中的虚堂像。

新造大应国师像偈

活眼大开真面目,千秋后尚弄精魂。

虚堂的子老南浦,东海狂云七世孙。[41]

虚堂赞

临济正传谁栋梁，慈明杨岐又虚堂。

东海儿孙七世子，大灯室的的灵光。[42]

赞虚堂和尚

育王住院世皆乖，抛下法衣如破鞋。

临济正传无一点，一天风月满吟怀。[43]

虚堂和尚三转语

己眼末明底因甚，将虚空作布裤看。

画饼冷肠饥未盈，娘生己眼见如盲。

寒堂一夜思衣意，罗绮千重暗现成。

画地为牢底因甚透者个不过。

何事春游兴未穷，人心尤是客盃弓。

天堂成就地狱灭，日永落花飞絮中。

入海算沙底因甚针头上翘足。

撒土箦沙深立功，针锋翘脚现神通。

山僧者里无能汉，东海儿孙天泽风。[44]

虚堂和尚十病二首

病在自信不及处，病在得失是非处。

病在我见偏执处，病在眼量窠臼处。

病在机境不脱处，病在得少为足处。

病在一师一友处，病在旁宗别派处。

病在位貌拘束处，病在自大了一生小得处。

是非元胜负修罗，傍出正传人我多。

近代邪师夸管见，识情毒气任偏颇。

议论未休正与邪，无惭愧汉是天魔。

狂云卧病相如渴，一枕秋风奈我何。[45]

虚堂和尚三转语

龙门万仞碧波高，天泽面前谁画牢。

生铁铸成三转语,作家炉鞲煅吹毛。[46]

四、大慧再世:春屋妙葩的径山之梦

春屋妙葩(1312—1388),日本室町时期著名的临济宗僧人。相国寺开山,1379 年受命为首任僧录,成为全国禅寺领袖。担任幕府将军足利义满的皈依导师,兼任室町幕府对外交流的顾问。为日本五山版和五山文化的发展做出重要贡献的人物。

这位室町时期最著名的人物春屋妙葩其实也与径山有着不解之缘。

1383 年某日,春屋妙葩的法嗣道隐昌树梦见中岩圆月在讲授《大慧普说》,房间中央挂着一幅画像,一问才知是大慧宗杲之像。但是,仔细一看,画像上部明显写着"大智普明"四字。于是,道隐昌树纠正说,明明是我国师春屋妙葩,为何说是大慧禅师? 不料,这竟是梦境。梦醒后,道隐昌树马上就按照梦中所见的样子画了一幅春屋像,上用金粉题写了"大智普明"之字,并赴春屋之处请求自赞。这就是所谓的"春屋乃大慧再世、大慧后身"之梦托的来源。据说,春屋自己也承认这个"大慧再来说"。此梦境在道隐昌树的《梦中像记》中有详细记载,谨引长文如下:

梦中像记

昌树书记

林泉野释子弱岁时,父教兄谕你长必行唐土,自受其训,区区不忘。虽然凤愿不到耳,数岁夷洛之间,卒未曾梦见已久矣。然而今丹丘寓居,正当大明洪武十六年,始梦入其国,此何征也。不不审审。

予住庵余十年,岁已耳顺也。永德壬戌正月十七日,夜五鼓之后,恍然入瞌睡三昧,忽梦至一萧寺,荒寒索寞,廊卷风叶。仰观废额,四祖大医禅师道场也。予欣然而徐步入云堂,有僧出迎,莞尔云,何来暮耶。相语移刻,予问其人者,昨朝赴五祖之请云云。

次至一所,有白衣先生,抚几朗吟。予请送行偈,先生泚毫即作长篇语书尾空楮。某也假其笔以书八分二三行,先生冰哂颔之而已矣。

又至一所遇悟庵南堂,手展八帧子俾予睹之。庵所画山水甚绝妙也。堂云,我将持之归本国矣。

又至一所,楼阁峥嵘,殿宇肃严,而不见人。自念言是妙喜世界。予凝

远熟视,中岩和尚堆坐榻而为众谈大慧普说。

时众未集,某近前,岩以手指中央一幅画像,予就其指看,却曰:"阿谁?"岩且颔引声哑云:"彼者,大慧之人也。"予云:"不然。"岩矍然曰:"谁?"予曰:"是吾国师。"岩诘其故,予见"大智普明"四个字自其上方,而指以为证之顷,忽开静板鸣,惊觉推枕正坐追绎焉。

昔大慧禅师,绍兴辛酉之夏,贬衡移梅,凡十七年矣。乙亥冬,蒙恩北还,明年春复僧,谢恩云:青毡本是吾家物,今日重还旧日僧。珍重圣恩何以报,万年松上一枝藤。同六月,却饶州荐福之命,以偈云:万死一生离瘴网,前程来日苦无多。收拾骨头林下去,谁能为众更波波。寻领朝命住四明育王山,问道者万二千指。百废并举,寔禅师年六十九岁也。

老师应安辛亥之冬,谢事寓于丹之海屿古云门寺,凡九年矣。康历改元之孟夏,俄得钧翰上洛,寻被旨。同六月初二日,特奉敕住南禅第一山。王公贵人缁素争竞瞻礼,咸谓一佛出世。开堂后百废具举,师年亦六十九岁也。噫!昔祖今师,进退住院年方同一而殆冥合者何也。又次年庚申正月二十六日,特赐智觉普明国师,兼大僧录,宠荣至矣盛矣哉。

禅师七十岁正月初十日被旨迁住径山。

国师七十岁退归未几而有旨再住龟山。

禅师七十三矣,四月谢事径山,五月一日遂所请,知省李公伯和施钱重建明月堂,为师佚老之居云云。

国师七十三矣,九月三十日,奉为先师开山国师三十三回之忌辰,大作佛事。至晚退居于金刚院云云。

门人昌树谨以记梦并装池湘缥之轴,如所梦像自写照焚香拜呈,就需著语,辄赐采览,而为予赞。赞曰:梦中说梦,俱入南华。扶桑借路,大唐经过。寤寐非一,真假如何。玉几瑞阜,斗额叫多。六十九岁,彼此罹憀。妙喜界中错逢著,寒山拾得笑呵呵。[47]

道隐昌树在上述的《梦中像记》主要记载了两件事:一是梦见入元僧中岩圆月在给众僧讲授《大慧普说》之际,中间悬挂一幅画像。中岩说是大慧像,可昌树却认为是春屋妙葩,因为画中的曲录上写着"大智普明"四字。第二是把春屋妙葩和大慧宗杲进行了比较,认为两者有很多相似之处。比如,两者都有被贬谪的经历,得以复出恰好都是六十九岁。再,大慧宗杲七十岁再住径山禅寺,而春屋妙葩也在七十岁再住天龙禅寺。还有,大慧宗杲在七十三岁谢事径山,退居明月堂养老。而春屋妙葩也在七十三岁之际,退居金刚院颐养天年。

还有一点值得一提的是,春屋妙葩退隐之际,把寓居之地称之为"云门寺",根据其门人芳通所编的《普明国师行业实录》中的记载,"师所寓之寺改号云门,盖慕妙喜遗风也。"是因为心仪大慧宗杲禅风之故。

五、结语

径山文化是中国江南文化的一个缩影,是一张王牌,也是一张金牌。综上所述,径山对日本的影响是全方位、立体式的。而径山对韩国的影响也是很大。据说在朝鲜王朝时代,朝鲜人就通过大慧宗杲的有关著述来创立禅宗。最近,韩国还出版了大慧宗杲的全集。虽然对越南、朝鲜的影响目前还不是很清楚,但估计也应有所波及。因此,当前研究径山文化的一个任务就是如何从东亚全局的视阈来研究、挖掘并进一步得以弘扬。

而具体到日本,笔者认为至少还有几张名片可打:

第一张:渡唐天神的梦乡。

第二张:一休宗纯的法脉。

第三张:春屋妙葩的前缘。

(本文原载于《余杭茶文化研究论文集》(2015—2021))

注释:

[1](日)寺岛良安《和汉三才图会》,吉川弘文馆,1906年,第1449页。

[2](日)大津淴山《杭州と日本禅》,《浙江文化研究》创刊号,浙江文化研究社发行,1941年3月。

[3]魏杏芳《兰溪道隆东渡传禅及其文化意义》,浙江大学2007年硕士学位论文。

[4]江静《天历二年中日禅僧舟中唱和诗辑考》,《文献》2008年第3期。

[5]江静《天历二年中日禅僧舟中唱和诗辑考》,《文献》2008年第3期。

[6]俞清源《径山史志》,浙江大学出版社,1995年,第117—118页。

[7]滕军《中日茶文化交流史》,人民出版社,2004年,第97页。

［8］张十庆《五山十刹图与南宋江南禅寺》,东南大学出版社,2000年,第35—105页

［9］钟叔河编《周作人文类编·日本管窥》,湖南文艺出版社,1998年,第177页。

［10］(日)《碧山日録》卷一(《改訂·史籍集覽》第二五冊),すみや书房,1969年,第143页。

［11］花山院长亲(？—1429):父亲花山院家贤,母亲花山院长亲母。法名明魏,号耕云,字子晋,法讳明魏。深得将军足利义满信任,被推举为和歌师范。著有《耕云纪行》、《两圣记》等。个人歌集有《耕云千首》、《耕云百首》、《别本耕云百首》等传存。

［12］(日)伊藤松《隣交徵書》(王宝平、郭万平等编),上海辞书出版社,2007年,第116页。

［13］(日)塙保己一《群書類従》卷第十九《菅神入宋授衣記》,续群书类从完成委员会,1992年,第154页。

［14］(日)竹貫元勝《新日本禅宗史:時の権力者と禅僧たち》(禅文化研究所1999年)中认为是七月归国,登陆地不明。而杨曾文《日本佛教史》(浙江人民出版社1996年)中认为是四月辞师、秋天在九州博多登陆。

［15］(日)伊藤松《邻交征书》(王宝平、郭万平等编),上海辞书出版社,2007年,第116～117页。

［16］(日)塙保己一《群書類従》卷第十九《菅神入宋授衣記》,续群书类从完成委员会1992年,第156页。

［17］栴室:即"栴室周馥"。

［18］胜定相公:日本室町幕府第四代将军足利義持(1386—1428)。

［19］大内德雄:即大内義弘之弟、大内氏第二十六代户主大内盛见(1377—1431)。

［20］严中和尚:即"严仲周噩"。九条报恩寺殿之子,自号"笑府",别号"懒云",谥号"智海大珠禅师"。春屋妙葩之法嗣,正长元(1428)年圆寂,享年七十。

［21］(日)瑞溪周凤《臥雲日件録拔尤》,思文阁出版,1992年,第169页。

［22］(日)海老根聡郎《寧波の文人と日本人:十五世紀における》,《東京国立博物館紀要》11号。

［23］(日)《大日本古記録·蔗軒日録》,岩波书店,1953年,第149页。

［24］(日)今泉淑夫《渡唐天神像三题》,《日本歴史》485号。

［25］(日)今泉淑夫、岛尾新《禅と天神》,吉川弘文馆,2000年,第278页。

［26］(日)今泉淑夫、岛尾新《禅と天神》,吉川弘文馆,2000年,第253页。

［27］(日)今泉淑夫《渡唐天神像三题》,《日本歴史》485号。

［28］(日)今泉淑夫、岛尾新《禅と天神》,吉川弘文馆,2000年,第255--284页。

［29］(日)今泉淑夫、岛尾新《禅と天神》,吉川弘文馆,2000年,第249页。

[30]（日）高桥范子《水墨画に遊ぶ禅僧たちの風雅》，吉川弘文馆，2005 年，第198 页。

[31]（日）伊藤松《隣交徴書》，上海辞书出版社，2007 年，第 78 页。

[32]（日）伊藤松《隣交徴書》，上海辞书出版社，2007 年，第 162 页。

[33]（日）伊藤松《隣交徴書》，上海辞书出版社，2007 年，第 407 页。

[34]（日）今泉淑夫、岛尾新《禅と天神》，吉川弘文馆，2000 年，第 259 页。

[35]（日）今泉淑夫、岛尾新《禅と天神》，吉川弘文馆，2000 年，第 268 页。

[36]策彦弟子令彰纪录的《聚分韵略》一书表纸上有"老師策彦和尚話云，箇小指册韵略外题大唐寧波府芳梅崖書之也。"[牧田谛亮：《策彦入明記の研究》(下)，27 页]

[37]洪恕，字主敬，金华人。元末避兵居松江，能诗，善行草书，以讲授终。

[38]伊藤松：《邻交征书》，163 页。

[39]（日）森大狂参订《一休和尚狂云集》之"东海一休和尚年谱"，民友社藏版，1909 年，第 39—40 页。

[40]（日）森大狂参订《一休和尚狂云集》之"东海一休和尚年谱"，民友社藏版，1909 年，第 45 页。

[41]（日）森大狂参订《一休和尚狂云集》之"东海一休和尚年谱"，民友社藏版，1909 年，第 38 页。

[42]（日）森大狂参订《一休和尚狂云集》之"东海一休和尚年谱"，民友社藏版，1909 年，第 41 页。

[43]（日）森大狂参订《一休和尚狂云集》之《狂云集》，民友社藏版，1909 年，第 1 页。

[44]（日）森大狂参订《一休和尚狂云集》之《狂云集》，民友社藏版，1909 年，第6—7 页。

[45]（日）森大狂参订《一休和尚狂云集》之《狂云集》，民友社藏版，1909 年，第41 页。

[46]（日）森大狂参订《一休和尚狂云集》之《狂云集》，民友社藏版，1909 年，第68 页。

[47]（日）樋口宝堂《云门一曲附雄峰余滴》，鹿王院文库，1942 年，第 115—117 页。

径山与韩国的文化交流钩沉

陈小法

各位领导、专家、韩国朋友们:大家好!

非常感谢会议主办方的邀请,使我有机会来这里向大家讨教。

我主要研究中日关系为主,对于中韩的茶文化交流是门外汉,尤其是径山与韩国的交流,一是可供参考的资料很少,二是超出了本人的专业之外,所以接下来的内容如有不妥或错误,敬请各位指正。

今天我主要讲三点:一是余杭径山与韩国的佛教交流,二是韩国茶文化与浙江的关系,三是今后的课题。

一、余杭径山与韩国的佛教交流

提到余杭径山与韩国的文化交流,我想应该从佛教交流开始说起,因为大家都知道,径山文化中佛教可谓是核心。对韩国产生影响的径山佛教中,主要有以下的人和事。

(一)大慧宗杲与韩国佛教。据研究,大慧宗杲(1089—1163)于径山寺所倡导的看话禅,在宗杲圆寂后三十年内就传入了海东高丽,引起高丽王朝(918—1392)禅僧的推崇,并有刊本问世,而较早阅读宗杲著述的高丽僧人可能就是知讷(1158—1210)。

金君绥所撰的《升平府曹溪山松广寺佛日普照国师碑铭并序》载:

师尝言:予自普门已来,十余年矣!虽得意勤修,无虚废时,情见未忘,有物碍膺,如仇同所。至居智异,得大慧普觉禅师语录云,禅不在静处,亦不在闹处,不在日用应缘处,不在思量分别处,然第一不得舍却静处,闹处,日用应缘处,思量分别处参。忽然眼开,方知是屋里事。予于此契会,自然不碍膺,譬不同所,当下安乐耳!

引文中的"师"是指知讷,知讷是在高丽明宗王二十七年(1197)迁居智异山的无住庵,而在高丽神宗王三年(1200)移居松广山吉祥寺,这就是说,知讷是在1197年至1200年之间阅读了《大慧普觉禅师语录》。

知讷虽未入宋求法,但却在高丽广阅藏经,而且史料明确记载知讷受到《大慧普觉禅师语录》影响极大,并留有《看话决疑论》一卷,倡导看话修行。《看话决疑论》是在知讷入灭后,由弟子慧谌在其箱内所发现,1215年刊行于世,后广为流传。

知讷吸收大慧宗杲等人的思想后,合并禅门"九山",建立曹溪宗,日后成为了韩国第一大宗派,促进了高丽佛教的向前发展。

(二)径山寺与高丽佛教交流的第二件大事,应该是早年追随无准师范(径山寺第34代十方住持)的高丽僧了然法明于淳祐七年(1247)离开中国,乘商船渡海赴日本。关于了然法明的史料和研究目前都不多,他与无准师范之间的关系、渡日后的行状等一概不明,有待进一步研究。

(三)据明代《径山志》记载,径山寺高僧虚堂智愚(1185—1269)其名扬世后,"高丽王请师于彼国说法八年,问法弟子常随千指。明嘉靖间高丽遣法嗣至山扫塔云:'彼国法道甚盛焉'。"我想八年不是短时间,如果此记载属实,这应是中韩佛教界的大事,更是径山的荣誉,值得深入研究。但遗憾的是,迄今为止还没有发现其他旁证,韩国也未见任何记载,因此我本人是持慎重的态度,这也是今后我们可以而且是应该研究的重要课题之一。

(四)余杭清凉文益禅师育有高丽弟子。在五代之时,高丽来华的求法僧人慧炬国师和灵鉴禅师均是清凉文益禅师的法嗣。

法眼文益(885—958),唐末五代高僧,俗姓鲁,浙江余杭人,号无相。中国禅教"法眼宗"的创始人。周显德五年(958)圆寂,被谥为大智藏大导师。弟子有大名鼎鼎的天台德韶、文遂等。慧炬、灵鉴等人学成归国后,"开法各化一方",在高丽传播法眼宗。

(五)余杭永明延寿与韩国的关系。智觉禅师延寿(904—975),俗姓王,余杭人。北宋初期法眼宗第三祖。著有《宗镜录》100卷,后《宗镜录》传入高丽,高丽光宗看到后十分钦佩,派遣僧人入宋学习法眼宗归国弘扬。根据道原《景德传灯录》卷二十六的记载,"高丽国王览师言教,遣使赍书叙弟子之礼。(中略)彼国僧三十六人亲承印记,前后归本国,各化一方",这三十六人学成归国后,也将延寿禅师的法眼宗思想带回来高丽,使得法眼宗得以在高丽传播与发展。

综上所述,余杭域内的寺院高僧抑或余杭籍僧人为五代、宋朝时期的中韩佛教交流做出了贡献。这种贡献主要表现在东渡弘法、培育弟子、佛典传播等。

二、韩国茶文化与浙江的关系

浙江种茶、饮茶的历史悠久,茶文化发达,加之名刹高僧辈出,孕育了丰富的禅茶文化。因此,要研究韩国茶文化与浙江的关系,主要还得从高僧与茶叶的关系说起。

(一)大觉国师义天

高丽国僧统义天为高丽国王文宗仁孝王第四子,高丽宣宗次弟,原名辞荣,出家为僧,更名义天,封佑世僧统。义天国师称得上是中韩交流史上赫赫有名的人物,更是浙江与韩国文化交流的代表人物。义天国师入宋求法的意义主要有:1.为中国华严宗的振兴带来了必要的历史文献(教藏七千五百余卷);2.将中国华严宗的最新思想带回了高丽国,重振高丽天台宗;3.为高丽佛教的各宗派整合打下了坚实的基础;4.传播了中国的饮茶文化。

宋元丰八年(1085),僧统义天为高丽使者来宋朝贡,请从惠因寺净源法师授《华严经》。此外,清《龙井见闻录》卷四、六"杨杰"条中有:"谨案杰记,以元丰八年伴高丽僧统至院。"这是一条非常重要的史料,如何解读众所纷纭,其中许多人将其进行演绎,认为义天在杨杰的陪同下,拜见了延恩衍庆院(龙井寺)住持辨才和尚,还品了龙井茶。

住持和尚辨才大师和时任杭州太守的苏轼和即将离任的赵忭都是当时著名的茶人,我想当时义天造访辨才,只是有可能喝了龙井茶,听了辨才关于茶文化的高论,但如果仅凭此就推断义天是在韩国传播中华茶文化的使者,我想不太妥当,还需更可靠的史料来佐证。

(二)虚堂智愚对径山茶宴的推介

在前面已经提到,据说虚堂智愚受高丽国王延请居住高丽八年,韩国在虚堂的影响和作用下,不仅传播了佛法,还形成了以"茶礼"为中心、普遍流传我国宋时"点茶"法的茶文化。我想,这个观点只是纯粹的一个逻辑推理而已,是需要建立在"虚堂智愚确实到过高丽"这一史实的基础之上。因此,虽然网上有很多这样的记载,但我想不可轻信,还是要以文献为基础,以史实为依据。

(三)江南漂流船与韩国饮茶之风的再兴

根据韩国方面的文献记载,在18世纪的60年代,来自中国江南的茶叶货船曾两次漂流至韩国,第一次是1760年(英祖三十六年)新安郡子安岛的漂流事件,第二次是1762年(英祖三十八年)古群山的漂流事件。

1. 子安岛漂流事件

朴齐家在《北学议》中记载道:"黄茶一船漂到南海,通国用之十余年,至今犹有存者。"

中国船上所载的黄茶,并不是用嫩叶制成的。换言之,那是用老叶子制成的非上品茶叶。朝鲜人喝了十年还有剩余。这表明,这条船上的茶量甚多,同时也可以看出当时在韩国喝茶的人是多么的稀少。另一个不可忽略的是,以该事件为契机,朴齐家提出"通江南浙江商舶议",主张开展与中国江南及浙江地区的通商活动。史料中没有明确记载此船来自何方,但从朴齐家的建议中可以得知,茶叶货船不是来自北方地域,而是江南,特别是浙江地区的可能性很高。因漂流到子安到的茶叶船只并没有原封返回,所载的大量茶叶在很大程度上激活了韩国饮茶文化的历史基因。

2. 古群山漂流事件

关于古群山漂流事件,韩国文献《承政院日记》有如下记载:

古群山漂人卜物,多至于三百驮,难以输运云矣。凤汉曰:令户曹遣算员,折价代给则似好矣。东度曰:不可使湖南之民,运来三百驮卜物矣。上命存谦书曰:今闻古群山漂人卜物,其若运来,将至三百驮云。此时岂用本道之民?令度支从长区处,自京代给事,分付。出传教晚曰:智岛漂人愿以水路回还云,从所愿入送,何如?上曰:依为之。凤汉曰:公然食许多人,诚难矣。上曰:使俞彦述食之,好矣。晚曰:魂宫历书三十件,何以为之乎?上曰:入于惠嫔宫,可也。凤汉曰:方有政禀矣。上曰:再明日为之。出传教。

上曰:黄茶叶上来,则必争买之矣。凤汉曰:虽非百姓,臣等亦欲买之矣。上曰:无酒故耶?中官有以食盐,代饮酒者矣。凤汉曰:近间以茶代酒,而祭时用之矣。

可见,中国浙江漂流船上所装载茶叶的数量是 300 驮,约 6 吨。这些茶叶,朝鲜没有归还中国,而是将茶叶通过竞卖方式处理掉了。得到茶叶的人群以当时知晓茶味和茶叶效能的王室为主,例如贵族两班阶层等。他们是此后茶叶消费的主要人群。以此为契机,韩国一度被遗忘的饮茶文化再次复兴。

因此,江南船只偶然的漂流,孰料唤醒了韩国沉睡的饮茶文化记忆,尤其是浙江茶叶货船的突然到访,不仅激起了韩国人喝茶的欲望,还在某种程度上改变了韩国的社会习俗,以往奉行的"客来敬酒"变为"客来敬茶",感性地回归到了理性的东亚茶文化圈。这其中,有浙江人的一份功劳。

三、今后的课题

总之,以余杭径山为坐标探讨与韩国的佛教交流、茶文化交流,还大有文章可做,一些史料有待整理挖掘,某些史实有待进一步论证和确认。在此过程中,我们要摒弃随意的推测和臆测,不宜轻信"网络说法"抑或民间传闻,只有如此,研究才能经得起时间的考验,径山与韩国的文化交流事业才有扎实的根基。具体来说,我认为今后要注意以下几方面的研究:

(一)径山禅寺与韩国佛教交流的事实有待进一步发掘和整理研究;

(二)径山禅寺第 40 代十方住持虚堂智愚与韩国佛教及其饮茶文化关系的研究;

(三)草衣意恂的《茶神传》与明代类书《万宝全书》中的《茶经采要》的关系研究;

(四)草衣意恂《东茶颂》与陆羽《茶经》的比较研究;

(五)韩国丛林饮茶习俗与径山茶宴的关系探讨。

谢谢大家!

(本文改编自 2019 年 5 月 18 日"中韩禅茶文化交流座谈会"发言稿)

刍议《茶经》中的道家文化及其他

卓介庚

茶圣陆羽是一位亦儒亦道、亦佛亦隐的杂家人物,他写的《茶经》涵盖了方方面面的茶文化知识。他所阐述的茶文化又渗入了儒道佛隐的各种学说,使茶文化更加博大精深、丰富多彩。许多学者对茶禅文化已经写出了不少文章,多有启悟,发人深思。鄙人在这里对《茶经》中的道家文化略说一点粗浅的看法,供方家参考。

唐朝是一个崇尚道教的时代

道教在中国源远流长,从三皇五帝开始,伏羲氏创八卦,神农氏尝百草,黄帝著《内经》,到周文王著《易经》,在漫长的一千多年的上古时代,开创了道教文化的前期雏形。到春秋时代,老子李耳写出了《道德经》,后世将他奉为太上老君,成了神话中的人物。庄子写出了《南华经》,进一步发挥了老子的"人法地、地法天、天法道、道法自然"的观点。东汉时,江西龙虎山的张天师张道陵正式创立道教,将老子奉为教祖,至今已1800余年。道教的出现,是中华民族文化史上的奇葩,它追求宇宙和谐、国家太平、修道积德、长生久视,以信仰神仙为核心内容,以修道成仙为终极目标。道教的基本立场是顺其自然,天人感应。它主张无为而治、不扰百姓、以柔克刚、不争而胜。从个人养生的角度来讲,它教人享受自然,闲适长寿,甚至长生不老。因此,从秦始皇到汉武帝,以及后来的许多帝王都相信道教,希望自己能够得道成仙。到晋朝,医药家葛洪写下《抱朴子》一书,发展了道家学说,扩大了民众对道教的信仰。东晋大书法家王羲之父子和南朝医药

作者简介:卓介庚,余杭区茶文化研究会会员、中国作家协会会员。

家陶弘景都是道教的信奉者。到了唐朝,开国皇帝李渊,认为自己与道家始祖李耳同姓同宗,所以称老子为"圣祖",追封他为"太上玄元皇帝",自己是李耳的"圣裔",以李姓为国姓,以道教为国教。这样一来,全国掀起了崇尚道教的风气。唐朝前期,皇宫内遍设道观,又诏命各地兴建道观,使道教昌盛了150多年。武则天曾经是道冠,她的女儿太平公主也是道冠,许多大臣和士大夫都以信道教为荣耀。因此,唐朝是一个崇尚道教的时代。

在中国历史上,道教文化与茶文化是相辅相融、互相渗透的。周朝有一位长寿老人,叫彭祖,信奉道教,在山上研习《易经》,喝冷泉,食野果,以饮茶为养生,传说活到800岁。东汉时,有个茅山道士叫茅濛。他在茅山(今江苏句容山)炼丹修行时,饮茶一生,得道成仙。后来,他带着众信徒白日飞升上天,在山上留下一卷《仙道茶秘笈》,从此,仙道茶誉满天下。在陆羽之后,许多崇道的人无不崇茶。道人卢仝也是茶人,他写下《七碗茶歌》,写道"五碗毛骨轻,六碗通仙灵",写到第七碗时,说再也不能饮了,饮了之后,"两腋习习清风生",也就是说要在腋下生出翅膀飞上天去了。这也反映了道家羽化成仙的思想。北宋皇帝赵佶,人称宋徽宗,他信奉道教,是有名的道教皇帝。他把茶水看作仙水,亲自执壶为大臣赐茶。大臣们喝了皇帝恩赐的茶,自然感恩戴德,身轻无骨了。

陆羽在《茶经》中涉及的道教文化

茶圣陆羽生活在玄宗、肃宗、代宗、德宗的中唐时代,这是唐朝由盛转衰的年代。在此期间,儒道佛三教并存。三种学说互相辩驳,又互相渗透,但在茶文化的阐述上又有共同点。儒教主张"淡泊宁静",佛教主张"空灵虚无",道教主张"清净无为",所有这些都丰富了茶文化的内涵。陆羽在《茶径》中对儒道佛的观点都有吸收。我在这里仅将他对道教文化的表述作一些引证。

陆羽在《茶经》中说:"茶之为饮,发乎神农氏。"神农氏即是炎帝,他"日尝七十二毒,以茶解之"。这是中国历史上最早提到茶的作用。上古时候,茶是一种良药,它不仅能够治病,而且可以养生。那时,人们相信饮茶可以轻骨健体,甚至羽化飞升,这是饮茶的作用,也是道教文化的精髓。

陆羽在《茶经》中也强调地说,"茶之为用,味至寒,为饮,最宜精行俭德之人。""精行俭德"四字，是道家倡导的品格。精者，少而佳。俭者，省而节。饮茶的人应当有良好的行为，有简朴的品德，这是一种顺天应时的朴质精神，也合乎道教的生命价值观。陆羽在《茶经》中有多次提到"精"字，这是对"精行俭德"的重视。道人提倡道家茶，其主旨偏于人的内心生活，为养成一种简朴的品格，喝茶可以保持内心的永恒愉悦。在道家眼中，饮茶是养生延年的手段。粗食、蔬食、节食都符合道教崇俭尚少、严洁自控的宗旨。

陆羽在《茶经》中说到茶的品位，以"野者上"，"园者次"。野茶来自自然界的山野之地，那里适应茶树的自然生长，所以茶叶的品质优异。而园中的茶树是人工栽培的，其地气、水质都要差一等了。陆羽又认为，品茗用水也以山野的泉水为上，而井水、池水是等而下之的了。这种观点与道教崇尚自然是一脉相承的。

他也提到"紫者上"，即茶芽以紫色为佳。道教是崇尚紫色的。汉民族把紫色升到高品位的地步，也是从道教文化中取来的。无论山川星辰，楼阁地垣，都以紫色命名为高贵之物。如：紫金山、紫微星、紫光阁、紫禁城、紫笋茶、紫砂壶，还有紫气东来，等等，这是道教文化从色泽的角度对各种事务的尊奉。

《茶经》中说到的风炉，是陆羽设计的茶炉，原是从道家的炼丹炉改造过来的。炉上设风、水、火和卦象，配以五行。这本是道家的符号。风炉的尺寸也来自易学的象数，这都显示陆羽在设计制造时贯穿了道家尊崇自然和天象的思想。再者，陆羽主张煮茶要本色本味，以清淡为宜，反对在茶水中加入姜、葱、桂皮之类的佐料，这也是道家适性自如的一种精神。

陆羽有许多诗友、茶友，其中不少是道教中的人物。比如他所尊敬的大书法家颜真卿，是信仰道教的。颜真卿在青年时生了一场大病，是一位道士将他救活的，所以他对道教很有感情。颜真卿曾经筑一座"三癸亭"赠送陆羽，"三癸"的取名也含有天干地支的道教思想。又比如诗友张志和，就是那位写下著名七言绝句"西塞山前白鹭飞，桃花流水鳜鱼肥。青竹笠，绿蓑衣，斜风细雨不须归"的大诗人，他也是信奉道教的杰出道人，大号"玄真子"，又号"烟波钓徒"，"以天为被，以地为床"的自然主义者。另一位诗友耿㳠写诗给陆羽，说他"一生为墨客，几世作茶仙"。陆羽是唐代有名的诗人，因为茶经更加有名，于是茶名掩盖了诗名，人们只知道他对茶叶的贡献，忘记了他在诗文方面的造诣。耿㳠称陆羽为"茶仙"，这是对陆羽具有道教思想的肯定，神仙是道家修炼的最高境界，所以陆羽才称得上是"茶仙"。陆羽对女道士李季兰怀着深厚的感情。李季兰，大名李冶，寄住在道观中。她一生未嫁，为陆羽写下一首多情善感的诗，其中两句是："相逢仍卧病，欲语泪先垂。"两人共同的道教思想，使他们成为一生中最好的朋友。因此，在陆羽的朋友圈中有道教思想的人是不少的。友人赠给他的诗中称他"隐士""处士""逸士"，也说明陆羽有着一种弃世绝尘、以养形达生的道家人生观的。

陆羽在《茶经》中说到"七之事"，说到历史上许多人物，其中不少是嗜茶的道人。他说到《神异记》中的余姚人虞洪。有一次，虞洪入山采茶，遇见一位道人，牵着青牛走来。虞洪问道士："何处有茶树？"道士说："随我来。"他们走到山中一处瀑布下，道士说："我就是道人丹丘子。知道你是喜欢饮茶的，以前常将好茶叶赠给我，我今天就指给你看一棵大茶树。"虞洪见那棵大茶树，十丈之高，枝叶繁茂，好生喜欢。他回过头来时，道人不见了，他方知道丹丘子是仙人。此后，虞洪每年都带家人到这里采茶，又在茶树旁立一小庙，纪念这位道人。

陆羽在《茶经》中又说到，唐代著名道士叶法善，在浙江松阳县的卯山上修炼，培育出一种茶，形似竹叶，他取名"仙茶"。他将茶叶送往长安，献给高宗皇帝，高宗饮了这种茶很欢喜，从此，仙茶列为贡品。陆羽说，三国时的医药家华佗，身为道士，提倡饮茶。华佗说："苦茶久食，益意思。"他把茶水比喻成健脑液了。南北朝时的著名道士陶弘景提倡"以茶养生"。他说："苦茶轻身换骨，昔丹丘子、黄山君服之。"陶弘景也把茶比喻成万能药的。

陆羽在《茶经》中还说了一个神话故事。晋元帝时，有个卖茶的老妪，每天早上提着茶壶到市场上去卖茶水，卖得的钱，救济孤寡乞讨的人。从早到晚，她这把茶壶中的茶水是流不尽的。此事惊动了衙门，几个公差把老妪捉去，关在狱中。到夜里，老妪提着茶壶从牢中飞出去了，因为她已经得道成仙了。

再说陆羽名字的来历也与道教文化有关。他少小时生活在天门龙盖寺,智积禅师为他取名,是从《易经》中得到一句话:"鸿渐于陆,其羽可为仪。"所以得姓为"陆",得名为"羽",得字为"鸿渐"。《易经》是道教的基本理论,陆羽这名字仿佛与道教有着先天的联系。陆羽十二岁时,智积禅师劝他皈依佛门,陆羽不愿意,说:"当了和尚,没有兄弟,怎么称得上孝呢?"他逃出庙门,寻找他终生的事业——茶叶。陆羽死后,民间的茶灶上供奉他的神像,都是道士的服饰,称他为"茶神""茶仙",这也是道教崇尚的最终目标神仙的称呼。河北省唐县发现一件出土文物,是一尊白瓷陆羽像,头戴道士荷花冠,双腿趺坐,似盘腿状。肌肤若冰雪,绰约若处子,俨然是一座得道成仙的道士像。

陆羽有否到过天柱观? 有否会见过著名道士吴筠?

陆羽因"安史之乱",从湖北天门顺江东下,在 28 岁那年到达余杭双溪,著写《茶经》。那时候,径山上的法钦禅师已经闻名远近。双溪与径山仅相距 10 余里,我曾著文分析陆羽可能上径山与法钦探讨茶宴茶道之事。而离双溪几十里的大涤山(与今中泰街道邻近),其时有著名的道士吴筠在大涤洞中修道,我猜测陆羽也许到过大涤山大涤洞,与吴筠切磋道家茶方面的知识。

吴筠是唐代著名道长,字贞节,少年时攻读儒书,15 岁到长安赶考,不幸进士会考落第。后来他隐居南阳倚帝山,又到嵩山修道,与当时信道的大诗人李白交往甚密。后来玄宗皇帝多次征召他去长安,他受到皇帝的赏赐,任待诏翰林。玄宗在他的启示下也信奉道教,在宫中建立道院。吴筠生性高洁,敢于直言。有一次,皇帝问他:"什么是道法?"他说:"道法之精,老子的《道德经》中都说到了,后来的那些解释文字都是浪费纸张。"皇帝又问他:"如何修道?"他说:"这是野人之事,要长期修炼的,皇帝修道是不合适的。"他能在皇帝面前直言不讳,可以看出他的耿直。后来,他受到太监高力士的谗言所伤,玄宗对他不满,他才离开长安。"安史之乱"后,他往东南而来,一度隐居在余杭大涤山大涤洞的天柱观(宋代改名洞霄宫)。观旁有石室,称为白鹿山房,吴筠将道书和剑藏在洞中。吴筠喜欢出游,曾与隐居在临平山的道士诗人丘丹相处甚谐，有诗文交流。吴筠在天柱观隐居很长一段时间，在此著书甚多，人们称他是吴天师。

吴筠的性格与陆羽相似，直率傲岸，又是著名诗人，陆羽是不会不知道的。两人的处境都是欲仕非仕，欲隐非隐，在茶文化方面也有共同的语言。吴筠主张"宁静去躁"，他说："惩忿窒欲，去毁誉，处林岭，修清真，以摄生为务，虚凝淡泊怡其性，吐故纳新和其神，就能挥翼于丹霄之上。"他在大涤洞住了几年后，往会稽去。大历十三年（778），卒于剡中（今嵊州）。吴筠去世时，陆羽才46岁。

吴筠的"宁静去躁"，与陆羽的"精行俭德"有着很大的一致性。道家茶认为泰然忘情，超然物外，自然可以长生不老。因此，我以为他们在这样邻近的距离，都有这样大的名望，在道文化与茶文化的认识方面有这样多的共同点，他们的相识和相交是极有可能的。只因为缺乏可靠的资料佐证，目前尚难断定。如果以后发现这样的资料，真有此事，也不失为一段美谈了。

近世东亚视域下《径山藏》的
文化传播意义

释法幢

  东亚地区是诸多文明互动的"接触空间",近年来东亚研究颇得学界青睐。学者认为"东亚文化交流史"是 21 世纪人文社会科学具有潜力的研究领域。随着中国文化向日韩广泛传播,作为中国传统文化重要组成部分的中国佛教也一同传入日韩国家,成为日韩民族的宗教信仰。中国佛教的普及是古代东亚文化圈构成的重要因子。早年研究侧重"东亚文化圈"概念范畴的理解与基本特征的认识,[1]近来学者尝试解读"近代东亚思想的现代性根源",从思想史的研究路径激发深入讨论,进而发现较儒学更为复杂、渗透度更深的东亚佛教未得到应有的重视。

  日本史学家西屿定生曾经指出东亚文化交流过程有四大要素:汉字、律令制、佛教与儒学,其中"汉字是彼此沟通的方式,佛教与儒教代表了思想的形态与论述方式"[2]。中国历代刊行流通至日本、韩国、越南等地的汉籍佛典文献数量之多,影响亦深。在传播过程中,各国学者依其地缘及历史文化背景特性,按不同的需要,以自身的理解进行翻译、诠释,形成各不相同的解经方法、讲习传统与典籍创作。事实上,传世的汉籍佛典文献在东亚各国翻译、传抄与注解历程,也反映出东亚文明在东西方流传演变的历史,而明清之际的佛教、汉籍的域外传播,对于近世东亚的文化交流也起到关键性的作用,特别是《径山藏》的刊行流通。

  明清之际,由于经济的勃发,出版业的兴盛,刊行的方册本大藏经《径

作者单位:佛光大学佛教研究中心。

山藏》将佛教典籍、思想论述、价值观念与文学创作以汉语文字载于典籍中,借由便利的水陆交通流通国内名山古刹,并透过僧侣、使节与商船贸易往来流传于域外,完成一种具体形式的文化传输。藏经以文字为载体,承载汉传佛教知识内涵,书籍的游走、流动带来知识的传播,构成东亚文化交流史的重要组成部分。因此,明清时期是否如学者所述是"东亚文化圈的渐衰期"[3],这恐怕有待商榷。本文拟讨论《径山藏》的印刷出版对文化传播的贡献以及域外的汉籍文化传播之影响, 希望可对于近世东亚佛教的研究提供学界更多的理解与认识。

一、刊刻助印的文化传播

明清之际是中国近世思想史一段重要时期,由于社会变动剧烈、文化关系复杂,乃至西学东渐,朝代鼎革,群体或个体于时代的因应趋于多元,不管从社会经济发展还是思想文化演变的角度观之皆是一段特殊的转型期。反观 16 至 18 世纪的东亚佛教,可看到现代中国佛教的原型,这段时期所流传的佛教文献相当庞杂多样, 这些汗牛充栋的文献如同一面镜子反映当时中国佛教发展的样貌。由民间所发起倡议刊刻的佛教大藏经《径山藏》正刊行流通于此纷杂多变的时期。

《径山藏》,又名《嘉兴藏》《方册藏》《楞严寺本大藏》,[4]由紫柏大师与弟子密藏道开、幻余法本、陆光祖、冯梦祯等僧俗两界发起,感于末法时期法道衰微,为了复兴佛教、提振纲宗,于晚明至清中期之际由民间团体集资雕刻、印刷、流通的一部木刻版大藏经,在中国佛教刻经史上具有刊刻最久、传播最广、史料多等特点。《径山藏》是中国历史上规模最大、内容最丰富的汉文大藏经, 被认为是中国宋代至清代之间收书最多的一部大藏经,开创方册装订之形式,是第一套线装本方册藏经,曾被喻为中国近世佛教史研究领域的"敦煌发现",也称为"佛典史料宝库",为人类社会留下珍贵的文化宝藏。[5]

明代经济文化繁荣,群众文化消费能力提高,提供了文化出版发展的有利因素,特别是江南地区物产富饶、文化荟萃,给予刻书等印刷行业发展的空间环境。因纸业发达,纸张供应充裕,版刻技术成熟,更由于刻工人数多,工资给付低廉,晚明在出版的校书、刻书与发行三个环节上都有相当大的成就。[6]而且自洪武年间免除书籍税,民间刻书业有了良好的发展环境,创造刻本出版普及的条件。因此由民间刊刻的《径山藏》,尽管历时漫长,人事更迭,过程坎坷艰辛,仍有可持续操作的条件,在一代接一代人的坚持愿力下逐渐完成。

以宗教社会学的意义而言,《径山藏》作为明清两代一项大型的民间刻经事业,动用民间力量与社会资源集成佛典的刊行,早期法宝经书的施资助印是建立在士人结社所搭建的平台,透过僧人与文人的交流活动,宣扬助刻经书的殊胜功德与方册藏经的价值意义,促成士大夫、官绅贵族等精英分子参与捐助或印务工作,或由倡议者的家族以一部或一卷经书为单位发心承担经典的助印。[7]而到了刻藏的中后期,随着《径山藏》知名度的提高,助印的风气渐渐普及庶民百姓,人人皆有机缘与能力参与法宝的助印流通。

从社会影响的层面来看,透过刊刻助印的牌记资料显示,捐资助刻者的身份中佛教徒有禅师、比丘、比丘尼、沙弥、法嗣弟子、居士、善男信女;俗家众有各阶层官吏、王官贵族、太监、地方乡绅、商人、刻工、普通百姓,甚至皇太后也参与了捐刻经卷。可见参与捐助刻藏人数甚众,社会身份多元复杂。庞大的捐助群众基础,使《径山藏》刊印获得长期资金的保障,这确实是民间刻藏的一大特色。[8]

由此窥见这般热络且深入百姓的佛教文化事业,迎来民风的转向与社会文化现象的改变。透过刊刻史的调查,正说明了明清时期的佛教信仰形态随着佛教文化的普及,由上层的精英佛教逐渐转向庶民佛教的过程。

捐刻助印法宝、佛典普及流通,可使传播者积累广大无边的功德,在这样的理念下,《径山藏》的刊印流通在多数供养者的信念需要下,书籍的装订样式创新改变,由梵箧而方册,顺此带动了造纸业的改良、印刷技术的进步,可使佛经大量复制,在中国印刷史占据一席之地。《径山藏》法宝流通的文化事业奠立佛经流通处的运营模式,除了刊刻藏经获得助印流通收入外,经坊也对外提供刊刻典籍的业务,兼具刻印装订、请经流通的服务功能,以助获得印费来维持经坊的营运发展。这是《径山藏》的法宝流通业对后来刻经流通提供可借鉴的运营模式。

二、法宝流通的请供需求

以往,大藏经的请供,大山名刹多仰赖朝廷颁赐之缘,原因是请供藏经的费用过于庞大,位处穷乡僻壤的小寺院是难有机会请供大藏经。相对而言,民间百姓如果要布施捐印佛典,多半是募缘集资完成,更何况是重新刊刻大藏经这件大事,更是需要无数人的力量。然而方册藏的刊刻突破以往流通的困难,开启了各地请领藏经的需求。

(一)各地寺院募化藏经文疏

"宫廷既有全藏之颁,林下复有方册之刻,赍经之使,不绝于途,名山之藏,灿然大备。"

依据陈垣先生对于明季滇黔地区佛教的考察,僧人相继前往嘉兴楞严等地请藏,仅鸡足山八座宝刹请领藏经就有十部,可见当时请经的盛况。如陈先生所言,崇祯十四年(1641)由僧道源请供于悉檀寺的嘉兴府藏经一部是鸡足山所贮存的第一部方册藏[9],然而,必须留意的是,此时方册之正藏尚未完刻,续藏也还在陆续刊刻,故所请的藏经并非全藏。[10]这说明《径山藏》是以随刊随印方式进行藏经的流通,盖因"方册藏兴,省梵箧全文之半,建者运者,贮者阅者,均称简便,于时请藏之风极炽"[11]。且看天童道态书写的《募楞严方册藏经疏》,由于"南宫之琅函半蠹,北阙之玉轴未颁,与其远莫致,夫帝阍贝多重复,曷若近易为于糠李方册",表达了当时教界多数寺院的心声,藏书的历史传统再度兴起,就近方便请供《楞严方册藏》,以严宝刹楼阁,实则满足当时寺院藏书需求。[12]

查找《〈径山藏〉所载序跋文献汇编》相关文献,看到多篇当时寺院的募藏经疏,亦有不少抄写募化方册藏的疏文,如《书法宝疏》《刻大藏经疏》《净慧寺乔宗绍公请方册大藏经序》《化藏》《抄藏经》《活埋社募藏经疏》《古泉庵募藏经缘疏》《广福庵化藏经疏》《觉慧寺化藏经疏》《宝善庵请大藏经疏》《一中上人请方册藏经疏》《能仁寺募书本藏经疏》《募化藏经疏》《古攸报恩寺募藏经疏》《德山干明寺募藏经疏》《江西黄檗山募请书本藏经缘疏》《灵岩寺请藏经疏》《祝老和尚寿八十开大藏经疏》《题修大藏经卷》《兴化普润庵募藏经疏》《募楞严方册藏经疏》《募藏经引》《请藏经引》等,[13]至少有20篇。

如此多篇的募缘藏经疏文可做以下两方面的理解：一方面，因为有发达的出版文化，显见出当时各地方寺院兴起请供藏经的热络活动；另一方面，依托于经典理解教义、印证本心，呈现出"尊经重教"的"知识倾向"。重视经典，看似恢复传统经学传承，但更重要的是建构当下。之所以兴起重刊三藏佛典，之所以古籍文献变得重要，也许对于当时主事者而言，是因为人们距离正确理解的方式更远，借由经典而通向法道，因此需要重刊三藏、流传法宝，乃至建设藏经阁用以保护经籍。另一方面，从三藏法宝建构经籍的象征权威的角度，只要有经济能力的寺院，尽管地方偏远，也可请领藏经、庄严楼阁、建设道场，意味着大藏经的供奉，不再是只有少数为皇家服务由朝廷恩赐名山寺院的专属权利。[14]

(二)民间经坊代刻印书需求

佛经流通方式除了寺院或个人请经者向经坊请供藏经或请印好单册经本，经坊也接受个别委托的代刻印业务。举例来说，伯亭大师[15]，精研诸部经典，讲学四方，著述甚多，其中一部收录在《己续藏》的《般若心经理性解》，卷末有"慈云伯亭法师楞严寺藏经直画一"清单，[16]列有典籍的名称、本数、请经价格以及千字文号与函号，并在标题抬头写有"请法宝者如数订定"双行小字。这显示出楞严寺刻经房中后期的运作模式，除了让需求者请印法宝，也提供代为刊刻典籍的业务，定出价目表，并附大藏流通。按理说这些有千字文编号的著述理应入藏且应该出现在《径山藏》目录，但仔细查对，伯亭法师的著作并没有收录于《径山藏》，只在《己续藏》与《清藏》中发现。

将伯亭大师的这份"楞严寺藏经直画一"清单与《伯亭大师传记总帙》内容比对，可发现这些书单大部分是他的手稿著作，于己亥年由居士捐资并送楞严寺经房付梓后准备入藏，但因楞严寺院僧房失火，著述及代刻全毁于祝融。[17]此后剩余未付梓的著作就不再送往楞严寺，改往其他经房刊刻流通。这可以说明当时民间经坊接受寺院委托刻印佛经是相当普遍的，坊间业界不只楞严经坊一家。

(三)清中期请刻印方册藏经

据史料记载，直至清中期仍有寺院向经坊请供藏经，灵隐寺是请供藏经之一例。为官二十载且好佛的石蕴玉闲居杭州城时,经过灵隐寺,有感道场之盛,"僧徒焚修常住四五百人,钟鱼之飧,香花之供,特冠诸方",然而"大藏经文阙焉未备""僧徒无所诵习"。他在与方丈及主僧对话中,得知灵隐寺经藏全毁于兵火,"欲请领尊藏而所费不赀",延宕多时,考虑募缘容易,石蕴玉建议:

> 明时幻余密藏二师所刻正续二藏方册经版,近在嘉兴楞严寺,今有吴僧会一掌其事,散者已集,阙者已补,刷印装订不过三四百金,即可集事,似不甚难。[18]

这则疏文反映当时清人对于方册藏经的印象,以幻余法本与密藏道开二人为代表人物,所刊刻的正续二藏的方册经版是在楞严寺进行流通。于是灵隐寺僧推举当时任官的石蕴玉担任募缘居士,由其撰写一篇募经藏疏文。文中可知当时修治经版是以楞严寺为中心,除了补缺、集散工作之外,应外界请藏还进行经藏流通业务。此募化经藏之大业经由石蕴玉的号召,并与楞严寺当时主事经版修治的真传会一师协同商榷,以 340 两为价,于嘉庆年间印造完成此套藏经,一共有正藏 1655 种 1438 册,藏外佛典论疏、语录各 150 种 456 册,供灵隐寺请领,[19]从中可以看出请供藏经的供需关系。

在佛教徒的心中,佛典不同于一般书籍,"若是经典所在之处,则为有佛,若尊重弟子"。佛教徒看待佛经是一种虔敬的态度,如前章所述,佛经流通越广,功德成就越大,不仅是促成典籍载体形式的改变,在心态需求上更增添了宗教神圣信仰的内在精神价值。

通常随着时代的发展,法宝的流通带来阅读经典的读者群增加,促进请印的供给需求量增加,由经坊运作有效地流通佛宝,增加佛学知识的普及率,除了提供给上层社会的士绅为主的知识分子,也使边远地区的小型寺院乃至非知识阶层的佛教徒有机会接触佛典,从而带动经典的研读。

更多的情况,由于文人尊经崇教的知识倾向,为保存经典流芳万世,明中期以来,具有经济实力的地方人士以积累功德之心护持寺院建设,促成各地方寺院建设藏经阁的风气,募缘大藏经请入藏经楼阁供奉。再者,明中期的民间经坊有能力快速地刊印全藏,供应各地请领者的需求,因此大藏经可以快速地流通各地,甚至传播发行至偏远地区。相对来说,这些新增加的请供藏经读者群,为经坊的成长带来营收效益、知名远播等影响,这当中存在经典供应方与请领者的供需关系,两者的相互影响关系可得到藏经募缘文疏等相关史料的佐证。[20]

由于《径山藏》经坊中后期的运营方式,并不是待所有典籍刊刻完成再进行流通,而是一边雕刻一边印刷一边销售发行,即将请印的收入作为未刻佛典开版所需的经费,其中有部分单行本典籍因中国境内的需要特别印造,也有不少部明清刊本经书随着中日贸易商船传入日本、韩国、越南等地。

三、汉籍佛典的域外交流

汉字作为汉文化的载体或媒介,汉籍为汉文化的重要组成部分,华夏文明的传播是从点而线至交错的网络面,从汉字、汉语、汉文、汉籍再到汉学的容受与创造过程。由于日韩两国全面接受乃至模仿汉文化,故中国重要学术文化典籍,大都在日韩复制而保存下来。佛教中国化的发展趋势,由于中国佛教能"随着历史前进而前进",可以迎合时代发展所需调整自身的形式和内容,具有协调性、创造性及三教合一的特点,[21]在这样的文化圈所流通的佛教典籍,是经过中国吸收、消化后,侧重在中国翻译、注疏的汉传经典。王勇提道:

汉字文化圈诸国在摄取和消化中国文化的同时,历代留下大量汉文典籍,这些出自域外人之手的汉籍,不断丰富着汉字文化的内涵……域外汉籍既与中国文化一脉相承,又与本土文化血肉相连,这无疑是汉籍研究的一个全新的领域。[22]

刊印的《径山藏》多次且大量地流传到日本、韩国乃至越南诸国,可作为观察东亚佛教文献传播的一个重要面向。借由"域外汉籍"的概念,[23]有助于理解《径山藏》其供需关系的内在理路与文化交流意义。以下分别探讨《径山藏》刊行流通至日本、韩国的情况。

(一)传入日本

明朝以来实施海禁政策,不许民间私人海路贸易,只允许有限度的"朝贡—勘合体制的官方贸易",维持中日之间的公开贸易往来。嘉靖二年

（1523）发生"宁波争贡"事件，两批日本不同派系的遣明船先后抵达宁波后，双方因商业利益，争夺堪合贸易主导权而冲突仇杀，祸及当地无辜百姓，寺院被烧毁，致使朝廷实行更严厉的海禁制度，撤销了外国与明朝官方进行公开交易的市舶司，使勘合贸易中止，影响沿海民众的生存大计，因而使海上走私贸易加剧，引发后期倭寇之祸。[24]

晚明时期，倭寇在中国沿海边境骚扰、侵犯，但明政府无力动员、无法有效管理，致使商业走私贸易甚频，为民间私刻书籍快速地流通到东亚日韩等地提供更大的空间。特别是江户时期，中日之间维持锁国关系，仅以长崎作为中日贸易的唯一港口。依据大庭修编著《舶载书目》所详载的书目，中国书籍透过商船传入日本，其中有整套的大藏经，也有若干单行本佛典。涉及《径山藏》的典籍始见史料记载，康熙四十年（1701）有两函续藏传入《径山藏》渡日的两种途径分别是透过中国商船运送输入日本，或由中国僧人赴东瀛传法时带入，后者是明末清初隐元隆琦（1592—1673）东渡传法，将一部《径山藏》带到日本，[25]交付日本弟子铁眼道光，以鼓励其刻经事业。这部东传的藏经成为后来覆刻的《黄檗藏》（又称《铁眼藏》）的主要工作底本。这段刻经事业从宽文九年（1669）至天和元年（1681），写于宽文九年的《刻大藏缘起疏文》记录筹募刊刻《黄檗藏》相关缘由，说明在清康熙八年（1669）前《径山藏》已经"附舶而来"，传入日本。

当时所刊刻的《黄檗藏》经版，现仍保存于黄檗宗万福寺宝藏院，计有六万片，至今仍维持请经助印传统。日本校订《缩刻大藏经》的出版缘起描述《黄檗藏》的覆刻经过："尔来海内缁素得阅大藏，是密藏师之赐也。舶载于本邦颇多，铁眼禅师所翻刻亦此本也。"野口善敬称"如此重大事业，对日本佛教界堪称是一大惠赐"[26]。

大庭修先生指出，自享保四年至宽保元年共有七部藏经传入日本。[27]章宏伟却是提出明清时期刊印的《径山藏》传入日本多达九部，显见"当时中日佛教文化交流的繁盛"。关于传入日本部数的差异，曹刚华从书目中爬梳，罗列出十七处的"藏经"与"续藏"，区分出该书所列"藏经"的概念指的是"正藏而非全藏"，分别于享保四年、元文五年、宽保元年[28]（即康熙五十八年、乾隆五年、乾隆六年）传入三部包含正藏、续藏及又续藏之"全

113

藏",也有楞严经坊的单刻典籍传入;有些不在《径山藏》的单行本佛教史籍也随着藏经传入日本[29]。

必须思考的是日本在此书目所载的传入时间之前既已完成《黄檗藏》刊刻,已经可以进行大藏经的流通,为何于 20 年后还需多次传入《径山藏》之正藏、续藏、又续藏? 这些典籍的输入是否存在背后的供需原因?

据野泽佳美运用相关文献进行考察,了解日本各地寺院或机构现存的《径山藏》,发现列有 40 笔在江户时期传入日本的《径山藏》资料,虽然这个数字没有区分是否为全藏或者是部分藏经,但如此大的数量,显示出不管收藏对象是寺院、信徒、将军家乃至书肆,当时的日本大量需要《径山藏》[30]。

江户时期《径山藏》的传入对日本产生许多方面的影响,野泽佳美曾经作过相关的研究,他的主张大致可归纳为四点:第一,崇祯末年,当一部分《径山藏》传入日本京都,很快被民间的书肆进行覆刻并添加句读,例如 1640 年(宽永十七年、崇祯十三年)覆刻的《景德传灯录》、1642 年(宽永十九年、崇祯十五年)覆刻的《宗镜录》;第二,日本第一部木活字本《天海版大藏经》刊印时有部分采用《径山藏》作为底本之一;第三,如前所说的《黄檗版大藏经》(《铁眼版大藏经》)的开版是以《径山藏》(《正藏部》)进行覆刻;第四,从各大寺院、机构等纷纷收藏《径山藏》的情况中,特别是长崎的兴福寺及六座寺院曾收藏过,显示《径山藏》在日本当时的流行需求。[31]

日本当时为何有如此大量的请供藏经需求? 除了文化保存、书籍收藏的观点,也可能基于全面学习吸收雕版印刷技术的复制移转能力,随着大量经本多次以商船流通至日本,可将经版乃至编修大藏经的技术方法传输到日本,而使日本刊印编行大藏经的专业技术逐渐成熟。另外,就文化传输的一方来看,战乱的时代,将刊印的佛典广传远方,得以使家国的文化资产在异地保存下来。

(二)传入朝鲜

《径山藏》刊本不只流传日本,也传到朝鲜。就在《黄檗藏》竣工的那一年,康熙二十二年(1683)七月一艘中国商船因大风漂流到朝鲜全罗道荏子岛,带来朝鲜覆刻《径山藏》的因缘。这艘船载《径山藏》印本约有千余卷以及精巧佛教器物,先被收放在罗州官府,进而转呈朝鲜宫廷。由于当时朝鲜王朝尊奉儒教,肃宗并没有将这些被群臣视为"异端之书"的佛典销毁,而是下令将这些《径山藏》刊本分赐寺刹。[32]

此后,朝鲜当地僧人陆续收集到散落岸边用木函装的佛书,他们选择了一些《嘉兴藏》在内的佛典进行覆刻。僧人柘庵性聪(1631—1700)将荏子岛收集到的《径山藏》刊本从 1686—1700 年再版刊印了 7 部 154 卷,存放在澄光寺。

据李调查,韩国共有七座寺院覆刻了《径山藏》的部分佛典,依时间排序,先后有:[33]

(1)乐安的澄光寺于 1686—1700 年覆刻 7 部 154 卷:周克复撰《历朝华严经持验记》《历朝法华经持验记》《历朝金刚持验记》《观世音持验记》,行策编《金刚般若经疏论纂要刊定记会编》,一如编注《大明三藏法数》、澄观撰《大方广佛华严经疏钞》。

(2)昌平的龙兴寺于 1694 年覆刻 1 部 2 卷:宗密述《禅源诸诠集都序》。

(3)智异山的双溪寺于 1695 年覆刻 1 部 40 卷:普瑞集《华严玄谈会玄记》。

(4)王山寺于 1713—1714 年间覆刻 2 部 2 卷:宗密注《注华严法界观门》、真界撰《因明入正理论解》。

(5)华严寺于 1724 年覆刻 3 部 7 卷:一元宗本编《归元直指集》、地婆诃罗译《准提净业》、妙业集《宝王三昧念佛直指》。

(6)安边的释王寺于 1750 年覆刻 2 部 3 卷:玄奘译《大乘百法明门论》、德清述《性相通说》。

(7)安东的凤停寺 1769 年覆刻 3 部 34 卷:灌顶记《菩萨戒义疏》、弘赞《四分戒本如释》、子璇《起信论疏笔削记》。

上述《径山藏》佛典的覆刻意味着中国民间佛典刊刻事业对朝鲜的佛教界带来重要的影响。由于印刷术的发明,雕版印刷的版本具有可复制的性质,不仅单行的佛经可以覆刻后重复刷印,印刷的大藏经也可以照本覆刻。伴随着明代版刻业的成熟与繁华,传播的途径不断扩张,书籍的传播也得以创新。

总体来说,就文化传播与容受观点,不管是日本僧人西行至中国求法,或者中国僧人到东亚邻国弘法,透过东西方的跨文化交流,建立了汉传佛教的东亚文化圈。[34]不同地方的思想分流与交汇,借由书籍的传播与环流,得以跨越时间与空间,将思想内涵流传、汇聚并承载下来,进而形成典籍阅读的公共空间。文化传播有赖于载体,载体的形式也相对影响传播效果。[35]

四、文化交流的传播意义

佛教文化的传播向来不是单向进行的,方广铝先生曾提及"文化汇流""文化的交流是双向的"观点。由于方册本书籍形式便于携带流传,尤以刊印个人的宗门语录,应寺院主持的要求将刊本放入藏经,单行刊本大量地涌入寺院大藏经,于当时蔚为风潮。因此,在《径山藏》以及后来的《黄檗藏》都有大量的语录禅籍。

《径山藏》在域外的流通、传播所带来文化交流上的影响,已如前文所述。应江户时期请供需要,《径山藏》多次输入日本,并意外地流传到朝鲜。作为重要的文化交流物品,《径山藏》在日本彰显出亮眼的收藏需求及盛行风光。

不可否认的是,以物质形式存在的书籍,确实如学者所认为的那样,是"东亚交流中极具价值的物品"[36]。日僧以《径山藏》为底本覆刻《黄檗藏》,以大藏经为主要传播媒介,将中国印刷术传播到日本,借此可以看出"佛经雕印对印刷术传播所作的影响贡献"[37]。

有些学者以物品的角度探讨东亚文化的传播,概括提出"海上丝绸之路"的成就。这条"东海丝绸之路",透过商船的交通贸易,连接东西方海上通道,以中国东部沿海港口为起点航向日本与朝鲜等地,沟通人类物质文明与精神文明,这条重要的通道虽然是以商贸为基本动力,然而它所运送出去的不只是货物,更重要的是传播佛教文化与义理思想,可谓"海上佛教之路"。[38]

有学者认为以"丝绸之路"解释古代中外交流史仍有局限之处,因此提出了"汉籍之路"(bookroad),即从书籍的传播轨迹来探寻中外精神交流。因为中外交流不只是商业贸易下的"物质互换",还有文化载体上的精神沟通。"丝绸之路"是一条商贸道路,"汉籍之路"则是一条文化道路,是"打开中外精神文化交流史"的一把"钥匙",中古世纪汉籍传播至域外,具有"主动的、发散性的"特点,透过汉籍传播的形式与路线,可研究"中国文化传播与交流新的理论模式"。[39]

诚如方广铝先生所说,"汉文大藏经刊刻与流通曾经在东亚汉文佛教圈起到文化交流、文化认同、和平外交的作用"[40]。因此,东亚汉籍交流的研究涉及交流途径、种类、数量与反响,也旁及当时的政治社会经济。王勇认为"以汉字为媒介的书籍广为流布,形成一条往返环流的书籍之路"。从《径山藏》《黄檗藏》《缩刻藏》《已续藏》《大正藏》,再到今日的《中华藏》乃至电子佛典 CBETA,检视藏经的编修与流传,《径山藏》正是透过书籍的流传进行中外文化交流,从而"体现出东亚文化圈的深度精神文明与深远影响"[41]。

如果说《径山藏》本身在汉文大藏经史上为"中国现存方册本藏经之始",那它所扩展出去的价值即在缔造"黄檗为日本刻成方册本藏经之始"[42]。它不仅推进日本大规模刊刻印刷技术的改良提升,也促成其当代《大藏经》的编修。今日学界公认最具学术价值的《大正藏》,回溯其前身,则从《径山藏》《黄檗藏》《缩刻藏》《频伽藏》而成。这几部藏经前后的继承关系可说《径山藏》即是《频伽藏》的祖本,而《大正藏》的校本之一即是明《径山藏》本,永崎研宣对此近期有研究文章说明。

然而上述内容并没有说明此文化现象背后的内在原因与隐含的深层意义。近年来,学界对于东亚文化的探讨逐渐从认识具体文化交流事件,转为探索"东亚区域内文化意象的形塑"[43]。文化意象的建构,诚如石守谦先生所述"在东亚各地区得到传播的确认,转移到对意象移动之后的在他地变异'再生'之过程"[44],然而"文化移动的在地化"实际上是"一种更为积极的响应"。

以此观点来看,我们就不难理解日韩方何以积极地透过中介者迎请中土刊印的佛教典籍,积极地将佛典请供收藏于寺院中作为镇寺之宝,小心翼翼地保管,进一步企图快速学习雕刻印刷技术,用以刊印、复制这些来自东土的法宝,进而刊印属于本地的《大藏经》,作法宝的传承、守护者,并以此建立起讲学空间,这可视为形塑东亚文化意象的另一种范例。

实际上,随着宋版书籍与佛典陆续传入日本,镰仓时代日本早有覆刻宋版书籍及出版大藏经的构想,但以当时的条件未能如愿,所刊成的也仅是小规模的少数单行本,幕府将军甚至派僧向朝鲜王请求《高丽藏》经版,但遭受拒绝而未果。[45]直到《径山藏》大量传入,很有可能是伴随着书籍的输送带入经版,抑或是在鼎革时期同时引进雕刻工艺技术,《黄檗藏》的刊刻如此快速完成,并继而成为后来的"法宝流通处"。从中可以看到文化不只是单向传播,而是"横向"的文化交流,文化的输出方与输入方的角色与位置向来不是固定的。文化的传播也不是"由一地向他地的单向移动"过程,而是"他地"的"文化意象的在地化"[46],一种具有主体意识的文化移动逐渐建构文化的主导权,进而取得文化的话语权。

综合上述,本文以《径山藏》为对象,先从助印刊刻的角度探讨佛典助印文化传播事业的发展进路;再从佛典的供需流通以及汉籍的域外传播的面向,寻探汉文化以佛典为媒介在东亚区域交流的轨迹。汉传《大藏经》在日本朝鲜各寺院请供保存,中国的佛典流布传播到东亚周边各国引起模仿与创新,促进域外汉籍的文化交流。借此案例,以期让我们对近世东亚佛教有更深入的理解与认识。而关于《径山藏》的文献内涵、特色,及其之于中国《大藏经》发展史的意义,可待日后于他文再深入探讨说明。

(本文曾发表于第四届"东亚文献与文学中的佛教世界"研讨会后修改提交。部分内容节选自本人2016年北京大学哲学系博士论文《法宝流通——〈径山藏〉的文献价值与文化传播影响》)

注释:

[1]早期学界定义"东亚文化圈"的基本特征有几点:中国之中心与日韩之边缘、中日韩三国的宗藩关系的政治纽带作用、儒家学说的思想统治地位、佛教成为普及的宗教、汉字为东亚三国共同的文字。参见汪高鑫:《古代东亚文化圈的基本特征(一)》,《巢湖学院学报》2008年第2期,第1—6页。

[2]转引自廖肇亨:《中介、转接与跨界——东亚文化意象形塑过程蓝探》,石守谦

等主编：《转接与跨界——东亚文化意象之传布》，允晨文化实业股份有限公司，2015年，第 17 页。

[3]蔡豫将东亚文化圈分成肇始、发展、兴盛、渐衰、分崩、复兴六期。参见蔡豫《东亚文化圈的历史分期》，《边疆经济与文化》2013 年第 11 期，第 62—63 页。

[4]以往学界因采用新文丰出版社选辑出版的版本而通称《嘉兴藏》，但由于 2016 年国家图书馆出版社出版发行《径山藏》，所收典籍更为丰富周全，故本文以《径山藏》为名。

[5]引自蓝吉富：《〈嘉兴藏〉研究》，《中国佛教泛论》，新文丰出版社，2004 年，第 163—174 页。有关《径山藏》的史料价值与特色，可参考蓝吉富两篇文章，分别论述这部藏经的特色、史料价值、编修倡议、刊刻经程、校勘版式：《嘉兴大藏经的特色与史料价值》，载于《佛教的思想与文化·印顺导师八秩晋六寿庆论文集》，法光出版社，1991年，第 255—266 页；《〈嘉兴藏〉研究》，载于《中国佛教泛论》，新文丰出版社，2004 年，第 115—179 页。

[6]"明代刻工工资所得，也仅是糊口。万历二十九年刻写工人的工资，每一百字写工银四厘，刻工银三分五厘，每一块两面的经版刻满行，也只给付银三钱，比较万历三十三年一位僧人的饭食腐菜约银一分。"引自郭孟良：《晚明商业出版》，中国书籍出版社，2011 年，第 30 页。

[7]江南士族对于刻藏事业的支持及扮演的角色可见陈玉女《明末清初〈嘉兴藏〉刊刻与江南士族》一文，载于《佛光学报》2008 年第 4 卷第 2 期，佛光大学佛教研究中心，第 301—364 页。

[8]陈玉女：《明末清初〈嘉兴藏〉刊刻与江南士族》，《佛光学报》2008 年第 4 卷第 2 期，第 334—348 页。

[9]陈垣：《明季滇黔佛教考》，中华书局，1962 年，第 86 页。

[10]以《中阿含经》为例，卷三十一至卷五十五刊刻于崇祯十六年，是完刻于请藏之后。

[11]陈垣：《明季滇黔佛教考》，中华书局，1962 年，第 92 页。

[12]道意：《募楞严方册藏经疏》，《布水台集》卷十七，《径山藏》第 212 册，国家图书馆，2016 年，第 193 页。

[13]纪华传等主编：《〈径山藏〉所载序跋文献汇编》，国家图书馆，2017 年，第 2 册278 页、第 3 册 323 页、第 3 册 366 页、第 4 册 90 页、第 4 册 423 页、第 4 册 427 页、第4 册 498 页、第 4 册 499 页、第 4 册 545 页、第 4 册 546 页。

[14]关于明代建设藏书楼对于经典保护所表明的"尊经"与"重教"态度，可参见卜正民《明中期的藏书楼建设》一文的分析，载于卜正民《明代的社会与国家》，黄山书社，2009 年，第 172—175 页。

[15]伯亭大师(1641—1728)，仁邑亭溪人，俗姓沈，初名续法，更名成法，伯亭其

字,灌顶其号也。修复上天竺寺,受请任方丈,承接华严诸祖法脉,付法弟子者众。其生平可见证文、徐自洙等编《伯亭大师传记总帙》,载于《新纂已续藏》第 88 册,第 396 页。

[16]续法:《般若心经理性解》,《新纂已续藏》第 26 册,第 901 页。

[17]证文、徐自洙等编:《伯亭大师传记总帙》,《新纂已续藏》第 88 册,396 页。

[18]石蕴玉:《募置云林寺经藏疏》,《独学庐稿》,第 298 页。

[19]碑文中提道:"会一师在嘉兴楞严寺修治经板,遂意商榷凡集大藏经论等一千六百五十五种装成一千四百三十八册又附贮藏外、论疏语录各书一百五十种装为四百五十六册综为两椟,藏诸寺之莲灯阁上。"虽然经藏疏与经藏碑未记载年代,但以会一师于嘉庆年间在楞严寺修补经板之事迹,据此推测印造年代。石蕴玉《灵隐经藏碑》,载于《续修云林寺志》卷五,第 117 页。

[20]参考井上进发表《出版文化与学术》一文,提供明清时期出版文化的关注重点,可作为本文探讨的问题视角。他提醒欠缺的是"通过各个具体事例来总结各个时期出版的实际情形,或者论述各个时期的出版所举的历史意义"。该文收入《明清时代史的基本问题》,商务印书馆,2014 年,第 475—494 页。

[21]汪高鑫:《古代东亚文化圈的基本特征(一)》,《巢湖学院学报》2008 年第 2 期。

[22]王勇:《从"汉籍"到"域外汉籍"》,《浙江大学学报》2011 年第 6 期,第 8 页。

[23]张伯伟提出"域外汉籍"有三类:历史上域外人士用汉文书写的典籍;中国汉文典籍的域外刊本或抄本;流失在域外的中国汉文古籍。另一种说法,"域外汉籍"指的是中国历史上流失到海外的汉文著述;域外翻刻、整理、注释的汉文著作;原采用汉字的国家和地区学人用汉文撰写的、与汉文化有关的著述。参见王勇《从"汉籍"到"域外汉籍"》,《浙江大学学报》2011 年第 6 期,第 8 页。

[24]参见樊树志:《晚明史》,复旦大学出版社,2016 年,第 27—31 页。"宁波争贡"事件可参考陈小法:《明代中日文化交流史》第五章《宋素卿与日本》,商务印书馆,2011 年,第 173—182 页。

[25]隐元隆琦于清顺治十一年(1654)五月十日率众从黄檗山出发,六月二十一日从厦门出港启航,七月五日抵达日本长崎,隔日入住兴福寺。引自章宏伟:《嘉兴藏〉的刊刻及其在日本的流播》,《古代文明》2011 年第 4 期,第 49 页。

[26]野口善敬的观点,见《中国文化中的佛教》第二章,法鼓文化出版社,2015 年,第 131 页。

[27]大庭修:《江户时代における大藏经の输入》,《江户时代における中国文化受容の研究》,同朋舍出版,1984 年。

[28]曹刚华文中表列为"宽保元年",而第 187 页又写"宽永元年",笔者推测后者是笔误。曹刚华:《清代佛教史籍流传东亚考述》,《文献》2015 年第 4 期,第 184—187 页。

［29］曹刚华：《清代佛教史籍流传东亚考述》，《文献》2015 年第 4 期，第 183—191 页。

［30］野泽佳美：《江户时代明版〈嘉兴藏〉的传入情况》，《大藏经的编修、流通、传承——径山藏国际学术研讨会论文集》，浙江古籍出版社，2017 年，第 326—332 页。

［31］野泽佳美：《江户时代における明版嘉典藏输入の影響について》，《立正大学東洋史論集》13 号，2001 年。

［32］肃宗辛西年(七年)7 月 9 日："庚申领议政金寿恒、左议政闵鼎……时中国商舶，因大风多漂到罗州智岛等处，而又有佛经缥帙甚新、佛器等物制造奇巧，漂泛海潮，连为全罗忠清等道，沿海诸镇浦所拯得，通计千余卷，道臣连续启闻，附上其书，上取览久不下，鼎重言：'异端之书，不宜久留圣览。'寿恒亦言之，上乃命分赐南汉寺刹。"《李朝实录》卷十二，台北"中央研究院"历史语言研究所，1962 年，第 339 页。

［33］Jong-Su Lee, "Reprinting of Jiaxing Tripitaka during the Late Joseon Dynasty",《书志学研究》第 56 辑，2013 年 12 月，第 327—352 页。

［34］关于汉传佛教的跨文化交流可参考于君方《西游与东游——汉传佛教与亚洲的跨文化交流》一文，收于《求法与弘法——汉传佛教的跨文化交流国际研讨会论文集》，法鼓文化出版，2015 年，第 27—42 页。

［35］关于"文化汇流"的论述，可参考方广锠《从"药师佛"谈起——兼论佛教疑伪经与佛教发展中的"文化汇流"》，2014 年 5 月 15 日北京大学哲学系讲稿，第 11—17 页。在该文第 13 页，方广锠先生就佛典翻译活动层面提出"文化传播离不了载体，包括授体与受体，载体的特性决定传播的效果。故佛典翻译与传习效果取决于翻译、传习活动中授体、受体本身的'文化位势'以及相互磨合的程度"。

［36］石守谦：《移动的桃花源——东亚世界中的山水画》，三联书店，2015 年，第 29—30 页。

［37］肖东发：《汉文大藏经的刻印及雕版印刷术的发展——中国古代出版印刷史专论之二(下)》，《编辑之友》1990 年第 3 期，第 65 页。

［38］冯峥：《阳江·海上丝绸之路·"南海一号"》，《锦绣河山》2012 年第 11 期，第 17 页。关于东海丝绸之路的形成、发展可参考李传江《东海丝绸之路史疏》一文，载于《人文中国学报》2013 年，第 223—234 页。

［39］柳斌杰：《汉籍之路——〈域外汉籍珍本文库〉序言》，西南师范大学出版社、人民出版社，2009 年，第 1-2 页。

［40］方广锠：《中国刻本藏经对〈高丽藏〉的影响》，《世界宗教研究》2013 年第 2 期，第 15 页。

［41］王勇：《鉴真东渡与书籍之路》，《郑州大学学报》(哲学社会科学版)2007 年 05 期，第 3—4 页；《书籍之路与文化交流》序言，上海辞书出版社，2009 年，第 1 页。

［42］蔡运成：《中华大藏经第二辑嘉兴正续藏编目说明》，《大藏经补编》第 35 册，

华宇出版社,1985 年,第 184 页。

[43]如廖肇亨所言:"东亚诸国有某种共同的沟通方式(特别是书写文字为主要方式的'笔谈'),有相当类似程度的知识结构,有其价值观念与审美经验也具有高度的同质性,这种彼此共通的精神图像与价值追求可称之为'东亚文化意象'。"引自石守谦等主编《转接与跨界——东亚文化意象之传布》,允晨文化实业股份有限公司,2015 年,第 18—19 页。

[44]石守谦:《中介者与东亚文化意象之形塑》,载于石守谦等主编《转接与跨界——东亚文化意象之传布》,允晨文化实业股份有限公司,2015 年,第 1 页。

[45]李富华:《汉文大藏经研究》,宗教文化出版社,2003 年,第 588—590 页。

[46]石守谦:《中介者与东亚文化意象之形塑》,载于石守谦等主编《转接与跨界——东亚文化意象之传布》,允晨文化实业股份有限公司,2015 年,第 1 页。

艺术人生

中日茶禅的美学渊源

萧丽华

前言

中国茶文化的发展近两千年,累积古典茶书至少有 124 种,[1]可以说是结合雅俗,融冶儒道释文化精髓于一炉的,民族生活与精神思想的表征。

茶文化的发展从药用、饮食,演进到生活艺术与思想表征,有其漫长的历史,但茶与思想结合的过程是先道后禅,有其文化演变的轨迹,本文对此将有初步的勾勒,但焦点将集中在"茶禅"的探究,究竟茶禅起始于何时何人? 这是本文探讨的第一个问题。

茶文化的影响流布全世界,[2]但西方人并未发展出一套茶道哲学,反而东邻的日本,青出于蓝,有更精雅的茶道美学。从精神文明的角度来说,日本茶道保留中国唐宋禅林煎茶、点茶文化而更形清寂,更具仪式化特征,形成日常性与非日常性的结合,对我们了解唐宋茶禅有最直接的帮助[3]。中日茶禅共同渊源于禅的美学特征,是本文探究的第二个重心。

中国唐宋两代可说是茶禅文化的"建立期"与"发展期"。高度的僧俗往来为茶禅文化留下大批的诗文著作,这些作品传述着茶禅文化美学、茶禅思想境界、茶禅活动实录、茶禅历史典故,也增益诗歌文学的内涵与禅宗法门的机趣。目前笔者掌握的线索以"茶禅一味"[4]为主,可以粗略看出唐宋时期茶禅文化的特色。唐宋时期僧社的创建,目的在于加强诗僧、茶僧、棋僧、饭僧与士大夫的交往。唐朝文人创作茶诗高达四百余首,其中诗

作者单位:台湾大学中文系。

僧之作近四分之一，白居易一人占六十七首；宋人茶诗笔者尚未全面统计，但光是东坡也有百余笔。唐宋两代诗歌中的茶禅，是笔者未来研究的重心。但研究之前必先建立茶禅文化的历史认知与美学萃取，才能将相关知识运用在分析唐宋茶诗上。本文可说是这整体研究的初基，但由于可研究的范畴庞大，本文名为"渊源"，先处理到唐代为止。

茶禅的起源

中国茶文化由来已久，相传神农尝百草，即知茶有解毒药效[5]。从食用、药用到饮用，茶文化有其历史进程。饮茶的起源，据清人顾炎武《日知录》云："自秦人取蜀，而后始有茗饮之事。"推测饮茶始于战国末期，但缺乏直接、有力的证据。到西汉王褒《僮约》有"烹茶尽道""武阳买茶"等记载，[6]足以证明西汉饮茶有史可据。《僮约》写定于公元前59年，算起来中国的饮茶历史已逾二千年。[7]

六朝时，饮茶文化开始发展出文人的生活美学与道家辅助修道的观念。杜育《荈赋》云："沫沉华浮，焕如积雪、烨若春敷。"张载《登成都楼诗》云："芳茶冠六清，溢味播九区。人生苟安乐，兹土聊可娱。"[8]茶味芬芳清雅，茶色如积雪积、春敷，已经成为文人赏爱之乐。至于陶宏景《名医别录》云："茗茶轻身换骨，昔丹丘子、黄山君服之。"[9]《神异记》云："余姚人虞洪，入山采茗，遇一道士迁三青牛，引洪至瀑布山，曰：'吾，丹丘子也。闻子善具饮，常思见惠。山中有大茗可以相给，祈子他日有瓯牺之余，乞相遗也。'因立奠祀，后常令家人入山，获大茗焉。"壶居士《食忌》云："苦荼久食，羽化。"[10]由此，可以看出南朝道士将茶视为换骨神方。

佛教坐禅饮茶最早可追溯至晋代，据吴立民《中国的茶禅文化与中国佛教的茶道》[11]一文考证，饮茶生活进入僧人禅坐世界的记录，最早见于《晋书·艺术传》[12]，内容记载敦煌行者单道开在后赵都城邺城昭德寺修行，借由"茶苏"以防止睡眠，颇具精神。可见晋代僧人已经认为茶有助于参禅。释道悦《续高僧传》也记载南朝·宋僧人法瑶入山寺，遇年纪垂老的沈台真，于饭所饮茶。[13]晋高僧慧远还曾于江西庐山东林寺与陶渊明，话茶吟诗，叙事谈经。这都可看出晋代僧人的饮茶之风。

然而，茶禅文化之真正确立与普及，应是从唐代开始。唐封演《封氏闻见记》卷六《饮茶》载:"开元中,泰山灵岩寺有降魔师,大兴禅教。学禅务于不寐,又不夕食,皆许其饮茶,人自怀挟,到处举饮,从此转相仿效,遂成风俗。"[14]从这里可以看到唐开元时期(713—742),由僧人坐禅、饮茶助修,以致形成民间转相仿效的饮茶风俗。唐代饮茶文化迅速广泛地流传于各僧院中,僧人不只饮茶参禅,也以茶供佛,[15]寺庙中更设有"茶堂",作为招待宾客品茗、讨论禅佛之理,同时亦设置"茶鼓",以击鼓召集寺院僧人饮茶,还有专门煮茶的"茶头"与为游客惠施茶水的"施茶僧"。[16]僧人与文人之间,除了以诗文会友之外,也因此产生了"茶宴"[17]。

中国第一部茶经因此产生。《封氏闻见记》卷六《饮茶》云:"楚人陆鸿渐为茶论,说茶之功效,并煎茶炙茶之法,造茶具二十四事,以都统笼贮之,远近倾慕,好事者家藏一副。有常伯熊者,又因鸿渐之论广润色之,于是茶道大行。"[18]陆鸿渐指陆羽(733—804),《茶经》一书的完成(765)[19]代表茶文化的的奠立,从此茶的功效更为世人所了解,茶禅文化也在僧俗往来中更形规模[20]。禅宗宗门因此将坐禅饮茶列为规式,写入《百丈清规》中。佛教丛林制度,由唐百丈禅师立《百丈清规》而创定,《百丈清规·住持章第五》有"新命茶汤""受两序勤旧煎点""挂真举哀奠茶汤""对灵小参奠茶汤";《百丈清规·节腊章第八》有"赴茶""旦望巡堂茶""方丈点行堂茶"等条文[21],此后宋代宗颐的《禅苑清规》中更明文规定丛林茶禅及其次第茶礼。[22]

由于茶的功用能清心寡欲,使人神清气静,[23]故成为僧人午后不食最好的补充饮料,有助于僧人坐禅之静心、敛心、专注,以达到身心"轻安",观照"明净"的禅境参悟。加上从佛教禅寺的环境来看,也有利于茶文化与禅的结合。佛教禅寺多在高山丛林,云雾缭绕,得天独厚,极宜茶树生长。又因唐代佛教一直保持农禅并重的优良传统,禅僧务农,大都植树造林,种地栽茶。制茶饮茶,相沿成习。许多名茶,最初皆出于禅僧之手。如佛茶、铁观音,即禅僧所命名。禅林于茶之种植、采撷、焙制、煎泡、品酌之法,多有创造。唐代佛教不仅开创了自身特有的禅文化,而且成熟了中国本有的茶文化。茶与禅高度结合于唐代,应是可以肯定的。

从历史看来,茶禅文化酝酿于晋代僧人的饮茶之风,建立相关的制度与礼仪于唐代的佛教丛林，重要的茶禅美学也成就于唐代的僧俗往来之间。

茶与禅结合的时代：唐代茶禅美学

从精神的角度来说，唐人饮茶已有茶道，所谓"茶道"是以修行"道"为宗旨的饮茶艺术，是饮茶之道和饮茶修道的统一。据丁以寿的归纳，"茶道包括茶艺、茶礼、茶境、修道四大要素。所谓茶艺是指备器、选水、取火、候汤、习茶的一套技艺；所谓茶礼，是指茶事活动中的礼仪、法则；所谓茶境，是指茶事活动的场所、环境；所谓修道，是指通过茶事活动来怡情修性、悟道体道"。[24]而此中的"道"，有儒家之道、道家之道、佛教之道，各家之道不尽一致。至于"茶禅"，则专指茶与禅，因此其中的"道"即禅。

如前所引，"茶道"一词最早出现在《封氏闻见记》卷六论陆羽的文字中，但陆羽《茶经》只是综述茶源、茶具、造茶、茶器、煮茶、饮茶、茶事等等之作，关于上述所谓茶道四大要素，算是已具规模，但关于茶禅，则没有明确的指涉。综观《茶经》中涉及茶汤美学与精神修养的文字只有一、二，如：

茶之为用，味至寒，为饮，最宜精行俭德之人……聊四五啜，与醍醐、甘露相抗衡。（一之源）

其沸，如鱼目，微有声，为一沸；缘边如涌泉连珠，为二沸；腾波鼓浪，为三沸……有顷，势若奔涛溅沫，以所出水止之，而育其华也。

汤之华也，华之薄者曰沫，厚者曰饽，细轻者曰花。如枣花漂漂然于环池之上，又如环潭曲渚青萍之始生，又如晴天爽朗有浮云鳞然。其沫者，若绿钱浮于水湄，又如菊英堕于鐏俎中。饽者，以滓煮之，及沸则重华累沫，皤皤然若积雪耳。（五之煮）

从这些文字可以看出陆羽的茶道思想是儒道释合一的，这与唐代文化思想的背景一致。以"最宜精行俭德之人"一语来说，梁子《中国唐宋茶道》指出，《茶经》通书凡用 8 个精字，是"完美的原则""精美上乘""精气饱满"，植基于"屋精极""衣精极"的向上追求一种崇高的精神境界；"俭德"则反应出儒家思想底蕴。[25]笔者认为精还有道、释的思想，道家之"窈兮冥兮，其中有精"（《老子》二十一章），佛家之"精舍""精室""精进"，也是追求超越之意；而俭为道家三宝之一，[26]也是禅宗丛林生活美德，禅僧苦行清修,衣不过三衣,食只日中一食,其俭更胜于儒者。[27]可见陆羽的茶道思想是融合式的,尚未发展出具体的茶禅概念。但他已经诠释出茶汤美学,"五之煮"中一大段譬喻形容,成为文人饮茶向往的境界,也开启日本重要茶道美学(见下节论述)。禅林寺院因此以茶度众,成为文人雅士乐于亲近的场所。僧俗之间的茶会与茶宴逐渐淬炼出茶禅的制度化与仪式化。

《茶经》中唯一明确用宗门语言的只有"与醍醐、甘露相抗衡"一语,严格说起来,陆羽为唐人整理出茶事文献,提供茶道美学,但尚未臻于茶禅境界。不过茶道的理论化却起始于陆羽,而陆羽又曾当过小沙弥,受寺院茶事熏陶,也算是佛教对茶文化的间接贡献。

此外,综观唐代茶着如张又新《煎茶水记》、苏廙《十六汤品》、温庭筠《采茶录》、毛文锡《茶谱》等,都少有涉及禅的相关讨论。只有王敷《茶酒论》以茶酒对话的拟人小说手法,提到唐人饮茶之普及,"贡五侯宅,奉帝王家","我之名草,万木之心。化白如玉,或黄似金。明僧大德,幽隐禅林。饮之语话,能去昏沉。供养弥勒,奉献观音。千劫万劫,诸佛相钦"。[28]显见唐代普遍以茶供佛的禅风。

既然唐代茶着、茶文看不到禅的踪影,我认为唐人的茶禅美学应该是呈现在僧俗往来的作品与禅林的生活中。考察《全唐诗》后确实发现,在与茶神陆羽唱酬的诗僧皎然之后,茶诗作品才大量出现,表现出较多茶禅的美学思想。因此,研究唐代茶禅,应从中唐到晚唐之间的唐代茶诗与禅宗清规、灯录入手,尤其是禅僧的作品,分析其中的禅思想,勾勒其中的茶禅美学。本文先以皎然来看。

皎然是陆羽至交,陆羽漂泊湖州时就是栖身于皎然的草堂别业,后来才经过湖州刺史颜鲁公的支助,买得青塘别业,此别业也是陆羽与皎然、李萼等文人茶客聚会、吟诗、品茶的处所。[29]皎然是中唐僧人中茶诗特多的一位,其作品中有不少茶禅美学,对陆羽应有一定的影响:

〇望远涉寒水,怀人在幽境。为高皎皎姿,及爱苍苍岭。果见栖禅子,潺湲灌真顶。积疑一念破,澄息万缘静。世事花上尘,惠心空中境。清闲诱我性,逐使烦虑屏。……识妙聆细泉,悟深涤清茗。此心谁得失,笑向西林永。(《白云上人精舍寻杼山禅师兼示崔子向何山道上人》)

○九日山僧院，东篱菊也黄。俗人多泛酒，谁解助茶香。（《九日与陆处士羽茶》）

○喜见幽人会，初开夜客茶。日成东井叶，露采北山芽。文火香偏胜，寒泉味转嘉。投铛涌作沫，着碗聚生花。稍与禅经近，聊将睡网赊。知君在天目，此意日无涯。（《对陆迅饮天目山茶因寄元居士晟》）

○越人遗我剡溪茗，采得金牙爨金鼎。素瓷雪色飘沫香，何似诸仙琼蕊浆。一饮涤昏寐，情思爽朗满天地。再饮清我神，忽如飞雨洒轻尘。三饮便得道，何须苦心破烦恼。（《饮茶歌诮崔石使君》）

○丹丘羽人轻玉食，采茶饮之生羽翼。名藏仙府世空知，骨化云宫人不识。雪山童子调金铛，楚人茶经虚得名。霜天半夜芳草折，烂漫缃花啜又生。赏君此茶祛我疾，使人胸中荡忧栗。日上香炉情未毕，醉踏虎溪云，高歌送君出。（《饮茶歌送郑容》）[30]

从以上引诗，可以看出皎然将禅与茶事结合的种种比论，如《白云上人精舍》一诗从栖禅子的幽境说起，谈茶沫花尘、细泉清茗，能澄息、空心、清性、屏虑；《九日与陆处士羽茶》谈茶香助逍遥适性；《对陆迅饮天目山茶因寄元居士晟》提出茶道“稍与禅经近”；《饮茶歌诮崔石使君》谈不破烦恼、能清神得道之妙法——饮茶；《饮茶歌送郑容》谈以茶祛疾荡忧等等。皎然可以说是现存文献中，最早提出茶禅理论者，他将茶道比附为禅经，说明饮茶之听泉、观沫、闻香、辨色中的禅境，呈现禅者涤心静虑的精神意义。

此外，皎然诗中写到茶会、茶宴者不少，如《答裴集阳伯明二贤各垂赠二十韵，今以一章用酬两作》云：“清宵集我寺，烹茗开禅牖。发论教可垂，正文言不朽。”《陪卢判官水堂夜宴》云：“久是栖林客，初逢佐幕贤。爱君高野意，烹茗钓沧涟。”《晦夜李侍御萼宅集，招潘述、汤衡、海上人饮茶赋》：“茗爱传花饮，诗看卷素裁。风流高此会，晓景屡裴回。”[31]可以看出唐代文会饮茶之风的兴盛。似乎唐人茶会、茶宴都半在清宵夜集，或在山寺禅院，或在高官家宅，也有在茶山的茶亭或清雅的郊野。[32]宴中主要是烹茗、发论、传花饮、看诗卷，共赏高会风流。[33]

湖州是唐代贡茶最大的产地，刺史颜真卿自然成为湖州一带茶会的中心人物。颜真卿用来招待茶客、诗僧、文士的场所,称为"水堂",其诗集《水堂集》中收有许多茶会中的聊句,皎然与其《晦夜李侍御萼宅集,招潘述、汤衡、海上人饮茶赋》一诗中提到的李萼、潘述等人都曾是座上宾。《水堂集》中的聊句颇能观察出唐人茶会的气氛,如《五言月夜啜茶聊句》:

> 泛花邀座客,代饮引情言。(陆士修)
>
> 醒酒宜华席,留僧想独园。(张荐)
>
> 不须攀月桂,何假树庭萱。(李萼)
>
> 御史秋风劲,尚书北斗尊。(崔万)
>
> 流华净肌骨,疏瀹涤心原。(颜真卿)
>
> 不似春醪醉,何辞绿菽繁。(皎然)
>
> 素瓷传静夜,芳气满闲轩。(士修)[34]

这首聊句中"泛花""流华""素瓷""芳气"可以看出当时品茶活动重在观沫花、讲器具、重茶香等茶艺活动;而诗中表现唐人茶会中宾主相敬、和诗相亲的和谐与清雅气氛,[35](这与日本千利休的四规相近,见下节论述)则显出茶礼的庄严;"华席""闲轩"等场所是为茶境;颜真卿诗句"流华净肌骨,疏瀹涤心原",则为以茶禅修道的思想。这首诗可说是充分重现唐人茶会现场,保有完整茶道美学的作品。《水堂集》中还有许多聊句,可以看出小型茶会只有宾主二人,大型茶会还有多到十九人。聊句主要可作为唐人茶会之茶艺、茶礼、茶境与修道的观察,[36]但每人两句的聊句作品,除了记录场面、抒发杂感之外,很难提出系统的理念,因此其中浮现的茶禅思想远不及皎然诗丰富。

《全唐诗》的中晚唐诗中还保有许多茶诗,也能一窥茶禅精神,并看出唐代茶文化。如刘禹锡《西山兰若试茶歌》:

> 山僧后檐茶数丛,春来映竹抽新茸。
>
> 宛然为客振衣起,自傍芳丛摘鹰觜。
>
> 斯须炒成满室香,便酌砌下金沙水。
>
> 骤雨松声入鼎来,白云满碗花徘徊。
>
> 悠扬喷鼻宿醒散,清峭彻骨烦襟开。
>
> 阳崖阴岭各殊气,未若竹下莓苔地。

炎帝虽尝未解煎,桐君有篆那知味。

新芽连拳半未舒,自摘至煎俄顷余。

木兰沾露香微似,瑶草临波色不如。

僧言灵味宜幽寂,采采翘英为嘉客。

不辞缄封寄郡斋,砖井铜炉损标格。

何况蒙山顾渚春,白泥赤印走风尘。

欲知花乳清冷味,须是眠云跂石人。[37]

　　此诗应是山僧茶会,刘禹锡应集时所吟咏的作品。从茶文化的角度来说,这首诗保留唐人茶道讲究现采现煎的时间要求("自摘至煎俄顷余"),春茶抽茸,斯须炒成,用金沙泉水,入鼎后听聆水声如骤雨、松声之美,注碗后观赏茶沫如白云、流花,鼻闻茶香之悠扬、清峭,鉴察茶气阳崖、阴岭、竹下之别,品观茶色新芽连拳,似木兰沾露、胜瑶草临波。这就是有名的"蒙山、顾渚春",山僧告诉刘禹锡,此茶最具"幽寂"灵味,此一"寂"字,也成为后来日本茶道最高的精神。日本茶道从露地、茶亭、茶室到茶器、茶花、茶语,无非在体现一"寂"字(千利休"四规"之一,详见下节论述),唐人茶禅中其实已经浮现此宗旨,如朱景玄《茶亭》云:"静得尘埃外,茶芳小华山。此亭真寂寞,世路少人闲。"(《全唐诗》卷 583)

　　中晚唐诗僧文士的茶诗虽多,但茶禅美学未出上述之右,此后的作品如钱起《过长孙宅与朗上人茶会》云:"偶与息心侣,忘归才子家。玄谈兼藻思,绿茗代榴花。"(《全唐诗》卷 237)孟郊《题陆鸿渐上饶新开山舍》云:"乃知高洁情,摆落区中缘。"(《全唐诗》卷 376)武元衡《资圣寺贲法师晚春茶会》云:"虚室昼常掩,心源知悟空。禅庭一雨后,莲界万花中。时节流芳暮,人天此会同。不知方便理,何路出樊笼。"(《全唐诗》卷 316)齐己《尝茶》云:"味击诗魔乱,香搜睡思轻。"(《全唐诗》卷 838)等,或云"息心"或说"摆落""悟空""方便理"等等,只是茶禅精神的吉光片羽而已。

　　至于"茶道"美学的展现,继颜真卿《水堂集》的聊句之后,还可看到许多形式性的美感讲究。例如施肩吾《蜀茗词》说:"越碗初盛蜀茗新,薄烟轻处搅来匀。山僧问我将何比,欲道琼浆却畏嗔。"(《全唐诗》卷 494)这首诗可以看出山僧为茶会主人(相当于日本茶道的亭主),施肩吾为客人,茶会中有主客问答,客人要体会主人茶道中显现的禅意,施肩吾显然体会到仙意而非禅意,故不敢回答。这种主客问答的茶礼形式,也见于日本茶道中。再如皮日休的《茶中杂咏》与陆龟蒙《奉和袭美茶具十咏》(《全唐诗》卷611、620)各有十首诗,着重在咏"茶坞""茶人""茶舍""茶瓯""煮茶"等等之形容,也令人聊想到日本茶道从"露地""茶室"到"茶具"的一整套美学[38]。又元稹《茶一言至七言诗》说:

> 茶,香叶,嫩芽。
> 慕诗客,爱僧家。
> 碾雕白玉,罗织红纱。
> 铫煎黄蕊色,碗转曲尘花。
> 夜后邀陪明月,晨前命对朝霞。
> 洗尽古今人不倦,将知醉后岂堪夸。[39]

此诗从茶具、茶器、茶色、茶乳,到时间情境等等,都有精雅的讲究。特别是"碗转曲尘花"一语,令人领悟到,日本茶道仪式中何以要旋转茶碗?原来是为了赏乳花茶沫所形成的图案。《全唐诗外编》还保有一首《汤注汤幻茶》云:"生成盏里水丹青,巧画工夫学不成。"[40]可为证明。而元稹诗中"夜后邀陪明月,晨前命对朝霞"一语,也可补证笔者从皎然诗中推论唐人茶会、茶宴都半在清宵夜集的说法。夜半赏月,清宵看云霞,文人爱其美景,僧人悟其无常(霞)与真常(月)。禅理在无相外,茶道在有相内,唐代茶禅文化的精华,就在僧俗二众的茶会、茶宴活动中共同完成。

从中晚唐的作品中,大致可以观察到日本抹茶道所形成的茶艺、茶礼、茶境与禅道之全幅轮廓,这是笔者综览全唐茶文献(包括茶着、茶文、茶诗)所得到的初步成果;其次,笔者发现《全唐诗》中描写茶会之作,似乎随着大历年间贡茶院[41]的设立而兴盛起来,茶会常举行于当地茶山献贡之前,重要贡茶产地的刺史也成了茶会重要人物,由此可以推想,唐代茶诗的分布似乎有其时间(包括季节、时代)与地理(牵涉贡茶产地与茶会活动地)因素;再者,"茶会"与"茶宴"形式似有不同,茶会纯以品茶会诗,顶多点缀一些茶点茶果(参看《文会图》),茶宴则加上餐宴。这使人聊想日本于茶会之中,主人会提供精心设计的"怀石料理";而唐代由文人所招集的茶会与僧人茶会也有所不同,文人茶会常会加入歌妓舞女,提供除品茶、吟诗、发论之外的乐舞表演娱乐,禅林茶会则以法为食,以茶为法,较贴切茶禅宗旨。

唐代茶禅美学除上述诗文所显现的痕迹之外,尚须辅以佛教传播与丛林制度来观察。前云唐人除以茶参禅外,也以茶供佛(见第三节注 15),"茶汤会"[42]更在寺院中形成一套隆重的仪式(见第三节注 21)。法门寺茶具的出土,代表"茶供养"已成为礼佛的殊胜法门。[43]据梁子《中国唐宋茶道》的考证,寺院的茶礼包括三个层次,供养佛菩萨、曼荼罗中的茶供、日常生活中的饮茶茶会。茶供的仪轨繁复庄严,重要节日重要活动场合都要用茶,点茶由住持亲司,仪式由维那率众进行,以示虔敬。比丘示寂的茶汤供养更为隆重,从"佛事—入龛—法堂挂真—举哀—奠茶汤—……"全套仪式凡三奠茶汤,非常严格。而日常饮茶茶会,也有一套仪式,主持的禅僧身分高低,区别着茶会层级的高下,这都记载在《百丈清规》中。[44]

唐代僧人赵州从谂禅师,人称赵州古佛,每说话前总要说"吃茶去"。吃茶乃僧人每日并行的功课,因此赵州创出吃茶即坐禅、问佛乃至悟道之家风。《五灯会元》卷九"西塔穆禅师法嗣资福如宝禅师"条记载,和尚家风乃饭后三碗茶,可知茶已经是禅宗僧徒参禅悟道的一种法门。[45]由此可以看出唐代僧人在"茶堂"潜心论佛,击"茶鼓"召集僧侣饮茶的重要性。[46]而宋代茶风更盛,禅更走向士大夫化,"茶宴"因此成为重要活动。宋代有名的"径山茶宴",每年春天固定进行,[47]茶宴中禅师调茶示道,形成茶禅三昧。[48]

整体而言,唐代茶道美学已经由"煎茶道"[49]迈向"点茶道"[50],并建立了以禅为核心精神,重视茶道即禅经,以茶助涤心静虑,以茶为体悟禅道之法,以茶彰显和尚家风的茶道哲学。宋人所谓"茶禅一味"[51]与"点茶三昧"[52],在唐代都可看出端倪。

日本茶道的建立及其美学特征

唐代茶文化的美学,随着平安时代的遣唐使们传布到日本,[53]日本古代没有原生茶树,也没有喝茶的习惯。茶叶传入后,从八九世纪到 16 世纪间,逐渐发展出一套茶禅美学来。

根据滕军《日本茶道文化概论》的研究,日本茶道的历史分为三时期,第一个时期是受中国唐朝煮茶法影响的平安时代;第二个时期是受中国宋朝的末茶冲饮法影响的镰仓、室町、安土、桃山时代;第三个时期是受中国明朝叶茶泡饮法影响的江户时代。[54]本文关注的重点在第一、二个时期,这也是日本茶禅美学建立的时期。

目前日本最早的茶文献记录为最澄禅师的《日吉神道秘密记》和空海和尚的《空海奉献表》。最澄的日记中记载,延历二十四年(805)他从中国唐朝带回茶籽,开始日本最早的"日吉茶园";空海的表疏于弘仁四年(813)向嵯峨天皇详细报告他在中国的饮茶生活。另一位遣唐使永忠禅师在中国生活了30年(777—805年,《茶经》成书于765年,陆羽辞世于804年),回到日本后掌理京都西北的重福寺与梵释寺,《日本书记》记载他于弘仁六年(815)向嵯峨天皇向上一碗茶。这证明八九世纪的日本已有饮茶的记录,此时期的饮茶活动只行之于贵族,而且是由禅僧身分的遣唐使,为日本开启饮茶之风,滕军称之为"平安时代的贵族茶"。滕军根据同时期的的几部日本汉诗集,如《经国集》《文华秀丽集》《凌云集》《本朝丽藻》等,采集其中的茶诗,判定此时期的饮茶方式与陆羽《茶经》的记载一样。学界称此为"弘仁茶风",有中国唐代文士离俗超脱的精神,也有唐代道教神仙色彩的想象。而日本寺院中,茶也一直作为读经坐禅的清醒剂,称之为"引茶"。[55]

平安时代末期,禅僧荣西(1141—1215)两度入宋,他回到日本的第二年,日本进入了镰仓时代(源氏集团掌权)。荣西在中国学到了茶的加工方法,还将优质茶种带回日本传播,九州岛岛富春院、背振山、圣福寺与京都的高山寺都成了"日本最古茶园"。尤其是高山寺的拇尾茶,是后来室町时代的斗茶所认定的"本茶"。荣西于公元1211年写成了日本第一部饮茶专着《吃茶养生记》,内容主要叙述茶的医药作用,滕军称此时的茶风为"镰仓时代的寺院茶",以医药养生为主。据日本学者森鹿三的考察,此书的引文叙述都来自于中国的《太平御览》,从其中上卷之末的"调茶"和下卷的"饮茶",可知荣西用的是中国的"点茶法"。[56]这是今天日本茶道继承的饮茶方式。又据《中国茶文化》一书的考察,当时僧人以为茶具备着三德:

(一)坐禅通夜不眠;(二)满腹时能帮助消化、轻神气;(三)不发之药物。[57]笔者认为荣西虽然学自于北宋,但其中将茶叶立蒸立焙,碾末冲点的方式,也渊源于上述唐人的茶文献中。

室町时代(1333—1573)日本的茶风走向游艺性,豪华的斗茶成为日本茶文化主流。根据《吃茶往来》记载的茶会,可知茶会进行时先在客厅敬酒,然后上一道面、一道茶,之后展开山珍海味之宴;退席后入茶亭,鉴赏茶堂内的佛像挂画、设花、焚香,开始点注茶汤,进行本茶非茶之四种十服的斗茶;日落后重回客厅开酒席,歌舞助兴。室町时代的斗茶其实只有娱乐性,没有宗教性。到公元1397年,金阁寺修建,开展足利义满的北山文化,1436—1490年足利义政修建银阁寺,开展东山文化之后,娱乐型的斗茶会才发展为宗教性的茶会。足利义政隐居生活的东山殿中有一个"同仁斋",空间只有四张半榻榻米的面积,墙壁上有壁龛、内部设有写字台(日语称"书院"),足利义政就在此中闻香、插花、点茶、读书、赋诗、书画等等,形成所谓"室町时代的书院茶"。"同仁斋"的规模大抵是后来日本茶室的标准。

首先创立茶道概念的是15世纪奈良称名寺的和尚村田珠光(1423—1502)。公元1442年,十九岁的村田珠光来到京都大德寺酬恩庵,跟一休禅师修禅,得到一休禅师的印可证书——圜悟克勤的墨迹。当时奈良地区盛行由一般百姓主办参加的 "汗淋茶会"(一种以夏天洗澡为主题的茶会),这种茶会采用了具有乡村古朴建筑风格的"草庵"为茶室,成为日本茶道的一大特色。珠光在京都建立珠光庵,茶室的壁龛上挂上圜悟克勤的墨迹,入庵的人要在墨宝前跪下行礼,由此表示草庵茶的宗旨与禅宗思想相通。珠光并以禅偈"本来无一物"的心境点茶,在参禅中将禅法的领悟融入饮茶之中,他在小小的茶室中品茶,从佛偈中领悟出"佛法存于茶汤"的道理,从此开创了独特的尊崇自然、尊崇朴素的草庵茶风。据《珠光问答》记载一则答足利义政话说:

一味清净、法喜禅悦,赵州知此,陆羽未曾至此。人入茶室,外却人我之相,内蓄柔和之德。至交相接之间,谨兮敬兮清兮寂兮,卒以及天下太平。[58]

可见珠光也创茶规——谨兮敬兮清兮寂兮。由于将军义政的推崇，"草庵茶"迅速在京都附近普及开来。珠光主张茶人要摆脱欲望的纠缠，通过修行来领悟茶道的内在精神，他写给弟子古市播磨澄胤的书信，《心之文》说："（茶道）要得遒劲枯高，应先欣赏唐物之美，理解其中之妙，其后遒劲从心底里发出，而后达到枯高。"据后来千利休的茶道圣典《南方录》[59]记载，标准规格的四张半榻榻米茶室就是珠光确定的，而且专门用于茶道活动的壁龛和地炉也是他引进茶室的。此外，珠光还对点茶的台子、茶勺、花瓶等也做了改革，他晚年隐居于奈良称名寺内的独炉庵，在茶室的庭园（日人称为"露地"）栽种松、竹、柳，听松风成为茶道的美学之一。[60]珠光的草庵茶正式开辟了茶禅一味的道路。

继村田珠光之后的一位杰出的大茶人就是武野绍鸥（1502—1555年）。他对村田珠光的茶道进行了很大的补充和完善，还把和歌理论输入了茶道，将日本文化中独特的素淡、典雅的风格再现于茶道，使日本茶道进一步民族化。

日本茶道的集大成者是战国时代的千利休（1522—1592），他早年名为千宗易，后来在丰臣秀吉的聚乐第举办茶会之后，获得秀吉的赐名，才改为千利休，他和薮内流派的始祖薮内俭仲均为武野绍鸥的弟子。千利休将标准茶室的四张半榻榻米缩小为三张甚至两张，并将室内的装饰简化到最小的限度，使茶道的精神世界最大限度的摆脱了物质因素的束缚。同时，千利休还将茶道从禅茶一体的宗教文化还原为淡泊寻常的本来面目，茶道的"四规七则"就是由他确定下来并沿用至今的。所谓"四规"即：和、敬、清、寂。和，就是和睦，表现为主客之间的和睦；敬，就是尊敬，表现为上下关系分明，有礼仪；清，就是纯洁、清静，表现在茶室茶具的清洁、人心的清净；寂，就是十二中，凝神专一，寂然不动之心，表现为茶室中的气氛恬静、茶人们表情庄重，凝神静气。所谓"七则"就是：茶要浓、淡适宜；添炭煮茶要注意火候；茶水的温度要夏凉冬暖与季节相适应；插花要来自原野自然之美的生花；时间要早些，如客人通常提前十五到三十分钟到达；不下雨也要准备雨具；要照顾好所有的顾客，包括客人的客人。[61]利休继承了珠光、绍鸥的茶道美学，深化了草庵茶的茶禅精神，从此结束了日本中世茶道界百家争鸣的局面,统一日本茶道的精神理念。

《南方录》的卷头语《觉书》记载利休一段话:"草庵茶的第一要事为:以佛法修行得道。"《南方录》的"灭后"也保留了利休的自述:

草庵茶的本质是体现清静无垢的佛陀世界。这露地草庵是拂却尘芥,主客互换真心的地方……这样抛弃了一切的,赤裸裸的姿态便是活生生的佛心……如果由赵州做主人,达磨做客人,我和你为他们打扫茶庭的话,该是真正的茶道一会了……我专心致志参禅于大德寺、南宗寺的和尚,早晚精修以禅宗清规为基础的茶道,精简了书院台子茶的结构,开辟了露地的境界、净土世界,创造了两张半榻榻米的草庵茶。我终于领悟到:搬柴汲水中的修行意义,一碗茶中的真味。[62]

从上面日本茶道建立的历史与这些茶祖名言来看。茶文化传入日本约为唐宋两代;茶道艺术背景为佛教(最澄为台密宗、空海为密宗、荣西为临济宗),到了珠光与利休,禅成了日本茶道精神核心,其时间已经在中国明代之后了。珠光强调茶禅"一味清净",却人我相,以柔和之德做到谨、敬、清、寂。利休订下和、敬、清、寂"四规",自陈茶道精神从禅宗清规来,[63]重视"露地"清静无垢的境界,这一碗茶中的真味也正式成为"茶禅一味"。

这种茶禅一味的草庵茶(そうあんちや)所创造出来的美学就是"佗び",草庵茶也称之"わび茶"[64],茶道就称为"佗数寄"[65]。"佗び"美学的特征,据绍鸥写给利休的《佗の文》说:"佗者,虽然有古人的各种歌咏,近来却以老实、谨慎、平和为是。"[66]利休《南方录》则说:"佗の本意は,清净无垢の仏世界を表わしたものだ"。[67]里千家茶道根据千利休这个理念,将禅的"不立文字""枯淡寂静""本来无一物"三点特征用来对应"佗び"美。[68]这也是寂庵宗泽《禅茶录》和伊藤古鉴《茶と禅》的主张。伊藤进一步说:"佗的意境是,草庵天地虽小,却能于此世间显露清静无垢的佛土。"[69]寂庵宗泽《禅茶录》则认为茶事是以禅道为宗之事,"佗の事"是"物不足して一切我意に任ぜず",即《释氏要览》云:"狮子吼菩萨问云:'少欲、知足,有何差别?'佛言:'少欲者,不求不取;知足者,得少不悔恨。'"的意思。[70]冈仓天心《茶の本》提出茶道的本质是"不足之美的崇拜"[71]应是源于此。

日本这种佗び精神在茶事进行的过程中与茶室、茶庭的布置上充分

体现。以茶事的过程来说,茶礼是"圣餐的深邃礼仪",[72]因此茶事进行的过程如《叶隐》卷二所说:

> 茶道之本意,在清净六根(眼、耳、鼻、舌、身、意)。眼之所见,挂轴插花。鼻之所闻,袅袅幽香。耳之所听,釜之沸声。举止端庄,五根清净,心自清净,直至意净。二六时中,不离茶道之心。无所凭借,道具,唯有相应之物。[73]

体验这种清净微妙法,第一步就是要"知程"[74],也就是既要以心为主体,又要技巧娴熟,先达到心、技合一,再达到心、技两无,这便是茶禅一味。

以茶室来说,茶室力求简朴清静,这也是源于禅堂的。[75]日人心目中的茶室如《法华经》之"静室",千宗旦引《法华经》"静室入禅定,一心一处坐,八万四千劫。一坐观法,乃八万四千劫"说,入茶室修行三昧,乃一坐观法。[76]因此日人称茶室为"すきや",据冈仓天心的说法,"すきや"同一声音与文字有"风雅之家"('好みの住居')、"虚空之家"('空虚の住居')与"数奇家"('非相称的な住居')三层意思。风雅指欢喜其艺术性、虚空指本来无一物之无相空、数奇指不均齐与不完美的崇拜。日本伟大的茶师都是禅宗门徒,他们都想把禅宗精神引进日常生活,茶室自然反应不少禅理。正统的茶室四席半榻榻米就是根据《维摩诘经》一段文字而来,[77]这应当就所谓的"维摩斗室"[78]吧?冈仓天心有一句话"身体实际上也只是精神荒野中的茅屋"[79],真是对茶室做了最富禅意的解释。

而茶庭是茶事精神最高的象征地,日本的茶庭称为"露地",其中的"飞石""关守石"使人有一种"走向内在"的象征。露地的用意在隔绝尘俗,净化身心,茶人会用心布置以觉醒灵魂。[80]平安时代日本庭园的第一要素是"枯山水",这是梦窗国师(梦窗疎石,1275—1351)的变革,露地的原风景成了日常性与非日常性意识转换的时间与空间。[81]这种说法近于Mircea Eliade"圣与俗"[82]的宗教观,露地似乎成了入道的门径。伊藤古鉴引千利休一首名诗[83]说这就叫作"露地草庵空"。其实"露地"源自佛经,《法华经》就有"出三界火宅,坐于露地"。《法华文句》卷五下说:"见惑虽除,思惑犹在,不能名露地。三界思惑尽,方可名露地。"[84]《长阿含经》卷九说:"世尊在露地坐。"《五灯全书》卷二八说:"露地藏白牛,壶中明日月"。[85]可见佛经中露地原指屋外旷野,"露地坐"为十二头陀行之一。后指心地出离三界思惑,显露自性,即"露地白牛"。而禅宗特指在僧堂内修行者座位以外之经行处所。看来日人用"露地"之意有着双关意含。久松真一就曾说,露地有事理与地理两说,茶道是两者理事一如,理事双修的展现。[86]

整体来说,日本茶道充分体现禅的美学。千宗旦《茶禅同一味》中记载一休和尚的一句话说:"茶应合乎佛法妙心。将禅意移入点茶,为众生而自观心法,如是行茶道。"千宗旦也说:"一切茶事所用之处,皆同禅道。自无宾主之茶、体用露地、数寄、佗乃至其他,处处无非禅意。"套用伊藤古鉴的说法,茶道可达到"三昧法悦"的境界,也就是饮茶的人一边领会茶道"和、敬、清、寂"的精神,一边坐在茶室里想象深山幽谷,倾听釜中水沸的松涛妙音,将小我扩展为大我,以"纯一无杂的三昧境界"来体悟茶味,达到"茶禅同一味"的境界。[87]日本的茶师必须入佛寺参禅,珠光参一休和尚,绍鸥参大林和尚,利休参古溪和尚等等,伟大的茶祖都是出家人,从而才能开展出茶道精神来。从珠光、绍鸥到利休这个传统,使日本茶道走向"茶禅一味",其后的山上宗二、千宗旦[88]都没有背离这条茶禅路线。相对于中国饮茶之走向民间化、通俗化、日常化,显然日本的茶道才是中国茶禅之风的发扬光大。

结论

从中国茶禅发展的历史来说,茶禅文化酝酿于晋,建立于唐。唐代陆羽完成了从制茶、煮茶到品茶、别茶的茶道美学;僧人的茶诗中已有以茶参禅、以茶供佛、以茶悟道等茶禅的初步理念;而丛林清规更建立了茶禅仪式及其次第茶礼。中国茶禅文化的产生,可以说是唐代僧人之用心,而茶禅美学的开展则流荡在唐代僧俗之间。

对照日本来看,日人茶规中的"和、敬、清、寂"理念,在唐代茶禅中已经浮现;日本茶道从"露地""茶室""茶具"到"宾主之间"的一整套美学,在唐诗作品中也有初步的端倪;而日本茶会的模式,"茶会+茶宴"的方式,唐代僧俗间也有初步的形态;至于末茶的饮用、煎茶、点茶的方式,也产生于唐代。最重要的是日本茶道所讲求的"茶禅一味"与其对禅理的阐发,更是源于唐代。[89]

正如禅宗的发展一样,禅勃兴于唐代,文人化于宋代;茶禅也理应如是。[90]然而很多学者因为日本茶道采"点茶法",而认为日本茶道源于中国宋代"点茶三昧",殊不知"点茶法"其实也产生于唐末,兴于五代。更有盛者,以为中国唐代没有茶禅。如芳贺幸四郎认为,唐代茶和佛教或禅无关,而是和道教隐逸神仙思想结合。[91]这些似是而非的看法,通过本文或许能得到较清晰的轮廓。

然而,日本茶道美学比起唐代茶禅来得精雅深刻多了。从茶室如禅者"静室"与"维摩斗室""露地"所指涉的理事一如、茶礼是"圣餐的深邃礼仪",到日本茶道整体所形成的"佗び"美,处处都闪耀着禅者的光辉。这其中有唐代茶禅文化不能诠释的部分,须通过宋代茶禅文化加以补充;也有中日文化本身的内在特质,有待个别形成问题加以研究。至于伴随茶禅所产生的大量诗文,更是文化史上丰硕的素材,对中日文化各有巨大的贡献,这也是文学研究可以再深入的内涵。本文只是笔者研究茶禅的开始,希望借"茶禅一味"此一方便法,己利利人,深入内在和合天地。

(本文转载自《法鼓人文学报》3,2006 年 12 月)

注释:

[1]据余悦《让茶文化的恩惠洒满人间:中国茶文化典籍文献综论》一文的统计。见陈彬藩主编《中国茶文化经典》(光明日报出版社,1999 年)页 5。

[2]详见角山荣《茶の世界史:绿茶の文化と红茶の社会》(中央公论社,1984 年)一书的考察。

[3]仓泽洋行为滕军女士序《日本茶道文化概论》,指出:"茶道是发源于中国、开花结果于日本的高层次生活文化……茶道传到日本,与日本传统文化相结合,获得了新发展,成为具有深远哲理和丰富艺术表现的综合文化体系。"(东方出版社,1997 年)页 IV。

[4]"茶禅一味"主要在悟,因茶悟禅,因禅悟心,茶心禅心,心心相印,因而达到一种最高的涅盘境界。"茶禅一味"的理念开展于唐代,但一直到宋代才出现专称。宋林表民编《天台续集》别编卷二中摘录陈知柔诗作:"巨石横空岂偶然,万雷奔壑有飞泉。好山雄压三千界,幽处长栖五百仙。云际楼台深夜见,雨中钟鼓隔溪传。我来不作声闻

想,聊试茶瓯一味禅。"这是茶禅一味最早的语源。关于"茶禅一味",今人多认为乃日本茶道精神的延伸。成川武夫《千利休茶の美学》以为这四个字乃圜悟克勤手稿,辗转从一休宗纯手中传给弟子珠光。(玉川大学,1983年)页9。

[5]成书于东汉的《神农本草经》记载:"神农尝百草,日遇七十二毒,的茶而解之。"收于陈彬藩主编《中国茶文化经典》(光明日报出版社,1999年)页5。布目潮沨《中国吃茶文化史》则提出"吃茶は中国少数民族起源か""吃茶は神农から始まつたか—茶の药用起源说"两种说法。(岩波书店,2001年)页29、43。

[6]王褒之前可能已有茶文献如《尔雅·释木》、司马相如《凡将篇》等,但其原书资料散佚,今人所见都从唐陆德明《尔雅释文》中辑出,故王褒《僮约》可能是现存最早的茶文献,其文见《汉魏六朝百三家集》卷六,收于陈彬藩主编《中国茶文化经典》(光明日报出版社,1999年)页3—4。

[7]茶的别名有"荼""槚""蔎""茗""荈"等,见陆羽《茶经》一之源(上海文化出版社,2003年)页6。据吴智和的考察,"荼"前缀见于《诗经》、"槚"前缀见于《尔雅》、"蔎"前缀见于《方言》、"茗"前缀见于《晏子春秋》、"荈"前缀见于《凡将篇》,从这些书的年代推测茶的起源逾两千年。见吴智和撰述、陆羽《茶经》(台北金枫,1986年)页3。

[8]杜育《荈赋》见于《艺文类聚》卷八六、张载《登成都楼诗》见逯钦立《先秦汉魏南北朝诗》,均收于陈彬藩主编《中国茶文化经典》(光明日报出版社,1999年)页4。

[9]陶宏景《名医别录》见《太平御览》卷八六七,收于陈彬藩主编《中国茶文化经典》(光明日报出版社,1999年)页6。

[10]《茶经》七之事载录《神异记》《食忌》等文字,见程启坤、杨招棣、姚国坤合着《陆羽"茶经"解读与点校》(上海文化出版社,2004年)页146。

[11]吴立民《中国的茶禅文化与中国佛教的茶道》,《法音》2000年09期。

[12]《晋书》卷九十五《艺术传》云:"单道开,敦煌人也。常衣粗褐,或赠以缯服,皆不着。不畏寒暑,昼夜不卧……于房内造重阁,高八九尺,上编管为禅室,常坐其中,……日服镇守药数丸,大如梧子,药有松蜜姜桂伏苓之气,时复饮茶苏一二升而已,自云能疗目疾,就疗者颇验,视其行动,状若有神。"(台北鼎文书局,1987年)页2492。

[13]《茶经》七之事载《续高僧传》云:"宋释法瑶,姓杨氏,河东人。永嘉中过江,遇沈台真,请真君武康小山寺,年垂悬车,饭所饮茶。"见《陆羽"茶经"解读与点校》(上海文化出版社,2004年)页146。

[14]唐封演《封氏闻见记》,见《四库全书》子部十(台北新文丰出版公司,1983年)。

[15]《佛祖历代通载》卷十四记载:"羽字鸿渐,初为沙门得之水滨,畜之既长,以易自筮,得蹇之渐,曰'鸿渐于陆,其羽可用以为仪',乃以陆为姓氏,名而字之……天宝中,太守李齐物异之,授以书。貌侻陋,口吃而辨。上元中隐苕溪,与沙门道标皎然

善。自号桑苎翁。阖门着书,召拜太子文学,不就。嗜茶,着茶经三卷,言茶之原之法之具尤备,天下益知饮茶矣。时鬻茶者至陆羽形置突间,祀之为茶神。初开元中有逸人王休者,居太白山。每至冬取溪冰敲其精莹者煮,茗共客饮之。时觉林寺僧志崇取茶三等,以惊雷笑自奉,以萱草带供佛,以紫茸香待客,赴茶者至以油囊盛余滴以归。"《大正新修大藏经》第 49 册,页 611 中。又《大慧普觉禅师语录》云:"所以今日作一分供养,点一盏茶,烧此一炷香。"《大正新修大藏经》47 册,页 844 下。可见以茶供佛在唐代早已成为风气。

[16]方立天《中国佛教与传统文化》一书中,提及寺院种茶和饮茶风气,促进民间饮茶习俗之普及,并说明寺院如何将品茗制度化。唐代禅宗盛行,寺院开始专设"茶堂",成为禅僧讨论佛理招待宾客品茗的好地方,同时设置"茶鼓",击鼓以召集众僧饮茶。上有"茶头",专事烧水煮茶,献茶待客。又有"施茶僧",为游客惠施茶水。饮茶后礼佛,成为禅僧每日的功课。(上海人民出版社,1994 年,页 404—406。)

[17]唐人李嘉佑《秋晓招隐寺东峰"茶宴"送内弟阎伯均归江州》诗云:"万畦新稻傍山村,数里深松到寺门。幸有香茶留释子,不堪秋草送王孙。烟尘怨别唯愁隔,井邑萧条谁忍论。莫怪临歧独垂泪,魏舒偏念外家恩。"《全唐诗》卷二〇七,页 2165。

[18]唐封演《封氏闻见记》,见《钦定四库全书》子部十(台北新文丰出版公司,1983 年)。

[19]据梁子《中国唐宋茶道》(陕西人民出版社,1997 年,页 44)所考,关于《茶经》成书时间众说不一,约为公元 765 前后,此处不拟赘论。

[20]陆羽自幼被智识禅师收养,智识禅师对于种茶、制茶、煮茶、品茶颇有研究,陆羽受此陶冶,完成世界历史上第一部茶叶专书《茶经》。此书的出现,也可视为茶与禅的结合,因陆羽不仅生长于寺院,对于僧人饮茶之传统与僧人饮茶的心境均十分了解,同时陆羽好与文士僧人交游,在互动的过程中,也促成茶禅的流布。(程启坤、杨招棣、姚国坤合着《陆羽"茶经"解读与点校》,上海文化出版社,2004 年,页 63。)

[21]南怀瑾《禅宗丛林制度与中国社会》一文指出,百丈禅师建立禅宗丛林,体现中国传统文化"礼"的表现,它具有相似于宗教性的、人情味的人类文化精神之升华。其中茶礼的建立有:嗣法人煎点、受嗣法人煎点、受请人煎点、受两序勋旧煎点等等,尤其对比丘圆寂的礼仪特别隆重,从"入龛,请主丧,请丧司执事,孝服,佛事,移龛,挂真举哀茶汤。对灵小参奠茶汤念诵致祭。祭次,出丧挂真奠茶汤……"仪式繁复。见《现代佛教学术丛刊》第 90 期,页 317—374。从《敕修百丈清规》目录上我们也可看到《住持章第五》有"受嗣法人煎点""新命煎点""新命辞众上堂茶汤""受请人煎点""受请人辞众升座茶汤""新命茶汤""受两序勤旧煎点""挂真举哀奠茶汤""对灵小参奠茶汤""出丧挂真奠茶汤""堂司特为新旧侍者汤茶";《两序章第六》有"方丈特为新首座茶""新首座特为后堂大众茶""住持垂访头首点茶""头首就僧堂点茶";《大众章第七》有"方丈特为新挂搭茶""赴茶汤";《节腊章第八》有"新挂搭人点入寮茶""方丈四节特为

首座大众茶、库司四节特为首座大众茶、前堂四节特为后堂大众茶、旦望巡堂茶、方丈点行堂茶、库司头首点行堂茶";《法器章第九》有"茶鼓"等记载。见《大正新修大藏经》第 48 册，页 1111 中—1112 下。

[22]见孔令敬《禅清规に于ける礼の表现形式と吃茶》《大正大学大学院研究论集》19 卷(1995 年)，页 117—127、刘淑芬《〈禅苑清规〉中所见的茶礼与汤礼》，京都大学人文科学研究所创立七十五周年纪念"中国宗教文献研究国际研讨会"，(2004 年 11 月 18—21 日)、《唐、宋寺院中的茶与汤药》英国剑桥大学"东亚寺院国际研讨会 Buddhist Monasticism in East Asia Conference"，Cambridge，England. 1 July– 2 July，2004)与刘淑芬《"客至则设茶，欲去则设汤"：唐、宋时期世俗社会生活中的茶与汤》(《燕京学报》2004 年第 16 期，页 117—155)。刘淑芬考察唐宋寺院生活的内容和礼仪，认为禅宗寺院将社会上流行的茶和汤药，配合佛教的烧香、僧人的腊次(出家的时间长短)，并且借用部分朝廷的礼仪，发展出一套寺院的"茶礼"和"汤礼"，将它列入寺院重要节日——包括结夏(四月十五日)、解夏(七月十五日)、冬至、新年，以及佛诞日、佛涅槃日的仪式里。寺院中茶会、汤会是很隆重的礼仪，有一套固定的程序和仪式，对于什么时候吃茶、什么时候吃汤、在那里吃、有那些成员一起吃、座位如何安排、仪式进行的动线、程序和礼节，都有一定的规定。在茶会、汤会开始之前，要有一些准备工作，包括礼数隆重的邀请仪式、座位的安排、和茶、汤器的摆设。首先，要以专人很恭敬地捧着叫做"茶榜"或"茶状""汤榜"或"汤状"的邀请函，亲自到主客(特为人)面前去邀请，然后再将这份榜状贴在僧堂的外面，以通知所有的僧人。在茶、汤会的礼节主要是问讯、烧香和巡堂。"问讯"是指双手合掌，低头敬揖，相当于俗人的拱手揖礼；巡堂是主持人沿着一定的动线巡行礼敬。整个茶会、汤会都在静默中进行，在结束之前，客僧要对主人致谢，有一定的行礼规则，也有固定的谢词，整套的茶、汤会"仪式化"的特性可以说非常地明显。

[23]茶的功能见陆羽《茶经》六之饮云："荡昏寐，饮之以茶。"见《陆羽"茶经"解读与点校》(上海文化出版社，2004 年)页 96。唐裴汶《茶述》云："其性精清，其味浩洁，其用涤烦，其功致和。"见《四库全书》本《续茶经》，收于阮浩耕等点校《中国古代茶叶全书》，(浙江摄影出版社，2001 年)，页 26。《本草纲目》云："茶，治风热昏愦，多睡不醒。""饮能令人不眠。"(《四库全书》子部五，台北新文丰出版公司，1983 年)。

[24]丁以寿：《中国茶道发展史纲》，《农业考古》1999 年第 2 期。

[25]梁子《中国唐宋茶道》(陕西人民出版社，1997 年)页 37—39。

[26]《老子》六十七章云："我有三宝，持而保之，一曰慈，二曰俭，三曰不敢为天下先。"

[27]《释氏要览》的"四欢喜法"第一就是"俭素欢喜"，见《大正新修大藏经》第五十四册，页 296 下。

[28]以上茶著收于陈彬藩主编《中国茶文化经典》(光明日报出版社，1999 年)页

27—29。

［29］梁子《中国唐宋茶道》(陕西人民出版社,1997 年)页 45。

［30］以上引诗见《全唐诗》816、817、818、821 卷（中华书局,1960 年）页 9185、9211、9225、9260、9263。

［31］诗见《全唐诗》816、817 卷(中华书局,1960 年)页 9188、9205、9207。

［32］如白居易《夜闻贾常州崔湖州茶山境会亭欢宴》、朱庆余《凤翔西池与贾岛纳凉》二诗的茶会,一在茶山、一在西池。见《全唐诗》447、514 卷(中华书局,1960 年)页 5028、5866。

［33］如果是文人茶,所赏的内容非常丰富,包括 1.歌舞、2.调琴、3.奕棋、4.观画、5.赏月听钟、6.书法、7.写诗绘画、8.鉴水、9.茶器。这只是梁子《中国唐宋茶道》粗略的归纳,其实还有其他。(陕西人民出版社,1997 年)页 93—104。

［34］见《全唐诗》788 卷(中华书局,1960 年)页 8882。

［35］根据梁子《中国唐宋茶道》的观察(陕西人民出版社,1997 年)页 50。

［36］《水堂集》聊句尚有《水堂送诸文士戏赠攀丞聊句》《与耿㙔水亭咏风聊句》《五言夜宴咏灯聊句》《七言乐语聊句》等等,可以看出当时的茶会聊句诗也加入许多文人游戏,如以诗戏赠,或同咏一"乐"字作为主题。见《全唐诗》788—790 卷(中华书局,1960 年)页 8881—8888。

［37］《全唐诗》356 卷(中华书局,1960 年)页 4000。

［38］皮日休《茶坞》云:"石洼泉似掬,岩罅云如缕。好是夏初时,白花满烟雨。"陆龟蒙《茶坞》云:"茗地曲限回,野行多缭绕。向阳就中密,背涧差还少。遥盘云髻慢,乱簇香篝小。何处好幽期,满岩春露晓。"二诗都置于十咏之先,加上所咏的内涵看起来,应是咏日人所谓的"露地",参下节论述。

［39］《全唐诗》423 卷(中华书局,1960 年)页 4652。

［40］福全《汤 注汤幻茶》诗有序云:"馔茶而幻出物象于汤面者,茶匠通神之艺也。沙门福全生于金乡,长于茶海,能注汤幻茶成一诗句,并点四瓯,共一绝句。"见《全唐诗外编》(下)页 572。

［41］据朱自振《中国茶叶历史概略》研究,唐大历以前只有土贡,没有中央贡茶院。见《农业考古》1993 年第 4 期。

［42］此处为"茶"和"汤"的合称,即日文之"茶とう"非"茶のゆ",茶指饮茶、供茶、奠茶,汤指药石之汤药。

［43］参见王郁风《法门寺出土唐代宫廷茶具及唐代饮茶风尚》(《农业考古》总第 26 期页 94—101)、韩伟《从饮茶风尚看法门寺等地出土的唐代金银茶具》(《文物》总第 389 期页 44—56)、韩金科、梁子《从法门寺出土文物看茶文化与佛教》(《农业考古》总第 32 期)页 27—34,梁子《中国唐宋茶道》(陕西人民出版社,1997 年)页 70—74。

［44］梁子据日僧圆仁《入唐求法巡礼行记》《大正新修大藏经·别尊杂记·北斗本》

与禅宗《百丈清规》等文献所归纳出来的,见《中国唐宋茶道》(陕西人民出版社,1997年)页75—79。

[45]普济《五灯会元》卷四"赵州从谂禅师"条载"吃茶去"之典故云:"师问新到,曾到此间么?曾到。师曰:'吃茶去。'又问僧,僧曰:'不曾到。'师曰:'吃茶去。'后院主问曰:'为甚么曾到也云吃茶去,不曾到也云吃茶去?'师召院主,主应喏。师曰:'吃茶去。'"又《五灯会元》卷九"西塔穆禅师法嗣资福如宝禅师"条也记载和尚家风,乃饭后三碗茶。见《卍新纂续藏经》第八十册,页93中、页194中。

[46]《禅关策进》认为:"云门道、雪峰辊球、禾山打鼓、国师水碗、赵州吃茶,尽是向上拈提。"见《大正新修大藏经》第四十八册,页181上。

[47]宋崇岳、了悟等编《密庵和尚语录》载《径山茶汤会首求颂》二首之一云:"径山大开门开,长者悭贪俱破。烹煎凤髓龙团,供养千个万个。若作佛法商量,知我一状领过。"《大正新修大藏经》第47册,页978中。

[48]宋朝才良等编《法演禅师语录》云:"结夏上堂,僧问:'如何是白云境?'师云:'七重山锁潺湲水。'学云:'如何是境中人?'师云:'来千去万。'学云:'人境已蒙师指示,向上宗乘又若何?'师云:'面赤不如语直。'乃云:'此夏居白云,禅人偶聚会。三月九旬中,尊卑相倚赖。粥饭与茶汤,精麄随忍耐。逐意习经书,任运行三昧。彼此出家儿,放教肚皮大。'"《大正新修大藏经》第47册,页654中。

[49]丁以寿《中国饮茶法源流考》指出:中国的饮茶历史,饮茶法有煮、煎、点、泡四类,形成茶艺的有煎茶法、点茶法、泡茶法。依茶艺而言,中国茶道先后产生了煎茶道、点茶道、泡茶道三种形式。以历史发展而言,中唐前是中国茶道的"蕴酿期"、中唐以后,饮茶成风,比屋连饮。肃宗、代宗时期,陆羽著《茶经》,奠定了中国茶道的基础。又经皎然、常伯熊等人的实践、润色,形成了"煎茶道";北宋时期,蔡襄著《茶录》,徽宗赵佶著《大观茶论》,从而形成了"点茶道";明朝中期,张源著《茶录》,许次纾著《茶疏》,标志着"泡茶道"的诞生。《农业考古》1999年第2期。

[50]"点茶"是将茶末置于盏中,以沸水冲点,使产生乳花。晚唐人已用此法,如前述沙门福泉能点茶成幻的《汤 注汤幻茶》诗序所云。见注40。中唐陆羽讲究"煎茶",茶饼碾末的细碎程度有限。法门寺出土的茶罗子之细密,可以看出唐僖宗时期已讲究细茶末。唐哀帝时福建专贡的蜡面茶就是后来宋人点茶的龙团凤饼,学者推测"点茶道"应流行在晚唐五代,且"点茶道"中的斗茶也是唐代福建茗战之风。见梁子《中国唐宋茶道》,(陕西人民出版社,1997年)页129—130。又梁子、谢伟《小议晚唐茶道之主流形式:点茶》(《农业考古》总第38期页135—138)。

[51]同注4。

[52]"点茶三昧"是宋代士大夫参禅并与僧人品茗吟唱的文会时,一种文人的斗茶活动,但其中仍可看出禅僧度众的用心与参禅的宗旨。据吴静宜的考察,"点茶三昧"之说从东坡诗而出,后人多以此取代茶禅一味。苏轼《送南屏谦师》诗曰:"道人晓出南

屏山,来试点茶三昧手。"这是点茶禅三昧最早的语源。吴曾《能改斋漫录》卷八云:"前唐南屏谦师,妙于茶事。东坡赠之诗云:'道人晓出南屏山,来试点茶三昧手。'刘贡父亦赠诗云:'泻汤旧得茶三昧,觅句还窥诗一斑。'"详见吴静宜《天台宗与茶禅的关系初探》一文(现代佛教学会《第二届法华思想与天台佛学研讨会论文集》,2005 年)。

[53]平安时代日僧圆仁、空海、最澄都是文化与禅林双栖的遣唐使。圆仁《入唐求法巡礼行记》有 30 次以上提到饮茶供茶,空海《空海奉献表》也曾向嵯峨天皇报告他在震旦的茶汤生活,直到最澄《日吉神道秘密记》才记录他于公元 805 年从中国带回茶种,种于日吉神社旁,这是日本最早的茶园。见梁子《中国唐宋茶道》(陕西人民出版社,1997 年)页 68—69、218。

[54]见滕军《日本茶道文化概论》(东方出版社,1992 年)页 7。

[55]滕军《日本茶道文化概论》(东方出版社,1992 年)页 9—17。

[56]滕军《日本茶道文化概论》(东方出版社,1992 年)页 18—22。

[57]不发乃能抑制性欲并平心静气。见程启坤、姚国坤、王存礼合著《中国茶文化》(台北新视野,2000 年)页 76。慧光《禅茶一味与五事调和》一文中也提到:"饮茶之风,初兴佛门。佛家颂茶,谓有三德:一为可以提神。参禅人饮茶,夜不思寐,益于静思;二乃用助消食。禅门僧众,整日静坐,极易积食。饮茶消食,方便易行;三曰不使思淫。凡大饱暖之余,多生淫欲。一杯清茶,神清气爽可以消邪念,可以断淫欲。凡此三德,无不利于参禅。"(《佛学文摘》2003 年第 8 期)。

[58]见《日本茶道古典全集》卷 3(淡交社,1960 年)页 50。

[59]《南方录》算是日本第一部正式的茶禅专书,书名根据陆羽《茶经》而来。布目潮沨《中国吃茶文化史》说:"'茶经'一之源は'茶は南方の嘉木なり'に始まる。千利休の'南方录'の书名はこれに基でづく"。(岩波书店,2001 年)页 140。

[60]以上日本茶道简述主要依照滕军《日本茶道文化概论》(东方出版社,1992 年)页 30—35、37—45 与布目潮沨《中国茶文化日本》(汲古书院,1998 年)页 238—260。

[61]千宗室监修《里千家茶道》(今日庵,2005 年)页 22—35。

[62]久松眞一校订《南方录》云:"小座敷の茶の汤は、第一仏法を以て修行得道する事なり。"又云:"露地草庵に至っては、尘芥を払却し、主客ともに直心の交りなれぼ、规矩寸尺式法等あながちに云うぺがらず。"(淡交社,1977 年)页 3、264。

[63]笔者随手从《释氏要览》检证,发现《释氏要览》记载"同体三宝"之三为"有和合义,名僧宝。""道本和合,恭顺为僧。"(和);"入众五法"第三要"恭敬"(敬);"入堂五法"之二"自卑下如拭尘中"(清);又"寂静有二种:一心寂静,二身寂静。"(寂),可见千利休的四规与禅林清规息息相关。见《大正新修大藏经》第五十四册,页 283 中、294中、296 下、298 中—下。

[64]久松真一《茶道の哲学》说:"佗茶は、佗——茶の汤にはいった禅、禅が主体になった茶——が根源的主体としてはたらき、…"(法藏馆,1995 年)页 104。

[65]伊藤古鉴《茶と禅》(春秋社,2004年)页39。

[66]"侘と云う言叶は、故人も色色に歌にも咏じけれども、ちかくは正直に、慎み深く、おごらぬ様を侘と云う",转引自伊藤古鉴《茶と禅》(春秋社,2004年)页53。

[67]久松真一校订《南方录》(淡交社1977)页264。

[68]千宗室监修《里千家茶道》(今日庵,2005年)页36、53—55。

[69]伊藤古鉴《茶と禅》说:"禅の特征として、第一に挙げるべきは、不立文字ということである。","第二に挙げるべき禅の特征は枯淡静寂さらに","第三に挙げるべき禅の特征は无一物ということである","侘の本意は、小规模ながらこの世に清浄无垢の仏土を実现している"。(春秋社,2004年)页10—11、67。

[70]《禅茶录》刊行于1818年,见《日本哲学思想全书·茶道篇》(平凡社,1980年)页241、249。关于寂庵宗泽所引的《释氏要览》经文,见《大正新修大藏经》第五十四册,页296下。

[71]冈仓天心《茶の本》说:"第十五世纪になると、日本はそれを一种の审美主义の宗教——茶道にまで高めた。茶道は日常生活の杂駮ないとなみのなかにあつて、美しいものを崇拝することを基本とする一种の仪式である。それは纯粋と调和、相互慈爱の神秘、社会秩序の浪漫主义を、とつくりと教え込む。茶道の本质は、'不完全なもの'を崇拝するにある。"(讲谈社,2005年)页34。

[72]冈仓天心《茶の本》说:"……たちは菩提达磨の像前に集まり圣餐の意味深重な仪礼をもって、ただ一个の碗から茶を吃した。ついに発达して第15世纪に日本の茶の汤となる至ったものは、じつにこの禅の仪式であった。"(讲谈社,2005年)页34、68—70。

[73]'叶隐'第二卷に次のごとく说いている。"茶の汤の本意は、六根(眼耳鼻舌身意)を清くする为なり。眼に挂物、生花を见、鼻に香をかぎ、耳に汤音を听き、口に茶を味い、手足格を正し、五根清浄なる时、意自ら清浄なり。毕竟、意を清くする所なり。我は二六时中、茶の汤の心离れず、全く慰み事にあらず。又、道具は、たけだけ相応にするものなり"转引自伊藤古鉴《茶と禅》(春秋社,2004年)页67。

[74]博德の仙厓和尚には'茶道极意'という短篇がある。その始めに、"夫れ茶道は、心に在り术に在らず。术に在り、心に在らず。心术并びに忘るるところ、一味常に顕るる也。茶汤の妙道也。すべて程を知ること第一也"见伊藤古鉴《茶と禅》(春秋社,2004年)页91。

[75]仓天心《茶の本》说:"茶室の简素さや清浄さは、禅院にならった结果であった。"(讲谈社,2005年)页114。

[76]千宗旦《茶禅同一味》:"法华经に、静室入禅定、一心一处坐、八万四千劫。とありて、一坐の观法は、八万四千劫なりとぞ。茶场に入りて三昧を修するは、即ち一坐の观法な。"见伊藤古鉴《茶と禅》(春秋社,2004年)页111。此外,笔者发现,江户末

期的寂庵宗泽《禅茶录》也说相同的一段话,见《日本哲学思想全书·茶道篇》(平凡社,1980 年)页 245。

[77]仓天心《茶の本》说:"茶室(すきや)は一个の単なる小舎より外のものであろうと見せかけるものではない――その名のごとくそれは一つの藁屋なのだ。'すきや'の本来の字义は'好みの住居'である。……そうして'すきや'という言叶は、'空虚の住居'、または'非相称的な住居'を意味することも経きる。""われわれの伟大な茶の宗匠たちは、みな禅の修行者であった。そうして、禅宗の精神を生活の現実のなかに导き入れようと试みたのである。……正统な茶室の规模は维摩経のなかにある一节によって决められたのである。"(讲谈社,2005 年)页 108、116。伊藤古鉴《茶と禅》也说:"まず第一に、数寄は好きである。また第二に、数寄の字义からいえば"数多く心を寄する"ということにもなるから""また第三には、数寄の寄を奇と取り数の割り切れない奇数であって、不完全なもの、不均斉なもの、また第四には、数寄屋を空家といい、数寄は空である。"(春秋社,2004 年)页 100—101。

[78]《佛说维摩诘经》记载维摩示疾,文殊师利与大众来问疾,维摩说:"吾将立空室合座为一座,以疾而卧。"文殊菩萨见空空室问:"何以空无供养?"维摩诘言:"诸佛土与此舍皆空如空。"又问:"何谓为空?"答曰:"空于空。"见《大正新修大藏经》第十四册,页 525 下。维摩将空寂妙理化为斗室空如之象征。

[79]仓天心《茶の本》说:"肉体にしてからが、広野のなかの一个の小舎のごときものでしかないのだった。"(讲谈社,2005 年)页 126。

[80]仓天心《茶の本》说:"さらに露地すなわち待合から茶室へとみちびく庭の小径は、瞑想の第一段阶――自己了解への経过を意味した。露地は外部の世界とのつながりを断ち切り、かくして茶室自体のなかで、心ゆくまで审美主义を乐しみ得るような新鲜な気分を生み出すためのものであった。……彼は、过去の影のような梦のさ中になおまだ徘徊しつつも、やわらかな霊の光の甘美な无意识(无我)のなかに浴しつつ、漂渺たる彼方に横たわる自由にあこがれる――そういった魂の新しい目ざめの相を、つくり出そうと欲したのである。"(讲谈社,2005 年)页 116—120。

[81]尼崎博正《茶庭のしくみ》:"平安时代には日本庭园の一要素にすぎなかった枯山水が、梦窓国师による変革を経て、やがて日本庭园を代表する庭园様式として确立していくその过程はドラマテイックでさえある。……日常と非日常の意识転换はどのようにしてなされたのであろうか。そこに露地の原风景がある。"(春秋社,2002 年)页 16—25。

[82]王建光译、米尔恰·伊利亚德着《神圣与世俗》(华夏出版社,2003 年)页 1—3、32—34。

[83]"露地はただ浮世のほかのものなるに/心のちりをなど散らすらん"见伊藤古鉴《茶と禅》(春秋社,2004 年)页 10。

[84]见引于寂庵宗泽《禅茶录》，《日本哲学思想全书·茶道篇》（平凡社，1980 年）页 253。又见伊藤古鉴《茶と禅》（春秋社，2004 年）页 100。笔者查《法华经·譬喻品》云："诸子等安稳得出，皆于四衢道中露地而坐。"文字略有出入。伊藤古鉴还引录千宗旦《茶禅同一味》说："本と露地と書く露はアラハス、アラハルと訓じ、地は心の謂ひにて、此の自性を露はすの義なり。一切の煩悩を離断して、真如実相の本性を露はすが故に、露地と云ふ。"见《茶と禅》（春秋社，2004 年）页 132。

[85]见《大正新修大藏经》第一册页 52 中，《卍新纂续藏经》第八十一册页 660 下。

[86]久松真一《茶道の哲学》说："すなわち茶道は、路次に即して'法华经'にいうところの四衢道中の露地を出現せしめようとするものなのである。ここに茶道の露地において、仏教でいう"事"としての地理的路次と、"理"としての心地とが一如的となり、事理双修されることにもなるわけである。"（法藏馆，1995 年）页 232。

[87]《茶禅同一味》说："一休禅师见给ひて、茶は仏道の妙处に叶ふべきものとて、点茶に禅意をうつして、众生の为めに自己の心法を观ぜしむる茶道とは仕给へり。""一切茶事に用ふる所、皆禅道に异ならず。无宾主之茶、体用露地、数寄、詫、此等の名义を始として、此の他、一一禅意に非ざるはなし。"见伊藤古鉴《茶と禅》页 97，99，又伊藤古鉴说，これを禅でいえば、"纯一无杂の三昧境"と呼んでいる、まず、三昧境に入るここを第一の心得として、そこから深く禅味を悟り、また茶味も、ほんとうに悟って、茶禅同一味の心境になり、茶道の和敬清寂の精神を会得して、わずかし四迭半の茶室に坐しながら、深山幽谷に在る思いをし、绝えず闻こえる釜の汤の煮える音——その音を松风と闻きなして、こころ大自然のなかに运び、小さなる"われ"が、大なる"われ"に拡大されて、そこに天地一如の妙境をきりひらく、これが茶道の三昧法悦境であって、禅の境界と完全に一致するもの。见《茶と禅》（春秋社，2004 年）页 4。

[88]山上宗二《山上宗二记》说："茶の汤は禅宗より出でたるによって、僧の行を专らにするなり。珠光、绍鸥みら禅宗なり。"而千宗旦有《茶禅同一味》之作。见伊藤古鉴《茶と禅》（春秋社，2004 年）页 9。

[89]笔者在阅读文献时，发现从珠光到千利休都喜欢征引赵州公案，尤其是赵州"无"字哲学，从禅宗史来说，这也正值中国唐代时期。有关赵州"无"字哲学，《无门关》见云："赵州和尚因僧问，狗子还有佛性也无？州云无。……如何是祖师关？只者一个无字，乃宗门一关也。遂目之曰禅宗无门关，透得过者，非但亲见赵州，便可与历代祖师。"《大正新修大藏经》第四十八册页 292 中。

[90]笔者于茶文献只分析到唐代，故采保留口气，待研析过宋代茶禅之后再具体说明。

[91]芳贺幸四郎《茶と禅——茶禅融合にたるまでの过程》，见《茶道文化研究》第三辑，1988 年 3 月 31 日。

抹茶与径山茶宴

释法涌

径山寺对中国禅茶文化的发展以及日本茶道的形成，具有不可磨灭的推动作用。法钦禅师作为径山寺的开山祖师，不仅将禅法带到径山，也将茶植根于径山，成为了径山禅茶的开端。

从唐代到宋代到明代，中国的茶文化经历了三种不同的模式。这三种模式的推动者，都和僧人有着不解之缘。唐代的陆羽，从小生活在寺院，并且承担着为寺院住持煮茶的工作。他在成年后，以茶为生命的历程里，诗僧皎然是他最为重要的知己。到了宋代，虽然皇帝大臣以及文人雅士对点茶、斗茶趋之若鹜，但真正将宋代茶文化进行积淀、进行传承的，禅宗寺院起了关键的作用，当时作为宋代五山十刹之首的径山寺，可以说引领了宋代茶文化的发展。到了明代，喝茶的方式发生了改变，也就是由点茶法变为我们现在常用的冲泡法，而这个改变的制定者，明太祖朱元璋，据记载也有着出家为僧的经历。

有学者将唐代的茶文化总结为古典主义，宋代的为艺术主义，明代为自然主义。虽然宋代的点茶能成为一种极致的艺术，但事实上这样的极致艺术只能限于社会上层的小范围内。如果运用艺术的形式不是为了与道的统一，那么这样的艺术也将在短期内幻灭。极致艺术，是否就是器物的稀缺与美轮美奂？是否就是展现过程中的烦琐复杂？是否就是在喝一口茶时满足了你百般情绪的期待呢？

如果时光能让我们回到宋代的禅宗寺院，也许，我们会对茶的极致艺

作者单位：径山寺。

径山茶宴图

术有不同的体会。佛教的修行可以说是一种极致的艺术,用现代的话来讲即为行为艺术。出家修行是彻底的放下,度化众生是全然的承担。禅宗的僧人在修行的过程中,要用三千威仪来要求自己,要用打破六道轮回的枷锁来激励自己,这才是真正的极致,极致的生命艺术。

这样的极致如果和茶联系起来,会是怎样的状况呢?有一句禅语:芥子纳须弥。一颗米粒大小的空间可以容纳整个大千世界。在日常最细微的行为举止里,可以展现出最高广的境界。我们都常常看不上简单的事情,故意做得复杂来显示出自己的不同,其实,简单并不代表容易。因为认识不到这一点,所以现在一些人士在期待恢复径山茶宴时,忘记了禅宗妄念顿歇的纯粹与简单。径山茶宴的流程并不复杂,难的是在简单流程中的每一个行为里展现出内心的纯粹,而且这样的心境是念念相续。

有些人会说茶道在日本,或者说宋代的径山茶宴已经在中国失传了。殊不知在中国的禅宗修行道场,比如江西的云居山、青原山,陕西的卧龙寺,江苏的高旻寺,以及浙江的天童寺、阿育王寺,这些寺院仍然继承着禅宗的坐香传统,倘若有因缘参加这些寺院冬季严格的禅七修行,那么就能在从早上四点到晚上十点,一炷香接着一炷香地禅堂坐禅中,见证从唐代百丈禅师立清规,到宋代五山十刹,并延续到现在的真正的禅茶。

今年径山寺将在宋代大慧禅师修建的千僧阁遗址上,建起新的禅堂。僧众坚信,只要有禅法的命脉在,就自然会有径山禅茶。

(本文为 2019 年 7 月 16 日"径山禅茶座谈会"专家发言稿)

径山茶汤会首求颂二首赏析

吴茂棋　　许华金　　吴步畅

摘要:宋代释咸杰的《径山茶汤会首求颂二首》是诠释径山茶汤会,即径山茶宴与佛教禅宗关系的重要史料。本文从研究诗作的历史背景和若干关键词入手,阐明了宋时的径山茶汤会实质上是一种相当规模的大堂茶会,是径山寺以茶宴为载体,以修禅士大夫为主要对象,以弘扬禅宗教义为主要目的的一种特色道场,也即史称的径山茶宴。论文最后指出,茶禅文化对于当今社会主义文化建设而言,也不失是一种正能量,应进一步有取舍地加以研究和利用。

关键词:径山;径山茶汤会;径山茶宴;释咸杰;茶禅一味;大丈夫;大空王;发心贵真实;不思义力;一茶一汤

> 径山大施门开,长者悭贪俱破。
> 烹煎凤髓龙团,供养千个万个。
> 若作佛法商量,知我一床领过。
>
> 有智大丈夫,发心贵真实。
> 心真万法空,处处无踪迹。
> 所谓大空王,显不思议力。
> 况复念世间,来者正疲极。
> 一茶一汤功德香,普令信者从兹入。

作者简介:吴茂棋(1944—),男,杭州临安人,高级农艺师,从事茶叶科技、文化的研究与开发工作。

以上是宋代释咸杰的《径山茶汤会首求颂二首》,载于《全宋诗》以及《大藏经·咸杰和尚语录》。在至今所知的史料中,释咸杰的《径山茶汤会首求颂二首》(简称《首求颂》)应该是研究宋代径山茶汤会,也即径山茶宴最直接的史料了,为此特撰此文赏析一二,希望有助于揭开宋代径山茶宴与佛教禅理之间的一些内在联系。但是限于笔者在佛教知识方面的匮乏,谬误之处在所难免,甚至会令人贻笑大方,所以就权作抛砖引玉吧。

一、《首求颂》作者释咸杰及其所处的历史背景

释咸杰(1118—1186),字密庵,宋孝宗淳熙四年(1177)诏住径山兴圣万寿寺。释咸杰在佛教史上有很高的地位,被尊为佛教第五十一祖、临济宗十四世宗师、径山寺第二十五代住持。释咸杰同时也是一个有名的诗僧,在《全宋诗》中就收编有131首之多,其中《首求颂》之二乃是密庵咸杰两大著名的禅宗法语之一,而其命题就是"发心真实"。

两宋朝廷,对佛教奉行既保护又限制的政策,并在确立以程、朱理学为官方意识形态地位的前提下,力主儒释道三教合一,主张以佛治心,以道治身,以儒治世。[1-3]在这样的社会文化背景下,即使禅林中地位独尊的临济宗也不例外,从圆悟克勤到大慧宗杲、密庵咸杰、别峰宝印、无准师范、虚堂智愚等,为了禅宗的继续兴旺都必须直面如何处理好儒、释、道三教间的关系问题,并大胆探索新的发展道路,其中又以大慧宗杲的贡献尤为突出。

大慧宗杲(1089—1161)身处两宋之际,历经坎坷,时因结交张九成等爱国士大夫,在议及朝政时,将主张抗金的岳飞、韩世忠、张九成等誉作"神臂弓",把主张议和卖国的秦桧之流比作"臭皮袜",结果遭秦桧所恶,于绍兴十一年(1141)被革除僧籍,开始了十六年的流放生活,直至秦桧死后次年(1156)才恢复僧籍,后又重新诏住径山,但这也因此促成了其禅学思想最终之大成[4]。宗杲禅师一生致力于倡导禅修与实践相结合的"看话禅"(又名"参话头"),并顺应时代潮流,将临济宗"即心是佛,无心是道"的教旨转换成"不坏世间相而求实相",并提出"菩提心则忠义心""儒即是佛"等的世俗命题,从而为治国平天下的士大夫们提供了一套参禅习法的完整理论,所以就这个意义上而言,宗杲的禅学体系也可以称为士大夫禅学或世俗禅学。[4]无疑,经宗杲禅师改革后的看话禅是符合朝廷和封建士大夫所需要的,以至四方僧俗闻风而集,座下恒数千人,开创了径山寺的全盛时期。宗杲禅师圆寂于绍兴三十一年(1161),隆兴元年(1163)孝宗皇帝即位,追赐宗杲禅师"大慧"之号,并作偈赞曰:"生灭不灭,常住不住,圆觉空明,随物现处。"又下诏改明月堂为"妙喜庵",赐塔名"宝光",谥号"普觉",后又于乾道八年(1172)下旨刊行《大慧普觉禅师语录》三十卷,淳熙初年刻其《全录》八十卷入藏,由此可见,宗杲禅师圆寂后所得到的礼遇之重,这在中国佛教史上也是很少见的。

密庵咸杰是淳熙四年(1177)诏住径山的,也就是说是适逢径山大慧宗杲禅学思想的鼎盛时期。孝宗是南宋第二位皇帝,其在位期间(1163—1189)也是南宋较为稳定的历史时期,其间平反了岳飞冤狱,重新起用了主战派人士,积极整顿吏治,史称"乾淳之治"。同时,宋孝宗也是两宋时期最为尊佛的一位皇帝,曾亲撰《三教论》,明确主张"以佛治心,以道养生,以儒治世"的基本文化国策,从此佛教也被列入为官方意识形态之一,以至士大夫们参禅成风,几乎所有知名禅师门下都围绕着一批热衷于参禅的士大夫居士群体。[5]

二、《首求颂》赏析

(一)径山茶汤会是一种大堂茶会,也即径山茶宴

径山寺是禅宗临济宗的祖庭。禅,梵语作 Dhyana,音译为"禅那",意译为"思维修""弃恶"等,通常译作"静虑",简称"禅"。佛教修行有六大途径,分别是禅定(安静地沉思)、持戒、般若(智慧)、精进、忍辱、布施等,其中佛教中的禅宗就是以禅定为主要修行途径的,故名禅宗。所以,茶与禅的不解之缘,首先是因为茶具有提神、解乏、清醇等自然属性,正好有助于禅定。如果进而从文化层面上讲那就玄了,中国人是不轻于言道的,但自唐代陆羽著《茶经》以来,中国就茶道大行了,虽儒、释、道各有注脚,但都热衷不二,特别是佛教禅宗干脆认同茶禅一味之说,认为是殊途同归。

据《禅苑清规》[6]所载,禅寺中的茶事活动通常都称作煎点或茶汤,如堂头煎点、僧堂内煎点、知事头首煎点、入寮腊次煎点、众中特为煎点、众中特为尊长煎点、法眷及入室弟子特为堂头煎点、通众煎点,以及特为茶

汤等等,可见大多都属于禅寺内部的佛事活动。但是,为什么首求颂中会出现"大施门开""供养千个万个"等字眼呢?为此,笔者根据当时的历史背景认为,诗中的径山茶汤会应该是从特为茶汤中派生出来的,是一种大规模的大堂茶会,其参会者应该多为朝廷显贵和参禅的士大夫居士群体,其宗旨大概不外乎借茶会这种形式布道说法,同时也借以联谊,争取朝廷和社会各界对禅门的支持。同时笔者还认为,这种大堂茶会应该就是后来成为日本茶道之源的径山茶宴,是当时径山寺首创的、有别于其他禅寺的、传播士大夫禅学的一种道场仪式。

(二)《首求颂》是茶禅一味的权威诠释

据对宋代宗赜《禅苑清规》的综合分析,像径山茶汤会这样的大堂茶会,作为传播士大夫禅学的一种道场仪式,大凡都会有张茶榜、击茶鼓、恭请入堂、上香礼佛、煎点茶汤、行盏分茶、烧香敬茶、说偈吃茶、谢茶退堂等相应程序,但说偈吃茶肯定是其中的主题,而其余只不过是佛门仪规中一些规定要走完的程序而已[6]。说偈吃茶中的偈是梵语 gatha 的译音,意译为颂,是佛经中一种以诗句形式的唱颂词,故而也常作偈颂。释咸杰的这两首偈颂词应该就是某次径山茶汤会上的即兴之作,或者是对某次茶汤会"参话头"成果的总结性偈颂词。显然,茶在这里已经不再是普通的茶了,而是与度悭(悭吝)贪(贪婪)、悟佛法、知自我、修发心(利他心,正等菩提),以及大乘佛教(大空王)的最高宗旨(普渡众生)等都联系在一起了。简而言之,茶在这里已羽化成道,而且其信仰已经与禅宗无二,即所谓茶禅一味是也。

在至今所知的佛教经典中,能直截体悟茶禅一味的禅门公案,当首推唐代名僧从谂禅师(778—897)的"吃茶去",语出《五灯会元》卷四,原文是:"师问新到:曾到此间么?曰:'曾到。'师曰:'吃茶去。'又问一僧,僧曰:'不曾到。'师曰:'吃茶去。'后院主问曰:'为甚曾到也云吃茶去,不曾到也云吃茶去?'师召院主,主应喏。师曰:'吃茶去。'"似乎禅的无上境界尽在茶中,都可从茶中得以体悟。据说从谂禅师活了一百岁,平生何止千百偈,但最后唯余一句"吃茶去",正如已故的中国佛教协会会长赵朴初先生的吟茶诗所颂:"七碗爱至味,一壶得真趣。空持千百偈,不如吃茶去。"

接着就应该是宋僧圆悟克勤（1060—1135）的"茶禅一味"了。[7]据说这是出于圆悟克勤的书法墨迹，后流传至日本，其中关键人物是日本禅祖一休宗纯，是他把这一珍藏的墨迹传给了他的印可弟子村田珠光，墨迹中有"茶禅一味"字样，所以日本的禅宗佛教自珠光时代开始，便有了"茶禅一味"这一法语。但是，这一禅宗法语至少目前还无从查考，也未曾真有人在日本看到过，但不管真也好无也罢，这对于中、日佛教界而言是已经公认了的。

再接下来，就要算密庵咸杰的《首求颂》了，而且这二首偈颂词对于茶禅一味的意涵既明确，而又不乏机锋灵现，就看你能参悟到什么境界了。后来，这二首偈颂词被他的弟子崇岳、了悟等编入了《大藏经》，其中《首求颂》之二乃是密庵咸杰生平两大著名法语之一。佛教中的法语是专指正确彰显佛门真理的言词，所以也是正确彰显"茶禅一味"的权威诠释。

（三）若干关键词述评

◆施：施即施舍，佛教中的施舍有财施、无畏施、法施三种，在此是既有财施又有法施，如词中的"烹煎凤髓龙团，供养千个万个"就是财施，但更重要的是法施，是向与会的参禅士大夫们传授禅宗教义，《智度论》有曰："以诸佛语妙善之法，为人演说，是为法施。"

◆长者悭贪俱破：此句出自佛教"悭贪长者受毒蛇身"的故事，说的是古印度如来佛在世时，有一个极顶悭贪名叫贤面的长者（财主），因至死不悟，结果转世畜生道变成一条毒蛇，在受尽世人厌恶之苦后，终于在如来佛祖的点化下开悟解脱。所以这个故事还蛮有点意思的，亦或密庵咸杰在这次茶汤会上就讲过这个故事呢，故不妨将其译文抄录如下：

去去去，别停在我家门口！我这里什么都没有！

……

唉！好一个吝啬贪财之人！

王舍城的贤面长者大声地驱赶所有靠近他家门口的人和物，上至修行沙门，下至贫困乞讨之人，乃至飞鸟雀子等，皆不许其靠近。人人都知道贤面长者家中府库充盈，财宝粮食多到溢出门墙之外，却总是嚷嚷着："怎么就只有这些？谁可以让我发财？"为了聚敛财宝，贤面长者攀附权贵、苛刻下人,无所不用其极地收拢财富;甚至临命终时,因不甘一生的努力将化为乌有,悭吝怨毒的心,招感了可怕的果报——长者的神识堕落到畜生道中,变成一条毒蛇,爬回原先的舍宅内看守财宝。毒蛇瞋恚炽盛,口喷毒气就能致人畜于死。

此事辗转传到频婆娑罗王的耳里,国王忧念毒蛇伤人,心想,唯有佛能化此恶物。当下便率领众人前往释迦牟尼佛所在的迦兰陀竹林精舍,禀白此事,具说原委,请佛慈悲降伏毒蛇,莫使害人。世尊听完,默然应允。

过后某日,世尊观察此蛇得度因缘已经成熟,独自搭衣持钵前往贤面长者的旧宅。守在门口的毒蛇看见世尊,瞋心大作,吐信前行欲伤如来。世尊入慈心三昧,伸出手掌,于五指端放出五色祥光,照在毒蛇的身上,毒蛇顿感遍体清凉,身中热毒消除,心不恼不恨并且喜悦舒畅,抬头仰望想着:"是什么人有此大福德,能放瑞光,让我得清凉?"

佛陀知道毒蛇的心已经调伏,堪受法益,于是对它说:"贤面长者,你由于前身悭贪苛刻,所以受此丑陋的果报身,人见人怕;今日不仅不生忏悔,还恣意纵毒伤人,更造新恶,未来必当下堕更不如意之处,受苦更深。"毒蛇听完心生懊恼,深自悔责,业力消除,智慧增长,对佛陀信敬非常。世尊以他心通晓知蛇意,便说:"你若调顺,现在入我钵中,随我回寺听经闻法。"毒蛇即乖顺地入佛钵内,盘曲而住。

佛陀带着毒蛇回精舍的消息传遍大街小巷,频婆娑罗王随即赶来一探究竟,竹林精舍被臣民们挤得水泄不通;钵里的毒蛇看到这么多人都是因它而来,更是惭愧得无地自容,厌恶自己丑恶的外形,便自取命终。因为临终前皈依三宝的善根,贤面长者脱离蛇身,投生到忉利天中,头戴天冠,身着璎珞,思衣衣至,思食食至。天人自忖:"我造何福,而能受诸快乐?"用宿命通忆起往昔的因缘,心生无比感恩,便赍持香花来到佛所,顶礼供养,并聆听佛陀说法,心开意解,证须陀洹果。随后,天人以偈赞佛:

> 巍巍大圣尊,功德悉满足,
>
> 能开诸盲冥,寻得于佛果。
>
> 除去烦恼垢,超越生死海,
>
> 今蒙佛恩德,得闭三恶道。

......

故事虽则是故事,但现实社会中也不乏贤面长者之类。

◆烹煎凤髓龙团:烹煎即点茶,凤髓龙团即龙凤团茶。宋时的龙凤团茶是一种蒸青团饼茶,以极其细嫩的茶芽为原料,经拣芽—蒸芽—研茶—造茶—过黄等工序精制成的有龙凤图案的团饼状茶,故名龙凤团茶。龙凤团茶供享用前先要经过炙—椎—碾—罗等工序把团饼茶碾磨成极其细微的末茶,在日本则称作为抹茶。其中的"炙",就是把龙凤团茶放进专用的茶焙中烘焙干燥,"椎"就是把炙好的龙凤团茶放进一种专用的砧椎中击碎,然后是放到茶碾中去碾磨,碾磨出来的末茶一定要足够细微,所以还要在箩(末茶筛子)中过筛。据宋蔡襄《茶录》记载:"箩底用蜀东川鹅溪画绢之密者。"由此可见这种末茶是何等地超级细微。这么多的准备工作是必须赶在茶汤会正式开场前就准备好的,正如《禅苑清规》卷第五中所云:"若茶未办而先打鼓,则众人久坐生恼。"[6]所以,现今径山茶包装上的《径山宴茶图》所描绘的,其实就是径山寺僧人筹办径山茶宴时的生动写照,图中有负责炙茶的、有负责用砧椎把饼茶击碎的、有用茶碾碾茶的、有将茶末放进茶箩中去过筛的等等,然后密封保存以供来日茶宴点茶之用。

至于点茶,那可真是技术活,简单地说,就是把适量的末茶放进茶盏,然后注入沸水并用茶筅击拂茶汤,但妙处在于要击拂出洁白细腻的沫饽来,而且沫饽要凝结在盏面上经久不散,即所谓沫饽咬盏,沫饽咬盏要越

径山宴茶图

久越到位,露水了就叫"云脚散"。据宋徽宗《大观茶论》载,点茶时要分七次注水和击拂,并各有要领,整个过程约为五分钟。点茶时必须具备的基本工具是茶台子、茶巾、茶炉、盛水器、水勺、汤瓶、茶瓯、茶筅、茶勺、茶盏、茶托、茶盘等,不难理解,就径山茶宴这样的大型茶会而言,各自点各自的茶是不可能的,故在主场以外,肯定还有侍者专司煎点茶汤,他们的职责是点茶和行盏分茶。所谓行盏分茶,就是用茶勺把点好的茶汤分勺到各位宾客的茶盏里,要求是分得匀,不能厚此薄彼,特别是要使沫饽依然,而且每一茶盏里的沫饽都要基本一样多才好[7]。

◆大丈夫:大丈夫一词,儒、释、道各有所解,下面且先看看儒家是怎样定义的。《孟子·滕文公下》载曰:"居天下之广居,立天下之正位,行天下之大道,得志与民由之,不得志独行其道,富贵不能淫,贫贱不能移,威武不能屈。此之谓大丈夫也"。句中之"广居"是仁的意思,仁是儒家修身的最高境界,所以不能直译为居住在天下最大的房子里,南宋著名理学家朱熹注曰:"广居,仁也。"

再看看密庵咸杰是怎么定义的,《大藏经·咸杰和尚语录》中云:"有力量大丈夫,出游人间,自诗书由富贵致君泽民,不被利名关锁,二六时中,一动一静,一条脊梁过,如生铁铸就,一切世间,逆顺境界,摇撼不动。"意思是说大丈夫立世,从读诗书、达富贵、上致君、下泽民,都不应该被名利所困,即所谓"君子之学道非为己也",而是要时时刻刻,一切言论和行动都要坚定大丈夫的志气和信仰,不管逆顺境界,都要像生铁铸就一般悍然不动。显然,密庵咸杰对于大丈夫的定义已基本与儒家趋同,表现出的都是一种浩然正气,而且也讲起致君泽民来了。

值得一提的是,密庵咸杰的大丈夫论,对后来的日本茶道也大有影响,日本京都大德寺塔头龙光院内至今还珍藏着他的墨宝《法语·示璋禅人》,强调佛教宗门中最重要的精神就是要具有"大丈夫志气"。《法语·示璋禅人》墨迹是日本的国宝级文物,绢本,宽112厘米,高27.5厘米。此墨宝传到日本后,一直备受重视,日本茶道宗师千利休(1522—1591)曾嘱其弟子作专门装裱,并挂于"床"间顶礼膜拜,但因没有一间茶室的床能挂这么宽条幅,所以京都大德寺塔头龙光院为此特别设计了一间茶室的"床",

也即后来享有盛名的"密庵床"。这里的所谓"床",在日语里叫"床の间",意为壁龛,在日本茶室里是最神圣的空间,专门用来张挂书法和绘画的地方。壁龛在寺院中则是专门用来供佛用的,兴许首求颂"知我一床领过"中的"床"就是同一种意思,反正都是神圣之处。下面就将《法语·示璋禅人》抄录如下:

> 宗门直截省要,只贵当人具大丈夫志气。二六时中,卓卓地不依倚一物。遇善恶境界,不起异念,一等平怀。如生铁铸就,纵上刀山钳树、入锅汤炉炭,亦只如如,不动不变。如兹履践,日久岁深,到着手脚不及处,蓦然一觑觑透、一咬咬断。若狮子王翻身哮吼一声,壁立万仞,狐狸屏迹,异类潜踪。世出世间,得人憎无过者些子。从上老尊宿,得者柄楣入手,便向逆顺中做尽鬼怪,终不受别人处分。普化昔在街头便道:"明头来,明头打;暗头来,暗头打;四方八面来,连架打。"盘山于猪肉案头又道:"长史!精底割一片来。"欲知二尊宿用处,皆是如虫御木,偶尔成文。若望宗门直截省要处,更参三生六十劫,也未梦见在。璋禅人来此道聚,目其堂延广众,发心焉。众持钵出轴,欲语与一切人,结般若正因,书以赠之。时淳熙己亥仲秋月住径山密庵咸杰(白文印)书于不动轩。

◆**发心贵真实:**发心是佛教术语,又作初发意、新发意、新发心,也即

密庵咸杰墨宝《法语·示璋禅人》

初入佛道的人发求无上菩提的心愿,但一般都泛指在家修行的居士。所以,这也进一步说明径山茶汤会主要是向士大夫居士开放的,是以讲经布道为主旨的大堂茶会。就一般而言,发心首先是要发菩提心,菩提是梵语音译,旧意译为道,也译为觉,如果把它简单地理解成开悟得道、大彻大悟、大知大觉等大概也是可以的。佛教认为菩提心是发心的根本,因为如

果你连开悟得道的主观愿望都没有,那还信什么佛呀。继而是要发大悲心,也即普渡众生的心,因为这是大乘佛教的终极信仰呀。再接着是发般若心,也即智慧心,因为只有有了大智慧才能去更好地普渡众生呀。

至于发心贵真实,那是当然之理了,讲得直白一点,就是发心的动机要纯,是真实地出于想开悟得道,真实地出于普渡众生的愿望,真实地出于修炼普渡众生的大智慧。

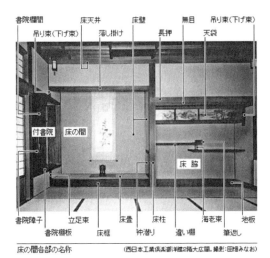

床の間各部の名称　　(西日本工業倶楽部)洋館2階大広間。撮影:田畑みなお)

日本茶室中的"床の间"示意图

◆心真万法空:"心真"一词在佛教中是 "吾人本具自性清净心之真性",意即人之心性都原本清净,无有染污,故经典中多称为自性清净心,在大乘经典中则又称佛性,即所谓众生皆有佛性是也。径山大慧宗杲的所谓明心见性,也是这个道理,意即只要明心(清除污染),就能见性(见到自己原本清净的真性),于是就开悟成佛了。至于"心真万法空"中的"法",乃是指一切的事物,不论大的小的,有形的或者是无形的,都叫做法,不过有形的是叫作色法,无形的是叫作心法。所以说,佛教毕竟是一种唯心主义的说教,他们否认一切存在(法)的客观真实性,而只把精神性的世界看作是第一性的、永恒的、真实的,认为只有心才是最真实、最可靠、最根本的实体,并把他们理想中所谓不生不灭的精神世界叫作心真、真如、佛性、涅槃等等。

◆大空王:正因为空是佛教的核心理念,所以空王一词实乃诸佛之别称,《圆觉经》曰:"佛为万法之王,又曰空王。"但小乘佛教与大乘佛教在法空的教义上是略有差别的。小乘佛教一般主张"我空法有",说明小乘佛教对客观世界的否定还并不那么彻底,而大乘佛教则认为"人法两空",是彻底否定一切客观存在的万法皆空。另外,在修行目标上,通常认为小乘佛教是偏于自渡,而大乘佛教的这艘大船(乘)是要用来普渡众生的,而且是要普渡完众生以后方可超度自己。故而有学者经研究认为,大空和大空王是相对于小乘而言的大乘佛教,以及大乘教派诸佛的雅号。但大空王一词在佛教经典中一般都很少用到,而密庵咸杰为什么要特地启用这样的用词呢?抑或其目的就是为了特别强调大乘佛教普渡众生这一终极信仰吧。而且,这一思想也肯定是得到了朝廷的特别推崇的,所以才有此后的宋孝宗御点《圆觉经》,并遣使赏赐径山寺一事,《佛祖历代通载》第二十卷中也有"帝注《圆觉经》,二月遣中使赏赐径山住持宝印刊行"的记载。

◆不思议力:该词出自大乘佛教的《无量义经》,全称为无量功德不思议力。所谓不思议力即不可思议的神力,说是具有十大不可思议的无量功德,所以能普渡众生,所以才又有了"况复念世间,来者正疲极"的感叹,每当念及各种为了一己私欲而疲极于茫茫苦海中的芸芸众生,于是乎就顿生大慈大悲之心,大起普渡众生之愿,而径山茶汤会就恰如一艘好大的慈航,所以也是一种无量功德,也是能够"普令信者从兹入"的,从而修成正果并到达无限美好的理想彼岸。

◆一茶一汤:径山茶汤会中的茶和汤是两个不同的概念,茶是指茶礼,汤是指汤礼。[8]至于茶礼,我们在前面已经讨论过了,那么汤礼又该是咋回事呢?对此,宋朱彧《萍州可谈》卷一载:"今世俗客,至则啜茶,去则啜汤。汤取药材甘香者屑之,或温或凉,未有不用甘草者,此俗遍天下。"宋佚名《南窗纪谈》载[6]:"客至则设茶,欲去则设汤,不知起于何时,然上自官府,下至闾里,莫之或废。"宗赜《禅苑清规》卷五"堂头煎点"中载曰:"诸官入院,茶汤饮食并当一等迎待……礼须一茶一汤"。由以上史料记载可见三点:首先,宋时的所谓汤实质上是用一类药性温或凉的中药材烹煎而成的养生汤,故而又名汤药;其二,宋代社会是饮汤成风的,而且上至朝廷、官府,下至市井百姓都通行"客至则设茶,欲去则设汤"的待客礼节;其三,这种社会风俗在寺院生活和仪式中也相当讲究,虽无世俗茶来汤去之规定,但同样认为在迎来送往中须有"一茶一汤"才够礼数。

至于宋时的汤品,据宋《太平惠民和济局方》所载就有二十六种之多,如豆蔻汤、木香汤、桂花汤、破气汤、玉真汤、薄荷汤、紫苏汤、枣汤、二宜汤、厚朴汤、五味汤、仙术汤、杏霜汤、生姜汤、益智汤、茴香汤等。这些汤药都有养生的作用,并深受朝廷士大夫们的喜爱。宋代朝廷还专门设有掌管"供果及茶茗汤药"的光禄寺翰林,故而民间也有"翰林院文章,太医院药房,光禄寺茶汤,武库司刀枪"之说。笔者认为,以上这类汤品在当时的寺院中,特别是像径山茶汤会这样的,以士大夫参禅居士为主要对象的大堂茶会,则更应该是被推崇的。

但是,在径山茶汤会中除了以上这类养生汤药外是应该还有主食的,如宋时的所谓汤饼,在当时就归属于汤类,而且在《续藏经·重雕补注禅苑清规》中也有"来日或斋后合为某人特为煎点。斋前提举行者准备汤饼"的明确记载。至于唐宋时期"汤饼"的定义,宋黄朝英《靖康缃素杂记·汤饼》载曰:"余谓凡以面为食具者,皆谓之饼,故火烧而食之者,呼为烧饼,水瀹而食者,呼为汤饼,笼蒸而食者,呼为蒸饼。"由此可见宋时的所谓汤饼,实际上就是水煮面食类的总称,是两宋时期最大宗的主食之一,而且也是径山茶汤会中汤礼的选项之一。

三、小结与讨论

综上所述,《首求颂》中所偈颂的茶汤会,实质上就是径山寺僧以茶为载体的,以修禅士大夫为主要对象的,以弘扬禅宗教义为主要目的的特色道场,也即史称的径山茶宴。在《首求颂》中,作者密庵咸杰机锋灵现,从佛法层面高度肯定了禅机和茶道的一致性,阐明了禅机和茶道都是为了发心弘扬大丈夫的浩然正气,都是为了发心拯救众生于茫茫苦海(各种私欲之苦),都是为了发心实现大乘佛教普渡众生的理想境界,而且还肯定了茶汤会的"一茶一汤"就是普令佛教信徒参禅悟道通往美好彼岸的极佳途径。所以,也正如径山寺大雄宝殿上的一副长联所颂:

苦海驾慈航,听暮鼓晨钟,西土东瀛同登彼岸。

紫灯悬宝座,颂心经慧典,禅机茶道共味真谛。

显然,这"真谛"从佛教层面而言,就是"地狱未空决不成佛,众生渡尽方证菩提"这样的一种精神境界,对于当下社会主义的文化事业而言,也不失为一种正能量,[9] 故而有必要进一步和有取舍地开展径山茶宴文化研究,同时也要因势利导地抵制某些低俗化、迷信化趋向,抵制诸如"禅茶"一类牟利性的误导等,让它更好地为社会主义精神文明建设服务,更好地为满足人们不断增长的文化生活方面的需要服务。

(本文原载于《中国茶叶加工》167,2016,P70—76)

参考文献:

[1]任继愈.中国哲学史:第三册[M].第一版.北京:人民出版社,1964.

[2]唐大潮,周冶.南宋元明时期佛教"三教合一"思想略论[J].世界宗教研究,2009(2):47-54.

[3]伍先林.宗杲的三教合一思想[J].佛学研究,2002:165-171.

[4]李芹.大慧宗杲生平思想新探[D].厦门:厦门大学,2007.

[5]喻静.密庵咸杰及其禅法研究[J].中国文化,2013(2):117-127.

[6]宗赜.禅苑清规[M].苏军,点校.第一版.郑州:中州古籍出版社,2001.

[7]王家斌,吴茂棋,赵大川,等.径山茶宴[J].中国茶叶加工,2010(增刊).

[8]吴茂棋,许华金,吴步畅.宋代的茶及汤茶药[J].茶博览,2015(7).

[9]沈桂萍.宗教支撑不起现代社会价值[N].环球时报,2014-01-23(14).

昆山石火径山茶

——从谢应芳、颜悦堂说到愚庵智及

赵焕明

关于径山茶,史上记载有一首诗,出自元明之交,流传至今,成为径山茶在元明之时就已蜚声江南的一个明证。诗见嘉庆《余杭县志》卷29,题为《寄径山颜悦堂长老》,作者系江苏学者谢应芳,诗载《龟巢稿》中,诗下自注:"时退居昆山州城之南,扁其室曰'城门小隐'。"诗云:

> 每忆城南隐者家,昆山石火径山茶。
>
> 年年春晚重门闭,怕听阶前落地花。

谢应芳的这首绝句,是历代咏茶诗中的上乘之作。诗中以吴中极品"昆山石"与"径山茶"并提,高度赞赏了径山名茶,也表露了自己对珍品既盼望又不好意思接受的矛盾心绪。

要说这首诗,得先说说作者谢应芳。谢应芳(1295—1392),出生于常州武进,享年98岁。谢应芳生逢乱世,世衰道丧,他自幼笃志好学,潜心性理,钻研理学,以道义名节自励,以斯文为己任,崇正辟邪。为人耿介,尚节义,工诗文。他从元至正初年(1341)47岁时便隐居于武进白鹤溪(今邹区鹤溪河),构筑小室名叫龟巢,遂自号"龟巢老人",乡里子弟尊称龟巢先生。常州府曾聘为教授。他对学生循循善诱,总结出一套教学法。浙江行省闻名欲聘为三衢清献书院山长,辞不就。后各地义军起,谢应芳便去苏州一带避难,几次遇危险,一年中搬了五次家,经常揭不开锅。后来苏州人对这位年高德劭的饱学之人逐渐有所了解,争聘为子女的老师,他靠束脩

作者简介:赵焕明,余杭区茶文化研究会理事、余杭区诗词楹联协会主席。

维生。

有必要一提的是,谢应芳是一位彻底的无神论者。谢应芳最著名的著作是《辨惑编》。《辨惑编》的主要内容是反佛、道,这也是理学理论的精华所在。这既是他个人思想体系的体现,也是理学的合理内核在常州地区的传承。谢应芳认为,生、死为自然之理。他斥老、庄、仙、佛(此处所言"老、庄",非先秦时期的老子、庄子,而是被道教改造过并奉为道教之祖的老、庄)之说为异端,致力于破除鬼神、禁忌、禄命等迷信,认为"古之为异端邪说者众矣,若老庄仙佛之流,自秦汉以来,惑世尤甚","邪说害正,人人得而攻之"(《辨惑编·异端》)。他还指斥道教的斋醮仪式说:"道家以老子为理由,书亦未尝有设醮之论也,至宋徽宗妄意求福,命羽流为之,未及倾危宗社,流落金国,所求之福,竟何有哉! 二君昏迷,不明物理,特以此为缁黄衣食之计焉耳。"(《与王氏诸友论斋醮书》)理论锋芒直指宋徽宗,认为北宋亡国,与宋徽宗相信道教有关。是"妄意求福",是"倾危宗社",是"昏迷,不明物理",所以最后"流落金国","为缁黄衣食之计"(当阶下囚)。同时,谢应芳还以明天历年间大疫为例,大疫来临,病人众多,凡"务求医药,不事祈祷"者,大都活了下来,而那些求神保佑的,却都死掉了,认为这充分说明了佛道的虚伪性。《辨惑编》是中国古代朴素唯物主义的重要著作,在明初有极大的影响。后世论及元明之际,无论是思想史、哲学史,谢应芳的《辨惑编》是必提的著作。隐居吴下时,谢应芳辑《怀古录》3卷,以表达其除暴安良之志。谢应芳诗文典雅清丽,内涵深刻。诗作大都抒发流离之感,忧国情怀,反映人民疾苦和农村悲惨情景的居多。

谢应芳是一位很有见地和个性的人,最能反映他学养与思想倾向的是《武阳志余》卷十《儒林类》中记载他的一些轶事。他在苏州一带避难时,见"三高祠"祭祀越国范蠡、晋代张翰、唐代陆龟蒙,很不以为然。认为吴自"三高",即泰伯、仲雍、季札。请求官府黜退吴江三高祠中的范蠡,要求修葺三国时东吴名相顾雍的墓茔。在故乡则显扬武进林庄邹忠公浩墓,去掉学官中的土地祠。他主张禁止民间办丧事时做佛事等迷信活动、还向周郎中(正五品官)上书陈述开荒等五件事,并向何太守请求减少水脚之征,事事都有利民生民风。

1368 年,朱元璋削平群雄,建立明王朝。江南渐渐安定,谢应芳已是 70 多岁的老人,返回故乡,在晋陵(今武进)芳茂山(横山)隐居,一室萧然,清贫自乐。勤读写作,老而不倦。他的晚年自此起的 24 年里,时局安定,他也心情欢畅,作品也反映太平年景和农家之乐。名句有"满城风雨近重阳,篱菊花开酒未尝。四海兵戈无了日,十年书剑客他乡""故国春来晚,孤城草木寒"等至今仍脍炙人口。当时,朝中高官与在野缙绅们路过常州,必定要去芳茂山"龟巢"拜访龟巢老人。不管来的人官阶多高、名声多大,谢应芳都平等相待,决不低下阿谀,而且议论必及民生、言谈必论向善。年七十余时,谢应芳还受命主纂郡、府志,编成《常州府志》19 卷。八十岁时,不顾羸弱,应郡守的邀请,主纂《毗陵续志》10 卷。谢应芳的著作,还有《思贤录》8 卷、《邹道乡年谱》、《龟巢摘稿》4 卷、《龟巢稿》9 卷及《补遗》1 卷、《龟巢录》、《龟巢集》20 卷。后人辑有《谢子兰公诗文遗稿》3 卷。后以 97 岁高龄谢世。

谢应芳笃志卫道的行为和著述都得到了时人和后人极高的评价。谢应芳以"龟巢"为斋名,为其诗文词集名,对龟情有独钟,与龟文化有密切关系。龟巢词在思想内容上表现出明显的龟藏意识:惜身贵生,关爱生命;安贫固穷,守道保真;顺逆不惊,藏六有乐。龟巢词还表现出对家庭生活的重视,具有一种特有的家巢情怀。这与谢应芳精神气质的世俗化尤其是对亲情的重视有关。词中越来越多涉及家庭生活,表现了词在表现范围上的进一步扩大,也表现了在真实表现词人生活状态和精神世界方面的不断深入,反映了词史的演变轨迹。在艺术表现上,龟巢词表现为不同于唐宋词的非艳丽的玄素色彩,语言的平实及散文化特点,表达方式的议论化与叙事化倾向。

谢应芳名闻乡里,也传下一些轶事。相传谢应芳到了老年,牙齿尽落,常为咀嚼而发愁。有一次,他到寺院拜访一名高僧。高僧知他齿牙不利,特意精心制作了几款豆腐菜肴,既好吃又不需要费力咀嚼。食毕,谢应芳言道:"凡人年老者,以肉养之,古今一致。然老而无齿,则肉林之盛,禁脔之供,其如朵颐何?求其甘软若豆腐者,真可谓养老之善物也。"此后,他家中常精心烹制豆腐菜肴,以供食用。渐渐地越觉豆腐软嫩味美,最能养老,不是醍醐,却又胜似醍醐,欣然提笔作《素醍醐》:"谁授淮南玉食方,南山种玉选青黄。工夫磨转天机熟,粗渣囊倾雪汁香。软比牛酥便老齿,甜于蜂蜜润枯肠。当年柱史如知味,饮乳何须窈窕娘。"

说罢谢应芳,就要说到他赠诗的对象——径山颜悦堂长老了。径山悦堂颜禅师(1294—1369),享年75岁。明州(宁波)人,名祖暗,字悦堂,俗姓颜。受度于金华宝林寺,后住昆山东禅寺,转往吴门万寿寺,又升至虎林南屏寺。嗣法东屿德海,临济宗十七世。

此间颜禅师有幸遇到一代宗师愚庵智及(1311—1376),愚庵禅师俗姓顾,字以中,号愚庵,别称西麓,苏州吴县人。自幼在苏州穹窿海云院出家,落发受戒后,前往建业(今南京),礼谒笑隐禅师,其间与颜禅师相识。愚庵智及颇具才情,少称佛界才俊,渐有声名,却对长他17岁的颜禅师执礼如一。愚庵智及应江浙行省丞相达识帖穆儿的邀请,于1361年去杭州净慈寺当第67代住持时,邀颜禅师同往。后来愚庵禅师住持径山,为径山寺第53代十方住持时,颜禅师接任成了净慈寺第68代住持。后来颜禅师又追随愚庵智及来到径山,成为愚庵智及的得力助手。

智及禅师住持径山期间,附近有一位无赖男子,名叫瞿范,每天到寺院里来大吃大喝。有一天,执事僧讥笑他,瞿范嗔心大起,便告官府,诬陷智及禅师犯了暗昧之事。在衙部,智及禅师泰然自若。衙使认为他目中无人,不高兴,于是给他定了罪。智及禅师也不分辩,亦无丝毫愠色,怡然受之。只是把寺中之事交付给了颜禅师。寺中众人愤愤不平,但上下皆因智及禅师怡然受之,也不发话,便不敢造次。

一年后,浙江行省丞相下来观察,得知智及禅师受了冤屈,遂给他平了反,并重新请他回径山住持。归院之日,智及禅师拿着丞相给他的信札,升座说道:"前佛性命,后佛纪纲,总在者(这)里,凛然如朽索之驭六马,危乎犹一发之引千钧,若非大丞相赤手提持全肩荷担,何处更有今日?诸人还委悉(明白)么?车不横推,理无曲断。"原来,智及禅师认为道业挫顿皆属天意,受之顺于天理,不可刻意避逆。升座酬唱完毕,智及禅师说偈道:"去日应须偿宿债,回时宿债本来空。山上鲤鱼打崩跳,一国之师展笑容。"智及禅师圆寂于明洪武戊午年(1378)。后来,颜禅师接智及禅师之班,成为径山寺第 54 代十方住持。

颜禅师住持径山后，陟双径竖大法幢，名闻京国。缁素云臻如流赴壑，径山寺大盛。朝廷再降玺书护教并赐金襕法衣。颜禅师历主四大刹。明大臣宋濂与径山颇有渊源，他为径山古鼎、愚庵、悦堂等的四会语录均撰写过序文。犹称誉颜禅师："随机接引沾被为多。所谓施善巧释结习，假言辞穷实际者乎。"

而谢应芳与颜禅师的交接，应为早年吴门之地，两人甚是相契。其时谢应芳的无神论思想还不是很浓。随着学问阅历长进，这个观念日益强烈，不断尝试说服好友颜禅师还俗。颜禅师自然不肯，反而指出他的思想的极端。两人谁也说服不了谁，但两人的友情还是维系了下来。颜禅师成为径山寺第 54 代方住持时，谢应芳应颜禅师一直以来的多次邀请，上了一趟径山。径山风光秀丽，远近闻名，谢应芳早有些心动。这次上山，见五峰环峙，山清水秀，十分心仪。让谢应芳留下深刻印象的还有另一件事，那就是颜禅师专门为迎接他的到来而举办了一次径山茶汤会。

茶汤会设在明月堂，墙上张挂着山川花卉图画，花瓶中插上了鲜花。一只只带暗褐色釉彩的天目茶碗排放整齐。主宾一一入座，颜禅师陪谢应芳上座。茶汤会开始，除了礼节性迎词，颜禅师切入正题："唐代茶宴，是将茶饼碾碎煮煎，宋代是吃沫茶沸水冲泡，前朝是两者兼具。而今大明初立，皇上俭省立国，倡扬烘炒成干芽茶冲泡。方法不同，茶意如一，以茶论道，注重德性。所谓德性，就是敬、清、和、寂。敬者，对人尊重；清者，心地洁净；和者，与人友爱；寂者，处事幽闲。茶之德亦为茶之道。"

谢应芳听了此说，心有所动，觉得清新脱俗，耳目一新，看来佛教并非是一味鼓吹异端邪说。及至小和尚将小缶里的雨前毛峰茶，逐一挑入盏中，用泥壶提了烧沸的径山龙井山泉为主宾一一斟上，按照住持提示，众人观茶、闻香、啜茗、回品，头开、二开、三开，一一品来，只觉得先淡涩，后甘冽，微带栗香，滋味绵长，口舌鲜爽，真是"此境只应仙家有，人间今日初次尝啊"。

自谢应芳来径山后，年年晚春时节，颜禅师都要取两缸上好径山茶，托人或专门派人捎给他。谢应芳喜好径山茶，也知道径山茶朝野倾心，身价日增，乃是珍品。心下既感谢颜禅师年年专递相赠，又感到于心不安，便写成前面所说的《寄径山颜悦堂长老》诗作。

谢应芳的这首绝句，是历代咏茶诗的上乘之作。"每忆城南隐者家，"无疑是作者自况。作为句式的倒置，其义应当是"家在城南的隐者每每忆及"，忆及什么？"昆山石火径山茶"。"昆山石火径山茶"这七个字的含义相当丰富。第一层，物指。昆山，昆山石。自古昆山有三宝：昆石，琼花，并蒂莲。昆石属第一宝，产于昆山市中心仅 82 米高的玉峰山，它与灵璧石、太湖石、英石并称"中国四大名石"，又与太湖石、雨花石一起被称为"江苏三大名石"。昆石中一种"荷叶皱"，比黄金贵十倍。宋代诗人陆游在一首七律中赞道："燕山菖薄昆山石，一拳突兀千金值。"当时一方昆石价值百金，上好的乃自千金以上，地方官府怕伤了山脉，所以从宋代起，历代当政者都禁止进山琢石。由于数量十分稀少，现在市场上已很难见其踪影。作者以昆石与径山茶并提，高度评价了径山茶的地位。今人有此一说："太湖石，又名窟窿石、假山石，有很高的观赏价值。一个'火'字，说明当时人们对太湖石的价值取向。"以今义之"火"喻"红火"，恐太过牵强。第二层，人指。颜悦堂长老是径山一方，作者是本地一方。径山一方，还暗指径山开山祖师法钦是昆山人。第三层，交指。茶是要烹煮的。石火，即打石取火，以珍贵的昆石击火，这茶煮得是何等高雅！也喻指了双方友情的高洁可贵，还饱含了对法钦手植径山茶而今茶回昆山的历史因循回环的感叹。这两句连读，可窥见在作者的隐居生活中，烹饮径山茶已成为日常重要事项，和心灵与精神的寄托。

后两句是"年年春晚重门闭，怕听阶前落地花"。前句坐实了隐居生活的现状，也抒发了对春晚花落——实际是对元末明初战乱时局的无奈感伤。又蕴含了第二层意思：径山山高天寒节令迟，茶出要到晚春时，时届晚春，马蹄震落阶前花，长老捎来的径山茶又将到了，真是爱之弥切，受之有愧啊。

通读全诗，明白如话，清通如斯。含意丰沛，韵味隽永。一如径山名茶，头开，二开，三开，齿颊留香，有不尽余味……

谢应芳在不少诗中有昆山石这一意象，如"昆山之石白如玉，娄江之水涅不缁"，《一剪梅·三首寓意寄故人》中的"昆冈火烈去年时。玉也灰飞。石也灰飞"，《寄颜悦堂长老及昆山诸友荐严永怀二方丈》中的"双径归来旧竹边，林风涧月两依然。昆山特立烟尘外，娄水东流渤连"。《玉山顾隐君自嘉兴答诗询仆近况，且云径山禅老亦望一见，故复用韵自述简诸故人，再用韵寄悦堂长老》中的"城郭含辉山韫玉，阶除听法石如人"，等等。

如前所述，谢应芳是一位坚决的无神论者，然而就是这样一位坚决的无神论者，却亲登双径，而且与径山十方住持颜悦堂长老一见如故，相知至久、至深，诗物往来，眷眷念念。可见古人的"物以类聚，人以群分"之"群"，不以职业地位分，不以贫贱富贵分，不以宗教信仰分，不以族第亲缘分，只要相交相知相契，乃成知己之交。当然，在龟巢先生与颜悦堂长老之交中，径山茶所扮演的角色，起到的作用，是颇为耐人寻味品匝的。两人酬唱之作，尚有《寄颜悦堂长老及昆山诸友荐严永怀二方丈》："双径归来旧竹边，林风涧月两依然。昆山特立烟尘外，娄水东流渤瀣连。坐有故人应念我，客无此老共逃禅。南能北秀烦传语，秋晚相过饮菊泉。"《玉山顾隐君自嘉兴答诗询仆近况，且云径山禅老亦望一见，故复用韵自述简诸故人》："数椽茅屋一筇枝，万事无心独爱诗。诗债隔年偿未了，带围连月孔频移。吴田积雨生禾耳，笠泽西风断柳丝。眼底故知俱契阔，抱琴何处觅钟期。"以及《再用韵寄悦堂长老》之一："松雪孤标孰与伦，烟霞一室静无尘。清谈每日能留我，自说平生不患贫。城郭含辉山韫玉，阶除听法石如人。昙花不逐春红老，信与东风别有因。"之二："老虎儿孙到凤池，声名曾彻九重知。鹤书天上颁恩日，猊坐山中说法时。寸草不忘慈母报，白华无愧故人诗。春秋直笔黄夫子，曾为东邻著二碑。"

《寄径山颜悦堂长老》一诗，也有别于作者谢应芳的其他作品，颇具禅意。诗中的"石火"一词，颇具宗教意味。石田先生沈周在《生辰漫咏（弘治甲寅）》中称："流光迅昼夜，忽忽迸石火。我与石火争，寄活真螟蜋。"径山宗杲大慧普觉禅师的《教外别传卷十（临济宗）》中称："师曰：击石火闪电光，引得无限人弄业识。"又说："硬主张击石火闪电光，业识茫茫，未有了日。圆悟深肯之。"《五灯会元续略序》称："荒径客迷芳草渡，拟将石火当天明。"径山密庵和尚《语录》："曹溪一滴，源深流长。至于临济，其道益张。如击石火,如闪电光。"在谢应芳的潜意识里,奉为己任的"崇正辟邪"中,对正邪之辨或许逐步地更为辩证、客观、尚实了,其实佛教的淡定却欲与谢应芳隐居生活的冲淡无求是有较大的本质一致的,当他年届耄耋,与颜悦堂长老长期交往的耳濡目染,及径山茶的醍醐浸淫,会不会对自己长期以来对佛教的绝对排斥,有所隐约的反思或置惑呢?

[本文原载于《余杭茶文化研究文集》(2015—2021)]

天目古道上的径山寺

胡月耕

径山为东天目之余脉,峰峦挺秀,风景秀丽。东汉建安十六年(211)前,径山与临安均属于吴郡余杭。公元 211 年,吴郡余杭民郎稚合宗起事,聚众数千。新都太守贺齐出兵平定郎稚,奏请分余杭西部为临水县,属吴郡。县治在径山之阳的高陆(今临安高虹镇),就这样,在此以后,径山在历史上长期隶属临安大云乡。临安旧《县志序》称"自东天目之胜,迤北而通径山"。明代万历《杭州府志》称径山"乃天目山之东北峰,有径通天目,故名"。临安人高金体(进士出身,官中宪大夫、河南彰德知府)为明代《临安志》所作的序中有"登天目,历天柱,杖屦于径山、华石、玲珑、九仙、双林"的记述,说明径山一直是临安的旅游胜地。

径山禅寺创建于唐大历三年(768)。相传天宝元年(742)法钦禅师来此建庵。法钦(道钦)江苏昆山人,原为儒生,28 岁时遇素禅师。禅师对他说:你的神气温粹,真是佛法之宝。法钦就要求为弟子。禅师亲自为他剃度。后来禅师对他说:"汝乘流而行,逢径即止。"法钦南游到临安,先后住普庆、太平等寺院,后见东北方向有一山,问樵夫,樵夫告知是径山,于是就去径山。唐永泰中有白衣士来求剃度为沙弥,法钦收其为徒,法号崇惠。后崇惠至长安与方士竞法获胜,代宗问其师承,崇惠回答:"臣师径山僧法钦。"于是,大历三年(768)代宗召法钦至长安,赐封其为"国一禅师"。一年多后,禅师返回,代宗下诏将其庵建为径山寺。据说,禅师初到径山,"猛兽不搏,鸷鸟不击。山下之民,不鱼不猎。有白兔二,拜跪于杖屦间。有灵鸡

作者简介:胡月耕,临安文联主席。

常随法会,不食生类"。法师去长安,鸡长鸣三日而死,山上存有"灵鸡冢"。法师于唐贞元中说法而逝,谥大觉禅师。唐乾符六年(879)径山寺改为乾符镇国院。宋大中祥符年间,改赐承天禅院。政和七年(1117)(县志则说开禧元年(1205)改为能仁禅院。南宋高宗曾游幸,绍兴年间建千僧阁。南宋孝宗亲书"径山兴圣万寿禅寺",乾道四年(1168)建龙游阁,并给大量赏赐。它与杭州的灵隐寺、净慈寺,宁波的天童寺、育王寺,并称为"禅院五山"。嘉定间又被列为江南"五山十刹"之首。鼎盛时,梵宫殿宇楼阁三千余楹,禅房360间,僧众达三千余人,香烟缥缈如青霓,诵经声浪冲云天,被誉为"东南第一禅寺",在海内外佛教界享有盛名,"与东西天目蔚为佛国"。明代浮梁知县吴之鲸认为"南朝四百八十寺,未有其比"。径山寺遗址内,尚存宋孝宗所书的寺碑、"三圣"铁佛和明代永乐年间铸造的大钟以及钟楼,还有寺碑记、元鼎等文物。现已重建殿宇。蔚为壮观。

苏东坡在任杭州知府期间还曾亲自遴选径山的住持。宋代的制度规定,知州对辖地的寺庙有很大的监管权力,负有处理寺庙重大事务的责任。径山寺的老住持仙逝,该寺的陈规是实行寺内高僧轮值。苏轼认为像径山这样的名寺,应在佛门内选有德者继任。他以知州的权力选请了高僧维琳嗣事。由于寺院也有多种势力纠聚,一些僧侣不服,但后来的事实证明苏轼的选择是正确的,维琳管理得很好,获得了僧众的拥戴。苏轼在常州病危弥留时,维琳长老专程赶去陪侍,表达临终关怀。

苏轼曾四上径山,留有《游径山》等诗歌。

游径山

众峰来自天目山,势若骏马奔平川。

中途勒破千里足,金鞍玉镫相回旋。

人言山住水亦住,下有万古蛟龙渊。

道人天眼识王气,结茅宴坐荒山巅。

精神贯山石为裂,天女下试颜如莲。

寒窗暖足来扑朔,夜钵咒水降蜿蜒。

雪眉老人朝叩门,愿为弟子长参禅。

迩来发兴三百载,奔走吴会输金钱。

飞楼涌殿压山破,朝钟暮鼓惊龙眠。

晴空偶见浮海蜃,落日下数投村鸢。

有生共处覆载内,扰扰膏火同烹煎。

近来愈觉世议隘,每到宽处差安便。

嗟予老矣百事废,却寻旧学心茫然。

问龙乞水归法眼,欲看细字销残年。

与周长官李秀才游径山二君先以诗见寄次其韵

少年饮红裙,酒尽推不去。

呼来径山下,试与洗尘雾。

瘦马惜障泥,临流不肯渡。

独有汝南君,从我无朝暮。

肯将红尘脚,暂着白云屦。

嗟我与世人,何异笑百步。

功名一破甑,弃置何用顾。

更凭陶靖节,往问征夫路。

龙亦恋故居,百年尚来去。

至今雨雹夜,殿暗风缠雾。

而我弃乡国,大江忘北渡。

便欲此山前,筑室安迟暮。

又恐太幽独,岁晚霜入屦。

同游得李生,仄足随塞步。

孔明不自爱,临老起三顾。

吾归便却扫,谁踏门前路。

千百年来,主持径山佛事的基本上都是佛教临济宗的高僧,因而径山自然成了临济宗的祖庭。明代万历至清康熙的一百多年间又陆续在径山版刻了被誉为"人类文化史极为罕见的巍峨丰碑"的佛教经典《大藏经》(《径山藏》),径山声名更盛。宋、元时期到中国探求佛学的日本僧人都会慕名来径山参禅求学,成为历史上日中文化交流的重要纽带。以至日本村上博优先生称颂:"径山是日本人心中的佛教圣地,日本僧人中的衣、食、住等习惯发祥于径山,日本的文化有许多也是从径山传过去的。径山对日本有极大的影响。"

据有关记载,法钦禅师来径山弘法,"手植茶树数株,采以供佛,逾年蔓延山谷,其味鲜芳,特异他产"。唐代茶圣陆羽曾两次来径山考察并写了《茶经》,径山茶名声大盛,与杭州龙井、天目青顶齐名,自宋至清,一直列为"贡茶"。

尤其可贵的是径山寺僧在以茶招待上宾时,创造性地举办了茶宴,并规范了一套庄重的礼仪:先请贵宾至布置高雅的明月堂。宾主在明月堂就座后,司客按盏奉茶,主人至客前各注半盏。宾主互相致礼,举盏闻香,放盏观色,再捧盏押茶半口,细细品尝。此过程连续四次,饮完四个半盏,客人开始品论茶味,向主人道谢,主人介绍此茶的特色,谦让回礼。司茶再行注茶,宾主就感兴趣的问题广泛交谈。"茶宴"配有专门的茶台、精致的茶具。径山的茶宴,以其清淡、平和、高雅、礼敬而受世人推崇。后来,随着许多来径山学习佛法的僧人被带到了日本,所谓"径山茶宴渡东洋,和敬寂清道德扬"。开其先河的当推南浦昭明。"南浦昭明由宋归国,把茶台子、茶道具一式带到崇福寺"(《本朝高僧传》)。所以,日本村井康彦认为,日本的茶道,源于茶礼,而茶礼则源于大宋国的《禅苑清规》。

[本文原载于《余杭茶文化文集》(2015—2021)]

历代诗人笔下的径山

虞　铭

　　径山有东西两径,东径通余杭,西径通临安天目山,世有"双径"之称。径山禅丛肇始于唐,鼎盛于宋。一方面缘于当时政治文化中心逐渐南移,另一方面,得益于径山寺自身在体制上的大胆革新,改住持"自袭制"为"十方制",大开山门,延请天下高僧主径山法席。遂道法弘扬,远播四方,延及日韩等东亚诸国,为日本临济宗之祖庭和茶道之源头。宋元时山寺屡遭火毁,明清渐见式微。本文从余杭诗人描写径山的角度,包括余杭土著、在径山驻锡的僧侣、余杭官员、寓居余杭的外地人,侧面反映各个时期径山发展的历史轨迹。希望能有助读者对径山历史的全面了解,使径山的优秀文化在未来继续有所传承。

宋代

咸杰

　　咸杰(1118—1186),号密庵,俗姓郑,福州福清(今属福建)人。淳熙四年(1177)住径山寺。有《密庵咸杰禅师语录》。《赞径山音首座》:"气宇云闲,身心木槁。顶门正眼,红日杲杲。早投长芦划草之机,晚分双径人天之座。名山屡招而不赴,一庵超然其高卧。"

元聪

　　元聪(1126—1209),号蒙庵,赐号佛智禅师,俗姓朱,福建福州人。嗣法于晦庵,为临济宗十四世。出世主福建雪峰山,庆元三年(1197)奉诏主径山,为三十代十方住持。庆元五年日本僧俊芿入宋求法至径山,向元聪

作者简介:虞铭,余杭区茶文化研究会会员、余杭区史志学会副理事长。

拜谒求教,学习禅宗之要。是年冬,径山古刹遭火毁,元聪竭力营建,并将大雄宝殿从大人峰移至鹏抟峰前。《答求法僧》:"山前麦熟雨初晴,桑柘青连柳色新。毫发不存风骨露,头头总是比丘身。"

师范

师范(1177—1249 年),号无准,别号径山,赐号佛鉴,俗姓雍氏,四川梓潼人。径山禅寺第三十四代主持。南宋绍定五年(1232)秋,奉宋理宗御诏主径山法席。次年七月,理宗召师范入修政殿奏对,师范在奏对中,答词详细明了,深得理宗赞赏,并命于慈明殿升座说法,理宗亦垂帘而听。说法后,参政陈贵谊向理宗奏说:"师范说法,简明直截,有补圣治。"理宗喜,遂赐"佛鉴禅师"之号,并赐缣帛金银等物于径山。淳祐八年(1248)秋,于径山明月池之上建一室,名为"退耕"。退耕室建成后,向理宗申奏,年老退休。绍定六年(1233),径山寺失火,无准师范于废墟上作《火后上堂偈》:"劫灰飞尽见灵踪。突兀凌霄对五峰。意在目前谁共委。相同扶起旧家风。"

原肇

原肇,字圣徒,号淮海,俗姓潘,通州静海(今江苏南通)人。年十九落发受具戒出游,投浙翁如琰于径山,苦参得悟嗣法。为临济宗十五世。后主径山,为三十九代十方住持。化后,葬于径山东涧。有《淮海肇和尚语录》《淮海外集》。《径山冬日》:"东西两径幽,岁晚得周游。壑雪阴犹在,溪云冻不浮。鸟惊樵斧重,猿挂树枝柔。怕有梅花发,因行到水头。"

元代

行端

行端(1255-1341),号元叟。台州临海人,俗姓何,出家余杭化城院。参径山藏叟善珍得旨。元大德四年出世于湖州资福寺,一时学徒奔凑,名闻京国。大德七年(1303),元成宗帝特旨赐"慧文正辨禅师"之号。行端亦写诗为记:"天恩浃肌骨,浅薄将何酬。愿君为尧舜,愿臣为伊周。"(《大德七年受诏封作》)皇庆元年(1312)元仁宗赐"佛日普照禅师"之号。至治二年(1322)元英宗命主径山,为第四十八代十方住持。有《寒拾里人稿》《元叟行端禅师语录》等。《题径山》:"曲曲弯弯水,重重叠叠山。水流双径畔,山在半天间。九夏凉偏甚,三秋暖尚悭。龙潭因作寺,今古共跻攀。""昔人弘法动天庭,此地因重万古名。龙抱雨云归洞府,鹏抟山岛壮江城。先秋每觉岩风冷,未晓常观海日明。玉局诗镌旧贞石,至今苔藓不曾生。"

祖铭

祖铭,字古鼎,奉化应氏子。至正间,主径山。有《古鼎外集》。《元诗纪事》卷三十四《径山五峰·堆珠峰》:"天势下凌霄,坐使万壑趋。元气结峦岫,献此大宝珠。翊殿护释梵,鼓钟殷人区。"《大人峰》:"五髻生云雨,镇踞何春容。具此大人相,题为大人峰。伟哉天地间,万象同扩充。"《鹏抟峰》:"峰势来大鹏,鼓此垂天翼。培风本无待,适兹造化力。何须问天地,在在六月息。"《宴坐峰》:"杉松太古色,不别春与冬。道人此宴坐,一念万劫融。不特座灯王,等了诸法空。"《朝阳峰》:"二仪开幽漠,日月临下土。万物丽高明,此峰正当午。堂堂大圣人,两眼空寰宇。"自注:"山中五峰,传之久矣,然指者不一。今各赋一诗,庶来者不待问而知也。至正庚寅七月,径山释铭书。"

明代

宗泐

宗泐(1318—1391),字季潭,号全室,俗姓周,浙江临海人。依中竺笑隐得悟,为临济宗十八世。明洪武四年(1371)主径山,为五十五代十方住持。洪武六年应召入天界举法会,推为上首。洪武十年奉旨出使西域,越五年还朝,太祖赐封左街善世,并命蓄发授官,宗泐不受,誓以终老山林。有《全室外集》。《晓晴坐流止亭岩下眠云有作》:"非烟非雾晓蒙蒙,万象都归一气中。深似海时初歇雨,白于绵处不随风。得闲渐有还山意,偃卧宁无泽物功。亭际老僧来倚槛,只疑下界顿成空。"

夏至善

夏至善,余杭人,洪武十八年(1385)乙丑科丁显榜进士,官礼部郎中。《游径山寺》:"招提洒洒竟忘回,石径闲游步绿苔。门外溪声春雨过,屋头松响晚风来。一身莫论无穷事,百岁须倾有限杯。正是长吟犹未了,僧堂忽起暮钟催。"

平显

平显,字仲微,号松雨老人。东塘仲墅人(今仁和镇)。洪武初,官广西滕县令,后降主簿,黔国公沐英延为西席。永乐中归里,卒年七十四,葬独山。有《松雨轩集》八卷。《寄径山茶》:"凌霄峰头生紫烟,不独能悟老僧禅。清兴未减陆鸿渐,枯肠可搜卢玉川。胚胎元气松风里,採掇灵芽谷雨前。寄远幸凭金马使,封题求试碧鸡泉。"

文绣

文绣(1345—1418),字伯蕴,号南石,俗姓李,江苏昆山人。谒行中至仁得法,为临济宗十八世。历主苏州普门、灵岩水柞、天台万年诸寺,明永乐七年(1409)主径山,为六十二代十方住持。《径山志》载其《敬庵禅师见访北山松院叙旧次韵》诗:"承召修书畣识翁,超然才调自堪从。泰山机帆群峰绕,沧海茫茫万派宗。言谓有言成滞碍,妙知无妙绝研究。近蒙远访吴城里,拍手松间一笑同。"诗中的"敬庵",是径山第六十三代住持。"北山松院",指径山的松源房,在径山寺之西北。

周礼

周礼,字德恭,号静轩,余杭人。十岁能诗文,但累试不弟,遂游历名山大川,后隐护国山,著述为业。《径山雪霁》:"探奇蹑磴凌云上,四顾晴光霁雪流。冻解响疑琼露滴,水生泉溜玉波浮。青螺透出朝阳近,翠巘高擎宿雾收。一望江天肩泰岱,常明不羡古丹丘。"

严大纪

严大纪,字汝肃,号顺庵。余杭人。严元之子,迁居杭城严衙弄。嘉靖中以父严元御医受知于天子,隶太医籍。1559年中进士,授行人,历礼曹郎,擢江西金事。《径山静室信宿》:"偶出风尘坐翠微,幽奇晨夕在山扉。林闲鸟带栖云去,石润龙含乘雨归。莫问茅荆非别业,即看萝薜是初衣。却嫌樵竖惊相识,未遣猿鼯共息机。"

俞景寅

俞景寅,字人伯,余杭人。官常州通判,以孝义称世,人称正学先生。《游径山十四韵》:"双径通金地,群峰列宝屏。初登疑窈窕,渐陟觉孤冥。迟日岩头堕,浮云岫脚停。江涛一马白,海峤数螺青。杉桧森成霭,楼台迥逼星。呼泉流壁罅,咒石划川形。鸡家封前慧,龙湫雨后腥。莲呈真法相,僧诵大乘经。砌石曾过辇,碑残尚识铭。竹风飘梵磬,萝月映禅局。境寂还心寂,山灵总性灵。井尘翻旧案,剑映发新硎。蔡碣苔文绣,苏池墨色莹。漫留诗笔在,千载肯同订。”

田艺蘅

田艺蘅,字子艺,号香宇。明钱塘人,田汝成之子。十岁随父过采石矶,赋诗有佳句。明嘉靖年间岁贡生,但举业偃蹇,七举不遇。仅官安徽休宁县训导,后罢归。性情放诞不羁,嗜酒任侠。性又高旷磊落,至老愈豪,朱衣白发,挟两女奴,坐西湖柳下,优游山林间。田艺蘅所居地近寡山(今属仓前镇),“有洞曰品岩,石阙窿然,轩敞空朗,上有三穴仰天,大小石梁纵横斜界,故旧名三穿洞”(今寡山石窟),陈应时为其书四言诗,刻于洞口。筑香宇别墅、寡山书院,与余杭蒋灼,塘栖吕时行、俞润之相友,倡和颇多。客至,即具座酬唱,斗酒百篇。

著有《香宇集》三十四卷、《留青日札》四十卷、《煮泉小品》一卷。《九月十日游径山》:“秋风秋雨行路难,偶乘新霁得跻攀。登高已过重阳节,薄暮来游双径山。近日天低空海国,龙飞凤舞过江关。老僧迎客疏林下,便觉归云意自闲。”

真可

真可(1543—1603),字达观,俗姓沈,吴江(今属江苏)人,称紫柏大师。门人尊他为紫柏尊者,是明末四大僧人之一。因“续妖书案”牵连入狱,坐化被中,其弟子法铠等移舍利于径山。有《紫柏尊者全集》《登径山作》:“天上宝贵人间慕,人间富贵天上唾。从来唯有达道人,天上人间都觑破。椰栗一条横瘦肩,穷山探水不知年。两丸日月谁抛掷,沧海桑田几变迁。君不见,昆仑腹,飞来江浙号天目。一枝摇摆向东溟,怒马方驰忽顿伏。双径萦回云雾深,五峰盘踞星辰簇。天所作,地所藏,待人而兴名始扬。钦师一受龙神施,深湫涨为行道场。道成德厚动天子,王侯奔走为金汤。须信开池非待月,池成水满月自光。又不见,幽岩树,历尽严霜春未遇。一旦阳和蓦地回,娇花嫩蕊分相附。自唐来,至于今,烟霞朝市几浮沉。何事东风撼塔铃,残红流水潺人心。龙与蛇,无常居,山头老汉八十余。夜叉佛面振家声,正令当阳肯让渠。白兔踪,灵鸡冢,暖足功高报晓勇。岂可人为万物灵,逢缘不布菩提种。放生池,金莲开,异香时复染楼台。微风闲吹石上松,定里

183

初惊声若雷。声与色,休妄测。眼闻耳见不可即。两者既然法法同,凡夫作佛无多力。怪底呆郎业垢昏,青天白日生疑惑。石解喝,螺解活,情与无情一机括。试将轻线石下牵,横来竖去皆通达。螺既死,仍复生,百沸锅中别路行。若人于此知消息,劫火毗岚一任烹。且拈小,喻其大,了得头头本非昧。前朝后代祖师禅,善解施为何利害。赵州狗,无佛性,相逢举著谁不病。一朝彻底忽掀翻,救却瞿昙穷性命。一大事,饶将相,管取悬知弄不上。非是钦师惑乱人,情断输他本色匠。子房谋,淮阴功,楚汉争雄春梦中。飞沙何处鸣刁斗,醒来自笑两成空。遮空相,元清净,无边刹海虚明镜。一微涉动太山崩,今古纷纷憎爱柄。莫若早,直下休,千头万绪付溪流。明月溪边趺坐时,云空台殿自清秋。嗟祖道,转荒凉,狐兔成群白日狂。三衣瓦钵是何物,淫坊酒肆较低昂。水山胜,无过此,绝顶才登收众美。浙江涛接海门潮,观音舌相拖床被。大慧老,慈悲好,白云却许红裙扫。游人若怪烟花迷,敢保先生未闻道。迷在我,不在人,境缘逆顺陷根尘。迥脱根尘光独露,闲花野草大家春。聊暂游,未能留,阿谁追我双溪头。孤灯达旦话畴昔,临别瓶窑情更绸。丈夫脚,肯闲踏,莲花藏板期永纳。分付山灵善护持,万古苍生无畏塔。”

徐胤翊

徐胤翊,字孟凌,万历年间钱塘人。与徐胤翀、徐胤翘合著有《径山游草》《洞霄游草》等。《径山次苏长公韵》:“山为主人我为客,老杉不改冰霜色。试问岩前喝石人,白兔灵藏何处骨。林风冻薜日气蒸,凌摩峰顶骞孤鹰。五峰茇舍泉堪枕,雨夜蒲团月作灯。茗花溪上人曾至,逍遥踪迹云相似。不能草屩结山邻,但学蠹鱼食仙字。”

戴日强

戴日强,字兆台,蒙城人。万历十六年(1588)举人,万历三十八年(1610)任余杭知县,在任治理余杭南湖有绩,并纂修有万历《余杭县志》十卷,后升任杭州府同知。《登凌霄峰》:“壁立芙蓉万古悬,丹梯直上碧云连。中峰色夺吴山秀,绝顶青收越峀烟。石壁丹砂浇圣火,重楼缥缈住神仙。醉来双舄能成梦,踏遍蓬瀛啸海天。”

圆信

圆信(1571—1647),初字雪庭,后更字雪峤,号语风,俗姓朱,鄞县(今属宁波)人。少习儒学,年二十九弃家访道,嗣法龙池正传,为临济宗三十世。晚主径山,为八十八代十方住持。临终前,呼茶饮毕,偈云:"小儿曹,生死路上好逍遥。皎月清霜晓,一杯茶,坐脱去了。"著有《语风稿》。《径山作》:"亭亭乔木两三行,古井无龙圣水香。欲向五峰寻旧迹,残碑云续断文章。"

蒋灼

蒋灼,字子九,号方台,余杭(大陆方山村)人。明诸生,工诗,常以吟咏自娱,安贫自得,与田艺蘅交厚,倡和诗甚多,《香宇集》中往往附载之,论者比之薛能、卢纶。田艺蘅撰《留青日札》,蒋灼为之序;著《煮泉小品》,蒋灼为之跋。著有《蒋方台诗集》三卷。《洗钵池》:"僧来洗钵石池中,僧去池边长古松。幽客卧闻风雨至,夜深犹似起降龙。"《洗砚池》:"玉书自发春前草,旧墨曾翻浪里花。闲客喜从寒月下,醉看松影动龙蛇。"《灵鸡冢》:"一瘗灵鸡万古名,冢前惟有雉来鸣。已从法座超三昧,不向人间报五更。"《龙王井》:"钦公法重自降龙,一月临阶尚有踪。从入空门离苦海,碧泉常有白云封。"

徐胤翅

徐胤翅,字幼凌,万历年间钱塘人。合著有《径山游草》《洞霄游草》。《望径山积雪》:"往时策杖凌复绝,满地霜光踏松叶。今日溪边望远山,高高下下封春雪。不知此山高几何,但见峨峨半天白。五峰云卧玉鳞飞,双径泉僵冰柱合。恨不此时坐僧寮,地炉煨芋听竹折。凝眸一饷云忽迷,山重重兮溪叠叠。"

宋奎光

宋奎光,字元实,号培岩,江苏常熟人。万历四十年(1612)举人,官龙川、宁海知县。曾任余杭教谕。天启初,辑《径山志》。明亡抗清,不屈而死。《径山登凌霄峰有述》:"迢递寻双径,崎岖历五峰。翠寒飞岭竹,苍雨落崖松。树古瞻灵塔,泉源见老龙。云堂秋入座,香积昼闻钟。寂照随参藏,凌霄共策筇。许询元有致,元礼亦谈宗。绝巘天疑逼,云生螫几重。安能依片石,长此放孤踪。"

王祺

王祺,字祉叔,号止庵。余杭人。王蒙亨之子,王绍贞之父。崇祯时,序应岁荐,见时事日非,翻然弃去。入清后,芒鞋藤杖,栖止荒崖绝谷,与一二禅衲为侣,又自号双径山樵。诗书画俱妙,时西泠十子争欲奉主齐盟,不出,悠游泉石以终老。《夏日同侄子严登径山》:"海内推名胜,户庭我岂赊。经春看竹雪,入夏采岩花。渐与五峰狎,几忘直岭斜。阿咸能琢句,千里或吾家。"

清代

徐士俊

徐士俊,原名翙,字三有,号野君。塘栖人。诸生,崇祯初,与卓人月参加复社,倦游后,隐居横潭北岸之雁楼以终。有《雁楼集》《西湖竹枝词》、《续玉台新咏》《云诵词》《紫珍集》《武林诗乘》《尺牍新语》等。《径山》:"此地神龙真护持,开山犹忆是唐时。青围万竹云根出,笔耸千峰月影移。乱石堆成无缝塔,墨池写就放生碑。芒鞋直上凌霄顶,耳畔天风接海湄。"

俞玶

俞玶(约1603—?),初名魁,字吉人,余杭人。顺治十八年(1661)进士,官至长沙令。后遭免,郁郁不得志而卒。《登凌霄峰》:"徙倚危巅一望晴,吴山越绝转分明。闲云来去迷风洞,独鹤翱翔下雪坑。绣佛无心凭酒醉,登高有兴抵浮名。莫言出处无归著,笑向烟霞入化城。"

严津

严津,字子问,号陶庵。严敕之子,余杭人,顺治二年(1645)拔贡生,巡抚霍达荐为督漕推官,不就。著有《嘐城寓言》《陶庵诗集》《宿草余音》。《秋日洗砚池诗》:"坡仙遗迹地,仿佛晋贤风。墨浪鳞纹细,泉香凤味融。松云凝翠霭,岳影冷幽宫。应有高僧在,蛮吟振远空。"

邵斯衡

邵斯衡,字瑶文。余杭人。邵斯扬弟,贡生。《径山乱石塔》:"夜半叠层峦,不烦人力致。方知山可移,运石非难事。"

严渤

严渤,字子劝,余杭人。严武顺子。早慧,少即博览群书,年二十三卒。

《径山寺》:"五峰开处敞幽林,百代金仙印古心。寺隐楼台空翠满,僧闲磬钵宝幢深。阁中御笔龙蛇动,石上禅踪狮象森。昆弟行游半寥落,顿来策杖采山岑。"

王潞

王潞,字又韩,一字牖庵。王绍贞侄,余杭人。顺治五年(1648)拔贡生,历仕豫楚,终官巩昌同知。博通经史,亦工书画。著有《由韩随笔》,其叔王绍曾为序。《自斜坑过直岭至大悲庵少憩》:"故山深处日阴晴,历尽高低路觉平。云自五峰过直岭,水分一脉下斜坑。半青草怯风霜早,垂白人矜杖履轻。试问流连复何事?黄花翠竹自多情。"

海怀

海怀,字太涵,号山幢,俗姓周,浙江宁波人,顺治年间受请主径山双林寺,后移主径山为九十五代十方住持。善诗画。《泻玉岩》:"千山春泛乱银蛇,百道流泉涌碧霞。匹练倒垂吴市近,落红高泻浊门斜。涛惊不息雷潜地,珠溅皆圆水雨花。若使有桃随岸种,问源舟恐失渔家。"

严启焴

严启焴,字楚邻,号初邻。余杭人,严沆之孙、严曾业仲子。贡生。初邻先生博览群书,能世其家学。家故贫,挟策走四方,抑塞磊落形诸歌咏。著有《古秋堂诗集》。《冷凡坞》:"一片两片云,千松万松影。解向坞中眠,凡心原已冷。"

金张

金张,字介山,号岕老,塘栖人。清初诸生。喜吟咏,生平酷好杨万里诗,所作多效其体,因榜其室曰:学诚斋。斋中书画古器位置精洁,一时名流如徐孝先、卓蔗村、邵翼云、王赤抒、汤西崖聚集。有《岕老编年诗钞》《学诚斋诗话》。《再次沈止岳先生扇上韵送觉先归径山》:"天公囚两鸟,一别三千秋。耻我犹有待,羡师竟无求。七十年过限,五九寒起头。万山霜雪里,近岭不近洲。"《觉先上人径山来》:"归老山堂杳不闻,六年重向世中行。此回见面有殊喜,只算相逢又一生。"《次韵寄酬双径白公》:"谁信荒涂横古今,梵宫只占有名岑。云霞变态常临画,山水清音不鼓琴。襁褓到门悭会面,篮舆何日了游心。欲看细字残年眼,先向龙潭乞水深。"

赵昕

赵昕,字雍客,号雪乘。余杭人。康熙八年(1669)进士,官嘉定知县。在任期间,于疏浚刘河、吴淞江,提拔人才,政绩卓著。修《嘉定县志》二十四卷,有《永和楼集》。《雪后望双径》:"山城腊月雪初罢,东郭小楼眼倍明。落日倒街双径出,归鸿低傍五峰晴。匡庐社外逢元亮,桑落尊前待步兵。不浅夜来幽独兴,几思摇橹剡中行。"

鲍训

鲍训,字戒庵。靖江(今属江苏)人。康熙十七年(1678)任余杭县丞。《登径山怀古》:"天目崚嶒起东北,七峰错列烟萝织。窅汈灵湫结撰深,老人有宅藏其域。国一灯传道行神,杖锡远来本凤因。披榛寂厉辟双径,龙蛇虎豹肆逡巡。翠华宸翰优礼数,巾子山人善呵护。宴坐岩前举白椎,堆珠觌面新花雨。东坡居士昔曾游,颖滨和迹几经秋。既叹昏愚晚闻道,又愿竹杖天台投。匹马萧萧少行路,杉丝松茑浑岚雾。莲界由来澹竞情,海日浮沤渺晴树。但见山禽空际飞,白云携出青溪暮。"

严曾棠

严曾棠,字召斯。余杭人。明经津之子,工属文,事亲孝。为母营葬,陶砖负土,出入冰雪中,指为裂。又日咯血不止,终不以告人,其意不欲以疾忧其父。竟至不救,卒年二十一。《古龙湫》:"湫涸成坪结梵宫,一泓清澈与江通。神龙应悔施灵窟,风雨年来绕碧空。"

董宗元

董宗元,字老泉,余杭人。康熙十一年(1672)副贡。有《拊缶堂诗》《玉杯堂诗》。《吴孝升潘孟瞻约游径山》:"山城百里接天遥,绣岭珠宫记历朝。一路松杉迷远翠,干崖楼阁敞层霄。僧闲憩石听秋雨,客到收云看海潮。试刻琅玕题岁月,墨池风起浪花摇。"

龚嵘

龚嵘(?—1719),字岱生,福建闽县人。龚其裕子。官至江西广饶九南道。有惠政,为循吏。逝后,祀饶州名宦祠。康熙十九年(1680)任余杭知县。《登径山》:"行春缓辔日初长,双径层梯到上方。楼阁三千松杏霭,空宵咫尺路微茫。山川遗迹留今古,舆地征书属法王。见说南朝曾驻跸,五峰犹带紫霞光。"

章楷

章楷,字柱天,号芒田,原新城人,迁居余杭。雍正十一年(1733)进士,以三甲第三十六名及第,官青田县教谕。素性谦挹,不以官卑为意,欣然就任。富阳董邦达与之同榜考取进士,私交甚笃,见其沦于下僚,每多顾怜之念。后邦达任日讲起居注官,将保举之。章楷不图富贵,以培育学子为乐,婉言辞谢,以教官终其身。晚年卜居余杭城东,后迁溪塘上,闺秀门谢客,吟咏自娱。学问深,著作甚多,而清贫无力付梓,其门人刊印于中州,著有《浣云堂诗钞》三卷。又撰《谔崖脞说》五卷,分诗话、昔游、诧异、摭轶四门,多录同时诸人赠答诗篇,述平生经历、山水佳胜,记近世异闻而间证以古事,诸书记载非世所习见者,节录大略,而以己见发明之,略似史论之体。有乾隆三十六年(1771)浣雪堂刻本,《四库全书》采进存目。其妻周氏,余杭人,解吟咏。《初游径山追次东坡先生韵》:"我生骨相宜住山,岁华如水流长川。因缘堕地已大错,牴牾于世无周旋。五峰距我三十里,何至判隔如天渊。今年决计偿夙负,蜡屐孤往登其巅。初从鱼村纵远目,云间双角摇青莲。到山曲磴历千级,鹿蹊一道微蜿蜒。浮图粘岩势疑堕,欲堕不堕依三禅。丝杉蔽空障亭午,漏景错落纷连钱。俯看竹尾百万个,懒云春坞颓如眠。群山东来驰万骥,片墨斜下飞孤鸢。须臾落日似悬鼓,紫阆赤雾相烹煎。归寮偃息闻梵呗,伊蒲一饱殊安便。兹山佳处略已尽,说诡说幻徒樊然。龙湫杳冥未敢探,更图结夏来余年。"

王绍贞

王绍贞,字子箕,晚号约园,余杭人。与父止庵先后并著声誉。顺治五年戊子(1648)举人,官竟陵知县,有《湛清轩集》。《与楚中戴小宋同登双径》:"联袂同登尺五天,春溪处处响流泉。矜持杖履瞻前路,指点江山惜暮烟。游胜探奇应我后,挑灯索句喜君先。相逢忽忽浑疑梦,听杀啼鸦唤客眠。"

王舟瑶

王舟瑶,字白虹,号水云。余杭人。明崇祯十五年(1642)举人,清初选授江西心兴安知县,城中才数百户人家,无所事事,乞免官,不许。后转江浦知县。有《水云诗集》《水云词》。《径山和东坡韵》:"自我昔别双径山,奄忽岁月如流川。于今荆棘渐开辟,芒鞋竹杖复来旋。郁纡层磴陟鸟道,蒙茸绝顶寻龙渊。沧溟极望杳无际,巉岩独立卑群巅。万指逢迎几白足,五峰围列仍青莲。夜视扶桑吐灵曜,俯瞻飞瀑矫虹蜺。轻身已登天上境,中酒还逃尘外禅。薰风入圃沸蕙带,清池微浪翻荷钱。山花互映朝霞发,村烟竞起春云眠。搔道尘中愧猿鹤,置身物外忘鱼鸢。终然谢俗绝羁累,安能伏枥长忧煎。但得优游毕世事,不须大药资延年。"

鲍之沆

鲍之沆,字路岑,余杭人。鲍奇谟子。《径山》:"双径巍巍万壑深,相沿钟鼓旧丛林。五峰耸翠群山俯,一树屯云众木阴。下有龙湫潜出没,上留鸡冢独萧森。阴崖数望烟霞变,独峙凌霄亘古今。"

张思齐

张思齐,辽阳(今属辽宁)人。康熙七年(1668)任余杭知县,十二年主修《余杭县志》,任职六年间,兴修南湖水利,不辞劳瘁。后官至嘉兴知府。《径山》:"双径云从天目来,一峰竖指五峰开。钟鱼响共潮音发,台殿高齐树影嵬。形胜夙占凝紫气,师承何独说黄梅。公余不废登临兴,扪碣搜奇剔藓苔。"

宋大樽

宋大樽(1745-1804),字左彝,号茗香。塘栖人。乾隆四十二年(1777)举人,官国子监助教。有《学古集》《牧牛村舍外集》《茗香诗论》等。《上径山》:"忽在白云上,如浮沧海中。云消常作雪,天近但闻风。谁问栖禅宅,曾为避暑宫。道人偏笑客,何事入寒空。"《宿径山松源庵》:"巢居此宛然,僧栖在松巅。松花满禅榻,昨夜未曾眠。忽又松风响,于时宜鼓弦。遥知寺门外,吹绿菖蒲田。"

张吉安

张吉安,江苏吴县人,乾隆丁酉(1777)中举,嘉庆间(1796—1820)两任余杭知县。曾主持纂修《余杭县志》四十卷。《祷雨至径山》:"坡仙旧是径山客,坡仙仙去山无色。三千楼阁劫灰寒,坡诗至今剜山骨。我今悯雨苦郁蒸,登山疾苦盘秋鹰。黄昏到寺钟磬寂,一星明灭松龛灯。山僧惊我一再至,讯以龙井举疑似。相逢都是哑羊僧,且读苏碑剔残字。"

任昌运

任昌运,字香杜,海盐人,乾隆五十六年(1791)举人,官余杭教谕。《送李生游径山次东坡韵》二首:"十五住余杭,径山未一去。山灵应笑我,埋俗如眯雾。同游四五人,要我径前渡。而我抱微疴,自哂安衰暮。贾勇忽披衣,布袜著芒屦。讵知脚力弱,上山无百步。栖息野人家,樵夫屡相顾。不识山中趣,指点云中路。""李生颇好奇,独往径山去。胸境忽披豁,如拨云中雾。秋山落日净,秋水清可渡。兹欲往山中,哦诗忘朝暮。忽见谪仙人,白云踏双屦。始笑世人愚,俯仰随趋步。诗卷留名山,千驷不复顾。坡老畏后主,笋涂实同路。"

王燮堂

王燮堂,字也农。余杭人。道光乙未(1835)举人,道光甲辰(1844)大挑一等,以亲老改官丽水教谕。性好善,乡里有义举必勇为,遇灾歉必多方集振以拯饿者。《两浙輶轩续录》卷三十五载其《径山怀古》:"好古搜奇兴欲狂,径山碑碣薛痕苍。出尘心定怀思邈,览胜文雄构蔡襄。镇国基湮遗败瓦,含晖亭圮剩斜阳。四州路达犹堪认,饱看名山蜡屐忙。""巍峨岳崎更渊淳,凤舞龙飞势未停。禅座尚存三剑迹,舆图未改五峰形。灵鸡冢古云时护,驯兔窗虚月尚扃。鸟道蚕丛疑蜀栈,偏安王气独钟灵。""左右峰高路本通,羊肠曲折列其中。蜿蜒半达苕溪北,缭绕长围雪水东。地势远连舟枕麓,岭形高对洞霄宫。游人莫说兴亡事,南渡江山系慨同。""策杖登临寄所思,何须山径畏岖崎。咒龙钵古神何在,喝石岩高势更奇。此地当年曾卓锡,而今到处可寻诗。舆图试检临安志,剥藓扪苔笑我痴。"

民国

孙绍祖

孙绍祖(1896—?),字子缵,号远佞山人,双溪人。有《晚窗余韵抄略》。《冒雨游径山》:"雨中览胜异常游,兴比晴时倍觉忧。天为五峰添彩嶂,云封双径踏清流。泉听飞瀑疑飞艇,亭欲望江迷望舟。一洗俗肠尘不染,名山奇遇几生修。"

引用书目

宋奎光、李烨然等　《径山志》

张思齐　康熙《余杭县志》

张吉安　嘉庆《余杭县志》

吴之振、吕留良、吴自牧　《宋诗钞》

北京大学古文献研究所　《全宋诗》

陈　起　《江湖小集》

顾嗣立　《元诗选》

陈　衍　《元诗纪事》

张景星、姚培谦、王永祺　《元诗别裁集》

朱彝尊、汪森、朱端、张大受等　《明诗综》

沈德潜　《国朝诗别裁集》

田汝成　《西湖游览志余》

徐世昌　《晚晴簃诗汇》

宗　泐　《全室外集》

田艺蘅　《香宇集》

金　张　《岕老编年诗钞》

宋大樽　《牧牛村舍外集》

孙绍祖　《晚窗余韵抄略》

密庵咸杰　《密庵咸杰禅师语录》

无准师范　《佛鉴禅师语录》

元叟行端　《元叟行端禅师语录》

达观真可　《紫柏尊者全集》

憨山德清　《憨山老人梦游集》

谢应芳与茶

钱时霖

谢应芳,元明之际学者,字子兰,武进(今属江苏)人,为人耿介尚节义。元至正初,江浙行省举他为三衢清献书院山长,阻兵,居吴(今江苏苏州)之葑门,转徙吴淞江上,筑室于松江之旁,授徒讲学,并以诗酒自娱。明洪武初,年逾八十,归隐横山(属今江苏苏州),筑小室号龟巢,自称龟巢老人。他尊奉程朱派理学,曾致力于破除迷信和反对道教、佛教、斥老、庄、神仙之说为异端,认为"邪说害正,人人得而攻之"。其诗雅正纯洁。著有《辨惑编》《思贤录》《毗陵续志》及诗集《龟巢集》。

谢应芳作有十余首茶诗,对阳羡茶、惠山泉尤多赞美之词。

卢知州宜兴,秩满以避乱久寓无锡,视同故乡,今知昆山,

必有怀二州风物之英,赠诗言情并致颂祷

我思阳羡茶,初生如粟粒。

州人岁入贡,雷霆未惊蛰。

天荒地老今几年,春归又闻啼杜鹃。

山中灵草化荆棘,白蛇何处藏蜿蜒。

玉川先生一寸铁,欲刳妖蟆救明月。

丹霄路断肝肠热,还忆茶瓯饮冰雪。

我思惠山泉,长流无古今。

瓶罂走千里,煮茗清人心。

向未劫火炎锡谷,神焦鬼烂势莫扑。

池边浦石亦灰飞,此水冷冷泻寒玉。

作者单位:原杭州市茶科所。

高人饮泉五六年，一襟清气清于臬。

好为吴侬洗烦热，乘风归报莲莱仙。

本诗中"白蛇何处藏蜿蜒"与下一首诗中"白蛇无复衔子来"讲的是一个神话故事：《广群芳谱·茶谱》引《宜兴旧志》："南岳寺有真珠泉，稠锡禅师尝饮之，清甘可口，曰：'得此泉烹桐庐茶，不亦称乎！'未几，有白蛇衔茶籽坠寺前，由此滋蔓，号曰蛇种。"

阳羡茶

南山茶树化劫灰，白蛇无复衔子来。

频年雨露养遗植，先春粟粒珠含胎。

待看茶焙春烟起，箸笼封春贡天子。

谁能遗我小团月，烟火肺肝令一洗。

慧山泉

此山一别二十年，此水流出山中铅。

人言近日绝可喜，不见流铅但流水。

老夫来访旧烟霞，僧铛试瀹赵州茶。

惜哉泉味美如故，不比世味如蒸沙。

诗中提到的赵州茶，也有一段故事。《广群芳谱·茶谱》引《指月录》："有僧到赵州，从谂禅师问：'新到曾到此间么？'曰：'曾到。'师曰：'吃茶去。'又问僧，僧曰：'不曾到。'师曰：'吃茶去。'后院主问曰：'为甚么曾到也云吃茶去，不曾到也云吃茶去？'师召院主，主应喏，师曰：'吃茶去。'"从谂禅师为唐代高僧，住在赵州（今河北赵县）的观音院，世称赵州古佛活到120岁。从谂禅师在这段对话里一连三次重复讲了"吃茶去"，后人便称为"谂老三瓯"，并把寺庙里和尚生产的茶叶也称之为"赵州茶"了。

寄题无锡钱仲毅煮茗杆

聚蚊金谷任荤膻，煮茗留人也自贤。

三百小团阳羡月，寻常新汲惠山泉。

星飞白石童敲火，烟出青林鹤上天。

午梦觉来肠欲沸，松风吹响竹炉边。

本诗中又一次提到阳羡茶、惠山泉。

余患项痈适兵后无医药可疗即事口占并寓感叹

吮痈人在五侯家，市肆浑无药可赊。

童子归来贪睡著，竹炉吹火自煎茶。

煎茶童子睡觉了，只好自己动手煎茶吃。

四月二日林自璋城归写呈迁居诗四首因以述怀并记时事（四首之三）

傥得山居凿井新，客来不厌煮茶频。

屋头暮地颠风起，狼藉桃花满树春。

与客人作长时间的饮茶。

次韵答许君善

小迳迂回意欲迷，村居如在滚东西。

为煎新茗频敲火，自扫残花恐污泥。

白首十年吴下客，伤心千古越来溪。

群贤何日能相顾，重为湖山一品题。

敲火，即击石取火。为一种原始的取火方法，

答徐伯枢见寄二首（之二）

杜宇催归不绝声，知君归计正留情。

东胶茶焙春烟暖，西埃花村夕照明。

音信尚烦黄耳寄，交情不负白鸥盟。

明年筑室相邻住，儿辈求田与力耕。

陈伯大先辈僧邾中义陈容斋张子毅见过酒边以茶瓜留客迟分韵得茶字

白鹤溪清水见莎，溪头茅屋野人家。

柴门净扫迎来客，薄酒留迟当啜茶。

林响西风桐陨叶，雨晴南亩稻吹花。

北窗几个青青竹，题遍新诗日未斜。

"茶瓜留客迟"这是唐杜甫的诗句，其全诗如下：《已上人茅斋》："已公茅屋下，可以赋新诗。枕簟入林僻，茶瓜留客迟。江莲摇白羽，天棘蔓青丝。空忝许询辈，难酬支遁词。"

过显庆寺

六载重来释氏家，一瓯新啜赵州茶。

杏花风后春何冷,柏子庭前日未斜。

柱杖赖能无潦倒,阙文烦为补《楞伽》。

要听说法频来往,且喜平桥路不赊。

本诗又一次提到"赵州茶"。

寄径山颜悦堂长老

每忆城南隐者家,昆山石火径山茶。

年年春晚重门闭,怕听阶前落地花。

径山茶为浙江余杭县径山所产的一种古老名茶。清高士奇《北墅抱瓮录》说:"茶,吾乡龙井、径山所产茶,皆属上品。"俞寿康先生把径山茶列入他所撰的《中国名茶志》中。新研制的径山茶1979年列入为浙江省一类名茶,1987年在浙江省首届斗茶会上夺冠。径山茶的品质,外形细嫩紧结显毫,色泽绿翠。内质栗香持久。味鲜甘醇爽口(冲泡三四次香味犹存,汤色嫩绿明亮。叶底细嫩成朵。制一斤干茶需茶芽3.2—3.5万个。浙江省诗词学会会长戴盟先生有《秋访径山》诗四首,其二为:"名山名寺共名茶,水碧山青茶更佳。今日径山名益振,我来把盏暖流霞。"庄晚芳教授亦有赞诗:《祝贺余杭径山荣获八七年浙江斗茶会冠军》:"径山茶宴渡东洋,和敬寂清道德扬。古迹创新景色异,一杯四美八仙仰。"

次韵言怀二首之一

风冷柴门闭,斋居缩似蜗。

小桥平陆里,识字老农家。

野饭常留客,村醪颇胜茶。

早梅溪上折,斜插胆瓶花。

村醪即村酒(一种浊酒),就是说村酒比茶好喝。从作者整个《龟巢集》看,他的饮酒之诗也确定大大地多于饮茶诗。

[本文原载于《福建茶叶》,1992(03)]

龙井、径山一线牵

——苏东坡龙井、径山缘

赵天相

听说余杭成立了径山茶文化研究会，感到很高兴。

径山茶近几年在各级名茶评比中连续夺魁，声誉鹊起。古老名茶重放异彩，古老的径山也引人瞩目，有人说龙井茶要被径山茶压倒了。对此，笔者不以为然，笔者赞赏"龙井·径山一线牵"。这不仅因为龙井茶、径山茶原是两种不同加工工艺的茶叶，各具自己的特色，自古以来相互辉映。如明人《西湖游览志余》就曾指出："西湖南北诸山旁邑皆产茶，而龙井、径山尤弛誉也。"更因为龙井、径山之间还有着一份相互联结的情缘。

情缘之一是，两地都属天目山脉，各有一口古老的井泉，即龙井的"龙泓泉"和径山的"龙湫井"，它们的历久都可追溯到晋唐之前。两口古泉历久不败，大旱不涸，根据两口井泉各自的传说，它们都相通于钱塘江。情缘之二是，龙井、径山两寺的住持当年与苏东坡都有一段不解之缘，这一情缘更是说来话长。北宋熙宁年间，那位不负父母教养，立志报效社稷，与弟弟苏辙一举同登进士名动京师的苏轼（苏东坡），经过一段时间工作实践考察，即将受命重用之时，却与当时深得神宗皇帝信任的王安石发生政见分歧，由此被排斥到杭州当了通判。这是一个相当于副太守而无实权的闲职。苏东坡却得以在三年通判的任期中游山玩水，访寺走庙，写下了不少流传千古的诗篇佳作，还结交了一些有真情的佛门朋友，其中就有后来成为龙井开山祖的辩才法师和径山寺第七代十方住持维琳长老。当年苏东坡才36岁，辩才年已61，尚在上天竺寺当住持，两人一见如故，无话不谈，成了忘年交方外友。时苏东坡次子苏迈患脑积水症,四岁还不会走路,幸得辩才给以按摩治愈。19年后,苏东坡又来到杭州,这次当了太守,年届八十的辩才已退居龙井山寿圣院。是年恰逢杭州遭受水旱灾害,时疫肆虐,苏东坡立即将平反后朝廷赐给他的金子献出,创办医疗收容站,组织医生义诊,救治病员和饥民。第二年又力奏朝廷批准疏浚西湖,自己带头劳动挖泥递泥,真可谓忙得不亦乐乎,根本无暇游山玩水。但一遇空隙,总是不放过机会去龙井山中探望辩才老友,留下了与辩才唱和的不朽诗篇。苏东坡后来客死常州,生前尚念念不忘辩才,拜托去杭的僧人赴龙井山中,代他将茶果致奠于辩才灵前。

苏东坡与径山的情缘又如何呢?近来随着径山文化的开发,苏东坡的《游径山》诗也被广为传诵:"众峰来自天目山,势若骏马奔平川。途中勒破千里足,金鞭玉镫相回旋。人言山佳水亦佳,下有万古蛟龙渊。道人天眼识王气,结茅宴坐荒山巅……"其实,苏东坡在杭州当通判的二年里,每年都上径山,前后写下有关径山的诗达八篇之多。苏东坡不仅与径山寺僧友善,他还向径山寺推荐了一位优秀的当家和尚,就是维琳长老。维琳与苏东坡的忠诚友谊是令人感动的。当苏东坡后来备遭厄运多次陷于被迫断亲绝友的孤寂困境时,维琳不怕受嫌,始终如一地关心他,并接济他。当苏东坡病危常州时,又立即赶去探视,是苏东坡临终身边送别仅有的两位陪伴者之一,怎不让人唏嘘万千。

回忆1987年暮春,笔者与茶叶博物馆筹建处陈珲和余杭旅游办同志结伴上了径山。当时车路未通山顶,径山寺还是一片废墟,祗见一座孤零零的钟楼,令人叹息。然而那天在支部书记家喝到的那杯道地的径山茶,给大家留下终生难忘的印象,也给我们坚定了径山必将重光的信念。眨眼间十五年过去了,径山已通了车,径山寺得到了修复,径山茶也得到了恢复和发展。美好的龙井、径山茶文化和美好的古人情缘在新时代里再度相互辉映,又怎不令人高兴呢!

[本文原载于《农业考古》,2002(04)]

陆羽泉与径山寺

林金木

1964 年,浙江农业大学茶叶系学生沈根荣参加四清,在余杭县双溪乡偶得一份余杭出版的"晚窗余韵钞略"的诗集,内有"双溪十景诗",诗曰:"苕溪高隐乐如仙,不爱溪流偏爱泉;汤沸竹炉洗俗虑,令人想见苎翁贤。"诗有前言,提及陆羽著茶经在余杭双溪陆羽泉,并称详见县志。此诗辗转交至浙农大茶叶系教授张堂恒手中,经多方考证,认定陆羽著茶经在余杭双溪陆羽泉。20 世纪 80 年代初,浙江省农业厅研究员王家斌和沈根荣先生曾将发现考证整理成文在《中国茶叶》发表。

1986 年 6 月 27 日,余杭市人民政府公布余杭双溪陆羽泉为余杭市级文物保护单位。1990 年,余杭拨巨款对陆羽古泉进行清理整修,并请著名书法家沙孟海题"陆羽泉"三字,镌于泉边石上。由于资料散佚,对余杭双溪陆羽泉的考证一直未能深入进行。

近闻友人赵大川旧藏一部《余杭县志》,借之查阅,陆羽在余杭双溪著《茶经》记载明确。此书封面为篆体大字《余杭县志》,另有嘉庆戊辰重修字样,即公元 1808 年重修。内中有民国八年(1919)余杭知事吴兰荪序,表明此书是 1919 年之铅印本。书中还有旧序六篇,依次为明嘉靖七年(1528)钱塘吴鼎、知县颍上王确,明万历十七年(1589)知县蒙城戴日强,康熙四年(1665)知县奉新宋士吉,康熙十二年(1673)知县奉天张思齐,康熙二十二年(1683)知县晋安龚嵘撰写。地方父母官或社会名流为书作序,说明对修志的重视,而且都一再重申所沿用之史料均为明嘉靖余杭县志,修志时

作者单位:杭州市余杭区文管会。

再补充当朝史实。

此书凡四十卷,第十卷为"山水",其"陆羽泉"条云:

"陆羽泉在县西北三十五里,吴山界双溪路侧,广二尺许,深不盈尺,大旱不竭,味极清冽(嘉靖《县志》)。唐陆鸿渐,隐居苕□著《茶经》其地,常用此泉烹茶,品其名次,以为甘冽清香,中泠惠泉而下,此为竟爽云。(旧《县志》)"

《县志》中有"苕溪",文如下:"独松岭合流至湖兴入太湖。(《舆地志》)"

"耆老传云:夹岸多苕花,每秋风飘散,水上如飞雪,然因名。国朝顾祖禹读史方舆纪要曰:苕溪有二源,一出天目山之阳,经杭州府临安县,西绕县南而东,渭之南溪。……武康县境,前《溪诸水皆流合焉又》北经府城南合诸溪之水,谓之□溪,汇为城濠,此苕溪东派也。"

按《余杭县志》所云,陆羽隐居的"苕□"的范围在现余杭、德清武康一带,而著茶经,汲泉烹茶之泉,为余杭吴山界双溪路侧之"陆羽泉",品其名次在无锡惠山泉之下,为天下第三泉。

第二十八卷《寓贤传》中"陆羽"条云:

"陆羽,字鸿渐,竟陵人。以筮得渐之蹇,曰:鸿渐于陆其羽,可用为仪吉,因以为名氏。上元初隐苕上,自称桑苎翁,时人方之接舆,尝作灵隐山二寺记□于石。(《钱塘县志》)羽隐苕溪,阖门著书,或独行野中诵诗,不得意或恸哭而归。(吕祖俭《卧游录》)吴山双溪路侧有泉,羽著茶经,品其名次,以为甘冽清香,堪与中冷惠泉竟爽。(旧《县志》)"

书中还有《杭州府志·余杭县图》。图中双溪镇东南之吴山界双溪路侧则是陆羽泉的所在。陆羽寻茶之径山也历历在目。赵大川还藏有一部《浙江全省舆图并水陆道里记》。此书于光绪庚寅年(1890)由会典馆历三载余至癸巳夏告成。此图有浙江全省百里方图,各府二十里方图,各县五里方图,同样一方,省、府、县代表的里程不同,各图已相当精确与今相差无几。其余杭县五里方图由左、右、左下三块拼成。其左图中有双溪镇、吴山、吴山庙、潘板桥,我们可以很清楚地根据《余杭县志》的文字记载判定陆羽泉的所在。1985年出版的《余杭县地图册》之双溪乡局部,陆羽泉、吴山径山等也标志清楚。据《陆文学自传》："上元初，结庐于苕溪之滨，闭门读书，不杂非类。名僧高士，谈宴永日，常偏舟往来山寺，随身惟纱巾、藤鞋、短褐、犊鼻。往往独行野中，诵佛经，吟古诗，杖击林木，手弄流水，夷犹徘徊，自曙达暮，至日黑兴尽，号泣而归。故楚人相谓，陆子盖今之接舆也。"《唐书本传》载："陆羽，字鸿渐，一名疾，字季疵。复州竟陵人。人不知所生，或言有僧得诸水滨畜之。既长，以易自筮得蹇之渐。曰鸿渐于陆其羽，可用为仪，乃以陆为氏，名而字之。上元初，隐苕溪。自称桑苎翁，阖门著书。或独行野中诵诗，击木徘徊。不得意时，谓今接舆也。贞元末，卒。羽嗜茶著经三篇，言茶之原、之法、之具尤备，鬻茶者至陶羽形，置炀突间，祀为茶神。"《新唐书》卷一九六："上元初，更隐苕溪，自称桑苎翁，阖门著书。或行野中，诵诗击木，裴回不得意，或恸哭而归，故时谓今接舆也。"三处古籍记载，与《余杭县志》中寓贤传中"陆羽"记载无不一一吻合。《余杭县志》中还有苕溪图，北苕溪、中苕溪、南苕溪贯穿全县。此图可使读者了解千年前陆羽结庐隐苕溪之古貌。

陆羽，字鸿渐，自号桑苎翁，又号竟陵子。唐代复州竟陵人（今湖北天门县）。21 岁起游历考察茶叶产地，毕生为研究茶叶种植、焙制、烹饮收集大量资料，唐上元初，陆羽隐居余杭双溪苕溪之滨著作"茶经"，被后人奉为"茶神""茶圣"。陆羽隐居余杭苕溪期间，与高僧名士往来山寺之中，访茶寻泉至天目山，皇甫曾题有《送鸿渐天目寻茶》一诗，也表明陆羽曾达北天目径山之"双溪"（双溪在唐代隶属吴兴郡），陆羽见天目径山四岭之水常年流两溪，汇成苕溪源头，溪水清沏见底，周围山清水秀，是植"茶"佳地，便就地采摘野生茶籽，教村叟播种，并在山下溪畔一泓清泉边，择地结庐著书，汲来清泉，烹茶品泉，其泉甘洌清香，可与天下第二泉无锡县惠山寺石泉水竞爽，可谓天下第三泉，而陆羽采茶籽播种之地，至今当地还称为"茶叶坞"。

如今茅庐无存，但青山绿茶依旧，碧水清泉长流，从余杭的明嘉靖县志，直至一再补充的《余杭县志》，此泉均被呼为"陆羽泉"。现该泉位于径山镇之双溪东南半公里汽车站西北 15 米。门前有公路西通陆羽曾寻茶之径山及苕溪源头四岭，东可达余杭潘板、瓶窑，南靠将军山，北为北苕溪。

经整修后的陆羽泉,略呈长方形,南宽 2 米,北宽 1.1 米,东西长均为 3.5 米,块石砌高 1.8 米,泉北平铺石板。南边泉底用石块砌出井形泉眼,泉深 0.5 米。可以欣慰的是,当地生态环境保护良好,虽历经千年此泉常年不涸不溢,仍像《余杭县志》记载陆羽当年著书品茶评泉的样子。

陆羽当年寻茶至天目,与名士高僧往来山寺之中的径山禅寺,位于陆羽泉西北约 15 千米的径山。径山寺在陆羽隐苕溪前十五年的唐天宝四年(745)由法钦禅师开山结庵。大历三年(768)钦师法嗣崇惠去长安与方士史华竞法获胜。代宗召法钦进京问法,并赐号"国一禅师",逾年法钦辞归,代宗下诏敕建"径山禅寺"。

径山禅寺受历代皇帝重视,屡有赐额。唐乾符六年(879),僖宗赐名"乾符镇国院";宋大中祥符元年(1008),真宗赐名"承天禅院";政和七年(1117),徽宗赐名"径山能仁禅寺";南宋乾道二年(1166),孝宗幸临径山,御题"径山兴圣万寿禅寺"额;清康熙四十四年(1705)圣祖南巡幸游径山,亦亲书"香云禅寺"额赐之。

径山禅寺原属法钦所传"牛头宗"。南宋建炎四年(1130),丞相张浚延大慧宗杲主持径山,大兴临济宗风,道誉日隆,四海仰慕,日本僧人来参偈者甚众。南宋庆元五年(1199)日本名僧俊芿登径山从元聪禅师学佛。南宋淳祐九年(1249)日本兴国寺僧心地觉心求法于道冲,不仅学禅,且学会酒、酱酿制方法。开庆元年(1259)日本东福寺南浦昭明来径山多年,继承第 40 代虚堂智愚禅师法统,返日后主筑前兴德寺、横岳山崇福寺。日本佛教临济宗诸派法系大都出自径山。元、明两代,日僧来谒径山者,相继不绝。自宋以来径山禅寺亦有法师多人赴日传教。日僧来谒径山的同时,还将陆羽《茶经》及《茶经》中种茶、制茶、茶具和茶宴仪式远隔重洋传至日本。因之改革开放后,日本友人为谒径山禅寺、寻茶访陆羽泉每年都有,谒者甚众。

径山禅寺之出名,还在于径山。《余杭县志》载,径山在县西北五十里,南去临安县三十里,高三千余丈,周五十里,乃天目之东北峰,以山径通天目而名,有东西二径盘折而上,各高十里。许七峰罗列最为幽胜,其地最高,浙西诸山皆在其下。宋高、孝二宗常游于此。七峰者,左曰宴坐,曰朝阳,右鹏搏,曰凌霄,曰御爱,北曰天显,前曰堆珠,而凌霄最高秀,为山之主峰。又有碣石、玉芝二岩,凡冷、石壁诸坞,千丈、雪坑诸坑,明月、洗砚诸池,甘露、龙鼻诸泉,余杭之主山也(嘉靖县志)。

径山出产丰富,径山茶更是出名。《余杭县志》载:凌霄峰,截云蹑雾,俯瞰下方,若将阶天也。峰顶润气上流,微涓石溜为法华泉,上有绛桃、古桂各数千本,秋香春实异于他种。山饶竹坞茶园,故山利倍多。茶出自凌霄者尤佳,然岁不多得。丝杉、银杏、翠柏、虬松皆唐宋时所植。大几百围,分霄刺天,层排山谷。

名山古刹吸引了众多的文人墨客,地方父母官前来畅游,据县志记载,苏轼于北宋元祐年间为杭州太守时,曾三次游径山,写下长诗四首。宋蔡襄、周必大、晁补之、释道、释元肇、释祖铭,元张羽,明吴延简、慎蒙、吴之鲸、李谷、陶爽令、周枕、夏元吉、夏止善、俞景寅、张复阳、邵经邦、邵经济、赵居仁、吴扩、周礼、方九叙、张振先、方相卿、黄汝亭、缪希雍、李长庚、李长房、洪都、田执蘅、蒋灼、陈继儒;清朱文藻、张思齐、章楹、许甲、赵昕、王绍贞、王丹瑶、洪亮吉、张吉安、陈月舸、任昌定、超教,这些大多在《浙江通志》上有记载的,历朝四五十位名人都曾游径山,留下不少脍炙人口的千古名篇。

苏轼游径山时写道:"众峰来自天目山,势若骏马奔平川"。苏辙有:"天台雁荡最深处,水香石瘦犹清便。青山独往无不可,论说好丑徒纷然。终当直去无远近,藤鞋竹杖聊穷年。"径山之险峻深幽一目了然。

众多的游记诗篇中不乏与茶、与陆羽的《茶经》有关,限于篇幅节录如下。

宋蔡襄:"松下石泓激泉成沸,甘白可爱,即之煮茶。凡茶出北苑,第品之无上者。最难其水,而此宜之。"清泉佳茶相得益彰。

明李谷游径山写道:"自光为设山蔬果茗与慈门,辈饱餐禅悦甚适也。自光上谷人,自五台偕紫柏护藏居此。"

吴之鲸:"僧冲宇供笋蕨,煮清苔,情甚洽。"陶爽令、朱文藻有"燃灯茶话""途经新岭与僧茶话"之句。陈月舸:"土花晕碧苔铺钱,梅谷烹茶盘石座。"陶令:"啜茗啖果蔬","瀹茗、饮饣干、果核、菜茹皆香甘"。明洪都有又同苏更生宿径山看僧烹茶诗："炉火初红手自烧,一铫寒水沸秋涛;与君醒尽西寓酒,花影丰轩山月高。"凡登径山者,汲泉、煮茶、品茗是游径山一大特色。

明夏止善《径山雪霁二首》更写到"隐应仙品"和《茶经》,全诗如下:

蜿蜒西来耸更尊,已看银汉绕昆仑。

雪光掩映千峰见,海色微茫一线分。

天旷浮云苍狗变,林深阳洞玉龙蹲。

高僧自爱青莲座,时对梅花静掩门。

蓝舆忽度翠微关,行尽双溪上径山。

日月连珠从地转,蓬莱浮玉依天看。

龙飞凤舞千支袅,越北吴南两乳盘。

雪水隐应仙品试,茶经仍向石林删。

这首出现"茶经"二字的诗中的"行尽双溪上径山",把陆羽泉的所在地双溪和名寺佳茶的径山连在一起,说明明代游双溪和上径山品名茶,已是达官贵人士大夫的爱好。最后二句"雪水隐应仙品试,茶经仍向石林

删",我们是否可以解读为,登上径山端座在石林边,遥看"龙飞凤舞千支袅,越北吴南两乳盘",雪光掩映的千峰,品试着雪水烹煮仙品一般的径山茶,这意境、这滋味连当年茶神陆羽的《茶经》仍需删改呵。

浙江余杭双溪的陆羽泉

明朝夏止善的这首诗,也从侧面证实,至少在明代人们就已确认陆羽品评泉撰著《茶经》在余杭径山双溪陆羽泉。

[本文原载于《农业考古》,2002(02)]

径山，茶有道

张坚军

眼前的径山古道曲折蜿蜒，小径并不宽，但石板已磨得油亮，早春的苔藓点缀其中，更显古朴幽静。山上竹多，漫山遍野，挺拔葱郁，路一程，竹一程，其间点缀生发着嫩芽的茶园，午后的阳光透过浓密的竹叶，碎碎地，落在茶树上，山风袭来，竹林摇曳，是风动还是心动？

路边布满苔藓的石经幢诉说着历史，七百多年前，日僧南浦绍明，也是沿着这条古道，到访径山寺参学，带回的不仅是禅法，更带回了径山寺茶具及茶宴典籍，成为日本茶道的起源。

而今沿着前人的脚步，我们探寻茶道。

禅之茶

走过 2850 米山路，来到位于杭州余杭区的径山寺山门，已是大汗淋漓、口渴咽干，茶头僧引我们进了松源堂，这是专门为僧客设置的茶寮，二层小楼，白墙灰瓦，仿宋的建筑，布置得舒适而有禅意。见我们直呼口渴，僧人赶紧煮水开茶。

径山茶的外形不同于龙井的扁平挺直、外形统一，它更像一朵朵隐于山谷的小兰花，条索略显卷曲，但也不像碧螺春般卷成一根根银针，它是带着那么点随意

径山茶形似一朵朵小兰花

作者简介：张坚军，《新民周刊》记者。

而闲适。

僧人话不多说,在茶席泡手座正襟危坐,屏气凝神,点水开汤,动作流畅而专注。这气场也不由让我们安静了下来,把注意力放在茶、壶、水、汤上。沿着壶内壁顺时针注水,小兰花在壶中旋转舞动,渐渐地翻腾、舒展、再舒展,等到茶汤完全澄静下来,它又回到了原来鲜活翠绿的样子,感觉这泡茶完成了体命的还原。

僧人盏上茶,我们早已迫不及待,引杯入口,茶汤鲜甜而清冽,就像久渴的路人遇到了山间清泉。甜是茶叶富含氨基酸的表现,而清冽应该是茶汤悠长的回甘带来的口腔收敛感,而这种恰到好处的收敛感更衬出了茶汤的甜。

紧接着闻杯,透着一丝兰香就像幽兰在山谷中开放,竹林摇曳,阳光散漫,花香似有似无地飘过。"喝茶,是刹那间让整片森林从你鼻腔经过。"台湾茶人詹勋华这么说过。

同伴问了一句打破了静寂:"这茶好像比龙井淡?"僧人自顾自地第二泡开汤,默而不语……等给我们盏上第二杯茶,他缓缓地冒出一句"无味之味,乃是至味。"这"无味和至味"难道是僧人给我们参的话头?沉思中这一杯茶自然有了禅意。

唐天宝元年(742)法钦禅师到径山结庵,首植茶树,距今已1200多年。南宋绍兴七年(1137),一代禅林临济宗高僧大慧宗杲主持径山寺,道誉日隆,被列为"江南五山十刹"之首。

临济宗在禅宗五脉中独树一帜,大慧宗杲更善用"棒喝""参话头"等各种方法来启悟弟子,注重电光火石般领悟的重要性和机锋对话的启发性。而茶本是僧人日常打坐提神的功能之物,但在临济宗僧人眼里,茶已不仅仅是茶,它已融入修行之道。

最著名的就是唐代赵州从谂禅师"吃茶去"的公案。有二僧来拜谒,他问一来者:"曾到此间否?"答:"曾到。"从谂说:"吃茶去!"又问另一僧:"曾来此间否?"答:"未曾。"从谂说:"吃茶去!"监院不解其意,遂问:"何以来者说'曾到'或'不曾到'都说'吃茶去'?"从谂呼了一声监院的名字,监院应答,赵州禅师说:"吃茶去!"

一句"吃茶去"深蕴禅机,自此"禅茶一味",禅中有茶、茶中有禅。赵朴初先生诗云"七碗受至味,一壶得真趣。空持千百偈,不如吃茶去"。客来则茶,以心相映,随缘应物,物我不住,透过眼前这位专注于行茶的僧人,我们多少能窥探到"万般皆放下,唯有吃茶去"的禅之一角。

茶之道

南宋开庆年间,径山寺主持虚堂智愚禅师久负盛名,前来求学的弟子众多,而日僧南浦绍明是特殊的一位。南浦绍明于公元 1259 年入宋,前后在各大寺院学习,最后上径山,拜虚堂智愚为师,一边参禅,一边学习径山茶礼,前后九年,深得禅师厚爱,回国前,师父赠予他一套台子式的点茶道具。他将茶道具连同七部茶典带回了日本,南宋的点茶道由此传入日本,南浦绍明也成为了日本茶道的先驱。

南浦绍明回国后在崇福寺住持 33 年,教授临济宗禅法及径山茶礼,弟子千余人,其中佼佼者宗峰妙超开创了京都大德寺,茶礼和茶道具也传入大德寺。此后,传奇僧人一休宗纯在大德寺学习,算起来,一休是径山寺虚堂智愚的七世法孙,他非常崇拜虚堂智愚,常以"虚堂七世孙"自居,连肖像画也模仿祖师法相称"虚堂再来相"。

一代宗师门下自然是人才济济,日本茶道鼻祖的村田珠光,正是亲得一休印证的弟子。村田珠光本是一游方僧人,后改学茶道。为改革茶汤,入大德寺向一休习禅,大彻大悟后,得到了一休印可之证,就是现存于东京国立博物馆的宋朝圆悟禅师的墨宝,看来一休对自己这位茶道弟子非常认可。

村田珠光在京都建立自己的草庵茶室,并将圆悟禅师的墨宝悬挂于壁龛上,开创自己的草庵茶流派。除了习禅,村田珠光一定受到了大德寺茶礼的启发,而大德寺的禅、茶正是同径山寺一脉

径山西道道渊亭

京都大德寺枯山水庭院

相承。

要说村田珠光在一休的指引下悟到了什么?应该就是"禅茶一味"。他将更多禅的理念融入到世俗茶事之中,有了茶为载体,禅真正融入到普通人的生活。

比如"至简",在村田珠光之前,茶事以奢华为风,流转于上层贵族,而他将茶事移居到只有四叠半榻榻米的类似于农村建筑的草庵之中,舍弃一切的多余装饰。在简朴而狭小的空间中,主人诚心奉茶,客人感激饮茶,一切以茶为中心,而当下流行的"断舍离"不就是这个理念的衍生;再比如"平等",舍弃"贵人门""窝人门"的概念,贵人和下人一律屈身从矮小的门入,以示人人平等;村田珠光提出"一期一会"的理念,宾客每次相聚都当作此生中唯一一次的茶会,以示客人要珍惜当下,专注于茶,这不就是禅的"关照当下"。

通过改革,村田珠光的茶汤中有了内涵,蕴含深刻的哲理,茶中有道,谓之茶道,村田珠光被尊为茶道开山鼻祖。

日本茶道在村田珠光已基本成型,再经武野绍殴的完善发展,到了千利休更是日本茶道的集大成者。千利休留下一首诗,来说明他的茶道精神:

"先把水烧开,

再加进茶叶,

然后用适当的方式喝茶,

那就是你所需要知道的一切,除此之外,

茶一无所有。"

艺以载道

"把茶泡好!"当问起中国茶艺的目的,周智修老师直截了当地回答。这让我想起千利休的茶诗"烧水煮茶,就那么简单"。真那么简单吗?

周智修,国家一级茶艺技师,中国茶叶学会常务副秘书长,在中国农

业科学院茶叶研究所创立
"周智修技能大师工作室",
是名副其实的泡茶大师。"那
什么才是一杯好茶呢?"我又
接着问。本以为她会说出一
套规则标准,没想到周智修
笑而不语,紧接着讲了一个
故事。

日本茶道,主人在狭小的草庵茶室中奉茶

　　有一次她去广西出差与一位老领导会面,老人在电话那头嘱咐接客
人的司机说:"你车行某桥,给我打个电话。"周智修心想,为什么车到某桥
要打电话? 等她到了目的地,一杯香茗递了上来,温度、浓度、适口度刚刚
好,抿一口,旅途的疲倦都抛到了九霄云外。老人解释说,桥到这里车程
15 分钟,我煮水泡茶,等你到了喝,刚刚好。"这就是好茶,诚心待客,把心
放在茶里,就是好茶"。

　　周智修认为茶艺分为两类,生活茶艺和演示茶艺。生活茶艺比较随
意,不管你用什么方法,把茶泡好就行。但中国有那么多种茶,要泡好每一

中国茶艺千茶千面,所用茶具众多

种茶确实需要技艺，那就通过茶艺师来演示给你看，再结合茶席的布置、器物的选择、手法的运用，带给客人一种整体美的享受。目前确实有一些茶艺演示形式大于

第一届全国职业技能大赛茶艺项目裁判长周智修做总结点评

内容，但茶艺的核心是茶汤，最后打动你的也一定是茶汤。

2020 年 12 月，中华人民共和国第一届职业技能大赛闭幕式在广州举行，茶艺作为 23 个国赛精选项目之一，作为茶艺项目裁判长的周智修是这样总结点评的：茶汤质量比拼赛项，成绩提高显著，选手们对茶的品质特点的把握更准确和扎实，手法花哨的多余动作和表演套路基本绝迹；规定茶艺赛项，整体水平提高显著，选手们行为举止得当、礼仪规范，泡茶动作自然、大方、放松、流畅、专注，器具布置分布合理，更加关注茶汤的质量；自创茶艺赛项，涌现出不少优秀作品，参赛作品大部分主题鲜明，立意深远，有一定的原创性。

点评了三点，其中两点都关于茶汤，可见在她眼最茶汤是第一位的。

谈到中国茶艺和日本茶道的高下之分，周智修把日本茶道比作幽兰一朵，而中国茶艺是姹紫嫣红的百花园，幽兰和百花园各有所爱，没有高下。中国有六大茶类、几千上万个品种，不可能有一种统一的泡茶方法。"中国文化比较含蓄谦逊，我们讲茶艺就是实实在在地把茶泡好，道不是空，艺以载道。"周智修说。

村田珠光提出过"谨敬清寂"为日本茶道精神，千利休改动了一个字，以"和敬清寂"四字为宗旨，一直流传到现在。而中国茶文化精神从陆羽的"精行俭德"到宋徽宗的"致清导和"，再到近代庄晚芳的"廉美和敬"，一直没有统一下来，这并不利于中国茶艺的传播和走向世界。

2019年农业农村部委托中国农业科学院茶叶研究所和中国茶叶学会联合开展"茶文化转化与创新"项目研究,深入挖掘茶文化的深厚底蕴,全面了解茶文化的形成与发展。中国农业科学院茶叶研究所和中国茶叶学会组建了一支专业的研究团队,周智修是其中的核心成员。最近,研究团队提出中华茶文化的精神内核为"和、敬、清、美、真"。

"和"是人与他人、人与自然及人们自我身心灵的和谐;"敬"是人对自然的敬畏,人与人之间互相敬重,敬祖尊老的敬爱;"清"来自茶的自然本性,暗示清正廉洁、不忘初心;"美"是茶之美、品茶之美、茶道之美的大美之境;"真"指追求本真的自然之道、待人接物的诚恳守信。

中日茶文化本是同根生,精神内核也不约而同以"和"为首。放眼世界,人类文明中各种品茶之法,也是"和而不同""多元一体",促进人类各种文明之花竞相绽放。茶,任重而道远。

［本文原载于《新民周刊》,2021(12)］

非遗习俗

禅茶文化及其当代传承与发展

——以国家级非遗项目"径山茶宴"为例

鲍志成

今天对当代中国禅茶文化传承发展来说,是一个不同寻常、意义深远的特殊日子。"中日韩禅茶文化中心""中国径山禅茶文化园""中华抹茶之源"三块牌子颁授给余杭径山,不仅确认了径山禅茶文化的历史地位,而且也开启了传承发展的新时代。杭为茶都,杭州的茶文化历史悠久,积淀深厚,西湖龙井和禅茶文化是其中最为耀眼的两大品牌。杭州市茶文化研究会积极推动禅茶文化发展,可谓是抓住了重点和特点。作为禅茶文化的研究者和国家非遗项目"径山茶宴"的主创者,我深感高兴,无比激动,这意味着今后径山禅茶文化的研究保护和传承发展的任务更重了,责任更大了。借此机会,我想谈三点看法,与大家分享交流。

一、要全面科学认识"径山茶宴",高度重视"径山茶宴"的丰富内涵和文化价值,高水平探索"径山茶宴"的艺术展陈

山不在高,有仙则灵。径山虽然不高,却是一座具有国际影响力的禅茶文化名山。在山巅熠熠生辉的,就是"径山茶宴"。其实,"径山茶宴"是一个真实的"伪命题",因为它历史上虽然客观存在,但古籍文献却从无"径山茶宴"四字记载。原因何在?在宋元禅宗临济宗在径山寺一枝独秀,位列"五山十刹"之首,"儿孙遍江南"的繁盛时期,以茶参禅礼佛、结缘大众,蔚然成风,普茶、茶会、茶礼等各种形式的茶事,融入禅院法事、丛林仪轨、僧祇管理和禅僧修持、僧堂生活的各个方面,各个环节,茶事成为僧人习以

作者简介:鲍志成,浙江省文化艺术研究院研究员。

为常的日常事、基本功、必修课。这在北宋宗颐修订的《禅苑清规》中,有详尽记载。在寺院日常管理和生活中,如受戒、挂搭、入室、上堂、念诵、结夏、任职、迎接、看藏经、劝檀信等,无不参有茶事茶会茶礼,名目繁多,大小不同,通称"煎点",或称"茶(汤)会",俗称"茶宴"。而接待朝臣、权贵、尊宿、上座、名士、檀越等尊贵客人时举行的大堂茶会,就是通常所说的非上宾不举办的大堂"茶汤会"(日语有称"大汤茶会")。

这里需要厘清的一个基本事实是,禅院茶事形式多样,不局限不拘泥于某种特定的形式。日本茶道源自径山茶宴,却并非是其原貌,只是较好保留了禅院茶礼的精气神;流传至今的"四头茶礼",是以点茶纪念开山祖师的"开山祭",是一种以茶祭祀的茶会形式,至多是茶宴形式之一种;2009年我承办的国家非遗"径山茶宴"击茶鼓、张茶榜等十多个程式,是按照接待宰执郡守、护法贵客等举办的大堂茶会设计,参考吸收其他形式,综合创编后的一种禅院茶会新形式。十年来,我一直在深入学习、跟踪研究这一课题,在不断提高认识的同时,也发现当年的急就之作还存在一些错误和不足,有待完善。

径山茶宴集中体现了禅茶文化的丰富内涵和艺术意境,具有历史、文化、艺术、礼仪和非遗展示、文化传播、文旅开发以及国际交流等多重价值。作为杭州乃至浙江仅有的茶事礼俗国家非遗项目,在形式、内容和艺术风格上,一定要高水平、严要求,创新不离谱,把禅苑茶礼的精气神和高古清雅的风格演绎出来,传承下去,打响禅茶文化这张含金量超高的文化金名片。

二、要从中国文化的大历史来定位禅和禅茶文化的重要性,从传承传统文化、创新时代文化的角度来探索禅茶文化的发展和繁荣

禅与茶结缘,相辅相成、共臻兴盛的过程,是开放包容、和而不同的过程,既是茶因禅而兴,茶风靡天下,茶产业、茶文化大发展、大繁荣的历史时期,也是禅得茶而盛,佛教形成禅宗一枝独秀、完成中国化社会化的过程。

如果从大历史、大文化的角度来看,禅茶兴盛发展的时期,也恰好是中华文化实现从汉唐到明清的历史转型时期。这种转型表现在很多领域,突出体现在儒家思想学说实现从汉唐儒学经两宋"程朱理学"到明代王阳明"心学"的提升和转型,儒、释、道从汉唐的交流、交锋到两宋的"三教合一"、圆融互摄,中华文化在主体和主流上发生了转型,精气神为之一变。南怀瑾先生说,禅宗非但为佛教之光,亦为东方文明之异彩,"影响所及,举凡思想、文学、艺术、建筑等,皆以具有出世神韵,富有禅意为高"。中华文化从汉唐的雄浑大气转而成为精致典雅,流播所及,朝鲜半岛的高丽——朝鲜王朝和日本的镰仓幕府到江户时代,都深受影响,从高丽崇佛、朝鲜尚儒,到日本"五山文学""日本茶道""禅意生活",乃至"东亚儒家文化圈"的形成,都是深受中华文化转型后尤其是程朱理学、佛教文化和禅宗思想影响结出的文明之果。

导致中华文化这种历史性转型的原因很多,如北方民族入主中原等外力因素。如果从内在动力或内源因素来分析,发现禅僧儒士群体——准确地说是儒士化的禅僧和禅僧化的儒士组成的社会精英主体,在"纯禅时代"两宋时期禅茶互为一体的法事修持、僧堂和书斋生活中,在追求心性觉悟、实现自我解放的"清教徒式"或"精神贵族式"的人生实践中,不自觉地参与了这一历史转型并发挥了关键作用,做出了巨大贡献。

禅僧的至高追求是明心见性,觉悟成佛,换一句话说,就是人类自身解放的最高境界——思想的彻底解放。为达到这一目标,禅宗创造性地提出了"直指人心,见性成佛"的理义和各种方便法门。在唐宋禅宗勃兴时期,禅宗从"教外别传""不立文字"到"语录公案""不离文字",从终日枯坐、观照自性的"默照禅"到青灯黄卷、穷经皓首的"文字禅",再到参话头、斗机锋的"看话禅",以及临济各派的看家绝活,如曹洞"五位",云门"三句",临济"三玄三要""四料简""四宾主""四照用",黄龙"三关",乃至扬眉、瞬目、叉手、踏足、擎拳、竖佛、口喝、棒打甚至呵祖、骂佛等接应开示,无不通过以茶参禅,禅以悟道,开启了以禅僧儒士为主体的自我觉悟、思想解放运动。这个禅僧思想启蒙运动,可以说是仅次于春秋战国诸子百家的思想解放运动,在东方哲学、审美、文化等领域,都产生了无与伦比的深远影响。一代又一代的禅僧儒士孜孜以求的自性的觉悟,精神的自在,超越了欧洲文艺复兴和思想启蒙运动所追求的人身自由,具有了超越世俗社会的人格独立和精神自由的至高品格。禅僧得道开悟并非是要成为神，而是要成为道德高尚、人格圆满的觉悟者或真正心无挂碍、思想解放的人，这与儒家倡导的修身齐家、成为君子圣贤，道家养正守素、修炼成真人神仙不谋而合，都是在人格的自我完善实践中实现自我超越、人性升华，但又不离世界法，不脱离现实社会。诚如近代大德太虚法师所言："仰止唯佛陀，完成在人格，人圆即成佛，是名真现实。"这在人类思想史上达到了至高至尊的高度和自在无碍的境界。

禅宗在中国的发展，之所以能在实现佛教中国化的过程中发挥如此巨大而深远的作用，与佛教及禅宗自身本具的人文精神和中国文化的人文传统，有着密切的关系。禅宗回归早期佛教以人为本的理念，认为"佛是自性做，莫向身外求"，人人都有佛性，人人都能成佛，强调自性佛、自性法、自性僧，皈依自性，指出自性迷，佛即是众生，自性悟，众生即是佛。在现实生活中，禅宗回归人本精神，主张佛法在世间，不离世间觉，佛法在日常生活中，衣食住行、吃喝拉撒睡都有佛法。学佛就是做本分人、做本分事，是什么人就做什么事，该做什么事就去做什么事。所谓"做一天和尚打一天钟"，就是把本分事做好，所谓"吃茶去"，就是说吃茶是寺院禅僧的本分事。这就抛开了深奥的教理，烦琐的教条，注重实践，化繁为简，回归人间生活的真实意。

大乘佛教在中国发展过程中曾出现"神化""神秘化"现象，禅宗认为一切佛菩萨都是为了"表法"而已，不是崇拜的神灵，主张佛教去神格化、去神秘化，还原到人本化、人文化，依靠自己的力量，做自性的觉悟者——佛。慈就是给人快乐，悲就是除人痛苦，喜就是与人同乐，舍就是放下一切，修炼这"四无量心"，就是以人为本、以己度人。这些与中华文化以民为本、仁者爱人、贵生重命的仁本情怀，与人为万物之灵，强调道德自律、人格完善，厚德载物、自强不息等人文传统高度契合。早期印度禅宗的"中道"学说，到后来中国禅宗的"中观"思想，也无不与儒家学说的"中庸"思想和"和而不同"理念深度一致。这就为禅宗的落地生根，提供了良好的人文环境和适宜的文化土壤。

禅茶文化的贡献无与伦比，禅茶文化的历史地位至高无上。从今天来说,阐释好禅茶文化的精髓,创新展示传播交流的新形式和新内涵,是我们研究发扬禅茶文化的重中之重,对确立文化自信和话语权,创新发展禅茶文化,具有非同寻常的意义。

三、要立足"杭为茶都",结合"长三角一体化"战略,做好良渚文化申遗成功后的径山禅茶文化传承创新和文旅融合发展的顶层设计

当下杭州禅茶文化的传承发展,正处于一个极大的利好时期,可谓是天时地利人和。党的十八大以来,新一届中央领导高度重视治国理政中汲取历史智慧,传统文化的复兴上升为国家战略,制定出台了优秀传统文化振兴工程、文旅融合发展等战略规划,传统文化的热潮方兴未艾。"一带一路""长三角一体化"等改革开放大手笔,极大地提升并拓展了江南文化的创新发展空间,良渚文化的申遗成功,更是把江南文化核心所在的杭州,推向了五千年中华文明曙光升起之地的高度,杭州在G20峰会后再次迎来了高光时刻。这为以国家级非遗项目成功申遗已经十年之久的"径山茶宴"为核心代表的径山禅茶文化的传承发展,带来了前所未有的机遇。这里我想提三点建议:

一是要树立禅茶文化创新发展、全民共享、服务地方、助推文创文旅融合发展的创新发展意识和开放包容理念。禅茶文化源自寺院,影响社会,惠泽大众,作为国家"非遗"项目,理应全民共享。历史上参与禅茶文化创造的主体,既有僧人也有文士,禅茶文化的主体是以茶参禅的修习者。随着时代发展,任何传统文化的传承和发展,都离不开当下社会的需求和市场的需求,离不开人民群众对美好生活的需求。同时,作为具有区域性特征的径山禅茶文化,也必需为当地社会经济发展发挥应有作用,积极融入到文创产业和文旅融合发展的时代潮流中去。

二是要跳出径山看径山,立足大杭州,面向长三角,融入新丝路,高起点、高水平做好规划方案和顶层设计。杭为茶都,不仅是中国茶都,也是世界茶都。径山在余杭,但径山禅茶文化既是余杭的,也是杭州的,更是中国的、世界的。禅茶文化是浓缩了中华文化精华的江南文化的独特元素之一,江南文化是长三角一体化发展的战略要素和支撑之一,高质量的长三角一体化发展,必然会涵养促进高品质的新江南文化的创新发展,两者相辅相成,助推"长三角"成为引领中国经济"增长极"的"亚太门户"。鉴于禅茶文化的辉煌历史,曾经对中华文化包括江南文化和东亚文化圈做出过重大贡献,具有不可替代的历史地位,那么一定有理由相信,新时代禅茶文化的创新发展,也一定能在新江南文化和东亚文化共同体的构建中,发挥独特的作用。当务之急,是要高起点、高水平做好禅茶文化研究保护、创新发展的规划方案和文创产业、文旅融合发展的顶层设计。

三是要抓住良渚文化申遗成功之机乘势而上,以高端文创文旅项目为驱动,打造大径山、大杭州禅茶文化新品牌。五千年的良渚文化,一朝荣登世界文化遗产的圣殿,对余杭、对杭州来说,都是一个极大的利好和机遇。良渚文化的品牌效益和良渚遗址旅游热的品牌效应,不仅将给余杭,同时也给杭州的文化与旅游发展,带来潜在的拓展空间。一千余处良渚文化遗址密集分布于环太湖流域周围的事实,说明早在五千年前良渚人和良渚文化就用玉器和黑陶、稻作农业一统了江南大地,良渚成为江南文化的核心区,中华文明曙光的发源地。一千多年来的径山禅茶文化,也曾以高古清雅的禅门家风吹遍大江南北,蔚然成为江南文化的独特元素和中华文化转型的内源动力,到近代流播"十里洋场"的上海成为商务洽谈和社会交际的新形式——茶话会,至今仍以其简朴清和、庄谐有度的形式盛行于世。俗话说,近水楼台先得月。随着良渚文化热的兴起,禅茶文化应抓住机遇,乘势而为,把大径山文旅开发与良渚遗址旅游热对接,高水平、高标准地打造一台高、大、上、新的"径山茶宴"景点旅游演艺项目,形成优势互补、相互促进的大径山、大杭州旅游新亮点、新格局。

此外,我们还要处理好几大关系。既要兼顾好山上与上下、寺院和村镇、余杭与杭州、中国与世界的关系,也要处理好内容和形式、传承与创新、文创与文旅、文化与经济的关系。时间关系,这里就不展开讨论了。

以上思考和建议,仅供参考,欢迎批评指正。谢谢大家。

(本文原系作者在 2019 年 7 月 16 日中国径山禅茶文化座谈会专家发言稿)

现代径山抹茶冲饮方式体验

叶水娟

径山茶宴历史悠久,文化源远流长。据专家研究考证,南宋时径山茶宴用的茶类是蒸青团茶(即龙凤团茶),或蒸青散茶碾磨而成的抹茶。南宋时径山茶抹茶"点茶",要注水七回,并要使抹茶与水融,茶汤表面显现雪沫乳花,即"沫饽"。这个过程约需数分钟。点完后,再将茶汤分盛入盏供饮,一杓一盏,还要每盏茶汤的沫饽均匀。

本人尝试一种现代径山原味抹茶(薄茶)一次注水的点制与喝沫饽方式,与大家分享。

抹茶点制成沫饽的过程,与使用的茶碗大小,取抹茶的多少,冲泡水的温度,手握茶筅的方法,茶筅点刷的力度、速度、时间都有关系。学抹茶道,首先必须先学喝抹茶。喝完抹茶,茶碗不留沫饽是最好的。

抹茶(薄茶)点制:选直径 11—12 厘米,高度

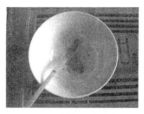

现代径山原味抹茶

手握茶筅方法

作者单位:浙江省杭州市余杭区余杭街道农业科。

喝抹茶（拿碗的方法）

喝抹茶的方法

6—7厘米的茶碗，碗内光滑底圆（茶碗的大小，根据点茶多少而定，一般茶汤在碗内不超过1/3）。先用开水清洗茶碗和茶筅，然后用绢巾擦干茶碗。一人用茶，取抹茶0.7—0.8克，放在茶碗里，注水70—80毫升；2—3人用茶，取抹茶1—1.5克，放在茶碗里，注水100—150毫升，开水温度85摄氏度左右。手握茶筅，靠手腕点动，运击茶筅，先按照"W"形点刷2—3下，然后按"1"形前后点刷茶筅。手握茶筅方法：大拇指和食指、中指、无名指伸直，食指、中指、无名指并拢，在前成弧形压住筅把，大拇指在后抵住筅把，手腕与手臂成90度，用手腕快速点刷茶筅，速度越快越好（图2、图3）。一人用茶，30—40秒钟，刷击60—80下，沫饽快速出现；2—3人分用茶，刷击1分钟左右，茶汤成显沫饽即可。

点刷茶筅的力度和茶筅贴碗底距离要有分寸，力度过大或茶筅紧贴碗底，会使茶筅坏掉或断掉，但茶筅点刷速度慢，点击无力，不出沫饽或浮沫很薄。

喝沫饽的方式：喝抹茶，讲究一种"和敬清寂"的心灵境界，安静、优雅的环境。抹茶点制好后,将茶碗托在左手手掌心,右手虎口握住茶碗。方法:左手食指、中指、无名指、小指并拢,朝正前方向,大拇指分开,手掌心托住碗底,手指抱住碗;右手食指、中指、无名指、小指并拢与大拇指分开,虎口抱住茶碗右边(图4、图5)。

喝抹茶时,人要端详,靠两手手腕摆动茶碗,将抹茶送入口,是自喝,还是他人奉茶,分3口喝完(70—80毫升),不能喝到一半放下来,最后一口,要吸喝(不能仰头倒喝),将沫饽吸完,并发出吸的声音,茶碗留沫饽越少越好(图6、图7)。

茶碗如果有正反两面,在奉茶时,正面向着自己,递于客人时,将茶碗正面转向客人(180度分3次顺向旋转),以表达对客人的诚意。客人接过茶碗,不能马上喝,要左手托住茶碗,右手把茶碗从对面向身前顺向旋转,180度分3次旋转,正好正面对着主人,表示对主人的敬意。

[本文原载于《中国茶叶》,2014,36(09)]

凌霄峰头生紫烟

虞　铭

"千峰待逋客,香茗复丛生。采摘知深处,烟霞羡独行。幽期山寺远,野饭石泉清。寂寂燃灯夜,相思一磬声。"唐代诗人皇甫曾的《送陆鸿渐山人采茶回》一首千古绝唱,开启了余杭人与径山茶一千多年的紧密联系,成为余杭人的精神象征和心灵寄托。

赠茶

自古,径山高僧、余杭诗人、当地官宦之间相互赠送茶叶,径山茶是朋友之间最好的礼物,象征着君子之交。

南宋咸淳《临安志》记载:"近日径山寺僧采谷雨前者以小缶贮送。"(卷五十八《物产》)苏轼在杭州为官时,经常有高僧送他新茶——"妙供来香积,珍烹具大官。拣芽分雀舌,赐茗出龙团。晓日云庵暖,春风浴殿寒。聊将试道眼,莫作两般看。"(《怡然以垂云新茶见饷,报以大龙团,仍戏作小诗》)

赠送径山茶,也慢慢成为我们余杭人的习俗。现存台北故宫博物院的清代抄本《松雨轩集》,是元末明初余杭著名诗人平显的诗集。平显字仲微,号松雨老人。东塘仲墅人(今属余杭区仁和街道)。洪武初年,官广西滕县令,后降主簿,永乐中归里,卒葬独山。著有《松雨轩集》八卷。当时镇守云南的西平侯、黔宁王的沐英对平显的人品才学十分看重,聘为王府西塾。平显在云贵十多年,结交了许多友朋。某年春天,他在家乡给云南友人寄去家乡著名的"径山茶",并写下了《寄径山茶》诗:"凌霄峰头生紫烟,不

作者简介:虞铭,余杭区茶文化研究会会员、余杭区史志学会副理事长。

独能悟老僧禅。清兴未减陆鸿渐,枯肠可搜卢玉川。胚胎元气松风里,採掇灵芽谷雨前。寄远幸凭金马使,封题求试碧鸡泉。"(《松雨轩集》卷七)

因为平显寄赠的茶叶,而使余杭名茶——径山茶飘香于关山万里的彩云之南。而流传至今的这首《寄径山茶》诗,证明了径山茶在六百多年前的即已是闻名全国的知名茶叶。

明代余杭张知县在隆冬大雪天给寓居仓前的诗人田艺蘅送来了茶叶,田艺蘅作《奉谢余杭张大尹雪中三惠(茶)》诗:"贤侯能下士,嘉茗性尤便。箬裹临风折,筠炉扫雪煎。马卿方酒渴,鸿渐本茶仙。他日头纲赐,还期八饼传。"(《香宇续集》卷二十九)

明代塘栖人胡胤嘉《咏德云庵僧休公贻茶二囊》:"发覆青于翠,矾澜散积疯。品看雷策上,香摘雨前多。客思迷春草,禅关长绿萝。可能煮茗诀,携灶一相过。"(光绪《唐栖志》卷六)

明末余杭张翼所著《清赏录》:"昔人以陆羽饮茶比于后稷树谷,及观韩籀《谢赐茶启》云:'吴主礼贤,方闻置茗;晋人爱客,才有分茶。'则知开创之功,非关桑苎老翁也。若云在昔茶勋未普,则比时赐茶已一千五百串矣。"

泉水

在中国古代的茶文化中,泉水是很重要的一环,历代爱茶之人尤为讲究。余杭各地有古井名泉,如径山之龙泉、洞霄宫抚掌泉、临平山冰谷泉、佛日山渥洼泉、白栗山天然泉、超山洗心泉、小林莲华井、皋亭冯氏井、马鞍山化城井、塘栖郭璞井等等。宋蔡襄擅品茶,在《记径山之游》一文中称:"松下石泓,激泉成沸,甘白可爱,即之煮茶。"康熙南巡,泊舟溪水,塘栖人取长桥下的郭璞井水,煮茶进贡。

古人以为源泉必重,而泉之佳者尤重。"余杭徐隐翁尝为余言:以凤皇山泉,较阿姥墩百花泉,便不及五钱。可见仙源之胜矣。山厚者泉厚,山奇者泉奇,山清者泉清,山幽者泉幽,皆佳品也。不厚则薄,不奇则蠢,不清则浊,不幽则喧,必无佳泉。"(田艺蘅《煮泉小品》)

清代嘉庆年间,长安诗人梁增龄《春暮偕同人游临平山寻一担泉煮茶歌》:"流从石罅响涓涓,注出潭空盈泚泚。须眉影落淡可鉴,濯足濯缨非所拟。呼童煮泉茶具便,远接松风近竹里。一碗润喉清风生,沁入诗脾彻骨髓。君不见，安平名胜濬山前，凿石题名匪今始。兹泉荒委难比伦，显晦从来判若此。长歌一阕韵泠泠，堪与此泉作知已。何当诛茅住溪上，瘿飘长酌此中水。"（《临平记再续》卷三）

诗人

宋代以后，通过众多的文学作品，径山茶逐渐广为人知，《西湖游览志》云："盖西湖南北诸山及诸旁邑皆产茶，而龙井、径山尤驰誉也。"

宋代，江湖派诗人姚镛《寄径山敬溪翁》："挂锡云生树，烹茶日落泉。"（《全宋诗》）毛滂《书禅静寺集翠堂示堂中老人琳径山诗》："弄笔云窗暖，煎茶玉醴轻。"（《东堂集》）

明代洪都《同苏更生宿径山煮茶》："炉火初红手自烧，一铛寒水沸松涛。与君醒尽西窗酒，花影半轩山月高。"陈调鼎《题径山》："童子放泉敲碎竹，老僧留客煮新茶。"（明《径山志》卷十）王畿《游径山》："高灯细雨坐僧楼，共话茶杯意更幽。"（《古今图书集成》）

清以至民国，余杭的径山茶叶经久不衰。《清一统志》："钱塘龙井、富阳及余杭径山皆产茶。"清代谷应泰《博物要览》载："杭州有龙井茶、天目茶、径山茶等六品。"嘉庆《余杭县志》卷三十八："产茶之地有径山，四壁坞及里山坞出者多佳，至凌霄峰尤不可多得。大约出自径山四壁坞者色淡而味长，出自里山坞者色情而味薄。此又南北乡之分也。"

乾隆二十二年（1757），乾隆皇帝第二次南巡，游览杭州茶园，作《观采茶作歌》诗："前日采茶我不喜，率缘供览官经理。今日采茶我爱观，吴民生计勤自然。云栖取近跋山路，都非吏备清跸处。无事回避出采茶，相将男妇实劳劬。嫩荚新芽细拨挑，趁忙谷雨临明朝。雨前价贵雨后贱，民艰触目陈鸣镳。由来贵诚不贵伪，嗟哉老幼赴时意。敝衣粝食曾不敷，龙团凤饼真无味。"乾隆皇帝的御用文人高士奇填作《临江仙》词，细腻地描写了当年试新茶的场景："谷雨才过春渐暖，建安新拆旗枪。银瓶细箬总香。清泉烹蟹眼，小盏翠涛凉。记得当年龙井路，摘来旋焙旋尝。轻衫窄袖采茶娘，只今乡土远。对此又思量。"

嘉庆年间，余杭知县张吉安游览径山，晚宿松源院时，写道："梅谷烹茶盘石坐，松源晚饭趺脚眠。"（嘉庆《余杭县志》卷八）

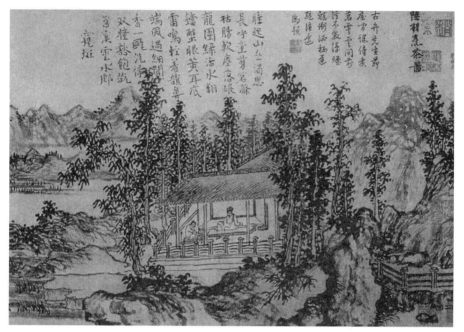

元赵原《陆羽烹茶图》纸本水墨 台北故宫博物院藏

高僧

北宋,径山住持咸杰大师《密庵咸杰禅师语录》中有二首诗提供一些很重要的线索:"径山大施门开,长者悭贪俱破。烹煎凤髓龙团,供养千个万个。若作佛法商量,知我一床领过。""有智大丈夫,发心贵真实。心真万法空,处处无踪迹。所谓大空王,显不思议力。况复念世间,来者正疲极。一茶一汤功德香,普令信者从兹入。"(咸杰《径山茶汤会首求颂》)——宋代径山"茶汤会",使用的径山茶是"龙团"(团茶);诗中所谓"一茶一汤功德香",也为恢复径山茶宴提供了场景。

南宋唐栖寺僧永颐,字山老,号云泉,江湖派诗人。永颐《云泉诗集》书中的一些作品,反映了当时余杭一带茶文化的氛围,如《食新茶》诗:"自向山中来,泉石足幽弄。茶经犹挂壁,庭草积已众。拜先俄食新,香凝云乳动。心开神宇泰,境豁谢幽梦。至味延冥遐,灵爽脱尘控。静语生云雷,逸想超鸾凤。饱此严壑真,清风原遐送。"(《云泉诗集》)永颐的《茶炉》诗,提供了古代茶具方面的佐证材料:"炼泥合瓦本无功,火暖常留宿炭红。有客适从云外至,小瓶添水作松风。"(《云泉诗集》)

元代径山高僧释梵琦有诗云："拈起凌霄峰顶茶。"(《楚石梵琦禅师语录》)元代诗人谢应芳《寄径山颜悦堂长老》："每忆城南隐者家,昆山石火径山茶。年年春晚重门闭,怕听阶前落地花。"(嘉庆《余杭县志》卷二十九)颜悦堂长老,就是径山五十四代住持祖闇(1294—1369),字悦堂,宁波人,临济宗十七世。

到了明代,余杭田艺蘅的《煮泉小品》称:"今天目远胜径山,而泉亦天渊也,洞霄次径山。"

康熙《余杭县志》卷七明径山高僧释来复有诗云："碧碗茶香清瀹乳,红炉木火生暖烟"(《蒲庵集》)

茶宴

径山寺的茶宴,旧时多在僧侣间进行,仪式开始时,众僧围坐在一起,由主持法师按一定程序泡沏香茗,以表敬意,再由近侍献茶给众僧品尝。僧客接过茶,打开盖碗闻香,举碗观色,接着品味,并发出"啧啧"声,用以赞赏主人的好茶和泡沏技艺;随后进行茶事评论,颂佛论经,谈事叙谊。二三好友之间自行发起的品茗谈天,也可称为茶会。"每有茶会,轮日于讲堂集茶,无不毕至者,因以询问乡里消息。"(北宋《萍洲可谈》)

后来,径山茶宴成了日本茶道的起源——18世纪,日本江户时代的国学大师山冈俊明在其编纂的《类聚名物考》第四卷中记载:"茶宴之起,正元年中,驻前国崇福寺开山南浦绍明,入唐时宋世也,到径山寺谒虚堂,而传其法而皈。"

中国著名的佛教经典《百丈清规》一书,详细记载了当时的吃茶礼仪——"茶头"《请斋茶》:"凡方丈请斋。(或请茶)堂中首众预表堂云。今日方丈和尚请斋。(或请茶)(诸师各具威仪)。外诸寮执事。集至客堂。候侍者请。会齐堂师。照执次序。同上方丈排立。住持临座。维那云。(大众师顶礼和尚)。礼毕。分次序座。各具威仪。勿得言语。杯盘碗着。不得作声。斋毕。(或茶毕)若住持有说。听毕。一齐起立出位。向上排立。维那云。(大众师礼谢和尚)。礼毕。各回本处。又两序。为内外纲维。大众领袖。互相体重。纲领振矣。凡结制。解制。冬至。除夕。元旦等。大节。住持当请方丈斋。及犒劳两序新旧茶汤。点果五色。凡退执隔一期者不预。一表常住礼。一表酬劳也。其余诸小犒劳。有功必酬。须随意合宜而已。其外单列执犒劳俱在客堂。或随其本寮。若果真淡薄。有真道心者。虽清众外单。亦须另眼犒劳衣物。使其一心修行。不致起妄念也。"(《百丈清规》)

崇祯年间,径山寺住持释通容编撰的《丛林两序须知》:"斋茶款待。毋致疏失(如官员在道者。特令斋茶相陪。礼当随时别议)。宰官檀越尊宿到山。先要遣知随洁净寮房。打点床帐器用灯油等项。伺候供给。至到时。茶汤迎待。如欲谒方丈。预先通报。然后引上相见。或欲到首座库司诸寮相访。及各处随喜者。亲为引往。宰官檀越尊宿诣方丈。先令知随打点坐椅。行茶次第如仪。不得参差失礼。宰官檀越尊宿等。凡小食斋饭。早晚茶汤。应及时照管。""住持请尊客茶。及客堂相看等。须及时照管。毋致失瞻。常住斋茶。宜同监寺拜请方丈。监寺阙职。""参堂巡寮。后请茶。头首执事。及公干告假出山。日前当白库司。设斋茶小食相待。""诸山尊宿。至管待当道檀越。或请主专使等。须预令客司备茶汤。或小食陪饭。随时丰俭。及留请两序。茶汤相款。亦宜预备。在任官员到山。先要同库司知客商量。打点斋馔若干。汤粿果品若干。禀白方丈。然后行事。其官房床帐器用。香烛柴炭。及到时汤馔食物等。亦须同知客留心照顾。毋得忽略(或官员在道者。特令斋茶相陪。礼当随时别议)。""凡遇常住斋茶。当与知客拜请住持。""凡遇斋茶。当领众同诸头首。向住持作礼三拜。然后归位。凡遇十四三十晚。""监院有事别出。如遇常住斋茶。当与知客拜请方丈"。

清代,瓶窑真寂寺释仪润《百丈丛林清规证义记》:"三板。夜巡送灯。烧开水。面汤。候殿主先打供水。粥罢止静。烧开静茶。及四枝香烧开水。午饭罢烧二板茶。止静烧开静茶。四枝足香。烧开水。晚课后烧开水。候二板茶。小静茶。四枝香茶。如打禅七。加六枝香八枝香开水。有佛事不定照管洗面。至天明复取汤洗面者不许。除老病及尊客。手巾宜洗洁净。非时索开水洗衣服者不听。"

《禅苑清规》卷一《赴茶汤》:"院门特为茶汤。礼数殷重。受请之人不宜慢易。既受请已。须知先赴某处。次赴某处。后赴某处。闻鼓版声及时先到。明记坐位照牌。免致仓遑错乱。如赴堂头茶汤。大众集。侍者问讯请入。随首座依位而立。住持人揖乃收袈裟。安详就座。弃鞋不得参差。收足不得令椅子作声。正身端坐不得背靠椅子。袈裟覆膝。坐具垂面前。俨然叉手朝揖主人。常以偏衫覆衣袖。及不得露腕。热即叉手在外。寒即叉手在内。仍以右大指压左衫袖。左第二指压右衫袖。侍者问讯烧香。所以代住持人法事。常宜恭谨待之。安详取盏橐两手当胸执之。不得放手近下。亦不得太高。若上下相看一样齐等则为大妙。当须特为之人专看。主人顾揖然后揖上下间。吃茶不得吹茶。不得掉盏。不得呼呻作声。取放盏橐不得敲磕。如先放盏者。盘后安之。以次挨排不得错乱。右手请茶药擎之。候行遍相揖罢方吃。不得张口掷入。亦不得咬令作声。茶罢离位。安详下足。问讯讫。随大众出。特为之人须当略进前一两步问讯主人。以表谢茶之礼。行须威仪庠序。不得急行大步及拖鞋踏地作声。主人若送回。有问讯致恭而退。然后次第赴库下及诸寮茶汤。如堂头特为茶汤。受而不赴(如卒然病患。及大小便所逼。即托同赴人说与侍者)。礼当退位。如令出院。尽法无民。住持人亦不宜对众作色嗔怒(寮中客位并诸处特为茶汤。并不得语笑)。"

《重雕补注禅苑清规》卷六《谢茶》:"堂头置食点茶特为罢。如系卑行之人。即时于住持人前大展三拜。如不容即触礼三拜。如平交已上即晚间诣堂头陈谢词云。此日伏蒙管待。特为煎点。下情无任不胜感激之至(古人云。谢茶不谢食也)。拜礼临时知事头首特为茶汤。并不须诣寮陈谢。如众中平交特为煎点。须当放参前后诣寮谢之。"

一千年来,径山茶早已深入余杭人生活,成为余杭人一道不可或缺的心灵鸡汤。

[本文原载于《余杭茶文化研究文集》(2015—2021)]

杭嘉湖平原的烘豆茶

俞为洁

某个寒冷的冬季,跟着几个朋友到浙江余杭的一户农家串门。农家主妇朴实好客,冲了热腾腾的烘豆茶相待。棒一杯热手心,喝一口暖心窝,闻一下鼻窍通畅,一下让我们这些一路上已被寒风吹得鼻涕稀啦、缩头缩脑的人"活"了过来,主客相谈甚欢。于是我开始注意这种特别的烘豆茶,因为它与我们平时"清茶一杯"的饮茶方式和审美意境是如此的不同。

烘豆茶亦称熏豆茶,整个杭嘉湖平原地区的乡村里都非常流行,算得上是这一带的独特茶俗。

一、烘豆茶的原料

烘豆茶虽被定义为茶,但事实上茶叶只是其中很小的一部分,大部分是被称为"茶里果"的东西。

所用茶叶一般均为炒青茶叶,色泽青绿,气味清香。炒青是我国绿茶中最主要的一种,杭州著名的龙井茶就属炒青类绿茶。制作绿茶的基本工艺流程分为杀青、揉捻、干燥三个步骤,其中干燥的方法有炒、烘和晒三种,用这三种干燥方法所得之绿茶,分别称为"炒青""烘青"和"晒青"。炒青的制作过程大体是:高温杀青、揉捻、复炒至干。若以制成后茶叶的形状分,炒青则有长炒青、圆炒青、扁炒青等类型。

"茶里果"种类繁多,各地略有些不同,但以下四种基本上是少不了的。

第一种是烘豆,也叫烘青豆、熏豆或熏青豆。制作烘豆的原料是新鲜

作者单位:浙江省社科院。

的嫩黄豆。黄豆即黄色的大豆(大豆按种皮的颜色和粒形可分为黄大豆、青大豆、黑大豆、褐、棕、赤色等其他色大豆和饲料豆[即秣食豆]五类),为蝶形花科大豆属植物。每年农历"寒露"前后,大豆的豆粒已长足,颗粒饱满、颜色嫩绿、口感绵糯,这一带的人称其为毛豆,多用作蔬菜,连荚用盐水煮食或剥出豆粒后炒食,盐水毛豆、肉丝炒毛豆、酱瓜炒毛豆等菜肴都是这一带的家常菜。毛豆老熟后,豆荚枯黄,豆粒坚硬而呈黄色,此时,人们称其为黄豆,大多用来磨粉制作豆浆、豆腐脑及豆腐之类的豆制品,也可直接和肉类食品一起炖食,如黄豆炖猪爪,过去就是这一带贫家过年时的一道大菜。有些地方还有专门用作烘豆原料的名品毛豆,如塘栖的"香脂豆"、南浔的"十里香"等。"十里香"据说是因为烹煮时香飘十里而得名。

毛豆收获时,已是农闲季节,所以采收、烘制毛豆的过程,还延伸出了一些独特的民俗风情。如南浔的农家,会在晚上邀好几个亲朋好友。第二天清晨,主家赶在露水未干之前,就去毛豆地里,把毛豆植株连根拔起,然后挑回家。前晚受邀的几个人吃完早饭后就会过来,帮着一起把植株上的豆荚摘下来,放进筐里,然后倒在八仙桌上,五六个人围在一起边说笑边剥豆。沾着露水的毛豆比较好剥,用指甲在荚边轻轻一碰,豆荚就会张开,半天不到就能剥完。这时女主人就会端上一桌饭菜招待大家。因此,民间有"苦酿酿,甜蔓豆"的歌谣。"酿酿"(即清明团子)之所以"苦",是因为吃了清明团子后,一年的辛苦农作就要开始了,蔓豆(即毛豆)之所以"甜",是因为收了蔓豆后,就可以坐下来休息段日子,吃肉喝茶过春节了。

从豆荚中剥出的豆粒,外面还有一层软薄的豆衣,需要去取。去豆衣的方法,各地有些有同,有些地方是将剥好的毛豆放在淘箩里,到河里去淘除豆衣后,再把豆子放在锅里煮熟;有些地方是把豆粒直接放在锅里煮,边煮边捞掉豆衣。煮时,水里要放点盐,以使咸味入豆。煮熟的豆粒捞起晾干后,均匀地摊在铁丝网筛子上,注意不要摊得太厚。然后,把灶头火口上的锅子拿掉,把铺好豆粒的铁丝网筛子架到火口上,利用灶膛中的炭火烘焙筛中的毛豆。炭火的力度要适当,以文火为宜,忌猛火,因此有些地方就用豆梗、桑梗的小炭火来烘,同时要不断翻拌筛内的豆粒,以便豆粒受热均匀。一般经过五小时左右的烘熏,毛豆就能被烘熟并因水分蒸发而皱缩且变得微硬,此时,毛豆就做成色泽碧绿如翡翠,馨香扑鼻,咸淡相宜的烘豆了。

做好的烘豆可贮藏于罐内或布袋里。为防潮,罐内或袋内可放一些包好的干石灰,有些农家则把它搁在灶上放灶王爷神像的神龛里,因为这地方相对高燥。

烘豆除泡茶之外,还是一种很好的零食和"下酒菜"。清人韩应潮在《栖溪风味十二咏》中对"烘豆"作了如下描绘:"莫笑冬烘老圃俦,豆棚骚屑话深秋。匀园剥出纤纤手,新嫩淘来瑟瑟流。活火焙干青玉脆,盈瓶赠到绿珠投。堆盘正好消寒夜,细嚼诗情一种幽。"

第二种是芝麻或野芝麻,一般选用颗粒饱满的白芝麻炒至芳香即可。据说以前用的是一种"野芝麻",比栽培芝麻还要香。

被这一带乡人称为"野芝麻"的东西,据笔者对相应植物植株的鉴定,实即紫苏。紫苏为唇形科紫苏属一年生草本植物,原产东南亚、中国大陆中南部和印度喜马拉雅山区。按《中国种子植物科属辞典》的说法,紫苏的变异极大,下有数个变种,我国旧称叶子全绿的为白苏,叶子两面紫色或面绿背紫的为紫苏,但二者实为同一物种,变异或由栽培而起。[1]紫苏在杭嘉湖乡村农家的田头墙角多有生长,秋后结果,果实很小,半毫米左右,圆形,黑色。果实成熟时,人们剪下枝条,放在竹匾中晒干,然后像收油菜籽那样敲几下,一粒粒苏子就会从干裂的果荚里掉出来。

紫苏的种子,民间也称之为卜子、卜芝、卜知或卜芝麻,书籍中多称为苏子或黑苏子。炒熟后的苏子芳香浓烈。

第三种为橙皮,是一种产于太湖流域的酸橙的果皮。酸橙为芸香科柑橘属植物,性微寒,味苦、酸。酸橙的皮经过煮、刮、切、盐腌、晒等多道工序,就可使用了。无酸橙皮时,也可用橘子皮代替,先把橘子皮洗净,在太阳下晒干,再用盐水浸泡,再切成半寸长丝状,再浸泡在盐水中备用。现在,为图方便,乡人有时也用蜜饯中的"九制陈皮"代替。

第四种为"丁香萝卜干",即胡萝卜干。先把胡萝卜洗净切丝,然后有两种做法,一是以适量的盐生腌后再晒干;一是煮熟后再腌制、晾干。后一种更适宜牙齿不便的老年人食用。

以上四种,基本上是烘豆茶中必备的"茶里果"。此外,根据各人的口味习惯和经济条件,也可在烘豆茶中加入扁尖笋干、香豆腐干、咸桂花、腌姜片、炒柏子等多种佐料,一些讲究的人家甚至要放上七八样或十来样东西。但不论加什么,有两个原则必须遵循,一是所加之物不能是腥膻油腻之物,二是所加之物不能造成茶汤的浑浊。

二、烘豆茶的吃法

先把各种茶里果放进杯子,再放上几片绿茶,用沸水(现烧的开水)冲泡就行。冲泡后的烘豆茶,可谓色香味俱全。

色:刚冲进水时,烘豆是绿的,皱皱地躺在杯底。嫩茶叶呈鹅黄。芝麻是白的,苏子是黑的,浮在上层。腌制的橘皮是金黄色的。胡萝卜干是红色的。这样,一杯茶至少就有了红、鹅黄、绿、金黄、白或黑五种色彩。盖上杯盖闷一会儿,再揭开盖子时,就会发现茶水变色了,成了透亮的浅绿色,这是因为从烘豆里浸润出来的汁液溶在水里了。

香:烘豆茶有芝麻、烘豆、橙皮和炒青茶叶的香,特别是嚼到苏子时,会在齿下发出嘎嘣一声脆响,口感极佳,并有奇香袭来。最后吃杯中的烘豆时,烘豆已被茶水泡胀,肥壮饱满,吃在嘴里,韧得很有嚼头,嚼着嚼着,就满嘴是香了。

味:烘豆茶的味道鲜美无比,胜过"阉笃鲜"(江南地区民间流行的一种吃起来很有鲜味的腌菜)。如果饮者口味较重,也可另加食盐和味精。

烘豆茶在民间称为吃,不说喝。因为喝到最后要连茶叶带茶里果一起吃光,不吃便是看不起主人,至少对主人是不礼貌的。烘豆茶初喝时,茶水是带咸味儿的,续过几遍水后,茶水已淡,此时喝到见底,主人就会递过筷子,让你将杯里的茶里果夹来吃掉,忌讳用手指抠挖。有些地方的人则通过轻拍杯口,使杯底的茶里果沿杯身慢慢上升,到达杯口附近时再用力吸进嘴里嚼食,当然这是个技术活,不是人人都能做到的。

从历史文献看,茶最早确实是吃而不是喝的。《广雅》曰:"荆巴间采叶作饼,叶老者,饼成,以米膏出之。欲煮茗饮,先炙令赤色,捣末,置瓷器中,以汤浇覆之,用葱、姜、桔子之。其饮醒酒,令人不眠。"[2]至唐朝,虽然陆羽之类的清雅之士已不屑于此,但民间仍在流传,陆羽《茶经》曰:"或用葱、姜、枣、橘皮、茱萸、薄荷之等，煮之百沸，或扬令滑，或者去沫，斯沟渠间弃水耳，而习俗不已。"[3]宋时，吃茶和喝茶，正处于激烈的争斗状态。苏轼《东坡杂记》曰："唐人煮茶用姜，故薛能诗云：'盐搅添常戒，姜宜著更夸'据此，则又有用盐煮者矣。近世有用此二者辄大笑之，然茶之中等者用姜信佳也，盐则不可。"苏轼的家里人习惯于吃茶，他在给蒋夔的《寄茶》诗中说，对于家人将价值万钱的"紫金百饼"用姜、盐煎了"吃"，深为惋惜："老妻稚子不知爱，一半已入姜盐煎，人生所遇无不可，南北嗜好知谁贤。"苏辙在《和子瞻煎茶》诗中也说："相传煎茶只煎水，茶性仍存偏有味……北方茗饮无不可，盐酪椒姜夸满口，我今倦游思故乡，不学南方与北方。"但从总体趋势看，从唐代提倡喝清茶后，受到了佛道和士大夫阶层的极力推崇，渐占上风，明以后遂成饮茶的主流方式。

但吃茶的习俗仍在乡村和边远地区顽强地延续着。除烘豆茶外，主要流传于一些少数民族中的擂茶、豆茶、油茶、奶茶、酥油茶等，也都属于这些更偏重于"吃"的茶。如擂茶，是把茶叶、芝麻、姜片等（不同季节还可添加不同的茶料，如薄荷、菊花、金银花、陈皮、肉桂等），放入擂钵内，用擂棍顺钵内沟纹旋磨，直至将茶叶等捣成碎泥状，然后用捞子滤去渣杂，留下茶泥放入茶盂，冲入沸水，搅拌数下即为擂茶。[4]苗族的油茶，是先将苞谷、黄豆、蚕豆、红薯片、麦粉团、芝麻、糯米花等分样炒熟，用茶油炸好，放入钵中备用。吃时，先在碗里放上上述各种油炸食品，然后用自制的茶叶烧好一锅滚茶，把茶水冲进碗里，再放上一点盐、蒜、胡椒粉。裕固族的酥油茶，是先把茯茶或砖茶捣碎，放在盛有凉水的锅内，加入苹果、姜片等佐料煎煮，待茶熬酽后，再调入食盐和鲜奶。然后把熬好的奶茶冲在有酥油、曲拉、炒面的碗内，就成酥油茶了。[5]

三、烘豆茶的起源传说

烘豆茶的起源，已不可考，但民间对此多有自己的传说。归纳起源大约有以下三种。

（一）与防风氏有关

此传说流传于浙江的德清和余杭一带。民间称烘豆茶为防风神茶。在德清三合乡二都封山之麓、下渚湖之滨的防风王庙原址上重建的防风氏祠,祠前就立有"防风神茶记"碑,详细介绍了这个传说。碑文曰:吾乡为防风古国之封疆。相传防风受禹命治水,劳苦莫名。里人以橙子皮、野芝麻沏茶为其祛湿气并进烘青豆作茶点。防风偶将豆倾入茶汤并食之,尔后神力大增,治水功成。如此吃茶法,累代相沿,蔚成乡风。此烘豆茶之由来,或誉防风神茶。然佐料因地而异,炒黄豆、橘子皮、笋干尖、胡萝卜,不一而足,各有千秋。但均较此间烘豆茶晚出。邑产佳茗著录茶经,风味更具特色,宜乎有中国烘豆茶发祥地之桂冠也。爰为立碑纪念,茶人蔡泉宝策划,县乡领导主与其事,并勒贞珉传之久远。丙子十月谷旦卢前撰文,郭涌书丹。

(二)与伍子胥有关

这个传说流传于太湖之滨的吴江一带。相传吴国大将伍子胥曾在今吴江市庙港开弦弓村屯兵。当地百姓看到伍将军屯兵辛苦,自发地采集土产"毛豆子"烘干,以充军粮。同时,用开水冲泡烘豆和茶叶,做成烘豆茶给将士解渴。从此,这种吃茶方法就在太湖沿岸流传成俗。

(三)与岳飞有关

这个传说流传于洞庭湖湘阴、汨罗一带。相传南宋绍兴年间,岳飞被授予镇宁崇信军节度使,带领兵马南下,驻军汨罗县。他的士兵大多来自中原地区,一到南方,水土不服,军营中腹胀肚泻、厌食乏力者日渐增多。岳飞不仅是武将,还精通医术,他吩咐部下熬煮黄豆并加入盐和姜,让士兵饮用。果然,士兵的疾病迅速好转。军营周围的百姓得知后,也学着煮这种茶吃。

四、民间流行烘豆茶的原因

在喝清茶一统天下的时代,烘豆茶还能牢牢地占有杭嘉湖乡村茶饮的一席之地,是有其社会和经济原因的。

其一,烘豆茶属于最原始最原汁原味的茶俗,它的流行当有久远的历史传承因素。

虽然我们现在仍不清楚杭嘉湖地区的先民们到底是在什么时候开始吃茶的,但至少有两点是可以肯定的:(一)浙江也是茶树的分布区之一,距今七八千年的浙江萧山跨湖桥遗址就出土过一颗茶籽;[6](二)跨湖桥遗址的先民已会使用陶罐煮植物茎叶。[7]说明杭嘉湖地区的先民已具备了吃茶的一些客观条件,有原料,也有煎煮的技术。因此,我们推测杭嘉湖地区的吃茶历史虽然不一定能早到史前,但应该不会太迟,烘豆茶当是这种原始茶俗的传承之一。

其二,乡村农家的生活大多较为贫困,烘豆茶相对廉价,并能有效地补充能量和营养。

清茶流行后,特别讲究茶的质量和制作,茶叶仅取嫩芽,产量有限,制作程序繁复,茶艺程序又十分繁杂,因此价格往往昂贵,乡民一般是不敢问津的。而烘豆茶并不特别讲究茶叶的质量,而且其他几种茶里果也是乡间的常见之物,农家在田头屋角栽种或野外采集就能得到,经过自家烘熏或腌制就成。

烘豆、芝麻、胡萝卜和盐等均是补充能量之物,对长年劳作出汗多的乡人来说,是恢复和补充体能的好食品。毛豆富含植物蛋白质,每 100 克大豆中蛋白质含量高达 40 克左右,相当于小麦的 3 倍,玉米的 4 倍,稻米的 5 倍。而且这种蛋白质的质量比其他粮食作物中的蛋白质好,其氨基酸组成接近人体的需要,其组成比例类似动物蛋白质,其中谷类食物中较为缺乏的赖氨酸在豆类中含量较高,所以宜与谷类搭配食用,从而提高膳食中蛋白质的生理价值。而且大豆脂肪含量比较高,达 15%—20%,其中以黄豆和黑豆的含量最高,这一点对相对贫寒,常年吃煮菜肚里缺油水的农家来说,是一种很好的脂肪补充。此外,大豆还含有丰富的钙,250 克豆腐的钙含量和 250 毫升奶的钙含量相当。对几乎沾不到奶制品的农家来说,补钙的意义也不可小视。当然,大豆中也含有一些不利于消化、吸收或有豆腥味的成分,包括引起肠胀气的低聚糖、干扰蛋白质消化利用的抗胰蛋白酶因子、影响微量元素吸收的大豆皂甙和植酸、可能对甲状腺不利的致甲状腺肿大因子等,但经过烘熏和茶水的浸泡后,这种不利因素会有所减弱,从而更有利于人体的食用。苏子中的脂肪油为干性油,且含有维生素 B_1。芝麻有黑白两种,都是营养丰富的食物,《神农本草经》曰:"芝麻,补心脏,益气力,长肌肉,填髓脑,久服强身。"据现代营养学分析,芝麻含有人体所需的多种营养素,其蛋白质含量多于肉类,其中氨基酸含量十分丰富,含钙量为牛奶的 2 倍,还含有维生素 A、D 及丰富的 B 族维生素。两者相较,黑芝麻的脂肪含量更高,高达54%,还有较多的卵磷脂,可防止头发过早变白或脱落。白芝麻的含油率更高,明·李时珍《本草纲目》曰:"取油以白者为胜,服食以黑者为良。"白芝麻油中含有较多的不饱和脂肪酸,其中油酸(单不饱和脂肪酸)占45%,亚油酸(多不饱和脂肪酸)占40%。对常年以食用菜籽油(从油菜籽榨取,在食用油中属于品质较差的油类,含有较多的影响口感和营养的芥酸、亚麻酸等成分)为主的杭嘉湖农家来说,芝麻油是一种很好的营养补充。

其三,农家历来是最缺医少药的一个阶层,吃茶可防病治病。

居地偏远使他们看病困难,贫穷使他们看不起病,因此乡人多有从饮食上预防疾病的习惯。烘豆茶就是兼有这种功能的一种饮食。其中的烘豆具有和胃益中的作用。酸橙或橘子皮有行气宽中、消食除满、散结化积、化痰等理气健胃的功效。苏子有散寒解表,理气宽中的作用,常与生姜配伍,主治感冒发热。江南的冬天阴冷湿寒,感冒是常见病之一,苏子的这个作用能较好地预防感冒。此外,苏子解蟹毒的功能也不可小看。杭嘉湖地区号称"鱼米之乡",饮食习惯按司马迁在《史记》中的说法是"饭稻羹鱼",鱼、蟹是这一带人的常食之物,尤其是深秋和初冬时节,蟹为餐桌常物,正所谓"菊黄蟹肥"也,但中医视蟹为大寒之物,食者常因中寒毒而腹痛甚至吐泻,而放了苏子的烘豆茶正可预防此症。相传紫苏解蟹毒是明末武林(今杭州)名医卢复发现的。卢复字不远,号芷园。有一年适逢菊花盛开季节,他去外面游玩赏景,吃了大湖蟹,回来后上吐下泻,他知道是蟹中毒,自己配制一些药服用后并不见效,于是就查阅资料,发现古人记载说,水獭生性喜欢吃鱼蟹,但从不中毒,这是由于水獭还经常吃一种叫"紫苏"的植物叶子,他想紫苏叶可能会解蟹之毒,就急忙取来用水煎服,果然吐泻立刻止住。这件事被其子卢之颐记录在《本草乘雅半偈》中。从此,用紫苏解蟹毒的办法,就逐渐在杭嘉湖一带流传开来了。

[本文原载于《农业考古》,2007(02)]

注释:

[1]侯宽昭:《中国种子植物科属辞典》,科学出版社 1958 年版,第 325 页。

[2][唐]陆羽:《茶经》,中国工人出版社 2003 年版,第 22 页。

[3][唐]陆羽:《茶经》,中国工人出版社 2003 年版,第 20 页。

[4]廖军:《赣南擂茶》,《农业考古》1996 年第 4 期。

[5]孙建昌:《少数民族茶俗》,《农业考古》1996 年第 4 期。

[6]浙江省文物考古研究所编:《跨湖桥》,文物出版社 2004 年版,彩版四五。

[7]浙江省文物考古研究所编:《跨湖桥》,文物出版社 2004 年版,彩版三二、三三。

试碾露芽烹白雪

——宋代径山茶的品饮法小考

阮浩耕

径山是一座佛山,径山又是一座茶山。宋代是径山寺发展历史上的一个高峰,宋代同样是径山茶的一个辉煌时期。关注并深入研究宋代径山寺、径山茶,无论对茶的历史和现状都是非常有意义的。本文试对宋代径山茶的品饮方式作些考察。

一、唐煮、宋点、明撮泡——古代饮茶方式的演变

大约从汉代起茶逐渐从药用而扩大到日常饮用。2000多年来,茶的饮用方式经历了多种变革。唐及唐以前是末茶煮饮法,宋代是末茶点饮法,明以后是散茶撮泡法。因此简略地称为:唐煮、宋点、明撮泡。其实,这只是一个笼统的归纳,或者说只是当时的一种主流饮用方式,实际生活中并非如此整齐划一,而是多样并存的。在历史时代的划分上也并非如此绝对,而是会有交叉的。

先说"唐煮"。

唐代制茶以蒸青后捣拍成饼茶为正宗,饮用时以碾饼为末投锅煮沸为得法。这在陆羽《茶经》中都有详细记述。但也有例外的。如刘禹锡在和柳宗元革新政治失败后,被贬郎州(今湖南常德)司马时,作有一首《西山兰若试茶歌》,有句云:

山僧后檐茶数丛,春来映竹抽新茸。

宛然为客振衣起,自傍芳丛摘鹰嘴。

作者简介:阮浩耕(1938—),男,浙江上虞人,副编审,曾任《茶博览》主编。

斯须炒成满室香,便酌砌下金沙水。

骤雨松声入鼎来,白云满碗花徘徊。

当时西山寺僧已经在自制炒青茶了,不过在品饮时,是将茶叶碾成末再煮或冲点,所以才有"白云满碗"。刘禹锡还有一首《尝茶》诗:

生拍芳丛鹰嘴芽,老郎封寄谪仙家。

今宵更有湘江月,照出菲菲满碗花。

这"生拍芳丛",似乎是将"鹰芽嘴"不经蒸青直接"拍"成饼,有点类似今天的普洱生饼,这样便于封寄。在品饮时,也是要碾成末再煮或冲点。"菲菲满碗花"是煮或冲点后生成的沫饽。这种制茶和品饮方式的多样共存,陆羽在《茶经》也明确谈到:"饮用粗茶、散茶、末茶、饼茶者,乃斫、乃熬、乃炀、乃舂。"

再说"宋点"。

宋代制茶仍然以团饼为正宗,而且制作及品饮更精致。御用的龙团凤饼,以宋徽宗赵佶的话"采择之精,制作之工,品第之胜,烹点之妙,莫不咸造其极。"漕臣郑可简创银线水芽,将茶芽浸于泉水,剔去嫩芽只取其心一缕,用御泉水研造,号龙团胜雪,"盖茶之妙,至胜雪极矣!"宋代虽仍是以团饼茶为正宗,但如刘禹锡在山西寺见到的那种炒青散茶已经日渐增多了,称之谓"草茶"。欧阳修在《归田录》里说:"腊茶出于剑建,草茶盛于两浙。两浙之品,日注为第一。"

宋代的点茶法,与唐时煮茶最大的不同是煮水不煮茶,即碾成的茶末不再投入镬(锅)中煮了,而是盛于茶盏用沸水冲点。

再说"明撮泡"。

明代是"草茶"的时代,团饼茶退出了主流社会。朱元璋在罢造龙团的诏令中称为"芽茶"。

"草茶"到了明代不但成为社会的主流茶类,而且品饮方法有了重大革新,就是不再如唐宋时那样碾磨成末再煮或冲点了,而是保持芽叶原样用沸水冲泡,称为"撮泡"。

二、点茶、斗茶、分茶——宋代末茶的品饮艺术

宋代开创的末茶冲点法,大大提升了末茶的品饮艺术,是古代末茶茶

艺最辉煌的时期。点茶技艺,蔡襄在《茶录》中说:

> 钞茶一钱匕,先注汤,调令极匀,又添注之,环回击拂。汤上盏,可四分则止。

宋徽宗在《大观茶论》中,对点茶技艺更有一番鞭辟入里的论述:

> 妙于此者,量茶受汤,调如融胶。环注盏畔,勿使侵茶。势不欲猛,先须搅动茶膏,渐加击拂,手轻筅重,指绕腕旋,上下透彻,如酵蘖之起面,疏星皎月,灿然而生,则茶面根本立矣。

宋徽宗还作有一幅《文会图》,在图的下方十分细致地描绘了宫廷点茶的华丽场景。

民间也有点茶高手,杭州南屏山的谦师就是一个。宋元祐四年(1089)苏东坡第二次来杭州任知州,刚到杭州那年十二月二十七日,他游寿星寺,谦师远来设茶,苏轼作《送南屏谦师》,以诗赠之:

> 道人晓出南屏山,来试点茶三昧手。
>
> 忽惊午盏兔毛斑,打作春瓮鹅儿酒。
>
> 天台乳花世不见,玉川风液今安有。
>
> 先生有意续《茶经》,会使老谦名不朽。

从诗中看出,谦师点茶用的是黑釉兔毛盏,点茶的沫饽色似白中透黄的鹅儿酒。谦师这种点茶的技艺,苏轼称赞是《茶经》的续篇。

宋代流行点茶技艺的斗试,称为“斗茶”。点茶以“面色鲜白,着盏无水痕为绝佳”,即茶盏内沫饽的颜色要白,而且要铺满茶盏,不见水痕。斗茶时“以水痕先者为负,耐久者为胜,故较胜负之说,曰相去一水、两水”。(蔡襄《茶录》)

宋代还流行一种点茶的游艺,称为“分茶”,又称“茶百戏”。陶谷在《茗录》中说:

> 近世有下汤运匕,别施妙诀,使汤纹水脉成物象者,禽兽虫鱼花草之属,纤巧如画。但须臾即就散灭。此茶之变也,时人谓之茶百戏。

当时玩这种分茶游艺的,一是文人,二是僧。诗人陆游喜欢玩,他在淳熙十三年(1186)春住杭州孩儿巷等待宋孝宗召见,趁闲作草书、玩分茶自娱,在《临安春雨初霁》中有句:“矮纸斜行闲作草,晴窗细乳戏分茶。”

宋代偃武修文的国策和游宴享乐之风,造就了点茶、斗茶、分茶这种高雅生活艺术。

三、碾芽、龙井、烹白雪——宋代径山茶的品饮法

宋代径山茶是杭州的珍品。北宋叶清臣(1000-1049)写过一篇五百余字的短文《述煮茶泉品》,对吴楚两地,即今江、浙、皖、鄂地区的茶叶作了一番评述:

> 吴楚山谷间,气清地灵,草木颖挺,多孕茶荈,为人采拾。大率右于武夷者为白乳,甲于吴兴者为紫笋,产禹穴者以天章显,茂钱塘者以径山稀。至于续庐之岩,云衡之麓,鸦山著于无歙,蒙顶传于岷蜀,角立差胜,毛举实繁。

他认为吴楚之地的好茶是武夷的白乳、吴兴的紫笋、会稽的天章、钱塘的径山。可见北宋时径山茶的名声已经很大了。

径山有龙井好水。

北宋"四大家"之一的蔡襄,在治平二年(1065)知杭州,常上径山。"山间有小井,云龙湫也。龙亡湫在,岁常一来。"他在《记径山之游》中,赞径山好水说:"松下石泓,激泉成沸,甘白可爱,即之煮茶。"

苏轼对径山龙井水有诗多首咏之,他还发现"龙井水洗病眼有效"。《径山》诗有句:"问龙乞水归洗眼,欲看细字终残年。"

径山产好茶有好水,现在要研究考察当时茶是如何品饮的?

从现有一些文献记载来看,径山茶在宋时已是一种芽叶完整的散茶,不拍压为茶饼了。咸淳《临安志》卷五十八"货之品"载:

> 近日,径山寺僧采谷雨前者,以小缶贮送。

吴自牧《梦粱录》卷十八"物产"也有记:

> 盖南北两山、七邑诸山皆产。径山采谷雨前茗,以小缶贮馈之。

"缶"是古代一种大肚小口的瓦器,多用来盛酒、汲水。这种盛雨前芽茶的"缶",其器形显然要比盛酒、汲水的小,故称"小缶",又是"小口"的,因此,唯有芽叶散茶才能装得进去,团饼茶是装不进小缶的。

这种芽叶散茶的品饮法,苏轼在诗中有记述。那是熙宁六年(1073),大约八月看潮后,苏轼在杭州通守任上,因往诸县提点,曾与周邠、李行中

同上径山游,作有《与周长官、李秀才游径山,二君先以诗见寄,次其韵二首》和《径山道中次韵答周长官兼赠苏寺承》诗。过不久,又次上径山,作《再游径山》。回到杭州已近重九。重九那天苏轼到孤山报恩院与惠勤禅师品茗谈禅,有《九日,寻臻黎,遂泛小舟至勤师院二首》记其事。其一有句:

> 试碾露芽烹白雪,休拈霜蕊嚼黄金。

其二有句:

> 明年桑苎煎茶处,忆著衰翁首重回。

这"试碾露芽",说出了茶在品饮时的关键一着,就是将"露芽"碾磨成末茶。宋代杭州的白云茶、香林茶、宝云茶和径山茶一样,早就制成散茶,在品饮时仍要碾磨成末茶,冲点后品饮。宋代"茶色贵白",末茶冲点后沫饽凝结成乳,诗人常以"白乳""白雪"来形容。苏轼《越州张中舍寿乐堂》诗中有:

> 春浓睡足午窗明,想见新茶如泼乳。

在《试院煎茶》诗中,苏轼讲到了点茶时磨茶、煮水的掌握和茶汤的色泽:

> 蟹眼已过鱼眼生,飕飕欲作松风鸣。
>
> 蒙茸出磨细珠落,眩转绕瓯飞雪轻。

南宋画家刘松年的《撵茶图》,为我们描绘了一幅散茶冲点的生动场景。刘松年钱塘人,在南宋画院经历三朝,工画人物、山水。《撵茶图》左半,有一人坐在矮几上,正在操作碾磨,把芽叶磨成末。另一人站在桌边,右手执水注,正在向桌上大茶瓯中注沸水,左手持茶盏,手下有一柄茶筅,用来击拂茶汤的。

由此可以明白,宋代末茶冲点有两类:一类是团饼茶碾末冲点,一类是散茶碾末冲点。南宋审安老人《茶具图赞》中碾茶的用具有三:木待制、金法曹、石运转。木待制、金法曹是用来碾团饼茶的,石运转是用来磨散茶的。

现在我们说径山是日本茶道之源。当年来径山的日本留学僧荣西、圆尔辩圆、南浦诏明,他们从径山学习和带回日本去的,正是这种芽叶散茶碾末冲点的技艺。所以日本的茶叶加工制作在历史上，没有经历过团饼茶制作的阶段。

刘禹锡在西山寺所见"斯须炒成满室香"的散茶，唐代是一种另类茶；到北宋时被称为"草茶"，不入主流；南宋时在都城临安已成了主流，并传入日本。这种末茶品饮法，一直到明代虽已流行撮泡法，但仍有流传。

［本文原载于《茶叶》，2009（01）］

茶清心径，禅涤心源

——径山禅茶弘扬刍议

大　茶

一

当今世界，经济社会高速发展。芸芸众生，不论在生存、生活、学习，还是工作等多方面，都面临着前所未有的巨大挑战和压力。伴随着科学技术的日新月异，以及信息化浪潮的风起云涌，一些新技术、新手段为人类带来便利的同时，也不可避免地产生着种种副作用，并严重影响着人类的身心健康。比如说电子、电磁的"污染"等。

不久前，一种被称之为"轻思维、慢生活"的新方式悄然兴起，并逐渐成为城市白领一族认同和乐于尝试的时尚。那么，什么是"轻思维"呢？大家可能静下来略作思考。当前，人们最为普遍的思想情绪和精神状态，可以用两个字来概括，那就是"焦虑"。有关于情感的、健康的、生活的、工作的、事业的，为了赚钱养家、为了子女教育、为了房子等等，节奏非常快，很辛苦，也很"心"苦。而之前所说的"轻思维"，便是提倡和缓解"焦虑"的一种有效方法。

大家知道，人类来源于自然。地球这个"蓝色星球"是我们共同的家园，在这个"生命的摇篮"里，分为植物、动物和微生物三大类。而我们人类，是高等动物，更是"万物之灵"。尽管如此，但人类的生命却很脆弱，各种各样的疾病不仅侵袭着我们的身体，更伤害着我们的心灵。社会形态和

此文为"2008 径山禅茶论坛"发言稿。

群居环境，尤其是城市化的聚集方式，让我们与大自然越来越疏远。庆幸的是，数千年来，华夏先祖流传给了我们一份最好的礼物——茶。

也许，在地球上数十万种的植物中，茶只是其中普通的一种，但正是这种平凡而又伟大的东西，带给了我们千古的益处。茶，既有一定的药用价值，又有切切实实的饮用功效。这些神奇的叶子，拉近了人与自然的距离，在"生命之源"水的作用下，成为人与自然和谐的媒介。不仅如此，茶还蕴含着历史、文化、人文和礼俗等，毫不夸张地说，人类文明发展史的每一页，都弥漫着茶的清香，在这方面，在我们伟大的祖国中国，将茶从物质提升到精神，并发挥至极限。中国无愧为茶的国度，茶也无愧为中华国饮。

有趣的是，2000 多年前，我国西汉萌发了茶饮习俗，经过东汉、三国、两晋南北朝和隋朝，进入唐代，尤其是流寓江南的陆羽写下了举世闻名的《茶经》后，"茶道大行"，茗饮之风勃兴于神州大地。还有一个有趣的现象，自从茶进入人们的视野后，千百年来，和佛、道两家结下了很深的渊源。以唐朝为例，比陆羽早些时候的天宝元年，也就是公元 742 年，僧人法钦来到径山，并在宴座峰结庵，后来，建成了享誉至今的径山寺。据余杭旧志记载："产茶之地，有径山四壁坞及里山坞，出者多佳品，凌霄峰尤不可多得……开山祖法钦师曾手植茶树数株，采以供佛，逾年蔓延山谷，其味鲜芳，特异他产，今径山茶是也。"法钦和尚不仅造就了径山寺，更成就了径山茶，这位精修"牛头禅法"的大德高僧，堪称径山禅茶的鼻祖。

到了宋代，"茶宴"在径山寺盛行起来，并且形成了一套完整的仪式规则。端平二年（1235）和开庆元年（1259），日本僧人圆尔辨圆、南浦绍明先后嗣法于径山寺，他们归国的时候，带去了茶典和茶道具，并在"扶桑之国"东瀛传播"径山茶宴"和"末茶"之法。久而久之，径山被誉为"日本茶道之源"。

径山出名后，北宋大文豪苏东坡曾三次登临径山，并且留下了著名的《游径山》诗篇。同时代，还有著名茶家蔡君谟游历径山，亦有茶诗传世。其他如叶清臣《述煮茶泉品》（茂钱塘者，以径山稀）也对径山茶褒誉有加。释咸杰更是写有"烹煎凤髓龙团，供养千个万个"和"一茶一汤功德香，普令信者从兹入"等诗句，足见径山禅茶文化之兴盛。

历代以来，文人墨客颂咏径山茶的诗文层见叠出，如南宋吴自牧的《梦粱录》，明谢应芳的《寄径山颜悦堂长老》、田汝成的《西湖游览志》，清谷应泰的《博物要览》、刘源长的《茶史》、陆廷粲的《续茶经》和金虞的《径山采茶歌》等，以及临安、余杭和浙江的地方志等。由此可见，径山禅茶拥有丰富的历史底蕴和文化资源，而这一切，均可以转化为富有径山特色、新的精神财富。

二

丰子恺先生曾经说过："人的生活，可以分作三层；一是物质生活，二是精神生活，三是灵魂生活。物质生活就是衣食，精神生活就是学术，灵魂生活就是宗教。"或许是受了弘一大师的影响，子恺先生作为一个真性情的艺术家，他始终不懈地追求更高层次的灵魂生活。他的漫画、文字，无不充满着人世间朴素的爱，这从他几十年如一日，完成鸿篇巨制《护生画集》就可以感受到其"一心向佛"的宏愿。

今天，结合径山灿烂悠久的历史文化，围绕径山禅茶的弘扬与发展，笔者不揣冒昧，借"禅茶论坛"这个良好的交流平台，抒发若干浅显之见，期待方家们的批评指正。

在前半段的发言中，我提到了"轻思维"的新概念。而现在，我将着重于"生活禅"与径山禅茶的叙述。众所周知，我们做任何有意义的事，均离不开理想、信念和目标为前提。而很多事，在具体的实践中，无非是哲学、科学和艺术的结合，也就是说，是思想、技术和方法三个层面的有机融合。首先，我们需要厘清径山禅茶的概念。什么是禅？禅是什么？径山禅茶怎么定位？怎么开拓？怎么弘扬？怎么继承？怎么发展？径山禅茶和其他地方的禅茶有什么不同？自身的特点在哪里？特色在哪里？这一系列问题和衍生的问题，都需要我们重新认识、重新创新和重新策划。

记得三年前（2005）的春天，我第一次走进径山小镇和双溪漂流景区，几乎是一见钟情，深深地被这个地方所吸引。也许是清润的山水，也许是清新的空气，也许是微雨后的丽日，让我这个来自喧嚣都市的人，感到前所未有的惬意。往日忙乱的节奏在这儿得到舒缓，纷杂的思维在这儿得到休整,浮躁焦虑的尘心突然变得宁静,那种身心休闲的感觉好极了。第二年夏,我再次约上二三知己,并且首度登上了径山。晋谒万寿禅寺之余,在竹林里品饮径山香茗,享受这世外桃源般的方外之趣。尽管我也游历过许多山水,但只有径山给我以"阳气特专"的心灵体会。堆珠、鹏抟、宴座、凌霄等群峰环绕,却毫无通常山区常有的"阴韵"感觉。从那以后,我便与径山结了缘。

月前,我从径山问茶回上海后,不时在思考有关径山的一些问题。在说茶以前,先说说水。

杭州西湖附近的龙井,可以说是天下皆知。而在径山寺内,也有一口"龙井"。传说,当年法钦和尚就是在径山龙井边栽植茶树的。这口龙井,甘白清澈,北宋蔡襄游径山时,就曾汲龙井泉水煮茶。而苏东坡在《次韵杨次公惠径山龙井水》一诗中,还题注:"龙井水洗病眼有效",可见径山龙井是颇有历史知名度的。茶圣陆羽有许多品水逸事,《茶经》中也强调了水的重要性。古人还说:"水为茶之母。"因此,茶文化离不开水文化,径山禅茶文化更可以联姻径山水文化。鉴于东苕溪之源流经径山北麓与双溪交汇,而径山镇还有著名的"陆羽泉"等资源。因此,径山水文化的运作大有空间。我还注意到,佛指园水云涧茶厂以前就是生产"龙泉水"的,"本山水泡本山茶"向来为茶人所珍视,径山是佛地,径山圣水瀹径山禅茶寓意着吉祥平和,这无疑是个良好的契入点。

再说回到茶。经过多年发展,"碧碗茶香清瀹乳,红炉木火生暖烟"的径山茶,在成为"浙江省十大名茶"之一的基础上,发掘和提升为径山禅茶,这很好。明代石涛论画云"笔墨当随时代",茶也一样。联想到宋代径山茶宴在历史上的辉煌,但如今日渐式微的状况。迫切需要在继承传统的基础上,注入新的内涵,把径山茶宴重新恢复、振兴起来。

如果说,"禅"是径山禅茶文化的核心,那么,新的径山茶宴可作为其主要的表现形式,与之相应需要发展、完善的,还有径山禅茶茶艺,这一茶艺,必须要有径山特色,在立意上,可以结合径山"水的包容、竹的虚心、茶的清和、禅的澄怀"等。体现在禅茶水品、茶品、茶器、茶服等具体项目上,并且延伸到茶食、茶点、茶餐、茶礼品等诸多方面。也就是说,把径山禅茶文化提升到精神享受、思想追求的境界,并作为一项特殊产业来发挥,就能衍生许多关联的产业,外延也会变得无限广阔。

说到径山,似乎和朝圣礼佛、旅游休闲等有着密切的关系,但这仅仅是一个方面。香客自不待言,如何吸引海内外游客,把人们一般意义的旅游变成度假,变成经常性来径山?我认为,应提倡"生活禅",把径山营造为适合修身养性的"养生家园"。举两个例子,上海与河北,这两地都不产茶,但上海的少儿茶艺和社区茶文化活动开展多年,已经具有相当的群众基础;河北不仅茶事活动频繁,"禅茶夏令营"也名闻中外。前者注重茶文化新生代的熏陶,以及国际茶文化节 14 年的品牌延续;后者依托赵州从谂的"吃茶去"典故,持续性地发展禅茶文化。径山可借鉴这些成熟经验,再造一个当代茶界的"兰亭雅集"来,形成名牌效应,造就"禅茶之源"。

目前,其实已有良好的基础,余杭区径山茶行业协会组织开展了径山茶祖祭奠、禅茶文化研讨会等一系列茶文化活动。绿神茶苑不仅是湖畔居茶楼的定点茶叶基地,还成了众多茶文化活动的聚集地。此外,径山古道也已整修一新。

当今世界是信息化的世界,电子商务、网络经济发展迅猛,网络工作和生活已成为一种主流。因此,建议在协会网站的基础上,设立开通专门的径山禅茶网,以进一步发挥全方位宣传的效用。同时,建议散居径山各处的"农家乐"加强联动,尤其是与外界的沟通,构建"数字农家乐",以迎合未来发展的需要。

总而言之,弘扬径山禅茶文化宜在吉祥文化、养生文化和茶文化本身着力,结合建设"两个文明"及"和谐社会"的要求,促进茶产业和其他产业的发展,为当地的文化、经济发展推波助澜。

[本文原载于《农业考古》,2008(05)]

唐五代茶宴述论

沈冬梅　李　涓

茶宴,是以茶为载体的宴饮聚会。在现今可见的文字资料中,以茶宴饮聚会的活动,除称茶宴外,又有茗宴、茶筵、茶会、会茶者,皆有之。

在禅茶文化研究中,在中日茶文化交流史的研究中,宋代径山茶宴是一项颇受关注的课题。其实在中唐以后的唐宋时期,茶宴是一种较常见的存在,既是文人士夫聚会宴饮的文化生活现象,也是丛林禅僧聚集传灯讲法参禅悟道的一种形式,也是文人士夫与释老之徒交往中的一种形式,也是社会民众日常生活现象。而丛林茶宴与文人士夫的茶宴,互有影响,互有交集,也可谓是三教合流的历史文化潮流中的一个具体现象,也是中国茶宴文化的特点。

茶兴于唐。中唐时,茶业与茶文化俱大兴,诗人们作出了"茶道"之诗[1],茶神陆羽写出了《茶经》之著,而茶宴,也在此时开始出现,出现于唐代宗大历年间(766—779)。有学者将西晋吴兴太守陆纳招待来访的谢安时"所设惟茶果而已"的行为,认为是正式的茶宴开始出现。笔者不同其意。因为,陆纳只用茶果待客是以显清廉,并不是着意地以茶为载体进行宴饮聚会,且是极个体行为,所以尚不能称为茶宴之始。

茶宴的出现,大抵与唐代的宴饮会食之风习制度、文人游历之风、蕃镇使府文职僚佐征辟制度,以及寺庙住留文人士子的习惯相关。自唐太宗时的"廊下食"开始,唐代形成了以堂食为代表的公厨会食的制度。自中宗李显神龙年间(705—706)开始,在关试之后为新及第的进士在曲江畔杏

作者单位:沈冬梅,中国社会科学院历史研究所;李涓,中央财经大学文化与传媒学院。

园举行盛大的庆祝宴会关宴,又称杏园宴或曲江大宴,成为唐代一件很重要的风雅韵事。唐代宴会繁多,有皇帝赐宴、各种节日宴会、人生礼仪宴会、赏玩游乐宴会、家宴及各种迎送宴会等。公私宴饮之风的盛行,使得文人之间的雅集聚饮,日益增多,成为习常。[2]

安史之乱后,随着授田制、租庸调等制度的瓦解变革,随着社会流动性的急剧增加,文人士子的游历之风更盛于前,他们或依止于寺院,或入幕于蕃镇使府,使得文人之间,以及文士与僧道之间的筵宴聚会大为增多。为新的聚会宴饮文化形式的出现,提供了社会文化基础。

一般筵宴当以酒饮为多,然而茶文化的兴盛,使得以茶为题为载体的聚饮,也逐渐加多。渐渐地形成为"茶宴"这样一种新的文化现象。

最初的茶宴,主要见行于文人士夫,文人雅集聚饮联句。从现有资料来看,代宗大历中后期茶宴初兴,主要流行在浙东、浙西地区(唐时浙西包括今江苏南部的苏州、镇江等地区),文人茶宴赋诗,尤以联句(又称联唱)为多。

据学者研究,广德元年(763)至大历五年(770)鲍防[3](722—790)任浙东观察使薛兼训的从事时,周围先后集结了严维、谢良弼、吕渭等五十多位诗人联句唱和,创作出五十多首联句唱和诗,这些诗当时就被编为《大历年浙东联唱集》二卷[4]流传。这些联唱诗,除了论者研究的在肃代诗坛的地位、对大历贞元间盛行一时的游戏诗风的影响外,还有对于茶文化的影响,即他们举行茶宴进行联唱,并在茶宴联唱诗中所表达的"禅悟之趣"[5]。

现今可见最早明确题为"茶宴"的聚会,是大历年间鲍防、严维、吕渭(734—800)等人在越州云门寺举行的两次茶宴,并有联句诗传世,其一《松花坛茶宴联句》曰:

> 几岁松花下,今来草色平。(谢良弼)
>
> 衣冠游佛刹,鼓角望军城。(裴晃)
>
> 乱竹边溪暗,孤云向岭明。(萧幼和)
>
> 绕坛烟树老,入殿雨花轻。(严维)
>
> 山磬人天界,风泉远近声。(袁邕)

夜禅三世晤,朝梵一章清。（李聿）

上砌莓苔遍,绿窗薜荔生。（崔泌）

焚香忘世虑,啜茗长幽情。（鲍防）

聚土何年置,修心此地成。（庾骙）

道缘云起灭,人世月亏盈。（郑概）

蝉噪林当晓,虹生涧欲晴。（吕渭）

水流惊岁序,尘网悟%缨。（杜倚）

池上莲无着,篱间槿自荣。（陈允初）

因知性不染,更识理常精。（杜奕）

从此应贪味,非唯悔近名。（李清）

山栖多自惬,林卧欲无营。（成用）

已接追凉处,仍陪问法行。（张叔政）

赏心殊未遍,惆怅暮钟鸣。（周颂）

《大历年浙东联唱集》已佚,孔延之于北宋熙宁年间知越州时所集《会稽掇英总集》中所收此诗时"不注名姓于联句下"[6]。而山阴杜丙杰浣花宗塾藏,清道光元年（1821）所刻《会稽掇英总集》所录此诗句下著有作者名姓[7]。明人张元忭《云门志略》卷三中所收属于《大历年浙东联唱集》中的此联句诗,句下所注作者名姓,及部分字词略有不同[8]。《松华坛茶宴联句》参加者共有十八人:谢良弼、裴晃、萧幼和、严维、袁邕、李聿、崔泌、鲍防、庾骙、郑概、吕渭、杜倚、陈允初、杜奕、李清、成用、张叔政、周颂。

其二《云门寺小溪茶宴,怀院中诸公》曰:

喜从林下会,还忆府中贤。（严维）

石路云门里,花宫玉笥前。（谢良弼）

日移侵岸竹,溪引出山泉。（裴晃）

猿饮无人处,琴听浅溜边。（吕渭）

黄粱谁共饭,香茗忆同煎。（郑概）

暂与真僧对,遥知静者便。（陈允初）

清言皆亹亹,佳句又翩翩。（庾骙）

竟日怀君子,沉吟对暮天。(贾肃)

《云门寺小溪茶宴,怀院中诸公》参加者共有八人:严维、谢良弼、裴晃、吕渭、郑概、陈允初、庾骙、贾肃,较之《松花坛茶宴联句》参加者十八人少了太半,宜其题中有"怀院中诸公"。

在这两首茶宴联句诗中,看不到浙东联唱联句诗中常常可见的"戏谑调笑"的成分,反而通篇都是"禅悟之趣"。如《松花坛茶宴联句》中鲍防的诗句:"焚香忘世虑,啜茗长幽情",《云门寺小溪茶宴怀院中诸公》中郑概、陈允初的诗句:"黄粱谁共饭,香茗忆同煎","暂与真僧对,遥知静者便"。

越州云门寺始建于东晋义熙三年(407),传为晋代大书法家王献之舍宅为寺,为书法胜地,历来为文人所重,风景名胜甲越中,皎然有"越山千万云门绝"[9]之诗咏。智永、智果、灵澈等高僧都曾先后主持该寺。萧翼赚兰亭的故事,即发生在此寺中。云门所在越州山中多产茶,文人墨客到此,多起饮茶之兴。如严维《奉和独孤中丞游云门》诗云:"异迹焚香对,新诗酌茗论。"《寻法华寺西溪联句》中吕渭诗句云:"枕石爱闲眠,寻源乐清宴。"[10]故而浙东诗坛的诗人们到此聚会联唱赋诗,对景饮茶悟禅。在《松花坛茶宴联句》诗中可以看得特别清楚,十八位作者,先是由远而近地描写云门寺所在的风光景致,直到诗人们所踏之阶的砌上莓苔、所处之室的窗边薜荔,诗人们在僧房里焚香啜茗,忘却尘世的烦扰,渐渐生出禅悟之情。

开元(713—741)中,禅教大兴,茶因有助坐禅悟禅,而为修道者们"人人怀挟,到处煮饮"[11],茶神陆羽也是从小在寺院之中学会煮茶,茶宴之兴,宜其初发生在禅寺之中。

浙东联唱以及茶宴的现象,因了茶神陆羽传至浙西。大历五年,随兴而四处游历考察的陆羽,曾起兴前往越州考察并谒见"尚书郎鲍侯"鲍防。皇甫冉《送陆鸿渐赴越并序》记录当时的情形:"究孔释之名理,穷歌诗之丽则,远墅孤岛,通舟必行。鱼梁钓矶,随意而往。余兴未尽,告去遄征。夫越地称山水之乡,辕门当节钺之重。进可以自荐求试,退可以闲居保和。吾子所行,盖不在此。尚书郎鲍侯,知子爱子者,将推食解衣,以拯其极,讲德游艺,以凌其深。岂徒尝镜水之鱼,宿耶溪之月而已?"[12]因为鲍防于大历五年入朝为职方员外郎,所以陆羽虽入越,却并未能在鲍防主持的浙东联唱中留下诗句。而在其《会稽小东山》诗中，可以看到茶神的惋惜之情："月色寒潮入剡溪，青猿叫断绿林西。昔人已逐东流去，空见年年江草齐。"[13]

浙东联唱共有五十多首联句唱和诗，当时就被编为《大历年浙东联唱集》流传，而颜真卿在湖州时的浙西联唱继续了浙东联唱的游戏诗风[14]。"浙西联唱或受到浙东联唱的影响。如贾晋华所考证，大历五年陆羽赴越州所谒之鲍侯，当即为浙东从事的鲍防。陆羽此次赴越，可能参加浙东的联唱活动，并直接把《大历年浙东联唱集》传回湖州。当然还有其他的依据，比如，参加浙东联唱的刘全白，就同时参加了浙西联唱，他也可能把浙东联唱集带到浙西。"[15]

茶文化研究者都比较熟知茶神陆羽在湖州时的活动。大历八年至十二年(773—777)颜真卿知湖州，随即形成了以其为中心的浙西文人群体。陆羽是浙西文人群体的核心成员之一，曾经与以颜真卿等文人们泛舟湖上，饮茶赏月，吟诗联句。浙西文人群的联唱在当时即被编成《吴兴集》，惜其已不传。不过幸而在其中一些文人的诗文集中，保留下一些当时的联唱诗。从中可以看到，浙西文人群体亦如浙东联唱一样，亦曾多次举行以茶为题的聚会宴饮与联句唱诗的活动。如陆羽与颜真卿、皇甫曾、李山甫、皎然的《七言重联句》，其中皇甫曾诗句："诗书宛似陪康乐，少长还同宴永和。夜酌此时看碾玉，晨趋几日重鸣珂。"[16]诗题虽未言饮茶，而"夜酌此时看碾玉"句则已表明有碾茶饮茶活动。而从颜真卿、陆士修、张荐、李山甫、崔万、皎然诸人的《五言月夜啜茶联句》则可以明确看到浙西文人以茶为题的宴饮聚会情形：

> 泛花邀坐客，代饮引情言。（士修）
>
> 醒酒宜华席，留僧想独园。（荐）
>
> 不须攀月桂，何假树庭萱。（萼）
>
> 御史秋风劲，尚书北斗尊。（万）
>
> 流华净肌骨，疏瀹涤心原。（真卿）
>
> 不似春醪醉，何辞绿菽繁。（昼）
>
> 素瓷传静夜，芳气满闲轩。（士修）[17]

只是因为浙西文人联唱的诗作留传甚少，我们无法得知他们茶宴聚饮联唱的更多情形,以及据常理推断可能更多具有的"禅悟之趣"。(因为从地方来说,既有诗僧皎然的妙喜寺,从人员来说也有茶神陆羽。但除《五言月夜啜茶联句》之外,可惜看不到更多。)

大约在大历中后期的74—79年间,地方官诗人李嘉闲居浙西吴兴、苏州等地,多次游历京口(今镇江),有诗序记其"早秋京口旅泊",尝登北固山,还曾在京口招隐寺以茶宴送人,并赋诗《秋晓招隐寺东峰茶宴,送内弟阎伯均归江州》:

> 万畦新稻傍山村,数里深松到寺门。
>
> 幸有香茶留释子,不堪秋草送王孙。
>
> 烟尘怨别唯愁隔,井邑萧条谁忍论。
>
> 莫怪临岐独垂泪,魏舒偏念外家恩。[18]

此外,大历十才子之一的钱起(吴兴人),也曾与人茶宴并写有《与赵莒茶宴》诗:"竹下忘言对紫茶,全胜羽客醉流霞。尘心洗尽兴难尽,一树蝉声片影斜。"[19]按钱起亦尝游越州云门寺,写有《宿云门寺》诗。

这些在浙东、浙西文人群之外的诗人们的茶宴诗,表明着大历时期茶宴活动的丰富,以及藉茶而兴的禅理意趣。

此后,茶宴的范围日益扩大。

唐德宗时,著名女诗人鲍君徽尝被召入宫,与侍臣赓和赋诗,亦曾写有《东亭茶宴》诗:"闲朝向晓出帘栊,茗宴东亭四望通。远眺城池山色里,俯聆弦管水声中。幽篁引沼新抽翠,芳槿低檐欲吐红。坐久此中无限兴,更怜团扇起清风。"[20]诗中所言东亭,当为唐长安城内大明宫麟德殿建筑群内东西对称的东亭、西亭之中的东亭。可见在德宗时期,茶宴已经举行到了宫城之内。

任要于德宗贞元十四年(798)时奉祭泰山,于泰山题名曰:"贞元十四年正月十一日,立春,祭岳,遂登太平顶,宿。其年十二月廿一日立春,再来致祭,茶宴于兹。"[21]活跃在代宗至宪宗时代的诗人吕温[22](774—813)曾写有《三月三日茶宴序》文:"三月三日,上巳禊饮之日也,诸子议以茶酌而代焉。乃拨花砌,爱庭阴,清风逐人,日色留兴,卧借青霭,坐攀香枝,闲莺近席而未飞,红蕊拂衣而不散。乃命酌香沫,浮素杯,殷凝琥珀之色,不令人醉,微觉清思,虽五云仙浆,无复加也。座右才子:南阳邹子、阳许侯与二三子,顷为尘外之赏,而曷不言诗矣。"[23]三月三日上巳禊饮,原皆用酒,吕氏代以"茶酌"而行茶宴,感受了一次"尘外之赏"的体验。

在众多的茶宴活动中,多能看到茶与禅自然的接近。在浙东、浙西诗人群茶宴联句中,都可以看到以茶悟禅修道的初期身影:"流华净肌骨,疏瀹涤心原","焚香忘世虑,啜茗长幽情","黄粱谁共饭,香茗忆同煎。暂与真僧对,遥知静者便","幸有香茶留释子,不堪秋草送王孙"。以茶举宴,能让人"尘心洗尽兴难尽",得"尘外之赏"。可以说这些是兼具文人化和世俗化特征的禅宗茶文化,与世俗传统文化互相促进发展的契机。

论者研究结论之一是浙东、浙西联唱中"戏谑调笑之作甚多"。然而在无论浙东、还是浙西的茶宴联句诗里,人们都看不到戏谑调笑的成分。相反,能感受到其中深深的"禅悟之趣"。究其原因,一是因为茶之精俭之性,其如陆羽所论:"茶之为用,味至寒。为饮,最宜精行俭德之人。"[24]茶宴之时,或难调笑。二是因为茶宴多借僧寺举行,浙东两次茶宴联句,俱于寺院中举行,自然庄严。三是浙东、浙西文人群体中,本就不乏有佛教乃至禅宗素养的文人,乃至像皎然这样的诗僧。以下略论第三点原因。

《大历年浙东联唱集》中今存偈十一首。据鲍防《云门寺济公上方偈序》:

> 己酉岁,仆忝尚书郎司浙南之武。时府中无事,墨客自台省而下者凡十有一人,会云门济公之上方,以偈者,赞之流也,姑取于佛事云。[25]

浙东文人群曾于大历四年(769)在云门寺济公之上方聚会,同作偈子。而题材十一事俱取于与佛教有关者。如鲍防所写护戒刀,缺名所写澡瓶、班竹杖,杜倚所写

图1 唐宫乐图所见茶宴之景

漉水囊,都是佛门所用器物。另杜奕所写芭蕉,缺名所写山啄木,郑概所写山石榴,袁邕所写藤,崔泌所写蔷薇,则都是借物抒写他们对佛法的理解。

在这十一首偈子中,与本研究相关且比较有趣的是李聿《茗侣偈》:"采采春渚,芳香天与。涤虑破烦,灵芝之侣。"以及杜倚《漉水囊偈》:"裂素成器,给我救彼。密净圆灵,护生蒻水。"李聿将茶称为"灵芝之侣",是能够为杰出之人"涤虑破烦"的良伴佳侣,可见茶在当时已经是寺院生活的重要物品。而杜倚称赞漉水囊能够"给我救彼""护生蒻水",则是准确地点出了漉水囊在佛徒生活中的重要作用,对于僧徒来说,漉水囊不仅能够给我蒻水,同时关键也是还能救彼护生。所以在《敕修百丈清规》卷下大众章第七《办道具》中所列僧徒的专门用具之一就有漉水囊,而在北宋崇宁时长芦宗赜禅师所撰《禅苑清规》卷末则有专门的"新添滤水法"一节,专讲漉水之法及其对僧徒在生活中持戒修行的重要作用,称"《菩萨戒经》十八种物中,滤水囊第九,常随其身,如鸟二翼。"[26]杜倚的这首偈子或许曾为茶神陆羽所见也未可知。陆羽在《茶经》卷中《四之器》中所列专门茶具二十四器中即有漉水囊一物。从此一器物可以看到佛教对于对陆羽影响的潜移默化。因为对于一般俗家民众而言,以瓢勺取清水即可。对于僧徒而言,水用漉水囊过滤,则可以漉出水中"无量"细微生命并放生。浙东文人们所写的偈子中包含了与佛教与茶都密切相关的茶和漉水囊,可以看作常在寺院举办茶宴对于这群文人的影响。可以看到文人士夫与佛教之间在存在着良好的互动。

有研究认为颜真卿对江西洪州马祖禅传至浙西湖州文人群体间起到了重要作用,大历八年颜真卿延请一批江南文人修订《韵海镜源》,形成一个文人群体,这当中包括临川令沈威和抚州人左辅元,可能就是他们为浙西湖州带来了江西盛行的马祖禅风。[27]所以虽然现在看不到浙西联唱的集子,但只一首《五言月夜啜茶联句》亦可以看到浙西文人群以茶为题的宴饮聚会情形及个中禅趣之麟爪:"流华净肌骨,疏瀹涤心原。"

在六祖慧能"即心是佛"的理论基础上,马祖道一(709—788)提出"平常心是道"的命题,提出"只如今行住坐卧,应机接物尽是道"。[28]在传法中,马祖大量运用隐语、动作、手势、符号,乃至呵斥、拳打脚踢、棒击等方法,以助求法者开悟,得以显现自性。从而使禅风发生了重大的变化,成为禅宗由"祖师禅"向"分灯禅"转变的历史节点。《景德传灯录》卷六记马祖曾借茶传法:"(泐潭惟建)一日在马祖法堂后坐禅。祖见乃吹师耳两吹,师起定,见是和尚,却复入定。祖归方丈,令侍者持一碗茶与师,师不顾便自归堂。"可谓禅茶的滥觞。

马祖以后,禅宗迅速发展,禅宗僧团出现并不断壮大,百丈怀海(720—814)禅师有感于禅宗"说法住持,未合轨度,故常尔介怀",因而别创禅林,大约在自唐顺宗至宪宗的十几年间(805—814)制立清规,有称"古清规""百丈规绳"者,至南宋后期始称为"百丈清规",从制度上保证僧团的发展。与禅僧茶生活密切相关的茶堂、茶头、茶宴、茶会、茶鼓等内容,也渐次出现。这是茶宴在禅林出现的根本。

茶宴出现在丛林生活中的另一个契机,是唐五代时帝王在礼遇名僧时对茶宴的应用。云门文偃(864—949)曾举寿州良遂参礼蒲州麻谷山宝彻禅师公案,其中记道:"自后良遂归京,辞皇帝及左右街大师大德,再三相留。茶筵次,良遂云:诸人知处良遂总知,良遂知处诸人不知。"[29]宝彻禅师是马祖道一法嗣,良遂是再传弟子,所以这里所记应当是晚唐的皇帝,为留良遂而办茶筵。《宗门拈古汇集》卷第三十八记南唐李后主在请僧问话讲法时,曾有曰:"寡人来日置茶筵,请二僧重新问话。"帝王设茶宴待僧,可见茶宴之礼的隆重。

而到五代时,已明确可见禅寺中有了茶筵:

升州清凉院文益禅师,余杭人也……至临川,州牧请住崇寿院。初开堂,日中坐茶筵未起,四众先围绕法座。时僧正白师曰:"四众已围绕和尚法座了。"师曰:"众人却参真善知识。"少顷升座,大众礼请讫,师谓众曰:"众人既尽在此,山僧不可无言,与大众举一古人方便。珍重!"便下座。时有僧出礼拜,师曰:"好问着。"僧方申问次,师曰:"长老未开堂,不答话。"[30]

法眼文益(85—958)禅师,是法眼宗的创始人。后唐清泰二年(935),文益应抚州府州牧的邀请,在临州崇寿院弘扬佛法。晚年深受南唐烈祖李(的敬重,先后在金陵(今江苏南京)报恩禅院、清凉寺开堂接众。文益在金陵三坐道场,四方僧俗竞向归之。后周世宗显德五年(958),文益圆寂,葬江宁县无相塔。谥号"大法眼禅师"。文益在临川崇寿院初开堂升座讲法之先，寺中茶筵，可见其初法的隆重。

此后，茶宴在宋代社会生活中日益显著。丛林点茶、茶筵益成日常。茶宴成为了解唐宋社会生活，禅林生活，乃至中外文化交流史的一个特别现象。

[本文原载于《开象史学研究》，2011(00)]

注释：

[1]（唐）皎然《饮茶歌诮崔石使君》："孰知茶道全尔真，唯有丹丘得如此。"《杼山集》卷七，《禅门逸书》初编，台北明文书局 1981 年影印明虞山毛氏汲古阁刊本。

[2]参见李斌城等《隋唐五代社会生活史》第二章第一节《饮食·宴会》，中国社会科学出版社，1998 年版，第 59—69 页。

[3]鲍防，字子慎。天宝十二载(753)登进士第，大历初为浙东节度使薛兼训从事，五年(770)入朝为职方员外郎。在浙东时，为越州诗坛盟主，与严维等联唱，编为《大历年浙东联唱集》二卷，与谢良辅合称"鲍谢"。事迹见《全唐文》卷七八三穆员《鲍防碑》、《旧唐书》卷一四六、《新唐书》卷一五九。

[4]《新唐书》卷六〇，《艺文志》著录《大历年浙东联唱集》二卷。

[5]参见俞林波《〈大历年浙东联唱集〉考论》，漳州师范学院硕士论文，2009 年。

[6]见陈尚君《全唐诗续拾》卷十七，《全唐诗补编》，中华书局，1992 年版，第 904 页。

[7]参见邹志方《会稽掇英总集点校》卷十四，人民出版社，2006 年版，第 197—198 页。

[8]见《中国佛寺志丛刊》第 79 册，江苏扬州广陵古籍社，1996 年版。并参见李小荣《略论〈中国佛寺志丛刊〉之唐诗引文》，陶新民主编《古籍研究》2006 卷上，安徽大学出版社，2006 年版。

[9]皎然《七言寄题云门寺梵月无侧房》："越山千万云门绝，西僧貌古还名月。清朝拂石行道归，林下眠禅看松雪。"《杼山集》卷三。《会稽掇英总集》卷七收录此诗题为"题云门无侧道人房"。

[10]分见《全唐诗》卷二六三，中华书局，1979 年版，第 2918 页；《全唐诗续拾》卷十七，第 904 页。

[11]（唐）封演《封氏闻见记》卷六，赵贞信《封氏闻见记校注》，中华书局，2005 年版，第 51 页。

[12]《二皇甫集》卷六,四库全书本。

[13]《全唐诗》卷三〇八,第 3492—3493 页。

[14]参见贾晋华《唐代集会总集与诗人群研究》,北京大学出版社,2001 年版。

[15]卢盛江《皎然〈诗议〉考》,《南开学报(哲学社会科学版)》2009 年第 4 期,第103—104 页。

[16]《全唐诗》卷七八八,第 8883 页。

[17]《全唐诗》卷七八八,第 8882 页。

[18]《全唐诗》卷二〇七,第 2165 页。

[19]《全唐诗》卷二三九,第 2688 页。

[20]《全唐诗》卷七,第 69 页。

[21]见顾炎武《求古录》,四库全书本。

[22]前述大历年间在绍兴云门寺两次举行茶宴的吕渭的儿子,父子于茶宴俱别有情,可谓佳话矣。

[23]《全唐文》卷六二八,上海古籍出版社,193 年版,第 2807 页。

[24]陆羽《茶经》卷上,《一之源》,见沈冬梅《茶经校注》,中国农业出版社,2006 年版,第 1 页。

[25]邹志方《会稽掇英总集点校》卷十五,第 21—212 页。下文所引诸偈,见同卷第 212~213 页。

[26](宋)宗赜《禅苑清规》,苏军点校,中州古籍出版社,2001 年版,第 136—142 页。

[27]参见蒋寅《大历诗人研究》,中华书局,195 年版,第 355—356 页。

[28]《景德传灯录》卷二十八,《诸方广语·江西大寂道一禅师语》,见顾宏义《景德传灯录译注》,上海书店,2010 年版,第 252 页。

[29](宋)守坚集《云门匡真禅师广录》卷中,《大正藏·诸宗部四》,第 557 页。

[30]《景德传灯录》卷二十四,见《景德传灯录译注》,第 1841—1842 页。

关于恢复和传承"径山茶宴"的四点思考

阎　婕

"径山茶宴"在 2011 年成为第三批国家级民俗项目类别的非物质文化遗产后,不管是非遗传承人代表戒兴法师带领的径山万寿禅寺,还是径山本地的茶文化专家,都加快了探讨、恢复其表现形式的步伐。出于对径山茶文化的喜爱,以及对非遗项目在当代中国发展的兴趣,笔者在 2015 年和 2016 年有幸在径山禅寺和径山村参加过几次不同形式风格的径山茶宴(有时也叫茶汤会、茶礼),在此之后也一直关注径山茶宴的恢复与发展。2022 年 11 月,"中国传统制茶技艺及其相关习俗"正式入选联合国教科文组织公认的人类非物质文化遗产,其中的相关习俗部分包括了径山茶宴。在实践层面,人类非遗项目的成功申报也进一步扩大了径山茶宴的知名度,径山禅寺和径山本地茶人都在积极推广各自"恢复"的径山茶宴,在展现优秀中华传统文化的同时,吸引更多的人来了解具有文化代表性的径山寺和径山茶文化,是一种积极有效的运用非遗项目带动地方经济和社会文化发展,提升社群凝聚力的方式。

如果回顾径山茶宴从最初 20 世纪 80 年代的"发现",再到如今相对成熟的展演和表现形式,我们会发现茶宴本身其实一直在变化、完善,以适合不同的实践主体和环境。这其中有历史的依据,也有现实的考量。对此笔者有几点思考,希望对于径山茶宴的恢复和传承有所启发。

一、"茶宴"的世俗性

严格意义上说,正如我们如今习以为常的"茶艺"(Tea Arts)实际是一

作者单位:加拿大阿尔伯塔大学。

个直到 20 世纪 70 年代才在中国台湾出现的新词(Neologism)一样[1],"径山茶宴"这个说法也是直到 20 世纪 80 年代才出现的。早期径山茶宴课题的研究者鲍志成指出:"广受关注的'径山茶宴',从学术命题的角度看,是一个真实的伪命题。"它最早出现在由茶学专家庄晚芳和王家斌在 80 年代所作的《日本茶道与径山茶宴》一文当中。[2]笔者尽可能查阅了目前可见的相关古代历史文献,也确实没有发现完整的"径山茶宴"这四个字。从相关文献来看,所谓的茶宴,多为文人士大夫以茶代酒进行祭祀和饮宴的一种普遍形式,并往往伴随酬唱往来,体现清雅脱俗的文人意趣。唐代吕温的《三月三日茶宴序》记载:"三月三日,上巳祓饮之日也,诸子议以茶酌而代焉。"明确表明了以茶代酒的意图。大历诗人李嘉佑的《秋晓招隐寺东峰茶宴送内弟阎伯均归江州》:"万畦新稻傍山村,数里深松到寺门。幸有香茶留释子[3],不堪秋草送王孙。烟尘怨别唯愁隔,井邑萧条谁忍论。莫怪临歧独垂泪,魏舒偏念外家恩。"描写的是在唐代寺院中有文人和僧人一同参与的茶宴,并可知茶宴已成为世俗文人与僧侣之间酬唱往来的重要载体。

但是与之相应,在佛教文献中,"茶宴"二字难觅,有关禅院茶会的表述多用"茶筵"。比如《景德传灯录》卷二四记载,吴越时代的法眼文益禅师"初开堂,日中坐茶筵未起,四众先围绕法座。"[4]记载北宋雪窦重显禅师语录的《明觉禅师语录》:"师在灵隐,诸院尊宿。茶筵日,众请升座。……师到秀州。百万道者备茶筵请升堂。……越州檀越备茶筵。请师升座。"[5]《佛果圜悟禅师碧岩录》载:"投子一日为赵州置茶筵相待,自过蒸饼与赵州,州不管。"[6]在茶筵基础上,禅院逐渐发展出了一套茶礼,以规范僧人在日常生活和特殊聚会中的言谈举止,从而将茶礼纳入禅修之中。现存《禅苑清规》和《敕修百丈清规》中都有僧人赴茶汤、点茶、特为煎点、坐参行茶、升座仪式等的详细礼仪要求,可以认为是世俗茶宴在禅院宗教生活中的规范化和仪礼化,如果我们暂且使用神圣与世俗来相应于宗教生活与普通世人生活这样的二分概念的话。学者王大伟认为,宋代禅林兴起独特的茶汤礼仪,是因为受到世俗社会"茶宴"风气的影响,而寺院独有的神圣空间性和对礼仪秩序生活的向往,使得本来多为禅僧对答参悟的"茶筵"逐渐演化为受到禅院重视的茶汤礼。[7]

因此，至少在唐五代和宋代，相较于寺院中习用的"茶筵""赴茶汤"这样的说法，"茶宴"本身具有更世俗的色彩，更适用于民间的、非宗教性、以普通民众为主体的茶会场合。在现存的宋元时期的禅林清规中，不只是"径山茶宴"，仅仅是"茶宴"二字也未曾出现，这或许也体现了丛林群体对于具有世俗色彩的"茶宴"之名的分别之心。

二、茶会和汤会

严格来说，唐、宋茶会不等同于茶汤会。虽然目前的非遗项目名为"径山茶宴"，但是在相关的宣传报道中，还是可以见到"'径山茶宴'又称'径山茶汤会''径山茶礼'"[8]这样的说法。笔者认为，既然目前的"径山茶宴"是以中国宋代时期的点茶礼文化为底本，那么将其等同于"径山茶汤会"是值得商榷的，因为按照宋代习俗，茶和汤是两种东西，茶会和汤会所使用的材料是不同的。有关唐、宋时期世俗社会和寺院中的茶礼与汤礼，重点研究成果可参见学者刘淑芬的《唐、宋世俗社会中的茶与汤药》《唐、宋寺院中的茶与汤药》《〈禅苑清规〉中所见的茶礼与汤礼》。其基本观点总结如下：

（1）养生的汤药在唐代称为"药"，和"茶"合称"茶药"；在宋代称为"汤"，和茶合称为"茶汤"。唐、宋时期，茶和汤药在人们的日常生活中都占有重要的地位，而且自唐代以来，"以茶迎来，以汤送往"的待客礼节逐渐形成，并且普遍流行于朝廷、官府和民间的各个阶层。世俗社会中，唐人常饮用的是茯苓汤、赤箭汤、黄蓍汤、云母汤、人参汤、橘皮汤、甘豆汤。宋人常饮用含有甘草成分的养生汤。[9]

（2）寺院生活是社会生活的一部分。养生的汤药在唐、宋时期的寺院的日常生活和宗教仪式中，扮演着重要的角色，具有和茶相同的地位。相较于世俗客礼"茶来汤去"，禅宗寺院将待客的茶、汤，配合佛教的烧香、僧人的腊次，发展出了一套寺院的"茶礼"和"汤礼"，而且"茶礼"往往"同汤礼"，合称"茶、汤礼"。[10]

（3）根据《禅苑清规》的记载，寺院除了日常生活中的吃茶、吃汤的场合，正式的茶会、汤会有三种，分别是：（一）日常行事中的茶："朔望巡堂茶"（每月初一、十五）、"五参上堂茶"（每月初五、十、二十、二十五日）、"浴茶"，日常行事中的汤会则有"放参汤"和"念诵汤"；（二）四节茶会、汤会，四节指结夏、解夏[11]、冬至和新年；（三）任免寺院职事的茶会、汤会。

其中，四节的茶、汤会是禅院中最重要的仪式和礼节，也是其他茶、汤会礼仪的准则。四节茶、汤会包括：节日前一天晚上的汤会，正节日当天的"方丈特为首座大众茶"，第二天的"库司四节特为首座大众茶"，第三天的"前堂四节特为后堂大众茶"，这就是禅寺所谓的"三日茶汤"。[12]

在《禅苑清规》中，茶礼同于汤礼的表述一般采用小注说明，所以汤礼往往不受到重视。与世俗茶礼的"茶来汤去"相应，禅院中的茶礼也强调"礼须一茶一汤"，如"诸官入院，茶汤饮食并当一等迎待。若非借问佛法。不得特地祗对檀越施主。或官客相看只一次烧香，侍者唯问讯住持而已。礼须一茶一汤，若住持人索唤别点茶汤。更不烧香如檀越入寺，亦一茶一汤，不须烧香。"[13]现存文献中，密庵咸杰禅师的《径山茶汤会首求二首》明确提到了"径山茶汤会"，其中的"一茶一汤功德香，普令信者从兹入"[14]也强调了"一茶一汤"。这说明至少在宋代，茶和汤是分开的，茶汤会包括了点茶和点汤。

因此，如果"径山茶宴"所追求的是更为契合当代生活习惯的茶文化，那么忽略汤礼的部分，避开"茶汤会"的说法，是一种更为严谨的做法。但是如果"径山茶宴"要与历史上的"径山茶汤会"进行勾连，那么从学术的角度看，我们就不能忽略汤礼的部分。在礼的本质上，茶礼和汤礼是一样的，都是主宾之间表示情谊、交际往来的仪式，并且采用相同的手法，配合格式化的语言。以点茶和点汤为例，点汤的方法同点茶，只是对象是汤药末，而非茶末。在器物方面，汤盏同茶盏，只不过增加了一个水匙[15]。因此，只有把茶礼和汤礼结合，径山茶汤会才是完整的。

三、茶汤会和茶宴的主体

记述南宋杭城历史风物的《梦粱录》有载，当时"更有城东城北善友道者，建茶汤会，遇诸山寺院建会设斋，及神圣诞日，助缘设茶汤供众。"[16]同一时期的《都城纪胜》的"社会"条也载："又有茶汤会，此会每遇诸山寺院作斋会，则往彼以茶汤助缘，供应会中善人。"[17]由此可知，此"会"的含义是为了相同目的聚合起来的社团群体,而此茶汤会就是民间善友道者,即发心者自发组织起来的以茶汤助缘的社团,每逢寺院举行斋会,就会前往寺院布施茶汤。茶汤会的主办者即"会首"是俗士,所以密庵禅师才会应会首所求作偈,赞叹:"有智大丈夫,发心贵真实。……一茶一汤功德香。"[18]即是赞叹善友道者的发心真实,功德无量。

《禅苑清规》和《敕修百丈清规》中,都讲到了茶榜、汤榜在寺院茶、汤会中的运用,它们一般明确说明了茶、汤会的时间、地点、邀请人、邀请对象。但是还有一些文人写的茶汤榜,体例有所不同。《五百家播芳大全文粹》卷七十九收录了宋代士大夫所作的茶榜和汤榜,比如冯时行(字当可)的《请九顶长老茶榜》:

草木有耳,亦听新雷之声。雨露无心,助发先春之味。直信溪山有异,便知香气不同。宜向法筵,特伸妙供。新病禅师不寻枝叶,便见本根。驱根夺饥,虽自最初下种。碎身粉骨,却于末石酬恩。最宜活火里烹来,不见死水中浸却。昔日径山门下,打破封题。如今大像山前,放行消息。只要未举,托时会取。莫于拟开口处商量,与衣冠士庶结清净缘,为天龙鬼神涤尘劳。想舌头知味,大千界同苦同甘。腋下生风,一切人澈皮澈。髓汤瓶举处,大众和南。[19]

再如无名氏所作的《请然老汤榜》:

瞿昙说蜜味中边,诚为至论。政公将橘皮熟炙,勿讶太清。虽然饮啜不多,盖是丛林盛礼。然公长老住十大利,说五味禅。甘露入心,不落医家窠臼;醍醐灌顶,能除病者膏肓。一瓶盛四大神洲,何曾欠少一口。吞三世诸佛,不见踪由。昧之者,有舌无皮;知之者,点头咽唾。若有唇干吻燥,一切群迷。欲教瓦解冰消,与渠半喝。[20]

此外,还有邵博(字公济)的《请陆老茶榜》和《请珏老茶榜》,孙觌(字仲益)的《请明老茶榜》,郑汝明(汝明当为字,不知名何)的《请昭老汤榜》,无名氏作的《请金老汤榜》,等等。从内容来看,这些茶榜、汤榜都是文人士大夫邀请寺院僧人参加茶汤会的邀请函,体现了宋代士大夫与僧侣之间的来往。由于缺乏明确的时间地点记录,我们只能推想这些茶汤会很可能在寺院中举行,由作为善友道者的士大夫来主办。但是如果说士大夫在自己的家中,或者其他山门之外的场地举行,邀请僧人前往讲经说法、以茶会友,也不是没有可能。

需要重申的是,除了俗士主办的茶、汤会,在禅院内部,僧人们也有自己的茶礼和汤礼,定期举行茶、汤会。《禅苑清规》卷一中的"赴茶汤"、卷五和卷六中的各种"煎点"和"某某特为某某煎点"的说明,都记述了僧人之间相互请茶往来的仪礼规范。另一方面,寺院也非孤立于社会,也有向公众开放的茶会,以发挥寺院教化俗士的功用。《禅苑清规》有载:"官员檀越尊宿僧官及诸方名德之人入院相看,先令行者告报堂头,然后知客引上并照管人客安下去处。如寻常人客只就客位茶汤。"[21]可见不管是官员、功德主等社会名流,还是普通寻常人家,寺院都有相应的茶汤接待场所和接待礼仪。结合前文的第一点思考,禅院很可能受到世俗茶宴的影响形成茶、汤礼,并通过茶、汤会与世俗阶层进行互动交流,正体现了茶文化在不同社会群体之间的流动与蓬勃发展。

因此总的来说,中国古代禅院的茶汤会的主体(主人、邀请人)可以是僧人,也可以是俗士,而客人一般会包括僧人。径山本地茶人张宏明认为,径山茶汤会才是径山茶宴的主要存在形式,"本质上就是在径山寺举行的以茶汤助缘之斋会,是临济禅宗以茶会友、以茶食为主与社会大众建立良好互动的茶汤会"[22]。这一论断是符合径山茶汤会的历史文化内涵的。另外之所以强调径山寺,是因为考虑到古时,径山只有寺院而无村民,径山村直到清末前后才逐渐形成[23],因此当时不太可能存在所谓径山本地俗士团体的茶汤会。至于我们当代以茶为主的径山茶宴,其举办场所是否必须在寺院之内,笔者倾向于认为可以根据现实需要来考虑。不管是以僧人为主体的茶会,还是以俗士为主体的茶会,只要其文化内涵都是追求以茶为载体的僧人之间、僧俗之间、社区成员之间的文化交流和精神互动,都属于当代茶宴的范畴。我会在下一点进一步讨论。

四、活态化的非遗项目

根据联合国教科文组织《保护非物质文化遗产公约》(以下简称《公约》)的定义,非物质文化遗产是"传统的、当代的,并在同一时期是活态的(Traditional,contemporary and living at the same time):非物质文化遗产不仅代表着从过去继承下来的传统，而且也代表着不同文化群体参与的当代乡村实践和城市实践"[24]。非遗项目保护工作的重点，在于该项目的世代传承或传播所涉及的一套动态的过程，而非具体表现形态的产物，这与我国在上世纪 80 年代开始在全国范围内开展的民间文学三套集成（民间故事、歌谣、谚语）的普查、搜集工作有所不同，后者在整理、保存、出版一系列文本之后就基本完成了。而《公约》提出的保护措施包括了对这类遗产各个方面的确认、建档、研究、维护、立法保护、促进、弘扬、传承——特别是通过正规教育和非正规教育，以及振兴[25]。我国在 2011 年颁布了《中华人民共和国非物质文化遗产法》，第三条强调了以"传承""传播"为手段的保护措施。

目前恢复推行的径山茶宴，不管是寺院举办的宋式禅院茶礼，还是径山本地茶人推广的茶宴，都是以宋代末茶茶艺为主体，强调与宋代传统的勾连与传承。寺院基于中日佛教的历史渊源，还借鉴了日本禅院的四头茶会，讲究禅院传统，而民间的茶会主要面向游客群体，更为轻松随意一些。但是不管怎样，末茶茶艺本身，是与当代的饮茶习惯存在距离的，毕竟在宋代之后，出于诸多原因[26]，它就不再在中国人的饮茶习俗和观念中占据主导地位了，这自然也包括了寺院传统。除此之外，不管是在寺院还是在寺院之外，因为大部分国人已经不熟悉这一套茶礼，如何在相对短暂的体验活动中兼顾对公众的普及教育，都需要精心协调和假以时日。

这就回到了非遗项目的传承问题。如何有效地传承一套已经在整个社群之中失迹许久的传统，其实是一项十分艰难的事业。即便已经完全地恢复传统的形式，如果这套传统的内在逻辑与所在社群当前的生活需要彼此脱节，浮于表面，那它依然会面临失传的风险。如果我们只把径山茶宴看作是一场吸引外来游客的展演，那么仅仅停留在拟古的层面也非尝不可。但是如果想真正地把这一传统传承下去，使其获得持续的内在生命力（viability/vitality），或许还是需要更加与寺院的僧人或者本地茶人的社群生活相联结，实现非遗项目的再创造，"创造性转化，创新性发展"[27]。以茶礼为例，径山茶宴是不是只能限于宋式茶礼，即便是宋式茶礼，是不是只能用末茶茶艺[28]；如果一定要包含末茶，当今的末茶品饮是否能在寺院和本地茶人的生活中发挥新的作用,除此之外,可不可以融入当代径山茶的体验环节;茶宴之于寺院僧人和本地社群,是否能进一步融合到日常的生产和生活之中,而不仅仅是一种展演。类似这样的问题,特别是最后一个,也是当前国内不少非物质文化遗产在申报成功之后,所要面临的现实问题。笔者认为,解决这些问题自然是一种保护非遗最理想的状态,但是即便无法完全解决,往这些方向去思考,也是保持活态传统的必要之举。

综上,从历史角度看,对于禅院来说,"茶宴"是一个具有世俗色彩的名称,所以在佛教文献中一般使用"茶筵"或"茶、汤会"。如果继续使用"径山茶宴"的名称,那么最好避用茶汤会的说法,否则就要加入汤会的部分,使之成为完整的茶汤会。茶汤会和茶宴的主体可以是僧人,也可以是俗士,所体现的是世俗茶文化影响下的僧人的仪礼化生活,以及僧俗之间的文化互动。从保护活态非遗项目的角度出发,传承人和保护者需要着眼于对传统的创新性传承,不断地再创造,让所在社区的群体感受到认同感和持续感,让非遗项目更为自然地融入社群生活。

（本文原载于径山万寿禅寺《径山茶宴研究论文集》）

注释:

[1]Zhang,Lawrence(张乐翔). 2016. "A Foreign Infusion:The Forgotten Legacy of Japanese Chado? on Modern Chinese Tea Arts." The Journal of Critical Food Studies. Vol. 16（1）:53 - 62. 张乐翔指出,当代流行的中华茶艺源起于区域性的潮州工夫茶,在传入台湾后受到日本茶道的影响,在 20 世纪 70 年代逐步融合成型并发展成为中华文化习礼,直到 80 年代又再传入中国大陆。"茶艺"一词很可能最早出自冯世业所著的《饮茶的艺术》(1971 年版,香港:新生活出版社)一书。

[2]鲍志成:《从"禅院茶礼"到"日本茶道"及"茶话会"——"径山茶宴"的起源及其传承与演变》,杭州市余杭区茶文化研究会编《余杭茶文化研究文集》(内部发行),页 444。另可参见鲍志成编著:"径山茶宴",杭州:浙江摄影出版社,2016 年版,页 179-181。

[3]一作"稚子"。

[4]《景德传灯录》,卷二十四,CBETA 汉文大藏经电子版,T51n2076_p0398b。

[5]《明觉禅师语录》,卷一,CBETA 汉文大藏经电子版,T47n1996_p0669b。

[6]《佛果圜悟禅师碧岩录》,卷五,CBETA 汉文大藏经电子版,T48n2003_p0178c。

[7] 王大伟:《论宋代禅宗清规中所见茶汤礼的形成》,《世界宗教研究》2010 年卷 5 期。

[8]见《"径山茶宴"再现古老文化瑰宝》,2015 年 5 月 4 日,http://www.yuhangtour. com/lyzx/lydt/201505/t20150514_993572.html。

[9]刘淑芬:《唐、宋世俗社会中的茶与汤药》,《中古的佛教与社会》,上海:上海古籍出版社,2008 年版,页 331–367。亦发表于《燕京学报》2004 年第 16 期。

[10]刘淑芬:《唐、宋寺院中的茶与汤药》,《中古的佛教与社会》,上海:上海古籍出版社,2008 年版,页 368–397。亦发表于《燕京学报》2006 年第 19 期。

[11]结夏日是四月十五日,僧人安居开始。解夏日是七月十五日,僧人安居结束。

[12]刘淑芬:《〈禅苑清规〉中所见的茶礼与汤礼》,《中央研究院历史语言研究所集刊》第七十八本,第四分,2007 年 12 月,页 629–671。

[13]《(重雕补注)禅苑清规》,卷五,CBETA 汉文大藏经电子版, X63n1245_p0536b。

[14]《密庵和尚语录》,CBETA 汉文大藏经电子版,T47n1999_p0978c。

[15]参见《小丛林略清规》卷下,页 721 下,转引自刘淑芬:《唐、宋寺院中的茶与汤药》,《中古的佛教与社会》,上海:上海古籍出版社,页 382。亦发表于《燕京学报》2006 年第 19 期。

[16]吴自牧:《梦粱录》,《东京梦华录(外四种)》,上海:古典文学出版社 1957 版,页 300。

[17]耐得翁:《都城纪胜》,《东京梦华录(外四种)》,上海:古典文学出版社 1957 版,页 98。

[18]《密庵和尚语录》,CBETA 汉文大藏经电子版,T47n1999_p0978c。

[19]《五百家播芳大全文粹》,卷七十九,《钦定四库全书》。

[20]《五百家播芳大全文粹》,卷七十九,《钦定四库全书》。

[21]《(重雕补注)禅苑清规》,CBETA 汉文大藏经电子版,X63n1245_p0532b~c。

[22]《也说径山茶宴》,http://blog.sina.com.cn/s/blog_523336770102e44l.html。

[23]俞清源:《径山史志》,杭州:浙江大学出版社,页 4。

[24]联合国教科文组织[著]巴莫曲布嫫[译]:《何谓非物质文化遗产》,《民间文化论坛》2020 年第 1 期,页 115。

[25]同上,页 117。

[26]沈冬梅认为,除了明初太祖下诏罢贡团茶这样的外部行政干预之外,宋代末茶茶艺消亡的内在原因包括:(1)在点茶、斗茶中,人们崇尚白色茶汤,因此在制茶过程中要求尽量榨尽茶汁,此举与自然物性相违;(2)高制造成本阻碍普及;(3)掺假制假影响上品末茶的品质与声誉;(4)点茶茶艺的泛化。具体参见《茶与宋代社会生活》,

北京:中国社会科学出版社,页 38–41。

[27] 高丙中:《非物质文化遗产保护实践的中国属性》,《中国非物质文化遗产》,2020 年第 1 期,页 51。

[28] 沈冬梅指出,除了末茶茶艺,宋代社会还存在着其他至少两种钦茶方式:煎茶和泡茶,前者是唐代煎煮饮茶法的遗风,后者在南宋中后期出现,与当今主流的叶茶瀹泡法相同。具体参见《茶与宋代社会生活》,北京:中国社会科学出版社,页 37。

宋代东京对于杭州都市文明的影响

全汉升

宋代東京對於杭州都市文明的影響　全漢昇

中世紀歐洲都市的文明，往往由於受到別個都市的影響而進步。當商人們來往販運貨物的時候，他們同時把這個或那個都市進步情況的消息帶到別個都市去，於是屬勖起別個都市要求改進的希望。所以法國南部及大河流所經過的都市，例如萊因（Rhine）也就很熱心的傲效着倫巴（Lombard）的都市那樣來來改進了。（註）

（註）. Munro and Sontag——The Middle Ages, P. 351.

宋代各都市的文明，也同樣的受着別個都市的影響而進步。但這裏不擬廣泛的敍述宋代各都市間的相互影響，而先舉一個特例來加以說明。這就是宋代東京（汴都）都市文明對於杭州（臨安行在）都市文明的影響。可是此中的主要媒介，不是來往販運的商人，而是宋室的南渡。

一　宋室南渡前後的杭州

杭州的都市文明，宋室南渡給予牠以很大的恩惠。宋室南渡前，東京人士雖已稱杭州為『地上天宮』，可是他們南渡初至杭州時，却是大失所望。宋袁褧楓窗小牘卷上：

許中呼餘杭百事繁庶，地上天宮，及余邸寓，山中深谷枯田，林莽塞目。魚鰕屏斷，鮮通莫擠，惟野蔬、苦蕒、紅米作炊。炊汁許許，代脂供飲。不謂地上天宮，有如此享受也！——

在這時，杭州的飲食，他們固或到不滿，就是杭州的市政設施，例如消防的設備，他們也覺得比汴京為疏。但臨安撲救，視汴都為疏。東京每坊三百步有軍巡鋪，又於高處有望火樓。上有人探望，下屯軍百人，及水桶、洒箒、鈎、鋸、斧、梯、索之類。每遇生發，撲救須臾便滅。（同書卷下）

可是，南渡後的杭州却有空前的發展。宋陸游老學菴筆記卷八：

大駕初駐蹕臨安，故都及四方士民商賈輻輳。又創立官府，扁榜一新。

又宋與自牧夢梁錄云：

紹興間鑾輿駐蹕，衣冠紛分，民物阜蕃，尤非昔比。（卷一二四潮候）

柳永錢塘詞曰：『參差十萬人家。』此元豐前語也。自高廟南渡駐蹕，於建康幸杭駐蹕，幾近二百餘年，戶口蕃息，近百

食貨半月刊

〔全漢昇：宋代東京對於杭州都市文明的影響〕

第三一頁

0135

作者简介：金汉升（1912—2001），历史学家。

食貨半月刊　【全漢昇：宋代東京對於杭州都市文明的影響】　第三三二頁

萬餘家，杭城之外，城南、西、東、北各數十里，人煙生聚，民物阜蕃。市井坊陌鋪席駢盛，數日經行不盡，各可比外路一州郡，足見杭城繁盛矣。(卷十九坊隅條)

在人口方面，杭州在南渡前為『舉差十萬人家』，南渡後卻『近百萬餘家』。在積方面，以前為：

杭城號武林，又曰錢塘，次稱淸山。隋朝特創此郡，城僅三十六里，九十步。後武肅錢王發八十三寨軍卒增築羅城，週圍七十里許。(同書卷七坊隅條)

南渡後卻向城外擴充，所以『城南、西、東、北各數十里……』，東京都市文明南渡的影響，是我們所不能忽略的。

二　宋代東京對於杭州都市文明的影響

明在宋室兩渡後有這樣的發展，杭州都市文

（1）飲食
南宋杭州的飲食店，有許多是由流寓到杭州的東京人來開張的。耐得翁都城紀勝市井條：是時（孝宗）尚有京師流寓繩紀人市店遭遇者，如李婆婆羹，南瓦子張家糰子。

又食店條：
杭城食店，多是舊京師人開張。如羊飯店，賣旨酒。

又楓樹小巷卷下云：
花巴子……之類，皆聲稱於時　若南瓦，湖上魚羹宋五

嫂，羊肉李七兒，仍房王家，血肚羹宋小巴之類，皆當行不數者。宋五嫂，余家舊頭嫂也。每過湖上，時進坤懇談，亦他鄉故也，悲夫！

這些飲食店的陳設固多效學舊日東京的飲食店那樣，就是其他一切飲食店，也是一樣的模倣着。夢梁錄卷十六云：
非京熟食店張挂名畫，所以勾引觀者，留連食客。今杭州茶肆亦如之，插四時花，挂名人畫，裝點門面。(茶肆條)
如酒肆門首排設杈子及梔子燈等，蓋因五代時郭高祖游幸汴京，茶樓、酒肆俱如此裝飾，故至今店家倣效成俗也。(茶樓條)
杭城食店多是效學京師人開張，亦效御廚體式貴官家品件。(分茶酒店條)

又同書卷十八民俗條：
杭城風俗凡百貨賣飲食之人，多是裝飾車蓋、擔兒、盤盒、器皿，新潔精巧，以炫耀人耳目，蓋倣學汴京氣象，及因高宗南渡後常宣喚買市，所以不敢苟簡，食味亦不敢草率也。

此外賣舊食的，亦多模倣以前東京的造法：
賣糖又有……攤竿十樣賣糖，效學京師古本十般糖。(同書卷十三夜市條)

不單造法如此，就是叫聲亦復如此：
中瓦子前賣十色糖，更有澄沙膠糰孔糕瓷，亦倶有

經宣喚，皆效京師叫聲。（同上）

（2）衣飾　南宋杭州的絨線（表飾所用之物）鋪，以自東京流寫的人開的為最有名。都城紀勝鋪席條：又如廟王家絨線鋪（自東京流寫），今于御街開張數鋪，亦不下萬計。

在東京流行的時髦衣飾，亦有許多人南傳至杭州的。楓窗小牘卷上云：

汴京閨閣妝抹凡數變。崇寧間，少嘗記憶，作大鬢方額。宣和以後，多梳雲巧額，鬢撐金鳳。小家至為剪紙襯髮，膏沐芳香。花靴弓履，窮極金翠。一襲一領，費至千錢，今聞廛中圖飾復爾。如瘦金蓮方、瑩面九、遍體香，皆自北傳南的。

（3）娛樂　南宋杭州的娛樂，有些是由東京直接傳過去的。都城紀勝瓦舍衆伎條：

百戲，在京師時，各名左右軍，並是開封府衙前樂營。

有些是效法東京的。夢梁錄云：

初八日錢塘門外霍山路有神曰「祠山正佑聖烈昭德昌福崇仁真君」，慶十一日誕聖之辰。……下俗各以鑼取鼓吹、妓樂、舞隊等社，奇花、異果、珍禽、水族，精巧面作，謀色鏤台車鬧迎引。歌叫賣聲，效京師故體，風流錦體，他處所無。（卷一八月霍山祠誕條）

說唱諸宮調，昨汴京有孔三傳編成傳奇靈怪人曲說唱。今

板無二也。……今街市與宅院往往效京師叫聲，以市井諸色歌叫賣物之聲探合宮商成其詞也。（卷二〇妓樂條）

杭城有女流熊保保及後輩女童皆效此，說唱亦精，于上鼓色歌叫賣物之聲探合宮商成其詞也。（卷二〇妓樂條）宋周密

此外杭州在燈節期間的娛樂，亦有東京的成分在內。

武林舊事卷二燈品條：

又有以絹燈剪寫詩詞，時寓譏笑，及畫人物藏頭，隱語及薄京譏諷，戲弄行人。

（4）宗教　宋室南渡時，東京的神像亦被攜至杭州來祀奉。夢梁錄卷十四東都隨朝神祠條：

惠應廟即東都皮場廟。自南渡時，有直廟人商立者，攜其神像隨朝至杭，遂于吳山至德觀右立祖廟，又於萬松嶺侍郎橋卷元貞坊立行祠者三。按會要云，神在東京顯仁坊，名曰皮場土地祠。政和年間，賜廟額，封王爵。中興，隨朝封曰明靈昭惠慈佑王神，妃封曰靈婉嘉德夫人，繼淑靖夫人。

其餘在東京祀奉　神。宋室南渡後也同樣的在杭州祀本。同書卷八云：

二郎神即清源真君，在官巷，紹興建祠。侜志云，東京有祠。隨祠立之。

四聖延祥觀在孤山：舊名四聖堂。……紹興間慈寧家殿出財建觀侍本。遂于孤山古利徒之為觀。次年內庭迎四聖聖像

食貨半月刊

（全漢昇：宋代東京對於杭州都市文明的影響）

第三三二頁

0137

径山茶宴所载之至道

戒　兴

内容提要：通过对径山茶宴的形成、所载之内涵、在历史空间上的传播发展及学术研究成果，来体现融入佛法心髓的径山茶宴所特有的意义。

关键词：径山茶宴　径山禅寺　禅宗

随着国际文化学术的发展，国内各研究领域也呈现一片大好的形势，各种文化的继承和传承工作在今天也显得尤为重要，这些看似古老的智慧，在社会快速发展的今天就愈加凸显它的重要性。佛教传入中国两千余年，经历代祖师传承，在被誉为"东南佛国"的杭州最为众人所熟知的就是禅宗。尤其是以径山禅寺这样一座千年禅宗祖师道场为代表，如何重新展现这些沉淀的文化，为社会大众带来身心的安乐更是一个深层次的历史课题。径山茶宴作为径山禅寺佛事活动之一，其历史传承和负载的精神内涵是值得我们去深入挖掘研究的，它不仅仅展现了一种文化现象——在今天对我们身心会有怎样的改变是吾辈所关注的。

径山茶宴的形成

在禅宗丛林中，僧众以禅堂为中心展开修学、参悟之路。初入禅堂，概学人参禅不够绵密相续，会出现昏沉掉举之现象，以致用不上功夫。茶，关于其性有如此之说："茶之为用，味至寒，为饮最宜，精行俭德之人，若热渴、凝闷、脑疼、目涩、四肢烦、百节不舒，聊四五啜，与醍醐、甘露抗衡也。"[1]因

作者简介：戒兴，径山万寿禅寺方丈。

茶具有提神、益思、少卧之功效,故而这对于对治昏沉之"病"便算得上是一味良药。

关于药,有一则与佛教有关的故事:文殊菩萨,一日令善财采药曰:"是药者采将来。"善财遍观大地,无不是药。却来白曰:"无有不是药者。"殊曰:"是药者采将来。"善财遂于地上拈一茎草,度与文殊。殊接得示众曰:"此药能杀人,亦能活人。"[2]茶亦是如此,禅更是如此。种种方法的调剂用的好便是良药,用不好便断掉人的法身慧命,故而要知时知量,才方为大用。

在唐宋之际国家经济文化繁盛,植茶、制茶、冲饮方式都随之有极大的改善和发展。饮茶之风通过茶宴、茶会的发展逐渐成为一种社会风尚,寺院中的僧人也会在日常以茶来接待参访者。在《禅苑清规》[3]中详细的记述了很多寺院中僧人用茶之处:赴茶汤、堂头煎点、僧堂内煎点、知事头首点茶、入寮腊次煎点、众中特为煎点、众中特为尊长煎点、法眷及为入室弟子特为堂头煎点等在寺院中的礼仪。典籍中记载饮茶之始及宗门下以茶来接引学人的典故,略举二例:

一

"南人好饮之,北人初不多饮。开元中,泰山灵岩寺有降魔师大兴禅教。学禅务于不寐,又不夕食,皆许其饮茶。人自怀挟,到处煮饮。从此转相仿效,遂成风俗。起自邹、齐、沧、棣,渐至京邑。城市多开店铺,煎茶卖之,不问道俗,投钱取饮。其茶自江、淮而来,舟车相继,所在山积,色额甚多。"[4]

二

师问新到:"曾到此间么?"曰:"曾到。"师云:"吃茶去!"又问僧,僧曰:"不曾到。"师云:"吃茶去。"后院主问曰:"为甚么到也云吃茶去,不曾到也云吃茶去?"师召院主,主应诺。师曰:"吃茶去。"[5]

关于径山茶宴中"茶"这一重要载体,据清《余杭县志》中记载:"径山寺僧采谷雨茶者,以小缶贮送。钦师曾手植茶数株,采以供佛,逾年蔓延山谷,其味鲜芳,特异他产,今径山茶是也。"因为法钦禅师植茶供佛的缘由,茶才得以在径山延绵。在宋代,径山禅寺因禅而闻名于天下,被誉为"五山十刹之首",参禅学人纷至径山访禅问道,寺院的一盏待客之茶也在发展过程中参究佛事仪轨,逐步的演化出一套有体系吃茶访禅的体悟之旅。

径山茶宴在历代祖师手下逐步完善,于宋代达到了完善,禅门精神溶于其中,行走之间无不与佛心相应。"法则以心传心,皆令自悟自解。自古,佛佛惟传本体,师师密付本心。"[6]禅宗门下没有多余的言语,历代祖师们不过是随机教化而提点学人,也不会过多地去干扰学人,待看时机到了,方才下手一番生杀。

径山禅寺第二十五代住密庵咸杰禅师曾在径山茶宴上应众而作《径山茶汤会首求颂二首》,颂曰:

一

径山大施门开,长者悭贪俱破。

烹煎凤髓龙团,供养千个万个。

若作佛法商量,知我一床领过。

二

有智大丈夫,发心贵真实。

心真万法空,处处无踪迹。

所谓大空王,显不思议力。

况复念世间,来者正疲极。

一茶一汤功德香,普令信者从兹入。

历代祖师为传佛心,不惜眉毛扫地以教化学人,以一盏径山茶慈悲接引。近几年来,径山禅寺凭借历代祖师的广大慈悲愿力和诸善缘的共同成就,逐步的完善复建工程。径山禅寺在发展探索过程中也提出以"大慧禅"为中心,"春茶""夏禅""秋学""冬参"的四大理念,其中"径山茶宴"作为其中的一部分。为延续历代祖师之愿力,寺院僧众和社会各方面共努力同参阅研究古代典籍资料,逐步的完善径山茶宴的仪轨内容。2009年9月"径山茶宴"经浙江省文化厅评为浙江省非物质文化遗产。2011年5月"径山茶宴"经国务院批准列入第三批国家级非物质文化遗产名录。经过大家不懈的学习研究,于2015年径山禅寺举行第一次"径山茶宴"并正式对外展示,受到大众的一致褒扬。其茶宴仪轨内容如下:

一、张贴茶榜

  张贴茶榜于法堂。

二、敬众入席

  开始入场,宣唱梵呗;

  宣读"径山禅宴·礼仪规范"。

三、迎请方丈

  茶宴开始,维那师敲引磬,迎请方丈和尚;

  维那呼:迎请和尚。

四、击鼓集定

  维那师领僧众出法堂迎请方丈和尚,击鼓;

  全体来宾闻鼓声起身,恭敬合掌;

  僧众双班排列于法堂内;

  方丈和尚站定,击鼓声停。

五、宣读茶榜

  维那师宣读茶榜。

六、吟诵梵呗

  维那师起腔:云来集,同和。

七、供佛焚香

  唱诵梵呗同时,茶头僧走四方步,佛前焚香;

  维那师:请落座。

八、佛前供茶

  维那师:供茶;

  两位茶头僧供茶。

九、方丈点茶

  维那师:点茶;

  为方丈、监院点茶。

十、主宾点茶

  四位茶头僧(左手水壶,右手茶筅),点茶。

  茶助同奉上抹茶。

十一、静坐吃茶

　　维那师：请吃点心，

　　维那师：请吃茶。

十二、茶罢收盏，茶助为每位宾客上径山绿茶一杯

十三、方丈开示

　　维那师：请和尚开示。

十四、主宾致辞

　　方丈和尚：代表致辞。

十五、方丈致谢

　　和尚致谢，问讯离位，

　　维那师：茶会圆满，恭送和尚。

十六、全体退场

　　僧众向上问讯，双向排班，

　　方丈和尚退堂，僧众随行。

十七、茶礼毕。

　　径山茶宴所载至内涵

我们熟悉的一个词——"禅茶一味"，茶之本身不好不坏，非禅非不禅。赵朴初先生曾有诗句：空持百千偈，不如吃茶去。而这一盏茶，却正是因为以禅作为本体而展现出它的精妙。

禅宗僧人在日常学修生活中，行住坐卧间护念于当下，时刻警醒照顾话头。"禅"之一字，悬之于八识田中，任尔东西南北风再凛冽，岿然不动。茶宴中点茶之僧人，手持茶瓶、茶筅，于宾客、学人前行走、站立或是点茶，所有的一切在当下也只是一念，而这一念，即是前念又是后念，也是念念相续之正念，于诸正念中经三大阿僧祇劫也不过是一念万年、万年一念，成佛作祖亦是如此。饮茶之人虽端身正坐于寺院茶宴之中，虽不好有动作和言语，但世间剪不断理还乱之种种思绪可谓地覆天翻于一处云集，但引磬声起之时，万虑遂声覆灭，当下间一派清净圆明，若是长久下去，何愁不能了苦，此是禅门之无上妙用和方便。

昔日佛陀在菩提树下初证道时说："奇哉！奇哉！此诸众生云何具有如

来智慧,愚疑迷惑,不知不见？我当教以圣教,令其永离妄想执着,于自身中得见如来广大智慧与佛无异。"[7]

我们凡夫于业海中轮回生死,对烦恼妄想可以说是一点办法都没有,多为业力所牵引。不过说到底,生死轮回也是由这妄想执着的一念所致,也如此生,如此消亡,此一念可以说是千百万亿念的一点,这一点也是无始劫来轮回的一个种子。这径山茶宴中,诸位法师各司其职,或坐或立、或动或静,各种法器、梵呗的吟唱,都是以种种方便,让受众护诸当下之起心动念,反观向内探索。而后,久久自会得见本家面貌。

禅是活泼泼、圆融无碍的,有些学人能死不能活,祖师们为引导这学人可谓是煞费苦心,以种种方便来接引。大慧宗杲禅师有诗云:"好将一点红炉雪,散作人间照夜灯。"径山禅寺历代的祖师们通过茶宴这一形式来接引后学,一来就手中茶之方便,二来以事来显理。其茶宴中的一唱一吟、一动一静无不体现禅的特质和精神内涵。以佛心为之体,以茶宴为之相,以动静为之用。在这一场茶宴中,僧人举手投足、扬眉瞬目间皆是他自己清净圆明的妙用在,只是看我们是否懂得明了。

这一场茶宴中有动相、有静相,亦有了然不生之相。各种因缘汇集,看你是否把握得到。这一盏茶蕴涵着佛法心灯的相续之理,就看是否能以这外界之光明境唤醒你自身之清净佛性。

空间上的传播发展

禅宗僧人以亲近明眼善知识而各地参访,历来成就的祖师也无不如此。径山禅寺经唐、宋的沉淀发展,在南宋大慧宗杲禅师之奋力振兴下,一时被誉为"五山十刹之首"。因径山禅寺在禅林中影响之大,所以前来参访学习的足迹从未停止过。其中茶宴作为祖师的一种方便接引手段,自然在无形中被学人继承学习和发展。

北宋元祐四年(1089),高丽僧统义天遣派寿介等五位僧人入宋求学佛法,时在杭州任职的苏轼将其安置于径山禅寺修学佛法。

南宋庆元五年(1199),日本律宗之祖俊芿登径山拜谒蒙庵元聪禅师学习禅法。

南宋嘉定二年(1209),日本僧人希玄道元入宋求法,时年73岁高龄的径山禅寺住持浙翁如琰禅师接见了这位年轻的日本僧人，并于明月堂设茶宴招待。

南宋端平二年（1235），日本僧人圆尔辨圆、性才法心、随乘湛慧等上径山求法，从无准师范禅师学习禅法。南宋淳祐元年（1241），圆尔辨圆辞别无准师范禅师回日本。圆尔辨圆将德如[8]所笔之行状[9]交于无准师范禅师，无准师范禅师在其上加上了自己的署名，今藏于东福寺。无准师范禅师交付圆尔辨圆密庵咸杰禅师的法衣、宗派图、自赞顶相及《大明录》[10]。同时圆尔辨圆还带回经卷一千余卷经文、茶树、碾茶、茶叶烹煮、品茶问禅、纺织、制药、打麦面、做豆腐等工艺。圆尔辨圆归国后创建东福寺，被天皇封为"圣一国师"，并成为了日本佛教史上的第一位国师。

性才法心在径山参学，回国后开创松岛圆福寺、十和田法莲寺、茨城天目山照明寺。

随乘湛慧在径山学成归国后，在九州岛大宰府横岳山创建崇福寺。

无准师范禅师之弟子兰溪道隆，听闻日本佛教虽盛但禅法微薄，故于南宋淳祐六年（1246），携弟子义翁等乘商船东渡日本传播禅法，为幕府所重，特建巨福山建长寺，为建长寺之开山祖师。

南宋景定元年（1260）兀庵普宁[11]应请东渡日本传播禅法。

南宋咸淳元年（1265）八月，虚堂智愚禅师奉诏主持径山法席。日本僧人南浦绍明随虚堂智愚禅师到径山修学，南宋咸淳三年（1267）学成后归国，虚堂智愚禅师赠偈云：敲磕门庭细揣摩，路头通处再经过；明明说与虚堂叟，东海儿孙日渐多。

南宋咸淳五年（1269）大休正念[12]东渡日本，受到兰溪道隆的隆重接待。先后受到执权北条时宗、贞时的皈依，历任禅兴、建长、福寿诸寺的住持[13]。

元至元十六年（1279）无学祖元[14]应日本幕府之请东渡传法，于建长、圆觉二寺传弘禅法。

我们从部分史料记载宋代来径山学习和到国外传法的文字分析，历史上因日、韩两国多次派遣使者和僧人来华学习，可以肯定的是日本茶道、韩国茶礼，都受到中国茶文化的影响。随着留学归国及东渡传法的僧人将茶种、茶树、制茶工艺带回,日本的茶文化才逐步的发展起来。今天日本寺院中所展示的四头茶会,其源头就是径山茶宴。

学术研究成果

随着国家宗教政策的落实,径山禅寺的茶宴又重新回归的大众面前,教界及学术界对径山茶宴的关注度再一次被提升。因径山禅寺在禅宗史上的特殊地位,学者们在研究径山的时候绕不过去的一个话题就是径山的禅茶文化。近些年来,学术界通过史料对径山禅茶文化进行挖掘整理,以论文、图像、电子媒体等形式将径山禅茶宴作为新的文化成果展现于世。

国际学者们通过研究径山禅茶文化,不仅加深了国际学术间的交流往来,也加强了禅茶文化的传播,更重要的是在新时期从国际角度去传播和弘扬佛法。

今年来国内发表关于径山禅茶正式出版物有:《慧焰薪传—径山禅茶文化研究》[15],《径山文化研究论文集》[16]等专题著述,都有大篇幅的论文对径山禅茶文化进行探讨。

我们民间也有许多自发研究的学者,如已故去的俞清源先生,早期通过走访勘察、整理相关资料编写了《径山史志》[17]一书,对径山禅茶的发扬起到了一定的推动作用。

当然今后研究角度还会多元化的展现,让大家更直观的去了解研究的新成果。

结　语

径山茶宴因径山禅寺而显名,径山禅寺也因径山茶宴而广传佛心。如今径山茶宴在盛世得以重新复原,以寺院茶礼的形式为大众献上一盏茶,去烦恼得清凉。历史上径山禅寺祖师们用一盏茶曾接引了诸多来参访的国内外僧人、学者,现在径山茶宴依然会通过这一盏茶来广结善缘、续传佛心。佛为一大事因缘出现于世,这一盏茶尽付佛陀之慈悲愿力,吾辈当好好护持径山祖庭,护念这一颗心,护好着这一盏茶,去利益众生。

注释：

[1]（唐）陆羽等原典，卡卡译注：《茶经》，中国纺织出版社 2006 年版，第 2 页。

[2]（明）瞿汝稷编撰，德贤、候剑整理：《指月录上·下》，巴蜀书社 2005 年版，第 21 页。

[3]《禅苑清规》是宋代人宗赜编集而成的一部禅宗丛林清规著作，完成于崇宁二年（1103）。又称《崇宁清规》《重刻补注禅苑清规》《禅规》。收在《万续藏》第一一一册、《禅宗全书》第八十一册。是现存丛林清规类书中最古的一部，是中国佛教现存最早的清规典籍，对宋元时期中国佛教寺院制度礼仪的发展发挥了重要影响，对研究宋元以后中国佛教的发展提供了十分重要的材料。

[4]（唐）封演撰，赵贞信校注：《封氏闻见记校注》，中华书局 2005 年版，第 51 页。

[5]（明）瞿汝稷编撰，德贤、候剑整理：《指月录上·下》，巴蜀书社，2005 年版，第 329 页。

[6]（唐）慧能著，王月清评注：《六祖坛经》，凤凰出版社，2010 年版，第 18 页。

[7]《大方广佛华严经》卷五十一《如来出现品第三十七之二》。

[8]德如乃无准师范禅师之侍者，具体生平未记述。

[9]其行状全称《大宋国临安府径山兴圣万寿禅寺住持特赐佛鉴禅师行状》，今藏于东福寺。

[10]宋本，现藏于日本京都东福寺灵云院。

[11]兀庵普宁（1197—1276），四川成都人。嗣法于无准师范禅师，无准禅师以"兀庵"二字赠之，因以为号。

[12]大休正念（1215—1289），号大休，浙江温州人，嗣法于径山禅寺石溪心月禅师。

[13]杨增文著：《佛教与中日两国历史文化》，中国社会科学出版社，2015 年版，第 466–467 页。

[14]无学祖元（1226—1286），号无学，浙江宁波人，嗣法于径山禅寺无准师范禅师。

[15]杭州城市学研究理事会余杭分会编：《慧焰薪传——径山禅茶文化研究》，杭州出版社，2014 年版。

[16]陈宏编：《径山文化研究论文集》，杭州出版社，2016 年版。

[17]余清源：《径山史志》，浙江大学出版社，1995 年版。

南宋"北苑试新"及宫廷茶礼

鲍志成

提要：南宋定都临安(今杭州)后，斗茶饮茶之风依然盛行，南宋宫廷延续着每年仲春之际从建州贡茶院进奉头茶的惯例，称"北苑试新"。在国家大事、外交交聘、宗庙祭祀等重大礼仪中，也无不以茶入礼。

关键词：南宋 北苑试新 交娉茶礼 宫廷茶礼

南宋君臣的好茶之风，一如既往，京城临安的茶风更盛。杨之水在《两宋茶诗与茶事》中说："斗茶的风习，始于宋初，徽宗朝为盛，南渡以后，即已衰歇。"[1]如果从士人官宦的斗茶之风见于记载和用于斗茶的黑釉盏生产衰减来看，南宋或许不如北宋炽盛，但从汴京南迁杭州后，政治中心与茶叶生产中心区较之北宋更加贴近，士大夫和僧俗、市井百姓的饮茶风尚有过之而无不及。即便是南宋宫廷，也始终保持着一年一度新茶尝鲜时对龙团凤饼的热情，在国家大事、外交交聘、宗庙祭祀等重大礼仪中，无不以茶入礼。

一、"北苑试新"及"绣茶"

南宋宫廷依然延续着每年仲春之际从建州贡茶院进奉头茶的惯例，称"北苑试新"。

世居杭州的弁阳老人周密当年曾特意记录下这"外人罕知"的宫廷故事：每年仲春上旬，福建漕运司就进奉蜡茶一纲，名"北苑试新"。

所谓"腊茶"，是指早春头茶，"腊"是取早春之义，因其茶汁泛乳白色，与溶蜡相似，故也称"蜡茶"。有人认为，"所谓腊茶，是以腊纸包装的龙凤

284

团茶"。显然是望文生义所致。欧阳修在《归田录》中说："腊茶出於剑建。"即指此。沈括《梦溪笔谈·药议》也说：腊茶"有滴乳、白乳之品"，即指其色而言。

"纲"，是指成批运输的货物，如茶纲、盐纲、花石纲、生辰纲之类。这里的"一纲"，意思是开春第一批进奉的茶。这些腊茶都包装成"方寸小銙"，总共"进御"的也只不过一百来銙。其包装尤其考究，"护以黄罗软盝，藉以青箬，裹以黄罗夹，复臣封朱印，外用朱漆小匣，镀金锁，又以细竹丝织笈贮之，凡数重。"这些小銙腊茶，都是"雀舌、水芽所造，一銙之直四十万"，只能供"数瓯之啜"。有时要赐外邸诸王贵戚，也不过一二銙而已，要用"生线分解"了转赠，好事者都以为"奇玩"。由于珍罕难得，每当腊茶进御之初，主管茶酒的"翰林司"[2]都会按惯例收到所谓的"品尝之费"[3]，都是漕运司和外邸的干吏们贿赂的。有的得之太少，间或不能满足品新尝鲜之欲，就在烹点时加入盐少许，以使茗花散漫，聊悦色目，但茶味却漓恶不堪了。

大内禁中遇到有大庆贺朝会之时，还用镀金大瓮来烹点，"以五色韵果簇钉龙凤"，谓之"绣茶"，虽然不过是好看悦目而已，却也有"专其工者"[4]。

由此可见，即便是南宋朝廷王公贵戚，要品尝到十分稀罕的新茶也是很难得的，以至于漕司外邸为了得到腊茶，公然向主管的茶酒司行贿，而一年一度的头纲腊茶进奉，也成为备受重视的朝廷茶事。每年一度的"北苑试新"和遇到重大的庆贺活动举办的"绣茶"会，可谓是南宋宫廷颇具特色的茶事茶会。

二、南宋朝廷的交娉茶礼

在南宋朝廷的外交活动中，茶扮演着重要角色。龙凤团茶成为国礼御赐来使，茶宴招待成为礼宾接待中的重要礼仪。

南宋朝廷的交娉国，除了北方的辽、金，还有东面的高丽（今朝鲜半岛）、日本，南洋的交趾（今越南北部）、占城（今越南南部）、暹罗（今泰国）等，在当时来说，这些国家和地区都还不是产茶国，产茶地，以珍贵的御用龙凤团茶来招待使臣，御赐国礼，是一种最高规格的外交礼节了。

周密曾记录金朝、高丽使节来临安出使入贡时,南宋朝廷的一整套接待礼宾程序:北来外国使节抵达临安第一日,下榻到设在北廓赤岸(在今半山赤岸桥一带)的接待机构班荆馆,皇帝先派遣陪同官员"伴使"前往应宣抚慰问,以御宴招待来使,并"赐龙茶一斤,银合三十两",好像是见面礼,以便供来使饮用和零花之需。次日,则在北廓税亭(或在今杭州武林门梅登高桥附近?)以茶酒招待后,进入临安府的北门余杭门,来到都亭驿下榻,再次赏赐有加,除了"龙茶、银合如前"外,"又赐被褥银、沙锣等"。第三日,由临安府送去酒食招待,大内值守的"阁门官"前去讲解朝见的仪礼,来使把要朝见南宋皇帝的"榜子"(相当于外交照会、国书)交投礼宾宣抚官。在连续3天的准备和接应后,才开始正式的朝见皇帝活动。第四天,外国来使在宣抚伴使的引领下,入大内紫宸殿参见南宋当朝皇帝。礼毕,前往"客省"即负责外交事务、交娉接待的机构尚书省鸿胪寺茶酒招待,再在垂拱殿正式御赐国宴。酒过五巡后,来使"从官以上"随行始得赐座同宴。当天,"赐茶酒、名果",副使以下各有厚赏,衣服、幞头、牙笏、金带、金鱼袋、靴、马、鞍辔等衣着行头一应俱全,"共折银五十两",另有"银沙锣五十两,色绫绢一百五十匹",其他随行人员"并赐衣带、银帛有差"。次日,又赏赐"罗十匹、绫十匹、绢布各二匹"。接下来就是伴使陪同下参观游览,先到天竺寺烧香,再到冷泉亭呼猿洞游赏,浙江亭观潮,玉津园燕射,集英殿大宴,并且每天都宴饮招待,赏赐有加。到朝见后的第六日,"班朝辞退","赐袭衣金带三十两、银沙锣五十两、红锦二色、绫二匹、小绫十色、绢三十匹、杂色绢一百匹,余各有差。"由临安府派员主持赠送仪式,并派"执政"(指参知政事一类的宰相级别的高官要员)在使节下榻的馆驿设宴招待。次日,再次"赐龙凤茶、金银合"后,"乘马出北关",上船待归。又次日,再次派遣皇帝"近臣赐御筵"。在整个礼宾接待中,除了朝见、赐宴和游乐外,很主要的程序就是赏赐,"自到阙至朝辞,密赐大使银一千四百两,副使八百八十两,衣各三袭,金带各三条;都管上节各银四十两,衣二袭;中下节各银三十两,衣一袭,涂金带副之。"[5]

难怪乎有人说,古代中国的宗主国地位是用金玉币帛厚赐宗藩国换来的,而龙凤团茶在诸多的外交国礼中,地位最为显要,规格也最高。

三、南宋宫廷茶事多

南宋朝廷除了一年一度的"北苑试新"外,长年的日常茶事活动也很丰富。比如皇帝圣诞寿庆、参谒太庙神御、出幸试院国学、西湖游乐宴饮等,都以茶入礼,进茶赐茶,合乎礼仪,点茶饮茶,助兴游乐。

孝宗淳熙八年(1181)正月,恰逢太上皇赵构圣寿七十有五,皇太子、两殿百官都到德寿宫迎请太上皇,在禁卫的簇拥下来到大内,孝宗亲自到殿门恭迎,搀扶太上皇从御辇上下来,到"损斋进茶",再到清燕殿"闲看书画玩器"[6],以博得赵构欢心。孝宗的生日是十月二十二日,每年这一天都要"会庆圣节",大摆筵席,前来侍宴的百官、郡王以下,都"各赐金盘盏、匹段,并蔷薇露酒、香茶等。"[7]再如四月初九日是度宗生日,尚书省、枢密院官僚都要提前到明庆寺"开建满散",当天早晨,平章、宰执、亲王、南班百官齐聚到大内寝殿,恭问起居,舞蹈称贺,再到皇太后寝殿恭问起居毕,回到集英殿赐宴。这皇帝的生日盛宴,由内府各应奉机构筹办,早在举办前一日,"仪鸾司、翰林司、御厨、宴设库应奉司属人员等人,并于殿前直宿",连夜筹备。如仪鸾司,要预先在殿前"绞缚山棚及陈设帏幕等",也就是说要搭建彩棚、张挂帷幕,装点门面,还要"排设御座龙床,出香金、狮蛮、火炉子、桌子、衣帏等",至于第一行平章、宰执、亲王的座位,"系高座锦褥",第二、第三、第四行侍从、南班、武臣、观察使以上的,"并矮坐紫褥",而"东西两朵殿庑百官,系紫沿席,就地坐。"翰林茶酒司的任务就是"排办供御茶,床上珠花看果,并供细果",平章、宰执、亲王、使相,"高坐果桌上第看果",第二行、第三、第四行侍从等,都是"平面桌子,三员共一桌",两朵殿廊,卿监以下"并是平面矮桌,亦三员共一桌"。果桌都是大内未开门时就"预行排办"好的。皇帝御座前的"头笼燎炉,供进茶酒器皿等",在殿上东北角陈设预备,随时候驾御座应奉。御宴用的酒盏都"屈卮","如菜碗样,有把手","殿上纯金,殿下纯银","食器皆金稜漆碗碟"。御厨要制备"宴殿食味"以及"御茶床上看食、看菜,匙箸、盐碟、醋樽",还有宰臣、亲王宴席的看食、看菜,和殿下两朵庑的看盘、环饼、油饼、枣塔,都统一"遵国初之礼"[8]。如此盛大的皇帝圣诞宫廷宴会,摆在御座前面的最主要的东西是"御茶床"以及上面的御茶、珠花、看果、各色细果等,彰显了茶在宫廷宴饮中的重要性,也反映了南宋晚期朝廷日常生活之奢靡。

南宋朝廷供奉列祖列宗的太庙景灵宫虽然是新建的,但四时祭奠之礼却十分讲究。每当皇帝车驾出行到景灵宫,一般先到天兴殿圣祖神御前行参谒礼,再到中殿祖宗神御前行礼,礼毕后回到斋殿进膳,膳毕,"引宰臣以下赐茶",茶毕,车驾回宫[9]。这里的"赐茶",显然是指赐饮茶,并非有的人说的赏赐高档礼品茶。有时皇帝在国子监开考之时,也会车驾临幸太学,以示对开科取士的重视,这时"礼部太常寺官、国子监三学官及三学前廊、长谕,率诸生迎驾起居"。在大成殿"行酌献之礼"后,百官群臣和教谕学子都要分批齐奏万福,再到讲筵内开讲,然后"传旨宣坐,赐茶",茶讫,"各就坐","翰林司供御茶",茶讫,"宰臣已下并两廊官赞吃茶",最后随驾乐队演奏《寿同天》,"导驾还宫"[10],这当中"供御茶""赐茶"也是重要环节。即便是皇帝到御花园游乐,茶也是少不了的。乾道三年(1167)三月初十日,孝宗"车驾幸聚景园看花",次日早膳后,车驾与皇后、太子"至灿锦亭进茶",再到"静乐堂看牡丹","进酒三盏",太后邀请太皇、孝宗一起到贵妃刘婉容的奉华堂,欣赏演奏,曲罢刘婉容进茶[11]。游乐间隙,进茶品饮,权当歇息,也平添游趣。孝宗淳熙年间,退养德寿宫的赵构常"御大龙舟","游幸湖山",当龙舟在西湖水面上随意东西,美不胜收,游乐节目也纷纷登场献艺,除了吹弹、舞拍、蹴踘、弄水,就是分茶[12]。分茶不仅是文人雅士所爱,也是王公贵族所乐。南宋皇宫的日常生活,可谓处处有茶事,事事离不开茶礼。

四、关于"茶酒司"和"茶酒班"

如此频繁的宫廷茶事,都是谁来负责打点的呢? 如前所揭,南宋朝廷在宫内设置有专门的机构——翰林院茶酒司,简称翰林司,是四司六局之一。四司指帐设司、厨司、茶酒司、台盘司,六局指果子局、蜜煎局、菜蔬局、油烛局、香药局、排办局[13],各有分工职掌。茶酒司的职掌是"专掌客过茶汤、斟酒、上食、喝揖而已,民庶家俱用茶酒司掌管筵席,合用金银器具及暖盪,请坐、谙席、开话、斟酒、上食、喝揖、喝坐席,迎送亲姻,吉筵庆寿,邀宾筵会,丧葬斋筵,修设僧道斋供,传语取复,上书请客,送聘礼合,成姻礼仪,先次迎请等事","茶酒司"在官府所用名"宾客司"。可以说有关吃喝、宴会的事，无所不包。其他三司六局的分工也十分细致周密，即便是权贵绅商之家，需要排办诸如此类的宴席，都可以一应承办。"欲就名园异馆、寺观亭台，或湖舫会宾，但指挥局分，立可办集，皆能如仪。"当时杭州有俗谚说："烧香点茶，挂画插花，四般闲事，不宜累家。"真是吃喝玩乐，不用举手之劳。"如筵会，不拘大小，或众官筵上喝犒，亦有次第，先茶酒，次厨司，三伎乐，四局分，五本主人从。"[14]这样的专业服务机构，既为朝廷官府服务，也对权贵绅商开放，只要出钱，一切可以不劳搞定。

其实，在南宋宫廷内，茶酒司下设置有"茶酒班"，各有 21 人（一说 31 人），平时分"两行各六人执从物居内"，也就是分成茶酒两班，分别准备好需要的器具，在内廷值守，在殿内侍候，一旦需要，随时应奉[15]。如遇到皇帝出行，茶酒班也随行前往，以满足随时赐茶点茶之需[16]。

注释

[1]杨之水:《两宋茶诗与茶事》,《文学遗产》,2003 年第 2 期。

[2]这里的"翰林司"实际上是"翰林院茶酒司"的简称，而非有人认为的就是"茶酒司"，因为唐宋时期的"翰林院"乃文翰及其他杂艺供奉皇帝的御用机构，沈括曾说："应供奉之人，自学士已下，工伎群官司隶籍其间者，皆称翰林，如今之翰林医官、翰林待诏之类"，"唯翰林茶酒司止称翰林司，盖相承阙文"，意思是说，只有翰林茶酒司，现在只称翰林司，是由于习俗相沿而省称。宋代翰林院属光禄寺，茶酒司掌供应酒茶汤果，而兼掌翰林院执役者的名籍及轮流值宿。见《翰林之称》，沈括《梦溪笔谈·故事一》。

[3]有人解释"品赏之费"说："品赏评茶是茶酒司的职能，如今天的评茶大师也。"简直南辕北辙，不知所云。

[4]周密:《武林旧事》卷二《进茶》。明田汝成撰《西湖游览志余》卷三、二九对腊茶进贡南宋宫廷所记内容基本一致。

[5]《武林旧事》卷八《人使到阙》。

[6]《武林旧事》卷七。

[7]《武林旧事》卷七。

[8]《梦粱录》卷三"皇帝初九日圣节"。

[9]《武林旧事》卷一"恭谢"。

[10]《武林旧事》卷八《车驾幸学》。

[11]《武林旧事》卷七。

[12]《武林旧事》卷三《西湖游幸》。

[13]灌圃耐得翁《都城纪胜·四司六局》。

[14]《梦粱录》卷十九"四司六局筵会假赁"。

[15]《武林旧事》"四孟驾出"。

[16]《梦粱录》卷三"宰执亲王南班百官入内上寿赐宴"。

关于传承发展径山茶宴的几点思考

何关新

各位专家和嘉宾:

春暖山头茶香浓。今年是径山寺开山 1280 周年,值此盛庆,我们怀着朝圣的心情在这里探究和研讨径山茶宴的历史和未来,意义重大,影响深远。中国人历来推崇民以食为天,在博大精深的中华饮食文化中,径山茶宴作为一脉独特的存在,将充满佛意禅韵的茶食饮升华为一种庄重优雅的文化仪式,历百世而不竭,传五洲而流芳,成为遗存至今的国家级非遗项目。当前杭州正致力打造宋韵文化传承之城,研究发掘和完善传播"径山茶宴",让千年宋韵在新时代流动起来,传承下去,是我们这代茶人肩负的使命和荣光。下面我就径山茶宴的文化传承与发展谈几点想法。

一、径山茶宴是有着厚重历史和丰富故事的世界性非物质文化遗产

茶为国饮,杭为茶都,这是中国茶界的普遍共识。杭州之所以成为中国茶都,有多重因素,但径山寺的加持是不可或缺的筹码。径山茶宴顾名思义是源自径山寺的茶礼、茶会等独特饮茶仪式,它的流行与径山寺的名门声望休戚相关。因此,研究径山茶宴,离不开径山寺这一维度。

1. 径山寺是佛教中国化的最后高峰。径山位于杭州城西北 50 千米处,系天目山脉东北峰,因径通天目而得名,其北经双溪小盆地绵连莫干山,踞苕溪之滨。苏东坡有诗赞曰"众峰来自天目山,势若骏马奔平川",其优渥的地形气候为茶叶生长提供了良好的环境。径山寺始建于唐,至宋已臻鼎盛。南宋孝宗亲书"径山兴圣万寿禅寺",位列江南"五山十刹"之首,

---

作者简介:杭州市人民政府原副市长、杭州市茶文化研究会会长。

地位一度超越灵隐、天童、阿育王等著名寺庙而名噪一时。在历史的流变中，径山寺不仅专注于佛法，而且勤于茶事，对"茶禅一味"和"茶道即禅道"之信念笃行不怠，最终成为临济宗的祖庭道场。可见山不在高，有仙则灵，正是径山寺的存在让不高的径山成为了有国际影响力的禅茶文化名山。

2. 径山是茶圣陆羽著经之地。陆羽是茶界公认的茶圣，其寻茶问道的足迹遍布名山大川，然而在公元 760 年到访径山后，却择此地而隐居，并最终完成了世界上第一部茶学专著《茶经》的撰写。可以想见，正是径山"好山好水出好茶"的自然生态环境征服了见多识广的茶圣，让他才思泉涌，满腹经纶，斐然成章。今日笤溪之畔的陆羽泉公园依然留有重要的茶史遗存。

3. 径山寺是禅宗茶道的发祥地。中唐以后，随着佛教的进一步中国化和禅宗的盛行，茶与禅的关系更趋紧密，禅宗"不立文字，以心传心"的理念与"吃茶去"的民间故事不谋而合，情同此理，产生了巨大的社会效应，"禅茶一味"成为一种心理共鸣。到了南宋，包括圆尔辨圆、南浦绍明在内的一些日本僧人远涉重洋到径山寺学佛求法，带回径山茶种和禅门茶礼，进而成为日本茶道之渊源。而唐宋时流行于径山寺的团饼茶加工碾磨则是世界抹茶的最初参照，世界抹茶之源由此可印证坐实。

二、径山茶宴的大众化流变为普及全民饮茶提供了资鉴

茶之为饮在于民，民爱则茶兴，民弃则茶亡，纵观世界茶运史，概莫如此。径山茶宴最初源自径山万寿禅寺，是寺院以茶代酒宴请客人的一种独特仪式，从张茶榜、击茶鼓、恭请入堂、上香礼佛，到煎汤点茶、行盏分茶、说偈吃茶等 10 多道工序，彰显的是待客之道、文化寓意。因为径山寺地位显赫，茶宴形式隆重，逐渐也被朝廷认可嘉许，及南宋时朝廷往往特命径山寺举办茶宴以招待贵宾贤达，径山茶宴由此从寺庙进入了宫廷。后随历史跌宕日渐衰微，但作为一种图腾仪式却一直被民间所记挂。进入 20 世纪 80 年代，浙江茶界的有识之士着手恢复这一传统仪式，余杭径山村更是从 2012 年开始筹办民间版茶宴以弘扬悠久博大的中国茶文化，迄今每年都要举办一两场庄严的径山茶宴活动。同时对径山茶宴的研究也风生水起,不断突进,其中尤以杭州市陆羽与径山茶文化研究会和杭州老茶缘茶叶研究中心承担的《径山茶宴原型研究》成果最丰,被中国国际茶文化研究会会长刘枫肯定为"是中国茶文化研究的一项重大成果"。正是这种民间化的推广,使得径山茶宴凤凰涅槃,春风复生。它的流变昭示我们一个深刻启迪就是,那种高山流水暗香浮动的自我欣赏和个人陶醉或可以修身养性,但终会因脱离大众远离民间而曲高和寡,只有始终坚持以人为本、以民为天才能生生不息,恒久永续。茶产业发展和茶文化推广要面向百姓、面向社会,从这层意义上讲,普及全民饮茶特别是培养鼓励青少年喝茶、爱茶、懂茶实属当务之急。

三、以三茶统筹思想指导径山茶宴系统开发

径山茶宴是余杭茶文化的一块金字招牌,多年来,在党和政府的关心支持和各方力量的齐心作为下,径山茶宴文化的传承保护工作持续推进。2005年,径山茶宴被列入余杭区非物质文化遗产代表作名录,2009年被评为省级非物质文化遗产,2011年又被国务院批准列入第三批国家级非物质文化遗产名录,当前正作为中国传统制茶技艺极其相关习俗的内容之一申报联合国世界文化遗产。可以预见,径山茶宴必将随着中华复兴的进程焕发新生。抓住历史机遇,保护利用好这一中华瑰宝,是每个茶人特别是余杭区委区政府的光荣使命和历史责任。为此再提二点建议:

一是要三茶统筹不断丰富大径山内涵,持续提升开发水平和质量。径山是中国禅茶文化重要发祥地、陆羽著经之地、日本茶道之祖、中华抹茶之源,承载着中华民族悠久的文明。天时地利人和为径山的发展提供了历史机遇。不久前中国国际茶文化研究会同时授予余杭径山"中日韩禅茶文化中心""中国径山禅茶文化园""中华抹茶之源"三块金字招牌,这在全国茶界也是孤例,可见径山之于茶地位之重要。2018年杭州市茶文化研究会在深入调研的基础上向余杭区委区政府提出了"丰富大径山文化内涵,建设径山禅茶文化大观园等项目"的建议,2019年又继续提出"关于进一步推进大径山禅茶文化园建设的若干建议",均得到区委区政府的肯定并采纳。当务之急是要系统规划,加快进度,促成早日建成。余杭区要有世界茶乡看浙江、浙江茶乡看杭州、杭州茶乡看径山的勇气和魄力,高起点规划、高标准建设、高强度推进，努力将径山建成茶区是景区、茶园是公园、茶企是庄园、茶家是茶馆，好茶好水好器汇的精品样板，使径山成为拿得出手、晒得出样、经得起时间考验的历史文化名镇、乡村振兴样板、三茶统筹窗口、共同富裕示范。

二是要将径山茶宴研究成果转化为优质生产力。径山茶宴是中国"茶禅"文化之典范、南宋点茶之渊源，径山茶宴的研究成果丰硕扎实、意义深远，在复兴中华茶文化的当今有着复制还原的基础和深化发展的可能。要破译径山茶宴的"生命密码"，激活径山茶宴的内涵要素，提升它的外延价值，并针对不同受众和要求，以市场为引领，鼓励多元主体多项开发。径山寺要立足"茶禅一味"的本源提升"径山茶宴"的原创性，让人感受"一品茶宴，回味千年"的时光穿越，提供"径山茶宴"的精品体验；径山村要抓住茶宴的核心本质，深化丰富茶宴的民俗化元素，通过喝茶、饮茶、吃茶、用茶、玩茶、事茶"六茶共舞"，结合现代科技和数智运用，多场景多手段演绎展示"径山茶宴"的无穷魅力，使径山村成为名副其实、美誉远扬的有吃有住有玩有看的中国禅茶第一村，径山茶宴体验地。要鼓励引导径山村村民主打"茶宴"这一特色资源，做大做强"茶宴"经济，并以此为招牌创新发展饮食文化，使"茶宴"成为村民的富裕之源、幸福之饮。总之，要解放思想，开动脑筋，多策并举，多力推进，让"径山茶宴"这一千年国宝活起来、火起来，使径山成为国家宋韵文化高地，为杭州建设宋韵文化传世工程增添精彩一目。

（2022 年 4 月 4 日"径山茶宴国家级非遗文化的保护传承"专家座谈会主旨演讲稿）

农商文明

晚晴民国时期余杭(径山)的
茶叶生产和茶行贸易

鲍志成

余杭径山茶是历史悠久的文化茗茶。径山种茶起源于唐朝径山寺开山鼻祖法钦禅师。据嘉庆《余杭县志》记载,径山"开山祖钦师曾植茶树数株,采以供佛,逾年蔓延山谷,其味鲜芳特异"。径山茶又名径山毛峰,属蒸青散茶,栽培于海拔 1000 多米的径山群峰,生长环境得天独厚,品质极佳,声誉冠群,自古称为佛门佳茗。

两宋时期,径山茶业因径山禅寺的兴盛而兴盛。北宋叶清臣《述煮茶泉品》评述吴楚之地出产茶叶时说"茂钱塘者以径山稀",足证径山茶当时已名声大振。到南宋时,径山茶成为土产礼品。潜说友《咸淳临安志》记载:"近日,径山寺僧采谷雨前者,以小缶贮送。"吴自牧《梦粱录》也记载:"径山采谷雨前茗,以小缶贮馈之。"根据学者研究,当时径山所产茶为蒸青散茶,但在寺院日常茶事或茶宴中,仍参杂使用珍贵的研膏团茶,其来源往往是皇室赐予大臣而转赠寺僧的。蔡襄在他任杭州知府时,曾上径山,写下《记径山之游》,游记中说:"松下石泓,激泉成沸,甘白可爱,即之煮茶。凡茶出北苑,第品之无上者,最难其水,而此宜之。"[1]这里山泉适宜烹煮的茶也是团茶。南宋徐敏《赠痴绝禅师》有"两角茶,十袋麦,宝瓶飞钱五十万"之句[2],则说明在南宋时尽管散茶流行,但团茶仍在参用。当时径山产茶之地有四壁坞及里山坞,"出者多佳",主峰凌霄峰产者"尤不可多得",南宋时径山寺僧"采谷雨茗,用小缶贮之以馈人"[3]。由寺僧自种自采自制的径山茶,既满足禅院僧堂供佛自用需要,又馈赠宾客、出售香客,不仅成为径山茶宴的法食,也是寺院结缘的媒介和收入的来源。

水乃茶之母,好茶离不开好水,径山寺内的龙井甘泉清冽甘醇,以之烹点,茶味殊胜。名山名寺,交相辉映,好茶好水,相得益彰,为径山茶奠定了天然条件。

元明清以来,径山茶虽历经兴衰起伏,仍相沿不绝。在晚晴民国时期,在外销驱动和时局动荡的交互作用下,余杭径山茶业再度兴旺后又跌入低谷。

一

余杭区现域为清代杭州府所属钱塘县、仁和县大部及清余杭县全部,民国元年析钱塘县、仁和县为杭县,故余杭区现域在民国时期为杭县大部与余杭县。

清末民初,余杭茶叶生产在外销带动下发展很快,茶园培育较好,茶业兴旺发达。根据1930年12月浙江省政府农矿处印行、俞海清编著,吴觉农校阅的《浙江省杭湖两区茶业概况》记载,杭县产茶为西、南二乡。南乡以上泗乡一带,多半产于平地,其香味虽不及龙井,而制工颇精细,其形状较之龙井有过之无不及;西乡留下镇之屏风山、西木坞、小和山一带均为产茶区域,产茶量多于南乡,品质则稍逊。南乡产的茶叶,担至翁家山或杭州市内茶行出售,其所产之旗枪茶外观与龙井相仿,而价格较廉,茶行均充为龙井高价出售。西乡茶则多至留下茶行出售。

余杭县产茶以南乡最多,自闲林埠至马鞍山一带均为产茶区域,每年产茶约2万余担,价值百万元。北乡幅员虽广,而茶地散漫,产茶较少,自长乐桥至孝丰交界之幽岭多有茶树,每年产茶亦有一万二千担,价值30万元。东乡多系平原,产茶极少。余杭植茶者,多系温属客民,本地业茶者甚少。所有茶叶多植于平地,高山者甚少。而土质多系黄沙土,不甚肥沃。且对培肥不甚注意,制工粗率,故其品质低劣,茶叶较薄,但因产茶颇多,制法略仿龙井形式,茶客多以掺和龙井茶内出售,使成本降低,易于销售。

余杭茶叶种植,分直播与移植两种,以移植较多。移植先于苗圃行撒播,种子撒播地面,上盖草木灰,再盖泥土。播种时期多于秋分后,采种即播,或先贮藏土坑内,待次年一二月发芽后再行播种。移植需播种后两年,每丛约植二三株。因行间多种蕃茄、白术、玄参等作物,故行距五尺至六尺,株间三四尺。

茶叶中耕除草。南乡每年中耕三次,第一次二三月,第二次头茶后,第三次十一月。除草每年两次,第一次二茶后,第二次三茶后。西北乡每年中耕二次,第一次一月,第二次七月。除草二次,第一次立夏后(五月中旬),第二次芒种后(六月中旬)。采茶方法,细茶用指采,但不及龙井之精细;粗茶则用手捋,老嫩不分。

施肥。普通农民多不施肥,其间种作物者,于八月间雍烧土灰三四十担,或菜饼一二担。惟北乡杭北林牧公司于冬季施人粪尿等液肥,每亩约八九担,故茶叶生育最佳,收获颇丰。

剪枝。普通农民仍照留下方法,仅剪除枯枝。惟杭北林牧公司于头茶后、施行剪枝,为半圆形,故发育齐整、出品较佳。

制茶。余杭制枪茶与留下相仿,惟工草率、故其各虽为"旗枪",而实际多系二三叶,并非一旗一枪,不过形状扁平,外观相似而已。粗茶则用斜锅炒,炒至叶质稍软,取出以足踏之。俟成条状,天晴则置竹匾内利用日光晒干;天阴雨则置焙笼,以火烘之。至七成干时,过袋,再入锅炒燥,名为"炒青"。此外,尚有制圆茶者,过袋以前的手续与炒青同,惟第二次炒时,用双手向前推滚、便成圆形。红茶制法与龙井地区同,惟较粗率。

贩卖。余杭南乡均至闲林埠茶行出售,西乡近城者至城内茶行,稍远者则至闲林埠,北乡多至城内出售。

1930 年,杭县产茶面积 12000 亩,产红茶 1000 担、绿茶 11000 担,合计 12000 担,茶叶价值 700000 元。其中杭县西区产茶面积 10000 亩,产茶量 10000 担,茶叶价值 500000 元;南区产茶面积 2000 亩,产茶 2000 担,茶叶价值 200000 元。余杭县产茶面积 72348 亩,产红茶 11940 担、绿茶 27860 担,合计 39800 担,价值 1900000 元。其中余杭县南区产茶面积 28571 亩,产茶量 20000 担,茶叶价值 1000000 元,每亩平均 70 斤,茶价每担平均 50 元;西区产茶面积 17111 亩,产茶量 7800 担,茶叶价值 300000 元,每亩平均 45 斤,茶价每担 40 元;北区茶叶面积 26666 亩,产茶量 12000 担,茶叶价值 600000 元,每亩平均 45 斤,茶价每担平均 40 元。

　　该书分引言、第一章各县产茶状况、第二章茶业经济状况、第三章茶叶价格、第四章各县茶叶分论、第五章结论共六部分,涉及杭州市及杭县、余杭县、临安县、於潜县、昌化县和湖州市及孝丰县、安吉县、长兴县、吴兴县、武康县等市县茶业。书中论及产茶量以杭县、余杭、孝丰、临安等县较多,尤余杭最巨,每年产额近39000余担。杭州市产量虽不多,但因品质甚佳,价格甚高,故其价值为数颇巨。书中另有四张调查表,对当时余杭茶业生产水平有详尽数据。

1930 年杭县、余杭县每亩茶园垦植费调查表

调查地点	开垦		种苗		种植		费用合计（元）	备注
	工数	工资（元）	数量（斗）	价值（元）	工数	工资（元）		
杭县屏风山	20	12	2	0.2	1	0.6	12.8	
余杭县闲林埠	20	12	2	0.4	3	1.8	14.2	
南乡、岑村	20	10	3	1	3	1.5	12.5	每工工资 0.5 元
西乡、仙宅上村	20	10	1.5	0.75	1	0.5	11.25	
北乡、长乐村	12	6	0.5	1	2	1	8	

　　注:工资系以零工价值计算,伙食在内。至于月工,每月约 10—12 元,长年约 70—80 元。伙食由东家供给。各区以五家至十家之平均数为标准。

1930 年杭县、余杭县每亩茶园每年收支计算表（单位:元）

县别	调查地点	收入鲜叶价值	支出						收支相比
			租或税	中耕除草	肥料费	摘工	杂费	合计	盈
杭县	屏风山	25	0.3	6	5.34	7.35	1.5	26.49	4.51
余杭县	南乡闲林埠	27	4	4.2	9	4.5	0.5	22.2	4.8
	南乡岑村	21.6	1	5	5	5.5	0.5	17	4.6
	西乡仙宅上村	20	2	4	4	7.5	0.5	18	2
	北乡长乐桥	20	0.1	4	1.6	6	1	12.7	7.3

1930 年每担干茶所需鲜叶量及制工柴炭调查表

县别	调查地点	每担所需鲜叶量（斤）	制工		柴炭		备注
			工数（个）	每工工资（元）	所需数量（担）	每担价格（元）	每斤干茶需鲜叶
杭县	屏风山	300	10	0.6	1	1	头茶 4 斤 10 两（24 两秤），二茶 3.5 斤，制茶细茶每担 14 工，粗茶 7 工
余杭县	闲林埠	350	10	0.7	2	0.7	每斤干茶需鲜叶，头茶 4 斤，二、三茶 3 斤（24 两秤）。制细茶每工制 8 斤，粗茶每工约 13—14 斤
	岑村	350	10	0.5	3	0.8	头茶需鲜叶 3.5 斤（16 两秤），二茶 3 斤（24 两秤）。制工每担细茶 12 斤，粗茶 8 斤
	长乐桥	300	20	0.5	2	0.5	制工，枪每工 3 斤，二茶每工 18 斤。

1930 年杭县、余杭县茶园每亩鲜叶量及工数肥料量调查表

县别	调查地点	鲜叶		中耕除草		肥料			每斤摘工工资（元）	备注
		平均产量（斤）	每亩估价	工数（个）	每工工资（元）	种类	份量（担）	每担价格（元）		
杭县	屏风山	250	0.1	10	0.6	菜饼	1.5	3.56	0.035	
余杭县	南乡闲林埠	300	0.09	7	0.6	菜饼	3	3	0.015	摘工细茶每斤 3 分，粗茶 1.5 分
	岑村	240	0.09	10	0.5	烧灰土	40	0.125	0.023	摘工细茶每斤 3 分，粗茶 1.5 分
	西乡仙宅上村	250	0.08	8	0.5	菜饼	1	4	0.030	摘工头茶每斤 4.2 分，二三茶 1.4 分
	北乡长乐桥	200	0.1	8	0.5	人粪尿	8	0.2	0.03	摘工头茶每斤 4 分，二茶 2 分，以林牧公司为标准

据《中国实业志·浙江省》第九章"茶叶"载：民国二十一年（1932），杭县、余杭县共有茶园面积 84348 亩，全年总产量 4.5 万担，其中红茶 12140 担，绿茶 32860 担，全年总产值 264.06 万元。当时的茶叶生产水平，平均每亩茶园年产茶 53.35 市斤，亩产值 31.31 元（当时币值）（参见附表）。年均

每担茶叶能买 750 斤大米,茶农搞好茶叶生产后吃穿用都能解决。民国二十四年(1935)春,省政府拨农业工赈款 6000 余元,开垦杭县黄梅坞及上虞狮子山荒山 1200 亩,辟植茶园。1937 年抗战爆发后,由于外销梗塞,茶价惨跌,而粮食价格天天上涨,茶农生活从此没有保障。大批茶园荒芜,茶叶产量急剧下降。至 1949 年,全县茶园面积 0.98 万亩,产量仅 6400 担,平均亩产 65.3 斤。全年茶叶产值 102 万元(按 1980 年不变价计算,下同),在全县同年种植业总产值比重中仅占 2.3%。

民国二十一年(1932 年)余杭县茶叶生产情况

县别	茶园面积(亩)	总产量(担)			亩产量(斤)	总产值(万元)			亩产值(元)	绿茶价(元/担)		红茶价(元/担)	
		合计	其中:绿茶	红茶		合计	其中:绿茶	红茶		平均	最高—最低价	平均	最高—最低价
杭县	12000	5200	5000	200	43.3	77.0	75.0	2.0	64.17	150	960—70	100	480—40
余杭县	72348	39800	27860	11940	55.0	187.06	139.3	47.76	25.86	50	150—18	40	100—10
合计	84348	45000	32860	12140	53.35	264.06	214.3	49.76	31.31	65.2		41	

注:(1)资料来源:《中国实业志·浙江省》第九章。(2)产值、价格均为当时币值。

新中国成立前余杭县部分年份茶叶产量情况

年 份	全县茶叶产量(万担)	其中:		资料来源
		原杭县	原余杭县	
民国十六年(1927)	2.47	1.49	0.98	《工商半月刊》
民国十七年(1928)	2.23	1.23	1.0	《工商半月刊》
民国二十一年(1932)	3.50	1.70	1.8	《浙江经济年鉴》
民国二十二年(1933)	3.80	1.8	2.0	《浙江经济年鉴》
民国二十六年(1937)	5.18	1.2	3.98	《浙江建设》
民国三十七年(1948)	1.10	0.7	0.4	《浙江经济》

(转自《余杭县农业志》)

1937 年 1 月上海中华书局出版朱美予著《中国茶业》一书,其中记载民国时期杭县、余杭县茶园面积采用前揭《浙江省杭湖两区茶业概况》,杭县茶叶产量 1932 年为 17000 担,1933 年 18000 担;余杭县 1932 年 1800 担,1933 年 2000 担。

新中国成立之初,1950 年《中茶简报》刊载的民国后期部分年份的杭县、余杭县茶叶生产情况如下:杭县茶园面积,1934 年前后 15000 亩,1940 年前后 10500 亩,1949 年为 13490 亩;余杭县茶园面积,1934 年前后为 13500 亩,1940 年前后为 11000 亩,1949 年为 8200 亩;杭县茶叶产量,1934 年前后为 9000 担,1940 年前后为 6300 担,1949 年为 7500 担;余杭县茶叶产量,1934 年前后为 10000 担,1940 年前后为 7000 担,1949 年为 6000 担。

二

晚清民国时期,余杭县在城镇、瓶窑镇、闲林埠以及民国设立的杭县临平镇、塘栖镇,都是杭州著名的茶叶产销集镇,茶叶贸易兴旺。

余杭历史最早、历时最长、规模最大的茶行,首推创建于清朝咸丰十一年(1861)的公懋茶行。太平天国战乱结束后,遭受战乱破坏的余杭商业又慢慢复苏起来。徽州茶商周彭年来到余杭,开设了公懋茶行,做起茶叶生意。茶行的重要管理者包括经理、账房、行销、验茶人等,都是徽州人。公懋茶行的行址在余杭镇上的弯弄口。行所房屋从弯弄口起,门面宽有 20 多米,五进深。据说光是炒青茶的铁锅有近 800 只。每到春天采茶炒茶季节,收购青茶,雇人现炒,有临时雇用的采茶工,也有专职的炒茶师,总计有 300 余人。从挑叶、晾干、烘炒、纸包、装袋、缸储,茶行内热闹非凡,现炒现卖,茶香扑鼻,围观者众,为南渠街一大景观。公懋茶行成为当时余杭镇上规模最大的茶行。后经杭州朋友介绍,公懋茶行在杭州开了"大成""鼎兴"茶叶分行,生意一度兴隆,门面二开间楼房,下门市,上品茶。后又在塘栖镇上开了两家茶叶分行。从此以后,公懋茶行名声大振,整个茶行每年收青叶和成茶近 5000 担,茶叶生意中连续几年全县夺魁。据老职工后来估算,茶叶每斤 2 角到 1 元多,平均 4 角多,总金额达 20 多万(银元)。

据民国二十六年(1937)《杭州市公司行号年刊·茶漆业》记载:鼎兴茶

庄,老板周彭年,主要营业茶漆,地址在保佑坊八五号,电话 3620。1946 年由浙江省总商会会长金百顺主编的《浙江工商年鉴·杭州市茶业一览》中,也有相关记载:鼎兴茶庄,老板周连甲,地址:中山路 297 号。茶行名号不变,但茶行主任和行址却变了:1937 年杭州鼎兴茶庄老板与余杭公懋茶庄老板为同一人周彭年,到 1946 年杭州鼎兴茶庄老板已易为周连甲,谅必是周家后人。至于另一家"大成"茶行,相关资料无"大成"而有"成大"茶行,或许是同一家。公懋茶行在塘栖开设的周德丰、周德顺二家茶庄,据李晓亮、虞铭编著《余杭财贸老字号》中的老字号总录"茶行(店)"中有:周德丰茶叶店,在塘栖镇市西街皮匠弄,余杭周彭年产业,资金 2000 万元,经理安徽人吴福泰。周德顺茶叶店,在塘栖镇,余杭周彭年产业。公懋茶行总行鼎兴茶庄在南洋劝业会得奏奖特等奖,各分行如塘栖周德顺茶庄都在茶叶包装广告中打出获奖广告词,树立品牌形象。现存的"浙杭塘栖周德顺茶庄"茶叶包装广告纸自右至左分四幅,第一幅为广告词,上首为"周德顺茶庄",下为广告词:"本庄开设杭州塘栖市心大街,历百余年。缘地属杭州,并以杭州所产龙井名茶为本庄之专办品。其余如武夷红梅、六安香片、北源松萝及黄白杭菊,拣选亦求精美,力图扩张名誉,尤著营业,更形发达。本庄尚以前次装潢未能尽美,兹特大加改革以副雅爱。如果各界光顾,无任感盼。远者邮寄请开明详细地址,原班回件不误。塘栖周德顺谨启。"第二幅为乡村牧童图。第三幅为西湖并雷峰塔图,上首为"浙杭塘栖周德顺茶庄"之茶庄名。第四幅为《龙井名茶说明书》:"此茶之产地,在浙杭西湖之南龙井山,得山川灵秀之气,产此佳茗,天然青色,奇隽可贵。此茶之特点,色绿、味甘、叶细而香。故龙井名茶为世界茶类中之无上珍品。此茶之效用,解渴、释烦、明目、益智,饮之能振精神。此茶之名誉,本庄前赴南洋劝业会比赛得邀奏奖,给予头等商勋。又在北京国货展览会得二等奖凭,足见此茶之特色也。此茶之饮法,宜用极清洁之淡水或沙滤净,将水煮沸。用有盖之壶碗先置茶叶二三钱,以煮沸之水冲满,将盖复上片时,方再开饮。以后复冲,宜留原计二三成,沧至五六次,庶不致淡而无味。"这件 2007 年发现于杭州收藏品市场的珍贵的塘栖周德顺茶庄广告包装纸,是一件弥足珍贵的杭州茶文化遗存,它向我们展示了周德顺茶庄的来龙去脉、经营茶品类和主打龙井茶的产地、特点、功效、品饮方法和获奖荣誉等内容，具有丰富的历史信息。周德顺茶庄的茶叶，除了在 1910 年南京举办的南洋劝业会上得过金奖，还在 1915 年北京国货展览会获得二等奖。据国家图书馆清《南洋劝业会审查给奖名册》记录，最高奖奏奖（即上奏折请皇帝所颁奖项）有 66 名，其中茶业占 8 名，中有浙江杭州府"鼎兴茶庄"的浙江龙井贡茶，并无塘栖周德顺茶庄。从前揭公懋茶行开设分行所知，塘栖周德顺茶庄系由公懋茶行的杭州分号鼎兴茶庄所开，两者获奖，其实指一。

根据李晓亮、虞铭《余杭财贸老字号》，民国时余杭镇茶叶行有 36 家，单在南渠街就有 10 多家。这 36 家茶行（店、庄）名号、行址如下：吴永隆茶叶店，在临平镇北大街；吴德茂茶叶店，在临平镇北大街；元大成茶叶店，在临平镇北大街；王久大茶叶店，在塘栖镇西石塘水沟弄口；吴日新茶叶店，在塘栖镇市西南；周德丰茶叶店，在塘栖镇市西街皮匠弄口，余杭周彭年产业；周德顺茶叶店，在塘栖镇，余杭周彭业产业；方正泰茶叶店，在塘栖镇市西街，经理安徽方伯平；永茂昌茶叶店，在塘栖镇市西街；吴元隆茶叶店，在塘栖镇西石塘；正茂友记茶行，在余杭镇南渠街；公懋茶行，在余杭镇弯弄口，道光、咸丰年间开业，是余杭镇规模最大的茶行。

从现存的余杭茶行的包装广告纸，可洞察茶行的经营品类。如余杭瑞泰茶庄茶叶包装纸，中间印有"茶叶山货，照山批发"字样，可知该茶庄除经销茶叶外，还兼做山货批发。再如浙杭塘栖镇方正泰茶栈包装纸，说明该店开设在塘栖月波桥东堍，"自运异品名茶、黄白贡菊"云云。还有余杭瑞泰茶庄的广告包装纸，印制精美，以西湖南屏晚钟雷峰塔入画，标有"瑞"字商标。该茶行开设在余杭大桥直街，经营龙井明前、雨前天目顶谷云雾芽茶、武夷红梅等名茶，两侧还印有"得湖山之气脉，沾云雾以滋培"的广告词。此外，《径山茶业图史》刊录的一组五枚 20 世纪 30 年代余杭本地茶栈广告、发票、信封等资料，也颇具资料价值。

民国时期余杭有名可考的城镇茶行（店）还有老永顺茶行、元泰茶行、公裕茶行、正裕茶行、志大茶行、正昌茶行、公顺茶行、余祥兴茶行、公大茶行、天成茶行、徐同泰茶叶店、瑞泰茶叶店、吴泰昌茶叶店、公同昌茶叶店、同昌协茶叶店、陈隆昌茶叶店、正茂茶叶店、恒茂茶叶店、黄亨泰茶叶店、启茂祥茶叶店、黄镇源茶叶店、金同源茶叶店、洪源茶叶店、周永丰茶叶店、宏大茶叶店。

其中在余杭城内的茶行计有 16 家,每年售茶约值 20 余万元。茶叶来源为本县西北乡及临安、於潜等处,销路为杭州、嘉兴、广东、天津、上海、山东等处。茶行营业除代客买卖外,也自行收买转运销售,并兼营其他山货以资调节,故可长年营业。茶行佣金向茶户和茶客各抽 5%,较闲林埠高一成。出入用秤,以 16 两 8 钱为 1 斤。付款多系现款、惟其找零,如系角数,则付小洋,分数则以铜元 1 枚为 1 分,其陋规较闲林埠尤劣。茶户受其剥削,除资力较厚者担至闲林埠出售外,亦无应付办法。经营茶叶者除茶行外,还有一种小贩,其卖买方法,与留下镇相同。在县东门设有余东统捐局,凡出口茶叶须至该局报捐,每担正捐 1.3 元,附加二成,其中赈捐一成、水利捐 6 厘、塘工捐 4 角。运输多用民船,运至杭州运费每担五角。

闲林埠旗枪茶行收下的是半干茶,新茶落下后,当即炒干趁热装箬篓踏实,上盖扎紧密封。这种方法不但能起保持干燥作用,还使旗枪平整。炒茶工与其他地区一样,大半来自上泗农民。闲林埠茶区的采茶工,则大半来自苏北。旗枪茶落市后,有的经营少量临安烘青和"长大"(即粗老旗枪茶)。闲林埠各茶行收落的平山炒青,运沪销给茶栈做"熙春"或普通"珍眉"。裕和、恒森等三家占闲林埠茶行营业额约 65%。闲林埠茶行向山客收 4% 的佣金,向水客收 3% 的佣金。闲林埠为余杭茶业贸易最大场所,计有茶行六家,每年售茶 30 余万元。茶行名称及售茶价值如下:裕和,10 万余元;恒森,6 万余元;衡大,2 万余元;生茂,4 万余元;生源,6 万余元;裕昌,2 万余元。该埠茶行头茶均系代客买卖,二茶以后间或自行收买,向各处运销。其销路,头茶为杭州,二茶以北方天津一带为最多。茶叶来源,为杭州西乡、余杭西南乡及富阳一带。茶行佣金,茶户与茶客各抽 4%。出入用秤,细茶以 16 两为 1 斤,粗茶以 21 两 6 钱为 1 斤。茶叶付款,头茶多系现款;至立夏以后,常须欠数日。但付现款者须以八九折扣,惟其零数则一律大洋计算。茶行所收茶叶,均仅八成干,须由茶行代为复焙,其工资炭费等项,概由茶客负担,约每担 1.5 元至 1.8 元间。该埠所售茶叶以绿茶为大宗,红茶占 20%。前数年,尚有经营洋庄者,现因洋庄销路不畅则转营本庄。该埠设有余东统捐局分局,所有茶叶当起运时,须至该局报捐,每担捐税附加在内 2.16 元。包装以袋或篓,袋每件 70 斤至 150 斤,袋价六七角;篓每件 80 斤,篓价每个五六角。

闲林埠的春季茶市与西溪留下相呼应,茶行兴隆,有来成茶行、生茂茶行、祥记茶行、衡生茶行、志才茶行、伊和茶行、缪生茶行等 7 家。这些茶行在 1925 年 5 月 4 日成立了"闲林茶户公会",订立章程,省县备案,推举孙公度、朱听泉二人为正副会长,陈宪顾为评议长,举办半日学校及巡回指导,普及茶户教育。还议决认捐五厘,补助全县教育之费,加用四厘,以津助茶行,积极谋求茶业发展。当时报纸称此举是"余杭茶业之福音"。据报道称:

"余杭为吾浙出产名茶之区,尤以闲林为荟萃之地,比来种制未精,产额不旺,茶户涣散,信用未孚,茶行垄断,唯利是图,故茶业衰落,洋庄路滞。今年闲林茶户成立公会,举孙公度,朱听泉二君为正副会长,陈宪顾君为评议长。订立章程,呈准省县立案,积极谋茶业之发展,并问其预定事业。为联茶户以谋公利,致种制以高价值、守信制样以广外洋贸易,办半日学校及巡回教导,以普及茶户教育事项。官宦大绅对该会办法,非常赞助,茶行亦极帮忙,顷该会议决认捐五厘,为补助全县教育之费;加用四厘以津助茶行;而公会经费,则仅此茶行带收一厘。当此茶业衰落之时,茶户等能忍痛加捐;补助教育,津贴茶行,官亦拟对该公会办学,格外多于分配学款。而各茶行亦愿给予公会以经济上资助,如此和衷共济,共谋改进,诚茶业前途福音也。"(《余杭茶业之福音》,1925 年 5 月 4 日《之江日报·余杭》)

当时正值闲林茶市旺季,但这里"后备军队、警力又单,地方商民深感戒惧",公会希冀军警保护茶市,"严饬巡缉,庶保安宁于万一"(《警察亟应保护茶市》,1925 年 5 月 4 日《之江日报·余杭》)。

晚清民国余杭的茶行经销和茶叶贸易缺乏系统资料,但从某些年份统计数据,就可窥视其茶叶产销两旺的情况。据 1933 年《中国实业志(浙江省)》记录,当年杭县县内消费茶叶 3150 担,县外销量 2050 担,行销范围远达东三省、河北、河南、山东、广东。余杭县县内销量 500 担,县外销量

39300 担,主销杭州市。余杭专门营销茶叶的牙行有 4 家,著名的有泰昌永、王正茂、徐同泰。杭县出口茶叶价值 100 余万元,余杭为 242680 元。(1933 年《中国实业志(浙江省)》;朱美予著《中国茶业》,1937 年 1 月上海中华书局出版)

余杭闲林埠除了裕泰、恒森、恒大、祥记等七家茶行外,还有春茂茶庄。春茂茶行经营批发业务,其余都以代客买卖为主。闲林埠的主要客户来自杭州、上海、苏州、南京、天津和山东等茶庄,以源丰和数量为最大。裕和茶行在闲林南市街最尽头设庄代翁隆盛和源丰和收购。另外,富阳、余杭双溪横湖、武康等地所产旗枪也云集闲林,还有九曲红梅、梅坞龙井也有一部分到闲林来投售。

(本文原载于《茶·文化与人类》,中国农业出版社,2023 年)

注释:

[1]《径山志》卷七《游记》。
[2]《径山志》卷十《名什》。
[3]《咸淳临安志》卷五十八《货之品》,《梦粱录》卷十八《物产》。

径山茶宴和茶宴用茶

吴茂棋

一、南宋时的径山茶宴

因茶有清心寡欲、养气颐神之功效，所以一开始便与佛教有不解之缘。特别是中唐以后，随着佛教的进一步中国化和禅宗的盛行，茶与禅的关系就更密切了，认为茶理与禅理是相通的，茶能助禅，茶中有禅，即所谓"茶禅一味"。于是各寺院都盛行"茶礼""茶宴"，并被列入《禅苑清规》，其中尤以"径山茶宴"为最。对此，径山寺第二十五代住持释咸杰，于淳熙四年(1177)曾有诗两首，题为"径山茶汤会首求颂二首"，诗曰：

> 径山大施门开，长者悭贪俱破。
>
> 烹煎凤髓龙团，供养千个万个。
>
> 若作佛法商量，知我一状领过。

第二首是：

> 有智大丈夫，发心贵真实。
>
> 心真万法空，处处无踪迹。
>
> 所谓大空王，显不思议力。
>
> 况复念世间，来者正疲极。
>
> 一茶一汤功德香，普令信者从兹入。

由此可见，径山寺当年的茶宴之盛，规模之大，同时也生动体现了"茶禅一味"的氛围，说明茶宴实际上就是通过品茶达到悟禅的一种参禅形式。

径山茶宴又名茶礼、茶会、茶汤、煎点等，其下名目更多，且程式严谨规范，这在宋宗赜的《禅苑清规》中就有大篇的系统说明，如卷五的堂头煎点、僧堂内煎点、知事头首煎点、入寮腊次煎点、众中特为煎点、众中特为尊长煎点，以及卷六之法眷及入室弟子特为堂头煎熬点、通众煎点烧香法、置食特为、谢茶等节。说明当时的径山茶宴不仅是僧人参禅、礼佛、论经、悟道的一种重要形式，而且也是寺院僧人日常起居中的一项重要内容，尤其是午后茶汤，乃是每日必不可少的，僧人间交流心得、联络感情的一项重要活动。同时，由于径山寺享有江南五山十刹之首的独尊地位，所以南宋朝廷也往往特命径山寺举办茶宴来招待贵宾贤达，如当时日本国高僧荣西在天台万年寺时，被皇帝诏至京师（杭州）"除灾和求雨祈祷，显验"，于是就特命径山寺举行盛大茶宴，以示嘉奖。由此可见，南宋时的径山茶宴是名扬天下的，能获得这样的"茶宴"礼遇，也算得上是一种无上之荣耀。

二、南宋时的径山茶宴用茶

径山茶始产于唐，盛名于宋，与寺齐名。据清嘉庆《余杭县志》记载，唐天宝元年（742）径山开寺僧法钦"尝手植茶树数株，采以供佛，逾年蔓延山谷，其味鲜芳，特异他产，今径山茶是也"。及宋，径山茶名气益盛，大品茶家叶清臣在他的《述煮茶泉品》中记道："大率右于武夷者为白乳，甲于吴兴者为紫笋，产禹穴者以天章显，茂钱塘者以径山稀。"可见当时的径山茶是南宋时期我国少有的几只名茶之一。

但是径山茶宴所用的茶叶，并非现今毛峰类的径山茶，也不是现在这样的撮泡清饮，而是用蒸青团茶（即龙凤团茶），或蒸青散茶碾磨而成的抹茶。蒸青团茶是唐宋时期的主流茶类，但南宋以后就逐步转为蒸青散茶为主了。至于当时的径山茶宴用茶究竟是团茶还是散茶呢？对此问题，如据南宋 释咸杰"径山茶汤会首求颂二首"诗中的"烹煎凤髓龙团"句，则足以证明当时的径山茶宴用茶是用团茶碾磨的。但起源于径山茶宴的日本茶道，其所用抹茶则一直是用蒸青散茶研磨而成，据此看来，当年圆尔辩圆、南浦昭明从径山学去的制茶技术又应该是蒸青散茶了。所以，结论应该是兼而有之，正如《宋史·食货志》所载"茶有两类，曰片茶，曰散茶"，片茶即团茶。

三、南宋时径山茶的制造

（一）团茶制造

关于南宋时径山团茶的制造，目前尚无直接文献资料可考，但作为唐朝以来的主流茶类,其法应该大致雷同。现根据宋徽宗《大观茶论》、宋·赵汝砺《北苑别录》记载,并以庞英华等人试制研究作印证,认为南宋时径山团茶的制造工艺应该是:拣芽→蒸芽→研茶→造茶→过黄五道工序。

拣芽《北苑别录》是这样描述的:"茶有小芽,有中芽,有紫芽,有白合,有乌蒂,此不可不辨。小芽者,其小如鹰爪,初造龙团胜雪、白茶。以其芽先次,蒸熟,置水盆中,剔取其精英,仅如针小,谓之水芽,是小芽中之最精者也。中芽,古谓之一枪一旗是也。紫芽,叶之紫者是也。白合,乃小芽有两叶抱而生者是也。乌蒂,茶之蒂头是也。凡茶以水芽为上,小芽次之,中芽又次之,紫芽、白合、乌蒂,皆在所不取。"如上可见,所谓拣芽,就是先蒸熟,然后放在水盆中,选取合格的芽叶。至于当时径山茶的芽叶标准,据宋·吴自牧《梦粱录》记载:"径山茶,采谷雨前茗,用小缶贮馈之。"径山早春回暖迟,常年此时一般是一芽一叶初展,故为"中芽"。

蒸芽 蒸芽就是蒸汽杀青。《北苑别录》云:"茶芽再四洗涤,取令洁净,然后入甑,候汤沸蒸之。然蒸有过熟之患,有不熟之患,过熟则色黄而味淡,不熟则色青易沉,而有草木之气,唯在得中为当也。"可见"洁净"要求之高。至于"蒸芽"之适度标准是比较难把握的,对此,《大观茶论》中的说法是:"蒸太生则芽滑,故色清而味烈;过熟则芽烂,故茶色赤而不胶。……蒸芽欲及熟而香……"这样相互结合起来应该就好理解多了,但究竟如何? 看来还得通过一系列科学实验方能明白。

研茶 必须说明的是,无论是根据《大观茶论》,还是《北苑别录》,在"研茶"的工序之前,都还有一个"榨茶"的工序,其中《北苑别录》是这样描述的:"茶既熟,谓之茶黄,须淋数过,方入小榨,以去其水,又入大榨出其膏。先包以布帛,束以竹皮,然后入大榨压之,至中夜,取出,揉匀,复如前入榨,彻晓奋击,必至于干净而后已。"可见,不但要榨,而且必须把茶汁榨干榨净而后已。但接着又说:"盖建茶味远而力厚,非江茶之比,江茶畏流其膏,建茶惟恐其膏之不尽。""畏流其膏"一说首出于《茶经》二之具,《北苑别录》作者是有意直接引用《茶经》原话。当时径山乃陆羽著经之地,"畏流其膏"所反映的应该是当时紫笋茶、径山茶等名茶产区的实际情况。所以,径山茶属于"江茶"之列是没有疑问的,径山茶没有"榨茶"这道工序也是没有疑问的。

至于"研茶",实际上就是把蒸过的茶叶(茶黄)放在"臼"中用"杵"捣细、捣熟、捣透。研茶是一道非常费力的工序,《北苑茶录》云:"研茶之具,以柯为杵,以瓦为盆,分团酌水……每水研之,必至于水干茶熟而后已,水不干,则茶不熟,茶不熟,则首面不匀,煎试易沉。故研夫尤贵于强有手力者也。"据记载,真正高档的团茶只"日研一团"而已,功夫之深,可见一斑。

造茶 就是把研过的茶放入模中定型。型模多为圆形,大小若以"小龙团"为例,约20团为一斤,但宋时的一斤比现在的一斤稍重,约为595克。出模后随即平铺竹席上,就等"过黄"这道工序了。

过黄 就是干燥的意思。《北苑茶录》云:"初入烈火焙之,次过沸汤爁之,凡如是者三,而后宿一火,至翌日遂过烟焙焉。然烟焙之火不欲烈,烈则面炮而色黑,又不欲烟,烟则香尽而味焦,但取其温温而已。……火数既足,然后过汤上出色。出色之后,当置之密室,急以记扇扇之。"意思是先用烈火烘焙,再从沸水中撂过,反复三次,最后再用温火烘焙一次,焙好后又过汤出色,随即放在密闭的房中,及时搧凉,做完这个步骤,团茶的制作就完成了。

由此可见,宋时制造团茶的工夫之巨,后被明朝朱元璋斥之为"劳民伤财"而废弃。

(二)散茶制造

相比之下,蒸青散茶的制造就没有如此复杂了。据元·王桢《农书·卷十·百谷谱》记载为:"采讫,以甑微蒸,生熟得所。蒸已,用筐箔薄摊,乘湿略揉之,入焙,匀布火,烘令干,勿使焦。"所以其工艺流程就是:鲜叶→蒸汽杀青→摊凉→揉捻→烘干。可见除没有鲜叶摊放工序,以及仍沿用唐宋主流茶类的蒸汽杀青方法外,已基本上与现今径山茶的工艺技术相雷同。

(三)抹茶的碾磨

◆团茶的研磨 用来研磨团茶的主要工具叫"碾",《大观茶论》云:"碾以银为上,熟铁次之……凡碾为制,槽欲深而峻,轮欲锐而薄,槽深而峻,则底有准而茶常聚,轮锐而薄,则运边中而槽不戛。"对碾的材料、形制技术要求等都已经讲得非常清楚了。至于具体工序,根据宋·蔡襄《茶录》所述为：炙茶→碾茶→罗茶。所谓"炙茶"就是炙烤茶饼，然后才能放到碾中去研磨。碾后要"罗"，罗就是用绢绑紧在竹圈上做成的筛。宋·蔡襄之《茶录》有云："罗底用蜀东川鹅溪画绢之密者，投汤中揉洗以幂之。"所谓画绢，是用未脱胶的桑蚕丝制织的不需精练的绢类丝织物，结构紧密，表面平洁，专为书画。那么这种"画绢"到底有多密呢？对此，据马山1号楚墓出土的深黄色绢，经纬密度竟达164×66根/平方厘米，约为7万目。当然，桑蚕丝很细，所以相应的孔径也会大一些，但不管怎样，总有数千目以上，足可印证南宋时期的抹茶之"细"，故能在茶汤中久浮不沉，正如蔡襄《茶录》所云"罗细则茶浮，粗则水浮"。

◆散茶的研磨 散茶研磨的主要工具为"磨"，宋审安老人《茶具图赞》中被拟人化，称之谓"石转运"，并赞曰："抱坚质，怀直心，啖嚅英华，周行不怠，斡摘山之利，操漕权之重，循环自常，不舍正而适他，虽没齿无怨言。"此书成于公元1269年，恰好与"径山茶宴"东传日本年代相符，故也能间接说明当时径山寺已经在生产蒸青散茶了。"磨"是随散茶研磨的需要而特制的一种专用工具，后随径山茶宴东渡日本。这种专用茶磨能把抹茶磨细至2—20微米（2微米相当于6250目），而且其显微外形为不规则撕裂状薄片，点茶后能长时间悬浮水中，故被日本茶界一直沿用至今，并规定只有用这种茶磨碾磨出来的绿茶粉才能叫"抹茶"。但产量极低，台时产量只有40克。

参考文献：

1. 王家斌，吴茂棋，赵大川，刘祖生，庞英华，吴步畅.《径山茶宴原型研究》2011年"中国茶叶加工"增刊（专辑）。

2. 唐·陆羽《茶经》（宋刻本）。

3. 吴觉农《四川茶叶史话》（上海科学技术出版社 吴觉农选集）。

4. 吴觉农《茶经述评》农业出版社。

5. 宋·宗赜《禅苑清规》中州古籍出版社。

6. 裘纪平《宋茶图典》浙江摄影出版社。

宋代的主流末茶是水磨茶

吴茂棋　许华金

宋代人吃茶沿用唐法,不管是团饼茶还是散叶茶,都要先把它研磨成末茶,然后或煮或点,也即南宋时期从我国·径山流传到日本去的那种所谓抹茶。众所周知,唐宋时期末茶的研磨工具有茶臼、茶碾和专用茶磨等,但用水磨磨茶还鲜为人知,殊不知它还是宋代末茶加工的主流呢。为此,今特撰此稿谈谈宋代水磨茶的兴起和发展过程,并希望对时下径山茶文化资源的开发利用有所启迪。

一、茶臼、茶碾和茶磨乃是上流社会的茶道工具

茶史研究中研究较多的末茶研磨工具主要有茶臼、茶碾、茶磨三类。其中茶臼应该是最早期的末茶研磨工具,大多为瓷质,小巧玲珑,内部无釉,并有细密的网状刻纹,由中心向外呈网格辐射状,其目的是增加研磨时的摩擦力。茶臼又名茶研,与相应的棒杵配合使用,藉以把团饼茶、散茶等研磨成绝为微细之末,以备"煮"(唐)或"点"用。对此,北宋著名词人秦观曾有《茶臼》诗一首赞曰:"幽人耽茗饮,刳木事捣撞。巧制合臼形,雅音伴枕栊。虚室困亭午,松然明鼎窗。呼奴碎圆月,搔首闻铮鏦。茶仙赖君得,睡魔资尔降。所宜玉兔捣,不必力士扛。愿偕黄金碾,自比白玉缸。彼美制作妙,俗物难与双。"

茶碾的材质有木、石、铁、陶瓷、银、金、玉等。茶碾主要由碾槽和碾轮组成,是通过碾轮在碾槽中反复地来回滚碾挤压把茶碾成细末。宋徽宗的《大观茶论》云:"凡碾为制,槽欲深而峻,轮欲锐而薄。槽深而峻,则底有准而茶常聚;轮锐而薄,则运边中而槽不戛。"就是说茶碾的槽要深一点,槽的内壁要陡一点,这样才能使茶始终聚集在槽底,同时碾轮要薄一点并要锐利,这样才既有利于碾细茶叶,又不至于与槽壁发生碰撞和摩擦。

茶磨始见于南宋,是中国制茶史上一个划时代的发明创造。茶磨的形制大致与现时常见的石磨相仿,由上下两个圆形磨盘组成,其中下盘为不动盘,上盘为转动盘,上下盘的接触面上都錾有排列整齐的磨齿纹,下磨盘中心有一固定磨轴,磨轴与上磨盘中心的磨脐眼相套接,上磨盘面上还有一个小圆孔,为投料口。需要说明的是,作为磨粉、磨豆浆用的石磨早在汉朝时就有了,而茶磨的不同点在于其磨脐眼与投料口是合一的,下盘的磨轴也比较长,磨轴与投料口洞壁保留有一定间隙,其原理是使待磨之茶首先要经这一间隙研磨而下,然后进入磨合面,通过转动上磨盘,在上下磨齿纹的反向摩、擦、剪、切和上磨盘重力作用下,把末茶磨得超级微细。

但是,以上三种末茶研磨工具虽精典雅致,但产量毕竟是很有限的,其中茶臼的内径仅 12 厘米左右,而且很浅,估计一次能研磨 10 克也就差不多了。茶碾的形制虽然很多,但尺寸都大致相近,其长度一般都在 20—25 厘米左右,槽深 3.4 厘米左右,所以一槽最多也不过 20—30 克罢了。专用茶磨的磨盘直径通常为 16 厘米,台时产量一般是 30—40 克。所以不难理解,以上这三种工具是不可能形成多大生产力的,一般只能是供朝廷权贵、寺院僧侣、文人逸士、才子佳人等上流社会消遣用的玩意儿而已,正因为与国计民生并无多大关系,所以在《唐书》《宋史》等正史中也未见记载。

二、水磨茶才是宋代末茶的主流

1. 古代水磨的形制

水磨是用水轮驱动磨盘用以磨粉的机械,其始可追溯到晋代,至唐宋时期已十分普遍。驱动磨盘的水轮有卧式和立式两种,其形制在元代《王祯农书》中有着图文并茂的记载(图 1),其上幅为卧式水轮,下幅为立式水轮。《王祯农书·利用门》记载曰:"水磨,凡欲置此磨,必当选择用水地所,先尽并岸擗激轮。或别引沟渠,掘地栈木,栈上置磨,以轴转磨中,下徹栈底,就作卧轮,以水激之,磨随轮转。比之陆磨,功力数倍。此卧轮磨也。又有引水置闸,甃为峻槽,槽上两旁植木作架,以承水激轮轴。 轴腰别作

图1　　　　　　　　　　　　　　　图2

竖轮,用系在上卧轮一磨;其轴末一轮,傍拨周围木齿一磨。既引水注槽,激动水轮,则上傍二磨随轮俱转。 此水机巧异,又胜独磨。 此立轮连二磨也……"可见卧式水轮的原理比较简单,就是通过水激轮转,由立轴直接带动磨盘运转。而立式水轮就比较复杂了,是要通过横轴上木质齿轮带动磨盘上的立轴齿轮,然后再带动磨盘的运转,还可通过同一横轴拨动水碓春米,其形制和原理就如明宋应星《天工开物》中的水碓图(图2)。这种碓、磨结合的水碓磨坊在笔者儿时(20世纪四五十年代)还很多,自西天目告岭到交口一带就不下二三十处之多,几乎村村都有,是山区百姓赖以春米、磨面的水力作坊。

　　水磨本是磨面粉用的,但既然可以磨面粉,当然也可用来磨茶,随着末茶生产的发展和社会需求的增加,聪明的茶户肯定会想到这一点,而且效率又高,何不乐意为之。其实,在唐·陆羽署《茶经》时,茶已广为民用,据范文澜《中国通史简编》考:唐德宗于建中元年(780)首创茶税,当年就得税钱40万缗,成为唐朝的主要税源之一。特别是到了宋代,茶叶的的生产规模已远非唐代可比, 茶的食用也从上流社会进一步发展为广泛的民用需要,据《宋史·食货志》记载:"江南千二十七万余斤,两浙百二十七万九

图 3

千余斤,荆湖二百四十七万余斤,福建三十九万三千余斤,悉送六榷务鬻之。"宋·王安石曾说"夫茶之为民用,等于米盐,不可一日以无"(转引自《论宋代榷茶法的变革》)。那么,怎样才能把这么多的茶叶研磨成末茶呢?可想而知,只靠茶臼、茶碾、茶磨这类小玩意儿是绝对不可能的。所以可以由此推想,用水磨磨茶在唐代中叶就应该有之,如图3是现存于上海博物馆的五代《闸口盘车图》(局部),图中水磨作坊建筑的等级之高实属奢华,斗拱高挑,回廊环绕,还有供官员们宴饮的酒楼等,所以就很难与古代民间用来磨面粉的水磨作坊联系起来。

(二)宋史中对于水磨茶的记载

关于宋代的水磨末茶,包括水磨茶法的置废之争、水磨末茶事务机构的建立及沿革等等,所有这些在《宋史》《续资治通鉴长编》等多种史籍中都有详细记载,其中《宋史》中专述水磨末茶的就有整整四段文字(在卷一百八十四·志第一百三十七·食货下六·茶下),现全文摘录并加译注如下:

◆【第一段原文】"元丰中,宋用臣都提举汴河堤岸,创奏修置水磨。凡在京茶户擅磨末茶者有禁,并许赴官请买。而茶铺入米豆杂物揉和者募人告,一两赏三千,及一斤十千,至五十千止。商贾贩茶应往府界及在京师,须令产茶山场州军给引,并赴京场中卖,犯者依私贩腊茶法。诸路末茶入府界者,复严为之禁。讫元丰末,岁获息不过二十万,商旅病焉。" 【译注】◎"元丰"是北宋神宗的在位年号,元丰中应该是 1081 年。◎"宋用臣"

是北宋著名的水利专家,时任都提举汴河堤岸。 ◎"都提举"是宋代的官名,"汴河堤岸"即汴河堤岸司,是宋代的地方水利机构。◎ "汴河"即通济渠,在今河南省开封。◎这里的"水磨"包含两层意思,一是指磨末茶的官营水磨,二是指专为水磨末茶而设的法律,史称元丰法,是宋朝榷茶法中的一种,古代文言文常省字,结果省略到仅存"水磨"两字了。◎榷是专卖的意思,宋朝的榷茶法名目繁多,有交引法、入中法、三说法、四说法、贴射法、现钱法、通商法、茶马法、茶引法、合同场法、腊茶法、私茶法、水磨茶法等。◎"山场"是宋代设置于产茶地区的官营买卖机构,因古称采茶为摘山而得名。 ◎"州军"是相当于州一级的官,可直接向皇帝奏事。 ◎"引"即茶引,是宋代茶商纳税后由官府发给的运销执照。◎"路"是宋代行政区划名,分为京东、京西、河北、河东、陕西、淮南、江南、湖南、湖北、兩浙、福建、西川、峡西、廣東、廣西等十五路,也即相当于现在的省。

◆【第二段原文】元祐初,宽茶法,议者欲罢水磨。户部侍郎李定以失岁课,持不可废;侍御史刘挚、右司谏苏辙等相继论奏,遂罢。绍圣初,章惇等用事,首议修复水磨。乃诏即京、索、大源等河为之,以孙迥提举,复命兼提举汴河堤岸。四年,场官钱景逢获息十六万余缗,吕安中二十一万余缗,以差议赏。元符元年,户部上凡获私末茶并杂和者,即犯者未获,估价给赏,并如私腊茶获犯人法。杂和茶宜弃者,斤特给二十钱,至十缗止。
【译注】◎"元祐"是宋哲宗的第一个年号,元祐初当为1086年。◎ "绍圣"是宋哲宗的第二个年号,绍圣初当为1094年,四年当为1097年。 ◎"元符"是宋哲宗的第三个年号,元符元年当为1098年。 ◎"岁课"即赋税。◎侍御史刘挚右司谏苏辙都是谏官,当时提交的论奏就是刘挚的《乞罢水磨茶场奏》和苏辙的同类奏本。◎京、索、天源是古地名,在今河南荥阳市南部。 ◎"缗"是串钱的绳,一缗钱就是一贯钱,宋代一贯为七百七十枚铜钱。 ◎"以差议赏"就是按业绩大小(差)给予赏赐,即类似论功行赏的意思。◎"户部"是古代主管民政、财政、交通、建设的中央机构。

◆【第三段原文】初,元丰中修置水磨,止于在京及开封府界诸县,未始行于外路。及绍圣复置,其后遂于京西郑、滑、颍昌府,河北澶州皆行之,又将即济州山口营置。崇宁二年,提举京城茶场所奏:"绍圣初,兴复水磨,岁收二十六万余缗。四年,于长葛等处京、索、溴水河增修磨二百六十余所,自辅郡榷法罢,遂失其利,请复举行。"从之。寻诏商贩腊茶入京城者,本场尽买之,其翻引出外者,收堆垛钱。裁元丰制更立新额,岁买山场草茶以五百万斤为率。客茶至京者,许官场买十之三,即索价故高,验元引买价量增。三年,诏罢之。　【译注】◎京西郑、滑、颍昌府就是今郑州、河南滑县、河南许昌市,宋代澶州即今河南清丰西。◎提举京城茶场所是北宋主管汴京水磨茶事务的机构。◎ 长葛处于豫西山区向豫东平原的过渡地带,溴水河即今河南清溴河。◎"崇宁"是宋徽宗的第二个年号,崇宁二年当为 1103 年。◎"辅郡"即京都直属的曹(今山东菏泽)、陈(今河南睢阳)、许(今河南许昌)、郑(今郑州)、滑(今河南滑县)五郡。

◆【第四段原文】明年,改令磨户承岁课视酒户纳曲钱法。五年,复罢民户磨茶,官用水磨仍依元丰法,应缘茶事并隶都提举汴河堤岸司。大观元年,改以提举茶事司为名,寻命茶场、茶事通为一司。三年,复拨隶京城所,一用旧法。政和元年,京城所请商旅贩茶起引定入京住卖者,即许借江入汴,如元丰旧制;其借江入汴却指他路住卖者禁,已请引者并令赴京。二年,以课入不登,商贾留滞,诏以其事归尚书省。于是尚书省言:"水磨茶自元丰创立,止行于近畿,昨乃分配诸路,以故至弊,欲止行于京城,仍行通客贩,余路水磨并罢。"从之。四年,收息四百万贯有奇,比旧三倍,遂创月进。　【译注】◎明年即崇宁四年(1105)、五年(1106)。◎大观、政和都是宋徽宗的年号,大观元年为 1107 年,政和元年为 1111 年。◎提举茶事司是宋代官署名,简称"茶事司",为管理茶事的路(省)级地方机构。◎茶场即山场,茶事即茶事司,京城所即提举京城茶场所。◎这里的"近畿"并非指日本之近畿,而是指靠近京都的地方,即宋都东京沿汴河一带。

(三)关于《宋史》记载的若干解读

综览《宋史》中这四段记载,第一段明确了宋代水磨茶法建立于元丰中(1081),史称"元丰法",从此将水磨末茶列入了朝廷垄断经营的范畴,官营水磨也成了北宋榷茶的衍生机构,民间茶商必须从官办茶叶管理机构(山场)取得经营许可证(茶引)后,才能从官营水磨茶场获得(批发)末茶,而且只能在京城范围内卖等等。此后三段则主要记载水磨茶法的废置之争,及历史沿革过程。可见,这四段历史记载主要都是阐述水磨茶法的,但也不难从中获得有关宋代水磨茶的许多其他产业信息,也足以证明水磨末茶是宋代末茶的主流,为此特作如下四项解读:

首先,记载已间接说明水磨末茶在"元丰"立法前已早已有之,而且已遍及宋朝产茶各路(省),其中直接依据有两处:①水磨茶法明文规定"凡在京茶户擅磨末茶者有禁",说明元丰立法前在京都汴河一带的茶商就已经在利用水磨磨茶出售,不然就用不着严禁了。②水磨茶法规定"诸路末茶入府界者,复严为之禁"。说明其他诸路的茶产区也是在加工水磨末茶的,而且原先也是允许进京贩卖的,只是因为京城地区的水磨末茶已立法垄断了,所以要严禁外路末茶进入京城,目的是保护京城的官家利益。

其二,侍御史刘挚、右司谏苏辙等大臣启奏反对的不是水磨末茶,而是反对水磨茶法,反对朝廷对水磨末茶的垄断,反对与茶商争利,反对由此造成民用末茶高价,州县茶税流失,加之官磨肆意滥占水利资源,以致造成水害等等。为此特引刘挚当时的《乞罢水磨茶场奏》原文为证(转引自《中国茶叶大辞典》):"官自磨茶之初,犹许公私交易,故商贩之茶,或不中官,则卖之铺户。自去年二月逐禁铺户不得置磨,……商旅不行,故沿路征商之数,其亏额已多,又磨河之水下流散泄,浸潴民田,被害者数邑,闻去年已破省税矣,臣疑所得未必能当所失。而民间食贵茶,园户失常业,抵冒刑罪又备赏钱,利害细琐,其状不一。致于伤国大体,则臣未暇论之。……伏望圣慈早赐出自睿断,罢水磨场,以通商贾,以养细民,以完州县税额,以免农民水害。"由此可见,元丰水磨茶法的制定,纯粹是为了增加朝廷的财政收入,结果是严重地打击了民间的末茶加工,正如记载所说的"商旅病焉"。

其三,水磨茶法的废置之争折射出宋代水磨末茶行业规模之大和盈利之厚。元丰茶法在刘挚、苏辙等的论奏下虽然一度被废,但好景不长,绍圣初(1094)就恢复了,而且扩大到了近京城的诸路(省)州县,新增水磨260余所,年加工末茶500万斤,对创收有功的官员还得到了朝廷的赏赐,并成立了专门主管水磨末茶加工业的提举京城茶场所。不难理解,从北宋水磨茶法的废置之争中至少可以得出两个结论：一是当时水磨末茶产业规模已大到足需单独立法的程度；二是用水磨加工末茶的生产效力之高，利润之大，是驱动朝廷立法的根本原因。

其四，政和二年(1112)后的民间水磨末茶行业大繁荣。因为水磨茶法毕竟是阻碍生产力发展的，所以北宋朝廷在尚书省的奏请下终于逐渐被废止，从而也造就了此后水磨末茶加工的繁荣时期，结果是朝廷的赋税不仅没有减少，反而是大大增加了，就如《宋史》明文所载：政和"四年，收息四百万贯有奇，比旧三倍，遂创月进"。至于此后的事，《宋史》中虽无继续记载，但可以肯定是进一步遍及全国茶区的，只要有可用的水力资源，有谁还会不乐意为之，而且这种水磨末茶加工一直会延续至元朝，因为明朝后是流行撮泡茶了。

三、小结与思考

综上所述：茶叶从中唐以后，特别是到了宋代时已经广为民用，不再仅仅是上流社会的奢侈品，正如王安石所说的"夫茶之为民用，等于米盐，不可一日以无"。由于宋代茶叶在食用方法上沿用唐法，所以这种被磨细了的末茶也就特别受到民间的青睐。同时也不难理解，史上的茶臼、茶碾和专用茶磨等研磨末茶的工具是不可能适应这种民用末茶需要的，而只能是上流社会使用的玩意儿而已。

《宋史·食货志》记载表明，水磨末茶是宋代末茶的主流，也是宋朝财政收入的主要来源之一，还曾施行过专门的水磨茶法(元丰法)。但研究表明，这一水磨茶法纯粹是北宋朝廷贪图水磨末茶利厚，是与民争利的一种反映，后于政和年间叫停。可想而知，此后的水磨茶应该是在全国茶区都得以繁荣和发展起来。径山是宋代末茶的主要产区之一，其周边的水力资源也很丰富，所以也应该有过这种磨制末茶的水磨茶坊。

末茶距今已隔千年，但日本至今还视其为国宝，并坚持认为只有用磨磨出来的才算是上乘和正宗，殊不知它还是当年从径山学去的。大凡研究历史的主要目的应该是经世致用，为此笔者寻思，我们是否可以考虑以茶文化旅游开发为切入点，在径山选择合适位置，参照五代·闸口盘车图，拟建一处以水磨茶坊为中心的茶文化博物馆呢？这样一来既可围绕宋代末茶展示径山茶宴文化、陆羽著经之地、径山茶业发展史等等,又可进而开展径山末茶品牌的恢复性研究、末茶食品的开发性研究、茶资源的综合利用研究等等,岂不美哉!

参考文献

1. 陈宗懋《中国茶叶大辞典》中国轻工业出版社 2000 年版

2. 元·脱脱《宋史》中华书局 1977 年版

3. 宋·吴自牧《梦粱录》浙江人民出版社(1984)

4. 范文澜《中国通史简编》修订本 第三编 第一册 人民出版社 1965 年版

5. 李恩宗 论宋代榷茶法的变革 山东大学硕士学位论文 2008

6. 高策 徐岩红 繁峙岩山寺《水碓磨坊图》及其机械原理初探 科学技术与辩证法 2007 年第 3 期

近代余杭茶业掠影

虞　铭

一

　　余杭的茶叶生产历史悠久。相传"茶圣"陆羽一度来双溪隐居,撰写《茶经》,而今径山镇双溪将军山麓的"陆家井"就是当年陆羽汲水烹茶之处。据旧志记载,唐天宝元年(742),径山寺僧法钦"尝手植茶树数株,采以供佛,逾年蔓延山谷,其味鲜芳,特异他产,今径山茶是也",说明唐时已开始种植径山茶。

　　及宋,径山茶名气益盛,南宋咸淳《临安志》、《梦粱录》等地方志都有记载。

　　明代杭州人郎瑛《七修类稿》一书中称:"洪武二十四年,治天下产茶之地。岁有定额,以建宁为上,听茶户采进,勿预有司。茶名有四,探春、先春、次春、紫笋。不碾,揉为大小龙团。"明初塘栖诗人平显《寄径山茶》:"凌霄峰头生紫烟,不独能悟老僧禅。清兴未减陆鸿渐,枯肠可搜卢玉川。胚胎元气松风里,采掇灵芽谷雨前。寄远幸凭金马使,封题求试碧鸡泉。"(《松雨轩集》卷七)

　　明代田汝成《西湖游览志》载:"盖西湖南北诸山及诸旁邑皆产茶,而龙井、径山尤驰誉也。"万历《余杭县志》卷二《物产》有记载:"茶,本县弳山四滨坞出者多、佳。"

　　清以至民国,余杭的茶叶生产不衰。《清一统志》:"钱塘龙井、富阳及馀杭径山皆产茶。"清代谷应泰《博物要览》载:"杭州有龙井茶、天目茶、径山茶等六品。"嘉庆《余杭县志》卷三十八:"产茶之地有径山,四壁坞及里山坞山者多佳, 至凌霄峰尤不可多得。大约山自径山四壁坞者色淡而味长,出自里山坞者色情而味薄。"

到民国十六年(1927)年产 1235 吨(杭县 1.49 万担,余杭县 0.98 万担);民国 二十六年(1937),年产 2591 吨(杭县 1.2 万担;余杭县 3.98 万担)。抗日战争时期,茶园荒芜,产量剧降。至 1949 年,两县仅存茶园近万亩,年产量 320 余吨。

20 世纪 80 年代以前,称余杭、闲林、中泰等产茶地为"南路"因以旗枪茶生产为主,又称"旗枪区";东苕溪以西的茶区,一般生产炒青,故称"炒青区"。1982 年,根据余杭气候、土壤等地域差异,并兼顾区划完整性,将茶区分成西南部丘陵茶区、西北部丘陵低山茶区和中部平原残丘零星茶区。

西南部丘陵茶区范围包括闲林、余杭、中泰及仓前、五常等地,茶园主要分布在泰山、午潮山、娘娘山等高丘及外围的低丘坡地,约占区内茶园面积的 35%。西北部丘陵低山茶区包括径山、鸬鸟、百丈、黄湖、瓶窑、良渚等地,茶园主要分布在径山、窑头山、王位山等低山外围的丘陵坡地,约占区内茶园总面积的 56%。中部平原残丘零星茶区含苕溪以东的所有产茶镇乡、街道,茶园多分布于低矮残丘坡地,占区内茶园总面的 8.5%左右。

二

余杭镇昔称在城镇,早在秦代,就置县制。熹平二年(173)建县城于苕溪之北。至唐及五代,迁县城到溪南。际此"开广南渠河,四时茶纸盐米诸货毕集"(嘉庆《余杭县志》)市况日渐繁盛。宋雍熙初年(984)修建城墙,开挖护城河,自县治东至部伍桥止,通商贾,居民稠密,商业日益兴旺。南宋诗人胡仲弓称:"山城丰货集,富庶如丰年。"(《岁饥郡行岩恤过余杭呈辛县尹》)可见当时余杭县城的繁荣景象。

晚清民国后,余杭镇的商业目益兴旺。民国十三年(1924 年)杭余公路通车,以后余杭到临安、武康的公路陆续修成,临安、於潜、昌化、富阳等地货运销尤为集中;自千秋街、新生街、人和街至通济街,为商业中心,百货店、绸布庄、南货栈、山货行鳞次栉比;东门外为水路码头,余杭塘河相接大运河,大小船只,往来称便,可通杭州、上海、苏州及太湖流域诸县。所产毛竹、木材、茶叶、蚕茧、纸伞、丝绵、土纸、笔杆、冬笋等等,远销沪杭等地。据 1933 年《中国实业志》记载,余杭有规模较大的山货行 3 家、茶叶行 4 家。

茶叶的主要产地是余杭镇周围的原长乐、舟枕、泰山、中桥、石鸽等乡、邻县富阳、临安、武康、桐庐等地部分茶叶也在余杭镇集散。抗日战争前,余杭镇上有大小茶行、茶叶店 40 余家。较有名的茶行有公懋、老永顺、元泰、公裕、正裕、志大、正昌、公顺、余祥兴、公大、天成等。茶叶店有徐同泰、瑞泰、吴泰昌、公同昌、同昌协、陈隆昌、正茂、恒茂、黄亨泰、启茂祥、黄镇源、金同盛、洪源、周永丰、宏大等,以公懋规模最大。

余杭的另一个产茶重镇是闲林,俗称闲林埠,宋时置闲林酒库。清代中期,闲林与双溪、石濑并为"余杭县三镇"。(《乾隆府厅州县图志》卷 27)。嘉庆年间钱塘诗人张应昌所写的《闲林镇》一诗中有"晓市饶鱼米"句,可见当时之富饶。民国时设闲林镇。

明清时期,闲林一带手工业盛行,茶行众多。闲林虽市镇不大,却是周围四乡八镇农副产品的集散地。尤其是茶叶,除邻近乡镇外,富阳、临安、杭州等地出产的茶叶也到这里经销,从南市街开始,有来成、生茂、祥记、衡生、志才、伊和、缪生等 10 多家茶行。每年从谷雨到立夏,来自天津、上海、苏州等地的茶叶客商,把全镇的客栈挤得满满的,有的还常年居住在闲林,专门负责收购发运。每年"茶市"季节闲林街总是人头涌动,喧闹之声不绝于耳。

余杭的茶行规定,采茶时指甲不能掐茶,做旗枪不留白毛,一枪一旗分明。因怕茶叶香味走失,不在雨天摘茶炒制。带露采下的茶叫茗,黄昏采下的叫茶。晾茶叶的筛、笼、箕等工具都是竹制品,确保茶叶不走质。新茶上市时,许多茶行设有长桌,让客商品茶用。夏天有两桶茶供过路人解渴用,因此茶行在县城名声蛮好,生意也十分红火。每年 4 月至 6 月是最忙的季节。缸、甏储茶也很讲究,梅雨季节,余杭多雨水,炒成的茶叶不能受潮,用石灰防潮,春天二次,秋天再一次换石灰,老板往往事必躬亲。到了腊月,出甏的茶叶泡出来仍是汁水碧绿如春,香气四溢。

旧时余杭镇茶叶行中规模最大,要算弯弄口的公懋茶行。公懋茶行创建于清朝咸丰十一年(1861)。茶行的房屋从弯弄口起,有五进深,门面宽

20多米,是当时余杭镇上规模最大的茶行,光是炒青茶的铁锅据说有近800只。太平天国战乱之后,余杭商业又慢慢地兴旺起来。公懋茶行老板叫周彭年,是徽州人。茶行的重要管理者都是徽州人,包括经理、账房、行销、验茶人等。每到春天采茶做茶季节,收购青茶,雇人现炒,有专职的炒茶师,也有临时雇用的采茶工,多时达300余人,从挑叶、晾干、烘炒、纸包、装袋、缸储,茶行内热闹非凡,现炒现卖,茶香扑鼻,围观者众,为南渠街一大景观。

后经杭州的朋友介绍,公懋茶行在杭州开了"大成""鼎兴"茶叶分行,生意一度兴隆,门面二开间楼房,下门店,上品茶。后在塘栖开了两家茶叶分行,从此公懋茶行更是名声大振,茶叶生意中连续几年全县夺魁。整个茶行每年收青叶和成茶近5000担,据老职工后来估算,茶叶每斤2角到1元多平均4角多,总金额达20多万(银元)。

公懋茶行采购的茶叶,基本出自余杭县城附近的山乡,如泰山、娘娘山、径山、五郎山、紫金山等。公懋茶行还与茶农签订收购茶叶的合约,承包茶山.茶农代为管理。茶行主营绿茶:有炒青、毛尖、旗枪、烘青、末茶等,通过南渠河、京杭大运河营销沪、杭、北方等地。茶叶包装上皆印有公懋茶行标记。

民国二十六年(1937)余杭沦陷,冬至夜,日寇一把火将余杭直街、横街、南渠街统统烧光,公懋茶行虽然没有被烧尽,但被洗劫一空,剩下几间空仓。沦陷期间,茶行被日伪控制,派兵下乡强制收购茶叶。1945年抗战胜利,一度想恢复茶行,但元气已大伤,其后业主几经变卖,屋地泯灭。

三

早在明代,徽州商人在塘栖水北建造了新安会馆(徽州会馆)"岁时祭祀,并集同乡散胙饮福,以联梓谊"。在道光十年(1830)又重建了会馆及义冢。因经费充裕,以后不断修葺。咸丰十一年(1861)会馆毁于太平天国期间,片瓦无存。同治四年(1865),数十家塘栖的徽商,邀集外地同乡之力,在原址重造"怀仁堂"会馆,作为旅梓公所,其中以塘栖茶叶商号"方正泰"捐款最多。同治九年(1970)徽州茶商江明德带头捐款,并向松江、闵行、嘉兴、余杭四处徽商抽捐,次年又增塘栖、南浔两处,凡出口茶叶,每箱抽 12

文,六处分派,称为"六善堂捐"。据光绪十年(1878年)刊印的《唐栖新安怀仁堂征信录》一书记载,从同治四年(1871)到光绪二年(1876)的6年时间塘栖"徽州会馆"共收茶捐银元1265元。自同治十年到光绪二年又有197家徽州商号或个人捐款,其中有木商、衣庄等。同治四年到光绪二年捐交茶叶堆金的有357家商号、个人,包括著名的"红顶商人"胡雪岩,共计捐钱1891千文。这些都反映了徽商们对战后(太平天国运动)塘栖镇的重建做出的贡献。

吴什升茶行,在塘栖镇市西街,有三间面门.其栈房在汪家兜华光弄内,资金2000万元。塘栖吴氏,原籍徽州,民国时吴什升由安徽张进才担任经理,抗战前在德清城关还有分号,沦陷后曾一度停业,1947年时歇业。

吴什升的主人吴子京与现代著名国画大师张大千、张善孖兄弟有师徒之谊。吴子京的母亲是苏州人,娘家与张氏在网师园的寓所比邻。民国时,超山梅花在苏沪盛名,不少文人名士专程赶来赏梅。张大千民国十四年(1925)来塘栖时,因老邻居的关系,住在吴家。张大千见吴子京少年聪慧,不喜商道,却擅长丹青,便收其为徒。吴子京的孙子至今仍还保留着当年张大千母亲六十大寿时,张氏"大风堂"专门为赠送贺寿亲友而到景德镇定制的茶具。

新中国成立初期中国最大的成片茶园
——杭州茶叶试验场

赵大川

杭州茶叶试验场是新中国成立初期中国最大的成片茶园，几十年来，在茶叶生产、技术研发、援外交流中都发挥了重大作用，为茶为国饮、杭为茶都作出了重大贡献。我作此文，以此来记录杭州茶叶试验场光辉灿烂的风风雨雨的 60 年。

杭州茶叶试验场

一、杭州茶叶试验场肇创初期

杭州茶叶试验场历史悠久，据刘河洲著文回忆，其源头可追溯至抗战时期吴觉农创建的嵊县浙江省茶叶改良场。该场建场初期的技术人员、技术工人申屠杰等都来自浙江茶叶改良场。

据 1989 年《杭州茶叶试验场场志》载："响应中央大力发展茶叶生产号召，探索大面积茶园经营示范和茶叶试验研究，1952 年，浙江省农业厅

作者简介：赵大川，杭州市茶文化研究会常务理事、余杭区茶文化研究会副秘书长。

特产局委派王东绥任筹备组长，在杭县村口（在现中村附近）建立茶叶试验场。当年开出土地 60 余亩。1953 年春，播下第一批茶籽，此为杭州茶叶试验场之肇始。1954 年，该处入驻部队，王东绥继续担任筹备组组长，于 1954 年迁到余杭石濑继续办场。"

据 1990 年 4 月初版《杭州市地名志》载：

"1952 年，茶场初创之地村口，又名下村。在凌家桥西 4 公里，龙坞路终点，杭新公路沿村而过。唐宋时，此地近江，又因中村、滕村皆在其上，此村居下而近江，故名村口。新中国成立初属杭县定山乡。1956 年与中村、金家岭合并称树塘二社，属树塘乡；1958

年为杭州市上泗公社凌家桥管理区中村生产队；1961 年为西湖区转塘公社村口大队。1984 年，改称村口行政村。有 3 个自然村，耕地 696 亩，茶园 196 亩，山地 1800 亩。以种植水稻和茶叶为主。

1955 年 1 月 1 日，浙江省农业厅特产局茶叶试验场创办。1957 年改称浙江省余杭茶叶试验场，场址设石濑八缸。茶场土地征用计划经省民政厅批准后，即由农业厅特产局与余杭县当地区乡政府商订土地征用方案及补偿办法，并在石濑乡成立土地征用委员会。1955 年 2 月 19 日，召开乡人民代表大会，说明建场意义，讨论征用土地补偿办法。1955 年 2 月 26、27 日、3 月 1 日三天，以余杭县人民政府名义，将征用土地范围及日期在《浙江日报》上刊登公告，3 月 6 日起正式开始征用土地。土地征用过程中，因省农业厅经费不足，而杭州市龙井茶场有经费，但无征地指标，杭州市

图1 1955年2月26日《浙江日报》刊登的《余杭县人民政府公告》

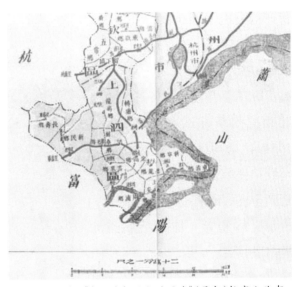

图2 1942年《浙江省杭县行政区域》(局部)杭富公路有"村口站"

图4 带领人员在杭县村口建立茶叶试验场的王东绥(1952)

图3 至今尚存杭富公路村口站(2011)

人民政府与省农林厅协商,由浙江省人民政府决定,以彭余公路为界,路以北方家山以西的5000余亩土地划给龙井茶场建立石濑分场;路以南,方家山以东3000亩土地为余杭茶叶试验场。

1955年开始土地测量工作,订立《测量合约》,委托杭州王茂记测绘事务所测量,测量面积为10000亩。"

二、杭州市石濑农场等并入余杭茶叶试验场

浙江省余杭茶叶试验场至1963年,全场有职工262人,其中干部29

人(内有茶叶科技人员 17 人)。1963 年，杭州市石濑农场(即原龙井茶场石濑分场)并入茶叶试验场，茶场扩大。杭州市石濑农场存在 9 年(1955—1963)，变化很大，曾更换场名 4 次，主管单位调过 4 个，并经过一分两合，一度分成 4 个小农场，又两次并入了 5 个大小单位。变更单位曾为杭州市西湖人民公社石濑农场、杭州市拱墅人民公社潘板桥农场、杭州市石濑农场。图 5 是 1955 年杭州西湖区龙井乡乡长，后任杭州茶叶试验场场长邓阿根同志一幅旧影。

图 5 邓阿根在"唐宋蒸青茶"碑前留影

石濑农场历史简述如下：1954 年底，浙江省人民政府决定，同意杭州市龙井茶场在石濑建立分场，其土地由余杭茶叶试验场将征用范围划出部分。1955 年正式建场，由杭州市人民委员会郊区办事处主管，场部设在妙济寺。1956 年春，改名为"地方国营石濑茶场"，隶属杭州市郊办和农企公司双重领导；1957 年 11 月，市人委以(57)办字第 1085 号文，决定把石濑茶场作为收容改造游民的场所，属事业单位，隶属关系改为市民政局领导。60 年代初期，根据中共杭州市委指示，西湖区人民公社于 1960 年 9 月 6 日动员全区各行各业 27 个系统 1204 人(含干部 37 人)，来到地方国营石濑茶场，接收该场全部土地、房屋、财产及 2 名行政干部、147 名场员。定名为"杭州市西湖区人民公社石濑农场"，场部仍设在妙济寺。根据中共杭州市委指示，1961 年 10 月，石濑农场又划出部分土地建立市建工农场、市地质队牧场及园林管理局第二苗圃场等几个小农场。1962 年秋，又全部归还石濑农场，人员全部回原单位。

根据中共杭州市委指示，杭州市拱墅人民公社于 1960 年 9 月 8 日动员各行各业的 1026 人，来到余杭县潘板桥人民公社俞家堰生产队范围建场，场址设在黄泥岭，定名为"杭州市拱墅人民公社潘板桥农场"，隶属拱墅区委领导。农场征用土地 2905.37 亩。1960 年 9 月，在现茶场区域内，还设立"杭州市卫生局塘埠种药场"，场址设塘埠蜜蜂弄，总计有荒山

420 亩。1962 年夏,根据市委指示,该场并入潘板农场,干部、职工多数调入杭州。

根据杭州市委关于要求各区、各系统办的农场归并的指示,1962 年 12 月 29 日,由杭州市农林局召开潘板农场、西湖石濑农场、建工农场负责人会议,决定 1963 年 1 月正式合并。

据 1963 年 3 月 28 日(63)145 号市委文件批示,正式成立杭州市石濑农场,场址设在妙济寺,并场后至 1964 年年末,全场共有土地 10592 亩。1964 年 5 月 28 日浙江省农林厅精何字第 5057 号,浙江省财政厅财农字第 849 号联合发文,杭州市石濑农场并入浙江省余杭茶叶试验场,场部迁妙济寺,隶属省农林厅领导。

三、杭州茶叶试验场

1972 年 1 月 1 日,"浙江省余杭茶叶试验场"更名为"杭州茶叶试验场",主管单位为杭州市农林局。杭州茶叶试验场成为拥有 6000 亩成片茶园的全国最大的茶场。1956—1987 年的 30 多年间,该场在茶叶的栽培、品种、植保、制茶机械等茶叶科技方面共研究和完成 169 项课题,其中获国家科委、农牧渔业部、中国农科院及省、市奖励 11 项 15 次,在茶叶科研上贡献巨大。

1979 年,著名的茶学家黄千麒赋《赞杭州茶叶试验场》诗:四化雄图战鼓催,余杭学习竟忘回。红梅斗雪知春暖,绿树迎霜向日栽。满室花香精艺技,遍山茶嫩细肥培。全程机械犹堪喜,巧夺天工喷雨来。(注:迎霜,茶叶试验场茶树获奖良种名称。喷雨,茶叶喷灌。)

杭州茶叶试验场推广茶叶科技,培训茶业基层人才,贡献巨大。该场早在 20 世纪 50 年代末创刊《茶叶科研》杂志,20 世纪 70 年代又编印《茶叶科研通讯》。除了刊登本场科技人员研究成果论文外,也刊登全国各地茶叶科技论文。1975 年,该场《茶叶科技通讯》和浙江农业大学茶叶系《茶叶译丛》合并编印出版《茶叶季刊》。该场还派人在余杭各茶场及全省各茶园辅导茶叶技术,培训农村茶业技术人才。

《中国茶叶》载,1978 年 6 月 10 日至 13 日,孟加拉国茶叶考察组赴杭,在省农垦局科教处负责人章官设和浙农大教授张堂恒的陪同下,参观了杭州茶叶试验场和西湖公社梅家坞大队等单位,并在杭州茶叶试验场与中国茶叶专家举行了座谈会。在考察活动中,孟加拉国考察组对茶叶试验场大面积茶叶高产水平感到惊讶,对我国绿茶品质深加赞赏,而最感

图 6 杭州茶叶试验场双人机械采茶(1983)

兴趣的是绿茶加工设备,要求洽购。并希望我国能够派出茶叶专家赴孟加拉国考察,以促进两国茶叶技术交流。

据王家斌《友谊种子——中日茶叶文化交流史话》记载,1957 年日本专家曾根俊一率领农业技术团访问我国,在浙江参观余杭茶叶试验场(杭州茶叶试验场前身)、梅家坞大队、杭州茶厂等单位。

从 1963 年开始到 1987 年,该场先后派出茶叶、茶机、畜牧、物资管理、会计、电工、厨师、司机等方面的科技人员 34 人、48 次,代表国家援助几内亚马桑塔茶场、马里法拉果茶场、摩洛哥罗可斯茶场以及乌干达、乍得、中非等 6 国发展茶叶生产,成绩卓著,受到受援国的赞扬和好评,在全国各省茶场中绝无仅有。该场同时还派员去日本等国考察,交流茶叶、茶机技术。杭州茶叶试验场的茶叶科技和茶园经营,在全国影响巨大。从 1962 年至 1987 年,接待省内外茶叶同行来场参观和互相交流经验达 23.15 万人次。

茶试场造育成功的迎霜、翠峰、红云、碧波四个品种对全国茶种做出巨大贡献。

1986 年 4 月 11 日,以杭州茶叶试验场和浙江省茶叶公司为中方股份,日本三明茶业株式会社为日方股份,成立浙江三明茶业有限公司,生产经营兴旺,产品长期进入日本市场,为国家创汇,公司盈利,全国领先。

图 8 至图 10,是一组杭州茶叶试验场和浙江茶叶公司、日本三明茶叶株式会社合资成立中外合资三明茶叶公司生产蒸青茶旧影。

图 7 1987年杭州茶叶试验场领导班子。右起：吴平平、吴文俊、徐贵法、李寿林、李金木、王锡康、周汉忠

图 8 中日合资浙江三明茶叶有限公司剪彩仪式

图 9 李寿林场长（左2）与日方股东寺田由一在茶园中

图 11 杭州茶叶试验场、种猪试验场领导与老寿星邓阿根合影。图中前排右起：茶叶试验场场长朱滋添、原场长李寿林，杭州市茶文化研究会常务副会长安志云、邓阿根、杭州市茶文化研究会常务理事祝百昌、赵大川

图 10 浙江三明茶业有限公司杭州工场（1988）

2007年10月23日，根据杭州市人民政府杭政函［2007］300号文件，杭州茶叶试验场和杭州市种猪试验场划归余杭区管辖，隶属于余杭区农林集团。图11是2011年夏杭州茶叶试验场和杭州市种猪试验场为原龙井乡乡长、杭州茶叶试验场场长邓阿根庆祝九十华诞照片。

四、茶场老茶人

张家治（1926—2010），浙江平阳人。农艺师。1945年秋温州师范学校毕业。1952年任温州专区茶叶指导所副所长，指导推广"温绿"改制"温

图 12 张家治(左)、庄晚芳在一起

图 13 原杭州茶叶试验场场长，市农业局副局长张家治(1983)

图 14 张家治(右 2)、马森科(右 1)在杭州茶叶试验场(1983)

图 15 1966 年 5 月浙江省余杭茶叶试验场奖状

图 16 浙江省余杭茶叶试验场壹分代价券

图 17 印有"最高指示"的杭州茶叶试验场采茶证

图 18 1972 年杭州茶叶试验场总产超万担，1974 年达 12700 多担

红"，翌年，随着国际市场变化，又将"温红"改制"温绿"。1953 年 6 月调浙江省农业厅特产局茶叶科，历任副科长、科长、特产局副局长、杭州茶叶试验场场长、杭州市农业局副局长、副书记(主持工作)等职。曾任浙江省茶叶学会副会长，担任援外专家组组长，完成 60 公顷开荒种茶任务，并试制出少量绿茶，探索出一套种子苗圃孵芽、小苗移栽和大面种扦插技术，为援助非洲茶业做出贡献，受到几内亚总统赞扬。作为技术型的领导干部，张家治对杭州及余杭茶业贡献巨大。

张家治作为新中国成立后知名的茶业专家,无论是国营大茶场场长,还是主管杭州市茶业的官员,都是受到群众和领导推崇的。这几张图是千方寻觅到的张家治同志在新中国成立初发表的茶叶论文和他一些为数不多的老照片,以志怀念老茶人张家治。

图 19 1995 年的申屠杰

图 20 申屠杰(右)在杭州茶叶试验场指导茶树栽培

申屠杰(1907—2004),乳名汝奇,号毅生。浙江省东阳市(原东阳县)兰亭乡罗青村人。1927 年,考入公费上海国立劳动大学农艺系。1932—1949 年 18 年时间里,先后在中学、师范学校、农业专科学校任教,在平阳茶场、三界茶场工作,曾去台湾参观茶叶,并在台中农事试验所工作。

1950 年,申屠杰在浙江中茶公司三界茶场任研究股长期间,由于出口需要红茶,受命在绿茶地区改制红茶。他成功地利用嵊县泉冈辉白名茶用抛闷结合的杀青方法,解决了以往出现的红梗红叶现象,提高了绿茶的品质,并亲自到绍兴珠茶地区示范推广,后又推广到其他省份,得到当时来华的苏联茶叶专家赞许。1953 年,申屠杰调入浙江省农业厅特产局茶叶科任农业工程师。1955 年,参与筹建浙江省农业厅余杭茶叶试验场,任技术指导。1957 年,申屠杰被任命为余杭茶叶试验场试验股股长,领导并亲自主持开展茶树栽培、育种、生理生化、植保、机械等试验研究课题,试验成果在茶区广泛推广。1965 年年底,浙江省委书记江华同志指示要在余杭茶叶试验场建一个国内茶树良种园。申屠杰当即与同事一起,冒着寒风去江西婺源和安徽祁门考察与征集优良品种种苗和茶籽。品种园在 1967

年建成。1981 年 7 月,在杭州召开的全国茶树品种资源编目会议上,浙江省有 84 个品种(品系)列入资源目录,其中属杭州茶叶试验场保存的有 29 个。1987 年 1 月,申屠杰以 80 岁高龄参加全国茶树良种审定会议,他所选育的迎霜、翠峰、劲峰 3 个品种被认定为国家级良种。

图 21 刘河洲(1950)

刘河洲(1908—1998),原名刘亲仁,浙江嵊县长乐人。1928 年 2 月至 1931 年 8 月,在上海国立劳动大学园艺系学习,其间,刘河洲听取吴觉农讲授茶叶科技,一生奉吴觉农为师。上海劳大毕业后,刘河洲于 1931 年 9 月至 1935 年在上海劳大农场、江西高级农林学校工作和任教。1936 年随吴觉农筹建浙江嵊县三界茶叶改良场,从事茶业实习、教学和改良工作。抗日战争时期,1937 年 1 月至 1937 年 12 月,在实业部平水区茶叶产地检验办事处任主任;1938 年 4 月至 1939 年 3 月,在农改所宁绍台茶检处任主任;1939 年 4 月至 1939 年 9 月,在浙江省油茶棉丝管理处任茶叶部指导课课长;1939 年 10 月至 1949 年 12 月,任浙江省农业改进所遂安农业推广区主任,主持遂淳区茶叶改良工作;1941 年 1 月至 1941 年 12 月,任浙江省农业改进所视察兼茶业系技术股股长;1942 年 2 月至 1944 年 9 月由福建崇安赤石财政部贸易委员会茶叶研究所所长吴觉农聘为副研究员负责茶叶栽培管理工作。1944 年 10 月至 1949 年 8 月,任浙江省农业改进所技正,调研员,兼任农业经

图 22 刘河洲《茶声半月刊·改良茶叶的新生活意义》论文(1941)

济系主任,负责茶业技术指导与调查。新中国成立后,刘河洲先在中茶浙江省分公司任科长,主办茶叶技术培训班,为浙皖赣培养大批茶叶专业人才。1952 年 7 月至 1954 年 8 月,在新创建的浙江省杭州农校担任茶叶科老师,主讲制茶和茶叶检验。1955 年,刘河洲作为顶级茶叶技术人才调入余杭茶叶试验场参加筹建工作,任场生产科长和农艺师,为大面积新茶园的规划设计、开垦、种植做了大量有创见的工作。对茶叶检验和制茶、栽培管理等方面均有很深的造诣。为国家培养了一批杰出的茶叶技术人才。晚年又担任浙江《茶叶》编辑工作 7 年。

图 23 1949 年 3 月 8 日,浙江省农业改进所所长莫定森署名的技正刘河洲兼任本所农业经济系主任训令

赵晋谦,1937 年生,浙江绍兴人。1954 年杭州农校茶科毕业,1956 年毕业于浙江农学院茶叶专修科。曾任杭州茶叶试场科研室副主任、副场长。杭州市农业局副局长、高级农艺师等职。主持选育了 3 个国家级茶树新品种——迎霜、翠峰、劲峰,获浙江省科技成果二等奖;参与主持杭州地区茶叶丰产栽培技术研究推广项目,获国家科委和国家农委农业科技推广成果奖。

图 24 赵晋谦

图 25 赵晋谦在为几内亚茶工们授课

图 26 专家组留影,前中为赵晋谦

1965—1967 年出国援助几内亚种植茶树。

李寿林，1935 年生，浙江杭州人。1954 年杭州农校茶科毕业。在茶叶试验场工作近 40 年，曾任杭州茶叶试验场场长、高级农艺师、杭州市茶叶科学研究所所长、浙江三明茶业有限公司副总经理。先后从事和参与新式条栽茶园，绿茶初、精制茶厂，蒸汽热源、连续化初制茶厂，58 型、67 型茶机等茶叶科研项目。出国援助几内亚、马里、斯里兰卡、摩洛哥，参与援建茶厂、技术培训、

图 27 李寿林与日本三明公司寺田由一在茶园合影

图 28 1986 年 5 月湖北天门陆羽纪念馆留影，右起：湖州寇丹、杭州茶科所钱时霖，湖北天门欧阳勋、杭州马森科

指导制茶。引进日本蒸青茶机进行筹建、试验、工艺、审评工作。曾任浙江省、杭州市茶叶学会理事，杭州市茶叶学会副理事长。

钱时霖，1934 年生，浙江安吉人。曾任杭州市茶叶科学研究所茶树栽培室主任。中国茶叶学会会员、杭州陆羽与径山茶文化研究会理事。1954 年杭州农校茶科毕业，1956 年浙江农学院茶叶专修科毕业，同年 9 月分配到杭州市茶叶科学研究所。主持和参加了 20 多项研究课题，获国家科委、国家农委、省奖励 4 次。20 世纪 70 年代开始积极投入与弘扬中国茶文化。主编《杭州茶叶试验场场志》，选注《中国古代茶诗选》，与竺济法合著《中华茶人诗描》《中华茶人诗描续集》。参与编撰《西湖龙井茶》《茶叶生产实用技术》《中国茶经》《中国茶事大典》《中国茶叶大辞典》《中华茶叶五千年》《浙江省茶叶志》等 30 余部书籍。撰写"名人与茶"数十篇，"茶诗谈趣" 20 余篇，咏茶诗 1000 多首。

明代僧家、文人对茶推广之贡献

吴智和

明代僧家、文人對茶推廣之貢獻

吳智和

一、引言

我國自瞭解茶的妙用以來，要一直到唐代陸羽，將一生對茶的認識撰成「茶經」傳布於世之後，社會各階層才逐漸將茶視爲日常的飲料；下逮宋代，飲茶之風尤其盛行，皇室更將各地名茶列入貢品，上有所好，下必甚焉。自命爲儒雅蘊藉的文士，莫不嗜此「嘉禾」，無形中將茶提昇至更高之境界；且成爲實際生活中的一環，圓融生趣。[1] 歷元以迄明，又因品茶之法改變，芽茶取代原有固形茶（如龍鳳團），烹點由滾煮改良爲冲泡，不但因而盡茶之眞味，而且使用方法日趨簡易。大江南北茶棧林立，祇要有歇脚之處就有茶點可食；揚州、南京、蘇州等大都會之商人以鬻茶致富者甚夥。而名山名寺茶竈、茶寮所在皆是，名流多藉之爲講學、讀書、遊憩之所，以是因飲茶而漸至形成茶藝之講求。

東瀛對於各種事物向喜以「道」稱之，如：「茶道」、「花道」、「書道」、下及「柔道」、「劍道」等，彼邦視此「道」似近乎一種宗教性之虔誠，因拘泥於外在形式，使人總有役於物之憾。國人向來不輕言「道」，認爲那是一種至爲崇高的義理，茶是飯後餘事，謂之藝術猶可，若謂之「道」則遠矣。也因爲這個道理國人對於事務處理的態度比較爲「豁達大度」；對於茶事

，能將之融化爲人生精神文化之一部份，有形而上之圓融生趣，而無形而下之侷限澀險。換言之，國人對茶已視爲一種動態自然的「藝術」，由以下舉例，可以證明。明人謝肇淛云：「竹樓數間，負山臨水；疎松脩竹，詰屈委蛇；怪石落落，不拘位置；藏書萬卷其中，長几軟榻，一香一茗，同心良友，閒日過從，坐臥笑談，隨意所適，不營衣食，不問米鹽，不敍寒暄，不言朝市，丘壑涯分，於斯極矣。」[2] 謝氏之安排生活，既典雅又不失之澀險，並將品茶與日常生活銜接在一起。李日華亦云：「潔一室橫榻陳几其中，爐香茗甌，蕭然不雜他物，但獨坐凝想，自然有清靈之氣來集我身，清靈之氣集，則世界惡濁之氣，亦從此中漸漸消去。」[3] 李氏藉茶之清淡高雅，驅逐煩雜之念，取得心境的寧靜。另聞元衡，更能在烹點中攝取幽趣，正表示國人對茶藝的態度，據其自云：「良宵燕坐，篝燈煮茗，萬籟俱寂，疏鐘時聞，當此情景，對簡編而忘疲，徹衾枕而不御，一樂也。」[4] 古人有秉燭夜遊，珍惜良宵之雅興，聞氏煮茗讀書達旦，用意也以此。至於如徐𤊹所云：「友人羅高君曰：『山堂夜坐汲泉煮茗，至水火相戰，聽松濤傾瀉入杯，雲光瀲灩，此時幽趣，未易與俗人言。』」[5] 已將茶藝提昇至更高的境界，明代茶藝中人皆有此襟懷，如茶牋作者屠隆曾云：「竹風一陣，飄颺茶竈；疎烟梅月，半彎掩映。書窗殘雪，眞使人心骨俱冷，體氣欲仙。」[6] 任環亦云：「掃雪撼庭梅，烹茶折檻竹；淸生腋底風，香潤林間屋。」[7] 以上三人可稱得上品茗中人的典型人物。古人將掃室、焚香、讀史、滌硯、觀畫、鼓琴、移榻、養花、酌酒、烹茗等日常生活向視之爲詩情畫意，在不拘限形式下賦以生趣，也惟有如此人

作者简介：吴智和，中华文化大学教授。

張大復有「茶說」一文，隱涵哲理，與董文相映成趣，中云：「茶以雪烹，味更清冽，所爲半天河水也。不受塵垢，幽人啜此，足以破寒。時乎南窗日暖，喜無窮發惱，靜展古人畫軸，如江天雪桌、山齋竹、開山雪運等圖，即假對真，以觀古人模擬筆意，殊知景意盡圖，當就圖畫中乙悟。然。」[8] 也因爲對茶情有所獨鍾，至以佳名比佳人，與西湖比西子爲天生之勢。古人有酒德頌，使酒擅千古美名。至明代有好事者成「茶德頌」，酒在各階層中匹敵。尤其在文士階層，茶、酒被認爲是文思之助，而茶淡味甘，提神醒腦，且不及於煙，於人於事，兩全其美，是故茶趣又在酒題之上。

董其昌在「茶董題詞」中云：「荀子曰：『其爲人也多暇，其出也不遠矣。』陶通明曰：『不爲無益之事，何以悅有涯之生。』余謂『茗碗之事，足當之。水源之輕重，啜若泉清；火候之文武，調若丹鼎，非枕漱之侶不親，非文字之飲不比者也。』」[11] 將茶藝之所以能在文士、幽人心目中，明燈不滅的道理，解說得很透澈。

[10] 也因把圖，是以得得景觀之。千古塵緣，孰罷爲醒。」[10] 與酒侶相抗衡，茶，酒。

三

明史研究專刊 第三期

「天下之性，未有淫於茶者也，雖然未有貞於茶也。水最之質，酒甌醴酸之屬，油盆醴酸醬泵之屬，（中略）蓋天下之大淫，水最爲之。水之爲味，隱香之質，酒甌醴酸而不味其性，愛山水而不會其情，讀書而不得其意。顧謂之怪茶味之不全，爲作茶說。」[12] 按此理屠本也曾提及，如屠本畯在「茗笈」中云：「茶性淫，易於染，無膜膠穢，及有氣息之物不宜近，即是香亦不宜近。」[13] 屠本畯不及乎張，能就哲學義理推論而廣大之。

間屏居無事，挈壺僅携一小檔，一琴、一碩、一茶鐺、汎小舫於芙蓉洲畔」[14] 才是真正屠本子壯之約好友三二人，求其無拘無束，放懷點一間得山水、書畫、談禪、詠詩的助興，惟其如此，一日之排遣方得以圓融無間。凡此都是可喜可賀的事，如「味外小集」等也是有心人士亦然，且有「茶藝協會」之組織成立，坊間談茶之書，經政府大力提倡，傳統茶藝雖難茶縣不得適宜。時人云：「飲茶宜濃、靜室、明窗、曲几、僧寮、松風、竹月、晏坐行吟、清談、把卷。」原意就在先求得「靜」，然後再求「適」、「潔」，而僧寮道院若非人爲之破壞，一般來講最皆清幽可過。

陸容在「送茶僧」詩中云：「江南風致說僧家，石上清泉竹裏茶，法藏名僧知更好，香煙茶蓋滿甌裝。」[20] 如此淡雅生活，才真正屬於和尚喜好。明代畫壇巨擘沈周云：「吳僧大機，所居古屋三、四間，潔淨不容唾，善倫茶。每入城必至其所。」[21] 蘇州爲明代富庶之區，名山寺院薈萃其間，人文薈萃，赤嗜茶，每入城必至其所。

其次轉到「國飲」，無奈「國飲」猶不及普及，一日之排遣方得以圓融無間。雖然茶藝外銷前景漸形看好，無奈「國飲」猶不及普及。直至最近，經政府大力提倡，傳統茶藝雖難以此呼籲，且有「茶藝協會」之組織成立，相信爾後國飲之風尚很快會回復往昔盛況。茲就平日收集有關明代啡廳一較長短，而一種新式的茶館也陸續以研新面目出現。

四

二、僧家與茶藝

明代名士陸樹聲嘗言：「煎茶非漫浪，要須人品與茶相得，故其法往往傳於高流隱逸，有煙霞泉石磊塊胸次者。」[15] 說明明代人已經將茶藝提昇到一個至高的境界，並且將「茶侶」的界線劃分出來，祇有「翰卿墨客」、「緇流羽士」即指寺廟中之和與道觀中之道士；一般來講僧家飲茶來得興盛，此或由於僧家代人多信仰佛教之故，而明人載籍中也可印證出僧家有此傾向。出家人日常生活情形，可以從以下一段對話中看出：「僧問如資陽師曰：『如何是和尚家風？』師曰：『飯後三碗茶。』」[17] 出家人認爲飯後喝茶最是淡而有味，且合乎出家修行清苦之調，是故來得不失禮，以茶、餅奉待，算是清貧自甘最具誠意的待客之道。自命爲風雅的人士，又多喜歡僧寺所產之茶，而產名茶之地又多名泉，僧又好客，如明人所載：「虎丘寺外野僧家，客子過時請喫茶。」[18] 虎丘山寺不但產虎丘名茶、山又好。

處資料，草振此文，以見明人有功於傳統文化之一斑。至於宏揚「國粹」，提倡「茶藝」的風氣，凡是國人皆有責爲。

五

明史研究專刊 第三期

有虎跑泉、劍池、蓮羽井三名泉，而當代高僧駐錫於此者甚影，是故名士多集於山寺。王弇州曾云：「金陵一地多占利，其地又多礫山水之勝，余甚厭之。凡三過瓦官寺，寺僧獨具，而山寺曾云：「吳僧大機，所居古屋三、四間，潔淨不容唾，善倫茶。」[19] 認爲此山寺的清靜幽靜，不宜玷膜寺之物污染。江南名山大寺，就感因遊者日至，而破壞原有之幽靜，倒反不如沉寂之荒山殘寺具滌之破壞，一般來講最皆清幽可過。先公與交甚久，赤嗜茶，每入城必至其所。沈周名震當代，既嗜茶又解茶藝，並盛推僧家大機其人其事。沈之祖父僴爲時人云：「飲茶宜濃、靜室、明窗、曲几、僧寮、松風、竹月、晏坐行吟、清談、把卷。」原意就在先求得「靜」，然後再求「適」、「潔」，而僧寮道院若非人爲茶藝精解茶藝，大類幼出，再舉一例，如僧寮道院若非人爲。受大機之賜品，祇嗜茶又解茶藝，並盛推僧家大機其人其事。先公與交甚久，赤嗜茶，每入城必至其所。

文薈萃爲明代富庶之區，名山寺院薈萃其間，人之茶亦隨之名，僧家精解茶藝，大類幼出，再舉一例，如「大牢先火候，其次候湯，所謂蟹眼魚目，參沸沫沉浮，以驗生熟者法皆同，而僧所淳熟，絕味清乳面不夥候，是其入清淨味中三昧者。要之此一味，非眠雲跂石人未易領略。」[22] 他如三茶和尚，不知何許。

六

明代僧家、文人對推廣之貢獻

[页七]

人，以嗜茶得名，萬曆間流寓鉛山之旁觀，行迹古怪，可稱爲一奇人。[23] 同樣道家流此嘉禾，如余道人。「居廬山之天池寺，不食者九年矣。畜一羽鷁，曾採山中新茗，令鶴銜松枝焚之，遇道流輒相與飲幾甌。」[24] 天池寺以產天池茶出名。道士不但嗜茶，且有精於茶藝，如雲泉道人從平日品茶中悟出茶理來，認爲茶有肥瘦之別：「凡茶肥者甘，甘則不香；茶瘦者苦，苦則濇。」[25] 且頗爲得意此見解釀爲茶經、茶訣、茶品、茶體，未嘗備有品茶之場，水品中以泉水爲最上，泉水中又以山泉爲最佳，而歷來諺語有「天下名山寺佔多」之說，撓外四方遊客。[26] 雖有名茶，相木之法有所謂，佳水往往出其間，是故多山清者泉清，山幽者泉幽，皆佳品也。[27] 山寺中又以山泉爲最佳，相木之法有所謂：「山厚者泉厚，山奇者泉奇，水品中以泉水爲最上。公安派名士袁中郎（宏道）有一篇遊龍井記，自得者即是天趣。如詩所云「孤燈寂寂夜堂深」、寒雨瀟瀟灑竹林：「大底浮生中能儘取一點『生趣』，不須哀怨動悲音。」[30] 但在寂中能儘取一點「生趣」、「天趣」，對於「洗鉢倚寮煮茗芽，道心淡泊靜塵娑，閒來禮佛無餘供，汲取崖絣洗野花。」[29] 是一個典型出道之公，汲泉烹茶于此。」[28] 龍井泉既甘澄，石復秀潤，流淙從石澗中出，泠泠可愛；入僧房，爽壒可棲，余嘗與石簀、僧家日常功夫在於「靜」、「趣」上，所謂「萬物靜觀皆自得」之境地也。

[页八]

終身事佛，最有禪益。僧德祥在「題書經室」中云：「池邊木筆花新吐，窗外芭蕉葉未齊」，正是欲書三五偈，煮茶香過竹林西。」[31] 以及明人詩作中所記載的：「老僧行腳徧天涯，手卷携僧家行徑，共話雲山過亭午，竹爐煮沸雨前茶。」[32] 不管是僧家自己寫詩自剖，或文士寫詩描述僧家行徑，認爲禪參二僧可謂得道人矣。另董其昌在「贈煎茶僧」中云：「怪石與枯槎，相將度年華，只喫趙州茶。」[33] 僧家要渡過此浮生，除禮讚唸佛外，若不解生趣如茶藝一端，則不復知有人生之樂，孤證梵音之餘，坐守漫漫的長夜，誠如佛語：「人生是苦海。」是以明代江南名士莫是龍詩中所云：「有約坐殘夜，幽庭深落花。客來多叩月，人語忽聲鴉。倚杖吟秋色，更衣拭露華。老僧茶味淡，相見具袈裟。」[34] 以及胡公嘗謂「寄福上人」詩云：「上人安心解言詩，應是前身本姓支。多病養成丘壑志，學書臨得廟堂碑，窗戶懸籮封壓藥，一片清淨舍心，山中文重重墨滿池。想得山中三日雨，煮茶煙起落花時。」[35] 僧家因心與外事不與外事，處此境地或坐或息，道行深厚者如上引之一僧，在長期之間涵育出超凡的生趣，對於時尚品飲名茶自然能有精到的體認。由於此山幽深，空曠沉寂，晴時滿山欲翠，雨時霧薄林間，四季的變遷，蔬食而養成在嗅覺上至爲敏感的功能，以故草中至靈的茶葉所能望其項背。名山大刹多有叢林制度的建立，這不是世俗文士品茶所能望其項背。因而內部分工很細密，由植茶一端可以作爲說明。寺院經濟

[页九]

三、文人與茶藝

文人多喜以風雅相尚，社會的風氣也常隨同文人之嗜好而轉移。自唐、宋以來品茶之風素盛，文人在各階層中恒起領導的趨向。自明一代亦重視，尤其自明葉以後文人出仕多此一途。無論在朝在野的時代，有日漸轉熾的趨向，其社會地位相當崇高，因而文人以茶爲表現其有專種植茶、採茶、煎茶之職務，在日積月累的品茶經驗中，養成頗爲高深的茶藝。明代很多與茶當代的名茶，多係僧家精焙出來，如松蘿茶是由蘇州虎丘山僧大方雲遊至徽郡松蘿山，採附近諸山之名茶，用製虎丘茶法烘焙出來。甚至於福建也禮致黃山僧以松蘿法製建茶，有所謂「武夷松蘿」之目。他如天池茶也因天池寺僧採製而聞名。至於虎丘茶在有明一代如日中天，更不必俱論。由茶產地大部份集中在山寺，可以引證茶與僧家的密切關係；再經由好事者的文人與僧家交遊，盡傳其學而推廣於世，凡此皆足以推斷僧家對茶藝之精才無比。

[页十]

則問平生德業，傷花隨柳之際，吟風弄月之間，都無都俗視搜之談。諒此亦不一時流於狂僻，此身如一日令之偃惰也。若一相逢於人，便是亂離，此與僕隸下人，只多了道衣冠年方面茶飲烏中不可或缺，送日閒情者藉此品飲名茶最多。另方面因飲茶品嗜之興溯與而提昇精神生活，此惟有精於茶行家，對於時尚品飲名茶自然能有精到的體認，竹月光華，閒來無件傾雲液、銅葉閒齋紫筍茶。」[37] 徐顗卿云：「靜院凉生冷燭花，竹月光華，有客到門可喜。鳥啼花落，無人亦是忘然。至於文人彼此之間的交遊，也多以品茶作爲聯絡情感之媒介，如領導轉移明代文風的公安派名士袁宏道一向主張：「茗賞者上也，譚賞者次也，酒賞者下也。」[39] 袁晝表白：「余不嗜酒而解酒，每事事者設茶待，務煩心懶，十未得一，及居郢城，往來惠山始得專力於此。一日携天池茶，余賓共往惠山始得專力於此。獨啜日勵，二三日則。」[40] 喪在當代頗負盛名，廣交遊擅名場可，諸公者供事其中。余得玻縕老嶺，勝於酒泉醉鄉遠矣。」[41] 固然品茶不宜多人，但在人情上無法拒客之下，不論如在衆坐無語，人突問曰：公與解宜亦有所顧。余曰：「顯得惠山始得專力於此，益以顧渚、天池、虎丘、如陸羽務茶品嘗者次也，譚賞者上也，風品之會。至於文人茶行家，對於時尚品飲名茶自然能有精到的體認，「余不嗜酒而解酒」。吏受以客之爲茶設茶待，然一日則勵，二三日則。獨啜日勵，二三四日則，五六日汛、七八日施。」，六七日勵，八九日則。

或口角相訢之時，主人往往可用「請喫茶」來打破沉寂，化解爭紛，緩合情緒，客人心有不快也不可能藉口「醉茗」任性無禮，品茶之微義就在於此。

蘇州一地，在明代文風至爲鼎盛，論人物縉紳首吳匏翁（寬），白衣數沈石田（周）。兩人不但交最契，同樣有茶癖，常相借至虎丘山採茶煎焙，成茶詩無數。後匏翁雖官至北京禮部尚書，公務之暇茶癖不減，常在官邸後園召友品飲賦詩。其文集中有首「愛茶歌」盛讚友人嗜此道，同時將自己嗜茶之情懷烘托出來，詩云：「湯翁愛茶如愛酒，不數三升並五斗；先春堂開無長物，只將茶竈連茶臼。堂中無事長煮茶，終日茶杯不離口；當筵侍立惟茶童，入門來謁惟茶友。謝茶有詩學盧仝，煎茶有賦擬黃九；茶經續編不借人，茶譜補遺將脫手。平日種茶不辦租，山下茶園知幾畝；世人可向茶鄉游，此中亦有無何有。」[42] 湯翁有茶園，自焙茶、烹茶、著茶書以至交茶友，所接觸無非與茶事有關，其人茶藝之精到無比可以會推而知。沈石田一生以清貧自甘，迹不入城市，有一篇「書岕茶別論後」與「愛茶歌」前後相映成趣，云：「自古名山留以待羈人遷客，而茶以資高士。蓋造物有深意，而周慶叔者爲岕茶別論，以行之天下，慶叔隱居長興，所至載茶具，邀余素甌黃葉間，共相欣賞，恨鴻漸、君謨不見慶叔耳，爲之覆茶三嘆。」[43]「岕茶別論」有存目然原書今不傳，[44] 而石田盛推其人，慶叔人品之清高，可以稱得茶藝中至人。明末名士張岱，多才多藝，尤其是個中老手，不但能焙出「蘭雪茶」，而且與當代「閔老子茶」創製人閔汶水在南京桃葉渡比論茶藝，使閔老讚嘆：「予年七十，精賞鑒者無客比。」[45] 遂一夕之間定

忘年交，張岱之風采不難想見。他如婁江逸人七十四老人朱汝奎，據載云：「汝圭之嗜茶自幼，如世人之結齋於胎，年十四入（羅）岕，迄今春夏不渝者百二十番，奪食色以好之。有子孫爲名諸生，老不受其養，謂：『不嗜茶，爲不似阿翁。』每竦骨入山，臥遊虎虺；負籠入肆，嘯傲甌香，晨夕滌甆，洗葉啜弄，無休指爪齒頰。與語言，激揚讚頌之津津，恒有喜神妙氣，與茶相養，眞奇癖也。」[46] 朱汝奎精於茶藝，將以茶隱，求人爲記，以「歲歲採渚山青芽作供」答謝，[47] 行事多奇特。而南中有名士徐茂吳，性好潔，隱居僻處，有亭榭水竹之盛，善品茶，爲時人所重，其友馮開之云：「同徐茂吳至老龍井買茶，山民十數家各出茶，茂吳以次點試，皆以爲贋，曰：『眞者甘香而不冽，稍冽便爲諸山贋品。』得一二兩，以爲眞物，試之果甘香若蘭，而山人及寺僧反以茂吳爲非。吾亦不能置辨，僞物亂眞如此。茂吳品茶，以虎丘爲第一，常用銀一兩購其斤許，寺僧以茂吳精鑒不敢相欺；他人所得，雖厚價亦贋物也。」[48] 在茶水中品嚐茶葉之眞假，若非深涵茶藝，不克至此。另屠兼善其人亦嗜茶，貝瓊在其文集中有一篇「茶屋記」專記其事：「檇李屠生兼善，顏其游息之所曰：『茶屋』。蓋兼善嗜茶，尤善烹茶之法。凡茶之產於名山，若：吳之陽羨、越之日鑄、閩之武夷者，收而貯之屋中。客至輒汲泉烹以奉客，與之劇談終日。」[49] 文人好事喜以「茶」字冠爲字號，作爲誌記癖好，如杜濬號茶村，丁敬身號玩茶叟；或作爲齋軒、別墅園居之名，更可瞭解到「茶」在彼等心目中的地位。

文人因嗜茶而解茶藝，由解茶藝而著茶書，有明一代茶書著錄者有四十多家，今存不過十來種。凡此茶書作者，由茶以至水、器、火、人、事等茶藝無不通曉，類皆嗜茶成癖。如「茶疏」作者許次紓（然明），據其友姚紹憲云：「武林許公然明，余石交也，亦有嗜茶之僻（癖），每茶期，必命駕造余齋頭，汲金沙、玉竇二泉細啜而探討品騭之，余罄生平習試自秘之訣悉以相授，故然明得茶理最精。」[50] 另一友人許世奇亦云：「余與然明遊龍泓，假宿僧舍者浹旬日，品茶嘗水，抵掌道古。僧人以春茗相佐，竹爐沸聲，時與空山松濤響答，致足樂也。然明喟然曰：『阮嗣宗以步兵廚貯酒三百斛，求爲步兵校尉，余當削髮爲龍泓僧人矣！』」[51] 上二則有關許次紓記事，可想見其人之於茶實近乎癡迷。而「茶箋」作者屠隆(長卿)也擅於此道，善別各地名茶之色、香、味，由採、焙、藏，以至水品、烹點、茶效、茶具等莫不精曉。[52] 嘗言：「淨几明窗，好香苦茗，有時與高衲談禪；荳棚菜圃，暖日和風，無事聽閒人說鬼。」[53] 是一位深得茶藝至理，而能和光同塵的人物。屠與徐茂吳、馮開之、許次紓等南中名流相善，而屠、徐、馮三人皆同中萬曆丁丑進士榜，後皆罷官家居，扁舟雙屐，往來吳越間，品茶論藝不倦。[54] 凡此湯社中人，對於帶動以及影響社會飲茶之風至鉅。「茶寮記」作者陸樹聲，可能是明代茶書作者中，位望、年壽（九十七）最高的一位。雖官至禮部尚書，仍然具有處士蕭散不拘，山林丘壑之志。嘗撰「九山散樵傳」自剖：「浪跡俗間，徜徉自肆。（中略）入佛廬精舍，徘徊忘去。對山翁野老隱流禪伯，班荊偶坐，談塵外事，商略四時樹藝，樵採服食之故。性嗜茶，著茶類七條。所至携茶竈，拾墮薪，汲泉煮茗。與文友相過從，以詩筆自娛。」[55] 煎茶七類，實際上雖祇有七則，然言簡

意賅，即後世傳本的「茶寮記」，前有小引云：「園居敞小寮於嘯軒埤垣之西，中設茶竈。凡瓢汲罌注濯拂之具咸庀，擇一人稍通茗事者主之，一人佐炊汲，客至則茶烟隱隱起竹外。其禪客過從予者，每與余相對結跏趺坐，啜茗汁，舉無生話。」[56] 史稱其立朝端介恬雅，翛然物表，難進易退。通籍一甲子，居官未及一紀。[57] 人品清高，爲時人所重。其餘實例頗夥，玆不一一舉證。

文人嗜茶重在茶趣，無友過訪之時，寧可靜寂倫趣，王世貞云：「蟹眼猶未發，雀舌已芬敷；自炊還自啜，不愛文名鑪。」[58] 余翔云：「藝得芳園茗，採將穀雨時；樵青掃竹煮，一碗一篇詩。」[59] 彭孫貽云：「孤悶不成飲，揮杯起獨行；空齋拾枯葉，煮茗到天明。」[60] 另首「長日無人來，隱几午夢足；自汲澗下泉，燒竹茶烟綠。」[61] 以及淩雲瀚：「村扇寂寂掩荊柴，雨阻清明客少來；自把新茶試新火，喜看楡柳變爐灰。」[62] 如此詩句俯拾皆是，舉不勝舉。而上引諸詩，可以證明茶藝對於寂寞的人生，深有慰藉的功能在，或自啜，或對客，或病中，或社飲，因品茶而引發詩興，足於排寂遣寞，成就詩情畫意的人生，並在潛移默化中提昇人格。

茶與水，相成相濟，是故名茶當求名泉。自從經唐陸羽品題爲名泉，以及由宋迄明名望漸著的名泉，來此汲取者瓶罌負擔不捨晝夜，而文士也多携茶齊集於此。[63] 故產名泉之地，如蘇州境內之無錫惠山、長洲虎丘山等地，也往往是文士開「湯社」、「茶社」、「讀書社」等社集中心。至於有以泉茶聯詠爲樂，[64] 訂分茶之約，[65] 以及如「勝蓮社」[66] 等宗教性集會，莫不與「茶」

〔一〕品論茶藝：明詩云：「祇有老僧迎舊識，第三泉上試茶甌。」所謂「煮茶得宜，而飲非其介。猶汲乳泉以灌鴻漸，罪莫大焉。飲之者一甌而盡，俗莫甚焉。」[76] 僧家一般來講，都頗解茶藝，文人好事者聞遊寺院多喜此道。如胡奎在「訪僧不遇」中記載云：「三月青桐已著花，我來欲啜趙州茶。應門童子長三尺，說道閒雲不在家。」[77] 藍智在「遊東林中」詩中云：「千年龍象當山礎，八月鱸魚上釣磯，二老僧皆舊識，松根藏火試春茶。」[78] 朱樸在「茶谷」為約公題云：「不是春風野草花，道人不解鍊鉛砂；新烟未改青楓火，細雨先零菜粒芽。喜有函奴僑客供，幸無錢稅惱官家，百年重試鈞罐火，古句爭憐更瓦全。」[80] 題松蘿竹茶爐前聽松濤觀竹茶爐。玉碗酒香揮且出，石狀苦厚醒貓眠，百年重試鈞罐火，古句爭憐更瓦全。[80] 與客同嘗第二泉，山僧休怪茶相煎，日日相過且喫茶。[79] 吳寬有「游惠山入聽松菴竹茶爐」之題云：「來爲東莊游」，還作東林宿。此公喜談禪跋坐，常與沈周入僧寺作竟日之遊。徐溥官至內閣

〔二〕跋寫談禪：明代山林神風依然很盛，在彼此相見之下，不免要具茶杯，以享煮來助興。如唐文鳳在「借胡伴讀繼上人」中云：「為訪高僧浣俗緣，黃花香寂晚秋天，杜公詩句稱交通，韓子書辭辭大顛。嗜酒開彭浹戒，喫茶應悟趙州禪。法事讀罷心如水，方丈香椸一夢煙。」[80] 題松蘿竹茶爐前聽松濤。方牀習訊坐，飲具一茶足。」[82] 吳寬此人在前章已提及，此公喜談禪跋坐，常與沈周入僧寺作竟日之遊。徐溥官至內閣先能傳下來的古物。林下扣禪屏，幽徑行自熱。齋齊夜寂然，倦睡雜僧僕。

臨在「探茶宿僧舍」詩中云：「薇雨逗松徑，泫然來遠風；投林得奇趣，閒語識游蹤。」麥秀銀翻浪，茶香潤泉紅，」弘濟淨綠，持此鑑心空。」僧家下山時以茶餽贈人，作爲聯絡感情之用。如李日華曾記載云：「菩陀老僧貽余小白毫茶一裹，葉有石耳、淪名無色，徐仍覺濹透心脾。僧云：「本娯，歲止五六觔，專供大士嘗，得優者事宴。」[89] 他如時人有「山僧惠茶」詩云：「僧來天目寺，胎我兩前茶。爽似黃金嫩，多係色霞雰。長鋤消渴思，鴻漸品題嘉。若向盧仝啜，誰言七碗賒。」[93] 山僧好游之時，亦多借寶賣茶，也多飲白毫茶，泉如白霞煙。如名士袁中郎在「遊虎跑寺」詩中云：「竹床松間淨無塵。汲取消泉烹品茶，僧老無覺知寺亦貧。碎磁字識開山偈，相遲每訪，未能一往爲憑，如彭祖貽有首短歌云：「昔泛白蘋洲，未到雲深處。今週上山僧，遙指雲中樹。下山處處皆

〔五〕遊山玩水：文人與茶侶最講究遊樂之趣，所謂：「士大夫登山臨水，必金壺尊一詩何足酬支遁。三爱于人識遠公」的日分茶聯相訪，絕勝白綱客辭封。」[91] 也是此意。置，而不問。至於遊山玩水，若僧家也好事，自不妨展其身攜。但產名茶之山寺，若僧家具自眼。江南一帶虎丘山、惠山、龍泓山等寺院，有山水之勝，地又近城，供一日之遊興，頗能吸引遊客有交往關係床松間淨無塵。汲取消泉烹品茶，僧老每知寺亦貧。有因僧家談山之勝，相遲每訪，未能一往爲

有關。明代畫壇名流也常以「茶事」入丹青，如文徵明的「惠山茶會」，沈周的「醉茗圖」，胡奎「煮茶圖」[68] 是詩也是圖。蓮與茶有關的一切細瑣事物，如：採茶烟、曲、詞，「煎茶圖」[69] 或入竹爐、茶煙、茶聲、茶香，[70] 以及竹爐、茶竈、茶器、茶杯、茶椀，[71] 試茶、新茶、茶圃、茶迓、茶軒，「茶槍放、解渴吟等」[72] 文人好事者皆將之入詩詠吟不止。在無錢除酒之餘，「以茶代酒」自我解嘲一番，詩與不免又要發作矣。[73]

四、僧家、文人之交遊

文人最擅於安排生活，即要求其「雅」，又要講求「適」，此有閒人士，在明代社會地位即高，又類多有山林遊辟、傍花隨柳、翻山越嶺、四處行走尋求樂趣，而僧家又多能識詩達趣。故文人擇交僧家，是入世文人與出世方外最佳一段塵緣。僧家與文人在慧識形態上是相配的。對，僧家在追求出世中不失其入世的精神，蓋求其悟切之斷。而山大川所在必上眾生；而文人在追求入世中不失其出世的襟懷，蓋求其悟切之斷。遊記中所描繪的僧家生活頗影，別有天地非人間矣。[74] 一位典型所愛遊之僧，有名可籍者凡五六十人，蔣花藝菊、結茗談詩，計其喜交遊僧家的代表性人物。文人與僧家交遊關係可從八方面來探討：〔一〕品論茶藝；〔二〕跋寫談禪；〔三〕遊山玩水；〔四〕購求名茶；〔五〕習靜養性；〔六〕勺汲名泉；〔七〕論學論道；〔八〕養疴求健。

大學士，為人嚴重有度，安靜守成，有首「留別虎丘簡上人」詩云：「人間行跡如蓬轉，物外禪心若銑慮，飛起行邊雙白鶴，談玄已煮茶初。」[83] 皆足以說明方外、文人彼此之間的關係人（清恆）主持，方丈讀龍樹之論，淘魚山之音。有首「山之主宰」詩云：「山堂釣客拾松子煮」詩云：「荒山市遠不開鐘，萬壑千岩自可聞。坐久蕭蕭石深處，松塵遠戶雲俱永，無心更忘其河風。吳錫麟在「遊焦山記」中記載：「定慧」古之「普濟」今借庵上次春夜在山中習靜，值雨宿古寺中，有首「春夜過寧海寺」詩：「斜日流輝散夕陰，白髮老僧同聽吟；寂寥春翠寺門週，三月落花谿水深。存世夢中仍作夢，出家之門心，道人解得留茶癖，乞與清風一滿襟。」[86] 文人也有在山區置草堂，希望能有安靜之地養性。故園居多竹木亭榭之盛；而

〔五〕習靜養性：文人不論仕官、窩居、多希望能有安靜之地養性。故園居多竹木亭榭之盛；而林之處最為幽靜，又有山寺禪院道房可習靜。如名名茶、名泉，可以更愛「遊焦山記」中記載：

〔四〕購求名茶：文人嗜茶之客，因而不辭勞苦，遠上山寺者絡繹於途。與山僧舊識者多能求得貢品。否則紙有價購一途。文人嗜茶之客，每在清明、穀雨前後，多結伴上山親探自焙。如范九

論學講道：黃紹起有一段「妙語」云：「客問吳觀蓉曰：『惠山有僧講經，邑人趨之如市
禍之意，故寺院講經之時，常聚至萬人。在漢雨綠絲，隨著山巒暖日，常聚石更西」。[94] 與「野寺孤客時」，[96] 此不惟，如「雲衣漢
臥龍，古墻秋亞竹，幽澗晚砍松。尋味匙雲冷，茶香鼎雲濃，近諸蓮社事，偷許歡從容。」[103] 僧
家道行高深者，乘有通籤詩叢者。據高攀龍云：「早起至龍井泉，泉味澄冽，中有鑑
魚盈尺，出沒旁穴。大約有十景，因導余一誠之。」(中略)僧復延至其精舍，曲折幽藏
[105] 更可用來作爲佐證。明代西湖八詩帖中有一帖「白雲堂茶話」，裏記在寺院中品茶論道之聯詠詩句。李時珍在「本

八、養痾求健：茶宜常飲，不宜多飲；常飲則心肺清涼，煩鬱頓釋。明人屠謙德在「茶經」茶
效中亦云：「人飲眞茶，能止渴、消食；除痰、少睡、利水、發明目、益思、除煩、去膩。」[107] 茶
除非沉疴，不宜飲茶，小病需療養者，在服藥之前不妨少量茶水，實益多害少。

[108] 「步來禪楊前，涼氣滿團浦。竹雨篠前亂，茶煙林下孤。乘閒攜藏卷，古
畫，法書請名流提款，或出茶焚香共相折賞，[105] 僧家采彬彬者，在文士相訪之時，總喜取茶藏古
靜對香鑪。到此忽終日，浮生一事無。」[105] 僧家采彬彬者，在文士相訪之時，以及講論身家性命等超
脫凡俗之事。明代西湖八景詩中有一帖

白雲，千峰萬峰雲不分。白雲迴合即山寺，僧在風雲堆裏睡。俏篁蔽天蘄日月，香茗流泉隱仁智
。霅溪南下合苕溪，百里看蒼翠一咍。我欲尋僧探茶去，汲取山泉，是故名泉。汲取新者，更入此峰西更西」。[94]
二泉，因此泉名播遐邇。謨利之徒，不惜卓車之勞，汲惠山泉一罌相贈，獻惠山泉一罌相贈，獻茶原本欲靜掩柴屏過其清閒日子，見水怨惡
明人徐獻忠友人遠遊歸來，汲惠山泉之，寫下一首「煮惠泉」一文，在「此泉此茗不易得，緩飲緩飢還可過。」[96] 以一種至爲
作惠山之旅，歸攜惠泉大遠請友來飲，授童子歸謝其友。[95] 惠山之靈妙有如此，山中有天下第
珍愛態度來品嘗。袁中郎之，寫下一首「記惠泉」一文，諸友情，長攜大志。袁後爲吳縣
其重，恂倒往江，就近取山泉以遺。後知泉情，長攜大志。袁後爲吳縣
令，嘗水既多，已能辨水質，至味淡乃全。我攜陽羨茶，來試第二泉。山僧導我至「九龍
蜿蜒來，垂首倒吸川。戴雲渡乳霉，因憶往事不覺經川。「初登惠山酌泉」詩云：「西湖導水至，古木
枝參天。」[98] 至惠山汲泉者固多，其餘如虎跑泉也頗有名望，高濂記載云：「西湖之泉以虎跑爲
最，兩山之茶以龍井爲佳。毅雨前採茶旋焙時激，虎跑與龍井新若一月，皆甚香。涼沁詩云：「閒尋靈蹟
山中，沉醒前春。欲識山中味，須同靜者論。雪花浮甌白，雲脚大甌新；李至若龍井試新茶，來試雨前春；一喫清詩肺，松風吹角巾。」
[100] 凡此實例甚夥。

五、明代茶葉之分佈

明人遺存於今之史料頗豐富，對於從事人文科學研究者裨益實宏，今擬以明人著作中，有關
於茶之記事，摘錄出來作綜合性之研究，藉以瞭解明代茶葉之分佈，並由此以見當時飲茶風尚之
興盛。本章先將明代名望較著之上品茶，以及茶名在中上者作大略性之介紹；其餘明人在載籍上
有記錄，而名望不甚著者，則表以明之。

明人公認爲茶世多名著，大約有五種：

一、龍井茶：產於浙江府風篁嶺（今浙江杭縣），本名龍泓，亦名龍泉、田藝蘅
云：「武林諸品，惟龍泓入品，而茶亦惟龍泓山爲最。」[112] 嶺上皆有山泉，皆恃老龍井水源。
另有小龍井，徑山龍井，而證塘以龍井爲名，甚爲無理，作豆花香。[113] 龍井茶色青，味甘而艷，
行家屠我卿認識爲眞正龍井茶地也不過十數畝，外此皆不及。[114] 錢塘諸山產茶雖多，南山儘佳，
北山稍劣，而龍井尤爲可貴，據薛應旂云：「雨前細芽，取其一旗一槍，第
所產不多宜其特貴也。」[115] 所謂一旗一槍，即一葉一芽。因還龍井四地皆產茶，龍井爲諸茶特多
井茶價亦高，因價品无厉，眞品反不易求。山中雖有少數幾家炒法甚精，而遊觀龍井賦詩以記諸事者甚夥，並由此
推知龍井在當代身影。彭孫始有首「朵茶歌」云：「龍井新茶品價高，杯中獨鶴寿立周遭。[116] 明人對於龍

草綱目」中記載茶能主治瘦癃、利小便、去痰熱、下氣消食、破熱氣、治中風昏憒、治
傷暑者，合醋治泄痢，茲效。[106] 站在藥用立場言。古代醫藥皆取材動、植物，不甚瞭解內所含
之成份，自然視茶爲萬靈丹。而古代人多迷信名泉有治病功能，茶、水相和，能強身云：如梅
志遠[107] 另云：「乱凜泉」[108] 另云：「昔自仙翁鑿石開，源頭便有茶香出。」勺去人知味，瓢似老僧伽。如居
。[108] 另云：「石竇碧流長，涓涓沁齒涼。虛能涵萬象，凈不受纖沙。」勺去人知味，茶如居
。[109] 又唐順之「病中試新茶」：「久不窺園甌，應憐偏落花。
時人視寺院廚房爲僧家交往，大略如此：無論從品論茶藝以至薑荷茶事相向
。文人交援僧家，主動一方往往出之文人，而寺居不但清幽，又有名泉、名茶可飲，對於病苦、養性、皆有
泉，或購求名茶；有則逢帝數事。本章爲敘述明晰起見，故勉爲類分八則。惟有如此，才能將合
糊其詞的詩句，分門別類，歸納出一個通則來。

綜上所述之文人、僧家交往，大略如此：無論從品論茶藝以至薑荷茶事相向
。文人訪山尋僧的動機則專注於一事，如：勺汲名

二四

品。一品產地不過二、三畝，每年產茶才半斤。色淡黃不綠，葉筋淡白而厚，製成便絕少，入湯色柔如玉露，味甘芳香，啜之愈出，致有無之亦不[127] 第二品產茶亦不多，香幽色白，味冷雋與老廟不甚別，啜之差覺其薄。[128] 老廟茶之所以獨勝，據明人能明遇云：「產某處，山之夕陽勝於朝陽，廟後山西向，故廟佳，輒不如洞山南向受陽氣，特稱仙品。」[129] 羅茶因產高山巖石，渾是風露清虛之氣，故其體清遠，滋味甘香，[130] 沈周嗜茶成癖，愛名茶，推羅岕茶之首，云：

「昔人詠梅花云：『香中別有韻，清極不知寒。』此惟岕茶足當之。」[131] 來斯行亦云：「岕為第一，虎丘次之，松蘿又次之，龍井稍薄又然，天池而下供散而已。」[132] 羅岕茶頗為徽茶葉大枝粗，其味正且作草氣，必藉蒸焙法始成佳。蓋岕茶摘過枝葉微老，炒亦不能使軟，炒須於焙中[133] 因出少而價易，蚓山岕片以來稀蒸熟，此係岕茶與其他名茶不同處。如彭孫貽有首「岕茶歌」云：

「末利清香豆殼肥，

葉厚有若蕭荷之氣，還是夏開六、七日如雀舌者佳，唯罌茶立夏開園。吳中所售賣皆價厚，故品飲者主為珍惜。如彭孫貽在為惜者，[134] 此惟岕茶足蓋當之。」[135]

崍沙新樣宜興式，歙鼻傾瓷顯翠衣。」[136] 蓋香岕味清淡，自不為嗜京之，茶也如月下白味如荳花香。[136] 但有人以為：「虎邱以有芳無色，顧其龐郁不勝蒸熟。[137] 謝肇淛也說：「淡而遠」，但今人能明遇云：「產某處，山之夕陽蘭花，止與新剝荳花同調。鼻之消受亦無幾何，至於入口淡於勺水。」[138]

（四）虎邱茶：產於南直隸蘇州府長洲縣（今江蘇吳縣）虎邱山。以在穀雨前所摘細芽，焙而名之。故虎邱茶亦次之，天池而下供數而已。茶通常以初出雨前者佳，唯罌茶立夏開園。吳中所售賣皆價厚，此惟岕茶足當之。[134] 蓋香岕味清淡，自不為嗜

二六

萬勵、翁之四方，而夷差甲於海內。」[150] 此係武夷山所產茶一切茶而言，其實武夷山品藏產本不多。據王梓以為：「武夷本石山，峯巒載土者寥寥，故所產無幾。若洲茶所在皆是，即隱邑，近多栽培，連至山中，及星村墟市買售皆贗鼎充武夷，更有安溪所產，尤為不堪。或品皆其味不甚貴重者，皆以假亂真課之也。」[149] 大凡世上名產聲價轉重，嗜利者未有不射利，是故贗品充斥，質者難求。[有下列幾種：]

（二）陽羨茶：產於南直隸常州府宜興縣（今江蘇宜興）南之顧渚山、陽羨，為唐代所貴。其實陽羨、顧渚、產地相接，本不易強加區分，但有明一代時仍取法，此則係以名壓南州。[150] 吳覺有「飲陽羨茶」詩云：「今年陽羨山中品，顧渚茶名沉載浮。自得明代轉為壓起的羅岕茶所取代。莫酌酒饕清遊渴，試煎尚是岕系中一環，是岕系所產地相與。吳天本照茶法，吳大本壓於焙煨岕茶事，文徵明備記陽羨茶事，可知其名望不在宋以來猶甚矣。151 羅岕茶遂有首「送陸楚生入陽羨采茶」詩，153 都是此日傾來始滿頤，發而前知荳雨，麥秋以來欲迎秋。[152] 以及王世貞有「送陸楚生入陽羨采茶」詩，153 都是備記陽羨茶事，可知其名望不在宋以來猶甚矣。

（二）顧渚茶：產於浙江湖州府長興縣（今浙江長興）之顧渚山，即昔人所云：「紫笋出於長興縣與常州府宜興縣相鄰，因之有人懷疑原本就是羅岕茶。長興縣人處區別起見，顧渚茶遂有水口茶之名。154 大體上來說顧渚茶算是岕系中一環，以顧渚有名於唐、宋時，羅岕晚起而青出於藍，故劃分涇渭。155

二三

客休輕試。辛苦擔泉下虎跑。」[117] 平顯在「謝孫得寶惠茶」詩中云：「謾誇龍井靈芽好，爭及寅山天味真，一夜熱蟲蟻厚土，萬檜香翠苗先春。」[118]

（二）松蘿茶：出南直隸徽州府休寧縣（今安徽休寧）北十三里之松蘿山。徽州向無茶，為蘇州虎邱寺僧大方霧遊至松蘿山，採附近諸山茶焙製，人因稱松蘿。[119] 松蘿色如梨花，香如荳蔻，因徽州山難飲如噴雪。[120] 茶區佔地不廣，所產無幾。因徽州山中，休寧稍平行，松蘿得與人製法，故製名之苦。121 此是新安賈農及寓內，松蘿賈人之利，超十級不盈一甌。121 此是盛名下的必然現象。據時人云：「松蘿地如掌，所產幾許，而好事者未能供食之半，大都以貨殖為恆產，故恆產之田，好事者未能供食之半，大都以貨殖為恆產，除五縣外之山產其皆以松蘿茶叫，山僧得與人製法，餘五縣六山產皆以松蘿號召。其且遠在百里開外的福建，也禮致黃山僧以松蘿法製建茶，有所謂「武夷松蘿」之目真產難求。據時人云：「松蘿地如掌，所產幾許，而事者四方雲至，安豐未能供食之半，大都以貨殖為恆產，故恆產之田，[122] 此味難求。其且遠在百里開外的福建，也禮致黃山僧以松蘿法製建茶，有所謂「武夷松蘿」之目宜興而南踰八九十里，浙直分界只一山岡，岡南即長興，兩峯相阻，介於夷豐者，人呼為岕。洞山茶之介，以老廟、後廟所產為第二，124 茶宜興之介，以老廟、後廟所產為第一品。新廟後，拱整頂等地為第二山為諸岕之殺，而凡茶亦中所產有五等，以老廟、後廟所產為第一品，125 有八九十處，而凡茶亦中所產有五等，[125][123]

二五

漢都者所言，虎邱茶並不因聲價銳減。時人喜以各地出產茶與虎邱茶比擬，更見茶望之高。[126] 虎邱有劍池、陸羽石井、虎跑泉三大名泉，仕宦下至商會、僂儸莫不競蒞。虎邱茶產地略在山巖陳地或虎邱寺西，二三門西偏茶巔，後因供不應求，是僧房世過植。129 虎邱茶因難以久貯，閉百端緘絕，為天下冠，惜平不多產，皆貢豪戶攫，或寄黨山家無由蒞藏。129 虎邱茶因難「虎邱茶號特絕，稍過時即全失其初味，殆如彩雲易散。[140] 真正虎邱茶實不易得，寺僧慣雜其優，後多朱性進除茶樹，或全其荒燕，以滌滯至衰盛。[141] 明代地方有可能以此魄遺茶種，所謂「替身茶」除非精豪家，實難辨別。141 明代武夷茶，藏用產數千（五）武夷茶：產於福建建寧府崇安縣（今福建崇安）南三十里之武夷山。採茶以清明時初明細芽毀雨前亞。其二春、三春以次分中下，至秋露白，其香振闡、色性微寒、類他郡所產茶次品。再給上來鑑別，溪北為最，嚴為上品，洲產為次品。而四九幾歲特狀迤起，凡九十九幾茶性皆溫和。溪北尤佳，以多受東南晨日之光。北山中以五曲之背，水泉之甘潔又勝他山，又分山北、山南，北山尤佳，以多受東南晨日之光。北山中湧白，洲茶湯紅，以比為別。八曲之數子榮及金井抗勢上。144 武夷可三淪，外山兩淪即淡，且沖泡時以一次則有一次之香，或蘭、或桂、或菊，或茉莉香獨不同，真天下第一靈芽也。」147 明代武夷茶，藏且有品題為罌茶之首，[146] 徐燉云：「九曲之內數百家，皆以種茶為業，歲所產數千如日中天」，甚且有一次之香，或蘭、或桂、或菊，真天下第一靈芽也。147

二七

（三）清源茶：產於福建泉州府晉江縣（今福建晉江）之清源山。據陳懋仁云：「清源山茶，精者可亞虎邱，惜所產不若清源之多也。閩地氣暖，桃李多花，故茶較吳中差早。」156 閩中除武夷外，清源、鼓山等茶，名較晚起，經閩人宦遊江南，大力推介於時，然惜乎焦枯，令人意盡。157 失在不善於焙製。

（四）鼓山茶：產於福建福州府閩侯縣（今福建閩侯）東之鼓山，延袤三十里，山巔有巨石如鼓，故名。閩人謝肇淛謂：武夷、清源、鼓山三種茶，可與當時名產角勝，158 也因茶名在閩中甚高，不讓虎邱、龍井，但因名望不及，其價甚廉。159 官吏爭取鼓山茶申餽權貴，供不應求。謝肇淛在「五雜俎」中將鼓山茶列爲貢品，至明代猶甚於進貢，以福建鄉親之故，見其困始葵耜之。160 然

（五）天池茶：產於江西九江府德化縣（今江西九江）之廬山，因寺取名。謝肇淛云：「天池茶此時猶爲明人所珍視。但至許次紓著『茶疏』時，認爲飲之略多，令人脹滿，及泉品。」163 此見解後也漸爲明一般精鑒賞者所首肯。

（六）天目茶：產於浙江杭州府臨安縣（今浙江臨安）之天目山。爲龍井、天池之天，亦稱佳品。山中寒氣早嚴，山僧至九月以後即不敢出。多來多雪，三月後方通行，是故茶之萌芽較同緯度諸山爲晚。164 彭孫貽有首「碧雲寺冷看題碣，天目僧來約探茶

青翠芳馨，超軼天池之上。南安縣英山茶，精者可亞虎邱，

桃李多花，故茶較吳中差早。」156 閩中除武夷外，

南，大力推介於時，然惜乎焦枯，令人意盡。157 失在不善於焙製。

二八

；不憚尋幽選屢遷，飛泉石磴故紆紆。」165 大約是春夏來臨，天目茶盛產之時節，已可以採製。

（七）徑山茶：產於浙江杭州府餘杭縣（今浙江餘杭）之徑山。徑山以石而通天目，故名。其七峯羅列，奇秀峭整。茶產謂之徑山茶，名雖不若上諸茶，然時人提及者多。彭孫貽有「徑山新茗」詩：「徑山新茗清春容，何人曾到凌霄峰。採茶僧不爭入市，開籠青翠涵襟胸。今年兩足茶倍好，松蘿論擔賤于草」167 松蘿爲文士所寶愛，詩經頗夥；168 然不一一舉列。平顧也于清龍源翠涵芽老也。166 平顧也于「寄徑山茶」詩167

（八）閔老子茶：茶雖晚起，名望甚著，爲南京桃葉渡閔汶水所精焙。「其色則蒼翠，其香則幽蘭，其味則味外之味。」169 閔汶水徽州府人，徽人向以精於經商出名。閔老子茶之時望高，固然由於茶之品質佳，經得起衆口的品評；而汶老的人緣尤其好，遇客來訪必親沏茶奉待。明末文人好與其人交往，故汶老幾以「湯社」主盟海內。170 以上將明代，及中上茶約略介紹。因此能承襲其業，然至明已入清而漸趨微。明末文人喜好之不同，因此有一個原則可尋，即蒼之色，淡亦白，香三者來研列，香擇巢乃爲精品，淡亦白，久貯亦白，味甘色白，其香自益，三者得俱得也。」才是眞正品論明代名茶之最佳途徑。而且名茶一經磨傷，年代久遠，製茶易陷於俗調；爲利市多草草應之，無暇改良焙製方法，不幾傳茶遂大壞。名茶之品質升降不定，其因蓋在此。172

浙江

三〇

明代茶產除以上所介紹數種外，茶名毛舉實繁。蓋江南無處非茶區，南直隸、浙江、江西、湖廣、四川，以及閩、黔等地區所屬府州縣皆也，有產權也。效根據四庫全書珍本五集中之「榷茶經」爲主，次就明代茶書、方志、文集中所載有關各地茶產之資料爲輔，成「明代茶葉產地分佈表」。固然本表無法將有明一代全部茶產條列，實際上也無法辦到，因有部份茶名僅知道稱爲：芽茶、苦茶、茶，甚至於如蒙山、龍泉、顧渚山，而產地記載上也頗籠統，明代茶書上雖有明一代而言，諸如此類上往往有疑，本表皆存疑，一概不錄入。

＊　明代茶葉產地分佈表　＊

布政使司（省區）	原產地	茶名	資料出處
南直隸	紫微山	紫微山茶	同上，卷八六，頁四
	關金山	關公地茶	江南通志，卷八六，頁四
	仙人山	仙人山茶	安徽通志，卷八五，頁一二下
	天蒼山	天蒼山茶	同上，卷八五，頁一五
	清涼山	清涼山茶	同上，卷八五，頁一五
	天池山	天池山茶	同上
	蘇州諸山	諸山茶	同上

二九

上半左表（明代僧家、文人對茶推廣之貢獻）

省	產地	茶名	資料來源
江西	仙顧山	印山茶	續茶經‧卷下之四‧頁一八上
	界江南	木蒙茶	
	界平康安州	雪毛茶	
	寧康州	雪芽茶	
	南溪山	綠茶	同上‧頁一九上
	九江	匡廬茶	
	九江	九區茶	
	泉山	白茶	
福建	江山仙州	柏岩茶	福建通志‧卷五‧先生持集卷三‧頁三二七，頁二四八，對盧石堂惠白巖茶
	建州	毛宅茶	同上‧頁二五上
	武平州	鄴茶	同上‧頁二六上
	漳州	雲霄茶	同上
	邵武山	靈芽茶	同上
	太邵山	泰茶	同上
	武北偏山	白黃茶	同上
湖廣	太和山	騫林茶	茗齋集‧卷三‧頁二八下
	龍山	魯山茶	同上‧頁二八上
	長沙府	安化茶	同上‧頁二七上
	灃州浦口	辰茶	茶譜‧頁二九上
	湘陰	芙蓉茶	同上

上半右表

省	產地	茶名	資料來源
陝西	峽州	碧澗茶	許次紓‧茶疏‧茶產
		明月茶	同上
		寶月茶	
河南	信陽山	河溪茶	續茶經‧卷下之四‧頁二八下
	羅山	茗茶	
	桐柏山	葉山茶	同上‧頁二九上
鳳東	曲江陽	河源茶	
	潮州	鳳凰茶	同上‧頁二四○五
	長樂	石毛茶	
	復陽	靈山茶	
	廣化	苦茶	
	西羅州	流茶	
	潮州山	持茶	
	白山	新茶	
四川	東川山州	印茶	
	邛州山	火井茶	續茶經‧卷下之四‧頁三○上
	雅州山	獸山茶	
	峨州山	凝茶	
	瀘州山	瀘茶	同上‧頁三一下

下半左表

省	產地	茶名	資料來源
靈南	天全	烏花茶	
	邛州	石思安茶	
	蜀州	橫芽茶	
	盧山	雀舌茶	
	蒙山	白毛茶	
	邛州	火井茶	
	邛州	納溪茶	
	雅安	梅嶺茶	
	洽洽州	白茶	
	洽洽山	賓化茶	續茶經‧卷下之四‧頁三三上
黃州	蘿昌山	感見茶	顧元慶‧茶譜‧頁三三上
	寧遠	高株茶	同上
	平樂	太茶	同上
	永安	普茶	同上
	都	點茶	同上
廣西	靈川	靈川茶	安徽通志（臺北華文書局，民五六年八月）

資料來源：安徽通志（臺北華文書局，民五六年八月）

江南通志（臺北華文書局，民五六年八月）

浙江通志（臺北華文書局，民五六年八月）

福建通志（臺北華文書局，民五七年十月）

廣東通志（臺北華文書局，民五七年十月）

陸廷燦，續茶經（四庫全書珍本五集之三）（臺灣商務印書館）

許次紓，茶疏（欽定四庫全書珍本三七，臺北世界書局，民六五年十二月三版）

顧元慶，茶譜（續說郛之第三七，臺灣商務印書館）

貝瓊，清江貝先生持集（四部叢刊初編集之○八一，常州先哲遺書第十函，台北藝文印書館）

邵長蘅，邵青門全集（叢書集成三編之二七，臺灣商務印書館）

彭孫貽，茗齋集（四部叢刊之七三~八一，臺灣商務印書館）

藍仁，藍山集（四庫全書珍本別輯之三九六，臺灣商務印書館）

六、僧家、文人對茶之推廣與經營

「天下名山，必產靈草。江南地煖，故獨宜茶。」[113] 同樣有人以為：「吳楚山谷間，氣清地靈，草木顯挺，多孕茶舜。」[114] 江北及蜀中雖產茶，祗堪解渴，究不及江南所產為佳。[115] 總之明代名茶當以江南及閩中為佳品，餘地所產自是不如。名山鍾靈毓秀，故所產茶葉多列名品，尤以長江以南名山大寺為然。江南在緯度上認為閩廣以南不惟水不可輕飲，而茶亦當慎。

屬北溫帶，氣候適宜，而山寺因標高而多雲霧，故燥度適中，最宜植茶，如前章所列：蘇州虎邱茶、杭州龍井茶、常州羅岕茶、徽州松蘿茶、閩中武夷茶等，以及其餘中上名茶，幾乎都是在此緯度。

出家人志在求道證果，梵音課餘，心靈清淨；僧家在集體生活中，有所謂分工制度。茶利即是寺院經濟來源之一，凡適宜植茶之區，多有栽種。茶不但用來供佛，以及生計之需，且爲僧家日常必需之飲品。荒山野寺，人跡少至，香火不盛，凡宜植茶者，一寺生計全出於此。如雲霧茶，據載：「山居靜者，艱於日給，取諸崖壁間，撮土種茶一二區。然山峻寒，高叢極卑弱，歷多必用茅苫之，屆端陽始採焙成，呼爲雲霧茶。持入城市，易米樂饑卒歲。」[177] 後因地方棍徒揑稱稅事索騙，無以爲生，住僧半徙他山，茶因而荒蕪。[178] 寺院如此，道觀亦然，也多藉茶利維生，如施漸在「贈歐道士賣茶」詩中云：「靜守黃庭不煉丹，因貧却得一身閒；自看火候蒸茶熟，野鹿銜筐送下山。」[179] 由植茶以至焙茶，多需要衆多人手，尤其在採茶時節，山寺茶區惟見傴僂着身軀，拉葉入筐的採茶僧，彭孫貽在一首詩中描寫云：「山僧自何來，採茶自天目；白雲抱寒泉，共出北山麓。掐得驚雷芽，歸泛浮梁玉；盞青茶自白，眉宇照人綠。」[180] 名茶固多得天時、地利，但採製尤屬重要，採不以時，以及不得採法，則不能發茶之眞味；有名種而無名師焙製，且不得火候，猶不免草木之譏。許次紓云：「近時製法，旋摘旋焙，香色俱全，尤蘊眞味。」[181] 此係製茶第一要訣。前詩所載山僧頗能吻合此要訣。許次紓又云：「其茶初摘，香氣未透，必借火

力以發其香，然茶性不耐勞，炒不宜久；多取入鐺，則手力不勻；久於鐺中過熟，而香散矣。」[182] 此係第二要訣。松蘿茶在明代名望素著，一般焙製多引進松蘿茶製法，但松蘿製造過程如何，始傳人僧大方無直接史料傳世。聞龍在所著「茶箋」一書中云「茶初摘時，須揀去枝梗老葉，惟取嫩葉；又須去尖與柄，恐其易焦，此松蘿法也。」[183] 松蘿茶初步採製要訣大略如此。繼云：「炒時須一人從旁扇之以袪熱氣，否則黃色，香味俱減。予所親試，扇者色翠，不扇色黃。炒起出鐺時置大磁盆中，仍須急扇令熱氣稍退，以手重揉之，再散入鐺，文火炒乾入焙。蓋揉則其津上浮，點時香味易出。」[184] 上文所說頗吻合許次紓焙製要訣，聞龍所云是否即僧大方所傳焙茶方法，因當時似祗有口傳，尚不能很肯確。閩人謝肇淛曾提及：「閩，方山、太姥、支提俱產佳茗，而製造不如法，故名不出里閈。余嘗過松蘿，遇一製茶僧，詢其法：曰：『茶之香原不甚相遠，惟焙者火候極難調耳。茶葉尖者太嫩，而蒂多老，至火候勻時，尖者已焦，而蒂尚未熟，二者雜之，茶安得佳。』松蘿茶製者，每葉皆剪去其尖蒂，但留其段，故茶皆一色，而功力煩矣，宜其價之高也。」[185] 謝氏在明代以博雅聞，所撰著諸書，史料價值頗高，如非存心揑造，則此條記事與聞龍所載相參證，大體上可斷定是僧大方傳授的焙法。其法不外在於精選茶葉，與火候之調燮得宜。

松蘿茶原始於虎邱茶，故色、香、味性相近，具以清淡勝，味如荳花香，色如梨花，種愈佳則色愈白，可謂是茶中姐妹品。馮時可云：「茶全貴採造，蘇州茶飲徧天下，一專以採造勝耳。」[186] 蘇州諸山茶產以虎邱最著，其他各地名茶薈聚於此者當自不少。他山茶以虎邱法焙製，往得佳。據云：「松郡余山亦有茶與天池無異，顧採造不如，近有比邱來，以虎邱法製之，味與松蘿等。」[137] 餘如瑯琊山雲桑茶，茶類桑葉而小，山僧善於精焙，其味甚清。[188] 皆以採造得法勝。寺院逢茶期，固不僅限於本寺採茶僧，有寄居於僧寺者，以及好事文人多前往採製。前者如：「阿顛者，不知其所從來，投居僧寺，時爲之采茶。」[139] 後者如：「每約采茶僧共去，未須玉碾試龍團。」[190] 山中寺院茶園獲利常豐厚，故山居近寺民家也多植茶園，文人好茶事者也常在山中植茶，開茶社，或親自焙製。有關山民植茶，將於下章論及。文人植茶、焙茶之風在明代甚爲普遍。如徐天全其人，因事自金齒謫回，每春末夏初，入虎邱開茶社。[191] 而許次紓友人在顧渚山明月峽闢茶園，歲取茶租，自謂自童以至白首，始得臻其玄詣。[192] 許次紓本人也常在茶期，親造明月峽中摘取焙製；甚至於見龍泓山僧有福消受此山齋清供，而有出家爲僧之意。餘如名士譚友夏見九峯之勝，山又有茶園，挾弟往遊採焙，據載：「茶葉卷者上，舒者下，有三採，作頭茶、二茶、三茶詩。雨前者眞不在（羅）岕下矣，作雨前催僧詩。隨造隨嘗之，不以僧，不以童子，予與舍弟烹啜焉，作造茶嘗茶詩。」[193] 明末名士張岱其人，長於史學，尤以小品文見重於世，當代稱岱有生花妙筆，多才多藝，不但善品茶，且能別出心裁，製出「蘭雪茶」，而名反出松蘿之上。據載，蘭雪茶原本就是日鑄茶，是經張岱用重金禮聘歙人行家，入浙採取茶葉，特將製茶中諸法：杓、掐、挪、撒、扇、炒、焙、藏等，一如當時之名茶「松蘿」之過程。俟茶製成，沖泡時，岱認爲必須用禊泉，其他泉水不能盡發香氣。岱又嫌香氣太濃郁，取茉莉再三較量，用大口瓷甌淡放

之，候其冷用滾湯衝瀉之，取清妃白傾向素瓷，就好像百莖素蘭同雪濤並瀉一般，岱戲呼爲「蘭雪茶」。經此宣傳後，四五年之間，蘭雪茶之名大閧，江南一帶好事者爭相摒棄「松蘿」，改飲「蘭雪」，聲價直上。徽州、歙縣一帶原以「松蘿」名，爲提高銷售量，索性將商標也改爲蘭雪，大出乎張岱之意料。[194] 同樣南京桃葉渡的「閔老子茶」也是採附近諸山之茶，再經閔汶水精心焙製，因迥異於俗手，故焙出的茶，當時行家品題爲：「瀹遠如岕，沉着如六安，醇厚如北源。」[195] 閔茶自萬曆末年在桃葉渡風行數十年，好事的文人如董其昌以「雲脚間勳」的匾額相贈，高懸於堂上；也有作詩歌相酬；也有作「花乳齋茶品」盛推不止。一時名流皆有吟詠，閔汶水幾以「湯社」主風雅。[136] 閔茶與蘭雪茶一樣，一經面市之後，時人反以松蘿爲平淡無奇，以能一啜閔老子茶爲快事。有位建昌人陳允衡，爲閔家座上客，撰有「花乳齋茶品」內載：「余從癸未（崇禎十六年），棲遲江左，每歲解驚峰禪榻作累月留連，密邇海陽閔氏之花乳齋，交際行（汶水子）最久，每相過啜茗，輒移日忘歸，欣賞之餘，因悉閔茶名垂五十年。」[197] 在張岱見閔老後數年，閔老謝世。[198] 閔茶由其子閔子長、閔際行承繼，但打着閔茶名號的僞茶漸出。未幾清兵南下，南京城破，閔茶隨著明亡而湮滅。[199]

名茶推廣、經營至爲不易，僧家、文人皆付出很多苦心，但茶名一經閧傳，貪利之徒，不僅不於焙製方法上力求改良，反而因陋就簡，草率應市之需。馴至市面茶品，無法取信於人，嗜茶者多親詣茶所採製，或就僧家購求。因之城郊名山大寺，腥穢滿處，寺院清靜之地，化爲烏有。

武夷茶產於武夷山，山週迴一百二十里，溪間相夾，形成九曲，每曲有各景緻，極爲幽勝。[207]雖親詣讚揚於採製品國之文人俗士甚多，幸以山路遙遠，受破壞不如虎邱山之來遊者嚴重。

徐燉讚揚「武夷茶考」一文，內有一段關於武夷茶與廢史實，謂：「明朝龍團盛行之貢，而頗茶每歲茶芽九百九十斤，凡三種。嘉靖中，郡守錢璠奏免解貢，歲額茶夫銀二千餘兩。而官茶園劚成茂草，茶水亦日澶塞。然武夷中土氣本宜茶，環九曲之內乃有數百家，皆以茶爲業。歲中產數十萬斤，水浮陸轉，鬻之四方，而武夷之名，甲於海內。」[208]此猶保茶萬靖以後沒落之時而言，其興盛之前，茶當又倍之。茶之採製，漸因貴賤需求，而專精分業之情形產生，如載：「武夷寺僧多晉江人，以茶坐香，每得訂泉州人爲茶師，清明後穀雨前，江右採茶者萬餘人，爲焙茶夫。」[209]此記事雖就清代情形而言，但武夷柯拉葉入藍匯中，火候不精則色動而焦，即泉、漳、臺、澎人所稱爲小種，爲花香；稍粗者次香，爲花香；最粗者次香，茶師分粗細則爲最廳奇種，即制「工夫茶」、其二族者次香，最粗之茶統爲最廳奇種，即制「工夫茶」。[210]檜以「工夫茶」之名，甲於福建開平（在今福建南平）。又因武夷茶在明代已擴展海內，親詣山中購求貢品，不惜舟車勞頓，本地亦如此，非與僧家有深厚交誼，眞品莫得，或惟有就地採製，差得，不僅外地賈品充斥市面。

按明代，龍井茶始見於「西湖遊覽志」，山僧也有善於焙者。然因貴品充斥，非道地行家幾無以辨別。[206]按明代，龍井茶始見於「西湖」，至明代闌逸外。嶺上僧房皆徧植茶樹，以近老龍井者爲佳。[207]

大噪而不能與「羅」（本山）相抗也。[215]以上數人係在個人品嗜四方名茶之後，就各人認爲可入上品者列出來。至於有專就一地區而言者，例證甚多，可參「續茶經」中所載。[216]

七、茶課及一般階層與茶之關係

茶課爲政府之稅收來源之二。因茶「雖利利薄，飲之則神清，上而王公貴人之所尙，下而小夫賤隷之所資，國家課利之一助，人民生用日之需要。」[217]內地茶爲明代民生日用所需，即本文研究之主題。先就前者探討。

(一)邊茶：明人官其利之數膚甚夥，凡此史上所稱茶馬法，謂之「政治」可也。明人場人謂茶不能或害，中國得馬足以強中國。故自洪武四年（一三七一）立法後，迄

(一)清總理西北，見茶法久不行，建議政府云：「以茶易虜馬之制，謂用茶易馬可以得茶不能或害，計之得者出於此。」[218]明代邊茶之重要及政策之應用，可由下引文獻見一般：「明代召中葉，宣德八年（一四三三）以洪武三十年（一三九七）、弘治七年（一四九四）以米易茶，所謂糴茶事例也。」[219]又令運茶至茶司而給以引，若運茶至茶司而給以引[220]十七年（一五〇一）令納銀於茶司而給以引，所謂

如蘇州虎邱山，自唐、宋以來即爲名寺，歷代高僧駐錫於此，如鑑之集。山有虎邱茶，時人以貴品頗不易得，每值茶期，好事者四至，山僧甚受困擾；山又有三大名泉，勾水品皆以爲夜，供天下冠；惜不多產，皆爲蒙右所據，寂寞中家無由獲購。[200]出家山家無由獲購。[200]虎邱茶產本不多，供不應求，於是有僧房有空地處皆遍植。據云：「虎邱茶最號精絕，利往往爲地方土豪所壟斷，以之蒙右加金銀。寺僧在外來人情壓力下，甚且於萬曆年間，寺僧人脂貼茶。專司採採僧家，供茶一帖費用至巨，而茶虛逸至萬曆年間，寺僧替身也，胥皇驚擾。地方以茶品珍如金銀。地方以茶品珍如金銀。寺僧索性刈除茶樹，或任其荒蕪不加修葺。[201]時人文徵孟有「虎邱茶說」[202]以傷之，後經好事者致促勸請，寺僧復栽植，有司也計價供例。但未幾寺僧疲於藝植，又又逡巡萎委。[203]嗇時可也提及余山產茶，本不在天地下，顧採造不如，有比以虎邱茶說，味在松蘿之列，又因武夷茶之情形產生，於是余山生事田擾。[204]大約此老衲熟知有茶各處受到人

如龍井鄉近翁家山亦產茶，最下之法奉山石人塢茶，也被抬相寺僧收來作爲本山茶出售。環鑑井爲破壞的情況，自不容易乎於余山各處而。[205]其貴向不止於此，谷應泰云：「浙江杭州有龍井、垂雲、天目、徑山、昌化茶凡六品」[25]。龍井附近諸地皆產茶，如靈竺、葛嶺之間有寶雲、香林、白雲諸茶，外此如龍井鄉近翁家山亦產茶，

得近眞。每屆茶期，山中過野又自有一番令人嚮往的景象，明人詩中有載云：「荔支花落別南鄉，龍眼花開過東陽，滿山晴日焙茶香。」[210]另首詩：「絕品從來不在多，除壑竟得勝陽坡。黃冠問我重來意，柱杖尋僧到竹寮。」[211]以上所舉雖僅就較著者探討，然大略可知有明一代名茶經營之情形；其餘諸山茶因生長限於篇幅不再徵引。

名茶雖經經營，文人之推崇，然有功於「茶藝」者，尤屬於善於品批的文士，不但因其善品而將各地眞正名茶推介於世，有原本無名，而後世生；或本有名而茶中衰，不易爲世人青睞。效舉明代品茶對於各種茶葉的看法如下，茲叩郎云：「龍井頭茶雖香，尙作草氣，天池作荳氣，虎邱作花氣，唯本非花木之稍明代茶書、雜記中，有甚多關於此之記事，約略綜合大抵上明代品茶之品批之優劣，以及焙製上優劣。然綜合品批之優劣，然綜合大抵上明正名茶之別於各地眞正名茶別各地。[212]謝肇淛云：「湖人之茶，然略諸淛之佳者，其風味已遠出龍井之上，天池次之；余嘗品之武夷、虎丘第一；淡而遠也，松蘿、龍井次之；香而艷也，天池又次之；常而不厭也；餘子瑣屑，勿置齒喙。」[213]又云：「今茶品之上者：松蘿也，虎丘也，羅岕也，龍井也，陽羨也，天池也，而閩廣武夷、清源、彭山三種，可與角勝，其名雖著，而葉粗而味勁；片山之品次之，山後西北，羅岕、松蘿者，味在龍井之上，新安之松蘿、匡廬之雲霧，其名雖虎邱也，羅岕也，龍井也，吳郡之天池、虎丘、武林之龍井，新安之松蘿，匡廬之雲霧，其名雖云：「若閩之清源、武夷，

崇禎末年，太僕卿王家彥猶切言之，直與明代相終始者。[219] 邊茶收關政治，經濟至重，故立法至嚴，「凡犯私茶與私鹽同罪，有以境者與關隘不覺者效論死刑。民衆畜茶毋得過一月之用，茶戶私齎者籍其園，園茶十株，官取一萬，民間所收茶，官買十之其入。五十斤爲一包，二包爲一引。」[220] 明代政府爲應付邊茶的交易，在沿邊陝西一帶與四川等地區招民種植，由官方茶課司徵茶課，但官方茶課司應付邊茶出關者多，官史舞弊，致茶法後多不行，明史在總論明代茶法一段云：「明初嚴禁私販，久而姦弊日生。番得茶課而吏又給賞由票，使得私行，番人正引之外，多以私馬貿番馬冒支支邊茶。茶法、馬政、邊防於是俱壞也。」[221] 本文旨在探討內地茶，有關邊茶效約略介紹如上，不再多贅。

（二）內地茶：茶課在明代時有高低，初無一定準則，在內地大約每引抽茶課若干，據載：「一凡徵課，洪武初定，凡賣茶去處赴宣課司，依例三十分抽一分，芽茶、葉茶及驗價值納課，販茶不拘地方。」[222] 而明會典茶課條內，凡引由、徵課、開中、易馬、關運、禁約、折給，皆有明文規定，效不具引。除邊茶有專司理理，有其一定茶課外，內地各處茶課在萬曆初年的情形如下：

應天府江東瓜埠巡檢司　　鈔一十萬貫
蘇州府　　鈔二萬九千一百一十五貫二百五十文
常州府　　鈔四千一百二十九貫　銅錢八千二百五十八文

四三

鎮江府　　鈔一萬六千二百一十貫六百一十文
徽州府　　鈔五百六十八貫七百五十文
廣德州　　鈔五十萬三千二百八十貫九百六十文
浙江　　鈔五千三百二十四貫二十文
河南　　鈔一千二百三十四貫二十文
廣西　　鈔一千二百八十一貫…
雲南　　銀一百一十三錠一十五貫五百九十二文
貴州　　鈔八十一貫三百七十一文[223]

由上列數字，可推知明代內地茶課，大致上徵收尚輕微，是故史詩上云：「不圉小鳳不圉龍，細色如今免上供。見說田家愁水旱，好充茶戶莫征㯂。」[224] 祗要田水順調，一般來說茶戶的收入較農家來得安穩，而其他苛徵也較耕地來得經徵。

朱元璋起於民間，深知疾苦所在，故立法多能體邮貧下，雖治嚴前二日，於清明前二日，縣官親詣採茶進南京奉先殿，焚香而已。」[225] 若此記事無課，則明初茶戶之負擔實輕微。至如唐宋以來，茶戶上貢皆以龍鳳，茶名有四：「探春、先春、次春，紫筍，不得碾採爲大小龍團。」[226]

明初茶尚未有大量上貢，後因宮廷需求量日增，才明令名茶產地歲取貢額，但猶不甚苛擾茶戶，上，聽茶戶朵進，勿預有司，茶名有四：「探春、先春、次春，紫筍，不得碾採爲大小龍團。」[226]

四四

而福建等地貢茶自此詔令之下，不但免去地方有司之要索，且減省加工之勞，茶戶在事省而人力集中于茶業，對於江南茶產地，可謂劬同再造。名山藏亦戴：「其上供茶，天下貢額四千有奇，福建居一…建寧所貢有探春、先春、次春、紫筍及惠新等號，舊皆如宋故事碾揉爲大小龍團，高皇帝盡龍之，詔諸處巡採茶芽進，復上供戶五百家，已開有司督徵徵切，復聽民自進，則念民深矣。」[227] 自成祖遷都北京，百餘年間，茶法紊亂，以致因榷茶流通受阻，私販利厚，私茶出境者多，致使官方詰責內地茶甚劇，尤以近邊諸地爲然，以內地茶流通受阻，造成民生日用之不便。嘉靖朝御史劉良卿曾言：「洪武初例，民間蓄茶不得以易馬之用。弘治中、召開中茶，或以備販，然未嘗禁內地之民，使不得食茶也。今減通番之罪，止於充單，徵茶課則於應天之江東瓜埠。」[228] 有明一代內地產茶情形，大略如此。

明人飲茶風尚，因中國四境邊選，迨山藏亦戴…自大梁遠北，便食鹽茶，北至薊中則熬油蘇炒，用水烹沸，持敬以客，余嘗驚介至于嘔地；若永順諸處，以茶束爽、草果與蜜拌末茶飲，不過煎煮矣。茶葉至沸開始興，粗大如掌香不可掩，至於河、湟、松、茂間，商茶雖有芽茶、葉茶之列。要自茶自茶堆漬，粗大如掌不翅西鳳楊葉也。顧一此番卽便覺籠起似有雲氣，至焚香膜拜，迎之道勞。蓋以番人乳酪腥羶是食，病作匪茶之不解。」[228] 由此段記事可以全然看出，也惟有如江南三吳等地區文化、經濟水準，才

四五

既正懂得品茶之道，西北、邊漠地帶論飲茶乃是一種生理需求，談不上「品」。因此由江南往西北方向，茶產的品質也由精潮粗之趨勢，而長江一線之隔，江南人在品飲上自是不如江南人。

茶在民生日用中，不可或缺，而茶利至溥，江南爲明代經濟、文化重心，飲茶居於全領導地位，上至仕紳文人階層，下及商倫走卒皆各爲重視，各方人士不惜重價購求，故利之所在，「山澤以成市，商買以起家」現揉分四方面來探討。

（一）茶戶與茶的關係：明代茶課輕、利潤高，故宜於種植之區，山家多藉茶爲生計，明時中有關茶戶之記事甚繁，效舉數則說明。高啓在「采茶詞」中云：「雷過溪山曡雲暖，幽叢半吐鎗旗短。銀叙女兒相應忙，笙半檐豬又多。歸來清香猶在手，高品先將呈太守。竹爐新焙未得嘗，籠盛販與誇南商。山家不解種禾黍，衣食年年在春雨。」[229] 另首二「山家」：「流水寒中曑緯車，板橋春暗樹煙斜。風前何處香茶近，隔壠人家午焙茶。」[230] 以及查慎行「昌江竹枝詞」：「毂雨前頭茶事新，提筐少女隔家嬪。長成嫁作鄰家婦，綠波盪槳人。」[231] 另外史料中也有記載：「馬駑坳在光福鎮西，山中人舉樹樹樹，藝茶、條桑爲業。」[232] 另霞客在「遊武彝山日記」下歐溪溪、上仰危崖…「迨過大嶺、與銅井並峙，一帶峭壁高霽，勝似烏午焙茶。」中行，下歐溪溪，上仰危崖，即名湘潭，極爲行遠。佳者有衡山之「薄湘聽雨綠」（俗鑽字）林，蓋極高隴磴所產，白色不到之處，往遺

…「湘中產茶不一其地，安化售於湘潭

四六

明代儒家‧文人對茶推廣之貢獻

（第四八頁，明史研究專刊 第三期）

（三）茶侶與茶之關係：茶戶、茶商在茶期固然忙碌，一般嗜茶人士（茶侶）也多擁至茶區，此類茶侶多結於茶藝，入山探採茶純係為樂餘之暇好，為求入不，鉤識羨茶山。其愛精妙者，不遠千許數兩耳，味老香深，其芝閣金石之性。十五年以為恆。明茶山培製，有力出之時也多在茶期。透過關係取得。使者年中徵則入，野人日暮采芳回，翠流石乳千山迴，香簇金芽五馬催。報道全品為樂事。

（四）民生與茶之關係：人際交往之中，以茶奉客者，可參閱「文人與茶藝」所敘為詳盡，檢拾俯是。如馮夢龍之「醒世恆言」話本中第十五卷「赫大卿遺恨鴛鴦絛」所描述的名大卿，自取一盞相陪。（中略）大卿接過，呷盡好茶！「真個好茶！」他如李花扇情形，中云：「虎邱新茶，泡來奉敬。綠楊紅杏，熙緩新節。有趣有趣！煮茗看花，可稱雅

嗜茶者往往以能得皇室上貢茶為貴，因上貢之茶大都是各地名品，經茶戶精心培製，有力人士也可得。如藍仁在「寄劉仲祥索貢餘茶」詩中云：「春山一夜社前雷，萬樹關於此之瑣事，也也可較為詳盡。另首「求河泊劉昌期買餘茶」

明代儒家‧文人對茶推廣之貢獻

（第四七頁）

捷健糠者，俗號山猓，綠木抄采之，故謂之。閩林土人極貴重，然終不脫湘深之味，近有效江浙焙製者，居然名品，而洞庭君山之毛尖當推第一，雖與銀鍼雀舌諸品校，未見高下，但所產不多，不足供四五爾。由上引明詩，史料可推見茶戶作為生計的情形。

（二）茶商與茶之關係：明代飲茶風氣普及，消費量甚龐大。因茶利至薄，每至茶期，茶商靈聚山區馬往來不絕。時人有詩云：「商人賈險如平地，只說茶船千倍利。湘流東下聚賣茶期，魚腹埋魂眞可悲。」另有一段相同，在第五韻「訪茶」有一段記明末江南風雪月，可稱相陪。

「十頓山整谷口邸，新安賣客下茶園。春尖剪作松蘿樓，遠者數千里，近水不下數百，但只時以此境之，決他人玩。」而有賈客來此三批買引，雖有禁茶之名，私茶益盛行，而茶船過於江河，路道舄遠，往返不便。「近年以來，」——

山西茶商大馬馱，歙金盡向塞頭過。可以瞭解茶利在國竟內外皆至厚。一出入之間，資金雄厚者常至萬貫，小茶商獲利也不一，一首詩係描內地與境外茶商之情形，可以瞭解茶商、邊關夸調太平矣。

全

八、茶書與茶之餘事

（第五〇頁，明史研究專刊 第三期）

明代飲茶風氣至盛，因而茶書之撰著甚影，存目者約有四十多家，今就續茶經、中國農書目錄彙編 所列，輔以明清公私家藏書目錄，將有明一代茶書，條列如左：

	著者	書名	卷數	資料出處 見於何書（註屬常見一種）
1	王象晉	松窗客話		續茶經
2	王 肯	翠寒堂茶譜		續茶經
3	田藝蘅	煮泉小品	一卷	寶顏堂秘笈（百部叢書集成）
4	朱 權	茶譜		續茶經
5	李日華	竹嬾茶衡		續茶經
6	呂仲吉	茶記		續茶經
7	屠本畯	茗笈		四庫全書提要
8	吳 旦	茶說		續茶經
9	喻 政	茶記		常州先哲遺書（叢書集成三編）
10	何彬然	茶約		四庫全書本
11	周慶板	竹茶別論	一卷	續茶經

明代儒家‧文人對茶推廣之貢獻

（第四九頁）

集矣。」在品茶中引出說書家柳敬亭表演一段黃秀才茶辭、蘇醠子茶量的笑話來，如此例證，暴不勝暴，可想見各階層日常生活對茶之依賴。也因茶能利市，各式茶館林立，如張岱份記江南「烟雨樓」云：「嘉興人開口烟雨樓，天下笑之，然烟雨好事者開茶，泉實玉帶，湯以旋煮無老湯，器以時滌無穢器，其火候湯侯亦時有天合之者。余喜之，名其館曰：露兄。」都為雅緻而購排場的茶館。至於村野鄉間，水埠碼頭、小街店市，凡有人聚之處，不論是高雅的茶樓，接交生意的茶棚，都能提供旅客行車之勞，而遊閒送日之輩，接交生意之家紳也多探人多熱鬧的茶館活動。風景綺麗，可供登臨的好去處，也常有民家、僧寺、道觀施茶供客的「撮亭」。好事者也常藉佳人為號召，如張岱記江南「烟雨樓佳人為號召，如張岱記江南「烟雨樓」云：「嘉興人口烟雨樓，湖紡湖湘，態度幽閒；若鑪相對，慧故自佳。樓襟對鴛湖，渺渺濛濛，湖多精紡，美人航之所安，攜酒茗不備，即九鼎八珍之饌，皆為長物。」都有其道理在。茶在民生日用中之重要性，於此可見一斑。

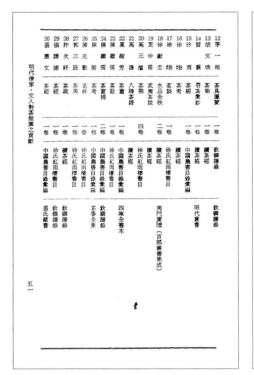

（六頁一集績「戎大籲雨」自探）「攜茗煮」周沈明（一圖）

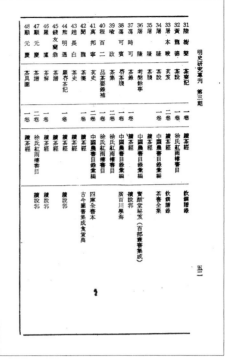

（輯七第「盧名宮故」自探）「圖茶煮」即王明（三圖）

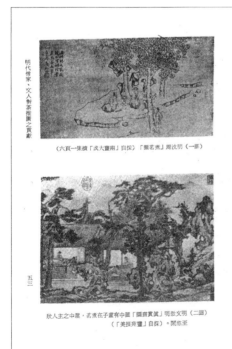

狀人主之中麈，茗煮在子盧有中圖「隔齋書真」明齋文明（二圖）
（「美援苑靈」自探）
閑綜至

（續史化文郛支自探）一之泉名大三中山鷄「池劍山丘虎」（四圖）

明代僧家、文人對茶推廣之貢獻

五三

五四

明代僧家、文人對茶推廣之貢獻

光緒「曲六」一之勝景曲九山夷武（五圖）

色景園茶岩嘴鷹景勝山夷武（六圖）

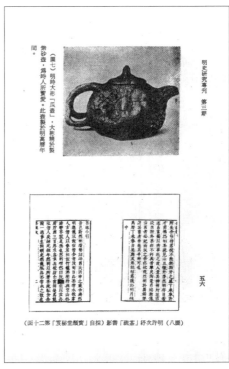

明史研究專刊 第三期

紫砂壺，爲時人所寶愛。此壺製於明萬曆年間。

（圖七）明時大彬「瓜畫」大彬精於製

（圖十二第「笈秘堂顏實」自探）影書「疏茶」杼次許明（八圖）

五五

五六

五八

明史研究專刊 第三期

要如此。

（二）器：茶器名稱甚多，現僅就茶壺探討，餘不俱論。許次紓云：「茶注宜小，不宜甚大。小則香氣氤氳，大則易於散漫。大約及半升，是爲適可。獨自斟酌，愈小愈佳。」270 又云：「所

（一）水：無水不足以論茶事。張大復云：「茶性必發於水，八分之茶，遇十分之水，茶亦十分矣。八分之水，試十分之茶，茶只八分耳。」262 茶與水，實相成相濟，故言茶事，首在水。凡水泉不甘，能損茶味，故擇水最爲切要，謝肇淛云：「無山水，即江水，即河水，但不苦鹹，即不失正味矣。」263 一般而言，相水有山深厚者，雄大者，氣盛者必出佳泉。264 許次紓亦云：「有名山則必有佳泉。」265 其故在此。而時人品水，以山水上、江水次、井水下。山水中乳泉漫流者上，瀑湧湍激勿食。266 但在無山之時，則凡深泜澄澈者，水必甘美，即江湖溪泜之水，遇澄漚大澤，味咸甘冽。267 或用天水、秋雨、梅雨、雪水皆可。268 清人陳玉瑾在「惠泉記」中有一段話，發人深省者曰：「以一物之微，享天下大名至數十年之久，豈不賴有表彰者力哉！陸羽品泉，以廬山泉一、惠泉二，今廬山不易得，豪天下人無不思飲於爲惠泉者。（中略）天下之泉莫有勝是者乎！恐深山大澤未經人迹所到者，不知凡幾，羽亦無從得名之也。其名亦至今不著，有如天壤之別。然羽既無從得名之，其名亦至今不著，有如天壤之列。

五七

以上明代茶書除已軼失者外，今存約二十多種，目前臺灣公私藏書確能見到則有十多種。由前列茶書，由總量上可以推見明代茶藝之講求。可稱得上歷代以來各朝之冠冕，而徐渤其人在當代不但著有茶考，若談（按：不知二書是否原本一冊，待考），在其私人藏書中，收有唐、宋以來茶書有二十多種，爲目前私家藏書中之翹楚。其餘嗜茶之名士，而家富藏書者如：吳寬「養書堂目」、張應文「張氏藏書」、焦竑「國史經籍志」、陳繼儒、馮夢禎、謝肇淛等人收藏明代之茶書，當自不少。

至於明代茶書中有關茶之餘事，擇各家之見解，作綜恬性之探討，撰分爲：（一）、茶；（二）水；（三）器；（四）、火；（五）、人；（六）、事等六項來說明。

（一）茶：主要就，採摘、炒焙、收藏三點來講，至於產茶已在第五章提及，不擬再重複。茶之探，首在採摘，以在清明、穀雨之間爲最佳。清明以前太早，立夏以後太遲，茶初萌時摘。探時不必以甲不以指。探芽必以甲不以指；久於鐵中，則手力不勻；久於鐵中，有關煮而香散矣，且枯焦。255 炒焙，須揀棄枝梗老葉。論炒焙，因茶性不耐炒，炒不宜久，多取入鐺，細細炒燥，扇冷方貯罌中。257 探茶、製茶最忌手汗、腥氣、口臭、多涕不潔之人，又忌酒氣，蓋茶、酒不相入，故製茶人切忌沾酹。258 論收藏，宜用箬裹，四圍厚茉，貯茶須極燥。259 茶長香藥，喜溫燥而忌冷濕。260 凡貯茶之器，始終貯茶，不得移他用。261 以上所論，

明代僧家、文人對茶推廣之貢獻

（頁 五九）

宜興紫砂壺為上品，而別有等次，又無熱湯氣。張岱云：「時壺名遠甚，即退歐絕域猶知之。」[274] 也因國內一般人漸貴重紫砂壺，各地。有關茶器可詳見續茶經、陽羨名陶錄、陽羨茗壺系及近人著作。

（四）、火：古代沏茶必藉乎材木，材木易染氣味，故尤需謹慎。大要火必堅木炭為上，然木性未盡，尚有餘煙，煙氣入湯，湯必減味。故先燃令紅，去其薰蒸，兼取性力猛熾，水乃易沸，既紅之後，乃授水器，仍急扇之，愈速愈妙，毋令停手、停過之後，寧舒而再烹。[277] 明人烹茶有以松子、樹枝、煤炭為材，至於湯候也甚重要，水一入銚，便須急煮，候有松聲，即去蓋，以消息其老嫩。蟹眼之後，水有微濤，是為當時。大濤鼎沸，旋至無聲，是為過時。過則湯老而香散，決不堪用。始則魚目散而，微微有聲；中則四邊泉湧，累累連珠；終則勝波鼓浪，水氣全消，謂之老湯。三沸之法，非其人不足論茶事也。」[279]

（五）、人：品茶重在超軼世次之茶侶，非其人不足以成此也。茶宜無事，佳客幽坐，吟詠揮翰。

以茶注飲小，小則再巡已終，寧使餘芬剩馥，製作，別出心裁，也漸有以小為貴之趨勢。許次紓曾記載：「一往時龔春茶壺，近日彬彬製，大為時人寶惜。蓋皆以粗砂製之，正取砂無土氣耳。隨手造作，頗極精工。」[272] 文震亨亦云：「茶壺以砂者為上，蓋不奪香，又無熱湯氣。」[273]

香。當使湯無妄沸，庶可養茶。

（頁 六〇）

方得雅趣。故飲茶以客少為貴，眾則喧，喧則雅趣乏矣。許次紓在論客中云：「賓朋雜沓，止堪交鐘戢寫，乍會泛交，僅須門閑節。惟素心同調，彼此形骸，脫略形骸，始可呼童篤火，汲水烹湯。最客多少？客少為貴。客多，姑且隨化，出自內局。」[280] 屠隆亦云：「賓朋雜沓，恒熟習湯方調過，若遷就作，恐有參差。客少，姑且隨化，不妨巾床投果，出自內局。」品中亦云：「茶之為飲，最宜精行修德之人，兼以白石清泉，烹煮如法，不時廢而或興，怕熟習而深味神融心醉與醒醐甘露抗衡，斯善賞鑒者也。」[281] 有關明人品茶而特重茶對象，前章論列已多，此不再重複。

（六）、事：品茶雅事也，故首重場合之選擇，以幽靜稍佳，如涼臺、靜室、僧寮、道院、松風、竹月等境地。至於飲茶場地之佈置，於小齋之外，別置茶寮，高燥明爽，勿令閉塞。[282] 內設茶具，教一童專主茶役，以供長日清談，寒宵兀坐。[281] 週不宜用、不宜近之時，當輟止。[281] 至於烹茶有關之其餘應注意諸事，如：取用、貯水，如此品嘗為宜、水、洗茶、宜茶、嘗茶、擇果，甚至於湯候時時記於心，如此品嘗茶味、津生於口、心肺遍潤，方得茶中三昧云。[281] 凡此皆當時記於心，以上所論本不足以盡之，以非本文重點所在，不擬一一舉例。有興趣者可參閱現存明代茶書。

九、結　語

（頁 六一）

「茶為滌煩子，酒為忘憂君。」古人常以茶、酒並舉，說明二者在國人生活中的地位；人生苦長，自應培養正當之嗜好，茶淡而有深味，乃不及於酒，故茶趣向在酒趣之上，更何況茶是健康的飲料。袁宏道有一段深寓哲理之名言：「稽康之鍛也，武子之馬也，陸羽之茶也，米顛之石也，倪雲林之潔也，皆以癖寄其磊傀俊逸之氣者也。余觀世上語言無味，面目可憎人，皆無癖之人耳。若真有所癖，將沉酒涸溺，性命死生以之，何暇及錢奴宦賈之事。」[285] 袁中郎生前主張養「趣」，並認定「茶賞」至上。唐代陸羽有茶癖，得之口癖，又得精神之寄託，實較前述諸人尤有福份。但失在當代的士林，陸羽得於後世，時至現代，咖啡引進之後，國人反觀「茶飲」，此顧貴人嘲於山林，但纔引進之後，幸賴以平反。今人但視品茶為小道，為然有介乎。生活陷於勞碌無助，此正是大病痛處。亦且喪失，凡事但求速效，生活陷於勞碌無助，此正是大病痛處。得眼但小覷一番，忙裏偷閒之可解乎全心之調劑。唐、宋人多能得茶理、茶趣，此或因兩代文學極盛；但知反求諸己。先人在茶書上所昭示者，不但精深而且博大，舉凡與茶事有關莫不言之成理，持之有故，條縷明白，脫却形式，講求實際。尤以明代茶書中所載茶訣，為今人茶藝精神血淚淵源所自。何以言之？蓋爲滌煩代古之著述，至明而益盛。茶事「牛毛繭絲，無不辨晰，真能發先儒之所未發。」[286] 故言「茶藝」要以明代為最盛。

（頁 六二）

得茶之正味，實始於用人。[287] 唐、宋飲茶尚團茶、末茶，猶如江北人之嗜飲花茶（香片），徒失真味。今之東瀛茶道猶係唐、宋遺風，大陸江南一帶及臺灣人士今尚向往古代之飲茶法。明代與前代不同之處，此不可不注意的。正說明有了一代對於飲茶的影響實深遠。舉凡：茶產之廣佈、茶葉之精選、焙製之改良、器用之尚陶、沖泡之講求、經驗之純熟，嘗正確而合理，得茶訣之正。以進化論推演，物競天擇，優勝劣敗，唐、宋茶藝之前塵往事，不及明代多矣。今人若能虛心涵泳明代先賢之經驗，取精用宏，配合現今之科技，則茶道之確立，一方面不但表示中國文化之可大可久，另方面正足於與東瀛茶道一較長短。凡此貢獻皆明代僧家、文人在文化史上所注入之心血，值得吾人大書特書。

註　釋

註一：參見陳祖槼《茶與宋元以來的關係》（大陸雜誌第二卷第一○期），頁三三一─三三五，民國四九年五月十一期），頁三三二─三三五，民國四九年六月。

註二：謝肇淛《五雜組》（新興書局，民國四九年五月初版），卷二，頁六二一。

註三：大明會典（四庫全書珍本七輯之二四六八），卷四，頁六。

註四：德清《憨山老人夢遊集》（四庫全書珍本四集之九），卷四，頁一三。

註五：陳廷燦《續茶經》（四庫全書珍本五集之三一三一），卷下之二，頁三七。

註六：沈德符《野獲編》（筆記小說大觀四編之九），臺北，新興書局，民國六○年五月初版），卷上，頁一一六。

註七：山堂肆考（四庫全書珍本五集之三六二三），卷三，頁八。

註25：同前章，頁上之一，頁二八，引金陵瑣記。
註26：明呂坤坤神跡路全集（後素闈印行，民六四年八月），卷
　　二之一，頁一，頁一〇下—一二上。
註27：煮泉小品（百部叢書集成之一八，寶顏堂秘笈四函，臺
　　北，藝文印書館），頁二。
註28：黃中邵全集，世界書局，頁二。
註29：朱樓，西村詩集（四庫全書珍本八集之一九四）遊記
註30：宋江少虞，皇朝類苑（日本，朱漸草作。
　　一月，頁四三，頁一九三。
註31：同註10，頁一六下。
註32：茶集，卷一〇，頁二七。
註33：容臺集，卷六，頁二三。
註34：石秀齋集（明代藝術家集彙，文星書局）
註35：斗南老人集（四庫全書珍本五集之二九八），卷二二，頁
　　二六上。
註36：欲坤坤斷路全集（後素闈印行，民六四年八月），卷
　　二之一，頁一〇下—一二上。
註37：同註10，頁一〇下，秋收試茶。
註38：茶集，卷九，枝竹談茶。
註39：袁中郎全集，隨筆，十五冊，卷九，十一，清實。
註40：容臺集，卷六，頁一〇上，總頁九一七。
註41：讀書後集，卷一〇，頁一一，引獻茶詩。
註42：鮑翁家疏（四部叢刊初編五一四），卷四，頁五三—
　　四。
註43：讀書後，卷五之二，頁五七，頁六六下。
註44：茶集，卷五之二，頁五七，引明代茶書目錄—
　　張源，閔汶水同人之叙事——張源明代茶書「品茶家
　　有關項份，閔汶水同人之叙事。民國六八年三月二日
　　——「南京採叢的閔老子茶」（載民國日報副刊，民
　　國六八年三月二日）與「品茶行家
　　茶經」。
註45：松壑堂山鈔（百部叢書集成之三〇，奇晉齋叢書）。
註46：茶經，卷五下之二，頁三六，頁四〇下。
註47：茶經，卷五下之二，頁三六—四〇下。
註48：松壑堂山鈔（百部叢書集成之三〇，奇晉齋叢書）。

註8：四時幽賞（叢書集成三編之一八，武林往哲遺箸八函
　　），頁一六。
註9：古今圖書集成（叢書集成二編之二六）
註10：明人茶書集成，頁一八四—五，履歲辟，民五三年一〇月
　　。茶名友，竹爐供煮其間，茶歷別火。「有
　　無物眾茶名友，烹茶名夕朝，沸滿在須臾，沒泉與煮。
　　啜茶名友，竹爐供煮其間，茶歷別火。「有
　　余，遇酔漢，渴夫，山僧，一飄離覺，二碗飯
　　缺，而嘗名酒儔，潤喉緩膈，妙思延流，友生
　　詠句，竹爐供煮其間，茶歷別火。
註11：朱樓，西村詩集（明代藝術家集彙）
註12：晚明二十家小品（臺北，廣文書局，民國五七年六月）
　　，卷二下，頁四〇。
註13：曝頁三一。
註14：明人小品集（臺北，世界書局，民五〇年四月
　　，頁三，頁五。
註15：玄茂（飲饌譜叢）
註16：同前註，頁五，頁六，茶品。
註17：同前，頁五，一，人品。
註18：茶寮記（飲饌譜叢）卷一，頁四〇下。
註19：兗州山人續稿（明人文集彙之二三，臺北，文海出版
　　社，民五九年三月）卷一六〇，頁二七下，書官寺
　　刻二記二詩。
註20：彭輅集（四部叢刊續編）卷一七，頁一六七
註21：同前，頁五，六，茶品。
註22：采茶歌，頁九。
註23：邸仲甫，冷雪（百部叢書集成之三一，渠紫坦乙編二函
　　），卷六上，三茶和尚。
註24：同註4，頁四七上，引資元順教編。

註69：茶集，卷一七，頁一六六，顯熱錄。
註70：同上茶，頁八，武林往哲遺箸第五函），頁一八，茶烟。
　　——〇三，武陵采茶歌（印叢集初編第五函），頁四四，采茶
註71：元明事類鈔（四庫全書珍本初集之二九六），頁三〇
　　下之三八下，引沈周，石田先生集八六二—一七。
註72：祝延吉全集（常州先哲遺書之一〇八），有門旅
　　茶杯，顧佐，詠物詩，石田先生集，頁九〇。
註73：常州先哲遺書二種，頁五，頁二五，茶淹淡，敬案
　　常同禾，（歷代詩史續編一四四四四四五，唐文書局，
　　民國六二）虎丘山房試茶詩，頁八六七，沈
　　虎丘山志，卷一六七，采茶教法六，顯晴錄
　　敦壽茶詩集，卷一，頁二二二九，頁二一九，沈
　　〇三，武陵采茶歌（印叢集初編第五函），頁四四，采茶
註74：無聞詩，卷一六，「山林紅欲炎，庭際竹簾絵鏡
　　十常九事茶六冊，百又三十四春可栖，庭際竹簾絵鏡
　　滿眼花枝笑麗眠，何所吞苦卯同案，便向茶枝茶川
　　。
註75：張袞煮，如菱樓持詩（叢書集成三編之七，甲戌叢編
　　），卷三，虎阜煮山峽嶺。
註76：同上，頁二，頁一九，茶題。高啟大全集，卷三，頁三〇
　　下。
註77：同上茶，頁六，武林往哲遺箸第五函），頁一八，茶烟。
註78：斗南老人集（四庫全書珍本五集），卷五，頁一一，沈
註79：同前，頁五，六，茶品。
註80：鮑翁家疏集，卷六，頁八，頁三〇
註81：同前，引李孝對佛教考，（叢書集成三編之三七，武林
　　往哲遺箸第五函），頁一八，茶香。

註49：頁二三，品茶。
註50：許然明先生文集（百部叢書集成之一八，寶顏堂秘笈三函
　　）卷一六，頁一。
註51：同前霸，茶統小引。
註52：許然明先生文集（百部叢書集成之一八，寶顏堂秘笈六函
　　）卷一六，頁一。
註53：彭輅集，卷一七，頁一上。
註54：多賀集，東城雑記（史料叢書）臺北，廣文書局，民五
　　年一月，頁四六，徐茂吳。
註55：兗州山人續稿（史料叢書）臺北，文海出版
　　社，民六六
註56：茶寮記，頁六，頁二上。
註57：彭輅集，卷一七，頁一上。
註58：同前霸，卷二一，頁一，茶題。
註59：許翁圖集（四部叢書珍本八集之一〇六），卷一，頁
　　一二，茶圃。

註60：名賞集，卷一〇，頁一〇六，煮茗。
註61：柏軒集（叢書集成三編之二八，武林往哲遺箸四函
　　）卷一六，頁一〇三，煮茗。
註62：同註2，春日十二首，頁四。
註63：許然明先生集，卷一，頁一七首，出塗，二十人登山煮水
　　，必令潑醒，乃名利茶咸，寧而可羨，不同，菜不可少。未
　　產不佳，而人終好事，不得不躬身料理。「出遊逸地，未
　　託素茶也」又一春一茶一杯，是徳遊好事者—恐地
　　是且也，會聞當言加糖何分茶之約。
註64：乾明集，重陽試茶（武林往哲叢編第五冊），頁二一—
　　三。
註65：古今圖書集成，八冊，頁一九七，汪讓言（和李孝者
　　試茶歌），或淨坐歡念，毋以竹爐俗語汚淨，稍自窓，所以若，若供
　　茶。放生之念，毋竹爐俗語汚淨，稍自窓，所以若，恐遠君
　　撰賦茶經，卷上，頁二六，頁二一。
註66：惠山秋淨水冷冷，瓶具隨身小瓶
　　。
註67：茶經，卷上，頁一六，頁一三。
註68：同註65，煮茶圖。

明史研究專刊　第三期

註100　同註64。卷五・頁五六。
註109　同前・頁二七。汎海等。
註110　同前・頁二七・引凰山縣。
註111　荊川先生文集・卷二・頁三九。
註112　同註27・總頁三〇三二・宜春。
註113　同註27・陸羽見聞錄（武林掌故叢編第六冊）・卷
五・頁五。
註114　考槃餘事・頁三・泉下・虎邱。
註115　浙江通志（臺灣商務印書館・民國五六年八月）・卷
〇一・頁一七・陽羨茶。
註116　考槃餘事・卷七・頁一六七。
註117　續茶經・頁上之一・一七上・一八下引鳳時可茶譜
「香而甘者之茶出名品」一龍井。（載臺灣日報副刊・民
國六八年九月一日）。
註118　同前。
註119　續茶經・卷上之一・一七上・引羅廪・茶說。
註120　同前。
註121　同前。
註122　休寧蔡志（台北・成文出版社・民國五十九年十二月）
・卷三・物産・總頁四二七・茶。

六八

註95　黃宗義・明文海（四庫全書珍本七集之三二五）・卷一
八・頁一。
註96　蔣作・濟燦集（叢書集三編之二七・常州先哲遺書六
函）・頁九上・紹帶惠泉友集井茶飲。
註97　袁中郎全集・隨筆・頁六上・識張幼于惠泉詩彼。
註98　敬業堂集・卷三・頁一二四二・惠泉寺汲泉試彼。
註99　丹鉛續錄・卷七・虎邱泉試新茶。
註100　續茶經・頁上之一・一八上。
註101　龍珠山房詩集（叢書集成三編之二八・武林往哲遺書八
函）・民國六〇九・卷一。
註102　續茶經・頁上之一・一四・吉祥寺訪友二首・頁五。
註103　續茶經・卷六・頁一九・頁四〇・潟泉菴。
註104　武林掌記・卷一・頁四（武林掌故叢編第八冊）・頁五。
註105　同前註77・卷二二。
註106　武林掌故叢編第三冊・頁八〇。
註107　飲膳譜義・茶部・頁一二九。
註108　本草綱目・頁二五・總頁一八四。

六七

明代僧家、文人對茶推廣之貢獻

我門賣說（叢書商務印書館・民國五八年四月）・第一
三冊・閒竟稿・頁三一・頁三一。
註90　徐文靖公謾語錄（明人文集彙刊第一期之二〇）・臺北
・文海出版社・民國五九年三月・總頁四八八。
註91　小方壺齋輿地叢鈔（臺北・廣文書局・民國五一年四月
）・第四秩・頁一五七上。
註92　同註63。
註93　袁中郎全集・詩集・頁一四一。
註94　考槃集・卷六・頁三七・十山俳談山之勝欣然未能一往
短歌慵之。

明史研究專刊　第三期

註163　續拖作「茶事持重中的罨山茶」（載臺灣日報副刊・民
國六八年二月二七日）。卷四・炒茶。
註164　續說郛・第二七・茶箋・頁一。
註165　續說郛・第三七・茶箋・頁一。
註166　續說郛・第三七・茶箋・頁一。
註167　茶疏・頁一一・頁八八〇。
註168　同前。
註169　洞山芥茶系（載叢書集成三編之七・常州先哲遺書一函
）（叢茶集成三編之七・茶疏「山閒老子茶」一函
十二月十一日）。
註170　閒心小品（叢書集成簡編之二四七）・卷上。

七〇

註146　續茶經・卷下之一・頁六・引吳與凱虎邱茶。
註147　虎丘山志・卷下之一・頁一六・物產・虎邱茶・引上萬狀
・松蘿茗故。
註148　同註146・引張泓・漢南慣蹟。
註149　同前註77・頁六上。
註150　同前。
註151　同前。
註152　茶疏・頁一一・頁八八一。
註153　茶疏・頁二上・產茶。
註154　茶疏・頁一一・產茶。
註155　茗譚・頁一三六。
註156　茶疏・頁二五・泉南雜志・頁四
註157　茶疏・頁一・產茶。
註158　續茶經・頁下之四・頁一九下・引天下名山記
作「閒中極山一武秀茶」（載台灣日報副刊・民國六九
年一月二九日）。

六九

明代僧家、文人對茶推廣之貢獻

註159　載臺灣日報副刊「明代虎邱茶之興衰」（見毛祥麟松
風閣茶邱茶。
註160　同前・引閒際發異。
註161　同前。
註162　福建通志・物產志・卷四・頁七二・引閒際發異。
註163　福建通志（臺北・華文書局・民國五七年十月）・卷
一〇・頁一・引張泓・漢南信蹟。
註164　同上。
註165　西吳枝乘（續說郛之二六）・頁二・茶考。
註166　雪蕉館紀談（續說郛）・頁三・天目。
註167　見松海軒集・卷七・頁七一。

註171　農政・頁三・今古製法。
註172　茶說・頁六・宜茶。
註173　製茶釘。
註174　何宇度・益部談資（叢書集成簡編之二三六）・卷上。
註175　茶疏・卷一・頁一。
註176　茗譚・頁二八四。
註177　古今圖書集成・第八部・第四冊・頁三九二。
註178　茶疏。
註179　煮泉小品・頁一九七・一八。
註180　閒人小品茶疏（叢書集成簡編之二四七）・卷一・頁一
弈製好。

（页 七一）

明代僧家、文人對茶推廣之貢獻

三，頁五。

註一八六：同註一八五。

註一九八：同前。

註一九九：同前。

註二〇〇：考槃餘事，頁八，虎邱。

註二〇一：考槃餘事，頁四，文房洞物產。

註二〇二：萍見蘇州府志（中國方志叢書，華中地方之五，臺北，成文出版社，民國六四年七月）卷一〇六，頁一六，物產。

註二〇三：湖州見聞錄。

註二〇四：陽羨井見聞錄。

註二〇五：同前二〇一。

註二〇六：敬業堂詩集，卷九，頁三，遊虎邱物景覽。

註二〇七：陽羨見聞錄，考槃餘事，卷五，頁一二。

註二〇八：古今圖書集成，頁二，遊虎邱得茶。

註二〇九：福建通志，物產志，頁六，郊柏齋，闢寬雜異。

註二一〇：敬業堂詩集，卷六，頁五六，遊龍井記。

註二一一：晚明二十家小品，頁七六，遊龍井記。

註二四一：西興枕葉，頁二。

註二一四：讀茶經，頁上之一，頁四上，引五穀組。

註二一五：同前，頁二九，引芥茶別論。

註二一六：農政全書，卷三九，頁二，八，茶之出。

註二一七：農政全書，卷三九，頁三，茶之出。

註二一八：張雲，西園聞見錄（中華史料叢書之四二）卷二一二，頁二九〇。

註二一九：讀茶通考（臺北，新興書局，民文書局）征卷五。

註二二〇：何喬遠，名山藏（臺北，成文出版社，民國六〇年一月）卷二一二—三。

註二二一：明史（臺北，藝文印書館）卷八〇，頁二六。

註二二二：同前，頁三七一，頁一〇K一—二。

註二二三：同前，頁一〇K一。

註二二四：敬業堂詩集，卷四，頁五〇〇，建溪棹歌詞十二章。

其三。

註二二五：讀茶經，頁下之三，頁三四下。

註二二六：同前，卷七下之一。

註二二七：名山藏，引相類茶。

註二二八：明會典，卷五五，頁一〇六〇一。

七一

（页 七二）

明史研究專刊 第三期

註二二九）姚士麟，見只編（百部叢書集成之九七，璜邑志林三函）卷五，頁一。

註二三〇：高啟大全集，卷七，頁一〇。

註二三一：同前。

註二三二：敬業堂詩集，卷四，頁六七，其一。

註二三三：小方壺齋輿地叢鈔，第四帙，其二六，汪楫，遊馬駕山記。

註二三五：湖南通志（臺北，華文書局，民國五六年十二月）卷六，頁五一六。

註二三五：湖南通志（臺北，華文書局，民國五六年十二月）卷一，頁一九。

註二三六：朱諫泳，小鳴稿（四庫全書珍本二集之三六二）卷三。

註二三七：茗齋集，卷一下，一二上，秋江晚釣圖。

註二三八：同前，卷四。

註二三九：名山藏，卷一〇六，宋茶歌，其二。

註二四〇：劉婷衣凌，明清時代商人及商業資本，頁四九一—九一。

註二四一：西關閒見錄，卷七二，茶法，頁一。

註二四二：欽定天下郡國利病書，原編一九册，四川，頁一〇四，王廷相，嚴茶議。

註二四三：皇明經世文編（臺北，國風出版社，民國五三年十一月）卷三三—四四。王廷相，與嚴公茶議，明朝茶法狀，總頁。

註二四四：茶經，卷下之三，頁四二，引芥茶集鈔。

註二四五：載山志（四庫全書珍本別輯之二九六），卷三六，頁一三。

註二四六：醒世恒言（臺北，鼎文書局）頁一〇四。

註二四七：醒世恒言（臺北，鼎文書局，民國六〇年）頁一〇四。

註二四八：蔡桃花扇（臺北，西南書局，民國六七年八月）卷二，頁三八—九。

註二四九：陶庵夢憶，卷六，頁八四，閔茶。

註二五〇：陶庵夢憶，卷八，頁四，朔雨樓。

註二五一：莫是龍，筆塵（百部叢書集成之四三〇，奇祚齋叢書群）頁一二三—一二九，茶類。

註二五二：見毛草編，中國農書目錄彙編（臺北，進學書局，民國五九年四月）頁一。

註二五三：同前，頁六。

七二

（页 七三）

茶統，頁三，採摘。

註二五四：張源，茶錄（欽錄叢卷）採茶。

註二五五：茶經，頁上之二，頁四上，引五穀組。

註二五六：考槃餘事，頁九，炒茶。

註二五七：同前。

註二五八：嘉靖，茶經，頁六，收藏。

註二五九：顧元慶，茶錄，頁二，藏茶。

註二六〇：同前。

註二六一：梅花草堂集（筆記小說大觀之二九編之六）卷二，頁一。

註二六三：同前二五八。

註二六四：徐獻忠，水品全秩（百部叢書集成之一二三，寶顏堂秘笈）卷上，頁一。

註二六五：同前，頁八一，源。

註二六六：同前，頁一，探水。

崩水、杭州西湖湧泉井、新安江東之九隴深水、岕山之石井寺水、羅岕諸水、武夷之諸珠泉、太姥之辭井水、支硎之瀑水、中泠、金陵山之八功德水、冶山之龍漱水、東山之龍泉、金陵方山之珍陋泉。甘州具布六處，眞州之功德泉、蘇州之珍珠泉，諸若中泠、羅岕等泉，水實非若清，若溪南之峻泉，吳興之半月泉，碧浪砂峰之記本一之「以余耳目所及考之，若溪南之突泉。

註二七五：陽羨名陶錄我招註。周高起，陽羨茗瓷群（叢書集成三編之二七，常州先哲叢書二函）卷八，頁一。

註二七〇：同前，頁一，所置。

註二七一：同前，頁一，茶焙。

註二七二：同前，頁一，茶址。

註二七三：長物志，卷一二，頁二五，砂錫瓶註。

註二七四：陶庵夢憶，卷二，頁二五，草茶。

註二七五：陽羨名陶錄我招註。周高起，秋濤叢紈一函。

註二七六：陽羨名陶錄考證（叢書集成三編之四〇）拜經樓叢書三函之一，周高起，陽羨茗瓷系（叢書集成三編之二七，常州先哲叢書二函）。

註二七七：同前二五四，頁一〇，火候。

七三

（页 七四）

明史研究專刊 第三期

註二七八：同前，頁四，漏客。

註二七九：同前，頁二四，論客。

註二八〇：同前二五四，頁一二，論客。

註二八一：考槃餘事，頁一一，茶品。

註二八二：同前，頁一二，茶品。

註二八三：同前二七三，頁一，茶具。

註二八四：同前，頁四，茶寮。

註二八五：茶藏，北京，不宜用，不宜近語樣。

註二八六：同前，頁二，茶盒，十，好事。

註二八七：沈德符，野獲編（一）補遺，卷一，頁一，「國初四方供茶，以建寧、陽羨茶品爲上，時猶仍宋制，所進者俱碾而揉之，爲大小龍團。至洪武二十四年九月，上以重勞民力，罷造團茶，惟採茶芽以進。其品有四：曰探春、先春、次春、紫筍，而薦新爲貴。按茶加香物，搗成餅，已失眞味，宋時又尚入香，則又失其眞矣。今人惟取初萌之精者，汲泉置鼎，一淪便啜，遂開千古茗飲之宗，乃不知我太祖實首辟此法，陶所謂聖人先得我心也。」又稱王象晉（羣芳譜），卷二三，引陸樹聲茶寮記小說載談（第七册）並云：「按記則今人廢茗之法，自明初始也。」

七四

（本文原載于《明史研究专刊》第三期）

径 山 茶

王家斌

径山,位于余杭县西北境内,今长乐公社桐乔大队,与临安县横畈公社毗邻。是天目山延伸的东北峰。山有山径,通向天目,为"径山"的由来。径山实际上有东西两径,所以又有"双径"之称。

径山早在唐、宋时代已闻名于世。唐代宗大历三年(768)将径山寺始祖道钦禅师诏至阙下亲加瞻礼,赐径山寺"国一禅师"称号。宋代著名文人苏东坡曾游览径山,作《游径山诗》:"众峰来自天目山,势若骏马奔平川。途中勒破千里足,金鞍玉镫相回旋。人言山佳水亦佳,下有万古蛟龙渊。"对径山的胜迹作了生动的描绘。

由于径山禅寺闻名,日本的圣一禅师、大店禅师(即南浦、昭明)慕名而来。公元 1259 年,南浦、昭明入宋,在径山住了五年,回国时,带了"茶台子""茶道具"到日本。日本沼鸥时代的"茶台子",就是根据中国传入的"茶台子"仿效的(附图)。

茶台子、茶具图

日本圣一禅师到径山寺,也进行佛学的研究,回国时,带去茶子和饮茶器具。并把"研茶"制法传入日本,今天日本的安倍川,藁科川出产的"安倍茶"(又称本山茶)就是圣一禅师开辟的茶园。至今,日本还纪念圣一禅师

作者简介:王家斌,原浙江省农业厅研究员。

从中国传入茶子的恩德。

径山产茶鲜芳特异。到了清代有一位名叫金虞写了一首《径山采茶歌》,歌词内容:"天子未尝阳羡茶,百卉不取先开花,不如双径回清绝,天然味色留烟霞。"又据《续余杭县志》记载:"产茶之地,有径山四壁坞及里坞出者多佳,至凌霄峰尤不可多得","径山寺僧采谷雨者以用小缸贮之送人,钦师曾于植茶树数株,采以供佛,逾年蔓延山谷,其味鲜芳特异,即今径山茶是也"。径山茶质量好与当地自然条件优越分不开的,径山是岭峻峰奇,拔地倚天,有"五大山峰",即凌霄峰、大人峰、鹏博峰、晏坐峰、御爱峰。茶树分布在这些土质肥沃、结构疏松的峰谷山坡中。主峰凌霄峰与临安接壤,拔海近一千公尺,峰顶云雾,时隐时现,加上精采细制,凌霄峰所产"径山茶"尤不可多得。

径山的泉水也众多。有龙井泉、金鸡泉、龙鼻泉等,以龙井泉为最好,旱不涸,雨不溢,冬暖夏凉;水质晶莹,泉水甘冽,冲泡茶叶更为相宜。宋代蔡襄对茶叶有相当研究。在他游径山时,见泉甘白可爱,汲之煮茶,赞誉清芳袭人。宋代翰林院学士叶清臣,他考察过浙江许多茶区,到过青田县石门洞品饮"石门洞"名茶,到过杭州西湖品饮过龙井名茶,也到过径山品饮过径山茶。在他的文集中,他肯定:"钱塘、径山产茶质优异。"清代张京元品次径山茶后说:"清泉茗香,洒然忘疲。"

径山茶是历史名茶,但是在解放前已经奄奄一息,直到最近一二年才得到有关部门的重视和支持,为了恢复这一历史名茶,桐乔大队径山生产队在 1979 年春天试制了少量的径山茶,在浙江省农业局召开的全省名茶评比会上,被列为全省名茶质量优胜者之一,其特点是:外形细嫩有毫,色泽绿翠,香气鲜嫩清香,滋味嫩鲜,汤色嫩绿莹亮。目前,余杭桐乔大队及西径属临安的几个大队在径山扩大茶园面积,加强现有茶园培育,改进采制技术,恢复径山名茶,为四化作出贡献。

[本文原载于《茶叶》,1980(01)]

浙江省首届斗茶会获奖名茶简介

金雅芬

编者按:在 1987 年 5 月浙江省首届斗茶会上,共有 63 只新老名茶参斗,经"初斗"和"决斗",评出最佳名茶 1 只,优质名茶 2 只,上等名茶 7 只,优秀名茶 24 只。这些获胜名茶,品质优异,各具特色。经研究,决定分批——简介,以飨读者。

径 山 茶

"径山茶"始栽于唐朝,产在浙江省余杭县长乐镇径山村,海拔 560 米。此地茂林修竹,土壤质地粗松,矿物质含量多,属黄沙土,呈酸性,pH 值为 5,加上长期大量的枯枝落叶,使土质变得疏松、深厚,表土层 24—40 厘米,有机质含量 2—4%,为茶树生长发育提供了营养条件。山上日照时间短,常年不到 1800 小时;降水量全年 1600—1800 毫米。温度低、湿度大,终年云雾缭绕,一般到九点钟后才消失;加上昼夜温差大,白天光合作用强,晚上呼吸作用弱,使茶树有效成份积累多。据浙农大茶学系生化教研组 1979 年测定,其氨基酸总量为 4760 毫克%。

其中茶氨酸含量为 1751 毫克%。高于一级杭炒青春茶近一倍。优越的自然条件与精采细制,使径山茶具有独特风格。外形细嫩有毫,色泽绿翠,栗香持久,滋味鲜醇,汤色嫩绿,叶底明亮成朵。谷雨前开采,采摘标准为一芽一叶或一芽二叶初展,要求芽不短于叶,一公斤"特一"径山茶含茶

作者简介:金雅芬,原余杭区农业局茶叶站站长。

芽6.2万个以上。采用手工制作,属烘青绿茶类。淋基本工艺为摊放—小锅杀青—扇热摊凉—献揉解块—初烘摊凉—低温烘干。

唐宋时的径山,已成为江南旅游胜地之一,加上千年古刹"径山寺"与杭州"灵隐寺"、宁波"天童寺"等齐名。日本的"圣一禅师"等曾到此研究佛学,回国时将径山的茶籽、茶具和传统的"茶宴"带回日本。

其后发展为日本的"茶道"。可见当时的"径山茶"已是很有名的了。"径山茶"当初制法为蒸碾团茶,以后演变为"抹茶"。新中国成立前,几经周折,径山寺被毁,茶园荒芜,采制技术失传。直至1978年,在有关部门的重视下,才恢复发展。目前已建名茶基地245亩,年产"径山茶"1000公斤左右。在1979年全省名茶评比会上获第一名,嗣后连续三年评为一类名茶。1982年获省农业厅颁发的名茶证书。1985年参加全国名茶评比。获农牧渔业部优质农产品证书,定为部级名茶。1987年在全省首届斗茶会上被评为"最佳名茶",名列第一,获"特等奖"。

[本文原载于《茶叶》,1987(03)]

由道、茶道论及大涤山茶之道

吴茂棋

一、关于道和茶道

（一）道的概念

道是我国古代思想界的
一个哲学概念，诸子百家都
论道，但通常是指道家所说
的哪种道，而且还有广义和
狭义之分。

关于广义的道。在约成书
于商末周初的《周易》中是这
样定义的"形而上者谓之道"。
这中间的所谓"形"，指的是一
切客观存在的物，包括看得见

的，看不见的，感觉得到的，感觉不到的。而"上"，则是超越的意思。所以翻
译成现代语就是——超越于物质之上的一切都叫道。不难理解，这个
"道"，就是现今哲学界所说的"意识"。可见物质与意识的这对哲学概念，
是早在商末周初之时就已经被准确地表达出来了。

至于狭义的道。老子在其《道德经》中是这样定义的："道可道，非常
道"。句中出现了三个道字，但其中第二个"道"字是作动词用的，是"修炼"
和"体悟"的意思。所以，"道可道"的意思是："道，是可修可悟的"。至于"非
常道"中的"常"，是"永恒"的意思。荀子《天论》云："天行有常，不为尧存，
不为桀亡。"意思是说：上天的运行是有其固有规律的，这种规律不会因为

圣君尧而存在，也不会因为暴君桀就灭亡了。所以，所谓"常道"，就是现今所说的客观规律，是属自然科学范畴。而"非常道"呢，则是属于社会科学范畴。更明确地说，就是人类伦理道德方面东西。

（二）茶道

中国人是不轻易言道的，但自唐陆羽的《茶经》问世以来，则中国的茶道，就应该说是正式地诞生了，《茶经》者，茶道之经也。当然，它的最大特点，乃是一种以茶为载体的道。所以《茶经》一开篇就把茶拟人化了，说："茶者，南方之嘉木也！"译作："茶树，是生长在南方的树木，是道行至善的木中君子。"这是因为，"嘉"这个字，在唐代的词典里是"善"的意思。《尔雅》云："嘉，善也。"那么，"善"又当何解呢？《道德经》云："上善若水，水善利万物而不争，处众人之所恶，故几于道。"所以，作为茶道的修行者，他的崇拜对象就是茶，其善若水，从不图报，是一种无私奉献的精神，也即茶道的最高境界。

凡修道，都有法门，抑或说核心理念。那么修习茶道的法门又是什么呢？对此，综观整部《茶经》，其核心理念就只一个字——俭。"俭"的

本义是约束的意思,《说文》曰:"俭,约也。"中国自古以来,道法众多,但"俭"都是各门各派所共同遵守的,作为修道之人来说,都必须学会约束自己,不然就什么道都修不成了。于是乎,儒家重"省",法家重"律"。释家崇"禅",道家崇"修"。正如《左传》所云:"俭,德之共也。"所以,陆羽的茶道是博采众长的,而且还把这个"俭"字十分贴切地体现在之源、之具、之造、之器、之煮、之饮、之事、之出、之略、之图各章。其中最典型的,就莫过于《四之器》中的"风炉"和"鍑"了,现举例如下:

风炉上有"伊公羹 陆氏茶"六字铭文。伊公,就是中国历史上第一个帝王之师伊尹。伊尹善煮羹,然因出生低微,为了帮助成汤灭夏建商,不惜卖身为仆,负鼎赴汤,并巧借"治大国若烹小鲜"之理启发成汤,结果终成大业。显然,陆羽的意图就是要求茶道中人,都要有修身、齐家、治国、平天下的伟大理想。至于"陆氏茶",当然就是"陆氏茶道"之意。

风炉有三足,陆羽说其中一足要有"坎上巽下离于中"七字铭文。坎、巽、离都是卦名,坎主水,巽主风,离主火。《周易·坎》曰:"水洊至,习坎,君子以常德行。"意即:水流不惧坎坷,长流不滞,水滴石穿,习茶之人应具备水的意志,学会在坎坷中磨砺自己的操行和品德。《周易·巽》曰:"随风,巽,君子以申命行事。"意即:习茶之人在施教布道中,要效法风的操守,审时度势,顺势而为,如吹面不寒杨柳风,无微不至。《周易·离》曰:"明两,作离,大人以继明照四方。"意即:习茶之人应具备太阳之德,无我、无求,始终以太阳般的道德之光普照四方。总而言之,陆羽要求习茶之人,要以水的意志,风的操守,日的大德来修炼和约束自己。

风炉另一足上要有"体均五行去百疾"七字铭文。此中的"五行",即木、火、土、金、水。道家认为健康的关键是五行要调和,五行调和了,就百疾尽去,包括生理健康和人格健康。而在茶道养生中,更侧重的是人格要健康,要木、火、土、金、水五行调和,才算是健康的人格,也是茶道中人应该具备的人格。

风炉的再一足上要有"圣唐灭胡明年铸"七字铭文。"灭胡明年"指的是"安史之乱"被平定后的第二年。显然,陆羽是要后世铭记"安史之乱"之教训,也即要铭记当年躬行俭德的唐玄宗,在国力达到鼎盛时昏了头,不想再坚持了,从此由俭转侈,最终导致天下大乱的历史教训。

陆羽在茶镬的设计上还明确提出:"方其耳以正令也。广其缘以务远也。长其脐以守中也。"意思是说:要把镬的两耳设计成方的,以象征先秦法家"以正其令"的治国理念。其实儒家也讲正令,孔子《论语·子路篇》中就有:"其身正,不令则行,其身不正,虽令不从"。习茶之人也一样,重在修身律己,知行合一。

要把茶镬边缘做得宽宽的,以象征儒家"务远"的理念。务远就是致远,意即习茶之人,应有远大的理想。当然,前提仍然是俭,正如三国诸葛亮所说:"非澹泊无以明志非宁静无以致远。"

要把茶镬的底部做得圆平一点,以象征道家"守中"的理念。这个"中"字很关键,它是虚的意思,守中就是守虚,但不是要看虚一切,而是要心无杂念,要进入静虚状态。所以,也乃俭德。

鼎湖茶人设计的陆羽鼎

总而言之,《茶经》中的道,是很丰富的,以上所举,只是个例而已。为此,临平区的鼎湖茶人,还把陆羽的风炉和镬都复制出来了,并将其合二为一,形如古鼎,故名"陆羽鼎"(如上图)。当然,我们也是在期望合作单位的,并期望它能在居家收藏、茶道表演及弘扬茶道精神方面作点贡献。故而叹曰:

先贤一个俭,学富五车书。

每日须三省,茶中悟道疏。

二、大涤山的茶与茶中之道

(一)大涤山的由来与变迁

大涤山,地处临安青山湖至余杭区中泰街道境内,延绵十余公里,中峰叫天柱,有一洞,名曰"大涤",是道教三十六洞天之一。至于"大涤山"名之由来,宋咸淳《临安志》卷二十四"大涤山洞天"条云:"此山清幽,大可洗涤尘心,故名。"大涤山,在道教典籍中称为大涤元盖天,其史悠久,肇始于汉,兴隆于唐,全盛于宋,至今已历二千多年。其大致情况是:汉武帝元封三年(前108)"始建宫坛于大涤洞(见下图)前,为投龙简以祈福之所"时称"元封古坛"。魏晋·南朝时,在陶弘景所著的《真诰》(道教上清派经典)中,将大涤洞的所在之山,定名为"大涤洞天"。 唐·弘道元年(683),唐高宗因闻其名,下旨敕建"天柱观",并下旨周围千步为长生林,严禁樵采。五代·吴越国时,国王钱镠兴资重建天柱观,并升级为"天柱宫"。北宋祥符五年(1012),宋真宗赐"洞霄宫"匾,从此又改名为洞霄宫。

(二)大涤山茶曾为浙右最

大涤山自古产茶,而今也然,仅中泰街道境内就有1.57万亩。这里的茶叶自然品质优异,现多为"西湖龙井"购去作原料。大涤山茶的品质之优,这在历史上是有记载的,其中尤其是产于天柱峰的茶。对此,宋咸淳《临安志·山川志》中是这样记载的:"天柱山,在(大涤)洞西南隅。乃五十七福地地仙王伯元主之,按《记》云:'天有八柱,在中国者三,此其一也(一在寿阳,一在龙舒),四隅斗绝,耸翠参天,神仙隐化,

时有见者,山出佳茗,为浙右最。'"

此中的《记》,主要有二:其中一是唐吴筠《天柱观记》;二是五代钱镠《天柱观记》。 至于"浙右"。据考,即宋时的"浙西路",简称"浙西"或"浙右",其中的"浙"是指今之钱塘江,古称"浙江"。宋时的浙西路范围较广,下治八府,分别是:临安(今杭州市)、平江(今江苏苏州市)、镇江(今江苏镇江市、南京市)、湖州(今浙江湖州市)、常州(今江苏常州市)、严州(今杭州桐庐、建德、淳安三县市)、秀州(今浙江除海宁外的嘉兴市)、江阴(今江苏江阴市)。

但这样一来，不是把同属浙右的吴兴紫笋茶和杭州径山茶也比下去了吗？宋叶清臣的《述煮茶泉品》不是说"甲于吴兴者为紫笋""茂钱塘者以径山稀"吗？但其实是不矛盾的，这是因为，叶清臣是宋太宗朝时的朝廷大员，还曾任光禄寺丞，宫内茶礼是他的管辖范围，是不分教派的。而这里的"浙右最"，是从道教理念出发评判的，是当时中国道教界的"浙右最"。

(三)诗人薛能笔下的大涤山茶

大涤山茶，以其中峰天柱山所产最为有名，故而史称"天柱茶"，并有晚唐薛能《谢刘相寄天柱茶》一诗为证：

> 两串春团敌夜光，名题天柱印维扬。
>
> 偷嫌曼倩桃无味，捣觉嫦娥药不香。
>
> 惜恐被分缘利市，尽应难觅为供堂。
>
> 粗官寄与真抛却，赖有诗情合得尝。

诗说，你寄来的两串春团啊！比夜明珠还珍贵。它的品名叫"天柱"，但从邮戳上看是从扬州(维扬)寄出的。这茶的品味实在是太好了呀！相比之下，简直连汉武帝时东方朔从天上偷来的仙桃也变得没有味道了，简直连月宫嫦娥所捣的仙药也不香了……

然而学界有说，这是安徽潜山的天柱。但笔者却不以为然，应该是大涤天柱，为什么呢？诗中的刘相，即刘邺，唐僖宗朝时宰相，时在淮南，因受困于王仙芝起义军，朝廷命时任徐州节度使的薛能出兵相救，故有事后刘邺寄茶给薛能致谢的事。但淮南到徐州不过五百里，从潜山天柱直接寄出的话，也只千把里。但如要经扬州寄徐州，则有一千四百里之遥，为什么要舍近而求远呢？所以，唯一解释，此茶是大涤天柱，何况诗人也有此疑。

(四)大涤山茶的涤心之道

显然，大涤山茶之所以有名，除了品质优异外，同大涤山在道教界的地位也是不无关系的，其中就包括"大涤"之名的内在含义。同时也不难猜想，当年的汉武帝、唐高宗等，就是因"此山清幽，大可洗涤尘心"之说而引起兴趣的。因为这与道家《周易》的"圣人以此洗心"，葛洪《抱朴子》的"洗心而革面者 必若清波之涤轻尘"等的道家理念太相吻合了。而茶道呢！当然也一样，陆羽《茶经》中就有"荡昏寐，饮之以茶"一说。此中的"荡"就是

洗涤,或涤荡的意思。"昏寐",也决非只是生理上的,更重要的还是心灵上的种种尘埃。正如唐·钱起《与赵莒茶宴》诗中所云:

> 竹下忘言对紫茶,全胜羽客醉流霞。

> 尘心洗尽兴难尽,一树蝉声片影斜。

唐时,余杭宜丰寺有位僧人叫灵一,是陆羽在径山著经时的尘外好友,他也爱上了这方大涤山水,并留下了题为《与元居士青山潭饮茶》一诗:

> 野泉烟火白云间,坐饮香茶爱此山。

> 岩下维舟不忍去,青溪流水暮潺潺。

以上可见,道家之道,包括佛门之道,与茶道之道的高度一致性。大涤山清幽,大涤山的茶亦清幽,这都是任何修道之人都钦慕的,都是大可洗涤尘心的,即所谓"圣人以此洗心"是也。

(五)大涤山茶的自然之道

"人法地,地法天,天法道,道法自然。"是道家思想的精华所在,特别是"道法自然",乃是精华中之精华。但真要解析它,也实在太难了,加上唯心夹杂,就更神秘了,故而不究也罢。不过,如就实际针对某事某物而言,则难也不难。

现在,就拿茶来说吧。它原本就是始于南方热带雨林中的伴生树种,在受大乔木蔽荫的漫长进化中,形成了耐阴,喜温、喜湿、喜酸性土壤、喜漫射光等的生物学特性。所以,我国先民在试图驯化和栽培茶树时,向来就很敬畏茶树的这种生态要求,如茶圣陆羽就特别强调种茶要"阳崖阴林"。爱茶成痴的宋徽宗也特别强调:"植茶之地,崖必阳,圃必阴。"及至明末清初,有关学者对茶的这种要求就更有研究了。如明·罗廪《茶解》中就有:"茶园不宜杂以恶木,惟桂、梅、辛夷(木兰)、玉兰、玫瑰、苍松、翠竹之类与之间植,亦足以蔽覆霜雪,掩映秋阳。"

所以,这就是所谓的"道法自然",也即大涤山茶在历史上曾为"浙右最"的根本原因所在,并有宋王宗贤《茶岭》一诗为证:

> 秀钟天柱产灵芝,造就仙芽发嫩旗。

> 采向先春烟露里,喊山凤尾岂为奇。

诗说,天柱山凝聚了山川自然之秀,所以能产仙草灵芝,同时也造就了茶叶的"仙芽嫩旗"品质。就因为有如此林阴雾润的环境,所以才成为喊山御园,并取得了"浙右最"桂冠。试问,这有什么可奇怪的呢!(注:诗中的"先春"是茶的别称。"凤尾"是夺冠的意思。"喊山"是古代御茶园在惊蛰时,设坛鼓噪催发茶芽的一种仪式)

三、小结与建议

一言以蔽之,大涤山的茶,和它所在的大涤山一样,已辉煌了二千多年,至今也还是余杭区径山茶系列中一枝不可或缺的奇葩。归结其秘诀有二:其中一是社会科学层面的道。修道先修心, 这就茶道而言就一个字——俭,而具体到大涤山而言则是"洗涤尘心"。其二是自然科学层面的"道法自然",而具体到茶的自然品质而言,那就是必须要有一个林荫覆盖下的,温润的生态环境。唯此两条,缺一不可,才能真正奠定中泰茶产业健康发展的基础。因此,我们要贯彻执行习近平总书记"三茶统筹"的发展理念,要积极地行动起来。对此,提出以下是相应的三条建议:

(一)建议申办大涤山茶喊山节

这对于地处大涤山的中泰街道来说,既是有历史依据的,同时也是弘扬优秀茶文化,宣传大涤山茶,提升茶品牌效应,助推茶产业振兴的需要。至于形式,除了一些古制外,应新颖多样,喜闻乐见,如专题演唱会、研讨会、斗茶会、茶艺表演等。至于内容,重点应突出"洗涤尘心"的道家理念,以及"道法自然"的茶叶之道、加工之道、烹饮之道。因为这才是大涤山道教茶文化的地方特色,同时也符合社会主义精神文明的基本要求。

(二)茶产业要振兴,而且要走共富之路

中泰街道茶叶的突出问题是散,1.57万亩茶园分散成4500余户,其中正式企业仅三家, 怎么富得了呢? 但值得欣喜的是, 一个集生产、加工、贸易为一体的"杭州市大涤山茶叶专业合作社"已于2021年9月正式宣告成立了,并注册了集体商标——大涤山。目前,合作社根据宜统则统的原则,已成立了无人机植保服务队,实施统防统治,深受茶农欢迎。茶叶的统一加工也在积极筹备中,其中二个茶厂已经在建。合作社目前社员还不多,但从受欢迎的程度看,是能够把所有茶农都组织进来的,从而将大涤山茶引向全面振兴,共同致富。

（三）茶科技要致力生态茶园研究

中泰街道有个茶叶研究所，是 2021 年 3 月成立的，一年多来,已在合作社组建、茶叶栽培、加工、产品标准等研究方面做出了不少实的成效。建议今后,也要把"林茶复合型生态系统"列入重点研究和实施项目。这是因为,历史上的"浙右最"，就是得益于生态环境的，也即茶园生态的"道法自然"。

其实,像现今这样集中成片的,耕地型的专业茶园,是 20 世纪五六十年代才开始大量出现的,原因是出于出口创汇的需要,是求高产,当然也利于机械化。但现在形势变了，追求的是浓荫遮蔽下的那种自然品质（如上图),也即当年"浙右最"的那种品质。所以历史又需要我们重新重视这方面的研究了,需要我们从林冠草的结合方面、针阔叶林混交搭配方面、生物多样性等方面积极探索,探索出一条符合中泰街道实际情况的,林茶复合型的最佳生态系统。何况,眼下也正好有机会,有的茶园原来是林地,现在需还林,如果处理得当,加上适当的政策鼓励,则更是皆大欢喜的。正所谓：

> 林茶本亲家,君茂我尤佳。
> 返朴阴阳济,归真道德华。

（本文原载于《茶叶》,2023 年第 1 期）

杭州茶学教育事业的发展及贡献

梁月荣　杜颖颖　董俊杰

摘要:我国茶学研究与教育历史悠久,唐代陆羽完成了世界第一部茶学专著《茶经》,标志着古代茶学体系的形成。在现代茶学发展过程中,茶学研究经历了准备期、起步期、初步发展期和全面发展期4个阶段。本文从杭州与陆羽撰写《茶经》的关系,径山寺、径山茶对我国茶文化对外传播过程的作用,以及对现代茶学教育发展的作用论述了杭州对茶学教育事业发展的贡献。

关键词:茶学;学科体系;现代茶学教育;人才培养

一、杭州是我国茶学学科体系的重要发祥地

我国茶学研究与教育历史悠久,唐代陆羽完成了世界第一部茶学专著《茶经》,标志着古代茶学体系的形成。正如宋代诗人梅尧臣所云:"自从陆羽生人间,人间相学事新茶。"陆羽著《茶经》与杭州关系密切,据史料记载"唐陆鸿渐,隐居苕霅,著茶经之地"。表明陆羽曾经在杭州余杭苕溪一带著《茶经》。

陆羽,字鸿渐,自号桑苎翁,又号竟陵子。唐代复州竟陵人,(今湖北省天门县)。公元754年,陆羽开始游历全国茶区,考察当时茶叶种植,焙制,烹饮,收集有关资料。公元755年返回竟陵,定居于晴滩驿石湖旁的东冈村,并将其周游各地收集有关茶的资料加以整理研究。玄宗年间,发生安

作者简介:梁月荣,男(1957年–),广西容县人,教授,博士生导师,从事茶树生物技术与资源利用研究。

禄山、史思明等逆乱(即安史之乱),唐王朝陷入困境。陆羽为了躲避安史之乱而流落到长江以南,并到达湖州。南下途中,同时收集长江中下游、淮河流域的茶事资料。唐上元初(760),陆羽隐居余杭双溪苕溪之滨著作《茶经》[1]。

关于陆羽著《茶经》之地,现有 2 种不同观点。一是在余杭双溪陆羽泉,二是在湖州。前者有三条论据,一是《余杭县志》关于陆羽泉的条目"唐陆鸿渐,隐居苕霅,著茶经其地",认为"著茶经其地"为余杭双溪陆羽泉;二是陆羽《茶经·五之煮》关于对水的要求:"其水,用山水上,江水中,井水下。其山水,拣乳泉、石池慢流者上。"双溪陆羽泉在苕溪边,其水属于山泉水;三是古书中有关陆羽在杭州活动的依据,包括①苏东坡诗"煮茗僧兮瓯泛雪,炼丹人化骨成仙。当时陆羽空收拾,遗却安平一片泉",②《灵隐寺志》载灵隐寺僧为陆羽树碑记[2]。认为陆羽著《茶经》之地是在湖州的观点认为,苕霅是水名也是地名。就水而言:苕霅即苕溪和霅溪。苕溪分东苕溪和西苕溪。前者经流临安、余杭、德清至湖州;西苕溪经流考丰、安吉、长兴至湖州,汇东苕溪后入太湖。东苕溪在余杭境又分南苕溪、中苕溪、北苕溪。而霅溪指从德清流至湖州的一段,只属湖州[3,4]。

另有人分析认为,陆羽曾两次来杭州双溪,第一次是公元 760 年,时间很短,是年之秋又去湖州、长兴,考察顾渚山一带的茶叶;第二次是 763 年,在将军山北麓的清泉之旁结庐以居,邑泉品茗写《茶经》。《茶经》一书是陆羽在多地考察茶事时,把耳闻目睹的茶事活动记录、综合整理,然后定稿的[5]。

陆羽当年寻茶至天目,还曾与名士高僧往来山寺之中的径山禅寺,即位于陆羽泉溪北约 15 千米的径山。明夏止善有诗句"蓝舆忽度翠微关,行尽双溪上径山……雪水隐应仙品试,茶经仍向石林删"。这首出现"茶经"二字的诗中,把陆羽泉的所在地双溪和名寺佳茗的径山连在一起。也说明当时有人认为陆羽品泉试茶著作《茶经》曾在余杭径山、双溪一带活动。径山寺于唐天宝四年(745)由法钦禅师开山结庵,受到历代皇室重视[1]。唐代宗诏法钦禅师进京问法,诏敕为"国一禅师"。法钦禅师又精于茶禅之道,亲手种植茶叶,径山寺与径山茶齐名;对后来陆羽品泉试茶著作茶经产生影响[2]。

二、杭州是中国茶文化对外传播的重要窗口

杭州余杭径山寺与径山茶,始于唐代,盛名于宋。唐天宝元年(742),法钦禅师到径山结庵种茶,用以奉供佛祖、接待宾客。南宋时,径山茶被列为贡品,寺院还行"茶宴"接待四方客人。"茶宴"有专门的道具,茶台子和烹点、献茶、举盏、闻香、观(汤)色、品味、叙事、叙景、迎送等礼仪程序。

由于径山寺是东南名寺,吸引了众多日本禅师先后到径山留学研修佛学,他们回国时把有关茶文化和茶技术传播到日本,与本国的文化结合,加以改进,演化为日本"茶道"。据王家斌研究,《类聚名物考》有载:"茶道之起,正元中筑(1259)由崇福寺开山祖师南浦绍明从宋传入。"《东福寺志》载:"圣一国师圆尔弁圆带回《禅苑清规》一卷,依此为蓝本,制定了《东福寺清规》,布置讲究的僧堂举行'茶宴',室内张贴径山寺无准师范,虚堂智愚的书法墨迹,摆设中国花瓶和天目茶碗。"所以,王家斌认为,杭州余杭径山"茶宴"是日本"茶道"之源,径山寺是日本"茶道"的故乡[6]。赵大川指出"径山寺是中日茶文化交流的桥梁"[2]。当时无准师范主持径山寺时,朝鲜法师了然法明也曾到径山寺学佛习茶[2]。说明宋代时期,径山寺的茶文化已向日本、朝鲜半岛传播。

三、杭州是现代高层次茶学人才培养中心

陆羽《茶经》的问世,标志着古代茶学体系的形成。随后,茶学体系得到不断的补充和完善。刘祖生经过深入研究[7],认为19世纪末至今,中国现代茶学研究经历了4个时期:即19世纪末至20世纪20年代的准备期,这个时期一些有识之士竭力倡导培养人才,学习科学技术。一方面选派留学生到国外学习,另一方面在国内建立初等、中等茶业学校,培养人才,为现代茶学研究准备人才条件。20世纪30—40年代为起步时期,在安徽祁门成立茶叶研究机构,并于1936年2月召开了全国茶叶学术研讨会,针对当时的茶叶技术问题开展研讨,同年在中山大学成立了茶蔗部,1940年在西迁重庆的复旦大学建立了茶叶系和茶叶专修科。至此,我国的茶学高等教育自成体系,标志着现代茶学研究的起步。20世纪50—70年代为我国茶学研究的初步发展阶段。20世纪50年代初,安徽农学院、

武汉大学、浙江农学院、西南农学院、湖南农学院等相继创办茶叶专业。1958 年在杭州成立了中国农业科学院茶叶研究所,标志着茶学研究进入了有组织、有计划的发展阶段。20 世纪 70 年代以后,是我国茶学教育研究全面发展的阶段,出版了系列茶学专业教材,开始培养学士学位本科生、硕士学位和博士学位研究生。进入 21 世纪,茶学职业教育得到飞速发展。

在现代茶学教育中,杭州已经发展成为世界茶学高层次人才培养的中心。浙江农业大学 1952 年成立了茶叶专修科,面向全国招收两年制专科生,1956 年改为茶学系,招收四年制本科生,1957 年招收了我国第一批来华学习的茶叶专业留学生,1962 年招收我国第一位茶叶专业研究生。该校茶学专业 1986 年被国务院学位委员会批准为我国第一个茶学专业博士学位授予点,1989 年和 2002 年分别被教育部评为我国唯一的茶学专业国家重点学科。迄今,杭州已经有 2 个茶学博士学位授权点、2 个硕士学位授权点,累计为我国及日本、韩国、法国、俄罗斯、越南、肯尼亚、斯里兰卡培养了茶学专业博士生、硕士生、本科生、专科生、留学生等 5000 余人。其中博士生 30 余人,硕士生 130 余人。最近几年,在"评茶师""茶艺师"职业技术培训中,杭州也领先于全国,先后有浙江大学、中国农业科学院茶叶研究所、中华供销合作总社杭州茶叶研究院、中国茶叶学会、中国国际茶文化研究中心、中国茶叶博物馆等教学科研部门面向全球招生,培训茶叶职业技术人才。据不完全统计,近 8 年已为国内外培养"茶艺师"和"评茶师"等职业技术人才 30000 余人,其中国际学员 500 余人。杭州在我国茶学教育和国际学术交流中具有重要地位。

[本文原载于《茶叶》,2005,31(4)]

参考文献

[1]林金木.陆羽泉与径山茶[J].农业考古,2002(2):7—10.

[2]赵大川.径山茶考——陆羽《茶经》与日本茶道[J].农业考古,2002(2):11—24.

[3]钱时霖.再论陆羽在湖州写《茶经》[J].茶叶,2003,29(3):130—1324.

[4]朱乃良.陆羽与湖州[J].茶叶,2003,29(3):128—129.

[5]余清源.茶圣陆羽在余杭[J].农业考古,2002(2):25—27.

[6]王家斌.浙江余杭径山——日本"茶道"的故乡[J].中国茶叶加工,1998(2):44—45.

[7]刘祖生.世纪之交中国茶学研究的回顾与前瞻[J].茶叶,1999,25(1):8—10.

禅茶拾贝

径山祖师法钦碑及作者考

黄夏年

浙江杭州径山寺，是临济宗著名祖庭，也是中国佛教的重要寺院之一。此寺高僧大德辈出，开山祖师法钦的贡献，更是不可埋没。本文拟就其碑，作一考证性研究，供诸位批评指正。

一、《宋高僧传·唐杭州径山法钦传》

法钦亦称道钦，唐代僧人。《宋高僧传·唐杭州径山法钦传》有其传，全文曰：

释法钦，俗姓朱氏，吴郡昆山人也。门地儒雅，祖考皆达玄儒，而傲睨林薮，不仕。钦托孕母管氏，忽梦莲华生于庭际，因折一房，系于衣裳。既而觉已，便恶荤膻。及迄诞弥岁，在于髫辮，则好为佛事，立性温柔，雅好高尚，服勤经史，便从乡举。

年二十有八，俶装赴京师，路由丹徒，因遇鹤林素禅师，默识玄鉴，知有异操，乃谓之曰：观子神府温粹，几乎生知，若能出家，必会如来知见。钦闻悟识本心，素乃躬为剃发，谓门人法鉴曰：此子异日大兴吾教，与人为师。寻登坛纳戒，炼行安禅，领径直之一言，越周旋之三学。自此，辞素南征。素曰：汝乘流而行，逢径即止。后到临安，视东北之高峦，乃天目之分径。偶问樵子，言是径山，遂谋挂锡于此。见苫盖，覆置网，屑近而宴居，介然而坐。时雨雪方霁，旁无烟火，猎者至，将取其物，颇甚惊异叹嗟，皆焚网折弓，而知止杀焉，下山募人营小室，请居之。近山居，前临海令吴贞舍别墅以资之。自兹盛化，参学者众。

作者单位：中国社会科学院世界宗教研究所。

代宗睿武皇帝大历三年戊申岁(768)二月下诏曰：朕闻江左有蕴道禅人，德性冰霜，净行林野。朕虚心瞻企，渴仰悬悬，有感必通，国亦大庆。愿和尚远降中天，尽朕归向，不违愿力，应物见形。今遣内侍黄凤宣旨，特到诏迎，速副朕心。春暄，师得安否？遣此不多，及勅令本州岛供送。凡到州县，开净院安置，官吏不许谒见，疲师心力。弟子不算多少，听其随侍。帝见，郑重咨问法要，供施勤至。

司徒杨绾笃情道枢，行出人表。一见钦于众，退而叹曰：此实方外之高士也，难得而名焉。帝累赐以缣缯，陈设御馔，皆拒而不受。止布衣蔬食，悉令弟子分卫，唯用陶器，行少欲知足，无以俦比。帝闻之，更加仰重，谓南阳忠禅师曰：欲锡(赐)钦一名。手诏赐号"国一"焉。

德宗贞元五年(789)，遣使赍玺书宣劳，并庆赐丰厚。钦之在京及回浙，令仆公王节制州邑名贤。执弟子礼者，相国崔涣、裴晋公度、第五琦、陈少游等。自淮而南，妇人礼乞，号皆目之为功德山焉。六年(790)，州牧王颜请出州治龙兴寺净院安置，婉避。韩滉之废，毁山房也。

八年(792)壬申十二月，示疾说法而长逝。报龄七十九，法腊五十。德宗赐谥曰大觉，所度弟子崇惠禅师、次大禄山颜禅师、参学范阳杏山悟禅师、次清阳广敷禅师。于时奉葬礼者，弟子实相、常觉等，以全身起塔于龙兴净院。

初钦在山，猛兽鸷鸟驯狎，有白兔二跪于杖屦之间。又尝养一鸡，不食生类，随之若影，不游他所。及其入长安，长鸣三日而绝。今鸡冢在山之椒。

钦形貌魁岸，身裁七尺，骨法奇异。今塔中塑师之貌，凭几犹生焉。杭之钱氏为国，当天复壬戌中，叛徒许思作乱。兵士杂宣城之，卒发此塔，谓其中有宝货，见二瓮上下合藏，肉形全在，而发长覆面，兵士合瓮而去。刺史王颜撰碑述德，比部郎中崔元翰、湖州刺史崔玄亮、故相李吉甫、丘丹，各有碑碣焉。[1]

赞宁对法钦禅师的生平做了简略介绍，包括他的家庭背景、出生与出家，开山径山寺，乃至圆寂的一生过程，特别较详细地述了他与代宗皇帝之间的关系，以及他圆寂后的影响等等。

《宋高僧传》是释赞宁受皇帝"伏奉敕旨"而撰写的一本僧传，其写作素材来自"辑万行之新名，或案谍铭，或征志记，或问车酉轩之使者，或询耆旧之先民，研磨将经论，略同雠校，与史书悬合，勒成三峡"。[2]工作方法非常严谨，"臣等分面征搜，各涂构集，如见一家之好，且无诸国之殊，所以成十科者易同拾取，其正传五百三十三人，附见一百三十人，矧复逐科尽处，象史论以摅辞，因事言时，为传家之系断，厥号有《宋高僧传》焉。"[3]编纂目的非常明确，"庶几乎，铜马为式选千里之骏驹，竹编见书实六和之年表。观之者务进，悟之者思齐，皆登三藐之山，悉入萨云之海，永资圣历，俱助皇明。"[4]所以这本由皇帝敕令编写的僧传，可谓是下了不少功夫。

赞宁在《法钦传》中特地提到法钦圆寂后，为其作碑铭及丹书的有五人：刺史王颜、比部郎中崔元翰、湖州刺史崔玄亮、故相李吉甫、丘丹。下面对这五位作碑铭者，分别进行考述。

二、王颜与"国一禅师塔铭"

第一位"撰碑述德"王颜，旧、新《唐书》无传。《山西通志》有传曰："王颜，临晋人。晋河东太守司空卓之裔，唐慈州文城县令景祚之孙，彬州郴县丞简真之仲子，登大历二年进士，补太子校书，转河东猗氏尉，同州合阳县令，再转洛阳令，移典杭州，入大理少卿，拜御史中丞，出虢州刺史。"[5]王颜好文，博览群书，对王氏家族的尊严甚是爱护。山西有崔、卢、李、郑、王五大姓氏。其中，太原王氏家族出自姬姓。周灵王太子晋子宗敬为司徒时，人号王家，因以为氏。王氏十五世孙王翦是秦朝大将军，太原王氏就出自王翦的孙子离这一系。离的次子威之九世孙王霸，位汉朝扬州刺史，长居太原晋阳，其后人在相当长的一段时间内一直继承祖位。"后魏定氏族，金以太原王为天下首姓，故古今时谚有鼎盖之名，盖谓盖海内甲族著姓也。"[6]太原王姓开始发展成四房，接着发生分歧，"又见近代《太原房谱》称，显姓之祖，始自周灵王太子晋。《琅琊房谱》亦云太子晋后。且晋平公闻周太子生而异，使师旷朝周见太子……"[7]为此，王颜专门撰写《追树十八代祖晋司空太原王公神道碑铭》一文，考证"太子晋"的生平。指出"魏之风俗，俭不中礼，周之子孙，日失其序。颜实永痛，力建丰碑，有四义焉：一归流遁者之心，二正迷宗者之望，三伏旌垂庆之德，四永铭储祉之仁"。[8]王颜认为各房王姓抢夺王姓正宗是失礼失序的行为，故为之作《钟鼎铭》曰：

"太原一宗,晋代三公,薨时世故,葬此河东。孙谋克著,祖庆所钟,显魂凛凛,遗冢崇崇……"[9]王颜晚年倾心道教,"希心自然,冥怀阴骘,奉道典'阴功重,阳功轻,阴罪重,阳罪轻'之言于中条山,创建道静院,自虢州弃官,栖息其中。"[10]

《乾道临安志》卷三说王颜于"贞元六年(790)为杭州刺史",亦即是说,他于大历二年(767)获进士后,经河东猗氏尉、合阳县令、洛阳令等23年官场历练,最后到杭州当了刺史。他为杭州刺史期间与释法钦关系甚密,于是在贞元八年(792)法钦圆寂之后,为法钦"撰碑述德"。他所撰写的碑文是"国一禅师塔铭"[11],已佚,故撰文的具体时间不详。贞元十一年(795)九月,虢州刺史王颜撰写了《铸鼎原铭》[12]。贞元十七年(801)十月,王颜又撰写了《追树十八代祖晋司空太原王公神道碑铭》,说明他还在世上。王颜卒于何年,因史料缺乏,尚不可考。《河南通志》卷四十九曰:"王颜墓,在阌乡县七正洞侧。颜,虢州刺史。"说明他没有葬在老家山西,而是埋在了河南。

三、崔元翰与《大觉禅师国一影堂碑》

比部郎中崔元翰是第二位撰碑者。崔元翰在旧、新《唐书》和《会稽志》《山西通志》《宝刻丛编》《册府元龟》等中有载。

《旧唐书》卷一百三十七云:"崔元翰者,博陵人。进士擢第,登博学宏词制科,又应贤良方正、直言极谏科,三举皆升甲第,年已五十余。李汧公镇滑台,辟为从事。后北平王马燧在太原,闻其名,致礼命之,又为燧府掌书记。入朝为太常博士、礼部员外郎。窦参辅政,用为知制诰。诏令温雅,合于典谟。然性太刚褊简傲,不能取容于时,每发言论,略无阿徇,忤执政旨,故掌诰二年,而官不迁。竟罢知制诰,守比部郎中。元翰苦心文章,时年七十余,好学不倦。既介独耿直,故少交游,唯秉一操,伏膺翰墨。其对策及奏记、碑志,师法班固、蔡伯喈,而致思精密。为时所摈,终于散位。"

《新唐书》卷二百三曰:"崔元翰,名鹏,以字行。父良佐,与齐国公日用从昆弟也。擢明经甲科,补湖城主簿,以母丧,遂不仕。治《诗》《易》《书》《春秋》,撰《演范》《忘象》《浑天》等论数十篇。隐共北白鹿山之阳。卒,门人共谥曰贞文孝父。元翰举进士,博学宏辞,贤良方正,皆异等。义成李勉表在幕府,马燧更表为太原掌书记,召拜礼部员外郎。窦参秉政,引知制诰。其训辞温厚,有典诰风,然性刚褊,不能取容于时。孤特自恃,掌诰凡再期,不迁,罢为比部郎中时,已七十余,卒。其好学,老不倦,用思精致,驰骋班固、蔡邕间,以自名家。怨陆贽、李充乃附裴延龄。延龄表钩校京兆妄费,持吏甚急,而充等自无过,讫不能傅致以罪云。"

《新唐书·崔元翰传》述元翰生平,疑有错误,此为后人所指出。宋咸林吴缜曾曰:"今案《崔日用传》,乃滑州灵昌人。而又《崔元翰传》,述良佐云与日用从昆弟也。此二传乡里宗族与《艺文志》不同,未知孰是?然以《宰相世系表》考之,则良佐乃日用之再从侄,以是言之,则从子者是,而从昆弟者,误欤。"[13]

综合新、旧《唐书》,可知崔元翰是一大器晚成之人,50岁以后才开始得志,然又因性格刚而不悦,直言而不祖,在官场上始终不能如意,最终没有提拔。崔元翰官场不得意,但是文学水平很高,各种文体皆能写作,作品产量巨丰,是一位难得的文学天才。唐代著名文人权德舆曾与崔元翰相交,崔元翰逝世后,权德舆"捧遗文见咨",[14]为崔元翰的遗著作序,他评价崔元翰:"其文若干篇,闳茂博厚,菁华缜密,足以希前古而耸后学。记循吏政事,则《房柏卿碣》《孙信州颂》;叙守臣勋烈,则《黎阳城碑》《刘幽求神道碑》;表宗工贤人兆域,则李太师、梁郎中《志文》;撰门中德善,则贞文、孝父《志》《碣》二铭;摅志气以申感慨,则《与李都统及二从事书》;诠桑门心法,则《大觉禅师碑》;推人情以陈圣德,则《请复尊号表》;铺陈理道,则有制策;藻润王度,则有诏诰。向所叙《诗》《书》《说命》《马颂》而下,君皆索其粹精,故能度越伦类,有盛名于代。其他诗、赋、赞、论、铭、诔、序、记等合为三十卷,如黄钟玉磬,琼璧琬琰,奏于悬间,列在西序。其章章者,虽汉廷诸公,不能加也。无溢言曼辞以为夸大,无谄笑柔色以资孟晋,劲直而不能屈己,清刚而不能容物。介特寡徒,晚达中废,斯亦命之所赋也。"[15]曲高和寡,才高位轻,纵使文赋天下,崔元翰也受制于人事所囿。

可惜这么一位有天赋,有文采的学者,却没有留下他的更多著作,令人叹惋。现在所见崔元翰之作,仅《与常州独孤使君书》,[16]以及《清明卧病不得游开元寺》[17]与《奉和圣制重阳日,百寮曲江宴示怀》[18]两诗。文字不多，移录如下：

与常州独孤使君书

日月，崔元翰再拜上书郎中使君阁下，天之文以日月星辰，地之文以百谷草木，生于天地而肖天地。圣贤又得其灵和粹美，故皆含章垂文，用能裁成庶物，化成天下。而治平之主，必以文德致时雍；其承辅之臣，亦以文事助王政。而唐尧、虞舜、禹汤、文武之代，则宪章、法度、礼乐存焉；皋陶、伯益、伊传、周召之伦，则诰命、谟训、歌颂传焉。其后卫武、召穆、吉甫、仍叔，咸作之诗，并列于《雅》；孔圣无大位，由修《春秋》，述《诗》《易》，反诸正而寄之治；而素臣丘明、游夏之徒，又述而赞之。推是而言，为天子大臣，明王道，断国论，不通乎文学者，则陋矣；士君子立于世，升于朝，而不繇乎文行者，则僻矣。然患后世之文，放荡于浮虚，舛驰于怪迂，其道遂隐。谓宜得明哲之师长，表正其根源，然后教化淳矣。

阁下绍三代之文章，播六学之典训；微言高论，正词雅旨，温纯深润，溥博弘丽，道德仁义，粲然昭昭，可得而本。学者风驰云委，日就月将，庶几于正。若元翰者，徒以先人之绪业，不敢有二事，不迁于他物。而其颛蒙朴呆，难以为工；抗精劳力，未有可采。独喜阁下虽处贵位，而有仲尼诲人不倦之美，亦欲以素所论撰，贡之阁下，然而未有暇也。不意流于朋友，露其嗤鄙，而乃盛见称叹，俯加招纳，顾惟狂简，何以克堪？今谨别贡五篇，庶垂观察，傥复褒其一字，有逾拱璧之利；假以一言，若垂华衮之荣。不宣。元翰再拜。

清明卧病不得游开元寺

山色入层城，钟声临复岫。乘闲息边事，探异怜春后。

曲阁下重阶，回廊遥对溜。石间花遍落，草上云时覆。

钻火见樵人，饮泉逢野兽。道情亲法侣，时望登朝右。

执宪纠奸邪，刊书正讹谬。茂才当时选，公子生人秀。

赠答继篇章，欢娱重用旧。垂帘独衰疾，击缶酬金奏。

奉和圣制重阳日，百寮曲江宴示怀

偶圣睹昌期，受恩惭弱质。幸逢良宴会，况是清秋日。远岫对壶觞，澄澜映簪绂。炮羔备丰膳，集凤调鸣律。薄劣厕英髦，欢娱忘衰疾。平皋行雁下，曲渚双凫出。沙岸菊开花，霜枝果垂实。天文见成象，帝念资勤恤。探道得玄珠，斋心居特室。岂如横汾唱，其事徒娇逸。

读崔元翰之遗作，"训辞温厚，有典诰风"，如权德舆所说："闳茂博厚，菁华缜密，足以希前古而耸后学。"其文气势庞大，论古说今，德才相匹，循循深入，"然患后世之文，放荡于浮虚，舛驰于怪迂，其道遂隐。谓宜得明哲之师长，表正其根源，然后教化淳矣。"元翰自成一论，点明了世风日下之怪状，以及治理世风之办法。其诗"执宪纠奸邪，刊书正讹谬""远岫对壶觞，澄澜映簪绂"，抒发了士大夫"铁肩担道义，妙手著文章"的正义情怀。崔元翰"用思精致，驰骋班固、蔡邕间，以自名家"。然不谙世事，只以才论，最终落得"为时所摈，终于散位"。据说柳宗元的文集中，"集百官《请复尊号表》六首，皆出于崔元翰"。[19]良可叹也！

权德舆说崔元翰的"诠桑门心法，则《大觉禅师碑》，亦名"大觉禅师国一影堂碑""唐嘉祥寺大觉禅师影堂记"和"唐径山大觉禅师国一影堂记"等。"影堂"是祭祀法钦禅师的祖师堂，内有法钦禅师的画像或塑像。《会稽志》卷十六云："大觉禅师国一影堂碑，崔元翰撰，羊士谔正书，贞元九年（793）二月八日。石在府城大庆寺，碑作嘉祥寺。"因碑作于嘉祥寺，故名《唐嘉祥寺大觉禅师影堂记》。《宝刻丛编》卷十四云："唐大觉禅师国一碑，唐崔元翰撰，归登行书并题额。元和十年四月十五日建在径山。《复斋碑》录。"故简称《唐大觉禅师碑》。[20]

史书记载崔元翰所撰写的这块碑，现在看来问题很多，有必要细考一下：

《舆地碑记目》卷一云："大觉禅师国一影堂碑，在府城大庆寺，正元元年。"此为错记。"正元"是三国魏朝高贵乡公曹髦在位时期，时间在254年，比法钦圆寂的贞元八年（792）壬申十二月早538年。如果"正元"是"贞元"之误，则"贞元元年"也是错误，因为法钦是在八年圆寂的。《会稽志》说"大觉禅师国一影堂碑"的写作时间在"贞元九年二月八日"，则是在法钦圆寂两个月后，碑文就已经写出。

"大庆寺"自唐到明有好几座同名的寺院，唐代大庆寺在会稽城内。《渭南文集》卷二十四《重修大庆寺疏》曰："佛出本为一大缘，初无差别。越城昔有六尼寺,五已丘墟,惟大庆之名蓝,实故唐之遗址。兹蒙贤牧命复旧规,方广募于众财,冀亟成于伟观。魔王魔民魔女,尽空蜂蚁之区;法鼓法炬法幢,一新龙象之众。悦承金诺,敢请冰衔。"《渭南文集》五十卷由南宋诗人陆游所撰,其所写《疏》明确指出,大庆寺为唐代会稽城内的六大尼寺之一。在晚唐时,大庆寺仍然还在,唐咸通三年(862),寺里立有"《大庆寺众尼粥田记》,裴澹述,王隋正书,咸通三年十月二十七日,后有田段四至。"[21]咸通十一年(870),立有"《大庆寺复寺记》,贝灵该分书并篆额,咸通十一年二月二十日刻"。[22]之后可能由于战争原因,兹寺渐渐衰落,到了宋时已经衰败不堪,所以才要重新修葺。《会稽志》卷十一曰:"大庆桥在城东南,以傍有大庆寺,故名。"《会稽志》卷八又载:"尼戒坛在大庆寺大殿之后。"可知大庆寺不仅是会稽城内尼寺名蓝,也是传戒正范之处。

虽然陆游记载大庆寺为会稽城内六大尼寺之一,但是在唐代,大庆寺确有比丘住过。《宋高僧传·唐上都大安国寺好直传》载:"释好直,俗姓丁氏。会稽诸暨人也。幼不喜俗事,酒肉荤茹天然不食。因投杭坞山藏师落发。元和初受具于杭之天竺寺,凡百经律论疏钞,嗜其腴润,一旦芒屩策杖,诣洪州禅门,洞达心要,虚往实归,却于本郡大庆寺。求益者提训凡二十余载,为江左名僧。见儒士能青眼,故名辈多与之游,往往戏为诗句,辞皆错愕。凡从事廉问护戎于越,入境籍声实而造其户,不独能诱,亦善与人交者。"[23]好直禅师于元和初(807—811)在杭州受戒之后,回到会稽大庆寺住了二十余年,成为江左名僧。他于开成四年(839)十月二十五日圆寂,"春秋五十六。夏三十二"。[24]据此可推知他23岁时出家受戒为僧。此距法钦圆寂的贞元八年(792)相隔5年,考虑到好直禅师"诣洪州禅门,洞达心要"的禅宗背景,加上他在大庆寺的名声,很有可能是他在大庆寺里建造了"大觉禅师国一影堂",并请崔元翰撰写了碑文。

崔元翰撰写《大觉禅师国一影堂碑》,然而此碑却在会稽嘉祥寺所作,由羊士谔所书。嘉祥寺是佛教史上著名的寺院。据《高僧传》,吴人竺道壹法师思彻渊深,讲倾都邑,会稽郡守琅琊王荟,"于邑西起嘉祥寺,以壹之风德高远,请居僧首。壹乃抽六物遗于寺,造金牒千像。壹既博通内外,又律行清严,故四远僧尼,咸依附谘禀,时人号曰'九州岛都维那'"。[25]之后,梁代学通内外,博训经律的高僧释慧皎,住嘉祥寺,"春夏弘法,秋冬著述,撰《涅槃义疏》十卷及《梵网经疏》行世。又以(宝)唱公所撰《名僧(传)》颇多浮冗,因遂开例成广,著《高僧传》一十四卷。……传成,通国传之,实为龟镜。文义明约,即世崇重。"[26]少康"于越州嘉祥寺受戒,便就伊寺学《毗尼》。……洎到睦郡,入城乞食,得钱诱掖小儿,能念阿弥陀佛,一声即付一钱。后经月余,孩孺蚁慕念佛多者,即给钱。如是一年,凡男女见康,则云阿弥陀佛"。[27]少康因推行念佛,被奉为净土宗四祖。释慧虔"以晋义熙之初,投山阴嘉祥寺。克己导物,苦身率众,凡诸新经,皆书写讲说"。[28]临终时得到观世音菩萨的接引,最早在我国传扬观音信仰。隋代安息人吉藏大师"止泊嘉祥,如常敷引。禹穴成市,问道千余。志存传灯,法轮相继"。[29]吉藏曾撰写论著千部,号称"千部论主",又讲《三论》百遍,是三论宗大师。他曾"止会稽嘉祥寺,疏请智𫖮讲《法华经》"。[30]此外,还有善讲《法华》《毗昙》的昙机法师和道凭法师,"亦是当世法匠",[31]被郡守琅琊王琨请居邑西嘉祥寺。[32]

虽然嘉祥"寺本琨祖荟所创也"。[33]但还有另外的说法,谓该寺为书圣王羲之的故居,王荟是羲之的叔叔。羲之的第七代孙兄弟两人舍家入道,弟弟取名法极,字智永,哥哥取名惠钦,字智楷。他们开始住在旧宅,后来因每年拜墓的需要,将此寺移到了县西南三十一里的兰渚山下。"梁武帝以欣、永二人故号所住之寺,曰永欣焉"。[34]因家传的缘故,法极与惠钦两兄弟终身钻研先祖的书法,特别是法极,"常居阁上临书,凡三十年。所退笔头,置之大竹簏,簏受一石余,而五簏皆满。人来觅书如市,户限为之穿穴,用铁裹之,人谓之铁门限。后取笔头瘗之,号退笔冢,自制其铭。又尝临写真草千字文八百余本,浙东诸寺各施一本,妙传家法,精力过人。隋唐间工书者,鲜不临学"。[35]嘉祥寺不仅是书法圣地,也是佛教造像的圣地。史载"东晋会稽山阴灵宝寺木像者,征士谯国戴逵所制。逵以中古制像略皆朴拙,至于开敬不足动心。素有洁信,又甚巧思,方欲改斫。威容庶参真极,注虑,累年乃得成。遂东夏制像之妙,未之有如上之像也。致使道俗瞻仰,忽若亲遇,高平郗嘉宾撮香咒曰:若使有常将复睹圣颜,如其无常,愿会弥勒之前。所拈之香于手自然,芳烟直上,极目云际,余芬裴回,馨盈一寺。于时道俗莫不感厉,像今在越州嘉祥寺"。[36]

文化底蕴如此厚重的嘉祥寺,自然成为历代文人心中的圣地。能够在这座书法圣地创作留世的作品,是每一位文化人心中的愿望。在这个背景下,崔元翰撰写《大觉禅师国一影堂碑》在嘉祥寺出品,也成为意中之事。故此碑亦称为《唐嘉祥寺大觉禅师影堂记》,[37]应为顺理成章之作。

为《大觉禅师国一影堂碑》书写者羊士谔,也是唐代著名的诗人,曾经出版过《羊士谔诗》一卷,至今仍有诗若干首存世。羊士谔,"贞元元年,擢进士第。顺宗时为宣歙巡官王叔文所恶,贬汀州宁化尉。元和初李吉甫知,奖擢监察御史,掌制诰,出为资州刺史"。[38]羊士谔卷入党争,官场曲折,但他才华横溢。史载"谔工诗,妙造《梁》选,作皆典重。早岁尝游女几山,有卜筑之志,勋名相迫,不遂初心。有诗集行于世"。[39]他的诗喻景表心志,曲委无奈。如《西郊兰若》:"云天宜北户,塔庙似西方。林下僧无事,江清日正长。石泉盈掬冷,山实满枝香。寂寞传心印,无言亦已忘。"人评此诗:"五六有夏间山居之景,眼前事,只他人自难道也。"[40]又如《题郡南山光福寺》:"传闻黄阁守,兹地赋长沙。少壮称时杰,功名惜岁华。岩廊初见刹,宾从亚鸣笳。玉帐空严道,甘棠见野花。碑残犹堕泪,城古自啼鸦。寂寂清风在,怀人谅不遐。"[41]此诗通过描述光福寺的风光,借昔日之热闹喧嚣,对比如今之冷清寂寞,道出世事无常之感叹。

元和九年(814),羊士谔被贬到四川资州(今资中市),曾撰写《毗沙门天王赞》,此碑"岁久陷于城北隅,绍兴中邵博为守,始掘得之"。[42]在会稽,他于贞元元年四月撰写了《南镇会稽山永兴公祠堂碣》。[43]此碣由韩杼材书、韩方明篆额,享誉于世。韩杼材的书法很有名。史载"唐韩梓材,字利用。元稹观察浙东,幕府皆知名士,梓材其一也。笔迹睎颜鲁公、沈传师而加遒丽,披沙见金,时有可宝"。[44]韩梓材与羊士谔"同在越州,亦以文翰称云"。[45]法钦圆寂于贞元八年(792),《大觉禅师国一影堂碑》于翌年撰写,羊士谔此时正是擢得进士得意之时,又以文翰称越州,以他的名声和嘉祥寺的重要历史文化地位,请他来书写"大觉禅师国一影堂碑",自是水到渠成之事也。《宝刻丛编》卷十四说此碑于"贞元九年(793)二月八日立",可知碑文写成之后,很快就由羊士谔书成。由此也可以透露出,至少在贞元九年,羊士谔还在越州。

除了大庆寺里有大觉禅师影堂之外,径山寺同样也建有影堂。唐代诗人张祜曾经撰有《题径山大觉禅师影堂》一诗。该诗云:

> 超然彼岸人,一径谢微尘。
>
> 见想应非想(集作见相即非相),观身岂是身。
>
> 空门性未灭,旧里化犹新。
>
> 漫指堂中影,谁言影似真。[46]

张祜,唐代著名诗人。字承吉,邢台清河人。有诗集留世。他出身在清河(今邢台清河)张氏望族,家世显赫,被人称作张公子,有"海内名士"之誉。"淮南杜牧为度支使,善其诗。尝赠之诗曰:'何人得似张公子,千首诗轻万户侯。尝作淮诗有人生,只合杨州死禅智。'"[47]张祜性情狷介,不肯趋炎附势,终生没有蹭身仕途,未沾皇家寸禄。其晚年在丹阳曲阿筑室种植,寓居下来,与村邻乡老聊天,赏竹品酒,过着世外桃源的隐居生活。他在诗歌创作上取得了卓越成就,曾因"故国三千里,深宫二十年"而得名,《全唐诗》收录其 349 首诗歌。张祜一生坎坷不达,而以布衣终。他卒于唐宣宗大中六年(852),葬在丹阳县尚德乡。[48]此距法钦圆寂相差约百年。张祜为径山寺撰大觉禅师影堂诗,说明这座影堂在法钦圆寂百年后仍然存在。

在会稽,除了大庆寺的《大觉禅师国一影堂碑》,还有其他的《唐大觉禅师碑》。略考如下:

一、《唐径山大觉禅师碑》。《宝刻丛编》卷十四引《金石录》云此碑,"唐王颖撰,王俦正书,贞元十年(794)十一月"。此碑时间略晚于崔元翰一年,于贞元十年所出。碑文作者王颖生平已不可考,很可能属于当地文人,因为《舆地碑记目》卷一曾曰:"王颖书《尊圣经》,咸通十三年(872),在戒珠寺。"梅溪王先生文集后集卷四有诗《九日与同官游戒珠寺用去年韵》云:

> 九日重登古蕺山,劳生又得片时闲。
>
> 菊花今岁殊不恶,蓬鬓去年犹未班。
>
> 蓝水楚山诗兴里,鉴湖秦望酒杯间。
>
> 醉中同访右军迹,题扇桥边踏月还。

鉴湖在会稽城西南,为浙江名湖之一,名字始于宋朝。戒珠寺则历史悠久,唐已有之。戒珠寺后面蕺山有王右军遗像。[49]王颖撰《唐径山大觉禅师碑》是贞元十年。《通志》卷七十三载:"大觉禅师碑,王稱书,贞元十五年杭州。"即是在王颖写出碑文之后的第五年才被王稱在杭州书写出来。王颖书《尊圣经》是咸通十三年即 872 年,与他写《唐径山大觉禅师碑》相差78 年,如果两者是一人的话,王颖也应在 90 岁上下,则《尊圣经》应是王颖高龄之作,此时他已经无法撰文,但是书经还是可以的。书碑者王俏,也无可考,《宝刻丛编》卷十四云:"王俏,德宗时人。"通志说"王稱书",这个"王稱",旧新唐书均无载,疑是笔误,或是通假。《宝刻丛编》又说"王俏正书",这块《唐径山大觉禅师碑》很可能是法钦法师的入室弟子出于对他的仰慕而追记的,然后放在径山寺影堂里面。也有可能在法钦圆寂以后,径山寺马上为祖师建造了影堂,因为大庆寺影堂已经立有崔元翰的碑,所以径山寺就立了王颖碑。

二、《唐大觉禅师国一碑》。《宝刻丛编》卷十四引《复斋碑录》云此碑,"唐崔元翰撰,归登行书并题额,元和十年(815)四月十五日建在径山"。此碑晚于大庆寺碑 22 年,又是崔元翰撰文,立在径山寺影堂内。撰写碑文者归登是唐朝名士。史载"归登,字冲之,崇敬之子。事继母笃孝,举孝廉高第,又策贤良。性温恕,尝慕陆象先为人。贞元初为右拾遗。裴延龄得幸,右补阙熊轨[50]易疏论之,以示登。登动容曰:'愿审吾名,雷霆之下,君难独处。'同列有所谏正,辄联名无所回讳,转起居舍人,凡十五年。退然远权势,终不以淹晚概怀。顺宗为太子,登父子侍读。宪宗问政所先,知睿而果于断,劝顺纳谏争,内外传为谠言。进工部尚书,封长洲县男,谥曰宪。"[51]归登对佛教有感情,曾受诏与给事中刘伯刍、谏议大夫孟简、右补阙萧俛等,同就醴泉佛寺翻译《大乘本生心地观经》,他还与驸马杜琮,向华严宗澄观大师"请述《正要》一卷。"[52]归登擅长文学,书法亦好,工真、行、草、篆、隶等体,他撰写的《唐大觉禅师国一碑》,"乃登骑省时书也。字皆真行,纵横变动,笔意尤精"。[53]正是由于他的佛教徒与书法家的身份,书写《唐大觉禅师国一碑》的任务落在了他的身上。他用行书撰写的《唐大觉禅师国一碑》,因为纵横变动,特点明显,似龟在爬,被冠以"惟称此龟字"。[54]归登撰写的崔元翰所述碑是在元和十年（815）四月十五日，此碑明确是"建在径山"，也就是说在法钦圆寂 22 年后，径山的大觉禅师影堂还在，并且放进了新碑。

三、《大觉禅师碑》。《宝刻丛编》卷十四引《诸道石刻录》云此碑，"崔元翰撰，胡季良八分书并篆额，宝历二年（827）十一月。"这块《大觉禅师碑》既为"崔元翰撰"，应为国一禅师碑，因为崔元翰没有理由再次重写新的碑文。时间在"宝历二年（827）十一月"，与大庆寺碑和王颖碑相差约 33 年，与归登书的碑相差 11 年。书写碑文者胡季良，史书无传。《宣和画谱》曰其，"惟工行草，追慕古人而得其笔意。字体温润，虽肥而有秀颖之气，运笔略无凝滞，殆非一朝夕之工也。扬雄有言：'精而精之，熟在其中矣。'故技有操舟若神，运斤成风，岂非积习之久，而后臻于妙耶。观季良《读元和文》与夫《大乘寺帖》，字皆行书，既精且熟，想见其秃千兔之毫，穷万穀之皮，而能至是也。今御府所藏十。草书：《题然公山房诗》《逸草障》《文赋帖》《说龙帖》《蔡瑰帖》。行书：《读元和文》《大乘寺诗》《孔山寺诗》《昆山寺诗》《陈智帖》。"[55]虽然胡季良的生平事迹不详，但是他的书法在当时为人所赞誉，以至在很多地方都留下了他的墨迹，明代胡季良书唐开成二年写的《陀罗尼石幢》被发现后，曾引起人们注意，[56]有人写文章说："考诸家记录金石文字，太和八年湖州德本寺碑阴系季良正书。宝历二年杭州大觉禅师碑、元和二年平李锜纪功碑，均系季良八分书。元和四年国子司业辛璇碑、九年永兴寺僧伽和尚碑，均系季良篆额。是季良于书法诸体精熟，不独行草见长矣。"[57]从大庆寺碑到胡季良书碑仅相距 34 年，这段时间一连出现了四块碑，而且使用的全是崔元翰的文章，说明法钦禅师在当时的影响的确非同小可，可惜的是崔元翰的碑文没有流传下来。

四、崔玄亮与国一禅师碑

崔玄亮是赞宁《宋高僧传》提到的又一位法钦禅师碑的撰写者。《新唐书》载："崔玄亮，字晦叔，山东磁州人也。贞元十一年，登进士第，从事诸侯府。性雅澹，好道术，不乐趋竞，久游江湖。至元和初，因知己荐达入朝，再迁监察御史，转侍御史，出为密、湖、曹三郡刺史。每一迁秩，谦让辄形于色。太和初，入为太常少卿。四年，拜谏议大夫。中谢日，面赐金紫，朝廷推其名望,迁右散骑常侍。来年,宰相宋申锡为郑注所构,狱自内起,京师震惧。玄亮首率谏官十四人,诣延英请对,与文宗往复数百言。文宗初不省其谏,欲置申锡于法。玄亮泣奏曰:'孟轲有言:众人皆曰杀之,未可也;卿大夫皆曰杀之,未可也;天下皆曰杀之,然后察之,方置于法。今至圣之代,杀一凡庶,尚须合于典法。况无辜杀一宰相乎?臣为陛下惜天下法,实不为申锡也。'言讫,俯伏呜咽。文宗为之感悟。玄亮由此名重于朝。七年,以疾求为外任。宰相以弘农便其所请。乃授检校左散骑常侍、虢州刺史。是岁七月,卒于郡所,中外无不叹惜。始玄亮登第,弟纯亮、寅亮相次升进士科。藩府辟召,而玄亮最达。玄亮孙贻孙,位至侍郎。"[58]崔玄亮66岁去世,朝廷赠礼部尚书。玄亮曾遗言:"山东士人利便近,皆葬两都,吾族未尝迁,当归葬滏阳,正首丘之义。"[59]

晚年的崔玄亮,好黄老清静术。道书载:"崔公玄亮,奕叶崇道,虽登龙射鹄,金印银章,践鸳鹭之庭,列珪组之贵,参玄趋道之志,未尝怠也。宝历初,除湖州刺史。二年乙巳,于紫极宫修黄箓道场,有鹤三百六十五只,翔集坛所。紫云蓬勃,祥风虚徐,与之俱自西北而至。其一只朱顶皎白,无复玄翮者,栖于虚皇台上,自辰及酉而去。杭州刺史白居易,闻其风而悦之,作《吴兴鹤赞》曰:……"[60]"唐太和中,崔玄亮为湖州牧。尝有僧道闲,善药术,崔曾求之。僧曰:

'此术不难求,但利于此者,必及阴谴。可令君侯一见耳。'乃遣崔市汞一斤,入瓦锅,纳一紫丸,盖以方瓦,叠炭埋锅,备而焰起。谓崔曰:'只成银,无以取信。公宜虔心想一物,则自成矣。'食顷,僧夹锅于水盆中,笑曰:'公想何物?'崔曰:'想我之形。'僧取以示之,若范金焉,眉目巾笏,悉具之矣。"[61]此是神仙幻术,不足信也,但也可反映出玄亮的宗教观。

崔玄亮撰写的法钦禅师碑,只见于《宋高僧传》的记载。赞宁只说了一句"湖州刺史崔玄亮……各有碑碣焉。"其他各书均不见载,成为悬案。但是僧传既有"各有碑碣焉"之说,可知玄亮撰碑未必是空穴来风。法钦于贞元八年圆寂,玄亮于十一年登进士第。如果真如僧传所载,玄亮为法钦撰碑文很可能是在取得进士之后,因为这时他已有名声,将会受人之请撰写碑文。白居易为玄亮撰写的墓志说:"(玄亮)公晚年师六祖,以无相为心地。易箦之夕,大怖将至,如入三昧,恬然自安。于遗疏之末,手笔题云:暂荣暂悴石敲火,即空即色眼生花。许时为客今归去,大历元年是我家。"[62]白居易是玄亮的好朋友,人云:"元[63]亮与元徽之、白乐天皆正元初同年生也。元亮名最后,自咏云:人间不会云间事,应笑蓬莱最后仙。后白刺杭州,元为浙东廉使刺越,而崔刺湖州。白以诗戏之曰:越国封疆吞碧海,杭城楼阁入青天。吴与卑小君应屈,为是蓬莱最后仙。三郡有唱和诗,谓之《三州唱和集》。"[64]虽然书载玄亮晚年专意道教与道术,但是从白居易与崔玄亮两人的关系看,白居易所作的墓志是应该相信的。师法六祖,就是学习禅宗,法钦是一代高僧,朝廷敕赐的禅师,玄亮又在浙江做官,他与法钦的因缘自然可以通过撰写碑文得以表现,只是更多的资料尚有待发现。

五、李吉甫与《杭州径山寺大觉禅师碑铭并序》

李吉甫是唐宪宗时宰相,也是唐代著名的地理学家、政治家、思想家。《旧唐书》有传。李吉甫(758—814),字弘宪,赵郡(今河北赞皇县)人。父栖筠,为唐代宗朝御史大夫。吉甫以门荫入仕。德宗时,任驾部员外郎,颇为宰相李泌、窦参推重,后出为郴州刺史。宪宗即位,征为考功员外郎、知制诰。不久,入为翰林学士、中书舍人,得宪宗信任。元和元年(806),因参与平息剑南西川(今四川成都)节度使刘辟据蜀之乱,翌年又平息浙西(今江苏镇江)节度使李锜之乱,以功封赞皇县侯,徙赵国公。但因与牛僧孺对贬谪制科考官和压抑对策高第等事件产生分歧,酿成牛李党争,遭到舆论指责。又与御史中丞窦群不睦,遭到弹劾,遂自请出为淮南(今江苏扬川北)节度使。李吉甫在淮南三年,发展经济,巩固民生,政绩可观。元和六年,吉甫升为宰相。上任后精兵裁员,减免税赋,恢复交通,加强军事,颇有作为。

作为官员,李吉甫勇于破旧立新。他迁饶州刺史时,"先是,州城以频丧四牧,废而不居,物怪变异,郡人信验。吉甫至,发城门管钥,剪荆榛而居之,后人乃安。"[65]贞元中,义阳、义章二公主,在墓地造祠堂一百二十间,花钱数万。元和七年(812),京兆尹元义上书,要求同意永昌公主令起祠堂,请其制度。宪宗同意永昌之制,但是减旧制规模之半。李吉甫奏曰:"然陛下犹减制造之半,示折衷之规,昭俭训人,实越今古。臣以祠堂之设,礼典无文,德宗皇帝恩出一时,事因习俗,当时人间不无窃议。昔汉章帝时,欲为光武原陵、明帝显节陵，各起邑屋，东平王苍上疏言其不可。东平王，即光武之爱子，明帝之爱弟。贤王之心，岂惜费于父兄哉。诚以非礼之事，人君所当慎也。今者，依义阳公主起祠堂，臣恐不如量置墓户，以充守奉。"[66]李吉甫的一番规劝，得到宪宗的奖掖，认为："卿昨所奏罢祠堂事，深惬朕心。朕初疑其冗费，缘未知故实，是以量减。览卿所陈，方知无据。然朕不欲破二十户百姓，当拣官户委之。"[67]

李吉甫少好学，能属文，年二十七为太常博士，该洽多闻，尤精国朝故实。沿革折衷，时多称之。贞元初，为太常博士，后迁屯田员外郎、驾部员外等。他通晓儒学，善察历史，学识渊博，精通史地，著作等身。人称"唐宰相之善读书者，吉甫为第一人矣"。他"尝讨论《易象》异义，附于一行集注之下；及缀录东汉、魏、晋、周、隋故事，讫其成败损益大端，目为《六代略》，凡三十卷。分天下诸镇，纪其山川险易故事，各写其图于篇首，为五十四卷，号为《元和郡国图》。又与史官等录当时户赋兵籍，号为《国计簿》，凡十卷。纂《六典》诸职为《百司举要》一卷，皆奏上之，行于代"。[68]特别是他撰写的《元和郡县图志》，强调地理对于治理国家有极为重要的作用，关系到兴衰安危，是唐代地理巨著，也是中国现存最早的一部地理总志。

元和九年（814）冬，李吉甫暴病卒，终年五十七。宪宗伤悼久之，遣中使临吊；常赠之外，内出绢五百匹以恤其家，再赠司空，赐谥曰忠懿。[69]

李吉甫对宗教有自己的认识。当时长安城内"诸僧有以庄硙免税者，吉甫奏曰：'钱米所征，素有定额，宽缁徒有余之力，配贫下无告之民，必不可许。'宪宗乃止"。[70]他与佛教的关系非常密切，曾经"奉诏撰《一行传》一卷"。[71]他曾与沙门僧标结尘外之交。[72]唐代州五台山清凉寺澄观大师，在长安频被礼接，朝臣归向，"故相武元衡、郑因、李吉甫、权德舆、李逢吉、中书舍人钱徽、兵部侍郎归登、襄阳节度使严绶、越州观察使孟简、洪州韦丹，咸慕高风，或从戒训"。[73]又"元和二年（李吉甫）擢中书侍郎同平章事，尝请清凉观师为述《华严正要》一卷"。[74]尤其需要提出的是李吉甫对径山佛教的贡献，他撰写了法钦法师的碑文——《杭州径山寺大觉禅师碑铭并序》，此文收在唐文献之中。全文如下：

杭州径山寺大觉禅师碑铭并序^[75]

李吉甫

如来自灭度之后，以心印相付嘱，凡二十八祖至菩提达摩。绍兴大教，指授后学。后之学者，始以南北为二宗。又自达摩三世传法于信禅师，信传牛头融禅师，融传鹤林马素禅师，素传于径山，山传国一禅师。二宗之外，又别门也。

於戏！法不外来，本同一性。惟佛与佛，转相证知。其传也，无文字语言以为说；其入也，无门阶经术以为渐。悟如梦觉，得本自心，谁其语(一作悟)之，国一大师其人矣。

太师讳法钦，俗姓朱氏，吴都(一作郡)昆山人也。身长六尺，色像第一。修眸莲敷，方口如丹。巍焉若峻山清孤，泊焉若大风海上。故揖道德之器者，识天人之师焉。

春秋二十有八，将就宾贡，途经丹阳，雅闻鹤林马素之名，往申款谒。还得超然自诣，如来密印，一念尽传，王子妙力，他人莫识。即日剃落，是真出家。因问以所从，素公曰："逢径则止，随汝心也。"他日游方至余杭西山，问于樵人，曰："此天目山之上径。"大师感鹤林逢径之言，知雪山成道之所，于是荫松藉草，不立茅茨，无非道场。于此宴坐之久，邦人有构室者，大师亦因而安处，心不住于三界，名自闻于十方。华阴学徒，来者成市矣。

天宝二祀，受具戒于龙泉法仑和尚。虽不现身，亦不舍外仪。于我性中，无非自在。大历初，代宗睿武皇帝高其名而征之，授以肩舆，迎于内殿。既而幡幢设列，龙象图绕，万乘有顺风之请，兆民渴洒露之仁。问我所行，终无少法。寻制于章敬寺安置，自王公逮于士庶，其诣者日有千人。

司徒杨公绾，情游道枢，行出人表，大师一见于众，二三目之。过此默然，吾无示说。杨公亦退而叹曰："此方外高士也，固当顺之，不宜羁致。"寻求归山，诏允其请，因赐策曰"国一大师"，仍以所居为径山寺焉。

初大师宴居山林，人罕接礼；及召赴京邑，途经郡国，譬若优昙一现，师子声闻。晞光赴响者，毂击肩摩；投衣布金者，丘累陵聚。大师随而檀施，皆散之。建中初，自径山徙居于龙兴寺。余杭者，为吴东藩，滨越西境。驰轺轩者数道，通滨驿者万里，故中朝御命之士，于是往复；外国占风之侣，尽此(一作"此为")奔走。不践门阈,耻如喑聋。而太师意绝将迎,礼无差别。我心既等,法亦同如。贞元八年岁在壬申十二月二十八夜,无疾顺化,报龄七十九,僧腊五十。

先是一日,诚门人令设六斋。其徒有未悟者,以日暮恐不克集事。大师曰:"若过明日,则无所及。"既而善缘普会,珍供丰盈。大师意若辞诀,体无患苦。逮中霄,跏趺示灭。本郡太守王公颜即时表闻,上为虚歉,以大师元慈默照,负荷众生,赐谥曰大觉禅师。

海内伏膺于道者,靡不承问叩心,怅惘号慕。明年二月八日,奉全身于院庭之内,遵遗命也;建塔安神,申门人之意也。呜呼,为人尊师,凡将五纪,居唯一床,衣止一衲;冬无纩氎,夏不希绤。远近檀施,或一日累千金,悉命归于常住,为十方之奉。未尝受施,亦不施人。虽物外去来,而我心常寂。自象教之兴,数百年矣,人之信道者,方怖畏于罪垢,爱见于庄严。其余小慧,则以生灭为心,垢净为别,舍道由径,伤肌自疮。至人应化,医其病故。大师贞立迷妄,除其蟊冥,破一切相,归无余道。乳毒既去,正味常存。众生妄除,法亦如故。尝有设问于大师曰:"今传舍有二使,邮吏为刲一羊。二使既闻,一人救,一人不救,罪福异之乎?"大师曰:"救者慈悲,不救者解脱。"惟大师性和言简,罕所论说,问者百千,对无一二。时证了义,心依善根。未度者道岂远人,应度者吾无杂味。日行空界,尽欲昏痴;珠现镜中,自然明了。或居多灵异,或事符先觉,至若饮毒不害,遇疾不医,元(避"云"讳——编者注)鹤代暗,植柳为盖。此昭昭于视听者,不可备纪。于我法门,皆为妄见,今不书,尊上乘也。弟子实相,门人上首,传受秘藏,导扬真宗。甚乎有若似夫子之言,庚桑得老聃之道。以吉甫连蹇当代,归依释流,俾筌难名,强著无迹。其词曰:

水无动性,风止动灭。镜非尘体,尘去镜澈。众生自性,本同诸佛。求法妄缠,坐禅心没。如来灭后,谁证无生。大士密授,真源湛明。道离言说,法润根茎。师心是法,无法修行。我体本空,空非实性。既除我相,亦遣空病。誓如乳毒,毒去味正。天师得之,斯为究竟。何有涅盘,适去他方。教无生灭,道有行藏。不见舟筏,空流大江。苍苍遥山,成道之所。至人应化,万物皆睹。报盖形灭,人亡地古。刻颂丰碑,永存(一作"全")涧户。

李吉甫所作,是唯一保留下来的关于释法钦的碑文,也是介绍法钦生平事迹最全的碑文之一。此碑介绍了禅宗的源流,法钦的法脉,以及法钦的禅法思想和他当时的影响,是了解法钦禅师不可多得的基本资料。此文撰写于法钦禅师圆寂之后,时间应在法钦禅师圆寂二年后所撰。史载"德宗之末,……贬驾部员外郎李吉甫为明州长史,既而徙忠州刺史"。[76]德宗一共在位 25 年,曾经用过"建中""兴元""贞元"三个不同年号。其中"建中"共 4 年(780—783),"兴元"仅一年(784),"贞元"共 20 年(785—804)。由此可知,""德宗之末十年",即是贞元十年(794)。而这一年正是李吉甫被贬到明州做长史的时候,虽然他已是遭贬之人,但是作为有影响力的官员,余威仍在。凭借他的影响力,请他为刚圆寂的大禅师撰写碑文是意中之事,而李吉甫本人对佛教也有感情,又了解佛教的知识,加之正好被贬在浙江地区,闲赋之时,时间与精力都有,兴趣与感情亦在,又对法钦禅师有所了解,所以应承了这篇碑文,造就了禅宗史上一段宝贵的因缘。

《金石录》卷十云:"唐大觉禅师碑,李吉甫撰,萧起正书,大中八年十二月。"又云:"唐大觉禅师碑,丘丹撰,萧起行书,大中九年五月。"[77]这是说在唐大中八、九之二年,先后有两块法钦禅师碑出现。这里只讨论李吉甫碑,另一块丘丹碑将放在下面分析讨论。

"大中八年"是 854 年,为法钦禅师圆寂的贞元八年(792)之后第 62 年,也距李吉甫逝世的元和九年(814)过去 40 年。李吉甫何以撰完文章要在 40 年后才被刻碑?确实让人难得其解。按常理,李吉甫在当时的身份与地位,只要撰写出法钦禅师碑文,就应该能够书出镌刻于碑,而且李吉甫在文章里面专门强调了要"刻颂丰碑,永存(一作全)涧户"的想法,所以没有必要在他离世 40 年后再刻碑。此事要么是记载的时间有错,要么是有人假借,要么是径山寺的历史上出现了什么大事,因而要刻碑纪事。

为李吉甫碑文书碑的人——萧起,史书无传。《御定佩文斋书画谱》称他是"宣宗时人",[78]想来是颇有成就的书法家。他除了书写李吉甫碑文之后,还书写了由魏庚撰写的"阳翟县水亭记碑"。[79]萧起留世有《汾州诗》一首曰:

> 汉家亭起向汾阴,俯瞰中流百尺深。
> 昔日遗基微有迹,多年古柏自成林。[80]

与崔元翰碑一样,李吉甫碑也给我们留下了扑朔之谜,有待解开。

六、丘丹与法钦碑

丘丹是赞宁提到的最后一位撰碑者。丘丹,苏州嘉兴(今浙江嘉兴市南)人。约唐德宗建中初前后在世。曾经做过诸暨令,历检校尚书户部员外郎,兼侍御史。贞元初,隐居临平山。[81]

"唐大历,有侍御史丘丹、州刺史裴士淹,继至皆有诗。"[82]丘丹是才华横溢的文人,亦诗亦文。为诗,《全唐诗》录存 11 首,皆为咏物抒志清丽之作。如"溪上望悬泉,耿耿云中见。披榛上岩岫,峭壁正东面。千仞泻联珠,一潭喷飞霰。嵯聚满山响,坐觉炎氛变。照日类虹霓,从风似绡练。灵奇既天造,惜处穷海甸。吾祖昔登临,谢公亦游衍。王程惧淹泊,下磴空延眷。千里雷尚闻,峦回树葱蒨。此来共贱役,探讨愧前彦。永欲洗尘缨,终当惬此愿"。[83]前面谈景,溪岩相映,得天独造。后面讲人,追求解脱,一洗尘缨。为文,言史探志,悲心融贯。现仅存《惠山寺宋司徒右长史湛茂之旧居志并诗》一篇。文曰:

"无锡县西郊七里有惠山寺,即宋司徒、右长史湛茂之之别墅也。旧名历山,故南平王刘铄有《过湛长史历山草堂》诗,湛有酬和。其文野而兴,特以松石自怡,逍遥岑寂,终见止足之意,可谓当时高贤矣!至齐竟陵王友江淹亦有继作。余登兹山,以睹三篇列于石壁。仰览遗韵,若穆清风。遽访湛氏胄裔,山下犹有一二十族,得十三代孙。略观其谱书,笺墨尘蠹,年世虽邈,茔垄尚存。余披《宋史》,略不见其人,心每惕叹,悲夫斯人也,而史阙书。然其有一篇,则为不朽矣。因复追缉六韵,以次三贤之末。时有释若冰者,踪迹兹山。修念之余,凿嵌注壑,酾入诸界,无非金碧。钵帽之资,悉偿工费。是以道友邑僚,讽玩嘉赏。呜呼!得非茂之之缘,果而阴骘于上人。不然者,何竭虑之至耶?余圣唐山令臣也,屏居临平山墅亦有年矣。尝讽茂之篇句云,'衰废归林樊,岁寒见松柏。不觉禅意超,散若在庐霍'之间矣。异时同归,犹茂之之不忘也。嗟乎湛君,用刊岩石。傒俟后之知我者,得不继之乎!贞元六年,岁在庚午。诗曰:身退谢名累,道存嘉止足。设醴降华幡,挂冠守空谷。偶寻墅中寺,仰慕贤者躅。不见昔簪裾,犹有旧松竹。烟霞虽异世,风韵如在瞩。余仰江海人,归辙青山曲。"[84]

唐代著名文人韦应物是丘丹的好友。曾有人赞曰："韦郎昔日在苏州，唯许丘丹共唱酬。今日故人天上去，谁将好句慰清愁。"[85]时人评价曰："韦公以清德为唐人所重，天下号曰'韦苏州'。当贞元时为郡于此，人赖以安。又能宾儒士，招隐独，顾况、刘长卿、丘丹、秦系、皎然之俦类见旌引，与之酬唱，其贤于人远矣。"[86]丘丹与韦应物的关系非同一般，两人经常往来唱还。丘丹的《奉酬韦使君送归山之作》云："侧闻郡守至，偶乘黄犊出。不别桃源人，一见经累日。蝉鸣念秋稼，兰酌动离瑟。临水降麾幢，野艇才容膝。参差碧山路，日（一作目）送江帆疾。涉海得骊珠，栖梧惭凤质。愧非郑公里，归扫蒙笼室。"[87]丘丹听见韦应物来到的消息，非常激动。两人在一起相互酬酌，共同参游。韦应物离开时，丘丹送到江边，珍重告别。韦应物送丘丹回临平山，写作《重送丘二十二还临平山居》云："岁中始再觏，方来又解携。才留野艇语，已忆故山栖。幽涧人夜汲，深林鸟长啼。还持郡斋酒，慰子（一作此）霜露凄。"[88]一路叮咛，作诗回忆在一起的情景，读之感同身受。

丘丹的思想受佛道两教的影响，沉浸于隐居生活，自认是"余仰江海人，归辙青山曲"。[89]他寄诗韦应物说："露滴梧叶鸣，风秋桂花发。中有学仙侣，吹箫弄山月。"[90]表达了他隐遁山林，修道成仙的愿望。他在苏州曾与诗僧皎然来往，又与大历寺神邕法师"赋诗往来，以继文许之游"。[91]赞宁说他为法钦禅师撰写碑文，《宝刻丛编》引《金石录》说："唐大觉禅师塔铭，唐丘丹撰，萧起行书，大中九年五月立。"[92]"大中九年"是855年，距法钦禅师圆寂的贞元八年（792）相差63年，故丘丹碑应是最晚出的一块碑。但是这个时间也有问题，有待商榷。丘丹撰《惠山寺宋司徒右长史湛茂之旧居志并诗》自述："贞元六年，岁在庚午。诗曰：'身退谢名累，道存嘉止足。设醮降华幡，挂冠守空谷。偶寻墅中寺，仰慕贤者躅。不见昔簪裾，犹有旧松竹。烟霞虽异世，风韵如在瞩。余仰江海人，归辙青山曲。'"[93]说明他贞元六年仍然在世，并且撰写了《惠山寺宋司徒右长史 湛茂之旧居志并诗》。如果他又在大中九年撰写了法钦禅师塔铭，那么此时他至少有90岁高龄。可惜我们现在没有更多的材料来说明他为法钦禅师撰写塔铭的因缘，还需要进一步地研究与考证。

与李吉甫撰文一样,丘丹的法钦禅师塔铭也被记载为萧起所书,可以说萧起在大中八、九之两年时间里,先后用正书与草书,既书写了一通法钦禅师碑,又书写了一个塔铭。关于萧起的研究,还有待资料补充。

七、《宋高僧传·唐杭州径山法钦传》与法钦碑比较研究

赞宁撰写的《宋高僧传·法钦传》和李吉甫撰写的《杭州径山寺大觉禅师碑铭并序》,为我们研究法钦禅师提供了最基本的资料。赞宁是一位写作严谨的学者,其撰写的《法钦传》专门提到了"刺史王颜撰碑述德,比部郎中崔元翰、湖州刺史崔玄亮、故相李吉甫、丘丹,各有碑碣焉"。李吉甫是在法钦禅师圆寂后两年所出,他对法钦的生平事迹等做了较为详细的介绍。比较两种资料的异同,再作一些分析,以此来说明两者的关系。

《宋高僧传·唐杭州径山法钦传》与《杭州径山寺大觉禅师碑铭并序》相同处

宋高僧传·唐杭州径山法钦传	杭州径山寺大觉禅师碑铭并序
释法钦,俗姓朱氏,吴郡昆山人也。门地儒雅,祖考皆达玄儒,而傲睨林薮,不仕。 年二十有八,俶装赴京师,路由丹徒,因遇鹤林素禅师,默识玄鉴,知有异操,乃谓之曰:观子神府温粹,几乎生知,若能出家,必会如来知见。钦闻悟识本心,素乃躬为剃发,谓门人法鉴曰:此子异日大兴吾教,与人为师。寻登坛纳戒,炼行安禅,领径直之一言,越周旋之三学。自此,辞素南征。素曰:汝乘流而行,逢径即止。后到临安,视东北之高峦,乃天目之分径。偶问樵子,言是径山,遂谋挂锡于此。见苦盖,覆置网,屑近而宴居,介然而坐。时雨雪方霁,旁无烟火,猎者至,将取其物,颇甚惊异叹嗟,皆焚网折弓,而知止杀焉,下山募人营小室,请居之。近山居,前临海令吴贞舍别墅以资之。自兹盛化,参学者众。	太师讳法钦,俗姓朱氏,吴都(一作郡)昆山人也。身长六尺,色像第一。修眸莲敷,方口如丹。巍焉若峻山清孤。泊焉若大风海上。故摄道德之器者,识天人之师焉。 春秋二十有八,将就宾贡,途经丹阳,雅闻鹤林马素之名,往申款谒。还得超然自诣,如来密印,一念尽传,王子妙力,他人莫识。即日剃落,是真出家。因问以所从,素公曰:"逢径则止,随汝心也。"他日游方至余杭西山,问于樵人,曰:"此天目山之上径。"大师感鹤林逢径之言,知雪山成道之所,于是茠松藉草,不立茅茨,无非道场。于此宴坐之久,邦人有构室者,大师亦因而安处,心不住于三界,名自闻于十方。华阴学徒,来者成市矣。

宋高僧传·唐杭州径山法钦传	杭州径山寺大觉禅师碑铭并序
司徒杨绾笃情道枢，行出人表。一见钦于众，退而叹曰：此实方外之高士也，难得而名焉。帝累赐以缣缯，陈设御馔，皆拒而不受。止布衣蔬食，悉令弟子分卫，唯用陶器，行少欲知足，无以俦比。帝闻之，更加仰重，谓南阳忠禅师曰：欲锡（赐）钦一名。手诏赐号"国一"焉。 八年（792）壬申十二月，示疾说法而长逝。报龄七十九，法腊五十。德宗赐谥曰大觉，……	司徒杨公绾，情游道枢，行出人表，大师一见于众，二三目之。过此默然，吾无示说。杨公亦退而叹曰："此方外高士也，固当顺之，不宜羁致。"寻求归山，诏允其请，因赐策曰"国一大师"，仍以所居为径山寺焉。 贞元八年岁在壬申十二月二十八夜，无疾顺化，报龄七十九，僧腊五十。 本郡太守王公颜即时表闻，上为虚歔，以大师元慈默照，负荷众生，赐谥曰大觉禅师。

《宋高僧传·唐杭州径山法钦传》与《杭州径山寺大觉禅师碑铭并序》不同处

宋高僧传·唐杭州径山法钦传	杭州径山寺大觉禅师碑铭并序
钦托孕母管氏，忽梦莲华生于庭际，因折一房，系于衣裳。既而觉已，便恶荤膻。及迄诞弥岁，在于髫齓，则好为佛事，立性温柔，雅好高尚，服勤经史，便从乡举。 代宗睿武皇帝大历三年戊申岁（768）二月下诏曰：朕闻江左有蕴道禅人，德性冰霜，净行林野。朕虚心瞻企，渴仰悬悬，有感必通，国亦大庆。愿和尚远降中天，尽朕归向，不违愿力，应物见形。今遣内侍黄凤宣旨，特到诏迎，速副朕心。春暄，师得安否？遣此不多，及敕令本州岛供送。凡到州县，开净院安置，官吏不许谒见，疲师心力。弟子不算多少，听其随侍。帝见，郑重咨问法要，供施勤至。 德宗贞元五年（789），遣使赍玺书宣劳，并庆赐丰厚。钦之在京回浙，令仆公王节制州邑名贤。执弟子礼者，相国崔涣、裴晋公度、第五琦、陈少游等。自淮而南，妇人礼乞，号皆目之为功德山焉。六年（790），州牧王颜请出州治龙兴寺净院安置，婉避。韩滉之废，毁山房也。	如来自灭度之后，以心印相付嘱，凡二十八祖至菩提达摩。绍兴大教，指授后学。后之学者，始以南北为二宗。又自达摩三世传法于信禅师，信传牛头融禅师，融传鹤林马素禅师，素传于径山，山传国一禅师。二宗之外，又别门也。 於戏！法不外来，本同一性。惟佛与佛，转相证知。其传也，无文字语言以为说；其入也，无门阶经术以为渐。悟如梦觉，得本自心，谁其语（一作悟）之，国一大师其人矣。 初大师宴居山林，人罕接礼；及召赴京邑，途经郡国，譬若优昙一现，师子声闻。晞光赴响者，毂击肩摩；投衣布金者，丘累陵聚。大师随而檀施，皆散之。建中初，自径山徙居于龙兴寺。余杭者，为吴东藩，滨越西境。驰轺轩者数道，通滨驿者万里，故中朝御命之士，于是往复；外国占风之侣，尽此（一作此为）奔走。不践门阈，耻如喑聋。而太师意绝将迎，礼无差别。我心既等，法亦同如。

宋高僧传·唐杭州径山法钦传	杭州径山寺大觉禅师碑铭并序
所度弟子崇惠禅师、次大禄山颜禅师、参学范阳杏山悟禅师、次清阳广敷禅师。于时奉葬礼者，弟子实相、常觉等，以全身起塔于龙兴净院。 初钦在山，猛兽鸷鸟驯狎，有白兔二跪于杖屦之间。又尝养一鸡，不食生类，随之若影，不游他所。及其入长安，长鸣三日而绝。今鸡冢在山之椒。 钦形貌魁岸，身裁七尺，骨法奇异。今塔中塑师之貌，凭几犹生焉。杭之钱氏为国，当天复壬戌中，叛徒许思作乱。兵士杂宣城之，卒发此塔，谓其中有宝货，见二瓮上下合藏，肉形全在，而发长覆面，兵士合瓮而去。 刺史王颜撰碑述德，比部郎中崔元翰、湖州刺史崔玄亮、故相李吉甫、丘丹，各有碑碣焉。	天宝二祀，受具戒于龙泉法仑和尚。虽不现身，亦不舍外仪。于我性中，无非自在。大历初，代宗睿武皇帝高其名而征之，授以肩舆，迎于内殿。既而幡幢设列，龙象图绕，万乘有顺风之请，兆民渴洒露之仁。问我所行，终无少法。寻制于章敬寺安置，自王公逮于士庶，其诣者日有千人。 先是一日，诫门人令设六斋。其徒有未悟者，以日暮恐不克集事。大师曰："若过明日，则无所及。"既而善缘普会，珍供丰盈。大师意若辞诀，体无患苦。逮中宵，跏趺示灭。海内伏膺于道者，靡不承问叩心，怅惘号慕。明年二月八日，奉全身于院庭之内，遵遗命也；建塔安神，申门人之意也。呜呼，为人尊师，凡将五纪，居唯一床，衣止一衲；冬无纩，夏不绤。远近檀施，或一日累千金，悉命归于常住，为十方之奉。未尝受施，亦不施人。虽物外去来，而我心常寂。自象教之兴，数百年矣，人之信道者，方怖畏于罪垢，爱见于庄严。其余小慧，则以生灭为心，垢净为别，舍道由径，伤肌自疮。至人应化，医其病故。大师贞立迷妄，除其瞀冥，破一切相，归无余道。乳毒既去，正味常存。众生妄除，法亦如故。尝有设问于大师曰："今传舍有二使，邮吏为刲一羊。二使既闻，一人救，一人不救，罪福异之乎？"大师曰："救者慈悲，不救者解脱。"惟大师性和言简，罕所论说，问者百千，对无一二。时证了义，心依善根。未度者道岂远人，应度者吾无杂味。日行空界，尽欲昏痴；珠现镜中，自然明了。或居多灵异，或事符先觉，至若饮毒不害，遇疾不医，元鹤代暗，植柳为盖。此昭昭于视听者，不可备纪。于我法门，皆为妄见，今不书，尊上乘也。弟子实相，门人上首，传受秘藏，导扬真宗。甚乎有若似夫子之言，庚桑得老聃之道。以吉甫连蹇当代，归依释流，俾笔难名，强著无迹。其词曰：

续表

宋高僧传·唐杭州径山法钦传	杭州径山寺大觉禅师碑铭并序
	水无动性,风止动灭。镜非尘体,尘去镜澈。众生自性,本同诸佛。求法妄缠,坐禅心没。如来灭后,谁证无生。大士密授,真源湛明。道离言说,法润根茎。师心是法,无法修行。我体本空,空非实性。既除我相,亦遣空病。誓如乳毒,毒去味正。天师得之,斯为究竟。何有涅盘,适去他方。教无生灭,道有行藏。不见舟筏,空流大江。苍苍遥山,成道之所。至人应化,万物皆睹。报盖形灭,人亡地古。刻颂丰碑,永存(一作全)涧户。

通过以上两篇文章比较"同"与"不同",可以看出两者的"不同"大于"同"。也就是说,两者的写作既有各自的写作特点,也来自于不同的材料和内容。

两者相同之处在于都介绍了法钦禅师的家庭背景与出家的基本经历,以及建立径山寺的缘由,皇帝的敕赐,圆寂的时间与法腊等等。可以说,法钦禅师的基本材料都体现在这两篇文章之中。

两者不同之处则非常大。《宋高僧传》的写作风格是以辞条为主的形式,重在"思景行之莫闻,实纪录之弥旷"。[94]重点在于叙述传主的生平与主要事迹、一些重要僧人,加上他的思想与禅法,能既简略又全面反映出传主的特性,故后人称赞此书是"佛法事理来历纪纲,舍此书而弗知也"。[95]《唐杭州径山法钦传》基本上做到了这一点。李吉甫的《杭州径山寺大觉禅师碑铭并序》是集中围绕传主而发的一篇传记性文章,既然只为法钦禅师一人写作,则要求介绍既详,又要有血有肉,举例要尽,特点要出,所以介绍尽可能详细。两篇文章的写作风格决定了他们的内容不同:

例如《宋高僧传·唐杭州径山法钦传》谈到法钦禅师出生时的瑞兆;代宗、德宗两代皇帝与法钦禅师的会见,赏赐甚厚;法钦禅师与士大夫的交往,以及法钦禅师弟子的情况,包括法钦禅师的神迹与圆寂后撰碑的人士等等,皆为《杭州径山寺大觉禅师碑铭并序》所无。《宋高僧传》是在国家佛教色彩极浓之时代奉敕编纂而成的,故赞宁在撰文中非常注意描述政教关系,于此窥见佛法顺应王法之立场。《杭州径山寺大觉禅师碑铭并序》所说的禅宗历史,法钦禅师的修行情况,以及其所秉承的禅法思想与特色等等,亦为《宋高僧传·唐杭州径山法钦传》不载。李吉甫是朝廷中的重臣,他对佛教的立场处在了居高临下的状态,故他笔下的法钦禅师不需要表现出浓厚的政教关系色彩,相反更需要强调的是法钦禅师的佛法高低与佛教立场,所以两篇文章有不同的特色,也是意料之中的事情。

赞宁撰写《宋高僧传》,注意到了禅宗人物的介绍,在习禅篇除云门宗创立者云门文偃外,于禅宗各派重要人物皆有专传,对禅宗内部争议事迹亦无隐讳,为研究禅宗史留下了重要资料。但是他没有把禅宗的历史放在适当地位,同时作为南山律宗系统的后人,对禅宗的偏见也无可讳言,故后人认为:"宁既未达禅宗,文笔亦复冗杂,诠次阘茸,备览而已。"[96]这在法钦传里也有所反映,例如他只是叙述了法钦的历史与朝廷的关系,但是对他的禅法思想没有给予过多的介绍,在他的笔下,法钦只是一位修行的成就者,是一位高僧,于禅法上则看不出他的成就。就此而言,他在这方面的描述不如李吉甫。

但是,此两篇文章之所以在内容上有很大差异,笔者认为根本原因还在于不同的资料。

法钦于公元715年出生,赞宁于公元919年出生,比法钦晚生194年。《宋高僧传》于太宗太平兴国七年(982)奉敕编纂,端拱元年(988)编就,前后经历了6年的时间。在这6年里,赞宁以桑榆之年,"寻因治定其本","乃一日顾其本未及缮写,命弟子辈缄诸箧笥"。[97]虽然他用功至尽,但是不可能将材料全部搜罗殆尽,必定会有遗漏,且还有听闻,尚未得见资料的情况。如果这个情况属实的话,那么很可能赞宁在撰写法钦传时的主要参考资料来自于李吉甫《杭州径山寺大觉禅师碑铭并序》之外的其他资料,亦就是他的参考资料或许是以王颜和崔元翰撰写的《国一禅师碑》为主,可能没有利用到李吉甫的文章。从历史记载来看,历代编纂的金石录里记载了除李吉甫碑外的其他几块碑名,特别是崔元翰的碑文有好几人书写,说明当时这块碑文的影响非常大。而崔元翰又是富有文采之人,其写作风格"用思精致,驰骋班固、蔡邕间,以自名家"。赞宁也文采飞扬,功底亦深,善于用典,直追元翰,更重要的是此时元翰的碑文仍然在世,故他极有可能撰写法钦传的基本资料是来自于元翰的《国一禅师碑》,并在此基础上,撰写了法钦传。此外,历代金石录中从没有见到李元甫的碑文目录,说明元甫碑存世不长,很可能因为他被人看作是一奸臣的形象有关,故没有被载入史册,但是事实上应是"李吉甫撰",这表示了赞宁知道李吉甫与法钦传有关的事实。

八、结语

在法钦禅师圆寂后的 30 余年的短时间里,密集地出现国一大觉禅师碑文与传记,这种情况非常值得我们注意。一位禅师同时受到了众人注目,有五位重要的名人与文学家为其撰写碑文,这不能不说是中国佛教史上的一件稀有大事。禅宗六祖是南宗创始人,为其撰碑文者也只是柳宗元、王维两位大家,而作为六祖之后人——法钦禅师,在他身后却有六位不同的人士为其或撰写碑文,或书写碑铭,这不能不说法钦禅师在当时拥有重要影响。也正是由于他的影响,他所开创的径山寺在其后时代里成为禅宗史上的一个重要的山头,特别是在宋元时代开创了中国佛教的一代新风,其门下僧才辈出,影响长远。

历史上有关法钦禅师碑铭的情况汇总如下:

碑名	撰写者	书写者	时间	出处	备注
国一禅师塔铭	王颜		贞元九或十年(793 或 794)	宋高僧传·唐杭州径山法钦传	碑文漶漫不清,为推测
大觉禅师国一影堂碑	崔元翰	羊士谔	贞元九年(793)二月八日	《宝刻丛编》卷十四引《金石录》	石在府城大庆寺,碑作嘉祥寺。
唐径山大觉禅师碑	王颖	王俦	贞元十年(794)十一月	《宝刻丛编》卷十四引《金石录》(同上)	
唐大觉禅师国一碑	崔元翰	归登	元和十年(815)四月十五日建在径山。《复斋碑录》	《宝刻丛编》卷十四	行书并题额
大觉禅师碑	崔元翰	胡季良	宝历二年(827)十一月	《宝刻丛编》卷十四、《诸道石刻录》	八分书并篆额
大觉禅师碑	崔玄亮			《宋高僧传·唐杭州径山法钦传》	

续表

碑名	撰写者	书写者	时间	出处	备注
杭州径山寺大觉禅师碑铭并序	李吉甫	萧起	大中八年(866)十二月	《文苑英华》卷八百六十五、《御定佩文斋书画谱》卷二十九引《金石录》	正书
唐大觉禅师碑铭	丘丹	萧起	大中九年(867)五月。	《六艺之一录》卷七十八引《金石录》	行书

　　众多的法钦禅师碑铭,虽然今天所见的仅李吉甫的碑文,但是影响最大的还是崔元翰撰写的《国一禅师碑》。此碑在宋代时仍然耸立在径山寺,宋代名臣蔡襄[98]游径山时,曾经见到"山有佛祠,号曰承天祠。有碑籀述载本初唐崔元翰之文,归登书之石,今传于时。"[99]元代著名文人宋廉在他的文章里也指出:"国一之后,以会昌沙汰而废,咸通间无上(无上鉴宗禅师)兴之。又后八十余年,庆赏,始以感梦起废,为屋三百楹,剪去樗栎,手植杉桧不知其几,今之参天合抱之木,皆是也。"庆元五年,径山寺发生大火,整座寺院被烧毁,"火起龙堂,瞬息埃灭,岂龙神欲一新之乎? 况祖师之像出于烈焰而不毁,开山之庵四面焦灼而茅不伤。"[100]"开山之庵"应是"影堂",但是"国一禅师碑"是否还在就不得而知了。之后,蒙庵禅师元聪重新修复了寺院,昔日的香火再度旺燃。宋廉记录了蒙庵禅师修复寺院的过程,以及新修寺院的布局与新貌,但是在他的笔下没有讲到曾经产生影响的《国一禅师碑》,说明到了这时,此碑已经不存在了,也许这时此碑已湮灭。

　　《国一禅师碑》的湮灭,使我们了解法钦禅师的情况少了最重要的参考资料,但是《宋高僧传》与李吉甫的碑文仍然留存在世,又让我们欣慰。如今径山寺重新修复,它的中兴必将再次改写径山寺的历史,想来会有更多的碑文,留存世间。

　　　　　　　　　(本文原载于《慧焰薪传——径山禅茶文化研究》)

注释:

　　[1]宋左街天寿寺通慧大师赐紫沙门赞宁等奉敕撰《宋高僧传·唐杭州径山法钦传》卷第九。

［2］《宋高僧传》卷第一。

［3］《宋高僧传》卷第一。

［4］《宋高僧传》卷第一。

［5］《山西通志》卷一百三十八。

［6］王颜《追树十八代祖晋司空太原王公神道碑铭》，《山西通志》卷一百九十二。

［7］王颜《追树十八代祖晋司空太原王公神道碑铭》，《山西通志》卷一百九十二。

［8］王颜《追树十八代祖晋司空太原王公神道碑铭》，《山西通志》卷一百九十二。

［9］王颜《追树十八代祖晋司空太原王公神道碑铭》，《山西通志》卷一百九十二。

［10］《山西通志》卷一百三十八。

［11］《乾道临安志》。

［12］《广川书跋》卷八。

［13］《新唐书》纠谬卷四。

［14］权德舆《唐尚书比部郎中博陵崔元翰文集序》，《唐文粹》卷九十二。

［15］权德舆《唐尚书比部郎中博陵崔元翰文集序》，《唐文粹》卷九十二。

［16］《唐文粹》。

［17］《唐诗纪事》卷三十五。

［18］同上。

［19］《鲍琦亭集外编》卷三十四。

［20］《宝刻丛编》卷十四。

［21］《会稽志》卷十六。

［22］《会稽志》卷十六。

［23］宋左街天寿寺通慧大师赐紫沙门赞宁等奉敕撰《宋高僧传》卷第三十。

［24］宋左街天寿寺通慧大师赐紫沙门赞宁等奉敕撰《宋高僧传》卷第三十。

［25］梁会稽嘉祥寺沙门释慧皎撰《高僧传》卷第五。

［26］大唐西明寺沙门释道宣撰《续高僧传》卷第六。

［27］《唐睦州乌龙山净土道场少康传》，宋左街天寿寺通慧大师赐紫沙门赞宁等奉敕撰《宋高僧传》卷第二十五。

［28］梁会稽嘉祥寺沙门释慧皎撰《高僧传》卷第五。

［29］《续高僧传》卷第十一。

［30］《六研斋》笔记卷三。

［31］梁会稽嘉祥寺沙门释慧皎撰《高僧传》卷第七。

［32］梁会稽嘉祥寺沙门释慧皎撰《高僧传》卷第七。

［33］梁会稽嘉祥寺沙门释慧皎撰《高僧传》卷第七。

［34］《会稽志》卷十六。

［35］《会稽志》卷十六。

[36]西明寺沙门释道世撰《法苑珠林》卷第十三。

[37]《宝刻丛编》卷十三。

[38]《郡斋读书志》卷五下。

[39]《唐才子传》卷三。

[40]《瀛奎律髓》卷四十七。

[41]《唐诗品汇》卷七十九。

[42]《蜀中广记》卷八。又《宝刻丛编》卷四云："毗沙门天王赞,撰并书,元和九年,资。"

[43]《会稽志》卷十六。

[44]《墨池编》卷三。

[45]《墨池编》卷三。

[46]《文苑英华》卷三百五。

[47]《昭德先生郡斋读书志》卷第四中。

[48]《嘉庆重修一统志》卷二千二百五十二册。

[49]《渊颖吴先生文集》卷三,有"戒珠寺后登戴山谒王右军遗像"文,可供参考。

[50]《嘉庆重修一统志》卷二千二百四十九册为"执"字。

[51]《吴郡志》卷二十二。

[52]嘉兴路大中祥符禅寺住持华亭念常集,《佛祖历代通载》卷第十四。

[53]《宝刻丛编》卷十四。

[54]《南部新书》卷十。

[55]《宣和画谱》卷十八。

[56]《樊榭山房集》卷第五云："龙兴寺陀罗尼石幢,为处士胡季良书。(寺为梁发心院,唐改龙兴,宋改祥符,在杭州城西,旧基广袤九里,后渐没入民舍。石幢在夹墙空墼中,明季忽放异光,居人舍宅重建,去今祥符寺里许矣。)"《樊榭山房集外词》又云："幢为处士胡季良书,埋地中已久,下有舍利五十四粒。崇祯丙子忽放光,掘得之,都穆赵崡诸人所未见者也。"

[57]《湖州天宁寺尊胜陀罗尼石幢跋》,《曝书亭》卷第五十。

[58]《新唐书》卷一百五十二。

[59]《新唐书》卷一百六十四。

[60]《云笈七签》卷一百二十一。

[61]《太平广记》卷七十三。

[62]《唐诗纪事》卷三十九。

[63]原书为"元",系避宋讳"玄",特此说明。

[64]《唐诗纪事》卷三十九。又云："元亮为散骑常侍后,以太子宾客分司东都,归洛。和乐天诗云:病余归到洛阳头,拭目开眉见白侯。风诏恐君今岁去,龙门欠我旧时

游。……"

［65］《旧唐书》卷一百四十八。

［66］《旧唐书》卷一百四十八。

［67］《旧唐书》卷一百四十八。

［68］《旧唐书》卷一百四十八。

［69］《旧唐书》卷一百四十八。

［70］《旧唐书》卷一百四十八。

［71］嘉兴路大中祥符禅寺住持华亭念常集，《佛祖历代通载》卷第十三。

［72］乌程职里宝相比丘释觉岸、宝洲(编集再治)《释氏稽古略》云："沙门名僧标，幼而神宇清茂，首中肃宗。乾元元年，试通经之选为僧。后习《毗尼》，有高行。至是贞元十四年，结庵杭州之西岭上，大雅与之游。如李吉甫、韦皋、孟简，皆与结尘外交。吴人语曰：杭之标，摩云霄。越之澈，洞冰雪。雪之昼，能清秀。竟陵陆羽见标曰：日月云霞，吾知为天标；山川草木，吾知为地标；推能归美，吾知为德标。闲居趣寂得非名实在公乎！杭人尊之而不名，但呼曰西岭和尚。"(《高僧传》)

［73］宋左街天寿寺通慧大师赐紫沙门赞宁等奉敕撰《宋高僧传》卷第五。

［74］会稽沙门心泰编、天台沙门真清阅《佛法金汤编》卷第九。

［75］李吉甫《杭州径山寺大觉禅师碑铭并序》，《文苑英华》卷八百六十五。

［76］《资治通鉴》卷二百三十六。

［77］《金石录》卷十。

［78］《定佩文斋书画谱》卷二十九。

［79］《六艺之一录》卷八十四引《金石录》云："《阳翟县水亭记》，魏庚撰，萧起行书，大中九年五月。"

［80］《御定渊鉴类函》卷三百三十六。

［81］《海塘录》卷八："曰临平山，唐邱丹隐居处。"

［82］《剡源戴先生文集》卷第十三。

［83］《浙江通志》卷二百七十一。

［84］《无锡县志》卷三下。

［85］《梅山续稿》卷十二。

［86］《吴经图集续记》卷上。

［87］《韦苏州集》卷四。

［88］《韦苏州集》卷四。

［89］《无锡县志》卷三下。

［90］《韦苏州集》卷三。

［91］湽东沙门昙噩述《新修科分六学僧传》卷第五。另参见宋左街天寿寺通慧大师赐紫沙门赞宁等奉敕《宋高僧传》卷第十七《唐越州焦山大历寺神邕传》。

[92]《宝刻丛编》卷十四。

[93]《无锡县志》卷三下。

[94]宋左街天寿寺通慧大师赐紫沙门赞宁等奉敕撰《宋高僧传·唐杭州径山法钦传》卷第九。

[95]《僧史略序》。

[96]《宗统编年》卷之十九。

[97]《宋高僧传》卷第三十"后序"。

[98]蔡襄(1012—1067),字君谟,汉族,仙游(今福建省仙游县)人,原籍仙游枫亭乡东垞村,后迁居莆田蔡垞村,天圣八年(1030)进士,先后在宋朝中央政府担任过馆阁校勘、知谏院、直史馆、知制诰、龙图阁直学士、枢密院直学士、翰林学士、三司使、端明殿学士等职,出任福建路转运使,知泉州、福州、开封和杭州府事。卒赠礼部侍郎,谥号忠。主持建造了我国现存年代最早的跨海梁式大石桥泉州洛阳桥。蔡襄学识渊博,书艺高深,书法史上论及宋代书法,素有"苏、黄、米、蔡"四大书家的说法,以其浑厚端庄,淳淡婉美,自成一体。

[99]宋蔡襄撰《游径山记》,《端明集》卷二十八。

[100]《攻愧集》卷五十七,宋廉《径山兴圣万寿禅寺记》。

略考径山法钦的生平、门徒及禅法

释昌莲

　　法融所开创的牛头一宗，与道信、弘忍所阐的双峰与东山法门，遥相对峙，在唐初时彼此勃兴于长江中下游地区。牛头宗的骨子里含有浓厚的老庄化、玄学化的思想在里许，而道信父子乃极力举扬达摩所传之印度如来藏禅。二者从对抗到融合，最终以慧能之曹溪南宗而一统，可谓百川溪流皆赴海也。印顺导师在《中国禅宗史》中说："620—675 年，道信与弘忍，在长江中流黄梅县的双峰与东山，努力发扬从天竺东来的达摩禅，非常隆盛，形成当代的禅学中心。那个时候，长江下游的润州牛头山，推'东夏之达摩'的法融为初祖的禅学——牛头宗，也迅速发展起来，与东山宗相对立。在中国禅宗的发展过程中，牛头禅的兴起，从对立到融合，有极其重要的意义！"[1]正因为曹溪禅法的融摄牛头宗，并汲取其菁华思想，才使达摩以来一贯所传之印度如来藏禅而陡然转化为中华禅矣。"在禅宗的发展中，牛头宗消失了，而他的特质还是存在的，存在于曹溪门下，以新的姿态——石头系的禅法而出现。"[2]这就是说，曹溪门下的石头宗以新的姿态替代牛头宗而出现于世，而牛头宗却隐藏于曹溪禅法中，无处而不在，并非牛头宗从此就销声匿迹了。石头宗显而牛头宗隐，隐显自在，无碍圆融。其实，牛头宗自与东山法门抗衡之初，便有融合之倾向。因为中国禅史向来认为，四祖道信付法融，旁出牛头一支。但诸多学者认为"旁出"之说，缺乏历史的真实性。杨曾文认为："当是在 8 世纪禅宗相当盛行以后，法融的后裔出于对抗北宗并南宗并行的意图而编造出来的。"[3] 印顺导师认

作者简介：释昌莲，苏州寒山寺寒山书院。

为："牛头宗以法融为初祖,可以看作'东夏之达摩'。但在禅法重传承、重印证的要求下,达摩禅盛行,几乎非达摩禅就不足以弘通的情况下,牛头山产生了道信印证法融的传说。"[4]"牛头宗方面的传说。法融'得自然智慧',并不是从道信得悟的;道信'就而证之',是道信到牛头山来,而不是法融到黄梅去,这都是维持了牛头禅独立的尊严。既经过道信的印证,也就有了师资的意义。但这是'无上觉路,分为此宗',是一分为二,与弘忍的东山宗,分庭抗礼。相信这是牛头山传说的原始意义。"[5]"法融本来就是得道者,但'密付真印',又多少有所传受。牛头山仰推道信,而想保持江东禅的独立性,与东山法门对立,实在是不容易的。牛头的传说,虽强调法融的独立性,但承认道信的传承,就显得法融的本来没有彻底了。后来曹溪门下,顺着牛头宗的传说而加上几句,牛头禅就成为达摩禅系的旁支。在大一统的时代,终于为曹溪禅所销融了。"[6]就重印证的角度而论,后来禅门中则流传着一则公案,就是"牛头未见四祖前,百鸟衔花献;见后,百鸟不再来"也。禅师们常拈此语而勘验学人,足见牛头宗在宗门中的重要。

牛头一宗禅法,至鹤林玄素(668—752)时门庭光大,宗匠辈出。把禅法的中心地带,从江南润州转向了浙东之径山与天台。天台系以牛头慧忠(牛头慧忠与南阳慧忠国师纯属二人)及其弟子天台遗则等为其代表人物,以维持牛头宗的旧家风为主流,遗则的佛窟学甚为著名;径山系以鹤林玄素及其门人径山法钦等为其代表人物,以"简默无为"为特色而有所创新,彻底发挥了"本无事而忘情"的牛头家风。在牛头宗中唯径山法钦的名声最为显赫,他的径山禅法亦可算是牛头宗的一派分支。唐天宝初年(742),法钦初至径山高绝之地结茅穴居,德钦四方,名震中外,赐"国一禅师"嘉号。法钦乃径山之开宗鼻祖,至南宋时径山又被列为"五山十刹"之首。法钦在牛头宗中亦被列入祖位,对牛头禅法既有继承亦有创新,终以"简默无为"的径山禅特色,而将牛头一宗"本无事而忘情"的家风发挥得淋漓尽致,遍布禅林。今就对径山法钦的生平、门徒及禅法略考如下。

一、径山法钦的生平史话

鹤林玄素的弟子有四:法镜、法钦、法励、法海(与集《六祖大师法宝坛经》的法海不是同一人),以法镜、法钦为法门龙象。李华所撰《润州鹤林寺故径山大师碑铭》说:"门人法镜,吴中上首是也;门人法钦,径山长老是也。观音普门,文殊佛性,惟二菩萨,重光道源。门人法励、法海,亲奉微言,感延霜露,缮崇龛座,开构轩楹。时惟海公,求报师训,庐孔氏之墓,起净明之塔。世界人同,泫然长慕。僧慧端等,荫荫檀树,皆得身香。"[7]既以文殊佛性赞叹法钦智慧之高超,并以径山长老而尊称之,足见法钦在牛头宗中的重要地位。搜集多方禅史资料,就从如下四个方面论述。

(一)弃考从僧

径山法钦(714—792),亦名道钦,俗姓朱,唐代吴郡昆山(今江苏昆山)人。法钦幼习儒典,勤读经史。就在 28 岁那年入京赴考中举途次,路经丹徒(今江苏镇江市丹徒区),谒鹤林玄素,彼此深谈默契,在玄素的激励下则弃考从僧,披缁佛门。宋普济《五灯会元》说:"杭州径山道钦禅师者,苏州昆山人也。姓朱氏。初服膺儒教,年二十八,遇素禅师,谓之曰:'观子神气温粹,真法宝也。'师感悟,因求为弟子。素躬与落发。"[8]就在玄素的片言只语下弃考从僧,可见法钦于无量佛所种诸善根福德因缘发现成熟矣。宋赞宁《宋高僧传》之《唐杭州径山法钦传》曰:

释法钦,俗姓朱氏,吴郡昆山人也。门地儒雅,祖考皆达玄儒,而傲睨林薮不仕。钦托孕,母管氏忽梦莲华生于庭际,因折一房系于衣裳。既而觉已,便恶荤膻。及迄诞,弥岁在于髫龀,则好为佛事。立性温柔,雅好高尚。服勤经史,便从乡举。年二十有八,俶装赴京师。路由丹徒,因遇鹤林素禅师。默识玄鉴,知有异操。乃谓之曰:"观子神府温粹,几乎生知。若能出家,必会如来知见。"钦闻,悟识本心。素乃躬为剃发。谓门人法鉴曰:"此子异日,大兴吾教,与人为师。"[9]

这里,交代了法钦出身儒雅门第,并且祖上世代过着隐居林野的生涯,虽然祖辈们皆达玄儒却对科举仕途并不感兴趣。法钦出生在这样一个有深厚儒学文化底蕴的家庭,从小深受儒教熏陶,承勤俭朴厚之家风,养肃恭仁让之素质。更有神话传奇色彩的是,法钦乃母管氏梦莲花生于庭际,折一串系于衣裳而受孕,并自怀孕起就恶食荤膻之物。这说明法钦宿有佛法善根,一见玄素而出家,实乃即心自性之现觉也。唐李吉甫撰《杭州径山寺大觉禅师碑铭并序》曰:

大师讳法钦,俗姓朱氏,吴都(一作郡)昆山人也。身长六尺,色像第一。修眸莲敷,方口如丹。嶷焉若峻山清孤,泊焉若大风海上。故揲道德之器者,识天人之师焉。春秋二十有八,将就宾贡,途经丹阳,雅闻鹤林马素之名,往申款谒。还得超然自诣,如来密印,一念尽传,王子妙力,他人莫识!即日剃落,是真出家。[10]

此外,明朱时恩《佛祖纲目》里的记载较为详尽,也就是说法钦是在玄素的循循诱导下才弃考从僧的,师徒间的此番对话亦是遍伏机锋、转语的。至于母梦莲花而受孕,母孕时恶荤,及法钦幼年好以佛事而儿戏等,与《宋高僧传》的记载无出入。如文曰:

(壬戌)法钦参玄素禅师。法钦,昆山朱氏子。世服儒业。母孕时,梦莲生户枢,取一花系于衣带。寤,乃恶荤饵。既诞,形貌奇伟,神色朗彻。好以佛事为儿戏。年二十二,赴京应选。道繇丹徒,憩鹤林寺。玄素见而异之。问曰:"子何之?"曰:"将求仕,于上京。"曰:"虽有五等之爵,不如三界之尊。"曰:"可学乎?"曰:"观子神气,几于生知。若肯出家,必悟如来知见。"钦遂裂缝掖,刻苦亲依。素深器之。谓门人法镜曰:"此子当大弘吾法,蔚为人师。"[11]

综上资料则知,法钦是28岁依润州鹤林玄素出家的,弃考从僧。李吉甫的碑铭中说法钦"身长六尺,色像第一",此乃从威仪赞叹其德也。从李吉甫的碑铭看,法钦在赴考途次之所以谒玄素者,是因其早闻玄素大名,故有途径丹徒时的专申款谒。

(二)结茅径山

从《坛经》看,弟子在老师身边发明心地后,就会辞师游方,或韬晦密修保任。如慧能在黄梅弘忍那里曾经过了八月余的"破柴踏碓",才在五祖印证其彻悟后,则辞师南下。当时慧能问:"向甚处去?"五祖说:"逢怀则止,遇会则藏。"慧能为避恶人寻逐,"乃于四会,避难猎人队中,凡经一十五载,时与猎人随宜说法。猎人常令守网,每见生命,尽放之。每至饭时,以菜寄煮肉锅。或问,则对曰:'但吃肉边菜'"。这就是说,弟子每当别师外游时,老师则会指明去向。当年,明上座在慧能言下悟后临别问去向时,慧能亦说:"逢袁则止,遇蒙则居。"[12]这似乎说明,大凡弟子发明心地后,欲离师远游时,老师一般皆要指明所游所止之处所。同样,法钦亦是在玄素座下发明心地后,在玄素的指示下才向南行至径山结茅密修的。如《五灯会元》说:"乃戒之曰:'汝乘流而行,逢径即止。'师遂南迈,抵临安,见东北一山,因问樵者。樵曰:'此径山也。'乃驻锡焉。"[13]李吉甫《碑铭》亦曰:

> 因问以所从,素公曰:"逢径则止,随汝心也。"他日游方至余杭西山,问于樵人,曰:"此天目山之上径。"大师感鹤林"逢径"之言,知雪山成道之所,于是荫松藉草。不立茅茨,无非道场。[14]

这就是说,法钦是在玄素的指示下才游方至径山结茅穴居的。又有一说,法钦似乎是因去余杭龙兴寺受戒才至径山的。如《佛祖纲目》云:"钦日夜奋励,三学该炼。一日,请素示其法要。素曰:'无人得我法。'曰:'以何传?'曰:'我法实无可传者。'钦顿释疑滞。久之,辞去。曰:'汝乘流而行,遇径即止。'遂南行。受具于余杭龙泉寺。"[15]《宋高僧传》亦云:

> 寻登坛纳戒,炼行安禅。领径直之一言,越周旋之三学,自此辞素南征。素曰:"汝乘流而行,逢径即止。"后到临安,视东北之高峦,乃天目之分径。偶问樵子,言是径山。遂谋挂锡于此。[16]

法钦于唐玄宗天宝二年(743),在余杭龙兴寺法仑和尚座下受戒,时年三十。李吉甫《碑铭》曰:"天宝二祀(743),受具戒于龙泉法仑和尚。虽不现身意,亦不舍外仪。于我性中,无非自在。"[17]法钦28岁出家,30岁受戒远游,在玄素座下服侍三年而悟道。

法钦最初穴居径山时,就猎者所覆置网处宴坐,其德感动猎者皆焚网折弓而止杀向善,并在山下构小屋请其安居。如《宋高僧传》云:"见苫盖覆置网,屑近而宴居,介然而坐。时,雨雪方霁,旁无烟火。猎者至,将取其物,颇甚惊异叹嗟,皆焚网折弓而知止杀焉。下山募人营小室,请居之。"[18]《碑铭》亦云"于是宴坐之久,邦人有构室者,大师亦因而安处,心不住于三界,名自闻于十方。华阴学徒,来者成市矣"[19]。后来,前临海令吴贞得闻此事,则舍宅为寺。从此学者辐辏,广阐禅教。"近山居,前临海令吴贞舍别墅以资之。自兹盛化参学者[20]。可见,法钦所开创的径山寺,其前身是前临海令吴贞的别墅。

在法钦结茅穴居的感召下,径山终由别墅易成塔寺,以故明万历年间宋奎光撰《径山志》楷法钦为径山之开宗鼻祖。但有人亦因唐李华(715—766)撰《润州鹤林寺故径山大师碑铭》而置疑。认为"故径山大师"是鹤林玄素,法钦为径山开宗鼻祖的说法则值得商榷。可以推论,在法钦未到径山前,玄素或曾到径山布教过,或至少熟知径山环境宜于修禅弘道,否则他当时不会说"逢径则止"之语。若此,玄素则应为径山鼻祖。不过,这种说法目前尚缺乏文字方面的考证,难以定论。

(三)入内说法,赐号国一

法钦至京入内见帝说法的时间,诸多典籍记载是在唐大历三年(768)岁次戊申。如《五灯会元》云:"唐大历三年,代宗诏至阙下,亲加瞻礼。一日,同忠国师在内庭坐次,见帝驾来,师起立。帝曰:'师何以起?'师曰:'檀越何得向四威仪中见贫道?'帝悦,谓国师曰:'欲锡钦师一名。'国师欣然奉诏,乃赐号'国一'焉。"[21]明心泰《佛法金汤编》卷七载,唐代宗大历三年"又诏径山法钦禅师入见,待以师礼。及乞归山,赐号'国一'"。[22]《佛祖纲目》说:"(庚戌)法钦禅师还径山。法钦在京居内,仅一年。"[23]并说代宗之所以请法钦入内者,主要是因为法钦的弟子崇慧兼学秘密瑜伽,于大历三年在京曾以登刀梯、蹈烈火等术,胜过了道士史华,被封为"护国三藏"。代宗因问其师,答曰径山高道僧法钦。就此因缘,代宗仰其高德才召法钦入内咨问佛法,并赐号"国一"。如《佛祖纲目》云:

(己酉)径山法钦禅师至京。代宗留神空门,道众愤嫉。大历三年九月,道士史华奏,与释氏觕法。遂于东明观,架刀为梯,华登蹑而上,如履磴道。缁侣相顾,无敢蹑者。时,章敬寺沙门崇慧,奉敕于本寺庭树间,梯架锋刃,铦白如霜,增东明观之梯百尺。慧跣足而登,至绝梯而止。复蹑而下,如行平地。以至蹈烈火、探沸油、餐铁叶、嚼钉线。道众见之,骇汗掩袂而走。四众赞仰,声若雷电。帝遣中贵,传宣慰劳,嘉叹再三。赐紫衣,号曰"护国三藏"。寻被召,对问:"师承何人?"曰:"径山高道僧法钦,臣之师也。臣未具戒,不敢受紫衣之赐。"帝特命开坛。方羯磨,慧隐身坛上,莫知所往!帝益骇异。遂礼钦为师。遣内侍,特诏敦请。既至,帝躬迎问法,同弟子之礼。钦一日在内庭,见帝起立。帝曰:"师何以起?"钦曰:"檀越何得向四威仪中见贫道?"帝悦,赐号"国一"。[24]

若按:《佛祖纲目》的记载"(己酉)径山法钦禅师至京",而己酉岁乃大历四年（769）。又说"(庚戌)法钦禅师还径山",而庚戌岁为大历五年（770）。此与"法钦在京居内,仅一年"之说,正好吻合。却与其他禅史里的大历三年（768）入京之说,相差一年。而《宋高僧传》云:

代宗睿武皇帝大历三年戊申岁二月下诏曰:"朕闻江左有蕴道禅人,德性冰霜,净行林野。朕虚心瞻企,渴仰悬悬。有感必通,国亦大庆！愿和尚远降中天,尽朕归向。不违愿力,应物见形。今遣内侍黄凤宣旨。特到诏迎,速副朕心。春暄师得安否? 遣此不多,及敕令本州供送。凡到州县,开净院安置。官吏不许谒见,疲师心力。弟子不算多少,听其随侍。帝见郑重,咨问法要,供施勤至。"司徒杨绾,笃情道枢,行出人表。一见钦于众,退而叹曰:"此实方外之高士也,难得而名焉。"帝累赐以缣缯,陈设御馔,皆拒而不受。止布衣蔬食,悉令弟子分卫,唯用陶器。行少欲知足,无以俦比。帝闻之,更加仰重。谓南阳忠禅师曰:"欲锡钦一名。"手诏赐号"国一"焉。[25]

此外,宋志磐《佛祖统计》卷四十一"法运通塞志"第十七之八载:"(大历)三年,诏慧忠国师入内。"又云:"诏径山法钦禅师入见,上待以师礼。尝在内廷见帝至起立,帝曰:'师何以起? '师曰:'檀越何得向四威仪中见贫道? '帝大悦。所赐,一不受。布衣瓦钵与弟子,日唯乞食。相国杨绾叹曰:'真方外士也。'平章崔涣问曰:'弟子可出家否?'师曰:'出家是大丈夫事,岂将相之所能为！'

晋公裴度三十余人皆问道,行门人礼。后乞归山,赐号'国一禅师'。"[26]唐李吉甫《碑铭》则说:

大历初,代宗睿武皇帝高其名而征之,授以肩舆,迎于内殿。既而幡幢设列,龙象围绕,万乘有顺风之请,兆民渴洒露之仁。问我所行,终无少法。寻制于章敬寺安置,自王公逮于士庶,其诣者日有千人。司徒杨公绾,情游道枢,行出人表,大师一见于众,二三目之。过此默然,吾无示说。杨公亦退而叹曰:"此方外高士也,固当顺之,不宜羁致。"寻求归山,诏允其请,因赐策曰:"国一大师",仍以所居为径山寺焉。[27]

综上史料,可以确定法钦赴京入内见帝的缘由有二:一是因弟子崇慧于大历三年与道士史华斗法的获胜,师名因徒德而显,才被诏请入内;一是因代宗睿武皇帝大历三年戊申岁二月下诏遣侍寻访江左禅德的缘故,司徒杨绾叹法钦之道德才被奉请入京。至于法钦入京的时间,唯《佛祖纲目》有"己酉(大历四年)径山法钦禅师至京"之说,其余典籍皆为大历三年戊申岁(768)至京。而唐李吉甫《碑铭》只说"大历初",未标明确切年代。但各书对于赐号"国一"的记载都一样,一是因为法钦善说法要,悦帝心而赐;一是因皇帝及官吏皆叹服法钦之清平节操而赐。

(四)肇兴径山禅林,入寂龙兴古寺

法钦在京仅居一年,便力辞还归径山。按:《佛祖纲目》则知,法钦于大历四年(769)己酉岁至京,于大历五年(770)庚戌岁返还径山。因法钦的执意还山,代宗睿武皇帝则敕建径山禅林,如《佛祖统计》云:"敕杭州守臣于山中重建寺宇,长吏月至候问。"[28]德宗年间又宣旨慰劳庆赐,如《宋高僧传》云:"德宗贞元五年(789),遣使赍玺书宣劳并庆赐丰厚。"[29]这就是说径山禅林实因法钦而肇兴。

法钦自长安至径山后,前后共住山中二十余年。德宗贞元六年(790),为励行当朝"废毁山房"的政令,州牧王颜请出州治龙兴寺净院安置。《宋高僧传》云:"(德宗贞元)六年(790),州牧王颜请出州治龙兴寺净院安置,婉避韩滉之废毁山房也。"[30]《佛祖纲目》云:"法钦自长安归径山。久之,刺史请居杭州龙兴寺。

钦遂往来其间,不择所止。"[31]唐李吉甫《碑铭》说:"建中(780—788)初,自径山徙居于龙兴寺。"法钦晚年的二十余载一直在余杭一带举扬牛头禅法,这与建中年后发生的军阀混战有其直接的原因。以故李吉甫说:"余杭者,为吴东藩,滨越西境。驰轺轩者数道,通滨驿者万里。故中朝衔命之士,于是往复;外国占风之侣,尽此奔走。不践门阈,耻如暗聋。而大师意绝将迎,礼无差别。我心既等,法亦同如。"[32]这就说法钦是往返于径山与龙兴寺布教的,亦是为了续焰牛头法脉而另辟新据点。

法钦在 30 岁时于龙兴寺受戒,而于 79 岁高龄时便入寂于龙兴寺,可谓"将此身心奉尘刹,是则名为报佛恩"也。入寂时间为贞元八年(792)十二月二十八日,《佛祖纲目》云:"贞元八年十二月二十八日,示寂于龙兴。告众曰:'当葬吾于南庭隙地,勿封勿树,恐妨僧徒之菜地。寿九十二,腊七十。"[33]《五灯会元》云:"于贞元八年十二月示疾,说法而逝,谥'大觉禅师'。"[34]但《佛祖纲目》中的"寿九十二,腊七十",应属笔误。《宋高僧传》云:"八年壬申十二月示疾,说法而长逝,报龄七十九,法腊五十。德宗赐谥曰:'大觉'。"[35]唐李吉甫《碑铭》亦云:

> 贞元八年(792)岁在壬申十二月二十八夜,无疾顺化,报龄七十九,僧腊五十。先是一日,诚门人令设六斋。其徒有未悟者,以日暮恐不克集事。大师曰:"若过明日,则无所及。"既而善缘普会,珍供丰盈。大师意若辞诀,体无患苦。逮中宵,跏趺示灭。本郡太守王公颜即时表闻,上为虚歔,以大师"元(为避"云"之讳——编者注)慈默照,负荷众生",赐谥曰:"大觉禅师"。海内服膺于道者,靡不承问叩心,怅惘号慕。明年二月八日,奉全身于院庭之内,遵遗命也。建塔安神,申门人之意也。[36]

综上则知,法钦入寂于唐德宗贞元八年(792)岁在壬申十二月二十八夜,享年七旬有九,僧腊五十。提前三日就预知时至,并嘱其徒将自己葬于龙兴寺南庭隙地,临终无疾顺化,足见其禅修功夫之高超。德宗皇帝鉴法钦"元慈默照,负荷众生"之宗风,赐谥"大觉禅师"。门人于贞元九年(793)谨遵遗命,建无缝塔于龙兴寺南院庭际。至钱王治杭州时,法钦塔曾遭叛徒许思的兵士破坏。本欲破塔窃宝,岂料塔内瓮中法钦肉身如生,发长覆面而端坐。兵士见此情景,则合瓮而去。后来重修法钦塔时,于塔内又依法钦生前身量而塑像。如《宋高僧传》云:

> 钦形貌魁岸,身裁七尺,骨法奇异,今塔中塑师之貌凭几犹生焉。杭之钱氏为国,当天复壬戌中,叛徒许思作乱,兵士杂宣城之卒发此塔,谓其中有宝货,见二瓮上下合藏,肉形全在而发长覆面,兵士合瓮而去。刺史王颜撰碑述德,比部郎中崔元翰、湖州刺史崔玄亮、故相李吉甫、丘丹各有碑碣焉。[37]

法钦塔初建于杭州龙兴寺,龙兴寺位于杭州下城区延安路灯芯巷口,可惜龙兴寺已毁,法钦塔亦淹没矣。

二、径山法钦的杰出门徒

牛头宗的祖承,一向认为是由四祖道信传法融,为旁出牛头一系,以故牛头宗推尊法融为初祖。法融下依次为:智严、慧方、法持、智威、慧忠。

其实,单传至智威时,门下出牛头慧忠与鹤林玄素。以慧忠系为正,以玄素为旁。慧忠门下出遗则,玄素门下出法镜与法钦。而真正使牛头宗风大盛的是天台遗则与径山法钦,而使向来以江左为中心的牛头宗始向浙东南移,另辟新据点。李华所撰《润州鹤林寺故径山大师碑铭》云:

> 初达摩祖师传法,三世至信大师。信门人达者曰融大师,居牛头山,得自然智慧。信大师就而证之,且曰:"七佛教戒,诸三昧门,语有差别,义无差别。群生根器,各各不同,唯最上乘,摄而归一。凉风既至,百实皆成,汝能总持,吾亦随喜。"由是无上觉路,分为此宗。融大师讲法则金莲冬敷,顿锡而灵泉满溢。东夷西域,得神足者,赴会听焉。融授岩大师,岩授方大师,方授持大师,持授威大师,凡七世矣。真乘妙缘,灵祥嘉应,金具传录,布于人世。门人法镜,吴中上首是也;门人法钦,径山长老是也。观音普门,文殊佛性,惟二菩萨,重光道源。[38]

牛头宗旁出之径山系,经玄素至法钦时才大盛。法钦门下,龙象辈出,蔚为大观。法钦的弟子,《宋高僧传》云:"所度弟子崇惠禅师,次大禄山颜禅师,参学范阳杏山悟禅师,次清阳广敷禅师。于时奉葬礼者,弟子实相、常觉等,以全身起塔于龙兴净院。"[39]就中唯杭州巾子山的崇惠禅师有传记,其余弟子情况不详。崇惠兼学秘密瑜伽,曾以登刀梯、蹈烈火等术,胜过了道士史华,被封为"护国三藏",因此有人称他为"降魔崇慧"。如《宋高僧传》卷一七之"唐京师章信寺崇惠传"云:

> 释崇惠,姓章氏,杭州人也。稚龀之年,见乎器局,鸷鸟难笼,出尘心切。往礼径山国一禅师为弟子。虽勤禅观,多以三密教为恒务。初于昌化千顷最峰顶,结茅为庵,专诵《佛顶咒》数稔。又往盐官硖石东山,卓小尖头草屋,多历年月。复誓志於潜落云寺遁迹。俄有神白惠曰:"师持《佛顶》,少结莎诃,令密语不圆。莎诃者,成就义也。今京室佛法为外教凌铄,其危若缀旒,待师解救耳。"惠趋程西上,心亦劳止。择木之故,于章信寺挂锡。则大历初也。三年戊申岁九月二十三日,太清宫道士史华上奏:请与释宗当代名流,角佛力道法胜负。于时代宗钦尚空门,异道愤其偏重,故有是请也。遂于东明观坛前架刀成梯,史华登蹑如常磴道焉。时缁伍互相顾望推排,且无敢蹑者。惠闻之,谒开府鱼朝恩。鱼奏请,于章信寺庭树梯,横架锋

刃若霜雪然,增高百尺。东明之梯,极为低下。时,朝廷公贵,市肆居民,骈足摩肩,而观此举。时,惠徒跣登级下层,有如坦路,曾无难色。复蹈烈火,手探油汤。仍餐铁叶,号为馎饦。或嚼钉线,声犹脆饴。史华怯惧惭惶,掩袂而退。时,众弹指叹嗟,声若雷响。帝遣中官巩庭玉宣慰再三,便赏赐紫方袍一副焉。诏授鸿胪卿,号曰"护国三藏",敕移安国寺居之。自尔,声彩发越,德望峻高。代宗闻是国一禅师亲门高足,倍加郑重焉。世谓为"巾子山降魔禅师"是也。系曰:或谓惠公为"幻僧"欤。通曰:夫于五尘变现者曰"神通",若邪心变五尘事则"幻"也。惠公持三密瑜伽护魔法,助其正定,履刃蹈炎,斯何足惊乎? 夫何幻之有哉? 瑜伽论有诸三神变矣。[40]

在《宋高僧传》中还载,弟子崇慧的与道士角术之胜举,才感代宗皇帝诏其师法钦入内,并赐号"国一禅师"。熙仲集《历朝释氏资鉴》卷第七载法钦收崇慧为弟子的经过曰:

师(法钦禅师)住径山日,独坐北峰石屏之下。有白衣士,拜于前曰:"弟子乃巾子山人也;长安佛法有难,闻师道行高洁,愿度为沙弥,往救之。"师曰:"汝有何力?"对曰:"弟子诵《俱胝观音咒》,其功无比。"师曰:"吾坐后石屏,汝能碎之乎?"曰:"可。"有顷咤之,石屏裂为三片,今喝石岩是也。师知其神异,即为下发,给衣钵,易名曰:"崇惠"。[41]

而唐李吉甫《碑铭》则说:"弟子实相,门人上首,传受秘藏,导扬真宗。"似乎是说唯实相才是法钦的上首入室弟子,并得其心传,导扬径山真宗。在《祖堂集》《景德传灯录》中则将其法钦的嫡传弟子记作是杭州鸟窠道林禅师。道林在长安西明寺学《华严经》《起信论》时,适法钦在京,则得亲谒。南归后,先居孤山永福寺,后结庵于秦望山长松上。《五灯会元》载:

杭州鸟窠道林禅师,本郡富阳人也。姓潘氏,母朱氏,梦日光入口,因而有娠。及诞,异香满室,遂名香光。九岁出家,二十一于荆州果愿寺受戒。后诣长安西明寺复礼法师学《华严经》《起信论》。礼示以真妄颂,俾修禅那。师问曰:"初云何观? 云何用心?"礼久而无言,师三礼而退。属代宗诏国一禅师至阙,师乃谒之,遂得正法。及南归孤山永福寺,有辟支佛塔。时,道俗共为法会,师振锡而入。有灵隐寺韬光法师问曰:"此之法会,何以作声?"师曰:"无声谁知是会?"后见秦望山有长松,枝叶繁茂,盘屈如盖,遂栖止其上,故时人谓之"鸟窠禅师"。复有鹊巢于其侧,自然驯狎,人亦目为"鹊巢和尚"。……师于长庆四年二月十日告侍者曰:"吾今报尽。"言讫坐亡。(有云师名圆修者,恐是谥号。)[42]

此外,《五灯会元》说丹霞天然亦曾参礼过法钦,"(天然)乃杖锡观方,居天台华顶峰三年,往余杭径山礼国一禅师"[43]。西堂智藏亦曾参礼过法钦,《五灯会元》云:"马祖(道一)令智藏来问:'十二时中以何为境?'师曰:'待汝回去时有信。'藏曰:'如今便回去。'师曰:'传语却须问取。'"[44]天皇道悟亦曾受学于法钦,且在门下"服勤五载",《宋高僧传》载:

(道悟)遂蹶然振策,投径山国一禅师。悟礼足始毕,密受宗要,于语言处识衣中珠;身心豁然,真妄皆遣;断诸疑滞,无畏自在;直见佛性,中无缁磷。

服勤五载,随亦印可,俾其法雨润诸丛林。[45]

僧传所列"执弟子礼者",多为朝廷宰官,王公大臣,著名者如相国崔涣、晋国公裴度、第五琦、陈少游等。当时的法钦甚有影响与声誉,唐李吉甫《碑铭》说:"海内服膺于道者,靡不承问叩心,怅惘号慕。"《佛祖纲目》亦云:"钦悲愿弘深,见面闻名,如子得母。故东至海岱,西及陇蜀。南穷交广,北尽朔方。学者莫不归慕、参承。人皆目之为'功德山'。"[46]法钦的弘化之功卓著,说明牛头宗在余杭一带达到了鼎盛辉煌。

三、法钦的径山禅特色

牛头宗禅法的南移,这与唐建中年间的军阀割据四起有其直接关系,战乱直捣牛头宗的大本营,以故遗则与法钦始向浙东一带南移阵营。遗则以天台山为中心地带,继承了牛头宗的旧家风。旁出的法钦则以余杭之径山为中心地带,彻底发挥了牛头宗"本无事而忘情"的牛头家风。自玄素至法钦,从原有的山水乡情凝聚起来的牛头宗陡然转变为径山禅,至此而有所变化与创新。但玄素与法钦所遗留下来的原始文献的确不多,综合诸方记载,径山禅有如下特色:

(一)以佛性平等的宇宙论为其根本理论

牛头宗的禅法是以"道本虚空""无心合道"为其根本理论的,但所谓的"道本"是泛从一切本源说的,以故其佛性平等思想亦是以宇宙论为本的。这与东山宗的说法是对立的,东山宗说"佛语心为宗""即心即佛"是以有情自身为其出发点的,是心性论的,是人生论的。自法融至玄素、法钦时,极为强调佛性平等说,并且这佛性是遍一切处的,不间无情与有情的。玄素曾说:"佛性平等,贤、愚一致。但可度者,吾即度之。复何差别之有?"他以佛性遍在、众生平等为出发点,"一日,有屠者礼谒,愿就所居办供。师欣然而往,众皆见讶"[47]。玄素的理由是:"夫盗隐其罪,虎慈其子,仁与不仁,皆同佛性,无生无灭,无去无来。今浊流一澄,清水立现,诸佛所度,我亦度之。"[48]唐李吉甫在《杭州径山寺大觉禅师碑铭》中赞法钦说:"水无动性,风止动灭。镜非尘体,尘去镜澈。众生自性,本同诸佛。"可见法钦亦是强调众生与诸佛之自性平等的,还举一例说:

> 尝有设问于大师曰:"今传舍有二使,邮吏为刲一羊。二使既闻,一人救,一人不救,罪、福异之乎?"大师曰:"救者慈悲,不救者解脱。"

在法钦看来,救与不救者之间,亦是无差的,以佛性平等故。玄素与法钦把佛性平等的范畴宽泛到了一切宇宙本源中去了,以故他们极为慈心爱物而德化异类生灵,倡导戒荤食素之旨。李华在《碑铭》中赞玄素曰:"曩于寺内移居,高松互偃;涅槃之夕,椅桐双枯。虎狼哀号,声破山谷;人祇惨恸,天地晦冥。及发引登原,风雨如扫,慈乌覆野,灵鹤徊翔,有情无情,德至皆感。"还说"慈母方娠,厌患荤肉"。同样,法钦亦有"托孕母管氏……便恶荤膻"之说。《佛祖纲目》记载法钦慈化异类百灵之德行曰:

> 至于天龙敬向,异类归依。地产灵芝,空雨甘露。圣灯夜现,彩云朝晖。猛兽栖其旁,众禽集其室。白鹇乌鸦,就掌而食。有二白兔,拜跪于杖屦间。一鸡常随听法,不食生类。钦之长安,长鸣三日而绝。一麋常依禅室,不他游。钦灭,亦三日而死。[49]

如上玄素、法钦之德化异行,皆说明了径山禅的"佛性遍在""佛性平等"思想。这种思想亦惯见于法钦门人的禅法举扬中,如《五灯会元》载:

> 有侍者会通,忽一日欲辞去。师问曰:"汝今何往?"对曰:"会通为法出家,尚不垂慈诲,今往诸方学佛法去。"师曰:"若是佛法,吾此间亦有少许。"曰:"如何是和尚佛法?"师于身上拈起布毛吹之,通遂领悟玄旨。[50]

以佛性遍在,不间无情与有情故,"布毛"亦具佛性之妙用,所以道林才拈布毛吹之,会通亦的确是于布毛吹落处而领悟玄旨的。"无情有佛性""无情说法",在牛头宗中是司空见惯的说法了。"青青翠竹,尽是法身;郁郁黄花,无非般若"二句,亦是牛头宗的口头禅。正因为无情亦具佛性之妙用故,对无情之花草等亦不许无故肆意折损。在这方面,法钦则"俭以养德",生活起居极为简单,"为人尊师,凡将五纪,居惟一床,衣止一衲。冬无纩,夏不希绤"[51]。

(二)本般若第一义空而破妄去执

宗密将牛头宗列入了"泯绝无寄"宗,他在《〈禅源诸诠集都〉序》中亦说"牛头,下至径山,皆示此理"。《祖堂集》亦将牛头一系列为禅宗中的"空宗"一派。《圆觉经大疏钞》说:"(法)融通性高简,神慧灵利,久精般若空宗。于一切法,已无计执。后遇四祖(道信),于方(此二字疑倒)空无相体,显出绝待灵心本觉。"[52]宗密还说:"融禅师者,道性高简,神慧聪利。先因多年穷究般若之教,已悟诸法本空,迷情妄执。"[53]以般若中道第一义空而观世、出世间诸法,则"一切有为法,如梦幻泡影,如电亦如露",本性空寂也。世、出世间诸法本来空寂,一旦迷执了则犹梦、幻、泡、影、电、露矣。正如《〈净名经〉私记》说"如人夜梦种种所见,若悟其性,毕竟无一物可得"[54]也。在为学人破妄去执、抉择见地方面,牛头宗始终是秉持般若中道第一义空之金刚王宝剑的。唐李华撰《润州鹤林寺故径山大师碑铭》开章云:

> 道行无迹,妙极无象。谓体性空而本源清净,谓诸见灭而觉照圆明。我天人师,示第一义,师无可说之法,义为不二之门。其定也,风轮驻机;其慧也,日宫开照;其用也,春泉利物。三者备体,谁后谁先?入无量而不动,开法华而涌出。湛兮以有无观听而莫测,寥焉以远近思维而不穷。智德皆空,为真实际;大悲恒寂,遍抚群迷。月入百川之中,佛匝千花之上。修而证者,玄同妙有;应而起者,旁作化身。[55]

这里,"本源清净""性体空",着重指心之慧用,而"觉照圆明""诸见灭",则着重指性之定体。欲契性之定体,须落实对般若中道第一义空观慧的运用。以定(本源清净)为性体,以慧(觉照圆明)为心用,由定启慧,由慧达定,即由"诸见灭"而契"性体空",此乃玄素所谓的"不二之门"也。运用般若空观慧而发明觉性,或由明悟心性而落实般若空观慧的修证工夫,此乃玄素的禅法实践理路。在宣说禅理方面,玄素始终秉般若空性见,不令学人有些许之执著。《五灯会元》载:"有僧扣门,(玄素)师问:'是甚么人?'曰:'是僧。'师曰:'非但是僧,佛来亦不著。'曰:'为甚么不著?'师曰:'无汝栖泊处。'"[56]就"无汝栖泊处"一语,则将那僧直下推入般若里巷而去了,若是个伶俐底汉直下便契第一义空体。

牛头宗特为重视般若经,法钦亦是。唐李吉甫在《杭州径山寺大觉禅师碑铭》中说:"自象教之兴,数百年矣,人之信道者,方怖畏于罪垢,爱见于庄严。其余小慧,则以生灭为心,垢净为别,舍道由径,伤肌自疮。至人应化,医其病故。大师贞立迷妄,除其甃冥,破一切相,归无余道。乳毒既去,正味常存。众生妄除,法亦如故。"可见法钦禅法主要是以破除学人的妄计情执,不令其起爱见分别,直契般若第一义空。法钦忌讳"求法妄缠,坐禅心没"。说空药以对治有病,有病既除,空药亦须遣。故云"大士密授,真源湛明。道离言说,法润根茎。师心是法,无法修行。我体本空,空非实性。既除我相,亦遣空病。誓如乳毒,毒去味正"。"至若饮毒不害,遇疾不医。元(避"云"字讳——编者注)鹤代暗,植柳为盖。此昭昭于视听者,不可备纪。于我法门,皆为妄见。今不书,尊上乘也。"[57]在法钦认为,空、有皆为乳毒,丝毫不能有所执着,以故他说禅一一皆须指归向上,要人于一尘不立处安身顾命。《五灯会元》载:"唐大历三年,代宗诏至阙下。亲加瞻礼。一日,同忠国师在内庭坐次。见帝驾来,师起立。帝曰:'师何以起?'师曰:'檀越何得向四威仪中见贫道?'帝悦。"[58]这种说法颇与《金刚经》"若有人言如来若来若去,若坐若卧,是人不解我所说义。何以故?如来者,无所从来,亦无所去,故名'如来'",不谋而合。此乃就事指归向上一着,意在令帝于法钦之起身中识得即心自性也。《佛祖纲目》亦载:(法钦)顷之欲辞归。帝曰:"此众生有当度者,彼众生岂有殊乎?"钦曰:"实无有法,以度众生。"[59]不但无有众生可度,亦无有度众生之法,直下人法顿空,物我双忘,直契心性。可见,径山禅法是以般若空义贯穿始终的。

(三)以止恶向善为明净心性之准绳与原则

不论是何种禅法,在悟解方面须直契本源心性,以树立佛法正见;在修证方面须由恶止善行而达到心性的明净，以提升人生修养的功夫与境界。径山禅为令学人发明心地故，则以般若金刚王宝剑直剿一切人我情见，于一尘不立处止恶向善，而务实修。唯有先空人我私见后，方可建立化他利人之事业。可谓"两手攀虚空，一脚踩到底"也。当学人彻底步入般若第一义空观时，直下就会有明鉴宇宙诸法的智慧现觉，以契得驾驭万有的解脱自在，这当然是一种超脱飘逸的人生境界。但却不能贪著此空境而固步自封，还须涉有而止恶向善，以空即是色故。《五灯会元》载白居易与鸟窠道林的一番对话曰：

> 元和中，白居易侍郎出守兹郡(杭州)，因入山谒师。问曰："禅师住处甚危险！"师曰："太守危险尤甚！"白曰："弟子位镇江山，何险之有？"师曰："薪火相交，识性不停，得非险乎？"又问："如何是佛法大意？"师曰："诸恶莫作，众善奉行。"白曰："三岁孩儿也解恁么道。"师曰："三岁孩儿虽道得，八十老人行不得。"白作礼而退。[60]

此则要求为人须善恶分明，发明心地后，务必以止恶向善为明净心性的准绳与原则。止恶向善不是说在口中的，而是付诸实践行动中的。可谓存好心、说好话、行好事也。玄素、法钦秉佛性遍在之旨，悉皆身体力行慈心爱物、止恶向善，以端正人生态度，提升内在修养，明净心性。这种说法，对于中下之人是很有益处的。

(四)以"简默无为"发挥"本无事而忘情"的牛头宗风

宗密把牛头宗列为"泯绝无寄"宗，他把体道的理行特征归结为"本无事而忘情"。如《师资承袭图》云：

> 牛头宗意者，体诸法如梦，本来无事，心境本寂，非今始空。迷之为有，即见荣枯贵贱等事。事迹既有，相违相顺，故生爱恶等情，情生则诸苦所系。梦作梦受，何损何益？有此能了之智，亦如梦心；乃至设有一法过于涅槃，亦如梦如幻。既达本来无事，理宜丧己忘情。情忘即绝苦因，方度一切苦厄，此以忘情为修也。[61]

牛头宗自法融传至玄素、法钦，仍以"本无事"为所悟之理体，以"忘情"为能修之事用。其发明心地之原理在融事入理、摄用归体，以故"忘情"为悟入"本无事"之先决条件。若在事修方面做不到"忘情"，则在理证方面亦无法契入"本无事"。宗密在《圆觉经大疏》中亦云："言本无事者,是所悟理。谓心境本空,非今始寂。迷之谓有,所以生憎爱等情。情生诸苦所系,梦作梦受故。了达本来无等,即须丧己忘情。情忘即度苦厄故。以忘情为修行也。"[62]宗密则"以本无事为悟,忘情为修"为牛头宗的理证特色。

从现有资料看,玄素、法钦系的径山禅以"简默无为",彻底发挥了"本无事而忘情"的牛头宗风。以"本无事"故,玄素、法钦在启悟化他的说法极简默,言简义赅,默而如之。《宋高僧传》卷一一"昙藏传"中,叙释超岸亲谒玄素的情形说:"释超岸,丹阳人也。先遇鹤林素禅师,处众拱默而已。"[63]李华所撰《润州鹤林寺故径山大师碑铭》说,玄素为人极为谦谨,"驺虞驯扰,表仁之至也;众禽献果,明化之均也。接足右绕,百千人俱,大师悉以'菩萨'呼之"。亦说玄素化他不拘泥于顿、渐之教仪,简默如之。"教习大乘,戒妄调伏,自性还源,无渐而可随,无顿而可入。摩尼照物,一切如之。吾常默默,无法可说。"玄素说禅善于以"无"字发挥"忘情"之修法,"或有信愿双极,恳求心要,于我渴仰,施汝醍醐。问禅定耶吾无修,问智慧耶吾无得。道惟心证,不在言通。怀帝释轮,终为世论,自净而已,无求色声"。由"无为"而达"无不为",此则染有极浓的老庄玄学化色彩。原以"道惟心证,不在言通"故,玄素禅风极为"简默"。以故李华赞曰:"我天人师,示第一义。师无可说之法,义为不二之门。"径山法钦的禅风亦如此,以"默"为"语",言简而义赅,个中元无余欠。李吉甫所撰《杭州径山寺大觉禅师碑铭并序》说:"惟大师性和言简,罕所论说,问者百千,对无一二。时证了义,心依善根。未度者道岂远人,应度者吾无杂味。日行空界,尽欲昏痴;珠现镜中,自然明了。"亦赞法钦说"道离言说,法润根茎。师心是法,无法修行"也。玄素、法钦简默的禅风,正表示了法是不可说的,说着就不是了。专于简默,不以方便私通,贵在令学人参而自得。但这势必对中下根人来说,亦是甚难受益的。

玄素在启悟化他方面,较为注重怀疑论的价值,意在令学人因疑而悟,可谓"大疑大悟,小疑小悟,不疑不悟"也。《五灯会元》载:僧问:"如何是西来意?"师曰:"会即不会,疑即不疑。"又曰:"不会不疑底,不疑不会底。"[64]这明显是反对正面的肯定显诠之法,而以否定遮诠之法启悟学人。

法钦在化他方面始终是指归向上,以"诸法缘生,生空无性"之般若斗杓为化他启悟之纲领,如《五灯会元》载:僧问:"如何是道?"法钦曰:"山上有鲤鱼,海底有蓬尘。"按常规而论,山上方有蓬尘,海底才有鲤鱼。但法钦的反常之说,正是对"缘生无性"的应运。法钦有时以"语不道破"为化他之原则,如有僧问:"如何是祖师西来意?"法钦曰:"汝问不当。"僧曰:"如何得当?"法钦曰:"待吾灭后,即向汝说。"还如马祖令智藏来问:"十二时中以何为境?"法钦曰:"待汝回去时有信。"藏曰:"如今便回去。"法钦曰:"传语却须问取。"此二则公案,可谓是绕路说禅,据款结案。但亦没说出个所以然,而末后一句则令学人踏断思维路,参而自得。法钦有时亦直指心源,曹溪崔赵公问:"弟子今欲出家,得否?"法钦曰:"出家乃大丈夫事,非将相之所能为。"[65]公于是有省。此乃就中直指心源,令伊识得。其实,法钦的简默禅风,主要体现在"一切总无"上。《景德传灯录》卷七载:

> 智藏住西堂,后有一俗士问:"有天堂地狱否?"师曰:"有。"曰:"有佛法僧宝否?"师曰:"有。"更有多问,尽答言有。曰:"和尚恁么道,莫错否?"师曰:"汝曾见尊宿来耶?"曰:"某甲曾参径山和尚来。"师曰:"径山向汝作么生道?"曰:"他道一切总无。"师曰:"汝有妻否?"曰:"有。"师曰:"径山和尚有妻否?"曰:"无。"师曰:"径山和尚道无即得。"俗士礼谢而去。[66]

这里,径山法钦说"一切总无",只是"本来无一物"的牛头宗风。但依(洪州道一弟子)智藏来看,这未免也太不契机了吧!玄素与法钦的禅风,非常简默。言简意赅,默而如之。但过于简默,只适合上根利智者,而中下之流则难受其益矣。玄素与法钦善于以"无"字泯除人我爱见,极力发挥了"本无事而忘情"的牛头宗风,理证与事修的相结合,体现了径山禅的"悟、修不二"之义门。

(本文原载于《慧焰薪传——径山禅茶文化研究》)

注释:

[1]印顺导师,《中国禅宗史》,江西人民出版社 1999 年版,第 68 页。

[2]印顺导师,《中国禅宗史》,江西人民出版社 1999 年版,第 332 页。

［3］杨曾文，《唐五代禅宗史》，中国社会科学出版社 1999 年版，第 278 页。

［4］印顺导师，《中国禅宗史》，江西人民出版社 1999 年版，第 89 页。

［5］印顺导师，《中国禅宗史》，江西人民出版社 1999 年版，第 89 页。

［6］印顺导师，《中国禅宗史》，江西人民出版社 1999 年版，第 90 页。

［7］《全唐文》卷 320。

［8］《卍续藏》册 80，第 50—51 页。

［9］《大正藏》册 50，第 764 页。

［10］《全唐文》卷 512。

［11］《卍续藏》册 85，页 617 下。

［12］皆出宋明教大师契嵩集《六祖大师法宝坛经·行由第一》，《大正藏》册 48，第 349 页。

［13］《卍续藏》册 80，第 50—51 页。

［14］《全唐文》卷 512。

［15］《卍续藏》册 85，第 617 页。

［16］《大正藏》册 50，第 764 页。

［17］《全唐文》卷 512。

［18］《大正藏》册 50，第 764 页。

［19］《全唐文》卷 512。

［20］《大正藏》册 50，第 764 页。

［21］《卍续藏》册 80，第 50—51 页。

［22］《卍续藏》册 87，第 399 页。

［23］《卍续藏》册 85，第 623 页。

［24］《卍续藏》册 85，第 622—623 页。

［25］《大正藏》册 50，第 764 页。

［26］《大正藏》册 49，第 378 页。

［27］《全唐文》卷 512。

［28］《大正藏》册 49，第 378 页。

［29］《大正藏》册 50，第 764 页。

［30］《大正藏》册 50，第 764 页。

［31］《卍续藏》册 85，第 630 页。

［32］《全唐文》卷 512。

［33］《卍续藏》册 85，第 630 页。

［34］《卍续藏》册 80，第 50—51 页。

［35］《大正藏》册 50，第 764 页。

［36］《全唐文》卷 512。

［37］《大正藏》册 50，第 764 页。

［38］《全唐文》卷 320。

［39］《大正藏》册 50，第 764 页。

［40］《大正藏》册 50，第 816—817 页。

［41］《卐续藏》册 76，第 199 页。

［42］《卐续藏》册 80，第 51 页。

［43］《卐续藏》册 80，第 111 页。

［44］《卐续藏》册 80，第 51 页。

［45］《大正藏》册 50，第 769 页。

［46］《卐续藏》册 85，第 630 页。

［47］皆在《卐续藏》册 80，第 50 页。

［48］（唐）李华，《润州鹤林寺故径山大师碑铭》，《全唐文》卷 320。

［49］《卐续藏》册 85，第 630 页。

［50］《卐续藏》册 80，第 51 页。

［51］唐李吉甫，《杭州径山寺大觉禅师碑铭》，《全唐文》卷 512。

［52］《卐续藏》册 9，第 534 页。

［53］《卐续藏》册 14，第 279 页。

［54］《大正藏》册 48，第 564 页。

［55］《全唐文》卷 320。

［56］《卐续藏》册 80，第 50 页。

［57］《全唐文》卷 512。

［58］《卐续藏》册 80，第 51 页。

［59］《卐续藏》册 85，第 630 页。

［60］《卐续藏》册 80，第 51 页。

［61］《卐续藏》册 63，第 33 页。

［62］《卐续藏》册 9，第 534 页。

［63］《大正藏》册 50，第 252 页。

［64］《卐续藏》册 80，第 50 页。

［65］皆出《卐续藏》册 80，第 51 页。

［66］《大正藏》册 51，第 252 页。

径山高僧大慧宗杲与儒家四书

韩焕忠

摘要:看话禅的倡导者大慧宗杲在弘法传禅时经常引用《论语》《孟子》《大学》《中庸》等儒家经典,对佛教和儒学的发展产生了深远影响。宗杲对官僚士大夫参禅悟道非常欣赏,经常给予鼓励,为吸引官僚士大夫接受佛教,也为佛教融入当时的主流话语打开了方便之门。宗杲在传禅弘法时时常引用《论语》《孟子》中的言论,无形中打破了儒佛两家的思想界限,拉近了士大夫与高僧大德之间的心理距离,而他对于《大学》"格物""正心"的阐释隐然已启后世的心学的端绪,他以天台三身义诠释中庸的性道教之义,对夙乏本体建构和形而上思辨的儒家来讲无疑具有最直接的启发意义。宗杲在对儒家经典的理解影响到崛起中的理学和酝酿中的心学。本文为江苏省高校社科基金资助项目"佛教四书学研究"阶段性成果(编号为2011SJB720012)。

关键词:大慧宗杲 儒家四书

南宋初年的径山高僧大慧宗杲是看话禅的倡导者,他在向当时的士大夫们弘法传禅时经常引用《论语》《孟子》《大学》《中庸》等儒家经典,无论是对佛教,还是对儒学,都产生了极为深远的影响。

据《大明高僧传》记载,释宗杲,号大慧,因居妙喜庵,又称妙喜,俗家

作者简介:韩焕忠(1970—),山东曹县人,哲学博士,苏州大学哲学系副教授,主要研究中国佛教与传统文化。

宣州奚氏。宗杲 12 岁出家,17 岁时剃染,曾经依湛堂文准,后往汴京天宁寺参圆悟克勤,深受重视,克勤著《临济正宗记》以付之。宋绍兴七年(1137),宗杲奉诏住双径,与主张抗金的侍郎张九成等多有往来,秦桧深为忌恨,于十一年(1141)五月毁其衣牒,流放衡州,直到二十六年(1156)十月始得放还,复其形服,十一月诏住阿育王。二十八年(1158),降旨令师再住径山,大弘圆悟宗旨。辛巳(1161)春,退居明月堂,八月入灭,世寿七十五岁,僧腊五十八夏,谥曰普觉,塔名宝光。[1]

大慧宗杲在中国佛教史上享有崇高的地位,鉴于当时流行的文字禅百弊丛生,"他转而主张采用另一种方法来运用公案,即从公案中提出某些语句作为题目来参究,以扫荡一切思量、知解,力求获得真正的禅悟"。[2]这就是看话禅,"看话禅形成后,参究赵州无、云门顾、柏树子、麻三斤、须弥山、平常心是道等等古公案,成为佛门禅风,历经元、明、清,以至今天,仍流行不绝"。[3]大慧宗杲在弘扬禅法时对《论语》《孟子》《大学》《中庸》等儒家经典的吸收和利用,应是他所提倡的看话禅风行至今的重要原因。

一、鼓励士大夫参禅

当时许多官僚士大夫都醉心于大慧宗杲所提倡的看话禅,除上文提到的张侍郎(九成)外,《大慧普觉禅师语录》中还载有宗杲给汪状元(圣锡)、莫宣教(润甫)、徐提刑(敦济)、熊祠部(叔雅)、罗知县(孟弼)、觉空居士(唐通判)、钱计议等人的书信及开示。从这些开示和书信中,我们可以体会到宗杲对这些官僚士大夫参禅悟道的欣赏和鼓励。

宗杲认为,官僚士大夫虽然身处世俗之中,但却并不碍他们参禅悟道。在他看来,官僚士大夫们"茶里、饭里,喜时、怒时,净处、秽处,妻儿聚头处,与宾客相酬酢处,办公家职事处,了私门婚嫁处,都是第一等做工夫提撕举觉底时节。昔李文和都尉在富贵丛中参得禅,大彻大悟;杨文公参得禅时,身居翰苑;张无尽参得禅时,作江西转运使。只这三大老,便是个不坏世间相而谈实相底样子也。又何曾须要去妻孥,休官罢职,咬菜根,苦形劣志,避喧求静,然后入枯禅鬼窟里作妄想,方得悟道来"![4]很显然,宗杲所说的参禅悟道,并不是要人摒弃俗务,离世独处,百事不做,而是主张即世间而求出世间,这可以说是对六祖以来"佛法在世间,不离世间觉"的禅学思想的继承和贯彻, 这也是禅宗思想之所以能对官僚士大夫产生强大吸引力的根本原因。

正因为官僚士大夫事务繁忙,因此他们的参禅悟道,本身就是非常难能可贵的事情。宗杲曾将官僚士大夫在家学道与僧人出家修道加以对比,认为僧人"父母不供甘旨,六亲固以弃离,一瓶一钵日用应缘处,无许多障道底冤家",可以"一心一意体究此事";而"士大夫开眼合眼处,无非障道底冤魂",其悟道的难度和阻力自较出家僧人为大。正如《维摩诘经》所说:"尘劳之俦,为如来种。""譬如高原陆地不生莲华,卑湿淤泥乃生此华。"因此他对官僚士大夫们的参禅悟道称赞不已:"如杨文公、李文和、张无尽三大老打得透,其力胜我出家儿二十倍。何以故?我出家儿在外打入,士大夫在内打出,在外打入者其力弱,在内打出者其力强。"[5]也就是说,在宗杲看来,只要官僚士大夫们锐志于参究"生死大事",无论是安享荣华富贵,还是经营世俗事务,举凡"喜时怒时,判断公事时,与宾客相酬酢时,与妻子聚会时,心思善恶时,触境遇缘时"[6],不仅不能阻碍他们参禅,而且还可以成为他们悟道的极好助缘,从而获得比出家修行还要辉煌的成就。

士大夫虽然可以参禅, 也可以获得很大的成就, 但毕竟身处世俗之中,习气深重,难以一时祛除。宗杲对于士大夫参禅时所易犯的各种毛病洞若观火,他说:"士大夫聪明灵利博极群书底人,个个有两般病:若不着意,便是忘怀,忘怀则堕在黑山下鬼窟里,教中谓之昏沉;着意则心识纷飞,一念续一念,前念未止,后念相续,教中谓之掉举。不知有人人脚跟下不沉不掉底一段大事因缘,如天普盖,似地普擎,未有世界,早有此段大事因缘。世界坏时, 此段大事因缘不曾动着一丝毫头。往往士大夫多是掉举。"[7]昏沉、掉举,为参禅时两种病症,而士大夫因为知见明利,更容易思绪纷飞。宗杲运用他们所熟知的《论语》《孟子》《大学》《中庸》等儒家典籍阐说禅理, 无形中为官僚士大夫接受佛教以及佛教融入当时的主流话语打开了方便之门。

二、援引《论语》

《论语》是官僚士大夫们非常熟悉的儒家经典,宗杲在传禅弘法时时常引用《论语》中的言论，自然可以增进官僚士大夫对佛教、特别是他所提倡的看话禅的亲和力。

禅宗最为关切的是"自家本命元辰落着处"，但却"有生而知之者，有学而知之者"，宗杲举赵州从谂的例子对此加以解说。如僧人问赵州："学人乍入丛林，乞师指示。"赵州问他："尔吃粥了也未？"僧人回答说："吃粥了。"赵州说："洗钵盂去。"僧人于言下大悟。宗杲认为这个僧人就是"学而知之者"，能到此地步非常不简单。而赵州本人则属于那种"生而知之者"。当他还是个小沙弥时，行脚到南泉，恰逢南泉普愿躺在床上休息，赵州具礼奉拜，南泉问其所自，赵州回答说："瑞像院。"南泉接着问："还见瑞像么？"赵州非常机智地回答道："瑞像则不见，面前只见卧如来。"此答颇令南泉刮目，他起身问道："尔是有主沙弥，无主沙弥？""那个是尔主？"赵州缓缓近前："孟春犹寒，伏惟和尚尊候万福。"[8]赵州由此深得南泉的赏识，二人缘契师资，共同为中国佛教史抹上了浓浓的一笔重彩。宗杲此处所引用的孔子名言"有生而知之者，有学而知之者"，实际上承担着诠释赵州这一公案理论架构的重任，沉重的佛教话语由此进入士大夫的思想世界。

宗杲对当时流行的默照禅十分反感，经常排斥之，他有时引用《论语》对士大夫申述其非。他曾经对福建一个叫郑尚明的士人说："庄子云：'言而足，终日言而尽道；言而不足，终日言而尽物。道物之极，言默不足以载；非言非默，义有所极。'我也不曾看郭象解并诸家批注，只据我杜撰说破尔这默然。岂不见孔夫子一日大惊小怪曰：'参乎，吾道一以贯之。'曾子曰：'唯。'尔措大家，才闻个唯字，便来这里恶口，却云：'这一唯，与天地同根，万物一体，致君于尧舜之上，成家立国，出将入相，以至启手足时，不出这一唯，且喜没交涉。'殊不知这个道理，便是曾子言而足，孔子言而足。其徒不会，却问曰：'何谓也？'曾子见他理会不得，却向第二头答他话，谓夫子之道不可无言，所以云：'夫子之道忠恕而已矣。'要之道与物至极处，不在言语上，不在默然处，言也载不得，默也载不得。……"[9]这一番话举庄子之论，特别是孔子"吾道一以贯之"之言，阐明学者所求之道既不限于语又不局于默的道理，虽然通俗易懂，但却将儒道佛三家的相关思想融会贯通,扼要地阐明了大道不在语默动静的道理,破除了郑某人在参禅时对于"默照"的执着,使其大为倾服。

学人参禅,贵在破除自家的"心意识"。佛教以集起名心、思量为意、分别为识,所谓破除心意识,简而言之,就是破除对外界事物的执着、思量和分别。佛家言此,往往语涉玄妙,士大夫或因此而忽之,在宗杲看来,这实际上就是孔子称赞颜回的"不迁怒,不二过"。他说:"不迁怒,不二过,孔子独称颜回,谓圣人无怒,无怒则不为血气所迁;谓圣人无过,无过则正念独脱,正念独脱则成一片,成一片则不二矣。邪非之念才干正,则打作两橛,作两橛则其过岂止二而已。不迁怒,不二过之义,如是而已,不必作玄妙奇特商量。"[10]宗杲将儒家"不迁怒不二过"的圣贤境界置入佛教语境中,使之成为克服气质偏颇、破除心意识执着、培养正念并维持不断的不二法门。

《论语》在汉代既已称经,但在儒家经典体系中,其地位远不如五经重要,汉唐时代的士大夫熟读论语,往往只是将其视为了解孔子的传记资料。大慧宗杲等高僧大德在弘法传禅时对《论语》的引用和诠释,不仅扩大了《论语》的普及面,无形中提高了《论语》在士庶心目中的地位,而且还将《论语》置入佛教的心性义理语境之中,为理学家们从义理的角度上阐释《论语》进行了比较充分的准备。

三、援引《孟子》

中唐以降,《孟子》的地位逐渐显赫起来,入宋之后,更是获得二程、王安石等人的推尊,得以风行天下,成为当时士大夫们都非常熟悉的经典之一。因此,大慧宗杲在向士大夫们宣说佛法时,除经常援引《论语》之外,有时还会援引《孟子》中的一些说法。

大慧宗杲有时援引《孟子》来诠释佛教的名相。我们知道,佛教经典中名相繁富,义理深邃,如对于什么是佛、什么是佛性等问题,儒家学者初次接触,不免难得其门。如果只是以佛教的话语进行解释的话,则解释之语中必定又有许多难解之处,如此则解不胜解,难得要领。《孟子》既为士大夫所熟知,宗杲援引其说,实为以其所知解释其所不知,自易收到引其由不知而入于知之功效。如其《示觉空居士(唐通判)》云:"以斯道觉斯民,儒者之事也;吾佛亦曰:性觉妙明,本觉明妙。又佛者,觉也,既已自觉,而以此觉觉诸群迷,故曰大觉。"[11]宗杲所说的"以斯道觉斯民",语出《孟子》,故其谓之为"儒者之事",宗杲比之于佛之觉义。宗杲用浅近易懂的儒家觉义诠释看似缥缈玄远的佛义,无形中打破了儒佛二家不可逾越的思想界限,拉近了士大夫与高僧大德之间的心理距离。

大慧宗杲有时援引《孟子》批判当时的学术风气。孟子道性善,倡仁政,辟杨墨,尊道贱霸,其思想具有非常强烈的批判色彩,在当时即有好辩之名,千载后尚不足掩之。宋世承平既久,士习奢靡,人崇浮华,徒具虚文,罕见其实。宗杲在《示罗知县(孟弼)》即引《孟子》之言对此加以批驳。他说:"心术是本,文章学问是末。近代学者,多弃本逐末,寻章摘句,学华言巧语以相胜,而以圣人经术为无用之言,可不悲夫!孟子所谓'不揣其本而欲齐其末,方寸之木,可使高于岑楼'是也。"[12]有力地批判了宋世弃本逐末寻章摘句的不良风气。宗杲于此处高揭"心术"之大蠹,不仅符合了儒家心性义理之学兴起的思想潮流,而且也为佛教定位于"治心"预留了广阔的精神空间。

大慧宗杲有时援引孟子的性善之说论述人性问题。中国历代思想界都非常重视对人性的考察和界说,如孔子提出"性相近也,习相远也",七十子后学世硕提出"性有善有恶",与孟子同时的告子主张"性无善无恶";孟子则主张仁义礼智根于心,为人之本性,故而他盛唱人性善;孟子之后儒家的另一大家荀子则认为"性恶";其后"性三品论"成为汉唐时期人性论的主流,无论是两汉的董仲舒、王充,还是唐代的韩愈,莫不坚持此论。可以说,正是在中国重视人性论的思想影响下,由印度输入中国的佛教才逐渐走向以佛性论为基础而容纳般若学的发展道理。而隋唐时期佛性论的盛行,无疑又为孟子性善论的独出百家之表、成为中国人性论的主流提供了氛围。宗杲作为南宗禅的一代宗师,清醒地意识到佛性论与孟子性善论的一致之处。他在《答汪状元(圣锡)》中说:"仁乃性之仁,义乃性之义,礼乃性之礼,智乃性之智,信乃性之信。义理之义亦性也,作无义事,即背此性,作有义事,即顺此性。然顺背在人,不在性也;仁义礼智信在性,不在人也。人有贤愚,性即无也。若仁义礼智信在贤而不在愚,则圣人之道,有拣择取舍矣,如天降雨择地而下矣。所以云:仁义礼智信在性,而不在人也;贤愚顺背在人,而不在性也。"[13]如何论证儒家所倡导的伦理纲常具有超越具体人物和时空的普遍绝对性,是宋代理学家的艰巨任务,宗杲此论实具有与理学家们同一鼻孔出气的意味。

宋代理学家们好辟佛,不仅以孟子之辟杨墨为榜样,每以《孟子》为立论之依据。大慧宗杲在弘扬佛教时经常援引《孟子》,既可以对理学家们辟佛起到釜底抽薪的作用,又能够与理学家们就思想资源展开争夺,可谓是于不经意间完成了一件一举多得的美事。

四、解读《大学》

宋代理学家们都很重视《大学》,将其作为架构儒家内圣外王之道的理论框架,其中对于"格物""正心"等目尤为重视,甚至成为他们聚会交谈的话题。大慧宗杲不仅亲自参与其中,而且还提出了非常有价值的见解。

大慧宗杲关于"格物"的议论见于他与张九成的机缘对语之中。据《嘉泰普灯录》载,张九成因主张抗金,获罪于秦桧,在被迫辞官归里之后,有一次在径山寺,与冯给事等人讨论《大学》中的"格物"问题。大慧对他说:"公只知有格物,而不知有物格。"九成闻言,一片茫然,大慧宗杲却大笑不止,九成于是请他阐明其理。大慧说:"不见小说载,唐人有与安禄山谋叛者,其人先为阆守,有画像在焉。明皇幸蜀,见之怒,令侍臣以剑击其像首,时阆守居陕西,首忽堕地。"张九成听说后,"顿领深旨。题不动轩壁曰:子韶格物,妙喜物格;欲识一贯,两个五百"。九成的理解得到了大慧的许可。[14]大慧宗杲引用小说家言形象地揭示出,所谓"格物",就是将主观的东西见之于客观。九成之解非不及此,只是与大慧相比,对效果的重视不够强烈而已。宗杲与九成此论非常有特色,这应是二人交契平生的思想根源。

大慧宗杲经常要求士大夫们务必要"正心"。他在《示罗知县(孟弼)》中说:"士大夫学先王之道,止是正心术而已;心术既正,则邪非自不相干;邪非既不相干,则日用应缘处,自然头头上明。"[15]他在《示莫宣教(润甫)》中说:"近世学者,多弃本逐末,背正投邪,只以为学为道为名,专以取富贵张大门户,为决定义,故心术不正,为物所转,俗谚所谓只见锥头利,不见凿头方。殊不知,在儒教则以正心术为先,心术既正,则造次颠沛,无不与此道相契,前所云为学为道一之义也;在吾教则曰,若能转物,即同如来;在老氏则曰慈、曰俭、曰不敢为天下先。能如是学,不须求与此道合,自然默默与之相投矣。"[16]在大慧的理解中,"正心"就是"格物"的自然延续。对心的强调,是中国佛教的一贯特色,大慧宗杲将此特色契入儒家语境之中,自然会对儒家文本的意义生成发生重大影响。

学界每以张九成为"二程理学和陆氏心学之间的一个过度环节"[17],此虽大致不错,但却在无形中埋没了大慧宗杲的思想史意义。实则张九成与大慧宗杲契阔生死,其思想深受大慧宗杲的影响,由此才促成了二程理学向陆氏心学的过度。

五、诠释《中庸》

大慧宗杲对《中庸》的诠释,主要集中该书的前三句,即"天命之谓性,率性之谓道,修道之谓教"上。

大慧宗杲运用天台宗的三身义解说《中庸》的性道教三义,深受张九成及于宪舅甥二人的称赏。据《嘉泰普灯录》载,张九成因获罪于秦桧被安置安南,大慧宗杲也被流放衡阳。丙子(1156)春,张九成蒙恩北还,道次新淦,大慧宗杲也正好到此,二人联舟欢会,畅谈禅宗的心要。张九成甥于宪前来迎接舅舅,因而得以与宗杲相值。张九成令于宪拜见宗杲,于宪以素不拜僧相辞,张九成就命他试探一下宗杲的学识。于宪遂以《中庸》的前三句,即"天命之谓性,率性之谓道,修道之谓教"相问。宗杲回答说:"凡人既不知本命元辰下落处,又要牵好人入火坑,如何圣贤于打头一着不凿破。"于宪说:"吾师能为圣贤凿破否?"宗杲说:"天命之谓性,便是清净法身;率性之谓道,便是圆满报身;修道之谓教,便是千百亿化身。"于宪将宗杲的回答告诉了张九成,张九成深是其论,遂坚令其甥致拜宗杲。[18]

大慧宗杲运用天台宗的三身义诠释"性道教",使《中庸》前三句的意义得以显豁,可谓是"凿破"了儒家圣贤的意旨。天台智者大师云:"理法聚名法身,智法聚名报身,功德法聚名应身。"[19]意谓法身为普遍永恒的理性本体,报身为契合此理性本体而成就的圣贤智慧,应身则是圣贤对契合理性之智慧的运用。大慧以此诠释性道教三义,也就意味着以"天命之谓性"

为永恒普遍的理性本体,将"率性之谓道"视为圣贤成就的智慧境界,把"修道之谓教"看作圣贤对大众的种种引导和教化。宗杲此论对夙乏本体建构和形而上思辨的儒家来讲无疑具有最直接的启发,明乎此,也就难怪张九成要坚令其甥致拜大慧宗杲了,这其实是代表儒家向佛教对儒学的义理滋养所表达的一种致敬和感谢。

大慧宗杲在当时即已声动朝野,许多士大夫都与他互通款曲,这是他经常援引儒家经典的主要原因,而他对儒家经典的理解也由此影响到崛起中的理学和酝酿中的心学。据说,宋代理学的集大成者与儒家四书学的建立者朱熹"少年不乐读时文,……搜之箧中,惟《大慧语录》一帙而已,《金城录》谓公之学得于道谦禅师"。[20]道谦禅师即宗杲的入室弟子。这表明。朱熹不仅喜好阅读大慧的语录,还与大慧的高足有着深厚的交谊,大慧以佛解儒的思想自然会对朱熹产生深刻的影响。

（本文原载于《慧焰薪传——径山禅茶文化研究》)

注释:

[1]参见释如惺:《大明高僧传》卷5,《大正藏》第50册,第915页下—916页中。

[2]方立天:《中国佛教哲学要义》,中国人民大学出版社2002年版,第1015页。

[3]方立天:《中国佛教哲学要义》,中国人民大学出版社2002年版,第1017—1018页。

[4]宗杲:《大慧普觉禅师语录》卷21,《大正藏》第47册,第899页下—900页上。

[5]宗杲:《大慧普觉禅师语录》卷21,《大正藏》第47册,第900页上。

[6]宗杲:《大慧普觉禅师语录》卷21,《大正藏》第47册,第899页上。

[7]宗杲:《大慧普觉禅师语录》卷17,《大正藏》第47册,第884页下。

[8]宗杲:《大慧普觉禅师语录》卷16,《大正藏》第47册,第879页上。

[9]宗杲:《大慧普觉禅师语录》卷16,《大正藏》第47册,第885页上—885页中。

[10]宗杲:《大慧普觉禅师语录》卷20,《大正藏》第47册,第897页下—898页上。

[11]宗杲:《大慧普觉禅师语录》卷20,《大正藏》第47册,第896页下—897页上。

[12]宗杲:《大慧普觉禅师语录》卷20,《大正藏》第47册,第898页上。

[13]宗杲:《大慧普觉禅师语录》卷28,《大正藏》第47册,第932页下。

[14]正受:《嘉泰普灯录》卷23,《卍新纂续藏经》第79册,第431页下。

[15]宗杲:《大慧普觉禅师语录》卷20,《大正藏》第47册,第898页上。

[16]宗杲:《大慧普觉禅师语录》卷24,《大正藏》第47册,第913页上。

[17]崔大华,《张九成的理学思想及其时代影响》,《浙江学刊》1983年,第3期。

[18]正受:《嘉泰普灯录》卷23,《卍新纂续藏经》第79册,第431页下。

[19]智者:《金光明经玄义》卷上,《大正藏》第39册,第3页下。

[20]夏树芳辑:《名公法喜志》卷4,《卍新纂续藏经》第88册,第348页中。

无准师范与圆尔辨圆的交往

法　缘

内容提要:无准师范(1178—1249),南宋临济杨岐派著名高僧,五山之首径山寺第三十四代住持,被称为是南宋中日佛教文化交流史上里程碑式的人物,在其门下求法的日僧有宋以来最多,他对日本社会、文化的各个方面,尤其是对禅宗产生了极大的影响,以至有所谓"日本禅系中三分之一为无准法孙"之说。圆尔辨圆(1202—1280)就是无准门下知名的日僧之一。他在无准门下参学长达六年之久,与无准建立了深厚的情谊。无准师范与圆尔辨圆两人之交往也为中日佛教文化交流谱写出一段美妙的乐章。

关键词:无准师范　圆尔辨圆　径山寺　东福寺

南宋时期,中日的佛教文化交流多为僧人主导的非官方正式交往,而由僧人主导,并继唐朝之后再次达到高峰。南宋时期,中国禅宗盛行,大量日僧入宋于中国江浙一带参访名师,学佛参禅。径山寺位于江浙丛林五山之首,成为日僧参访的重要道场。南宋临济杨岐派著名高僧无准师范为径山寺第三十四代住持,被称为是南宋中日佛教文化交流史上里程碑式的人物,在他住持径山寺的绍定五年(1232)到淳祐八年(1248)期间,已知有19名日僧入宋,其中10名日僧曾明确在无准门下参禅求法。[1]有宋一代,嗣法无准的日本弟子数量之多可谓是创纪录空前绝后的,以至有所谓"日本禅系中三分之一为无准法孙"之说。他对日本社会、文化的各个方面,尤

作者简介:法缘,闽南佛学院讲师。

其是对禅宗产生了极大的影响。圆尔辨圆就是无准门下知名的日僧之一，他在无准门下参学长达六年之久，与无准建立了深厚的情谊。

回国后也与无准时常互通书信，更是谨记无准的教诲，以东福寺为中心大力弘临济杨岐派禅法，成为日本临济宗杨岐派的始祖，继荣西之后，促进了临济宗在日本的确立。除了传禅之外，圆尔还被称为"日本宋学传入的第一人"，[2]在日本积极传播宋学。他还将宋朝的茶及茶礼、诗文、书法、绘画、寺院的建筑、碾茶以及面粉、面条的制作等也传入了日本。他对宋文化在日本的传播和发展，起到了不可估量的作用，使得宋代先进灿烂的思想文化成为后世日本思想文化的重要源泉之一，为后世日本五山文学的创立奠定了基础。圆尔对日本佛教及文化有着举足轻重的影响与贡献，他在日本宗教发展史上留下了辉煌的一页。圆尔在日本禅宗发展史乃至佛教、文化史上都有着重要的地位。当然，他的辉煌与其师无准师范是分不开的。无准师范与圆尔辨圆两人之交往为中日佛教文化交流谱写出一段美妙的乐章。

一、中日佛教文化交流的代表人物——无准师范

无准师范是南宋时期佛教界泰斗，临济杨岐派中心人物，中日文化交流史上的代表人物。他对临济杨岐派在南宋的兴盛以及日本禅宗的发展都有着巨大的贡献与深远的影响。被日本临济宗相国寺派管长称为是："日本禅宗史上不可忘却的人物。"[3]

无准师范（1178—1249），名师范，号无准，俗姓雍氏，四川梓潼（绵州梓潼县治）人。9 岁就随阴平山道钦禅师出家，天资聪慧，过目成诵，而又喜阅宗门（按：禅宗）语要。光宗绍熙五年（1194）受具足戒，翌年在成都从名尧修禅，颇有心得。六年后离开四川，至荆南、江苏镇江等地遍参知识。之后又前往宁波育王山参秀岩 师端、佛照德光光（1121—1203）。时年 20岁，因为贫穷，无钱剃发，被人称为"乌头子"。师范后来又到了杭州参灵隐寺松原崇岳（宋代临济宗杨岐派僧人）并往来于南山之净慈寺入充肯之堂室，栖止六年。继而至吴门谒万寿无证修，时临济宗杨岐派高僧破庵祖先住苏州西华秀峰，往依之。不久，又至常州（今属江苏）华藏寺师事宗演，居三年，复还灵隐。时破庵居第一首座，一日斋罢，师范陪同祖先禅师游观石

笋庵。庵中道者向祖先禅师请益问:"胡孙子(按:猢狲子指猿猴)捉不住,愿垂开示。"破庵回答道:"用捉他作甚么?如风吹水,自然成纹。"师范当时侍立在旁,听了破庵与道人这番问答,随即豁然大悟,平生所有疑情此时豁然贯通,冰消瓦解。[4]这就是禅宗所说的明心见性,大彻大悟。

虽说师范只是听了破庵与道人的问答而顿时开悟,但这恐怕跟平时遍参诸禅德长期修习已经打下了很好的根基有关吧。师范后来嗣法破庵祖先,一直都随侍在师父身边。待破庵圆寂后,师范曾住持过四明之梨洲、明州之清凉,后又移住镇江焦山普济寺、雪窦山资圣寺、育王山广利禅寺等名刹,兴禅布道。至理宗绍定五年(1232)奉诏住持五山之首的径山兴圣万寿禅寺,普为径山第三十四世住持。径山寺是入宋日僧前往参访最多的名刹。

径山兴圣万寿寺,中国人习惯称为"径山寺"。此寺与日本禅宗的关系也最为密切,日本人称其为"万寿寺"。径山,地处南宋首都临安府西北约70华里,因径通天目山而得名,为天目山支脉,山有东西二径,东径通余杭城,西径通临安城,故又名"双径"或"径坞"。沿东径拾级而上五里,便见庄严肃穆的"径山寺"。寺院最初由唐代宗时的法钦和尚(714—792)始建,法钦又名道钦,为独立于禅宗南、北二宗之外的牛头宗鹤林玄素(668—752)的弟子,法钦曾被代宗皇帝诏进京,赐"国一"之号。[5]之后,此寺历经百丈等几代住持,但寺宇破败,仍然一蹶不振。直到南宋绍兴七年(1137),临济宗杨岐派高僧大慧宗杲奉旨住持此寺,大力提倡看话禅,此寺才见兴盛。宗杲曾两度住持径山,倡导临济宗旨,在他住持期间,使径山声誉鹊起,当时前来求法的僧众多至1500余人,以至于僧堂都容纳不下,而另建千僧阁,[6]可见当时的盛况。宗杲之后,径山寺被定为五山之首,成为"东南第一禅院"。[7]作为官寺,前往径山的住持,就都是由官方委派,在整个宋代径山的住持当中有五位得到了宋帝的赐号,[8]孝宗时还曾幸游径山,并御笔亲书"径山兴盛万寿禅寺"之匾额,[9]可见此寺之地位自非一般寺院所能比。

无准师范由朝廷派遣入住此寺,倡导临济杨岐派禅法。由于师范的威望,在他住持径山期间,使径山法席之兴盛达到了顶点,是自宗杲以后无可比者。如《增续传灯录》卷三中所说：

> 居径山二十年，储峙丰积，有众如海。虽丙丁火厄，而旋复旧观，号法席全盛。[10]

宋理宗(1225—1264)听闻其名，召入宫中说法，并赐佛鉴禅师之号。还赐赠金银、绢帛、珠宝等甚厚。此外，又赐予寺内僧众银绢财宝，所赐之丰，为前代所未有。[11]此时师范之名，如日中天，声闻海内外，有"天下第一宗师"之号[12]。径山也成为南宋佛教界的中心，是各方瞩目的禅门要地，正所谓"是以天下之士归之如市"，[13]"学者指双径为道之所在而追趋之，犹夕阳之浣"[14]就表明了这一点。对于无准师范及径山的盛名，入宋日僧自然有所闻，因此慕名前去参访的不乏其人。当时前往径山参学的日僧非常之多，除了圆尔辩圆之外，诸如神子荣尊、性才法心、随乘湛慧、妙见道佑、悟空敬念、一翁院豪、觉琳等都曾入居径山，继承了无准师范的法统。[15]前往径山求法的日僧络绎不绝，就整个宋代来说，到径山求法的日僧也是创纪录的多，以至于无准师范门下的高足无学祖元(1225—1286)在赴日本传禅时曾说："老僧虽在大唐，与日本兄弟同住者多。"[16]可以想象，当时在无准师范门下的日僧之多。

无准在住持径山二十余年，法门鼎盛，一时海众云集，四方学者纷拥而至，盛况空前，师范被誉为南宋末期临济禅门之中兴人物。其寺虽两度遭火，但是在师范的感召下，旋复旋兴，"寺宇崇成，飞楼涌殿，如画图中物矣"。[17]南宋理宗淳祐八年(1248)，师范于径山明月池上筑室自居，名曰"退耕"。[18]同年三月十五日，书遗表及遗书十余种，三天后示寂。有《无准师范禅师语录》六卷行于世。

嗣法弟子有雪岩祖钦(？—1287)、高峰原妙(1238—1295)、弘法天目山而名闻于世的中峰明本(1263—1323)，以及千岩元长、大拙祖能、万峰琦禅师(1592—1673)。另外前往日本弘法的无学祖元和兀庵普宁(1197—1276)也都是无准的高足，他们到日本分别创立了佛光派和宗觉派。事实上，有"古来日本禅宗二十四派中三分之一为无准的法孙"[19]之说，无准门下日本的禅系最为繁荣。除了佛光派和宗觉派，还有圆尔辩圆的圣一派，乃至赴日的灵山道隐嗣法无准门下的雪岩祖钦，其法系称为佛慧派，大休派开山大休正念（1215—1289）、无象派开山无象静照（1252—1265）嗣法于无准门下石溪心月（？—1255），大应派开山南浦绍明（1235—1308）从无准门下虚堂智愚（1185—1269）受法。所以无准门下繁花似锦，其法系在整个日本禅系中最为繁茂、影响也最大。但其中首推还要属于圆尔辨圆对日本佛教影响与贡献最大。

二、入宋求法日僧的佼佼者——圆尔辨圆

中日两国的佛教文化交流，虽然在公元 6 世纪左右就展开了，到隋唐的时候达到中日佛教文化交流的高峰。但从日人木宫泰彦《中日文化交流史》一书中所载《遣唐留学生一览表》[20]来看，当时到中国的日僧，多是去长安求法，或是参礼天台山和五台山的较多。而到了宋代特别是南宋的时候，到江浙一带参访的日僧就多了起来。因为在中国南宋的时候禅宗特别的盛行，正如铃木大拙先生所说中国的禅宗"发达于唐代而繁荣于宋代"。[21]的确中国禅宗，历经唐末五代、北宋以后却日益昌盛起来，到了南宋已达到烂熟的时期，禅宗在南宋成为佛教的主流，并几乎成了佛教的代名词。因此禅宗便成为入宋日僧学习的首选目标，这乃是当时必然的趋势，也由此在南宋时才有很多日僧入宋求法。据木宫泰彦《中日文化交流史》中所载《南宋时代入宋僧一览表》统计，当时入宋求法的日僧有 109人，[22]而圆尔辨圆就是其中的佼佼者之一。

圆尔（1202—1280）又名辨圆，字圆尔，世以字行。俗姓平，骏河（今静冈县）人。天资独厚，聪辩过人，5 岁的时候就投久能山尧辩（生卒年不详）之室，学习俱舍。12 岁学习天台之教，15 岁列席天台止观讲义，当讲师讲到"故四谛外，别立法性"处，一时困窘，语无伦次，这时 15 岁的小圆尔走到前面，道出了完整的解释，语惊四座。[23]18 岁时，在三井的圆城寺（位于滋贺县）落发，专心研习天台教学。后来又赴南都奈良的东大寺登坛受戒，后又到京都学习儒家等外学典籍。他当时可谓是深究教内外之理，是一个知识渊博的僧人。但他好像并不满足于这些，认为所学的这些教内外典籍于生死毫不相干，只如尘沙，没有真正的价值，如《圣一国师年谱》中说：

一日自思，以我比年学大小乘，究权实教，但增知解而已，于生死大事，何益之有？吾闻野州长乐寺，有荣朝者，非啻传持三部密法，而也受禅戒,听教外别传之道,知识非遥,何滞此邪?[24]

于是离开三井圆城寺,前往上野(今群马县)长乐寺荣西禅师的高徒荣朝禅师,随荣朝参究禅法。荣朝曾随由中国归来的入宋僧荣西修密学禅,开创了长乐寺,在关东举扬禅风,闻名一世。圆尔当时慕名前去拜访,这是毋庸置疑的,但更有可能的是他当时在日本四处求学的时候,对禅宗已经有所闻,所以才发出"虽居讲肆,虽究大小权实之教,但徒算沙而已"[25]的感叹,于是自己主动去参访禅德,从荣朝学教外别传之旨。

事实上关于禅宗,早在唐朝的时候,就由道昭[26]、道睿[27]、最澄[28]、圆仁[29]、慧萼[30]、义空[31]等人传入日本,但始终未兴盛起来。之后,睿山的觉阿(1143—1182)偕同法第金庆(生卒年不详)于南宋乾道七年(1171,日承安元年)入宋,继承杭州灵隐寺佛海慧远(1103—1176)的法统回国,[32]乃至摄津三宝寺的大日能忍将自己所悟心得遣弟子练中、胜辨二僧入宋,于明州育王山的佛照(拙庵)德光(1121—1203,宋代临济宗大慧派僧人)印证,[33]说明这时候禅宗在日本已渐渐吸引人们的耳目。禅宗在日本较为人所知是在荣西回国之后,荣西曾两度入宋求法,绍熙二年(1191,日建久二年)回国,于博德修建圣福寺、在镰仓开创寿福寺、在京都创建建仁寺,大力弘扬禅宗,虽然当时因迫于以天台宗为首的旧佛教的势力的种种干扰,其举扬禅宗,困难重重。[34]一直未能根深蒂固,全面展开。但由于他不屈不饶的努力,终于使得禅宗为更多的人所知。

继荣西之后,道元与其师明全(1184—1225)于嘉定十六年(1223,日贞应二年)入宋求法,嗣曹洞宗天童长翁如净(1163—1228)之法,回国后在越前(今福井县)创永平寺弘扬曹洞禅法。[35]道元和荣西一样虽在弘扬禅法时都受到旧佛教势力的迫害[36],但在他们竭力弘扬禅宗的影响下,最终还是刺激和鼓舞了日本当时的佛教界,使一大批僧人对禅宗产生了兴趣,所以纷纷入宋求法,圆尔也应该是其中之一,他在还没入宋朝的时候就对禅宗产生了兴趣,所以最终辞别荣朝,决意入宋求法。

圆尔乘船从日本平户津出发,经十多天就到达了南宋的明州。先到明州景德律院听善月律师讲戒律,又到天童山参曹源道生的弟子痴绝道冲(1169—1250)。痴绝道冲,四川武信人,得法于曹源道生后,历任将山、雪峰、天童、育王、灵隐、径山等名山大刹的住持。圆尔入宋参访的时候,他正好住持天童山景德禅寺,弘扬禅法。参访痴绝道冲后,圆尔又到杭州天竺从天台耆宿柏庭善月(1149—1241)学天台教法,柏庭善月将自撰《首楞严经疏》《楞伽经疏》《圆觉经疏》《金刚经义疏》四经疏钞及天台宗宗派相承之图授与圆尔,但圆尔并未在他身边久留,而是又赴南屏山净慈寺参访笑翁妙堪(1177—1248,为大慧宗杲的弟子)、灵隐寺石田法熏(1171—1254,破庵的弟子),往来于此二寺之间。[37]圆尔在灵隐寺的时候正逢无准师范的弟子退耕德宁在此寺任知客,他见圆尔志向不凡而对他说:"辇下诸名宿,子已参遍,然天下第一等宗师唯无准师范耳,子何不承顾眄乎?"[38]圆尔即赴径山参访无准师范,并最终获其印证,成为第一个师承径山的日僧。

三、无准师范与圆尔辨圆的交往

圆尔在退耕德宁的建议下,遂赴径山拜访无准师范,无准一见即获器许,随侍左右。《圣一国师年谱》中说:"尝在径山主掌衣钵,佛鉴不呼侍者,但称尔老。"[39]由此可见佛鉴不仅器重圆尔,而且还很尊重他。圆尔得以随侍在无准身边,朝参暮请,学问功夫大为长进。当时在无准门下和圆尔一起的还有断桥妙伦(1201—1261)、别山祖智(1200—1260)、敬翁居简、圻方庵(生卒年不详)、兀庵普宁(1199—1276)、希叟绍昙(1249—1269)、环溪惟一(1202—1281)等人皆法门之龙象,无准门下可谓是群贤毕至,高朋满座。[40]圆尔得以常和他们为侣,切磋功夫,所以,终于得以在无准的钳锤下大彻大悟。

(一)无准以临济家风接引圆尔,以慈母之心对其谆谆教诲和勉励

无准师范作为临济杨岐派高僧,其说法颇具临济宗风,"机用迅驶,如击石火、闪电光"[41],《郑思肖集》中《十方禅刹僧堂记》称其接引学人时"孤硬,有恶辣手","讲丛林规矩","不许看经看册,不许偶语杂事,昼夜趺座,密如列简,尽命参究,咸有觉触"。[42]因此无准师范与圆尔师徒之间曾发生过一段耐人寻味的故事,为了启发圆尔悟明心性,无准用了最辛辣的手段锤炼圆尔,这就是"首山竹篦"这则公案。[43]一天无准向圆尔提出了"首山竹篦"这则公案,此公案曾是首山省念禅师(926—993)在某日向修行僧提

出的问题,内容是"首山和尚",拈竹篦示众云:"汝等诸人,若唤作竹篦则触,不唤作竹篦则背,汝诸人且道,唤作什么。"[44]

竹篦是禅僧用于举扬佛法时使用的器物,可以看做是个小尺寸的戒尺,禅僧都可纵横自如地操纵使用。首山以这个竹篦为题质问修行僧,其为何物?如果说叫作竹篦,就是拘泥了竹篦这一固定观念,如果说它只是根用竹子做的小棒,暂且称为竹篦,那还不是竹篦。那样说的话,不免又生出疑问。这里叫作竹篦的东西不是实实在在吗?张口陈述不成,闭口无言也不成,那么到底应当把它叫作什么呢?就是这样一个难题。

为了悟得这则公案,圆尔日日夜夜、深究苦参,怎么也悟不出个道理来。这是因为圆尔长于天台教学和密教,对释迦佛祖的言教总是非常执着,而被其束缚住了。无准之所以敢于把有着这样出身、经历的圆尔纳入门来严加接引、教导,是因为他对这个异国青年禅僧抱有很大的期望。

某日,圆尔照例如此这般地向师父陈述自己对此问题的见解。无准终于手持竹篦发狠把圆尔痛打一顿,直到打倒在地。圆尔在被打得气息奄奄之时,终于豁然大悟。他摆脱了"有无"二字,彻底契悟而达到圆融自如的佳境。关于这段事情,后来圆尔回忆说:

我昔行脚,航海梯山,拖泥带水,遍历南方。当时五髻峰头,不觉撞着这老师,遭侬毒手,无回避处。眼上安眉,荡尽生涯。直至如今,无言可说,无理可伸。而今对众,尽底揭翻。举香云:"劫石有消日,此恨九时休!"[45]

圆尔经无准这恶辣钳锤的锻炼后大彻大悟,立即焚香感谢师父大恩。无准对圆尔的彻悟大为高兴,随即给圆尔写了认可书,表示祝贺。《圣一国师年谱》中说:"汝学海浩渺,比(按:此)来我竹篦下,一时干枯,他日归本国,必于无涓滴处,横起波澜,竖无胜幢,发挥吾道,须踵从上乃祖遗芳,永利未来际。"[46]又曰:"圆尔上人,效善财游历百城,参寻知识,决明己躬大事,其志不浅。"[47]

圆尔得到认可后,继续在无准门下修学,嘉熙元年(1237)一日,无准对圆尔说:

道无南北,弘之在人。果能弘道则一切处总是受用处,不动本际而历遍南方,不涉别求而普参知识。如是则非特此国彼国不隔丝毫至于无尽无边香水海,那边更那边犹指诸掌耳。此言吾心之常分,非假于他术。于是信得及见得彻,则逾海越漠陟岭登山,初不恶矣。[48]

无准这是在开示圆尔,作为道没有国界、没有彼此,假使能这样体认的话就是自他不隔毫端的穷穷无尽法界不可思议之境。无准正是以这种"道无南北",不分"此国彼国"的态度,对海外学子产生了强大的吸引力和感染力。因此,无准师范成为来华日僧参禅的主要对象。日本著名的禅学史家玉村竹二先生称其"对日本人来说,无准师范是最可亲的"。[49]

嘉熙二年(1238),圆尔请僧侣中的著名画家牧溪法常(? —1281)画了一幅无准师范的坐像,请无准题赞。无准题赞曰:

大宋国日本国,天无垠地无限。一句定千差,有谁分曲直。惊起南山白额虫,浩浩清风生羽翼。[50]

这种画,在佛教界称为"顶相"。顶相画属于禅画的一种,它就是指禅宗祖师的肖像。在顶相的上面,还有自题赞辞或请其他高僧题赞。[51]无准所题之赞无一言半语涉及自己,而是尽力鼓励圆尔,把圆尔比作添翼之虎,希望他如浩浩清风鹏程万里,可谓用尽心机。

嘉熙三年(1239),圆尔欲知晓其师无准的生平出处,于是拜托德如侍者写无准的生平行状。圆尔之所以这样做,是为了预备归国后,被人问起关于师父无准师范之事。德如的生平不明,在《圣一国师年谱》中只是说他俸无准的时间最久,所以能粗知无准生平大概,故应圆尔之请求作了无准的行状给圆尔。[52]本行状作成于嘉熙三年(1239)八月一日,淳祐元年(1241)正月二十三日,圆尔向无准呈上德如所记行状,无准在其上加上自己的署名。德如所作无准的行状全称为《大宋国临安府径山兴圣万寿禅寺住持特赐佛鉴禅师行状》,现今为东福寺作为重要的文化遗产所珍藏。东福寺还藏有道璨(按:粲无文)撰《径山佛鉴禅师行状》,此行状在《续藏经》所载《佛鉴禅师语录》卷六中有收录。淳祐元年(1241)无准召坼方庵和圆尔。烧香问讯而告之曰:

今夜广泽龙王(径山土地)告汝等二人,化导时至,龙王必不食言矣。坼,汝近日有专使,不得拒辞。尔,汝早归本土,提倡祖道。[53]

佛鉴也希望圆尔早日回国,"一一依从上佛祖法式",[54]提倡祖道,"更宜以此道力行,使吾祖之教,在在处处,炽然而兴"[55]即回国后按临济宗的宗旨仪规弘布禅法、开示众生。圆尔回国时,作为传法的信物,无准赠以密庵咸杰祖师(1118—1186)的法衣、宗派图和自赞顶相以及《大明录》付之,同门诸友也都作颂相送,以缅怀和鼓励这位异国的僧人。[56]圆尔与大众挥泪而别,看来圆尔入宋求法时,结识了很多同参道友,并且与他们情深义重。

圆尔和他的师父无准师范之间也有很深厚的感情,无准在接引学人的手段上虽然峻烈颇有临济宗风,但他待人却风神闲雅,襟度宽广,如粲无文在《径山佛鉴禅师行状》中所说,无准虽声名鼎盛,但平易近人,有教无类,待下甚宽,"不录过、不没善、不受谮愬、不执法厉众",[57]是以前来求学的人虽"融火煽虐,万瓦灰飞,虽露坐檐宿,不忍舍去"。[58]所以无准对圆尔的教诲是严中有慈,精心尽力。圆尔将要回国的时候,无准除了对他殷勤嘱咐之外,还为他写好了回国后初住寺院的匾额,其额曰"敕赐万年崇福禅寺",[59]这体现了无准对圆尔一片犹如慈母般的呵护之心。

(二)无准师范与圆尔的书信往来

圆尔回国后,初住博德,即以无准所赐初住寺额名"崇福寺",圆尔还经常托商船给无准寄一些东西,并和无准常有书信往来,互相问候。师徒之间的感情十分融洽和深厚。从他们之间的书信,可以知道他们互相往来的情况。日仁治三年(1243,日宽元元年,南宋淳祐三年)圆尔写信给无准,无准回信说:

师范和南手白日本国大宰府崇福寺尔长老:

一别许久,每切驰系,近者收书,且知出应人天之命为世导师,老怀慰喜。既为主法人,当行平等慈以接来学。其常住事物,一一付之知事,略提纲要而已,专于方丈之职。与四众激扬此事也当时时自警,佛法如大海转入转深,不可少息。使此宗异日大震于乡国,岂不伟哉!山中虽复罗火厄,日来也有成就之渐,无老远念。正续但欠佛殿,也一而经营矣,恐欲知之。佑音二兄在此,过得甚好。佑近来有去向,甚可喜。前日所寄二件信物,一如书中数目领讫,极感道义。便中就以锦法衣一顶,乃前辈尊宿相传者付去,遇说法一披。余宜为大法自爱是祝。

大宋国临安府径山兴圣万寿禅寺住持特赐佛鉴圆照禅师师范和南崇福寺尔长老。[60]

无准回复圆尔这封信让人看了有无尽的感动！从中可以看出他对圆尔犹如世间的父对子,慈心叮咛圆尔如何做一名合格的住持,如何以法为本,以道为业。他始终都希望圆尔于日本能弘扬临济禅法。并告知圆尔径山遇火灾之事,径山曾两度遇火,第一次火灾是无准入住后的第二年即绍定五年(1232)。[61]无准此次信中提到的径山火灾当是在淳祐三年(1243),[62]径山再次遇火灾,径山第二次火灾时圆尔已经回国。圆尔听闻径山遭火灾,立即劝华裔商人谢国明化千板木材给无准作为径山修缮之资。[63]无准随即写信答谢圆尔说:

又荷远念,山门兴复重大,特化千板为助,良感道义。……尝闻日本教律甚盛,而禅宗未振,今长老既能竖立此宗,当一一依从佛祖所行,无有不殊胜矣。……录到上堂语要,甚惬老怀。[64]

无准与圆尔的情谊不仅是体现在道法上,而且还体现在生活中,无准对圆尔始终如母子一样的慈悲、细心呵护。圆尔对无准也如子对母一样的依恋,当他从博德崇福寺迁承天寺时,又写信告知无准。无准亲书"承天寺禅寺"及诸堂额、诸牌等大字寄给圆尔。无准在信中还对圆尔说,如诸堂额等大字不能用,将重新写小一点的给圆尔。[65]无准可谓是对圆尔极尽细心和耐心！

日宽元元年(1243,日仁治三年,南宋淳祐三年),圆尔又给无准写信,无准回信说:

师范和南,手白承天堂头长老。向曾收书、已尝回答。就(按:旧)有锦法衣壹顶附去,乃是从上诸善知识所传者,翔表付授不妄。且知长老还故国,缘法殊胜,所至响合,更宜以此道力行。使吾祖之教,在在处处,炽然而兴,此为至祝也。便风聊复眷属之意,未间切宜为大法保爱,余不一一。

师范和南白承天寺堂头长老

在这封信里无准依然是勉励圆尔以弘法为要,在日本举扬禅宗。并把"从上诸善知识所传"的"锦法衣"授与了圆尔,此法衣究竟何所指？圆尔回国时,无准曾赠予密庵咸杰祖师的法衣、宗派图和自赞顶相以付之,在这里又提到法衣当不是指密庵咸杰祖师的法衣,应该是临济杨岐派创始人方会禅师(992—约1049)递代传承下来的法衣。因为无准属于杨岐派法孙,为从南岳怀让以下临济第54代传人,[66]有这件法衣可能性很大,所以无准在信中说是"从上诸善知识所传者,翔表付授不妄"。《六祖坛经》中曾说"内传法以印心,外传衣以表信"。[67]圆尔为异邦之人,回国后举扬临济杨岐派禅法当须此派表信之法衣为证,故寄与圆尔。同时,这也表明无准是将圆尔视为他之后临济杨岐派在日本的传人。圆尔也的确是在日本第一位将临济杨岐派弘扬开的僧人。最早将临济杨岐派传入日本的是觉阿,他入宋师承灵隐寺临济杨岐派高僧慧远之法回国,但因当时禅宗在日本并未为人们所熟悉,所以觉阿回国后没能开宗立派弘扬慧远之禅法,[68]因此圆尔便成为日本第一位大弘临济杨岐派禅法的日僧。

圆尔在崇福与承天二寺弘扬禅法名声很大,宽元元年,又因同门师兄随乘湛慧[69]的介绍而认识藤原实经(又名良实),良实为当时关白藤原道家第二子,其父及兄都非常崇信佛教,对圆尔极为崇信和礼遇,为圆尔在京都东山月轮的别庄,模仿宋朝的径山寺,建立规模等同于东大、兴福二寺的东福寺,正所谓"洪基亚东大,盛业取兴福",故将新寺命名为"东福寺",[70]迎请圆尔为开山初祖。圆尔马上写信给无准,其大意如下:

> 圆尔百生幸甚,得获依附法座,随众办道,殊沐慈悲开示方便。自尔以降,时时自警,虽日本来圆成,也须渐断尘缘,渐除习气,至于无作之作,无功之功,譬如大海转入转深。今年赆赐法海,百拜启读,怀仰不已。特赐锦袈裟一顶,感激之私,铭篆肌。又弊寺自去岁八月始起,今年一周圆备。此是老和尚道德所及,龙天打供,了辨一大缘事,谨此布覆,伏翼慈亮。[71]

从信中来看,圆尔对无准是无尽的感激与崇敬,他也时时牢记师范对他的教诲,不敢有丝毫的怠慢。并告诉无准东福寺修建的进展情况,以免无准挂念。日宽元二年(1244,南宋淳祐四年)无准收到圆尔的信后复了回信,信中说:

> 印上人来收书,并前一书及包宝塔二领得,甚感不忘,第相去阻远,无由即答,且知自崇福迁东福,住四名刹,安众行道,殊慰老怀!但凭么操守?

力弘此道,使一枝佛法流布于日本真不忝为宗乘中人也。长老禅教兼通,又能践履,不患不殊胜,只贵始终一节,介然不改耳,此老僧所望,余无他祝。[72]

无准在信中表示对圆尔由崇福迁东福,住四名刹,安众行道感到无限的欣慰,并且再次勉励圆尔要力弘禅道,使禅宗在日本能兴盛起来。而且认为圆尔禅教兼通,若是在弘法时兼倡禅教一致之道,这对于他在本国弘扬临济禅来说将大有利益。

无准与圆尔之间互通书信可谓是相当频繁,从圆尔淳祐元年(1241)回国到无准淳祐九年(1249)示寂之间,他们经常书信往来。几乎每次书信,无准都不忘勤勉圆尔力弘禅道,也需身心念兹在兹不离道。圆尔对于无准的教诲是时时铭记,并依教奉行。无准对圆尔如父对子,圆尔对无准如子敬父,两人感情深厚,令人感动。无准示寂后,圆尔为其主办追忌会,并且圆尔圆寂前还立下遗言,东福寺从不准纪念他的诞辰,后世只许纪念他的中国老师无准师范禅师的诞辰。寺中始终恪守圆尔之命,凡763年往矣,历763年而不衰,可见师徒之间这段感情之深厚,令人敬仰!

圆尔始终没有忘记恩师对他所寄予的重望,在日本大弘临济杨岐派禅法,声誉鹊起,名振海内外,使临济宗在当时盛极一时。

四、无准师范对圆尔辨圆的影响

圆尔从南宋端平二年(1235,日嘉祯元年)入宋求法至淳祐元年(1241,日仁治二年)回国,在无准门下参学长达六年之久,朝参夕问,耳闻目染,深受无准的影响。

(一)体现在致力弘扬禅法上

无准对禅宗事业可谓是呕心沥血,《南宋元明僧宝传》中称赞道:“师居五峰,法席之盛,不下妙喜时也。众多粮少,而重罹回禄,不无奔走四方之劳,想见其曲折。苟非以荷负正宗为心,则安能篷篸若此。”[73]这段话就是赞叹无准之所以不辞辛劳曲折的住持径山,就是为了荷负正宗,为了弘扬禅法,使禅法久久连续传承下去,无准一生可谓就是如此的为法忘躯。一生五历道场,[74]处处以法为主,以道为重,所以缕缕苦口婆心的劝勉圆尔于日本禅宗不兴之地,“必于无涓滴处,横超波澜,竖无胜幢,发挥吾道,须踵从上,乃祖遗芳,永利未来际"。[75]而且从上面无准与圆尔互通书信的内容来看,无准几乎每封信都有在勉励圆尔以法、以道为业,于日本弘扬禅法。圆尔时刻铭记着无准这样的教导,终不辜负无准的重托,真的是在无涓滴之水地方操起波澜,于当时禅宗并不兴盛的日本,大弘临济禅。

圆尔以京都东福寺为中心,凭借九条道家等朝廷显贵强有力的支持和保护,更重要的是依靠当时日本朝野对宋代崭新佛教文化的仰慕,以及对临济正宗禅的日益理解和倾倒而大举禅风,逐渐打消了天皇及九条道家对临济禅的疑惑,获得了朝野上下广泛的支持和皈依。这为临济禅打进、根植京城取得了成功。在圆尔及其门下众多弟子的竭力举扬下,使临济宗走向了兴盛,迎来了禅宗兴隆的第一时期,正如《别峰殊禅师行道记》中所述:"日本禅宗之学,自圣一国师唱无准之道于东福,可谓中兴矣。"[76]虎关师练《元亨释书》卷七则说:

建久之间,西公(按:荣西)导黄龙之一派,只滥觞而已,建长之中,隆师(按:兰溪道隆)谕唱东壤(按:关东),尚薄于帝乡。慧日(按:圆尔辨圆)道洽君相,化洽畿疆,御外侮而立正宗,整教纲而提禅纲,盖得祖道之时者乎![77]

这些都说明了日本禅宗的昌盛,始于圆尔,正所谓"日本禅门之繁昌,由此而始"[78]也。圆尔以京都东福寺为中心,并远及九州岛的崇福寺、承天寺、万寿寺和镰仓的寿福寺等,扩大了禅宗在京都及九州岛等地的影响,促进了临济宗在日本的确立。所以圆尔在日本禅宗发展史具有重要的地位。在后来盛行于日本的禅宗二十四派中,除曹洞宗三派外俱属临济,临济宗占有绝对优势。而在临济中,除荣西所传属黄龙派禅法外,余均属圆尔等所传的杨岐派禅法,圆尔辨圆对日本禅宗的贡献可谓是显而易见的了。

(二)重视丛林清规上

无准非常重视推行宋地的丛林规范——《禅苑清规》。中国禅林的清规,最早有唐代百丈怀海(720—814)所撰述之《百丈古清规》。但到北宋时代古清规已散逸,禅林规则紊乱,而且《百丈古清规》中有很多制度已无法适应日渐庞大的丛林组织的要求,正如宗赜在《禅苑清规》序文中说:"少林消息已是剜肉成疮,百丈规绳可谓新条特地。而况丛林蔓延,转见不堪。加之法令滋彰,事更多矣。"[79]所以宗赜在《百丈古清规》的基础上,又从当时禅宗寺院及社会发展的需要出发,编撰了这部《禅苑清规》。其后,此清规便成为宋元期间最为流行且通行于全国禅宗丛林的清规。径山寺作为五山之首,其修行生活自然是依照当时中国禅林的中心规范《禅苑清规》。圆尔在宋六年,深得无准的教导。回国后,自然会遵循其师的咐托:"今长老既能竖立此宗,当一一依从上佛祖法式",[80]将宋朝禅林规矩、僧堂生活移植到日本。

在无准师范的影响下,圆尔在东福寺创制《东福寺规式》。在《大日本古文书》家わけ第二十《东福寺文书之一》中有《圆尔东福寺规式》,于中说圆尔"以佛鉴禅师丛林规式,一期遵行之,永不退转矣"。[81]圆尔在东福寺推行宋地的禅院制度,并依照《禅苑清规》设立寺院的职事制度、法事活动制度以及教育制度等。如在《慧日山东福禅寺耆旧籍》一条中就可以清晰的看到当时东福寺设立了副寺、维那、典座、直岁、首座、藏主、知客、浴司、侍者等僧职。[82]

除了东福寺,圆尔在曾住持过的镰仓寿福寺、博德承天寺、万寿寺等寺院也制定了清规。在圆尔之后,清拙正澄(1274—1339,大鉴禅师)为日本禅林制定了《大鉴清规》[83],此规正是在圆尔所传回来的原《禅苑清规》基础上的完善,遂成为后世日本禅林的规范,极大地影响了日本禅林。

(三)倡导三教一致上

中国有宋一代,学者们多将之称为融合型的佛教。[84]所谓禅净融合、禅儒融合、儒释道三教融合等,尤其是儒释道三教之融合最为突出,且已成为时代之思潮,特别盛行。如了元佛印(1032—1098)、佛日契嵩(1007—1072)、阐提惟照、大慧宗杲等人都提倡三教一致。如契嵩写《辅教篇》推崇儒家孝道,主张佛儒并重,说"曰佛,曰儒,曰百家,心则一,其迹则异"。[85]大慧宗杲也提倡儒佛一致论,他说:"为学为道一也","若识得仁义礼智信之性起外,则格物忠恕一以贯之,在其中矣",[86]认为儒佛二教是相通的。

一些与入宋求法日僧关系密切的禅宗高僧如北涧居简(1164—1246)、痴绝道冲、无准师范等人也倡导三教一致,都有很深的儒学修养,无准师范尤为其中的佼佼者。他曾说："大匠不巧，大儒不学，动辄中方圆，举皆成礼乐。堪笑乡村卖卜人，徒劳钻破乌龟壳。"[87]又说："三教圣人，同一舌头，各开门户，鞠其旨归，则了无二致。"[88]无准师范立足禅宗，致力于将宋学与禅教结合，倡导三教一致。因此在他门下求法的日僧自然也受到熏陶。圆尔在无准门下六年，受无准禅风的熏陶，无疑也是兼三教于一身。且他是第一个有目可查引入宋学著作的日僧。圆尔在回国时曾带回大量的书籍，并且把从宋地带回来的这些书籍的目录编成《三教典籍目录》，不过很可惜，此目录已佚失。但从其法孙大道一以（1305—1370）所编《普门院经论章疏语录儒书等目录》中仍可见圆尔当时带回来的宋学书籍有《晦庵大学或问》《晦庵中庸或问》《论语精义》《孟子精义》《晦庵集注孟子》《五先生语录》等。[89]

圆尔除了将宋学书籍传回日本，而且本人也是身体力行，在传禅之余，也不忘在不同的场所传播宋学。据《元亨释书》卷七《圆尔传》所载，圆尔常引用从宋地带回来的《佛法大明录》为众人讲授。并且曾应幕府北条时赖之请，讲过此录。[90]关于《佛法大明录》简称《大明录》，是一部论述禅宗修行和悟道的著作，其中比较集中地论述了三教一致的思想。由南宋宝庆（1226）到绍定（1229）年间奎堂居士所作。全书共二十卷，分为：明心、净行、破迷、入理、工夫、入机、见师、大悟、的意、大用、真空、度人、入寂、化身十四章，外有《篇外杂记》一章。[91]其中的《净行》《化身》《篇外杂记》三章，比较集中地论述了三教一致的思想，且在论证三教思想时常引用宋明理学概念和思想。圆尔讲授《大明录》，这可能是日本禅林讲授宋学的最早经筵，有人因此称圆尔为"日本宋学传入的第一人"。[92]

无准也曾称赞圆尔禅教兼通，并希望他在弘禅之余可倡导三教一致之论。[93]

圆尔也正是秉承佛鉴的希望，大力弘扬三教一致之旨。据《圣一国师年谱》记载，日文永五年（1268）日本崛河大相国源基曾向圆尔请教"三教大旨"，圆尔乃述《三教要略》呈之。[94]日建治元年（1275）龟山道皇诏圆尔入内，说三教旨趣。[95]从这些活动事迹来看，圆尔果真不负无准所望，一直致力弘扬三教一致之说，他既是一位禅门僧侣，又是一位宋学研究家。他的毕生努力,为把中国宋学传入日本,无疑也起了极为重要的作用。

(四)诗文、书法上

无准师范不仅是一个儒、释、道三教兼通博学多识著名的禅僧,本身也是一个很有诗文修养的人。他有大量的诗文偈颂留世,在《佛鉴语录》第四卷中记录了他所作的拈古有 85 则、颂古 42 首、偈颂 62 首、佛祖赞 43篇、自赞 23 篇、小佛事 14 篇、序跋 26 篇,另外还有示参学者的法语 31篇。[96]圆尔深受宋代禅林盛行诗文之风气及其师的影响,在他的《圣一国师语录》中也记载了他大量上堂、小参及开示学人的法语,其中包括举古、拈古、代语等共 38 则,偈颂 16 首,佛祖赞 7 篇,自赞 12 篇。[97]如偈颂之《送僧》

> 秋空如水水如空,衲子兹时活路通。
> 直向孤峰峰顶上,草庵盘结展家风。[98]

> 佛祖赞之《达摩赞》
> 折苇渡江人不知,少林九年空面壁。
> 只履不归西竺干,大虚抹过入东国。[99]

> 自赞之《任渊上座请》
> 老汉一生坐曲床,乌藤拈起没商量。
> 机前毫发不存处,倜傥分明独自彰。[100]

从这些诗偈中可以看出,圆尔具有很深的汉文学功底,在诗文上富有相当的造诣。

圆尔除了自己作诗偈之外,他还将有关诗文方面的书籍带回了日本,如《毛诗》《寒山诗》《东坡长短句》《诗律捷径》《合璧诗学》《说文》《白氏文集》《韩文》《柳文》[101]等,这些都无疑种下了日本镰仓后期诗文学的根苗,对五山文学的兴起有着巨大的推动作用。

无准师范本身也是个书法大家,其墨迹有"自有寻常墨客、凡夫作家所不能达到的地方",甚至说有"一字千金"之称。[102]圆尔在回国时曾带回一些无准师范的墨迹,后来他在博德开创承天禅寺时,师范又寄赠禅院额字等,因此,有不少师范的手迹留存在日本。据《大日本古文书》家わけ第二十《东福寺文书之一》的《佛鉴禅师御笔额字》记载,师范在日本的墨迹有40多种。[103]这些牌匾、额字,在圆尔移锡京都的东福寺时,一起移到了东福寺。现在东福寺存有额字十四幅(敕赐承天禅寺、大圆觉、普门院、方丈、旃檀林、解空室、东西藏、首座、书记、维那、前后、知客、浴司、三应),牌匾五幅(上堂、小参、秉弘、普说、说戒)。其中,敕赐承天禅寺、大圆觉和五幅牌匾,共七幅是师范的手笔,其余是师范请南宋一流书法家张即之书写的。除了东福寺保存下来的这十九幅之外,还有几幅流传到了民间,而散落到民间各地师范的墨迹,也被作为国宝或重要美术品而得以珍藏。

受无准的影响,据说圆尔在宋期间就曾向当时著名的"以能书闻天下"的张即之学习书法。[104]张即之是南宋时代以擅长书法而名闻天下的书法大家,他擅长于行书,喜欢写大体字。其书结体严谨,笔法险劲,对当时书坛影响很大。他又好写佛经,所以很多禅门僧侣喜欢与之交游,学习书法。从圆尔自笔遗偈"利生方便七十九年,欲知端的佛祖不传",[105]以及东福寺所藏《圆尔请文案》[106]等遗迹来看,其书法颇有些像张即之的行书。笔墨之间透露着一种洒脱、任运随缘的禅意。由于圆尔对书法的兴趣,他在回国时也带回了一些有关书法的拓本、书帖等,如《历代法帖》《古人墨迹》[107]等,这些现都藏于东福寺。

圆尔还为自己提写了很多"自赞"[108]以及应求法者之请写了很多《法语》[109],求法者将圆尔的这些法语与偈颂挂在禅室,称为"挂字",作为修禅悟道的机缘。他们在体会墨迹所蕴含的禅的境界的同时,也定会从墨迹中汲取一些书法的妙处。在圆尔传来宋代书法风格的影响下,以五山禅僧为中心的书法流派更是崇拜张即之和苏轼的宋代风格。其后,一山一宁(1247—1317)等僧又将元代风格带进了日本,宋代与元代书法风格就长期流行于日本镰仓以至室町时代。

总之,除了以上之外,无准对圆尔的影响可说是全方面的,因为无准在圆尔的心目中是其极为崇敬和爱戴的恩师,圆尔随侍无准长达六年之久,其间无准对他的日日熏陶影响,才有他日后在本土的辉煌和灿烂。圆尔对日本佛教及文化有着举足轻重的影响与贡献,他在日本禅宗发展史乃至佛教、文化史上都有着重要的地位。

结语

综上所述,无准师范是作为南宋时期佛教界泰斗,临济杨岐派中心人物,中日文化交流史上的代表人物,他对临济杨岐派在南宋的兴盛以及日本禅宗的发展都有着巨大的贡献与深远的影响。有宋一代,嗣法无准的日本弟子数量之多可谓是创纪录空前绝后的,以至有所谓"日本禅系中三分之一为无准法孙"之说。圆尔是无准门下求法著名的日僧之一。他于南宋端平二年(1235,日嘉祯元年)入宋求法至淳祐元年(1241,日仁治二年)回国,在无准门下参学长达六年之久,与无准之间有着深厚的情谊。无准虽以辛辣的手段锤炼圆尔,但以慈母之心对其谆谆教诲和勉励。圆尔回国后还经常和无准常有书信往来,互相问候。师徒之间的感情十分融洽和深厚。无准对圆尔犹如父对子般慈悲细心的呵护教诲,圆尔对无准如子对父怀着无尽的崇敬和爱戴。正因为如此,无准对圆尔产生了很深的影响,圆尔受无准的熏陶和影响,不忘无准的再三勉励,以东福寺为中心于日本大弘临济禅法,声动朝野,促进了临济宗在日本的确立。同时,他还在无准重视丛林清规的影响下,创制《东福寺规式》,于日本丛林推行宋地的清规。无准曾称赞圆尔禅教兼通,并希望他在弘禅之余可倡导三教一致之论。圆尔也正是秉承无准的希望,大力弘扬三教一致之旨。由此,也被誉为"日本宋学传入的第一人"。无准师范不仅是一个儒、释、道三教兼通博学多识之人,本身也是一个很有诗文修养以及书法功深的僧人。这些也无形地影响着圆尔,圆尔的诗文和书法也为人们所喜欢和珍藏,这些也为以后五山文学的兴起奠定了基础。无准对圆尔的影响可说是全方面的,正是因为有无准对他的日日熏陶影响,才有他日后在本国的辉煌和灿烂。

(本文原载于《慧焰薪传——径山禅茶文化研究》)

注释:

[1]在无准门下求法的 10 位日僧是:圆尔辨圆、神子荣尊、性才法心、随乘湛慧、无外尔然、琳上人、一翁院豪、印上人、妙见道佑、悟空敬念。参见(日)木宫泰彦着、陈捷译:《中日文化交流史》之《南宋时代入宋僧一览表》,(台湾)华宇出版社 1985 年 8

月版,第178—189页。

[2](日)西村天囚:《日本宋学史》大阪:杉本梁江堂1909年9月版,第23—24页。

[3](日)有马赖底着、刘建译:《禅僧的生涯》,中国社会科学出版社2000年9月版,第92页。

[4]《无准师范语录》卷六又名《无准和尚奏对录》,其中载有粲无文撰《径山佛鉴禅师行状》,以上参见粲无文撰《径山佛鉴禅师行状》《续藏经》第121册,(台北)新文丰出版社1976年版,第278页上。

[5](明)宋奎光:《径山志》卷一《列祖》之《大觉国一贞元祖师》,(台北)明文书局1980年版,第70页。

[6](明)宋奎光:《径山志》卷七《碑记》之《千僧阁记》,(台北)明文书局1980年版,第635页。

[7]转引自俞清源编著:《径山史志》,浙江大学出版社1995年版,第28页。

[8]宋代得到赐号的有:大慧宗杲、别峰宝印、佛照德光、大圆佛鉴、无准师范等,参照(明)宋奎光《径山志》卷一《列祖》之《佛日大慧禅师传》第139页;卷二《列祖》之《别峰宝印禅师传》第168页;《佛照德光禅师传》第175页;《大圆佛鉴虚谷陵禅师传》第238页;《佛鉴无准师范禅师传》第187页。见(明)宋奎光《径山志》,(台北)明文书局1980年版。

[9](明)宋奎光:《径山志》卷十二《殿宇》之《径山兴圣万寿禅寺》,(台北)明文书局1980年版,第1005页。

[10](明)文琇集:《增集续传灯录》卷三,《续藏经》第121册,(台北)新文丰出版社1976年版,第786页下。

[11]《无准师范语录》卷六之粲无文撰《径山佛鉴禅师行状》,《续藏经》第121册,(台北)新文丰出版社1976年版,第278页中。按:粲无文即是无文道粲(?—1271)。

[12](日)虎关师炼:《元亨释书》卷七《辨圆传》,《大日本佛教全书》卷六十二《史传部》,铃木学术才团1972年版,第102页中。

[13]《无准师范语录》卷六之粲无文撰《径山佛鉴禅师行状》,《续藏经》第121册,(台北)新文丰出版社1976年版,第279页中。

[14](日)铁牛圆心编、岐阳方秀校正:《东福开山圣一和尚年谱》,《大日本佛教全书》第95册,佛书刊行会1912年7月版,第139页上。

[15]参见木宫泰彦着、陈捷译:《日中文化交流史》之《南宋时代入宋僧一览表》,(台湾)华宇出版社1985年版,第178—189页。

[16](宋)无学祖元:《佛光国师语录》卷六,《大日本佛教全书》卷四十八《禅宗部》,铃木学术财团1971年版,第111页下。

[17]《无准师范语录》卷六之粲无文撰《径山佛鉴禅师行状》,《续藏经》第121册,

(台北)新文丰出版社 1976 年版,第 278 页下。

[18]《无准师范语录》卷六之粲无文撰《径山佛鉴禅师行状》,《续藏经》第 121 册,(台北)新文丰出版社 1976 年版,第 278 页下。

[19]转引自俞清源编著:《径山史志》,浙江大学出版社 1995 年版,第 30 页。

[20]木宫泰彦着、陈捷译:《中日文化交流史》之《遣唐留学生一览表》,载《世界佛教名著译丛》第 49 册,(台湾)华宇出版社 1985 年 8 月版,第 3—24 页。

[21](日)铃木大拙:《禅与儒教在日本》,张曼涛主编《现代佛教学术丛刊》第 81 册之《中日佛教关系史研究》,大乘文化出版社 1978 年版,第 359 页。

[22]参见木宫泰彦着、陈捷译:《中日文化交流史》之《南宋时代入宋僧一览表》,(台湾)华宇出版社 1985 年版,第 178—189 页。

[23]铁牛圆心编、岐阳方秀校正:《东福开山圣一和尚年谱》,《大日本佛教全书》第 95 册,佛书刊行会 1912 年版,第 131 页上。

[24]同上,第 130 页下。

[25]虎关师炼:《元亨释书》卷七《辨圆传》,《大日本佛教全书》卷六十二《史传部》,铃木学术才团 1972 年版,第 102 页中。

[26]虎关师炼:《元亨释书》卷一《道昭传》,《大日本佛教全书》卷六十二《史传部》,铃木学术才团 1972 年版,第 70 页下—71 上。

[27]东大寺沙门凝然述:《三国佛法通缘起》卷上《禅宗》,《大日本佛教全书》第 101 册,佛书刊行会 1913 年版,第 105—106 页。

[28]虎关师炼:《元亨释书》卷一《最澄传》,《大日本佛教全书》卷六十二《史传部》,铃木学术才团 1972 年版,第 72 页上—75 页上。

[29]虎关师炼:《元亨释书》卷三《圆仁传》,《大日本佛教全书》卷六十二《史传部》,铃木学术才团 1972 年版,第 82 页下—84 页中。

[30]虎关师炼:《元亨释书》卷十六《慧萼传》,《大日本佛教全书》卷六十二《史传部》,铃木学术才团 1972 年版,第 149 页上。

[31]虎关师炼:《元亨释书》卷六《义空传》,《大日本佛教全书》卷六十二《史传部》,铃木学术才团 1972 年版,第 98 页中—98 下。

[32]虎关师炼:《元亨释书》卷六《觉阿传》,《大日本佛教全书》卷六十二《史传部》,铃木学术才团 1972 年版,第 98 下—99 页上。

[33](日)师蛮:《本朝高僧传》卷十九《摄州三宝寺沙门能忍传》,《大日本佛教全书》第 102 册,佛书刊行会 1913 年版,第 273 页上。

[34]据虎关师炼《元亨释书》卷二《荣西传》记载,荣西在回国后弘扬禅法受到以天台宗为首的旧佛教势力的种种干扰,困难重重。如他在竺前(今福冈县)传禅时,有僧良辩恣恿比睿山僧众告朝廷,禁止荣西传禅,还遭到流放。参照虎关师炼《元亨释书》卷二《荣西传》,《大日本佛教全书》卷六十二《史传部》铃木学术才团 1972 年版,第

75 页下—77 页下。

[35]《续群书类丛》第九辑上《传部》卷二百二十五《永平寺三祖行业记》,(东京)续群书类丛完成会 1958 年版第 282—286 页下。

[36]据日本天台宗僧光宗撰《溪岚拾叶集》卷九所载,道远回国后在深草观音导利院兴圣宝林禅院(简称兴圣寺)弘禅时,曾撰有《护国正法义》一书,在宽元元年(1243)将之上奏朝廷,说自己所传禅法可以护国。比睿山僧众闻此,强烈反对,通过当时朝廷中的僧官判定道远的禅法"不依佛教",是小乘声闻、缘觉二乘中的缘觉见解,予以排斥,最后把兴圣寺破坏,并驱逐道元。见《大正新修大藏经》卷七十六,第 539 页下—540 页上。

[37]以上参照铁牛圆心编、岐阳方秀校正:《东福开山圣一和尚年谱》,《大日本佛教全书》第 95 册,佛书刊行会 1912 年版,第 132 页上。

[38]虎关师炼:《元亨释书》卷七《圆尔传》,《大日本佛教全书》卷六十二《史传部》,铃木学术才团 1972 年版,第 102 页下。

[39]铁牛圆心编、岐阳方秀校正:《东福开山圣一和尚年谱》,《大日本佛教全书》第 95 册,佛书刊行会 1912 年 7 月版,第 129 页上。

[40]同上,第 132 页上。

[41](宋)圆悟编:《枯崖漫录》卷三,《续藏经》第 87 册,第 38 页。

[42]郑思肖著,陈福康校点:《郑思肖集·十方禅刹僧堂记》,上海古籍出版社 1991 年版,第 284 页。

[43]有马赖底著、刘建译:《禅僧的生涯》,中国社会科学出版社 2000 年版,第 92 页。

[44](宋)普济:《五灯会元》卷十一《首山念禅师法嗣》之《汝州县广教院归省禅师传》,《续藏经》第 135 册,(台北)新文丰出版社 1976 年版,第 415 页下。

[45]虎关师炼:《圣一国师语录》之"无准忌日拈香",《大日本佛教全书》第 95 册,佛书刊行会 1912 年版,第 116 页下。

[46]虎关师炼:《元亨释书》卷七《圆尔传》,《大日本佛教全书》卷六十二《史传部》,铃木学术才团 1972 年版,第 102 页下—103 页上。

[47]铁牛圆心编、岐阳方秀校正:《东福开山圣一和尚年谱》,《大日本佛教全书》第 95 册,佛书刊行会 1912 年版,第 133 页上。

[48]铁牛圆心编、岐阳方秀校正:《东福开山圣一和尚年谱》,《大日本佛教全书》第 95 册,佛书刊行会 1912 年版,第 132 页下—133 页上。

[49](日)玉村竹二:《五山文学:大陆文化紹介者としての五山禅僧の活動》,(东京)至文堂 1955 年版,第 69 页。

[50]铁牛圆心编、岐阳方秀校正:《东福开山圣一和尚年谱》,《大日本佛教全书》第 95 册,佛书刊行会 1912 年 7 月版,第 133 页上。

［51］杨曾文：《日本佛教史》，浙江人民出版社 1996 年版，第 505 页。

［52］铁牛圆心编、岐阳方秀校正：《东福开山圣一和尚年谱》，《大日本佛教全书》第 95 册，佛书刊行会 1912 年版，第 133 页下。

［53］同上页注⑤，第 133 页下。

［54］虎关师炼：《元亨释书》卷七《圆尔传》，《大日本佛教全书》卷六十二《史传部》，铃木学术才团 1972 年 1 月版，第 103 页下。

［55］铁牛圆心编、岐阳方秀校正：《东福开山圣一和尚年谱》，《大日本佛教全书》第 95 册，佛书刊行会 1912 年 7 月版，第 135 页下。

［56］同上，第 134 页上。

［57］《无准师范语录》卷六之粲无文撰《径山佛鉴禅师行状》，《续藏经》第 121 册，（台北）新文丰出版社 1976 年版，第 279 页上。

［58］同上，第 279 页中。

［59］铁牛圆心编、岐阳方秀校正：《东福开山圣一和尚年谱》，《大日本佛教全书》第 95 册，佛书刊行会 1912 年版，第 134 页上。

［60］铁牛圆心编、岐阳方秀校正：《东福开山圣一和尚年谱》，《大日本佛教全书》第 95 册，佛书刊行会 1912 年版，第 134 页下—135 页上。

［61］《无准师范语录》卷六之粲无文撰《径山佛鉴禅师行状》，《续藏经》第 121 册，（台北）新文丰出版社 1976 年版，第 278 页中。

［62］同上，第 278 页下。

［63］铁牛圆心编、岐阳方秀校正：《东福开山圣一和尚年谱》，《大日本佛教全书》第 95 册，佛书刊行会 1912 年版，第 135 页上。

［64］同上，第 135 页上。

［65］铁牛圆心编、岐阳方秀校正：《东福开山圣一和尚年谱》，《大日本佛教全书》第 95 册，佛书刊行会 1912 年版，第 135 页上。

［66］同上，第 134 页上。

［67］（元）宗宝：《六祖坛经》之《行由品第一》，《大正藏》第 48 册，第 349 页上。

［68］虎关师炼：《元亨释书》卷六《睿山觉阿》，《大日本佛教全书》卷六十二《史传部》，铃木学术才团 1972 年版，第 98 页下。

［69］随乘湛慧又名随乘坊，曾和圆尔一起于南宋端平二年（1235，日嘉祯元年）入宋求法，并且也是嗣法于无准师范，故和圆尔为同门师兄。他回国后在博德横岳山建寺请圆尔居之，此寺即是圆尔回国初住寺院即崇福寺。参见铁牛圆心编、岐阳方秀校正《东福开山圣一和尚年谱》，《大日本佛教全书》第 95 册，佛书刊行会 1912 年版，第 134 页下。

［70］虎关师炼：《元亨释书》卷七《圆尔传》，《大日本佛教全书》卷六十二《史传部》，铃木学术才团 1972 年版，第 104 页上。

[71]铁牛圆心编、岐阳方秀校正:《东福开山圣一和尚年谱》,《大日本佛教全书》第95册,佛书刊行会1912年版,第136页下。

[72]同上,第136页下。

[73](清)自融撰、性磊补辑:《南宋元明僧宝传》卷七《径山无准师范禅师》,《续藏经》第137册,第613页中。

[74]宋宁宗嘉定十三年(1220),师范住持明州清凉寺,传法三年,名声大振。后住持镇江府焦山寺一年,住持庆元府雪窦寺、阿育王寺各三年,道风遍及东南。绍定五年(1232),奉理宗之命住持临安府径山寺,之后,径山寺两度遭遇火灾,师范不辞辛劳,两度重建,使径山规模越旧。参见《无准师范语录》卷六之粲无文撰《径山佛鉴禅师行状》,《续藏经》第121册,(台北)新文丰出版社1976年版,第277页下—279页下。

[75]虎关师炼:《元亨释书》卷七《圆尔传》,《大日本佛教全书》卷六十二《史传部》,铃木学术才团1972年版,第102页下—103页上。

[76]《续群书类丛》第九辑下《传部》卷二百三十九《别峰殊禅师行道记》,(东京)续群书类丛完成会1957年版,第674页上。

[77]虎关师炼:《元亨释书》卷七《圆尔传》,《大日本佛教全书》卷六十二《史传部》,铃木学术才团1972年版,第104页下。

[78](日)无住一圆:《沙石集》卷九,渡边纲也校注《日本古典文学大系》85,(东京)岩波书店1966年版,第395页。

[79](宋)宗赜:《禅苑清规序》,《续藏经》第111册,(台北)新文丰出版社1976年版,第875页上。

[80]虎关师炼:《元亨释书》卷七《圆尔传》,《大日本佛教全书》卷六十二《史传部》,铃木学术才团1972年版,第103页下。

[81]参见东京大学史料编撰所:《大日本古文书》家わけ第二十《东福寺文书之一》之《圆尔东福寺规式》,东京大学1956年版,第83页。

[82]参见东京大学史料编撰所:《大日本古文书》家わけ第二十《东福寺文书之一》之《慧日山东福禅寺耆旧籍》,东京大学1956年版,第301—330页。所谓副寺又称为监院,职责是统理寺院大小事务,凡寺院内一切活动均要负责。维那,主要任务是监督纪律,对寺中所发生的纷争予以调解与处理,维持寺院纪刚。典座,主管大众的饮食。直岁,负责寺院的维修工作。首座,是寺院的表率,大众的榜样,负责举正不如法的事,包括提醒寺院住持应做之事。藏主,掌管藏经佛典,相当于现在图书馆的馆长之职。知客,负责寺中接待宾客。浴司,负责浴室厕所的清洁。侍者,主要任务是照顾住持和尚的生活起居,也可替住持捎口信等。以上这些职事,事实上也都是宗赜《禅苑清规》中所设立的僧职,见宗赜《禅苑清规》卷三、卷四及卷五之僧职的设立。《续藏经》第111册,(台北)新文丰出版社1976年版,第890—902页上。

[83]《大鉴清规》现收于《大正新修大藏经》卷八十一。又称《大鉴小清规》,是清拙

正澄东渡日本(1326)后,为适应日本禅林而作。

[84]魏道儒:《宋代禅宗文化》,中州古籍出版社 1993 年版,第 161 页。

[85](宋)契嵩:《镡津文集》卷二《辅教篇》中,《大正新修大藏经》卷五十二,第 660 页上。

[86](宋)蕴闻编:《大慧普觉禅师书》卷二十八《答汪状元第二书》,《大正新修大藏经》卷四十七,第 932 页下。

[87]《无准师范语录》卷五,《续藏经》第 121 册,(台北)新文丰出版社 1976 年版,第 944 页下。

[88]《无准师范语录》卷五,《续藏经》第 121 册,(台北)新文丰出版社 1976 年版,第 966 页上。

[89]东京大学史料编撰所:《大日本古文书》家わけ第二十《东福寺文书之一》之《普门院经论章疏语录儒书等目录》,东京大学 1956 年版,第 102—106 页。

[90]虎关师炼:《元亨释书》卷七《圆尔传》,《大日本佛教全书》卷六十二《史传部》,铃木学术才团编 1972 年版,第 104 页下。

[91]参见(日)柳田圣山、椎名宏雄主编:《禅学典籍丛刊》第二卷《佛法大明录卷目》,临川书店 1999 年版,第 107 页。

[92](日)西村天囚:《日本宋学史》,(大阪)杉本梁江堂 1909 年版,第 23—24 页。

[93]铁牛圆心编、岐阳方秀校正:《东福开山圣一和尚年谱》,《大日本佛教全书》第 95 册,佛书刊行会 1912 年 7 月版,第 136 页下。

[94]同上,第 142 页上。

[95]同上,第 143 页下。

[96]参见《无准师范语录》卷四,《续藏经》第 121 册,(台北)新文丰出版社 1976 年版,第 926—941 页上。

[97]参见虎关师炼校纂:《圣一国师语录》,东福寺常乐庵藏本 1930 年 4 月版。

[98]虎关师炼校纂:《圣一国师语录》,东福寺常乐庵藏本 1930 年 4 月版,第 13 页。

[99]同上,第 14 页。

[100]同上,第 16 页。

[101]东京大学史料编撰所:《大日本古文书》家わけ第二十《东福寺文书之一》之《普门院经论章疏语录儒书等目录》,东京大学 1956 年 3 月版,第 113—116 页。

[102]福山岛俊翁编:《大宋径山佛鉴无准禅师》,佛鉴禅师七百年远讳局 1970 年版,第 48 页。

[103]东京大学史料编撰所:《大日本古文书》家わけ第二十《东福寺文书之一》之《佛鉴禅师御笔额字》,东京大学 1956 年版,第 88 页。

[104] 王连起主编:《宋代书法》,(香港) 中华商务彩色印刷有限公司 2001 年印

行,第 220 页。

[105]东京大学史料编撰所:《大日本古文书》家わけ第二十《东福寺文书之一》之《圆尔自笔遗偈》,东京大学 1956 年 3 月版,第 84 页。

[106]东京大学史料编撰所:《大日本古文书》家わけ第二十《东福寺文书之一》之《圆尔请文案》,东京大学 1956 年 3 月版,第 66 页。

[107]东京大学史料编撰所:《大日本古文书》家わけ第二十《东福寺文书之一》之《普门院经论章疏语录儒书等目录》,东京大学 1956 年版,第 121 页。

[108]虎关师炼校纂:《圣一国师语录》,东福寺常乐庵藏本 1930 年版,第 15—16 页。

[109]同上,第 7—11 页。

试论径山茶祖的勇于革新精神
及其当代价值

王跃建　　曹祖发　　吴茂棋

内容摘要：本文主要阐述径山寺开山祖法钦禅师在开创径山禅和茶中的勇于革新精神，以及其精神在后世径山寺的继承与发展，并对该精神的当代价值及其应用作了探讨。

关键词：径山茶祖　精神　当代价值

引言

1. 选题的由来。自 2007 年以来，以周方林为代表的径山茶农每年都要举办一次"径山茶祖祭典"活动，缘出唐天宝元年（742）径山寺开山鼻祖法钦禅师精于修持、勤于茶事，"尝手植茶树数株，采以供佛"的历史记载[1]。正如许多全国著名茶品类的起源于寺院道观而逐渐走向民间一样，径山茶在唐、宋两代就是名茶，在当代，由于党和政府关心支持径山茶人保护生态、发展生产、改善环境，更使径山茶成为了余杭区的一张金名片和山区茶农致富的支柱产业，故而这种出自民间的祭典活动的兴起，其初始起因是出于一种朴素的感恩，那就是不忘法钦禅师为首的历代高僧大德将径山之"禅"与径山之"茶"结缘相融形成了独具特色的径山禅茶文化，径山茶"崇尚自然，讲究真色真香真味"，雅韵自溯，茶禅一味。一方水土养育一方茶，径山茶正是植根于径山禅茶文化的沃土之中，但随着全国各地茶祖祭典活动的兴起，如湖南茶陵"中华茶祖文化公园"（纪念茶圣陆羽）、

作者单位：临平区茶文化研究会。

云南普洱山康茶祖节(纪念布朗族茶祖帕艾冷)等,据不安全统计,全国各地有茶祖 10 多位。而懂得感恩、富有智慧、充满活力的径山茶人不断思考本土的茶祖精神,径山茶祖精神的讨论也逐渐成为"祭典"活动的内容之一。然而,怎样来定义径山茶祖精神?这种精神在当代的价值又是什么呢?于是乎,径山茶祖精神的系统性研究就显得非常必要,而且关键词是"茶祖",故而答案的求解自然也得从"茶"字说起。当然,这里的茶字,它既是物质的,但更重要的还是精神层面的,是一个与禅有着类似意涵的概念。

2. 选题的目的意义。以禅茶一味为特征的径山文化不仅是余杭三大文化(良渚文化、运河文化、径山文化)之一,而且也是中国乃至世界茶文化中的一颗独特的璀璨明珠,其独特之处就在于它蕴含着深厚的东方禅理。而且,当这种东方禅理和"茶道"相遇相融时,就形成了内核为和敬清寂、精行俭德的径山禅茶文化。所以,径山茶祖精神的提出,不仅丰富了径山历史文化的内涵,而且也为研究径山禅茶文化注入了新的精神动力。这种勇于革新的精神,对于充实径山乃至全区人文精神,以及贯彻实施新发展理念,促进乡村振兴都具有积极的作用。

一、径山法钦是勇于革新的一代宗师

法钦(714—792),俗姓朱氏,吴郡昆山人,世修儒业,早年就中乡举,年二十二上京赴试,途中闻牛头宗鹤林玄素[2]禅师之名,遂弃仕途出家。法钦师从玄素得悟,师嘱:"乘流而行,遇径即止",于唐天宝元年(742)至径山结茅,是为径山开禅之始。又因在径山亲植茶树,采以供佛,是为禅茶之肇始,故又被尊为径山茶祖。

(一)法钦革新精神的基本内涵

1. 为什么说法钦是勇于革新的一代宗师。综观法钦禅师的一生,其勇于革新的精神是贯穿始终的。他不仅为径山禅宗大业夯下了第一块基石,继而革新禅法,使独立于南、北宗的牛头宗在径山生根发芽,参学者多,纵使径山牛头昂立于禅林;而且还亲躬事茶,以茶供佛,把禅与茶结合起来,成为禅宗史上"禅茶一味"之肇始,从而为佛教的进一步中国化贡献了智慧。所以,我们认为法钦禅师是一个具有革新精神的大师,也正是由于这种精神,才使得径山寺在他初创时期就成就为大唐名刹。

2. 法钦革新精神的基本内涵。综观法钦的一生及其在径山的作为，我们认为法钦革新精神的内涵是：以家国情怀为核心，在坚守佛祖初衷前提下，融合儒道，勇于扬弃，智于创新，更贵身体力行，泯绝无寄[3]，至死如一，终成大觉。

(二)法钦革新精神的由来

1. 忧国忧民的家国情怀。唐开元二年(714)法钦出身于江苏昆山的一个儒学世家。当时正值盛唐颠峰，有道是盛世崇儒，故而法钦也自幼勤读经史，以修身齐家治国平天下为己任，早中乡举。然而，这时的大唐也正值盛极而衰进入酿乱期的当儿，重要原因之一是唐玄宗志得意满后，开始放纵享乐了，不愿再励精图治了，并且带动了整个上层社会包括士子阶层的精神堕落，物欲横流。人类社会的精神进步往往滞后于物质进步，故大丈夫要物质努力，更要精神努力。

2. 恩师玄素的点拨。开元二十九年(741)，时年二十八岁的法钦怀着忧国忧民，又报国无门的困惑心理上京赶考，途经丹阳时巧遇鹤林玄素禅师指点迷律，曰："虽有五等之爵，岂如三界之尊耶？"遂弃仕途出家求救世之道。法钦悟性聪慧，又有儒学功底，玄学之妙，加之专心致志，勤奋好学，师从玄素后旋而得悟泯绝无寄宗法。

3. 鉴于禅宗兴衰的忧患意识。虽说禅宗是融合儒道纯粹中国化了的佛教，至中唐时也几乎代替了其他宗派，成了佛教的代名词，但毕竟还成不了中国的主流意识形态，而且时不时还会与时政产生矛盾。何况，纵观佛教史，凡不能与时俱进，勇于革故鼎新，则盛极而衰的宿命也是历史之必然。

(三)法钦革新精神在径山的实践

1. 创立径山牛头。牛头宗，亦称"牛头禅"，是早期禅宗的一个分支。话说禅宗四祖道信将衣钵传于五祖弘忍后，又在金陵(今南京)牛头山得遇悟性奇高的法融，于是又收为弟子，并说："我已将衣钵传于弘忍，你与弘忍有着同样的智慧，可另立宗派，就称牛头宗吧。"法钦是牛头宗的第六代传人，但自法钦南上径山后，牛头宗禅的重心也从此由金陵牛头山移至径山，时称"径山牛头"。

2. 将"泯绝无寄"彻底地贯彻在禅学实践中。法钦不仅是牛头禅系的重要传人，而且又是一个与马祖道一禅系有着深入交往与互动的一代宗师，足见善于博采众长，特别是在与士大夫的交往方面尤为突出，他把"泯绝无寄"宗法彻底地贯彻到牛头宗的禅学实践中，并成为后来宋明理学的重要渊源之一。"泯绝无寄宗者，说凡圣等法，皆如梦幻，都无所有，本来空寂，非今始无"[4]。关于这个"无"的解读是有一个公案的，话说一个曾参礼过径山法钦的著名禅师智藏，在他住持西堂时，有位俗士问他（以下是大意）："禅师，请问有天堂和地狱吗？"禅师答"有"。又问"有佛法僧三宝吗"？禅师答"有"。这位俗士还提了很多问题，禅师全都答"有"。俗士说："禅师这样答我，恐怕错了吧！"于是禅师就问："难道你见过得道高僧了？"俗士答："我曾参见过径山法钦"。禅师问："径山对你怎么说的？"俗士答："他说一切皆无。"禅师问："你有妻子吗？"俗士答"有"。禅师问"径山和尚有妻子吗？"俗士答"无"。于是禅师说："所以径山和尚说无是对的"[5]。由此可见法钦的论"无"是何等彻底，当你真得道时，方悟"六道轮回"无，而且"佛 法 僧三宝"皆无，故应"心无所寄""始名解脱"，终极回归了佛祖如来之初衷。

3. 肇始"茶禅一味"之先河。研究发现，就现今史料时间上的排序而言，在中国佛教史上若论"茶禅一味"的肇始，则以法钦的以茶"供佛"（742）为早，其余皆莫先於兹。随后便是唐上元初（760）出身佛门的陆羽在径山东麓所著的《茶经》，说"茶者，南方之嘉木也"[6]，把茶视为道行至善的化身。接着是四川保唐寺无助禅师著名的《茶偈》[7]了，但时间上还是要迟一些的，据考证大约是唐大历二年（767）。唐建中元年（780）后，百丈怀海禅师开始编制《百丈清规》，并有大量且规范的禅苑茶礼贯穿其中，标志着茶与禅的结合从此正式进入禅宗规制。至于佛门中最著名的茶禅公案，赵州从谂禅师的"吃茶去"，应该是公元857年以后的事了。

4. 泯绝无寄，终成大觉。无疑，径山的牛头禅在法钦的一系列革新下是更进一步地中国化了，当然也更进一步得到了众多士大夫的礼敬，径山牛头也从此大盛，与洛阳的菏泽神会、江西的马祖道一、湖南的石头希迁齐名并盛，[8]以至大历三年（768），唐代宗亲书御诏，派内侍黄凤至径山礼请法钦进京。法钦至京，代宗赐以肩舆(轿子)，又以弟子之礼相迎，并赐"国一禅师"尊号。相国杨绾，名公李泌、徐浩、陈少游等三十二人皆称门人，求道于法钦。大历四年(769)法钦南还径山，代宗厚礼钱行，还御诏杭州府于径山重建精舍，赐名"径山禅寺"。志说唐贞元八年(792)，法钦示寂于杭州龙兴寺，寂时曾先期三日告众："当葬吾于南庭隙地，勿封勿树，恐妨僧徒之菜地。"足见大师悲愿弘深惊鬼神，同时也彻底实践了他的"泯绝无寄"，是为大觉。贞元九年(793)，德宗赐谥号曰"贞元大觉禅师"，塔名"天中"。元和十年(815)唐宪宗又赐丰碑于寺之西南隅。[9]

二、法钦革新精神在径山寺的继承发展

大凡也是出于历史偶然中之必然吧，加之晚唐佛教大盛后，寺院经济与国库收入的矛盾冲突开始激化，至会昌年间(841—846)，唐武宗发起了大规模削减佛寺和强迫僧尼还俗的运动，仅许东京、洛阳各留2寺，其余34个节度使所治州也只准留1寺，史称"唐武宗灭佛"，当年径山禅寺也在沙汰之列，彻底被废。其后虽又有洪諲禅师[10]的重兴径山，吴越王钱镠[11]诚弘佛法，但毕竟难艰，何况五代后周显德二年(955)时又复遭周世宗柴荣发动的大规模废佛运动，故法钦后的二百年相对沉寂，直到北宋苏轼倡导径山十方选贤，后又喜逢大慧宗杲禅师，以至径山又得以中兴，并一跃成为禅林"五山十刹[12]"之首。

径山寺自法钦后，大慧宗杲、无准师范、虚堂智愚等许多大德高僧和陆羽、苏轼等先贤有意无意地继承和发展了法钦这种勇于革新的精神，他们的宗派虽有不同，但精神却是一脉相承的。凡革故鼎新者，大都使径山寺形成了向上的宗风。

(一) 苏轼倡导十方选贤

熙宁四年 (1071)，苏轼奉命通判杭州，后曾二上径山。元祐四年(1089)又重回杭州出任太守兼两浙兵马钤辖。苏轼对径山寺历史上的辉煌及后来式微的原因是很清楚的，认为其中重要的根由之一就是墨守陈规的"甲乙"制，即寺院住持由本寺师徒代代相授的制度，故也称"自袭制"。于是，苏轼知杭州后的第二年就果断地革除了这一陋习，创造性地改"甲乙制"为"十方制"，"十方"者谓十方无边世界也，从此径山广开贤路，高僧辈出。[13]特别是绍兴七年(1137),径山迎来实施"十方制"后的第十三代住持,就是前面提到的宗杲禅师,是为径山中兴之主。

(二)宗杲的看话禅和临济中兴

宗杲(1089—1163),俗姓奚,宋时宣州宁国人,是圆悟克勤门下最为得意之门生,并著《临济正宗记》以付之。靖康二年(1127)北宋京都陷落,徽、钦二宗及中原名流被掳北疆,当时宗杲也在其中,后幸免得脱,渡江而南"。宗杲在南下10年途中,虽为方外人,但因亲见山河破碎给百姓造成的灾难和痛苦,不忍安然方外,于是积极入世的思想油然而生。

临济宗杨岐派大慧宗杲在禅宗史上最杰出的贡献是首创"看话禅"。两宋之时,正值佛界文字禅泛滥,政界程朱理学昭彰,以至见人静坐便道好学,一味于公案的注解和答问,而疏于对禅理的真参和实悟。正如宗杲所说:"近世学语之流,多争锋,逞口快,以胡说乱道为纵横,胡喝乱喝为宗旨。"[14]故而,宗杲为了拯救丛林于时弊,以一种无私无畏的革新精神,不仅明确反对"昼夜不眠,与众危坐"的"默照禅"法,而且认为恩师克勤的《碧岩录》客观上也是助长此风的,故而连同刻板一同予以销毁,以示决心,继而以革新和进取的精神推出旨在探求和觉悟人生本质、人生价值意义的参禅方法——看话禅。看者究也,话者疑也,小疑小悟,大疑大悟,不疑不悟。宗杲的这一革新,不仅给临济宗的法运注入了勃勃生机,同时也造就了径山的中兴。据记载,当时僧众多至一千七百余人,而且皆诸方角立之士,号称临济再兴。[15]

(三)倡导 立大丈夫言 行大丈夫事

大慧宗杲还是中国佛教史上爱国爱教最为杰出的典范。他倡导佛教中人要投身社会和实践"大丈夫"精神,倡导"立大丈夫言,行大丈夫事""菩提心则忠义心""儒即是释,释即是儒""儒状元即是禅状元""禅状元即是儒状元"等一系列全新的禅学理念。[16]显然,这些理念的提出,实际上是强调当国家、民族危难之机,僧人也不应该置身方外,而应主动地与儒家的伦理道德相协调,共同忠君爱国,抵御外敌。更为可贵的还在于他的身体力行,在面对金兵犯境,朝中和、战两派斗争激烈的情况下,毅然与朝臣张九成等一大批士大夫形成了一股不可小觑的主战力量。但当时是主和的秦桧专权当道,是要竭力斩除异己的,故而宗杲师亦不得幸免,于绍兴十一年(1141)五月褫夺衣牒,流放衡州,自此开始了长达十五年的流放生涯,直到绍兴二十五年遇赦,翌年再主径山。清《九华山志序》载云:宗杲"忤秦桧,谪衡州抵死,从之者万余人,当时訇然定光佛降世矣"。秦桧闻讯又改谪梅州(今广东梅县)蛮荒之地,但僧俗弟子追随如初,自带干粮,虽死不悔。

(四)径山茶宴成为禅修的又一崭新形式

自从大慧宗杲倡导出看话禅,禅的意境应该说是真正地鲜活起来了,它存在于人类的一切生活和实践中。也就是说对任何一小"疑",如能真正参将进去,是都能悟出大正觉来的。但如果反将过来,整日沉迷在一大堆经论中去普参,是很难参出什么名堂来的,原因是违背辩证法。正如宗杲所说:"佛法在日用处,行住坐卧处,吃茶吃饭处,语言相问处,所作所为处。"故和"共性寓于个性之中"一说是属同一哲理。所以,禅修是可以万千的,其中讲究茶禅一味的径山茶宴就是继大慧看话禅后一个最为成功的例子。径山现任住持戒兴还把它形象地称之为"看话茶"。

这种禅修形式后来就越来越像回事了,至南宋时则已完善成一种气氛上生动活泼的,意境上和敬清寂的,规模上可单可对,可三五成群,也可作大型道场式的,当年禅宗丛林茶礼中最为完美的禅修形式,史称径山茶汤会,也称径山茶宴。下面,我们就以释咸杰[17]的《径山茶汤会 首求颂二首》来体会一下径山的"茶禅一味"。诗文如下:

其一:径山大施门开,长者悭贪俱破。烹煎凤髓龙团,供养千个万个。若作佛法商量,知我一床领过。

其二:有智大丈夫,发心贵真实。心真万法空,处处无踪迹。所谓大空王,显不思议力。况复念世间,来者正疲极。一茶一汤功德香,普令信者从兹入。

诗中有三处特别精要,其中一是"知我一床领过","知我"者应该就意同于"明心见性"吧,至于"一床领过",则其最直截的解析就莫过于梦窗疏石[18]的偈了,偈云:"眼内有尘三界窄,心头无事一床宽"。二是"有智大丈夫",足见密庵咸杰是继大慧宗杲后坚持倡导大丈夫精神的人,他在《法语·示璋禅人》中云:"宗门直截省要,只贵当人具大丈夫志气,二六时中,卓卓得不依倚一物,遇善恶镜界,不起异念,一等平怀,如生铁铸就,纵上刀剑树、入锅汤炉炭……"。更值得一提的是,密庵咸杰的大丈夫论,对后来的日本茶道也大有影响,日本京都大德寺至今还珍藏着他的墨宝《法语·示璋禅人》,并被列为国宝。三是"发心贵真实",此句是密庵咸杰一生中最著名的两大法语之一,其中所谓"发心",是指初入佛道的人发求无上菩提的心愿,至于"真实",意即动机要纯,要泯绝一切私念(包括成佛)。

所以,宋时径山的茶礼,茶会,或说茶宴,就其茶禅一味而言是可谓极致的,故而也蜚声海内外,后随当时留学径山的日僧圆尔辩圆[19]、南浦绍明[20]等传入扶桑,继而发展成日本茶道。

三、法钦勇于革新精神的当代价值及应用路径

径山禅茶文化是缘起佛教文化和茶文化的交流融合,是佛教中国化过程中形成的成果,也是茶事活动参与宗教实践、提升到精神文化和哲学高度的法宝!法钦禅师勇于革新的精神是径山禅茶文化的组成部分,认清其在当代的价值和作用,寻求合理的实现途径,对于实施新发展理念,促进径山的发展无疑是大有裨益的。

(一)法钦革新精神的当代价值

1. 可丰富径山文化之内涵。径山文化是以禅宗文化和茶文化结合为特征的地域文化,在一千多年的历史长河中,她以禅茶为主轴层层拓展,四方开花,形成了深厚的文化积淀。而作为开山之祖法钦禅师所具有的革新精神,对这一文化形成和发展的影响无疑是重要和深远的。法钦在径山以茶礼佛,以及在径山的弘法实践,无不体现出这种勇于革新的思想,他首创"禅茶一味",创立"径山牛头"等都与革新精神有很大关系,他推崇的"泯绝无寄"宗法,则是更加彻底地体现了这种革新精神。加强这方面的研究,对于丰富径山文化的内涵将是有益的。

2. 可充实径山抑或余杭的人文精神。人文精神是构成一个地方文化个性的核心内容,她像一张名片,镌刻着这个地方的文化渊源和精神品格。余杭有着悠久的历史和深厚的文化积淀,上世纪 90 年代曾把这种文化精神总结为"合力拼搏,务实争先",十年前将余杭人文精神概括为"精

致和谐,大气开放,崇文尚德,追求卓越",这些都为当时余杭的发展发挥了积极的作用。在不同的时代背景下,人文精神内涵的侧重会有所不同。目前,我们正进入一个全新的时代,需要进一步提练更能反映余杭人精神风貌和价值追求的人文精神。我们认为,余杭的人文精神蕴含在余杭的三大文化之中,其中径山禅茶文化的内涵应该是和敬清寂、精行俭德、禅茶一味。法钦祖师终生践行勇于创新,身体力行,泯绝无寄,至死不二的精神,为径山做出了卓越的贡献,也为后人留下了宝贵的文化遗产,我们应珍惜历史遗留下来的精神财富,并对其进行分析、研究,提练出富有时代特色的内容,作为径山人文特色的组成部分,充实到径山抑或余杭的人文精神之中,让古老的文化遗产焕发青春。

3. 符合新发展理念,有利于促进乡村振兴。坚定不移贯彻创新、协调、绿色、开放、共享的新发展理念,是新时代伟大实践的科学指南。创新是引领发展的第一动力,在新的发展阶段,贯彻新发展理念,必须牢牢抓住创新这个"牛鼻子",这是当下的大势和潮流。而法钦禅师一千多年前在径山的实践中所表现出来的勇于革新的精神,完全契合当下新形势下新的发展理念。这或许是一种巧合,但我们更觉得这中间有某种规律性的东西值得研究。这可能就是因循守旧则衰,开拓创新则昌。目前正在实施的乡村振兴战略,其文化振兴的核心目标就是提升乡村精神文明水平,促进乡村文化生活繁荣,激发文化生产的活力。而在这个过程中正需要我们从优秀的传统文化中吸取营养,发扬勇于革新的精神,深化传统文化与现代文明的融合,走出一条具有地方特色的文化复兴之路。

(二)这种价值在径山的实现路径

对此,我们首先要抓住大径山乡村国家公园建设的战略机遇,借助"中国径山禅茶文化园""中日韩禅茶文化中心""中华抹茶之源"三块金字招牌加持余杭的大好时机,以文化为核心,以旅游为平台,以禅茶为抓手,通过茶文旅的融合发展,将径山打造成为中国禅茶文化和抹茶产业的高地,成为发展现代绿色服务业、振兴乡村、践行两山理论的样板。

1. 本着开放兼容、通力合作的态度来开展学术研究。为此,我们应善于从东方文化的高度来研究禅茶文化的丰富内涵和历史定位,提高研究成果的学术品位。可以径山寺为依托,弘扬传播禅学,吸引天下文士、茶人、高僧品茗修禅,挖掘禅茶精要,交流心得体会。可在山顶禅意酒店内设立中日韩禅茶文化中心,开展系统性禅、茶学研究。与浙江大学等高校合作,建立禅茶教育培训基地,使之逐步成为中国禅茶文化策源地,定期举办世界禅茶文化节。

2. 以打造禅茶文化园为重点进行园区建设。例如:高标准建设生态美丽的休闲观光茶园,合理间种桂花、樱花、红枫等树木,让茶园四季秀美诱人;在完成陆羽泉公园扩建的基础上,可否考虑与大径山旅游集散中心之间连接成片,建设一条茶文化主题街,并与现有的双溪集镇合并打造成为陆羽文化小镇;深化禅茶文化第一村及其周边茶企、茶楼、民宿、创意经济等业态的文化内涵,把径山古道打造成禅意趣然的礼佛之道,成为修身养性、启发智慧的精品游道;筹措成立中华抹茶协会,建设抹茶研究院,打造抹茶全产业链,促进抹茶产业高质量发展等。

3. 顺应文游融合发展的趋势加强宣传推广。例如:借助良渚文化热的兴起,把大径山禅旅与古良渚文旅相衔接,形成良渚和径山优势互补,相互促进的文旅新格局;深入挖掘文史中的茶事、茶艺、茶乐、茶舞等传统文化,并联合知名艺术团队将其编排成大型实景歌舞演绎节目,再现当年"径山茶宴"盛景;把径山茶工艺、茶汤会、宋式点茶等转变为常态化的旅游体验等。

结语

综上所述,凡事皆有共性,善于革故鼎新,顺应时代潮流则兴,不顾客观现实,因循守旧则衰。径山的茶也然,从"采以供佛"到以茶助禅,从禅门茶礼到茶禅一味,从看话禅到"看话茶",茶助禅兴,禅助茶名,一路走来无不如是。而且,从某种意义上讲,自南宋以降,径山的禅可以说是以茶(道)为重要特色之一的。对此,径山寺大雄宝殿上曾有原中共浙江省委统战部部长戴盟书写的一副楹联:

苦海驾慈航 听暮鼓晨钟 西土东瀛同登彼岸
智灯悬宝座 悟心经慧典 禅机茶道共味真谛

大凡寺院,妙相庄严的楹联是比比皆是的,但能将茶道纳入寺院主殿的则实属稀罕,茶道在禅宗径山的地位由此可见一斑。但毋庸讳言,现如今的禅苑茶道相较起释咸杰时的茶汤会来,还是逊色点的!当然,那是经典,但总得有道才是。中国人是不轻易言道的,但自唐·陆羽的《茶经》问世以来,中国的茶道就正式诞生了,它的最高境界是善(嘉),是无私奉献,《道德经》曰"上善若水,水善利万物而不争……故几于道"。茶道的核心理念(抑或说修道法门)是"俭",俭者"约(束)"也。那么要"约束"什么呢?归根结底就是要约束形形色色的"私",可见茶道之理与佛陀的《四谛》[21]说是相一致的。此外还有《茶经》中提倡的"正令""务远""守中"以及"荡昏寐"道法自然、忧国忧民等,都不失为是有利于当今社会精神文明建设的正能量,但问题是怎样体现到茶道的艺、技、器、境中去。至于物质层面的茶,则需要奋力革故鼎新的项目就更多了。总而言之,"至道无难,惟嫌拣择[22]"茶道也然,唯俭是也。

[本文原载于《茶都》(2021)]

注释:

[1]见清 嘉庆《余杭县志》径山茶 条。

[2]鹤林玄素:俗姓马,润州延陵人(今江苏省丹阳市),又称马素、马祖,唐代禅宗大师,牛头宗代表人物之一。

[3]泯绝无寄:禅宗的一个分支,信仰此宗的代表人物有荷泽神会、石头希迁、牛头法融、径山法钦等。

[4]见唐 圭峰宗密禅师 禅源诸诠集都序 卷上 之二。

[5]见宋 普济 五灯会元。

[6]见唐 陆羽 茶经 一之源。

[7]无助《茶偈》:见《历代法宝记》第一卷 无助禅师:"幽谷生灵草,堪为入道媒。樵人采其叶,美味入流杯。静虑成虚识,明心照会台。不劳人气力,直耸法门开。"

[8]参考文献:赵娜 唐宋时期书院与禅寺关系初探。

[9]参考文献:径山志 卷之一 列祖 第一代。

[10]洪諲禅师:洪諲(?—901)俗姓吴,吴兴人,咸通七年(866)主径山,是为径山第三代住持。洪諲主径山后,收拾法难残局,重振径山,僧众恢复至千余人。景福二年(893)吴越王钱镠奏朝廷,得赐"法济大师"号。

[11]钱镠:即吴越武肃王钱镠(852—932),杭州临安人,吴越开国国君,崇佛。

[12]五山十刹:宋宁宗时,依卫王史弥远奏请,始定江南禅寺之等级,设禅院五山十刹,以余杭径山寺,钱唐灵隐寺、净慈寺,宁波天童寺、阿育王寺,为禅院五山。钱塘中天竺寺,湖州道场寺,温州江心寺,金华双林寺,宁波雪窦寺,台州国清寺,福州雪峰寺,建康灵谷寺,苏州万寿寺、虎丘寺,为禅院十刹。

[13]参考文献:卓介庚 苏轼径山行 第五章 力主改革径山寺的传承制度。

[14]见南宋 大慧宗杲禅师书信集 (38) 示冲密禅人。

[15]见 径山志 列祖 十方主持 第十三代。

[16]参考文献:李芹 大慧宗杲生平思想新探 第三章 第四节"忠义之心"说。

[17]释咸杰:字密庵(1118—1186),俗姓郑,福建人,宋孝宗·淳熙四年(1177)诏住径山,径山第二十五代住持。

[18]梦窗疏石:(1275—1351),密庵咸杰在日法脉,俗姓源。字梦窗,宇多天皇九世孙。他一生不求名利,不进权门,精研佛法,大扬禅风,朝廷敕赐七大国师尊号。

[19]圆尔辩圆:日本著名禅师,谥号"圣一国师",公元1235年入宋求法,1239年师从径山第三十四代住持无准师范习禅,于1241年嗣其法而归。

[20]南浦绍明:日本著名禅师,谥号"大应国师",公元1259年入宋求法,师从径山四十代住持虚堂智愚,1267年辞山归国,带回中国典籍多部及茶道具等,并将径山茶宴规式更完整地传入日本和规范化,是为径山茶宴东传日本的代表性人物。

[21]四谛:即佛祖如来的"苦 集 灭 道"四谛,大致意涵是:人间一切皆苦(苦);欲望是苦的根本原因(集);绝灭一切苦因即达涅槃境界(灭);欲达涅槃境界就须虔心修道(道)。

[22]至道无难,唯嫌拣择:出自禅宗三祖僧璨《信心铭》。

二祖无上禅师的事迹及对径山的贡献

何立庆

    径山二祖无上禅师钱鉴(793—867)生于唐德宗贞元九年,圆寂于唐懿宗咸通八年,俗寿74岁,僧腊48年。钱鉴祖籍湖州长兴。长兴钱氏在当地也是一个有声望的家族。钱鉴的曾祖父是大历十才子之冠的钱起,一说堂祖父是大书法家怀素。祖父钱徽(755—829年)"贞元初进士擢第,从事戎幕。元和初入朝,三迁祠部员外郎,召充翰林学士。六年,转祠部郎中、知制诰。八年,改司封郎中、赐绯鱼袋,职如故。九年,拜中书舍人"[1]。父名钱晟,"晦德不仕"[2]。考新旧《唐书·钱徽传》均无子晟之说,钱徽之子,史书记载的有钱可复、钱可及、钱方义、钱珝(字瑞文),不知《径山志》何据。

    长兴钱氏是书香门第之家,钱起于唐天宝十年(751年)进士,钱徽于贞元初中进士第,钱可复、钱可及兄弟皆登进士第,钱珝"善文字,宰相王抟荐知制诰,进中书舍人"[3]。与当时众多书香门第一样,长兴钱氏也是信佛之家,钱起现存400多首诗中有多首是写与佛门中人交往的,他的诗歌意境高妙空灵,深得禅门真谛。如

送僧归日本

上国随缘住,来途若梦行。

浮天沧海远,去世法舟轻。

水月通禅寂,鱼龙听梵声。

惟怜一灯影,万里眼中明。

    祖父钱徽虽然仕途亨通,身居朝廷高位,但也是一个虔诚的佛教徒,

作者简介:何立庆,杭州市瓶窑中学教师。

在唐宪宗元和十一年因反对朝廷对淮西用兵,被罢免中书舍人、翰林学士之职,降为虢州刺史和太子右庶子,在虢州刺史任上曾同白居易等人一起研读过佛经,据白居易《钱虢州以三堂绝句见寄因以本韵和之》所云:"予早岁与钱君同习读《金刚三昧经》。"[4]父钱晟事迹不详,但从有关的史料中似乎可以推断,钱晟是一个身体极为虚弱的人,可能患有痨病。《宋高僧传》卷十二载,钱晟有疾,钱鉴曾割下自己大腿上的肉煮熟后给钱晟吃,哄骗父亲说是牲畜之肉。人肉治病在古代是一种常识,史不乏书,唐代宁波医学家陈藏器于开元二十七年(739)著有《本草拾遗》,其中记载人肉可以治疗羸瘵,羸瘵就是虚弱伴有痨病的意思。在钱徽诸子中,独钱晟没有步入仕途,也许和他的身体有关。从《径山志》所言"父晟晦德不仕"的叙述中,似乎可以看出端倪,钱晟是一个超脱红尘的人。

钱鉴"少而颖异,风骨不凡,挺然有拔俗之志"(《径山志》卷一),割股疗亲后,孝誉闻于亲里。父亲病愈,钱鉴请求出家。钱鉴出家的第一个老师是当时大名鼎鼎的书法家高闲,高闲也是湖州人,精通草书,是和张旭、怀素齐名的唐代三个草书大家之一。怀素继承了张旭书艺,高闲师法怀素,他们一脉相承。高闲虽然是个僧人,但他的社会地位是很高的,韩愈曾作序送之,盛称其书法之美妙,宋朝陈思《书小史》云:"高闲善草书,师怀素,深穷体势。"唐宣宗(847—858在位)尝召入,赐紫衣袍,还曾在唐懿宗御前挥笔而书。高闲当时在湖州开元寺出家,由于声望卓著,并不轻易收徒,所以钱鉴"誓礼为师"。在高闲座下参学,钱鉴精通了《净名》《思益》二经,并且也学得了高闲精妙的书法,"闲公亦示其笔法,渐得凤毛焉"[5]。

钱鉴二十七岁受具戒,习得《净名》《思益》二经不久即云游四方,来到嘉兴海宁盐官,拜谒镇国海昌院高僧齐安国师(悟空禅师),"尽得其要领"。镇国海昌院建于开元元年(713),后名安国寺,公元820年至842年,齐安任住持。钱鉴在齐安大师这里参请的是"顿彻心源"。齐安大师是中晚唐时期比较有传奇色彩的一个高僧,他有一个俗家弟子卢简求(788—864),是大历十才子之一的卢纶之子,卢简求的《杭州盐官县海昌院禅门大师塔铭》[6]中记载的事迹应该是真实可信的,这篇塔铭是齐安圆寂后四月写的,文中说,齐安是"帝系之英,高门之出",因为先人有难才逃到江南来的，来到江南以后隐秘族氏，家于海汀郡。他出生时"神光下烛"，数岁后有异僧款门召见，说他"凤穴振仪，龙宫藏宝，绍隆之业，其在斯乎"。可见，在这个异僧看来，齐安是帝系之英，天生异相，神灵异常，振兴佛教，希望在他。长大后成为高僧，齐安"法身魁岸，相好庄严，眉毛绀垂，颅骨圆耸，望之者如仰高华而揖沧溟，曾不测乎高深者也"。另据晚唐宰相韦昭度的《读皇室运寻》、晚唐中书舍人令狐澄（令狐绹之子）的《贞陵遗事》、南唐时《中朝故事》、宋朝孙光宪《北梦琐言》、宋陆游《避暑漫钞》、禅宗的名僧希运《黄檗宛陵录》等书记载，唐宣宗在宫廷斗争中落难后削发为僧，曾来到镇国海昌院跟着齐安学习佛法，《宋高僧传》也采纳这个说法。宣宗即位时，齐安已经圆寂，宣宗为了报恩，便敕赐寺名，谥齐安为悟空大师，还御制哀诗悼念。

齐安的师傅是马祖道一，马祖道一的师傅是南岳怀让法师，怀让是慧能的弟子，因而钱鉴继承的是慧能禅师正宗的衣钵。齐安来到海昌院已过七十岁，在这里住持二十多年。钱鉴剃度已是二十七岁，在高闲门下多年，来海宁投入齐安门下也已是壮年时期了，他在齐安门下炙学时间也不会很短的，他得到齐安佛法要领后，齐安认为钱鉴"堪任大法"。钱鉴于咸通三年来到径山时已经七十岁左右，此时距离齐安圆寂已经二十年了，在齐安圆寂后的这二十年左右的时间里，《宋高僧传》只说"却复故乡，劝人营福"，其余经历不详。

钱鉴对径山寺的贡献主要体现在两个方面，第一是恢复径山寺旧观。根据《径山志》记载钱鉴来到径山时，距离开山祖师法钦去世已经七十年，此时的径山早已"僧徒分散殆尽，荒凉如传舍"。径山寺的衰落是有其自身的原因，法钦禅师的禅法源自禅宗五祖道信，道信传于牛头智威，智威传于润州鹤林玄素，玄素传于法钦，法钦的禅风相当虚幻，没有一定的智慧是难于领悟的，《景德传灯录》卷四记载了法钦的四个公案可见一斑：

有僧问"如何是道？"师云"山上有鲤鱼，水底有蓬尘"；

马祖令人送书到，书中作一圆相。师发缄，于圆相中作一画，却封回。忠国师闻乃云"钦师犹被马师惑"；

僧问"如何是祖师西来意？"师曰"汝问不当"。曰："如何得当？"师曰

"待吾灭后即向汝说";

马祖令门人智藏来问"十二时中以何为境？"师曰："待汝回去时有信。"藏曰"如今便回去"。师曰"传语却须问取曹溪"。

又据本书卷七"虔州西堂智藏禅师"记载,智藏禅师坐西堂后,"有一俗士问'有天堂地狱否？'师曰：'有。'曰：'有佛法僧宝否？'师曰：'有。'更有多问,尽答言'有'。曰：'和尚恁么道莫错否？'师曰：'汝曾见尊宿来耶？'曰：'某甲曾参径山和尚来。'师曰：'径山向汝作么生道？'曰：'他道一切总无。'师曰：'汝有妻否？'曰：'有。'师曰：'径山和尚有妻否？'曰：'无。'师曰：'径山和尚道无即得。'俗士礼谢而去"。卷四的四个公案和卷七的答问核心是"无"。法钦的牛头禅风简默玄幻,无为无语,淡然忘情,"只适合上根利智者,而中下之流则难受其益矣"[7],所以法钦一系法嗣不盛。法钦的传人著名的只有崇惠和鸟窠,他们两人一个在京师弘扬佛法,一个在杭州传道,其他如大禄山颜禅师、范阳悟禅师、清阳广敷禅师等都散居各地,均没有在径山承接法钦薪焰。另外,法钦去世后约五十年,正碰上唐武宗灭佛,史称会昌法难,径山寺属于沙汰之列。这样,径山寺趋于荒芜实属难免了。

钱鉴来到径山,看到这荒凉的情景,"意欲追还旧观",就驻锡于此。经过了钱鉴不懈的努力,径山寺不久就百废俱兴,道望日隆,求法之人相寻而至,翕然成大法席,冠于江浙。从咸通三年来到径山,至咸通七年钱鉴去世,前后不过四年,在这短短三四年的时间里,要基本恢复径山寺旧观并达到"冠于江浙",实在是非常了不起的,从大气候角度看,他碰到了唐宣宗唐懿宗崇佛这个好机会,至于恢宏寺院需要的大量人力、财力和物力,他具体怎么操作的,史无详载。

钱鉴对径山寺的第二个贡献是培养了大批人才。杰出的弟子有洪察、洪谞、洪谐、洪寂、知名、咸启、行谦、行满、行真等。钱鉴的禅法源自六祖慧能,慧能传怀让,怀让传马祖道一,道一传齐安,齐安传钱鉴。这一系对禅的理解是"即心是佛""非心非佛""平常心是道"。并提出"触境皆如""随处任真"等理论命题。在修行实践方面,主张"道不用修""任心为修",通过接机的方式与佛门同道及弟子展开思想交流,用隐语、动作、手势、符号、吹啸、道具、拳脚等开悟接引学人，取代了以往看经、坐禅的传统，机锋峻烈、公案众多。这一点在钱鉴对洪谓的教导上可以反映出来，洪谓的经论修养很高，颇为自负，钱鉴对他说："佛祖正法，直截亡诠，汝算海沙，于理何益？但能莫存知见，泯绝外缘，离一切心，即汝真性。"洪谓闻而适悦，即呈偈语："这个非他物，元来不昧机，达而全体现，应处不思议。"洪谓在钱鉴圆寂后即被师兄弟拥为径山住持，僧众从钱鉴时的几百人扩展为几千人，为径山寺发扬光大做出了巨大的贡献。

[本文原载于《余杭茶文化研究文集》(2015-2021)]

注释：

[1]《旧唐书·钱徽传》

[2]《径山志·无上禅师》

[3]《新唐书·钱徽传》

[4]《白香山诗集》卷十八

[5]《宋高僧传》卷十二　中华书局　1997 年版　279 页

[6]《全唐文》卷七三三　上海古籍出版社　1990 版　3354 页

[7]《慧焰薪传》第 73 页　杭州出版社　2014 年版

日本茶道的源头与当今茶人的学风

——从一则新华社电讯谈起

余　悦

日本茶道的源头与当今茶人的学风,本来是两方面的问题。但是,近日读到一则新华社电讯,却发现两者是如此的不可分割。

4月29日,参加上海国际茶文化节归来,我就迫不及待地翻阅书桌上放着的新报刊和来信。自从我研究茶文化以来,妻子和儿子总是把报刊所见的有关茶的文章送给我看,这次也不例外。1998年4月24日的《南昌晚报》第5版刊登着一篇新华社电讯,全文是:

专家经考证确认日本茶道源于浙江余杭径山

新华社杭州电(慎海雄　唐永铭)日本茶叶源于中国,这早已成为定论,但日本茶道从哪里传入? 她的故乡在何处? 这一直是中外学者所关心的。已经从事43年茶叶科研的浙江省农业厅研究员王家斌通过多年研究,以翔实严密的材料证实:日本茶道的发源地确确实实是在中国浙江省余杭市的径山。

位于杭州市西北余杭市境内的径山是天目山脉的一支, 历史上是著名的佛教名山和名茶产地。据王家斌考证,早在唐宋时期,日本的一批批禅师、国师就来到中国浙江宁波的天童寺、天台的国清寺和余杭径山的径山寺等寺院留学。南宋时到径山寺学习的知名日本僧人有南浦昭明、明患上人、圣一国师等。当时的径山寺号称"东南第一禅院",香火鼎盛。径山所产的径山茶也清香独具,被列为"贡品"。径山寺当时盛行以"茶宴"接待各

作者单位:江西省社会科学院、江西省中国茶文化研究中心。

方进香的客人。径山"茶宴"逐渐形成了一套烹点道具、品饮方法和礼仪程序。日本学者在归国时就将径山"茶实"的整套方法礼仪带了回去,并与日本的乡土民情结合,演化而为今日的茶道。

王家斌研究员在查阅日本的《类聚名物考》中,发现有"茶道之起,正元中筑(1259)由崇福寺开山祖师南浦昭明从宋带入"的记载。日本的《本朝高僧传》记载:"南浦昭明由宋归国,把茶树种子、茶台子、茶道具一式带回崇福寺。"日本学者的《禅与茶道》一文中也称"南浦昭明从径山将中国茶台子、茶典七部传入日本"。为实地考证这些记载,王家斌研究员还东渡日本,走访当年南浦·昭明生活的崇福寺和明患上人的高山寺,找到了用中国茶树种子种植起来的茶园,证实了史料的记载。日本宝千流煎茶道宗家一行也曾经专程前往径山寻根访祖。

读到这则消息,我不禁感到愕然。多年来关心和从事茶文化研究的江西省社会科学院哲学研究所副所长赖功欧副研究员送给我登载在《光明日报》的同一条消息的剪报,则清楚地标明为"新华社杭州4月22日电"。后又见其他报纸亦有刊载。可见,这条电讯影响颇大,也就更有清本正源的必要。

电讯劈头提出的问题:"日本茶叶源于中国,这早已成为定论,但日本茶道从哪里传入? 她的故乡在何处? 这一直是中外学者所关心的。"故设悬念,故作高深,貌似有理,其实不然。因为"日本茶道从哪里传入? 她的故乡在何处? "的问题,其实早已有定论。我主编的《茶文化论》一书(1991年4月文化艺术出版社出版)收入的北京大学安平秋教授撰写的《茶与中国文化》,就明确指出:"日本的茶,原本是从中国去的,日本的茶道,也是受到中国饮茶方法的影响才兴起的。"日本茶道源于中国,不仅是中国学者的"共识",连日本学者也一贯认同。神户大学教授、文学博士仓识行洋先生于1992年3月为《日本茶道文化概论》撰写的序言说得极为恳切:"茶道是发源于中国、开花结果于日本的高层次的生活文化。'茶道'一词初见于唐代。在唐代,茶道已脱离日常啜饮范围而成为一种优雅的精神文化。陆羽的《茶经》就是其光辉的足迹。其后不久,茶道传到了日本,与日本的传统文化相结合,获得了新的发展,成为具有深远哲理和丰富艺术表现的综合文化体系。""可以说,日本茶道是出生于中国的,她的母亲就是中国茶道,目前,孩子已长大成人了。"仓识行洋教授的论述,把日本茶道源于中国的时间定为唐代陆羽《茶经》出现后"不久"。

再说径山茶宴与日本茶道的关系,即所谓"已经从事43年茶叶科研的浙江省农业厅研究员王家斌通过多年研究,以翔实严密的材料证实:日本茶道的发源地确确实实是在中国浙江省余杭市的径山,"这也不是什么新发现,而是15年前就已解决的问题。早在1983年10月的《农史研究》,发表了庄晚芳教授与王家斌先生合写的《日本茶道与径山茶宴》一文,列举《类聚名物考》、《续视听草》和《本朝高僧传》等的记载,认为"径山'茶宴'与日本的'茶道'有直接关系,为日本丰富了'茶道'内容,使之从酝酿阶段发展到'茶道'的兴盛时代"。后来,庄晚芳先生将该文收入他独著的《中国茶史散论》,1988年9月由科学出版社出版,又载入上海科学技术出版社1992年7月出版的《庄晚芳茶学论文选集》。我的手边有茶界泰斗之一的庄晚芳教授编著并亲笔题签赠送给我的《中国茶史散论》,其中的《中国茶叶文化的传播》一章专列"径山茶宴与日本茶道"一节,我们不妨把有关的文字照录如下:

1259年,即南宋理宗开庆元年,日本南浦昭明(大心国师)到我国浙江杭州净慈寺,余杭径山寺,拜径山寺虚堂和尚为师,学习佛学。径山(今浙江余杭县境内)是天目山的东北高峰,山明水秀,古木参天,素有"三千楼阁五峰岩"之称(凌霄峰、鹏峰、宴坐峰、大人峰、御爱峰),还有大铜钟、鼓楼、龙井泉等,为著名胜迹。

宋代诗人苏东坡在《游径山》诗中云:"众峰来自天目山,势若骏马奔平川,途中勒破千里足,金鞍玉镫相旋回,人言山佳水亦佳,下有万古蛟龙渊。"对径山雄伟,气势磅礴,山明水秀作了生动的描绘。确实,径山不仅风景秀丽,而且径山寺是唐、宋时代有名的寺院。唐代宗时有位僧人叫法钦奇迁径山,路过此山赞叹不已,留恋不舍,就在径山创造寺院,唐代宗昭至阙下,亲加瞻礼,赐至"国一禅师",为径山寺之始祖,宋代政和七年(1117)改赐径山能仁禅寺,开禧年间(1205—1207)宁宗皇帝亲笔赐额"径山兴圣万寿寺",以后改为径山"香林祥寺",从宋迄元为禅林之冠。到了清代乾隆，又亲自赐额"径山兴圣万寿禅寺"。由于径山名震中外，日本禅师慕名而来，比较出名的有圣一国师、南浦•昭明、明患上人等僧人。径山又是著名茶区，寺院里饮茶之风很盛行，而且有一套规矩，常以茶为待客的珍贵礼仪，设"茶宴"招待，所谓"茶宴"，僧徒圈圈围坐，边品茶，边论佛，边议事叙景。还有各种优质茶叶鉴评的"斗茶"竞争游戏；有时还把粉末茶用开水冲泡，调制"点茶法"。王籖《径山寺》："登高喜雨坐僧楼，共语茶林意更幽，万丈龙潭飞瀑倒，五峰鹤树片云收。"许多香客往往有体会：山堂夜坐，汲泉煮茗。芬香满怀，意畅心清，云光幽气，人地两灵。到新中国成立前，径山寺院内还挂有"尝本山新茗"的招贴，以吸引香客和旅游者。《续余杭志》："产茶之地，有径山四壁坞及里坞出产多佳，至凌霄峰尤不可多得"。南浦•昭明到径山寺不仅学习佛经，而且带了许多径山茶叶饮用方法，把"茶宴""斗茶""点茶法"传入日本，广为传播。据《类聚名物考》记载："南浦•昭明到余杭径山寺浊虚堂传其法而归，时文永四年"，又说："茶道之起，在元中筑前崇福寺开山南浦•昭明由宋传入"（即 1259—1268 年间）。《续视听草》和《本朝高僧传》都指出："南浦•昭明由宋归国，把茶台子，茶道具模式，带到崇福寺。"最近日本出版的《茶叶技术研究》同样也讲到这段情节。由此可见，径山"茶宴"与日本的"茶道"有直接关系。为日本充实丰富了"茶道"内容，使之从酝酿阶段发展到"茶道"的兴盛时代。

弁丹（丹尔•圣一）于 1235 年也到了我国浙江余杭径山寺，他在那里住了 6、7 年之久，1242 年回国带了径山茶叶种子和径山茶的"研茶"传统制法回去的，今天日本静冈市安倍川，策科川出产的"安倍茶"（后改为"本山茶"），在大正五年（1916）"茶叶组和中央会议所"举行的全国第一次制茶品质评议会上，静冈市清尺村山筑地光太郎生产的玉露茶，荣获一等一级奖赏。日本茶业界，至今还悼念七百年前的弁丹，公认这是升丹到中国宋代传入茶叶种子和制茶方法的恩德。真是"饮水思源"，不忘恩德人。（引文有的疑为错别字，也有的标点不准确，为保持原貌故不改，后面引文亦如此。）

此文持论较为公允，称径山"茶宴"与日本"茶道"有"直接关系"，前者"充实丰富了"后者的内容，使其从"酝酿阶段"发展到"兴盛时代"。这与电讯稿一言以蔽之："日本茶道的发源地确确实实是在中国浙江省余杭市的径山"，也是大有区别的。后与庄晚芳教授之说相同者不乏其人，陈观沧、姚国坤先生的《茶禅一味》载："径山是天目山的东北高峰，这里山峦重叠，古木参天，白云缭绕，溪水淙淙，有'三千楼阁五峰岩'之称；还有鼓楼、大铜钟、龙井泉等名胜古迹，可谓山明水秀茶佳。径山寺始建于唐代。宋开禧年间，宁宗皇帝曾御赐'径山兴圣万寿禅寺'。自宋至元，有：'江南禅林之冠"的美誉。径山寺不但饮茶之风甚盛，而且每年春季，经常举行茶宴，坐谈佛经。径山茶宴有一套甚为讲究的仪式。茶宴进行时，先由主持法师亲自调茶，以表敬意。而后由茶僧一一奉献给应邀赴宴的僧侣和宾客品饮，这便是献茶。僧客接茶后，先打开碗盖闻嗅茶香，再捧碗观色，接着再是启口'啧! 啧! '尝味。一旦茶过三巡，便开始评论茶品，称赞主人品行高，茶叶好。随后的话题，当然还是颂经念佛，谈事叙谊。""宋理宗开庆元年，日本南浦昭明禅师曾来径山寺求学取经，拜虚堂禅师为师。学成辞师归国，将径山茶宴仪式一并带回日本，并在此基础上形成和发展了以茶论道的日本'茶道'。"（茶人之家编《茶与文化》，春风文艺出版社 1990 年 6 月第 1 版）张堂恒、刘祖生、刘岳耘先生编著的《茶·茶科学·茶文化)（辽宁人民出版社 1994 年 3 月第 1 版）一书明确指出："日本是世界上崇尚茶叶文化的主要国家之一。日本人津津乐道的茶道就是源于中国。"文中征引了日本历史学家木宫泰彦所著《日中文化交流史》对日本茶道和中国茶文化渊源关系的阐述："饮茶风习，自荣西从宋朝传入茶种，著《吃茶养生记》以来，本来是作为驱除妨碍修禅的睡魔之法和养生之术，最初以禅林为中心而逐渐推广起来的，到了南北朝时代，唐式茶会便流行起来。唐式茶会或简称茶会。就是很多人会集喝茶，兼作种种茶兴。"然后，作者写道："本宫泰寒认为：这种唐式茶会，最值得注意的是：第一，茶会冠有唐式二字，就表示具有显著的中国趣味和禅宗风趣。第二，点心中所用的羹类、饼类、面类等中国风味的食品，说明了中国式的食品和烹饪法的显著影响。举行唐式茶会的茶亭，似乎都是设在风景优美的庭院内的楼阁上，这和中国禅林境内的亭阁有一脉相通之处。茶亭内部的装饰，包括茶器，全是舶来的名产，具有非常繁复的中国风趣和浓厚的禅宗色彩。第三，这些唐式茶会以及后来的所谓'茶之汤'(即现在所称的'日本茶道')有一脉相通之处。'茶之汤'中有'怀石'(茶会时所进的简单饭食)、'中立'(客人在茶室中饭毕,退入茶庭)、'后座入'(主人招呼再入茶室),和唐式茶会的次序极为相似。"

"南宋理宗开庆元年(1259)日本高僧南浦昭明到我国余杭径山寺学佛,寺院常设茶宴待客。径山茶宴包括饮茶、议事、叙景、论佛以及品评各种优质茶叶的竞赛,而且当时运用的饮茶法就有把茶叶碾成粉末状,然后用沸水冲泡的'点茶'。径山茶宴与日本唐式茶会的形成,显然有不可分割的联系。"可见,所谓"专家经考证确认日本茶道源于浙江余杭径山",并非是什么"新闻"。

就是被称为"通过多年研究,以翔实严密的材料证实"的王家斌先生,也曾在多年前沿袭此说。他在《日本茶道一瞥》(载茶人之家编《茶与文化》,春风文艺出版社 1990 年 6 月第 1 版)中写道:

近年来,日本一批批茶道人士来我国考察,例如:1988 年 6 月日本茶道小川后乐先生专程到浙江湖州抒山、余杭径山考察我国唐代"茶圣"陆羽遗迹和茶道渊源;同年 9 月日本里千家执事多田先生也到浙江为茶道"寻根"。1989 年 4 月到 10 月,三批日本考察团又到径山访问。

我国早在唐宋时代,茶与佛教之间已经关系密切,寺院中实行戒酒,提倡饮茶坐禅。陆羽在《茶经》中说:"茶之为用,味至寒,为饮最宜。精行俭德之人,若热渴凝闷、脑疼目涩、四肢烦、百节不舒,聊四五吸,与醍醐甘露抗衡也。"当时上层社会和寺院流行"煎茶敬奉",宣传茶的功效。此举传播到日本后,日本的寺院中也仿效这种仪式,便成了日本茶道源头。日本明息上人(1173—1232)曾经到过浙江余杭径山寺。回国后,大力提倡饮茶有"十德":一、请佛保护;二、五脏调和;三、孝敬父母;四、烦恼消除;五、寿命延长;六、睡眠自除;七、息灾延命;八、无神随心;九、请天保佑;十、临终不乱。从现代科学的观点来分析,这"十德"中有些是不科学的,但从当时历史条件及宗教角度来分析,它对提倡饮茶起了很大作用。

继明息人上之后,在南宋开庆元年(1259),日本南浦昭明也到中国浙江杭州净慈寺、余杭径山寺留学,拜径山寺虚堂禅师为师,学习佛学。余杭径山是天目山的东北高峰,山明水秀,古木参天,既是著名的茶区,又是有

"三千楼阁五峰岩"的径山寺名胜古迹,寺院里饮茶之风盛行,而且有一套饮茶规范,常设"茶宴"招待进香的来客。所谓茶宴,就是僧客一同团团围坐,边品茶,边论道德,叙事抒情。茶宴所用的蒸青茶,调制"点茶法"。诗人王皞《径山诗》曰:"登高喜雨坐僧楼,共语茶林意更幽,万丈龙潭飞瀑倒,五峰鹤树片云收。"游径山设茶宴,山堂夜坐,取泉煮茗,芬芳满怀,意畅清心,云光幽气,人地两灵。南浦昭明回国后,把径山茶叶制作、饮用方法、茶宴规范等传入日本。据《类聚名物考》记载:"南浦昭明到余杭径山寺浊虚堂传其法而归,时文乐四年。"又说:"茶道之起,在正元中筑前崇福寺开山南浦昭明由宋传入。"(1259—1268)《续视听草》和《本朝高僧传》都指出:"南浦昭明由宋归国,把茶台子、茶道具一式,带到崇福寺。"最近,日本出版的《茶叶技术研究》一书也同样讲到这个情节。由此可见,日本"茶道"与径山"茶宴"有密切联系。

1235 年,日本圣一国师也到过余杭径山寺,他住了六七年之久,1242年回国时带回径山种子和蒸青茶传统方法。日本静冈县安倍川、莱科生产的"安倍茶"(后改为"本山茶"),在大正五年"茶叶组合中央会议所"举行的全国第一次制茶品质评议会上获奖。今天日本茶业界,在悼念圣一国师七百年的纪念会上,一致公认这是圣一国师从中国宋代传来的恩德。真是饮水思源,不忘恩德。

这篇文章与先出的《日本茶道与径山茶宴》的说法如出一辙,甚至许多文字何其相似,却没有说明是王家斌先生个人创见。因为在庄晚芳教授与王家斌先生两人共撰的文章出来之前,陈彬藩先生所著《茶经新篇》(香港镜报文化企业有限公司 1980 年 12 月初版,1986 年 8 月 3 版)收入他与王家斌先生合写的《一衣带水飘茶香》也曾谈及"径山茶宴"。而且,《日本茶道一瞥》明确指出,日本茶道人士来中国考察径山,是在 1988 年和 1989年。庄晚芳教授是我国著名茶学家和茶学教育家,茶树栽培学科的主要奠基人之一。60 多年来,他一直为振兴祖国的茶叶事业而努力奋斗,硕果累累,在国内外茶学界享有崇高的声誉。现在,当德高望重的 90 高龄的庄晚芳教授去世一年之后,忽然蹦出这么一条并非"新说"的"新闻",宣称"王家斌通过多年研究,以翔实严密的材料证实"所谓的"发现",而"翔实严密的材料证实"究竟发表何处却又语焉不详,据电讯稿来看又并没有比 15 年前的论说提供更多的新东西,却又简单武断地归结为"日本茶道源于浙江余杭径山",似乎只有这么一个"日本茶道的发源地",的确使我们这些多年从事茶文化研究的人一头雾水,更不用说其他的读者无法辨析了。从目前已见的文章来看,当是两个人的共同"发现"。把两个人合作的成果归为一个人的研究,确确实实是颇耐人寻味的。

日本茶道究竟源于何处何时?需要以史实为依据进行科学论证。如果仅仅依据电讯所说,"确认日本茶道源于浙江余杭径山",无疑就把中国茶文化对日本茶道的影响由唐代推迟到宋代,一下子历史倒退了几百年。事关中日茶文化交流的重要史实,我们不得不作一番历史纵深的探寻。

只要翻翻中国茶文化史和日本茶道发展史,就可以清楚地看到:中国茶文化传播于日本,日本茶道源于中国,这已经成为中日两国专家学者的共识。日本千利休居士十五世茶道里千家家元千宗室先生在其博士论文《"茶经"与日本茶道的历史意义》(日本淡交社 1983 年版,中文版于 1992 年 12 月由南开大学出版社出版)一书就确认:"中国的茶文化是日本茶道的源头,被后世尊为'茶圣'的唐代陆羽的《茶经》,是中日两国茶人所共奉之最早和最高的经典著作。不仅日本的茶种,种茶、制茶、煮茶、饮茶的方法,以及茶器、道具等皆源于中国,而且中国文人、僧侣于饮茶时所形成的'他界观念的意境',那种对幽洁、高远情趣的体味和追求,也提供了日本茶道精神的原型。中国古代的佛教、道教和儒家思想,均对日本茶道的理念和世界观有深刻影响。"(《千宗室博士学位论文答辩委员会决议》)千宗室博士的观点,为日本学界所认同。当然,这种影响并不局限于一时一事,而且贯穿于整个中国茶文化史和日本茶道发展史的全过程。其中,最重要的是三个时期,即:唐代,宋代和明代。

中国作为茶的故乡,不仅因为存在最原始的野生大茶树,更重要的是中华民族最先认识和利用茶叶,在漫长的历史岁月中逐渐培育和创造出光彩夺目、千姿百态的茶文化。虽然中国茶史的起源可以追溯到先秦之际,但真正饮茶蔚然成风和完善品茗艺术,还是在唐代。陆羽(733—804)考察了各地的饮茶习俗和总结了历史的饮茶经验, 撰写了中国也是世界上第一部茶书《茶经》。唐人封演曾在《封氏闻见记》中记述:"楚人陆鸿渐为茶论,说茶之功效,并煎茶炙茶之法,造茶具二十四事,以都统笼贮之。远近倾慕,好事者家藏一副。有常伯熊者,又因鸿渐之论广润色之。于是茶道大行。"在世界范围内颇有影响的日本艺术评论家冈仓天心(1862—1913)用英文作于1906年,后译成德文、法文、日文多次再版,1996年又译成中文出版的《茶之书》,对于中国唐代陆羽制定的茶道作了高度的评价:

> 是唐朝的时代精神把茶从粗俗的状态中解脱出来的,使它达到最终的理想境界。我们的第一个茶的改革家是八世纪中叶的陆羽。他生于释、道、儒三教寻求相互融会贯通的时代。那个时代泛神论的象征主义教人们从一个特殊的现象中寻求整个宇宙的反映。诗人陆羽从饮茶的仪式中看出了支配整个世界的同一个和谐和秩序。在他的伟大著作《茶经》(《茶的圣经》,The Holy Scripture of Tea)中,他制定了茶道(the Code of Tea)。从那时起,他就被崇拜为中国茶商的保护神。

陆羽制定的茶道,是对前人经验的总结和创造性的发展,极快地传入日本并极大地影响着日本茶道。

中国的饮茶风俗究竟是何时传入日本,虽然有人认为是奈良时代(710—784),但并无确证。据记录792年至833年间史实的敕撰日本正史《日本后纪》的载录:"(嵯峨天皇)幸近江国滋贺韩崎(今滋贺县大津市唐崎,琵琶湖西岸),便过崇福寺。大僧都(僧官)永忠、护命法师等,率众僧奉迎于门外。皇帝降舆,升堂礼佛。更过梵释寺,停舆赋诗。皇大弟(后来的淳和天皇)及群臣奉和者众。大僧都永忠手自煎茶奉御。施御被,即御船泛湖。"嵯峨天皇弘仁六年(815年,即唐宪宗元和十年)四月癸亥(22日),嵯峨天皇在梵释寺饮用大僧都永忠沏的茶,是日本现存最早的明确记载年月日的饮茶记事。嵯峨天皇(786—842)是平安时代的第三位天皇,809—823年在位期间,积极吸收唐代文化,倡导"唐风";而大僧都永忠(743—816)曾在唐留学三十年,养成了饮茶的习惯。日本大阪大学名誉教授、数十年从事中国古茶书研究卓有成就的布目潮汉先生考证:"嵯峨天皇时代骤然兴起的饮茶文化,其实是当时遣唐使带回的唐风文化的一部分。""嵯峨天皇时代日本的制茶法,应该和《茶经》所说同出一辙。"(《中国茶文化在日本》)陆羽茶道对日本茶道的影响还涉及其他方面,布目潮讽教授指出:"在《茶经》'四之器'里列举了茶具二十四器,还就质料和尺寸等加以解释。书中头一个茶具是风炉。风炉上刻有不少铭文,可谓是一个最重要的茶具。日本的茶道使用面茶(日本人称之为'抹茶'),所使用的炉子可也就是'风炉'。日本茶道的茶具中除了风炉以外,还有许多东西与《茶经》相去无几,只是名称不同。""陆羽在'九之略'中指出:他认为有时候可以省略'四之器'里的一些茶具,主要是在山野上吃茶时。他又说:二十四种茶具在'城邑之内,王公之门'里就不可缺一个。我相信他就这样宣布树立陆羽式茶道。"(《〈中国茶书全集〉的出版》)曾去日本专攻茶道,现在天津商学院教茶道课程的彭华副教授撰写的《陆羽的〈茶经〉和日本茶道》有很精辟的论述:"《茶经》中应用的二十四种茶道具几乎全部应用在今天的日本茶道中。'功欲成必先利器',茶道具则是茶道活动中不可缺少的器具。令人惊讶不已的是《茶经》问世已有一千二百年的历史,日本茶道亦有五百年的历史,这时间的长河并没有冲淡《茶经》的活力,《茶经》中所应用的茶道具至今仍是日本丰富多彩的茶道具的基石。"该文将《茶经》中的二十四器和今天日本茶道具加以对照,详细分析了《茶经》对日本茶道的具体影响,然后总结道:"从以上介绍可以看出陆羽所列的二十四种茶道器具在今天的日本茶道中竟有二十种仍在沿用,而且都是茶道中的主要应用器物。日本茶道不像哲学,只有理论便成体系,而它是一种综合文化艺术形式,必须有具体的内容才能表现,换句话说茶道离不开茶道具。若我们把《茶经》中首次提出的二十四器从日本茶道中抽出去,日本茶道亦就不复存在。所以说《茶经》不仅赋予日本茶道生命力,而且长久以来一直是日本茶道的根本所在。"史实和专家研究都证实,中国唐代茶道就给予日本茶道以多方面和深刻的影响。这是中国茶文化传播到日本的第一个时期,也是日本茶道的萌芽时期。

第二个时期是中国的宋代,"饮茶不再作为一种诗意的消遣,而成为一种自我实现的方式"。(冈仓天心《茶之书》)被尊为"日本茶祖"的荣西禅师(1141—1215),28岁时渡宋入天台山万年寺,接着又去明州(今宁波郊外)的阿育王寺,同年回国;47岁时重登天台山,次年转入天童寺(今宁波郊外),南宋光宗绍熙二年(1191)51岁时返日,在首次把禅宗传入日本的同时,也带回了茶种,使饮茶在日本得到复兴。1211年,荣西71岁时用中国古代文言(日本称为"汉文")写成日本最早的茶书《吃茶养生记》,阐述了他对饮茶的独特认识和在中国的切身体验。《吃茶养生记》详细记述了宋代的制茶法:"见宋朝焙茶样,朝采即蒸,即焙之。……焙棚敷纸,纸不焦,许诱火入。工夫而焙之,不缓不急,终夜不眠。夜内焙上,盛好瓶,以竹叶坚闭,则经年岁而不损矣。"这种"焙茶",要捣成粉末状,然后饮用。"现在日本茶道使用的抹茶(即末茶),就有人认为是荣西从南宋传回来的。"(布目潮讽《中国茶文化在日本》)荣西禅师在日本茶道史上有崇高的地位,日本各地曾于1991年纷纷举行活动,纪念荣西重倡饮茶八百周年。冈仓天心曾经这样记述荣西重倡饮茶的历史价值:"名叫荣西的禅师曾去中国研究南宗禅,宋茶随着荣西禅师的归国,在1191年来到我国。他带回来的新种成功地种植在三个地方。其中一处是京都附近的宇治。宇治至今一直被誉为生产世界上最好的茶叶的地方。南宗禅以惊人的速度传播开来,随之传播开来的是宋代的茶道和关于茶的理想。"(《茶之书》)而对于传播"宋代的茶道与关于茶的理想"作出不朽贡献的荣西,他的足迹所及似乎并非浙江余杭径山。

当然,荣西禅师尽管贡献很大,他却并不是唯一将"宋茶"和"宋代的茶道"带入日本的人员。其他"如兰溪道隆(1213—1278)、无学祖元(1226—1286)等由南宋来日的禅僧,不但对临济禅的普及贡献厥伟,当时南宋的茶艺,也很可能因他们的言传身授而广为流行。更值得大书一笔的,是日僧南浦昭明(1235—1308)于1259年入宋,在径山兴圣万寿禅寺(今浙江省余杭县)随虚堂智愚学法,从径山寺带回一张台子,他后来把这张台子交给了天龙寺(今京都市嵯峨)的梦窗疏石(1275—1351),被用于点茶,日本的茶式由此而得到确定。"(布目潮讽《中国茶文化在日本》)我们并不否定径山对日本茶道的影响,但那毕竟只是源头之一,而决不是整个源头,或唯一源头。

明代是中国茶文化的一个复兴高潮,饮茶文化成为叶茶的一统天下。明初朱权撰写的《茶谱》(1440),对适应叶茶需要的饮茶之人,饮茶之环境,饮茶之方法,饮茶之礼仪作了详细的介绍:"至仁宗时,而立龙团、凤团、月团之名,杂以诸香,饰以金彩,不无夺其真味。然天地生物,各遂其性,莫若叶茶,烹而啜之,以遂其自然之性也。予故取烹茶之法,末茶之具,崇新改易,自成一家。为云海食霞服日之士,共乐斯事也。虽然会茶而立器具,不过延款话而已,大都亦有其说焉。凡鸾俦鹤侣,骚人墨客,皆能志俗尘境,栖禅物外,不伍于世流,不污于时俗,或会于泉石之间,或处于松竹之下,或对皓月清风,或坐明窗净几。乃与客清谈款话,探虚玄而参造化,清心神而出尘表。命一童子设香案携茶炉于前,一童子出茶具,以瓢汲清泉注瓶而炊之。然后碾茶为末,置于磨令细,以罗罗之,候汤将如蟹眼,量客众寡,投数匙入于巨瓯,候茶出相宜,以茶笼择,令沫不浮,乃成云头雨脚,分于啜瓯,置之竹架。童子捧献于前,主起,举瓯奉客曰:'为君以泻清臆'。客起接,举瓯曰:'非此不足以破孤闷。'乃复坐,饮毕,童子接瓯而退。话久情长,礼陈再三,遂出琴棋。"中国茶叶博物馆的郭雅敏曾据此认为:"这就是中国明初朱权自创的茶道,比日本茶道创始人千利休创设茶道早一百年左右。""日本茶道的形式几与此同,可见日本茶道之源出于朱权茶道,朱权茶道代表了明初中国茶道的主流。""'和敬清寂'实在是中国茶道之思想精华,日本千利休仅是总结了中国茶道思想之后,概括出四个字来作为日本茶道之倡语,并作为衣钵流传下来了。"(《中国茶道纵论》)明代的茶道对日本茶道的影响,很重要的一条途径是寺院僧侣之间的交流。曾在普陀山潮音洞主处作过茶头的福建省福清县人隐元隆琦(1592—1673)削发出家后,最终成为僧众千人之多的其故乡黄檗山万福寺住持。他于63岁时渡海赴日后,使沉寂已久的中日文化交流长河掀起了新的波澜,后日本专为隐元在宇治修建了与他故乡寺院同名的黄檗山万福寺。"隐元在这里传授明代风格的禅宗,成为禅宗黄檗派的开山始祖,一直住到1673年82岁圆寂。""而在茶道方面,明代特别是万历时期的饮茶文化,在黄檗山禅僧的生活中,更是形同日课,影至风从。"后被尊为"日本煎茶道之祖"的著名卖茶翁高游外(1675—1763),曾入黄檗山参禅,"他使用过的茶具,现在还保存在大阪市煎茶道家元的花月庵,完全是明代茶具的风格,其所承传的,应该是黄檗山隐元的家风。"(布目潮汉《中

国茶文化在日本》)

我们之所以不厌其烦地征引史料和各家论述,无非是为了说明一个科学的历史事实:中日茶文化的交流源远流长,中国茶道对日本茶道的影响也是长时期和多方面的,这一切历来为中日专家学者的共识。日本茶道源于中国,但这种源头并不是一时的,也不是一事,更不是一地的,决不能仅据只言片语的记载就简单和武断地论定。其实,科学和准确的说法应该是:中国唐、宋、明代都对日本茶道以深远的影响,可以说,日本茶道的历史是随着中国茶文化的历史发展而发展的。日本民族是善于学习和吸收外来文化养料的,正是长期和多方面的学习与借鉴中国茶道的精神、程式及技巧,并与本民族的特色和文化相融合,才创造出了具有本民族特色的日本茶道。这些,并不是我一个人的创见,许多专家学者也有相同或相似的见解。布目潮讽教授就曾在《中国茶文化在日本》一文详细叙述史实后归纳道:

综上所述,中国的饮茶文化至迟在 9 世纪上半叶就传来了日本,但最初仅限于贵族阶层的一角,而且饮茶作为唐风文化的组成部分,随着遣唐使的停止和日本国粹文化的抬头,曾一度衰退。到了 12 世纪末,荣西从中国带回茶种,种植茶树,著《吃茶养生记》,使饮茶得以复兴,并广及佛寺、武士阶层。其中特别是在禅院,饮茶已不仅仅是坐祥时的饮料,而是进一步成为佛教仪礼的内容。这种饮茶的仪礼化,便为 16 世纪后半叶千利休创立日本茶道开辟了道路。此外 15 世纪初足利幕府通过日明贸易,输入了大量被称为"唐物"的中国书画、茶具等文物,足利将军自己也成为"唐物"的爱好者。千利休的茶道作为综合艺术,还包括对茶具、书法的鉴赏,也可以从这里找到渊源。到了江户时代(1600—1867),千利休创立的使用抹茶的茶道,更以德川幕府将军和诸侯大名们为中心,被世人奉作雅事,崇尚不已。

另一方面,因隐元的来日(1654),明代风格的文人茶艺传入黄檗山万福寺,卖茶翁高游外由此创立了使用叶茶的煎茶道,与奉千利休为祖的使用抹茶的茶道,形成双峰对峙,二水分流。

在日本神户大学获得博士学位,"对日本茶道独特深入研究"的滕军女士所著的《日本茶道文化概论》一书强调指出："中国是日本茶道的故乡。"并且详细论述道：

据目前为止的研究表明，古代日本没有原生茶树，也没有喝茶的习惯，饮茶的习惯和以饮茶为契机的茶文化是七八世纪时，从中国大陆传去的。至上个世纪为止，日本茶文化的发展一直受到中国大陆茶文化的影响，大陆茶文化在各个历史时代所创造出的新形式都逐次波及日本茶文化。可以说，日本茶文化的历史是随着中国茶文化的历史发展而发展起来的。

日本茶道史大体可以分为三个时期。第一个时期是受中国唐朝的饼茶煮饮法影响的日本历史上的平安时代。第二个时期是受中国宋朝的末茶冲饮法影响的日本历史上的镰仓、室叮、安土、桃山时代。第三个时期是受中国明朝的叶茶泡法影响的日本历史上的江户时代。在第一个时期还没有形成目前的这种日本茶道的形式，喝茶不过是天皇、贵族、高级僧侣等上层社会一种模仿唐风先进文化的风雅之事。在第二个时期的寺院茶、斗茶、书院茶里，茶文化的内容丰富起来。在镰仓新佛教的刺激下，茶与禅发生了密切的关系，加上日本艺道成立的影响，日本茶道完成了它的草创期。第二个时期是日本茶道史上最重要的时期。在第三个时期里，日本茶道迎来了成熟期，茶道普及到了各个阶层，茶道内部也分出许多流派，形成了百花争艳的局面。同时，参照中国明代的叶茶泡饮法的形式，套入日本茶道的礼仪做法，又兴起了一种煎茶道。

无论布目潮讽先生的总结，还是滕军女士的概括，最重要的是表明：中国 "大陆茶文化在各个历史时代创造出的新形式都逐次波及日本茶文化"，包括茶具的鉴赏等，"也可以从这里找到渊源。"中日茶文化交流历史久远，影响深刻，他们的论述进一步作出了佐证。

本来，"日本茶道从哪里传入？她的故乡在何处？"只是一个普通的学术问题。因为早在 1991 年就有论者指出："现在当我们以新奇的目光观看日本茶道表演的时候，却不知道日本茶道完全由中国传去，有些文章谈到日本茶道是日本和尚从天台山国清寺或者是余杭径山寺学去的，其实不然，日本茶道可从中国明初 1440 年朱权的《茶谱》中找到它的来源。"（《茶文化论》,文化艺术出版社 1991 年 4 月出版)而现在却匆匆忙忙将一得之见通过新华社电讯稿公之于世时,就不仅是单纯的学术之争,并且反映出一种不正常的学人风习:第一,把虽有分歧,但大体已有定论的问题以"这一直是中外学者所关心的"模糊说法提出,其意究竟何在呢? 其实,"日本茶叶源于中国,这早已成为定论"的问题,也有不同看法,因为"还有日本自古以来就有土生土长的茶树的议论",是否还有"翻烧饼"的必要呢? 第二,把 15 年前就有详细论证的问题,作为个人单独的新发现"炒作",除了哗众取宠,自我表现,又有什么实际意义呢? 而所谓"为实地考证这些记载,王家斌研究员还东渡日本"云云,如果我没有记错的话,王先生"东渡日本"当在 1990 年左右,因为杂志曾刊载过他出访的文章。我手边有这期刊物,可惜因搬家后一直无暇整理书刊,现在无法找到了。至于日本人士"专程前往径山寻根访祖",也不是"新闻",而是十年前或近十年前的事情。第三,学术研究切忌一叶障目,一孔之见。置中国茶文化史和日本茶道史的整部历史于不顾,对中外专家学者的众多论述和研究成果不知不晓,仅仅截取其中的一段或一事,就标榜"发现了真理",是不科学和不严肃的,只能表现出浅薄和无知。我在 1993 年撰写的《走向辉煌试论中华当代茶界茶人的运行轨迹》一文(收入光明日报出版社 1995 年 4 月出版的《中华当代茶界茶人辞典》)曾经提出:"奉献精神,探索精神,科学精神,是茶人最集中、最突出、最普通、最普遍的风范。茶人具有的这种种精神,影响着,规范着,制约着他们的人生命运。"我想,当我们现在探索中国茶文化史,研究中外茶文化交流史时,同样"这里需要的是诚实和谦逊的态度",而决不能走入"一掷而就能够功成名就的"歧途。我们需要纯洁的学术园地,首先需要高尚的人格精神。

再说一点"大不敬"的意见,作为在海内外都有极大影响的新华社,发出的电讯稿复盖面之大是不言而喻的。除《南昌晚报》外,《光明日报》等权威性报纸也纷纷登载这则消息。其在学术界和广大读者中的影响,也就可想而知了。记得去年,也是同一家通讯社的某位高级记者极力宣扬所谓发现的"古籍",却被揭露出竟是"伪作",也曾闹得沸沸扬扬。如今又出现这么一则电讯,连我们都不禁感到汗颜。但愿今后,不要再出现这样的事情。

近两天,我随手翻了一些书籍,甚至是某些好评如潮的著作,某些卓有成就的专家,谈及中国茶文化都出现常识性错误。我想,如有时间,当写文章一一辨析,以就教于方家和有惠于学林。而这,不也从另一个侧面反映中国茶文化研究很有必要深入,中国茶文化知识很有必要普及吗? 自然,这也许是题外的话。

1998 年 5 月 2 日夜匆草

［本文原载于《农业考古》1998(02)1］

唐代禅林茶饮里宗趣的变化

蒋海怒

今日饮茶休闲方式是在唐代迅速推广开来的，并且是与禅宗发展有密切联系，各类茶道文化多可追源至唐代禅林。考察唐代茶史与禅史，以下规律则颇为有趣：茶不断反映着禅，禅学精神的理解持续地参与了茶饮活动，而禅学立场的不同也促发茶饮内涵的改变。也就是说，茶饮的意义并非茶本身所固有的，它的性质其实是被赋予的。并且，从禅门对茶饮的解释，可以反观有唐一代禅宗宗派格局的变化。

一、玉泉寺与北宗茶饮

在唐代，茶饮之迅速推广，原因可能是多元的，流行过程应该非常复杂。今据所见史料，有四事值得重视。其一，神秀弟子降魔藏习禅颇得茶饮相助；其二，李白族侄僧中孚（承远）之师兰若真公（惠真）习禅，并常采仙人掌茶而饮之；其三，皎然之师守真曾从北宗禅僧普寂学习禅观，亦曾从惠真习律、禅；其四，陆羽之师竟陵禅师智积嗜茶，其所居寺院亦在北宗传播范围内。四事皆发生在八世纪上半叶，茶饮的兴起，且多与北宗禅重要据点如玉泉寺密切相关。究其来由，今湖北省是唐代初期禅和北宗传播区域，也是当时最大的茶叶产地，故上述四事的出现并非偶然。

今天的学者们一般照搬封演提供的说法，将开元时期的禅门北宗弟子降魔藏视为茶饮最初的重要推动者，把与禅宗有密切关系的陆羽视为彻底改变茶叶制作方法的人物，认为他们合力塑造了唐代下半期全国范围内茶叶饮用习惯，决定其流行程度。上述洞察是有力的，不过也许并不

作者简介：蒋海怒，浙江理工大学教授。

全面,然而因为要不断回到这段话,我们有必要将它照搬到这里。《封氏闻见记》卷六"饮茶"条云:

> 茶,早采者为茶,晚采者为茗。止渴,令人不眠。南人好饮之,北人初不多饮。开元中,泰山灵岩寺有降魔师大兴禅教,学禅务于不寐,又不夕食,皆恃其饮茶。人自怀挟,到处煮饮。从此转相仿效,逐成风俗。起自邹、齐、沧、棣,渐至京邑。城市多开店铺,煎茶卖之,不问道俗,投钱取饮。其茶自江淮而来,舟车相继,所在山积,色类甚多。楚人陆鸿渐为《茶论》,说茶之功效并煎茶炙茶之法,造茶具二十四事,以都统笼贮之。远远倾慕,好事者家藏一副。有常伯熊者,又因鸿渐之论广润色之。于是茶道大行,王公朝士无不饮者。[1]

封演生卒年未详,唐太宗朝宰相封德彝从曾孙,天宝十五载(756)登进士第,官至检校尚书吏部郎中,兼御史中丞,著述以博雅通达见称。封演活跃年代为八世纪下半叶,与陆羽(733—804)为同时代人物。据岑仲勉、余嘉锡等考证,《封氏闻见记》撰于贞元十六年(800)后,且作者宪宗元和七年(812)尚在世,因而其记载的唐代茶事一向受到尊重。[2]

降魔藏习禅颇得茶饮相助。该书提到的开元中泰山灵岩寺降魔师,即北宗弟子降魔藏,故籍所在河东道赵州。然而,根据唐代茶叶种植分布,无论是其父任掾吏的河南道亳州,还是他传教的泰山所在区域,或者说华北地区并非茶叶产地。[3]又据《宋高僧传》卷八《习禅篇》三《唐兖州东岳降魔藏师传十五》:

> 次讲南宗论,大机将发……后往遇北宗鼎盛,便誓依栖。秀问曰:汝名降魔,我此无山精木怪,汝翻作魔邪。曰:有佛有魔。秀云:汝若是魔,必住不思议境界也。曰:是佛亦空,何不思议之有,时众莫不异而钦之……寻入泰山。数年,学者臻萃。[4]

据同书卷八《唐荆州当阳山度门寺神秀传》,神秀为五祖弘忍弟子,"忍于上元中卒,秀乃往江陵当阳山居焉。四海缁徒向风而靡,道誉馨香普蒙熏灼。则天太后闻之召赴都。"[5]又据张说《大通禅师碑》,神秀仪凤中(676—679),始隶玉泉,名在僧录。久视(700—701)年中,神秀已经高龄,接受武则天的诏请赴朝廷,直至神龙二年(706)卒于洛阳天宫寺,皆在两都,且未曾公开说法。[6]江陵当阳山,即玉泉山,神秀驻锡之所为此山玉泉寺,故神秀与降魔藏对话当发生在当阳玉泉寺。降魔藏之习茶饮,当亦发生在玉泉寺。

玉泉寺周围产仙人掌茶,为兰若真公(惠真)所用。该寺位于湖北省当阳市城西南玉泉山东麓,背山向阳而面临溪水,寺院建筑依山就势,高低错落,登临有"化城"之感。据说张九龄一进入玉泉山寺,看到山涧、竹林、天际传来的梵音,及各种幽奇之景,便产生了出尘之心:"稍稍松篁入,泠泠涧谷深。观奇逐幽映,历险忘岖嵚。上界投佛影,中天扬梵音。"[7]孟浩然对此也有实感,他记录自己的一次旅程道:"闻钟度门近,照胆玉泉清。皂盖依松憩,缁徒拥锡迎。天宫上兜率,沙界豁迷明。"[8]白居易《题玉泉寺》也云:湛湛玉泉色,悠悠浮云身。闲心对定水,清净两无尘。手把青筇杖,头戴白纶巾。兴尽下山去,知我是谁人。[9]

玉泉寺本系天台宗祖庭。《读史方舆纪要》卷七十七湖广三承天府当阳县云:"玉泉山(县西北三十里。山有泉,色白而莹,本名覆船山。三国时易今名。隋置玉州以此。"[10]又据南宋祝穆编撰《方舆胜览》卷二十九荆门军:"玉泉寺,在荆门军当阳县西南二十里。玉泉山,陈光大中浮屠知顗,自天台飞锡来居。山寺雄于一方,殿前有金龟池。"[11]灌顶《国清百录》是最早的天台宗史撰述,该书卷第四载当阳县令皇甫毗撰《玉泉寺碑》:"玉泉寺者基此山焉。智顗禅师之卜居也。敕旨正名著额其山。"[12]又,该书卷二载隋文帝《文皇帝勅给荆州玉泉寺额书》文曰:"皇帝敬问。修禅寺智顗禅师。省书具至。意孟秋余热道体何如。熏修禅悦有以怡慰。所须寺名额今依来请。"[13]可见,玉泉为御赐寺名,该寺初属天台宗。

玉泉寺附近产仙人掌茶。康熙《当阳县志》卷之一山川条谓"玉泉山,初名复舟山,在县西三十里"。又言"玉泉寺东石钟峡下有乳窟,水边茗草罗生,叶如碧玉,名仙掌茶"。又据约修于明代,光绪重刊《玉泉寺志》卷二"列传类":"中孚禅师,系李白宗侄,初出家于寺,善于词翰较论,后游吴越,值白于金陵,乃以玉泉仙人掌茶俸之兼赠以诗。"[14]仙人掌茶因李白之诗而闻名,《李太白全集》卷十八有《登梅岗望金陵赠族侄高座寺僧中孚》,同书卷十六酬答下则有《答族侄僧中孚赠玉泉仙人掌茶并序》,可见僧中

孚时在金陵高座寺,太白此番至金陵,时天宝六载(747)。[15]李白诗序云:

> 余闻荆州玉泉寺近清溪诸山,山洞往往有乳窟,窟中多玉泉交流……
> 其水边处处有茗草罗生,枝叶如碧玉。惟玉泉真公常采而饮之,年八十余
> 岁,颜色如桃李。而此茗清香滑熟,异于他者,所以能还童振枯,扶人寿也。
> 余游金陵,见宗僧中孚,示余茶数十片,拳然重叠,其状如手,号为"仙人掌
> 茶"。盖新出乎玉泉之山,旷古未觌。因持之见遗,兼赠诗,要余答之,遂有
> 此作。后之高僧大隐,知仙人掌茶发乎中孚禅子及青莲居士李白也。[16]

李白提到的宗僧中孚,实为唐代中期著名僧人承远。将中孚禅师等同
于净土宗祖师承远,笔者所见《玉泉寺志》即作如是观,该书"中孚禅师"条
亦云:唐代僧。汉州绵竹县(四川省绵竹竹县)人。俗姓谢。最初师事成都
唐公(智诜之弟子,名处寂),开元二十三年(735)出蜀至荆州[湖北江陵
县)玉泉寺,依兰若惠真剃度,后遵师命至南岳衡山(湖南省),从通相受具
足戒,更学经、律。][17]《玉泉寺志》的奇特说法也有根据,承远(712—802)
比李白(710—762)年龄稍小,当然有可能是后者族侄。李白出生地有多种
说法,但一般认为其幼年成长在蜀中仅江油县。[18]江油距承远故籍绵竹不
远,只是承远俗姓谢,与"族侄"之称似不符合。

僧中孚之师"玉泉真公",王琦辑注《李太白全集》引吕温《南岳弥陀寺
承远和尚碑》"开元二十三年,至荆州玉泉寺谒兰若真和尚"之句,谓即兰
若真和尚玉泉真公也。[19]查吕温碑文,承远"学于资州诜公,诜公得于东山
宏忍,坚林不尽,秘键相传。师乃委质僮役,服勤星岁,旁窥奥旨,密悟真
乘。既壮游方,沿峡东下。开元二十三年,至荆州玉泉寺,谒兰若真和尚,荆
蛮所奉,龙象斯存……真公南指衡山,俾分法派"。[20]《佛祖统记》卷二十六
亦云:"法师承远,始学于成都唐公,至荆州进学于玉泉真公,真公授师以
衡山,俾为教魁,人从而化者万计,有弟子法照。"[21]《佛祖历代通载》卷十
五也说:"公始学成都唐公,次资川诜公,诜公学于东山忍公,皆有道。至荆
州进学玉泉真公。"[22]

故李白诗序所言"玉泉真公",实即《承远碑》所言"兰若真和尚",也是
《玉泉寺志》所言的"兰若惠真"。

又,惠真实为律师弘景之徒。李华《故左溪大师碑》言"宏景禅师得天

台法,居荆州当阳,传真禅师,俗谓兰若和尚是也"。[23]此外,李华还撰有《荆州南泉大云寺故兰若和尚碑》言"当阳宏景禅师,国都教宗,帝室尊奉,欲以上法灵镜,归之和尚。表请京辅大德一十四人,同住南泉,以和尚为首",又言惠真"地与心寂,同吾定力;室与空明,同吾惠照。躬行勤俭,以率门人,人所不堪,我将禅说。至于舍寝息,齐寒暑,食止一味,茶不非时"。[24]这个记录也说明,惠真不仅习禅,而且有茶饮的习惯。又,李华两碑皆将"玉泉"误写作"南泉",当时荆州地区并无南泉寺,查弘景律师传,仅提及他居住在玉泉寺,并无居住"南泉寺"记载,故"南泉"当系"玉泉"。

皎然之师守真曾拜惠真为师,且从普寂传北宗禅法。皎然《唐杭州灵隐山天竺寺故大和尚塔铭并序》言守真"后至荆府依真公,三年苦行,寻礼天下二百余郡,圣教所至,无不至焉。无畏三藏受菩萨戒香,普寂大师传楞伽心印,讲《起信宗论》三千余遍,《南山律钞》四十遍,平等一两,小大双机"。[25]宋高僧传卷十四《唐杭州天竺山灵隐寺守直传》亦言"后抵江陵,依真公",此处"守直"应为"守真",《皎然传》言皎然之师为"守直",亦同此误。由此可见,皎然之师守真多次听神秀弟子普寂讲《起信》宗论,有北宗信仰。

陆羽之师竟陵禅师嗜茶,其所居寺院在初期禅或北宗传播区域。两则距离陆羽较近的材料告诉我们,陆羽之师名智积,是一位禅师。李肇《唐国史补》卷中第十五条云:"竟陵僧有于水滨得婴儿者,育为弟子,稍长,自筮得蹇之渐,繇曰:鸿渐于陆,其羽可用为仪。乃令姓陆名羽字鸿渐……羽于江湖称竟陵子……羽少事竟陵禅师智积。"考《唐国史补》署名唐尚书左司郎中,李肇穆宗长庆二年(822)始任左司郎中,而该书撰于敬宗宝历元年(825)。[26]又,赵璘(约802—约872)《因话录》卷三商部下第十六条云"太子陆文学鸿渐,名羽,其先不知何许人。竟陵龙盖寺僧姓陆,于堤上得一初生儿,牧育之,遂以陆为氏。[27]《因话录》非作于一时,成书在咸通中(860—872),与陆羽生活时代相距不远,直称陆羽为陆僧,并言自己年少时识得一复州老僧,自称陆僧弟子。[28]赞宁《宋高僧传》卷一译经义净传言武则天时期,义净在福先寺、西明寺翻译《金光明最胜王》、《能断金刚般若》等经时"沙门波仑、复礼、慧表、C:\Users\Administrator\AppData\Local\Temp\CBReader\Search_0_2 智积等笔受证文",此智积或许就是竟陵禅师智积。

董逌在其《书陆羽点茶图后》中曾提及,有人向他展示名为"萧翼取兰亭序图"的绘画,董逌认为此图里"饮茶者僧也,茶具有在,亦有监视而临者",故应为"陆羽点茶图",并说明其来由:"竟陵大师积公嗜茶久,非渐儿煎奉不向口。羽出游江湖四五载,师绝于茶味。代宗召师入内待奉,命宫人善茶者烹以饷,师一啜而罢。帝疑而诈,令人私访,得羽召入。翌日,赐师斋,密令羽煎茗遗之,师捧瓯喜动颜色,且赏且啜,一举而尽。上使问之,师曰:'此茶有似渐儿所为者。'帝由是叹师知茶,出羽见之。"[29]

据《茶经》及其他同时代史料记载,唐代湖北多处为茶叶种植区域,包括峡州(远安、宜都、夷陵)、襄州(南郭)、荆州(江陵)、蕲州(黄梅)、黄州(麻城)。[30]我们不难发觉,唐代禅宗四祖道信、五祖弘忍、以及下一代禅门领袖北宗神秀长期居留地区黄梅和江陵,都是唐代重要的茶叶产地。

开元、天宝之时,茶叶产地与禅门流播地高度重叠,并且是以北宗禅重镇玉泉寺为中心向全国辐射。在这一阶段,北宗在推动茶饮全国化方面发挥了关键作用。

二、微妙的缓冲:皎然、灵澈和陆羽

如果说在上述第一个阶段,即北宗禅鼎盛时期,茶饮被禅门利用来作为维持大脑清醒状态,令或昼或夜的坐禅得以顺利进行,所谓"饮茶除假寐,闻磬释尘蒙"。[31]而到了南宗笼罩大江南北,并逐渐成为禅宗唯一代表时期,南宗的无执、自然,以及"当下即是"的立场彻底反映到茶饮里。然而在我们完全转向南宗流行期前,也必须注意到、并约略考察缓冲时段,在南北宗对峙期内,许多禅僧的思言行处于某种微妙的中间状态。

缓冲时期禅门茶饮体验的代表人物,以灵澈和皎然为代表。

按照赞宁《宋僧传》说法,诗僧灵澈"不知何许人也……吟咏性情尤见所长"。实际上,据刘禹锡《澈上人文集纪》,灵澈字源澄,会稽人,俗姓汤,元和十一年终于宣州开元寺,年七十有一。《宋高僧传》卷十五《唐会稽云门寺灵澈传》谓灵澈"虽受经论,一心好文章"。[32]与他交往的士大夫,多有闻名当世者,包括刘长期、刘禹锡、吕温、卢纶、张祜等,他的释门好友包括灵一、皎然。尤其是后者,僧传谓"澈游吴兴与杼山昼师一见为林下之游。

互相击节……建中贞元已来。江表谚曰。越之澈洞冰雪。可谓一代胜士。与杭标雪昼分鼎足矣。"灵澈思想上有律禅两个方面,他曾撰《律宗引源》二十一卷,为缁流所归。在禅思想方面,灵澈"道行空慧""玄言道理应接靡滞",有"禅室白云去,故乡明月秋"之句。[33]从他的另一首诗歌里"禅门至六祖,衣钵无人得"论调看,灵澈思想上并未归属南宗。[34]

刘禹锡作有《敬酬彻公见寄二首》,时间约在元和八或九年。[35]此外,刘禹锡元和十年赴连州途径衡阳,写有《送僧仲剬东游兼寄呈灵澈上人》,称灵澈:"前时学得经论成,奔驰象马开禅扃。高筵谈柄一麈拂,讲下门徒如醉醒。旧闻南方多长老,次第来入荆门道。荆州本自重弥天,南朝塔庙犹依然。宴坐东阳枯树下,经行居止故台边。"[36]这些话不仅证明了灵澈禅僧身份,而且屡屡提及"南方长老"来荆州学习北宗禅法的史事。

皎然和灵澈持相近的宗派立场,似乎皆属于在北宗南宗之间不偏不倚的"周旋者"。他曾作诗并面示灵澈,呈露出世人的心迹。说自己在某个暖春离家踏青,在晴日下观察茶叶生长,路上曾随意削柳枝聊代拐杖,时而观察云朵投在地面上的影子形状。诗作中,皎然所欲表达的,主要是闲适、自然的禅立场,然而他又说"外物寂中谁似我,松声草色共无机",一方面使用了打上北宗烙印的"寂",同时又宣扬了南宗无执随缘的"无机"态度。[37]

我们也读到皎然下面的句子"露茗犹芳邀重会,寒花落尽不成期",这是他某次送僧日曜回润州(镇江),回忆刚刚过去的美好时光。当他写到"莫倚禅功放心定"时,他的确在主观上将打坐视为禅家重要活动,我们都知道,修"定业"是北宗首务,而南宗则在各种场合巧妙地避开对禅定的称赞。[38]

在这里,为了表明皎然确切的北宗禅茶体验,我们权且引用一首诗来作为说明。皎然描述了与友人陆迅对饮天目山茶的情景,基本再现了烧茶的过程:喜见幽人会,初开野客茶。日成东井叶,露采北山芽。文火香偏胜,寒泉味转嘉。投铛涌作沫,着碗聚生花。稍与禅经近,聊将睡网赊。知君在天目,此意日无涯。[39]在该诗作里,皎然洞察到茶饮"稍与禅经近",这种对禅茶之道的认识的确是前瞻性的。

前文已经提及《封氏闻见记》的话："楚人陆鸿渐为《茶论》，说茶之功效并煎茶炙茶之法，造茶具二十四事，以都统笼贮之。远远倾慕，好事者家藏一副。"陆羽在其故乡的遗迹至明代犹存，明李维桢为陆羽修祠，并撰《陆鸿渐祠碑记》，康熙《湖广通志》卷七十二"艺文类"录其文。该碑考察了积公禅院："院故名龙华寺，或曰龙盖，今邑西湖禅寺，相传谓其遗址。……以故邑有复釜洲，有陆子泉，或曰文学泉，皆鸿渐所品水烹茶处……泉久没湖中，隆庆间，某以治湖堤得之，构亭其上，鸿渐之迹，日彰显矣。"由此可见陆羽在历代的影响。

不过，陆羽在唐代茶饮文化的作用恐怕被夸大了，因为平常百姓人家或寺院日常生活里茶饮，远非陆羽所铺叙的那么复杂。同样地，在如今的消费社会里，陆羽已经被神化，如同其尊号"茶圣"那样。《茶经》似乎业已成为流行文化或风雅文化的一个符号，它的各种整理本或许已有上百种之多，这一现象并不出乎意料之外。笔者并无太多欲望置喙其中，只是要指出他的身份，虽然思想上是兼综儒释，不能纯归属于禅宗，但陆羽一生行止与禅门非常密切，他曾师事竟陵禅师智积，并且与皎然和灵澈是莫逆之交。

根据历史遗留的片断记载，陆羽对自身个性进行了描述："有仲宣、孟阳之貌陋，相如、子云之口吃，而为人才辩，为性褊躁，多自用意。"类似于楚狂接舆。[40]他的自嘲显得素朴，给人以优美和感动。根据颇为流行的说法，他见辱于御史大夫李季卿，《毁茶论》，然此事在陆羽交游好友诗文中未有提及，最初来自《唐才子传》卷三《陆羽》，及《新唐书》卷一百九十六《陆羽传》。[41]机巧、谐趣的文风，模拟《世说新语》。其琐猥之态也不符合陆羽狂者之胸次。

明代童承叙认为"夫羽少厌髡缁，笃嗜坟索，本非忘世者"。周圣楷称赞陆羽"百氏之学，铺在手掌，天下贤士大夫，半与之游"。[42]僧齐己也言他"佯狂未必轻儒业，高尚何妨诵佛书"。[43]此外，大历十才子之一的皇甫冉也有诗送陆羽，言"夫越地称山水之乡，辕门当节钺之重，进可以自荐求试，退可以闲居保和。吾子所行，盖不在此"。[44]这些材料都说明陆羽本人儒佛兼综特质。

三、南宗的茶事与茶语

中唐以后,禅林茶饮业已成为风俗,并被视为参禅之助。我们从《祖堂集》《景德传灯录》等禅宗灯录、语录集中可以看到,一般寺院里有茶堂,他们在寺院周围茶园里作务(劳作)包括锄茶园、摘茶等等,他们行脚时也常进入路边茶店饮茶,如果有些禅僧行脚时自身携带茶饼,就边树下用山泉水煎茶。他们使用的茶具包括茶铫(即茶镀,又名釜、䥶,就是煮茶用的锅子)、茶瓯(茶盏,即今茶杯)、茶几、茶匙子、茶托子等等。

著名南宗禅僧保唐宗无住大爱茶,并在一次数十人的说法活动上留下一首《茶偈》,透彻道出茶对于南宗禅悟之道的媒介关系:"幽谷生灵草,堪为入道媒。樵人采其叶,美味入流坏。静虚澄虚识,明心照会台。不劳人气力,直耸法门开。"[45]将茶视为体悟南宗禅理的媒介,饮茶之后,可自然进入禅道。就南宗与茶的关系而言,保唐无住这段话的确具有提纲挈领的效果。

在文士诗歌里,可以看到他们一边谈禅(主要是南宗禅),一边喝茶的情形。例如,皮日休在云居院祭奠玄福上人时,看到上人居处"龛上已生新石耳,壁间空带旧茶烟。南宗弟子时时到,泣把山花奠几筵",可见在当时南宗寺院里,品茗说禅是平常景象。[46]五代十国时期南唐诗人李中曾在江苏武进任官,某次公务结束后,为避暑,乃"依经煎绿茗,入竹就清风"。并"至论招禅客,忘机忆钓翁"。[47]方干记载了某个冰冷的寒食天气里,自己投宿先天寺,在雪霰来临之际与僧无可"罢茗议天台"的往事。[48]齐己是南宗僧人,然而在描述常州附近一处江中寺院时,刻意描绘了夜间禅问答时,以茶助兴的场景"石鼎秋涛静,禅回有岳茶"。[49]

僧人诗歌也是如此。在那些明显的南宗身份诗人或诗僧那里,并且随着时间推移,南宗禅修理念、命题、概念术语业已非常明确地渗透到茶诗里,当然也反映到禅林茶饮活动里。现今可查的,曾经留下茶诗的南宗僧人有圭密、从谂、义存、贯休、齐己、无可、文偃、可止、灵一、灵默、若水、修睦、虚中、常达、道恒、寒山、德诚、慧寂、贾岛等人,我们可以考察一下他们的茶诗。

例如,贯休曾经称赞过三位南宗禅僧,共同特征都是喜爱饮茶。在一首诗里,他赞美僧师颖"煮茗然枫栉,泥墙札祖碑。"[50]在另外一首诗里,他又称赞道润禅师"常恨烟波隔,闻名二十年",两人在湖南武溪灵鹫山禅师驻锡寺院法堂里对谈,其时也以茶相助,所谓"薪拾纷纷叶,茶烹滴滴泉"。[51]最后,他又赞美一位南宗僧人许多年来身心俱闲,且"语淡不着物,茶香别有泉。古衣和藓衲,新偈几人传"。[52]

此外,云门文偃曾在叙谱系之后说达摩来的东土:九年来面壁,唯有吃茶言。[53]释道恒曾言:"百丈有三诀,吃茶珍重歇。直下便承当,敢保君未彻"。[54]释灵默有一首偈子,直承"寂寂不持律,滔滔不坐禅。酽茶两三碗,意在镢头边。"[55]僧喻凫某冬日造访僧无可,当他进入寺院区域,在"茶间踏叶行"时,即感觉"入户道心生",其后主人和访客品茗、作诗、论禅,经历了极高雅的哲学和美学享受,所谓"诗言与禅味,语默此皆清"[56]宋僧子升、如佑录《禅门诸祖师偈颂》里,有僧齐己序称为龙牙和尚偈颂,里有"十九扫地煎茶及针把,更无余事可留心"。"觉倦烧炉火,安铛便煮茶。就中无一事,唯有野僧家"之句。[57]

僧喻凫提到自己在某蒋姓居士宅"尝茗议空经不夜,照花明月影侵阶"的经历。[58]僧常达在唐宣宗大中(847—858)期间曾住吴郡破山寺,《山居八咏》或许就那个时候所写,除去"啜茶思好水,对月数诸峰"外,诗中还频繁提及"身闲依祖寺,志僻性多慵""时提祖师意,攲石看斜阳。西来真祖意,只在见闻中""为报参玄者,山山月色同。真性寂无机,尘尘祖佛师""祖祖唯心旨,春融日正长",上述各句都显示出明显的南宗色彩。[59]僧德诚是遂宁府人,系药山惟俨门下,他曾住秀洲华亭,泛一小舟,随缘度日。有《拨棹歌》组诗(此为陈尚君先生录自宋大观四年风泾海会寺石刻)。在第36首里,德诚称自己"静向江滨度岁华。酌山茗,折芦花,谁言埋没在烟霞"。[60]僧修睦自称在某日秋雨午后神清气爽,喝着一年多的陈茶,一边看水看山坐,一边吟诵禅宗祖师流传下来的偈颂。[61]上述诗歌皆出自兼具诗僧身份的南宗禅僧,这些茶诗足以表明禅诠释业已南宗化了。

我们将把视线转向禅宗语录里的茶事和茶语,在揭示茶禅关系方面,它们是更为直接的资料。

自《神会语录》和《坛经》后,南宗禅经典就把禅生活化了、日用化,主张随处体认禅法。既然茶业已进入禅僧生活诸多场景,那么茶饮与悟道之间就可以画出等式。在禅林生活里,这逐渐成为普遍看法,例如赵州在回答禅客"如何是尘中人"时,就直言"布施茶盐钱来"(赵州录)。华严长老面对听法之众时也把茶饮作为日常参道途径,他认为:"佛法事在日用处。在尔行住坐卧处吃茶吃饭处言语相问处。"[62]禅僧招庆也曾有言"遇茶吃茶,遇饭吃饭"。[63]文钦禅师在回答"如何是平常心合道"时,认为其方法不过是"吃茶吃饭随时过。看水看山实畅情"。[64]宝资晓悟认为禅僧行履不过是"逢茶即茶遇饭即饭"[65]而齐云和尚认为"吃茶吃饭"可以治各种"佛病"。[66]

中唐以后,劳动,即禅寺里的普请(作务)成为禅僧最重要的日常活动之一,种植、培育和采摘茶叶又构成作务的重要部分,于是我们读到不少茶园里的对话,禅师利用这种随时随地的禅机来启发弟子。我们首先读到了黄檗希运普请锄茶园机会棒打临济义玄的故事。[67]他们的弟子辈同样利用摘茶之机启发学徒,例如沩山灵佑利用摘茶、摇撼茶树之机启发仰山慧寂。[68]此外语录还记载洞山良价与密师伯锄茶园交流禅悟之事。[69]

唐代茶饮可概括以煎茶,自然在禅寺生活里,煎茶也就成为禅师启发弟子的良机。例如钦山和尚与卧龙、雪峰煎茶的时候,见明月彻碗水:师曰:水清则月现。卧龙曰:无水清则月不现。雪峰便放却碗水了,云:水月在什摩处?[70]还有一则百丈惟政的故事:"清田和尚一日与瑫上坐煎茶次,师敲绳床三下,瑫亦敲三下。师云:老僧敲有个善巧,上座敲有何道理?瑫曰:某甲敲有个方便,和尚敲作么生?师举起盏子。瑫云:善知识眼应须恁么?煎茶了,瑫却问:和尚适来举起盏子意作么生?师云:不可更别有也,大于和尚与南用到茶堂。"[71]最后是襄州历村和尚的故事:"煎茶次。僧问:如何是祖师西来意?师举茶匙子。僧曰:莫只遮便当否?师掷向火中。问:如何是观其音声而得解脱?师将火筋打柴头,问:汝还闻否?曰:闻。师曰:谁不解脱?"[72]

禅机也会出现在行脚途中吃茶之时。其一,说的是有三位云游僧"拟谒径山和尚。遇一婆子时方收稻次。……三僧乃入店内。婆煎茶一瓶将盏子三个安盘上谓曰:和尚有神通者即吃茶。三人无对。又不敢倾茶。婆曰:

看老朽自逞神通也。于是便拈盏子倾茶行"。[73]其二,说的是钦山文邃禅师与与雪峰岩头因过江西,到一茶店内吃茶次,三人谈论"转身通气者吃茶"的一段话。[74]当然与上面相比,马祖道一"选佛场"的典故更为知名,它正发生在丹霞天然禅师与某位行脚僧路途上吃茶之时。[75]

　　禅宗语录里关于茶的禅机,最知名的当然数"赵州吃茶去",该句至宋代成为禅门公案。实际上,"吃茶去"是赵州从谂同时代禅师们的集体发明。例如洞山良价与行脚僧初见面时,两人一番斗机锋,洞山以"吃茶去"结束会话。[76]临济义玄造访襄州华严禅师:严倚拄杖作睡势。师云:老和尚瞌睡作么?严云:作家禅客宛尔不同。师云:侍者点茶来与和尚吃。[77]此外,类似"吃茶去"的表达在云门文偃语录里也广泛存在。笔者认为,"吃茶去"之成为赵州标志性禅语,乃因为赵州反复以"吃茶去"来试探参学者,用字极简短,态度直接,多令参学者猝不及防:师问二新到:上座曾到此间否?云:不曾到。师云:吃茶去。又问:那一人曾到此间否? 云:曾到。师云:吃茶去。院主问:和尚,不曾到,教伊吃茶去即且置。曾到,为什么教伊吃茶去? 师云:院主。院主应诺。师云:吃茶去。[78]此外,在累句阐述禅理之时,赵州感到不耐烦就说"老僧斋了未吃茶";当被询及一些高深的问题,例如"如何是西来意"时,赵州也直接说"吃茶去"。

　　实际上,就茶而发动禅语问答,禅僧中使用最多的是云门文偃禅师。以下资料皆取自《云门匡真禅师广录》。

　　从精神旨趣上看,将茶与生活,与参禅的直接等同,在云门文偃那里说得更为直接,他回答"什么是生活"之类问题时,或云"五个糊饼三碗茶"(卷中),或云"早朝粥斋后茶"(卷中),或云"一盘饭两碗茶"(卷下)。云门此种立场具体体现为如下几点:

　　其一,与众僧吃茶之时,就茶水、茶具发问,令听者猝不及防。

　　师因吃茶次问僧:曹溪路上还有俗谈也无?僧云:请和尚吃茶。(卷下)

　　师因吃茶了,拈起盏子云:三世诸佛听法了,尽钻从盏子底下去也,见么,见么? 若不会,且向多年历日里会取。(卷中)

　　因吃茶次,举一宿觉云:三身四智体中圆,八解六通心地印。师云:吃茶时不是心地印。乃拈拄杖云:且向者里会取。(卷中)

师因吃茶拈起茶盏云:一口吞尽,作么生? 代云:茶又吃却。(卷中)

师因吃茶次云:茶作么生滋味? 僧云:请和尚鉴。师云:钵盂无底寻常事,面上无鼻笑杀人。无对。(卷下)

师在僧尚内吃茶,问设茶僧云:什么处安排? 僧指板头云:在这里。师云:尔更设一堂茶始得。无对。(卷下)

其二,茶园摘茶之时。

师因摘茶云:摘茶辛苦,置将一问来。无对。(卷下)

问僧:什么处来? 僧云:摘茶来。师云:人摘茶,茶摘人? 无对。代云:和尚道了,某甲不可更道。(卷下)

问僧:甚处来? 僧云:摘茶来。师云:摘得几个达磨? 代云:新茶宜少吃。又云:因摘春茶不废功力。(卷下)

其三,拈举禅林流传的与茶事相关的机缘语,例如赵州吃茶。

举赵州问僧:什么处去? 僧云:摘茶去。师云:闭口(卷中)

举睦州唤僧、赵州吃茶入水之义。(卷中)

举玄沙与韦监军茶话次。军云:占波国人语话稍难辨,何况五天梵语,还有人辨得么? 玄沙提起托子云:识得这个即辨得。师云:玄沙何用繁辞? 又云:适来道什么? 又云:有什么难辨(卷中)

文偃(864—949)是五代末期禅僧,活动时间在沩山灵佑、洞山良价、临济义玄、赵州从谂之后。从前文中可以看到,文偃经常拈举禅茶典故,并且有意识地利用摘茶、煎茶、饮茶的各种场合启发学徒的悟性,这种对茶的系统性利用是此前看不到的,它表明,禅茶结合的密切程度也随着时间推移而加深。

四、流动的宗派视野

笔者在前面曾提到唐代禅史和茶史的偕同变化,并认为茶饮在唐代向全国的流行,与禅宗自身的发展在许多方面颇相吻合,而禅内部北/南二宗对峙强弱走向,也反映在禅林茶饮前后的变化上。

唐代茶饮最初的主要推动力来自北宗神秀派,并且玉泉寺当时正是北宗鼎盛时期的标志性场所,史料所提及的茶饮人物降魔藏、惠真、承远、智积等虽然大多兼习各宗,但是与北宗或玉泉寺有直接联系。如果我把考察地域放大,也可以看出,禅宗初期传播的黄梅、江陵等区域皆产茶,初期禅所在湖北省实际上也是当时最大的茶叶产地。

随着时间推移,到了中晚唐时期,南宗概念、术语和各种思想命题大量涌入禅林茶饮活动。茶饮与禅修和悟道的关系,呈现出从北宗所看重的静坐辅助物,向南宗随处体认禅茶一味发展,与茶相关的一切过程,例如茶叶种植、摘取、制作,尤其是饮茶,都可作为禅悟之机缘。

然而我们需要思考一个尚未解决的问题。当我们说禅宗在中国佛教里最具宗派性,而且南宗和北宗的对立又是如此地鲜明,那么,这些宗派性和对立在何种意义上是实质性的?至少在打坐修行这种形式上,南宗相距北宗其实并不远,南宗的弟子也常常需要在寺院坐禅习定。

这也使得基本属于佛教外行,同时又羡慕佛教美学的士大夫群体常常用称赞北宗禅修的辞藻来褒奖南宗僧人的坐禅,茶饮活动也没有逸出这种"误认"。

例如刘得仁描述自己在种植修竹和古松的慈恩寺塔下避暑经验时感慨"僧真生我静,水淡发茶香"。[79]姚合称赞及第进士、后官至京兆少尹的元宗简"晚眠随客醉,夜坐学僧禅。酒用林花酿,茶将野水煎。"[80]章孝标在南宗极盛时代,还用小乘术语(三禅)来指说禅僧的夜间打坐修行,而他在旁煎茗自乐:"野客偷煎茗,山僧惜净床。三禅不要问,孤月在中央"。[81]陆龟蒙也犯了类似错误,说自己初冬来到寺院方丈之所用山泉烹茶时"还如到四禅"。[82]郑良士也隆冬时节到山寺烹雪煮茶,并感叹"谁能学得空门士,冷却心灰守寂寥"。[83]曹松行访登封太室山某僧院,也留下了"煎茶留静者,靠月坐苍山"的诗句。[84]

以上描述寺院茶饮诗句皆出自文士群体,且作于北宗逐渐淡出、南宗笼罩全域时期,然而他们依然用静、寂、定等来描述南宗禅的寺院修行,甚至用上三禅、四禅等小乘禅定术语,这自然表明他们不大能分辨禅思想内部一些细微区别,同时也说明:至少从外观上看,南宗禅僧生活,没有多少相异于北宗的地方,他们也要不时禅定,追求寂止。似乎也可以推断出,禅宗茶饮宗趣在发生变化,但依旧有一些不变的元素存在。

(本文原载于径山万寿禅寺《径山茶宴研究论文集》)

注释：

[1]封演：《封氏闻见记校注》，赵贞信校注，中华书局，1958 年，第 46 页。

[2]参见《封氏闻见记校注》序。

[3]吴觉农主编《茶经述评》第二版，中国农业出版社，2005 年，第 286—288 页。

[4]赞宁：《宋高僧传》，范祥雍点校，上海古籍出版社，2017 年，第 174—175 页。

[5]赞宁：《宋高僧传》，范祥雍点校，上海古籍出版社，2017 年，第 162 页。

[6]《全唐文》，3/231/2334。

[7]张九龄：《祠紫盖山经玉泉山寺》，1/49/604。

[8]孟浩然：《陪张丞相祠紫盖山，途经玉泉寺》，3/160/1661。

[9]白居易：《题玉泉寺》，7/429/4748。

[10]顾祖禹：《读史方舆纪要》，贺次君、施和金校点，中华书局，2005 年，第 3598 页。

[11]祝穆撰，祝洙增订《方舆胜览》，施和金点校，中华书局，2003 年，第 527 页。

[12]灌顶：《国清百录》卷四，《大正藏》，第 46 册，第 819 页下。

[13]灌顶：《国清百录》卷二，《大正藏》，第 46 册，第 806 页下。

[14]《玉泉寺志》，收入杜洁祥主编《中国佛寺史志汇刊》第三辑，第 17 册，第 187 页。

[15]上述两首赠诗亦收入《全唐诗》，3/180/1842，3/178/1823。

[16]郁贤皓：《李太白全集校注》，第五册，凤凰出版社，2016 年，第 2347 页。

[17]《玉泉寺志》，收入杜洁祥主编《中国佛寺史志汇刊》第三辑，第 17 册，第 187 页。

[18]郁贤皓：《李太白全集校注》，第五册，凤凰出版社，2016 年，前言第 2—3 页。

[19]王琦辑注《李太白全集》卷十九，中华书局，1957 年，第 3 册，第 929 页。

[20]吕温：《南岳弥陀寺承远和尚碑》，《吕衡州集》卷六；《全唐文》，7/630/6354。

[21]佛祖統紀》卷 26，《大正藏》，第 49 册，第 263 页中。

[22]《佛祖歷代通載》卷 15，《大正藏》，第 49 册，第 617 页下。

[23]李华：《故左溪大师碑》，《全唐文》，4/320/3241。

[24]李华：《荆州南泉大云寺故兰若和尚碑》，《全唐文》，4/319/3236。

[25]皎然：《唐杭州灵隐山天竺寺故大和尚塔铭并序》，《全唐文》，10/918/9560。

[26]陶敏编《全唐五代笔记》，第 1 册，三秦出版社，2012 年，第 820 页。

[27]陶敏编《全唐五代笔记》，第 3 册，三秦出版社，2012 年，第 1915 页。

[28]陶敏编《全唐五代笔记》，第 3 册，三秦出版社，2012 年，第 1899 页。

[28]董逌：《广川画跋》卷二，《丛书集成初编》，商务印书馆据十万卷楼丛书本排印，1939 年，第 16 页。

［30］吴觉农主编《茶经述评》第二版，中国农业出版社，2005 年，第 286—288 页。

［31］刘得仁：《宿普济寺》，12/545/6352。

［32］赞宁：《宋高僧传》，范祥雍点校，上海古籍出版社，2017 年，第 336 页。

［33］灵澈：《初到汀州》，12/810/9216。

［34］灵澈：《题曹溪能大师奖山居》，12/810/9218。

［35］陶敏、陶红雨：《刘禹锡全集编年校注》，岳麓书社，2003 年，第 147 页。

［36］陶敏、陶红雨：《刘禹锡全集编年校注》，岳麓书社，2003 年，第 214 页。按：仲剬，五台山僧。

［37］皎然：《山居示灵澈上人》，12/815/9266。

［38］皎然：《日曜上人还润州》，12/819/9320。

［39］皎然：《对陆迅饮天目山茶，因寄元居士晟》，12/818/9308。

［40］李昉等编《文苑英华》，第 793 卷，中华书局，1966 年，第 4193 页。

［41］四部馆臣谓该书多从"传记说部各书采葺"，且"杂以臆说不尽可据"，见《四库提要史部传记类三》

［42］光绪《沔阳县志》卷九隐逸条

［43］齐己：《过陆鸿渐旧居》，12/846/9633。

［44］皇甫冉：《送陆鸿渐赴越并序》，4/250/2812。

［45］见《历代法宝纪》，据书末所载《大历保唐寺和上传顿悟大乘禅门，门人写真赞文并序》一文，及本书描写无住时所用篇幅最多看来，可知本书当系无住(714—774)的门人所编集。

［46］皮日休：《过云居院玄福上人旧居》，9/613/7115。

［47］李中：《晋陵县夏日作》，11/749/8617。

［48］方干：《寒食宿先天寺无可上人房》，10/649/7509。

［49］齐己：《题真州精舍》，12/840/9553。

［50］贯休：《题师颖和尚院》，12/830/9441。

［51］贯休：《赠灵鹫山道润禅师院》，12/832/9463。

［52］贯休：《题宿禅师院》，12/830/9437。

［53］云门文偃：《宗脉颂》，收入《祖堂集》卷十一云门和尚章。

［54］道恒：颂二首之一，15/ 续拾 44/11595。

［55］灵默：《越州观察使差人问师以禅住持依律住持师以偈答》，14/ 续拾 23/11215。

［56］喻凫：《冬日题无可上人院》，8/543/6323。

［57］CBETA 2021.Q3，X66，no. 1298，p. 729a

［58］喻凫：《蒋处士宅喜闲公至》，8/543/6332。

［59］释常达：《山居八咏》，12/823/9364。

[60]德诚:《拨棹歌》,15/ 续拾 26/11276,又见《全唐诗补编》,中册,第 1057 页。

[61]修睦:《睡起作》,12/849/9682。

[62]《景德传灯录》卷二十《魏府华严长老示众》

[63]祖堂集》卷十一《惟劲禅师章》。又见《祖堂集》卷十三《福先招庆和尚章》。

[64]《景德传灯录》卷二十二《福州报慈院文钦禅师》。

[65]《景德传灯录》卷二十一《婺州金鳞报恩院宝资晓悟大师》。

[66]《祖堂集》卷十一《齐云和尚章》。

[67]《景德传灯录》卷十二《镇州临济义玄禅师》。

[68]《景德传灯录》卷九《潭州沩山灵佑禅师》案:沩山语录里,文句有所不同。

[69]洞山录 1986a。

[70]《祖堂集》卷八《钦山和尚章》。

[71]《景德传灯录》卷九《洪州百丈山惟政禅师》。

[72]《景德传灯录》卷十二《襄州历村和尚》。

[73]《景德传灯录》卷二十七《诸方杂举征拈代别语》。

[74]《景德传灯录》卷十七《澧州钦山文邃禅师》。

[75]《祖堂集》卷四《丹霞和尚章》。

[76]《祖堂集》卷六《洞山和尚章》。

[77]《临济慧照玄公大宗师语录》卷一。

[78]《祖堂集》卷十八《赵州和尚章》;《赵州录》卷下,秋月龙珉整理,筑摩书房,1972 年,第 362—363 页。

[79]刘得仁:《慈恩寺塔下避暑》,8/544/6348。

[80]姚合:《和元八郎中秋居》,8/501/5737。

[81]章孝标:《方山寺松下泉》,8/506/5793。

[82]陆龟蒙:《奉和袭美初冬章上人院》,9/622/7204。

[83]郑良士:《寄富洋院禅者》,11/726/8403。

[84]曹松:《宿溪僧院》,11/717/8317。

禅宗茶文化显与隐的层面性

田　真

摘要：禅宗是佛教中国化的产物，在其历史沿革中形成了独特的茶文化。一方面是禅寺的茶礼，以茶为载体而彰显寺仪，体现了禅宗茶文化的显性层面；另一方面是以茶助参禅的精神取着，彰显了禅宗识心见性的主张，是禅宗茶文化的隐性层面。显为事、隐为理，禅茶一味是从参至悟的开释，从显的物象至隐的颖悟。本文围绕中国传统思想文化相激荡的历史背景下阐释禅宗的茶礼、佛教革新背景下的茶道与禅道的关联、禅茶一味的义理宗旨来探究禅宗茶文化。

关键词：禅宗茶礼、显性层面、茶道禅机、隐性层面、禅茶一味

一、以茶示礼仪的显性层面

中国茶文化兴于唐盛于宋，佛寺与茶的结缘始于僧人对茶的自然功效利用，僧人以当时的煮茶法饮茶，既可以清神疗饥又不违戒条寺规，因此茶事深得僧人喜爱。唐代封演《封氏闻见记》记载了佛寺僧人饮茶的缘由："学禅，务于不寐，又不夕食，皆许其饮茶，人自怀挟，到处煮饮。"[1]当饮茶成为日常所需，其自有的特性在适宜的社会背景下衍生出思想文化的色彩，禅宗茶礼规制是佛门茶文化体系中显性层面的彰显。

唐代南禅宗传人怀海禅师为了有效管理僧团和解决生存问题而立清规，即《禅门规式》，怀海禅师提出行"普请之法"，使僧众上下均力齐同劳

作者单位：北京航空航天大学。

作。怀海的普请法将修行与生产一体化,茶园耕作便是农禅的重要内容。不仅名寺出名茶,而且禅寺以茶助修,以茶供佛,以茶待客,从而形成寺规寺仪。虽然怀海禅师《禅门规式》久佚,但是后怀海时代的禅门清规中对茶礼的描述逐渐增多,煎茶、点茶、茶汤、茶状式、茶榜式等词语以及各种等级不同的茶礼描述皆详细载入清规中。在宋代长芦宗赜撰写的《禅苑清规》有 10 条涉及茶汤、煎茶、点茶、谢茶等,主要有堂头煎点、僧堂内煎点、知事头首煎点、入寮腊次煎点、众中特为煎点、众中特为尊长煎点等等。《禅苑清规》中百丈规绳颂写道:"新到山门时,特为点茶,其礼至重,……山门如特为,礼意重于山。"[2]可见茶礼超越了饮茶的物质层面,而是作为人际关系的礼仪纳入禅宗清规之中。在《入众须知》有关茶礼的条目涉及 8 条。《咸淳清规》有关茶礼的条目涉及 14 余条,元代《至大清规》和《敕修百丈清规》各色茶礼的条目达 30 余种,既有不同茶礼的名称,也有茶礼的严格流程。宋代长芦宗赜撰写的《禅苑清规》,涉及的茶礼更多是对僧人个体行为的要求以及茶礼的规范性,包括对人际关系的考量。《禅苑清规·赴茶汤》写道:"院门特为茶汤,礼数殷重,受请之人,不宜慢易。既受请已,须知先赴某处,次赴某处,后赴某处。闻鼓板声,及时先到。明记坐位照牌,免至仓皇错乱。如赴堂头茶汤、大众集,侍者问讯请人。随首座依位而立。住持作揖,乃收袈裟,安详就座。……礼当退位,如令出院,尽发无民,住持人亦不对众作色嗔怒。"[3] 禅宗清规随着时代变迁有关茶礼的内容趋于繁多,甚至对不同等级僧职的座次和示礼规格皆有尊卑的定度,以身份不同归三类,即:立僧首座、诸方宿德、法眷、师伯、师叔、师兄之类;戒腊道行尊高可仰之类;平交或戒腊相等或法眷弟侄之类,对三类不同身份分别施以不同的礼节,即:大展三拜,触礼三拜,问讯请之。不仅如此,佛寺设茶头、茶堂、茶鼓等,从僧职到场所、法器、器皿等,具有完整礼仪设置。元代德辉编《敕修百丈清规》"方丈小座汤"中详尽规定了茶礼的座次:"按古有三座茶汤,第一座分二出,特为东堂、西堂,请首座光伴。第二座分四出,头首一出,知事二出,西序勤旧三出,东序勤旧四出,西堂光伴。第三座位多,分六出。本山办事。诸方办事,随职高下分坐,职同者次之,首座光伴。侍司预备草图,呈方丈议定。……丛林以茶汤为盛礼,近来多因争位次高下,遂寝不讲。住持当力行之,江湖老成当力从臾之,庶将来知所矜式云。"[4]可见禅宗茶礼不仅是行为和交往的文饰礼节,而且体现了儒家宗法等级的主张,即尊尊亲亲爱有差等。

禅宗茶礼的形成从一个侧面反映了儒家礼乐思想对佛门的影响。在唐代后期佛教鼎盛之势逐渐减退,儒、释、道三家在相互采补中融合。以茶为载体的茶礼成为中国礼乐文化的组成部分。宋代《南窗纪谈》记载了客至则设茶,欲去则设汤的民俗。元代欧阳玄为《敕修百丈清规》叙中提到:"程明道先生一日过定林寺,偶见斋堂仪,喟然叹曰:'三代礼乐,尽在是矣'。"[5]南宋后湖惟勉在《咸淳清规·序》写道:"吾氏之清规,犹如儒家之有《礼经》。"[6]在此社会思潮的背景下,以径山寺茶宴为代表禅宗茶礼名扬缁素两界,虽然径山寺茶宴流程的史料和文物已佚失久远,但是在其鼎盛时期东传日本并得到发展。日本留学僧南浦绍明在宋朝时来到中国求法,学成回国时将径山茶宴规制介绍到日本,成为日本茶道的起源。学界常引据的资料则是 18 世纪江户时代中期国学大师山冈俊明编纂的《类聚名物考》第 4 卷中记载:茶宴之起,正元年中(1259),驻前国崇福寺开山南浦绍明,入唐时宋世也,到径山寺谒虚堂,而传其法而皈。南浦绍明携带径山寺茶具台子及典籍归国,将其中的《茶堂清规》三卷冠名《茶道经》,成为日本茶文化重要典籍。日本曹洞宗开祖道元禅师,曾随荣西禅师发嗣参禅问道,于 1223 年入宋求法习禅,安贞一年回日本后,开创了日本曹洞宗,以《百丈清规》为蓝本,撰写了《永平清规》,成为日本禅僧日常修行的准则,制定了"吃茶、行茶、大唐茶汤"[7]等为主要内容的茶礼规范。可见中国禅宗茶礼曾有的历史盛景和对外文化传播的影响。日本当代高僧有马赖底在其撰写《禅茶一味》前言中,对上述史料也有梳理。

佛寺以茶供佛敬客,亦是中国本土文化的呈现,夫礼之初,始诸饮食。古人用食物祭祀的古风使茶之用萌生了精神色彩。佛寺茶礼撫取了儒家仁礼思想。礼在儒家理论中有多重内涵,包括社会的礼节仪式、道德准则、政治制度、法律准则等。"毋不敬"是礼的精神实质。仁和礼相统一。仁是礼的中心,礼是仁的具体表现,没有仁,礼就失去了存在的依据;同样,没有礼,仁就不能彰显道德功效。敬茶是礼的仪式,从待人接物的交往规范和文饰来讲,礼节是仁爱之心的践行,彰显着仁内礼外。儒家的仁爱主张与佛家的慈悲理念则有异曲同工之妙。北宋张载把这一儒家思想阐释为民吾同胞之说,即社会人际交往的境界。修己以敬,客来敬茶,不仅是奉上了一杯茶水,而且是奉上诚于中形于外的修为德操。从禅宗茶礼的显性层面映出了儒家和佛家相互采补的历史景象,亦彰显了佛教世间法的一面。从历史思想大背景看,唐代是佛教发展鼎盛的时期,宋代则是新儒家思想为扛鼎,佛教处于从属的境遇,所以佛家茶礼在宋代的兴盛有其历史必然。

二、以茶助参禅的隐性层面

唐代僧人皎然首提"茶道"一词,从有关皎然的诗作中可推断出,茶道是饮茶之道和修行之道的统一,既有方法论之道也有本体论之道,是表里的统一。作为精神取着的本体论之道,茶道是跃然物象的精神境界。参禅亦参悟,参是路径,悟是结果,禅道是对真如佛性的觉悟。因此茶道和禅道才有在精神境界上的契合。佛教言道论的演绎,从道不可言至借微言以津道,即言而又离言的双重态度,表现在茶文化上则是其隐性的层面,东晋僧肇在《涅槃无名论》提出言语道断的理念,言出佛道则断,道不可言。显然,言道论撷取的道家道不可尽言的观点。道信、弘忍开创的东山法门是中国佛教义理革新的萌芽,道信、弘忍依据《楞伽经》"诸佛心第一"和《文殊说般若经》"一行三昧",提出:念佛即是念心,求心即是求佛。从而开辟了禅宗看心、守心的修心禅法义理。

至六祖慧能进一步提出顿悟成佛,注重心悟,认为佛不离自心,解脱不离世间。慧能开创南禅宗,提出不立文字、直指人心、见性成佛。迷人口说,智者心行。慧能之后,禅宗更是推行以心传心、教外别传,离教而参的授受方式。然而,佛家为众生弘法传教无言不可,如晋宋高僧竺道生提出言以诠理,入理则言息的主张。于是便有了禅宗对语言文字的双重态度。道虽不可言,然非言无以畅一诣之感。随着禅宗的发展,禅师们逐渐认识到不须念经、不须拜佛、不须坐禅、不须行脚、不须学文字等等的离教而参禅的方式只能与悟道南辕北辙,若不通过佛祖经典的研习和自身的修行则失去了方向,从而不可避免的陷入野狐禅。在不断反思中,禅宗从内证禅到文字禅,涌现了各种公案、灯录、语录等,借微言以津道,并且吸取了儒家文以载道的主张。然而自五代后,禅宗祖师们的语录越积越多,从不立文字到文字山积,背离了禅宗原有宗旨。对此临济宗大慧杲提倡看话禅,选择适宜自己的"活句"摄万念于疑情而参禅方式,大疑大悟,小疑小悟,不疑不悟。曹洞宗为代表的默照禅主张离言绝虑,灵明常照,二者兼顾的寂照禅法。从本体论来讲,道则是法身,即诸法实相、涅槃、佛性。佛教认为诸法实相即为空相,一切因缘而起。从认识论来讲,道是菩提心、涅槃智,以无思无名为特点。无言中显言,无象中垂象。

禅与茶的相连接,一方面是百丈怀海禅师普请之法之后,在运水与搬柴的日常生活与劳作中来参学禅理;另一方面唐中期以降无日不茶是禅寺的生活之景。因此以茶参禅的妙悟有其佛教义理和修行方式演变的历史背景。赵州和尚从谂禅师、黄檗禅师等有关茶的公案产生皆融于禅宗发展的历史阶段,如禅宗因人因时因地而进行的一种以心传心的教学方式,称为机锋或斗机锋,即把师徒之间在行为或语言上的默契视作参学的途径,主要以隐喻曲折的方式绕路说禅,使对方心悟禅理。随着饮茶的普及,在佛寺形成特有的茶礼,产生了佛家茶事的精神意涵,即敬茶示礼的规制,进而萌生了禅与茶的精神关联,并使茶道融入参禅的过程和目的的契合上。

在禅茶关系上,禅为本,茶为辅,参禅始终是核心。僧人对茶的利用起初只是作为食饮之物所需,由于参禅是修行者的必修功课,因此,对茶事的精神功效阐释处于次位,加之禅宗对言道的双重态度,有关茶道的论述鲜有丰厚的文字诠释也在情理之中。无论作为寺仪的茶礼,还是作为精神取著的茶道,相对于求佛法佛道来讲,茶文化只是融进禅宗文化的一部分或一支脉而已。一方面作为茶礼展现敬佛和人际交往的寺仪,另一方面饮茶之道与修行之道相合而内化禅茶之道,即禅茶一味,这是内求于心的精神开释。尽管在中国本土没有明确论述禅茶一味的佛教典籍,但是以茶喻禅的思想萌芽可以在禅宗语录以及缁素两界的诗词等史料中而追寻踪迹。如唐代诗僧、茶人皎然《饮茶歌诮崔石使君》诗曰:"一饮涤昏寐,情来朗爽满天地。再饮清我神,忽如飞雨洒轻尘。三饮便得道,何须苦心破烦恼。"[8]如宋代诗人陈知柔《题石桥》诗曰:"我来不作声闻想,聊试茶瓯一味禅。"[9]从日本有关典籍对禅茶一味的诠释,不难看出通过茶道(此道作为方法论之道)的外在审美形式(时间的流程和空间布设的规制)而彰显茶道(此道作为本体论之道)的人文精神宗旨和参禅的义理意境。目前国内学者对禅茶文化的研究多有参考日本的相关史料与研究成果,并追溯禅茶一味的义理源头,这就有待史料的新发现或符合逻辑的论证。

茶助参禅,禅通茶道,茶道中有禅机。同时,对禅茶关系的表述是离言又是以言津道、心悟与言表的统一,如同禅诗一般,同样是抒发着在心为志,发言为诗的思想与艺术的融合。如宋严羽《沧浪诗话·诗辨》所说"大抵禅道惟在妙悟,诗道亦在妙悟"。[10]禅道与茶道皆是觉悟为宗,了悟真如佛道和至善的茶道。因此,禅茶一味是精神开释,体现了佛家茶文化中精神之道的隐性层面,即隐为理,显为事,显与隐为表里并存。

三、言以诠理的禅茶一味

物中参禅在情理之中,佛祖拈花示众的故事被禅宗视为其主张的依据。以茶喻禅,禅茶一味的妙悟体现了禅宗的主张。佛门参禅是对尘俗的超越,而品茶是从口腹之欲到精神取着的嬗变,在佛寺无日不禅无日不茶的平常生活中,诠释着禅茶一味的境界。若言以诠理,禅茶一味则展现了禅宗义理的精髓。

无住为本。从茶的自然秉性来讲,茶树生长在远离闹市的青山秀谷之中,年年岁岁,任风起云涌,斗转星移,静静生息,这本身就是无住为本,无所住而生其心。茶树在静谧空山中不尘不染,既不执着于空,也不执着于有,亦生亦灭,因果相续,任用自在,这正是浓浓的禅意,犹如风来疏竹,风过而竹不留声。《景德传灯录》中《潭州沩山灵祐禅师》记载了唐代沩仰宗沩山灵祐禅师与仰山慧寂禅师,师徒二人的借茶斗机锋的故事,沩山灵祐禅师借普请摘茶之机,试探其弟子仰山慧寂的悟性:"沩曰'终日摘茶,只闻子声,不见子形,请现本形相见。'仰山曰:'撼茶树。'"[11]主张体认和发掘自心佛性,并循微见著,以茶寻得禅理而觉悟。佛道触类皆是,使参禅落实于生活实处,对境无心、心念不起,则是入禅境的体现。

平常是道。中唐以降,吃茶与参禅皆是佛家开门之事,即平常事。于平常心对待吃茶与参禅,便吃出茶味,参出禅机。历史上禅宗"赵州吃茶去"的公案,正是茶禅一味的美谈。"吃茶去"从谂禅师问新到僧:"新近曾到此间么?答:'曾到。'师曰:'吃茶去!'又问僧,答'不曾到。'师曰'吃茶去!'后院主问:'为甚么曾到也吃茶去,不曾到也云吃茶去?'师召院主,主应喏,师又曰:'吃茶去'。"[12]从谂禅师对三个不同者均以"吃茶去"作答,正是反映茶道与禅心的默契,其意在消除常人的妄想,即所谓佛法但平常,莫作奇特想,不论来过还是没有来过,或者相识与不相识,只要真心真意地以平常心吃茶,就可进入茶禅一味、禅茶一体的境界。平常心是道,吃茶平常,佛法平常,皆在举手投足之间,皆在一花一叶之间。在后怀海时代,宋元明清禅宗灯录中频频出现与吃茶相关的禅语,诸如且坐吃茶、归堂吃茶去、饭后三碗茶等等,暗喻放下执着心、分别心,通过吃茶的平常来了悟佛法的平常。以日常用语表达了禅语之机锋,寄参禅于生活中。因此,在饮茶的平淡无奇中却能化平淡为神奇,寓神奇于平淡,直至觉解佛家真谛。

静心得道。清净中吃茶,静虑中参禅,身上无红尘,心中无俗念,专注一境方可入禅。唯是平常心,方能得清静心境;唯是清净心境,方可自悟禅机。"静"是千百年来修行的必经之路。静,不是浅层次的由物构成的环境之静,或是自然景观或是人造景观之幽静,而是心灵的淡泊宁静,心无俗念的静若止水,即便山中蝉噪鸟鸣,那也是"蝉噪林逾静,鸟鸣山更幽"。心的澄净方能融通万境而无挂碍,"静"是品茶与参禅的共同基点,静中品茶知茶味,静中参禅悟禅机。饮茶使修行者获得不仅是口腹之享,而且是远离尘世那宁静平和的心境,而参禅是澄心静虑的体悟,专注精进,直指心性,顿悟成佛。十五世纪日本佛教高僧村田珠光禅师提出茶道的根本在于清心。村田珠光禅师在日本弘扬了中国禅宗和茶道的思想宗旨。一言蔽之,佛教在茶事中融入了清静思想,通过茶道与参禅来升华精神境界,开释佛家涅槃之道。

觉悟为宗。从吃茶到品茶,从参禅到觉悟。这是由表及里,由物象到意向的飞跃。芥子纳须弥,大千俱在一毫端,茶道就在这一品一啜之中,品茶悟道。在品茶中获得物外之韵,味外之旨,这便是饮茶之境的禅意。唐代诗僧皎然对禅诗和禅茶的研究极为精道,其所著《诗式》曾对诗歌取境认为:

取境偏高,则一首举体便高;取境偏逸,则一首举体便逸。借此话用于品茶,正是自心的觉悟才有品茶的意境,以素心品茶而超乎茶的物象,品平凡中见滋味的心灵意境。这不仅是口腹的喜乐之感而且是品茶悟道的精神释然与心灵觉悟的轻松,因此品茶是心灵的净化。参禅是由痴而智的转变,拨开惑障而见自性本净,净性自悟是参禅的步步升华。无论是品茶还是参禅皆是荡除胸中烦恼而获精神开释,这就是至善茶道和真如佛道,故此,品茶如参禅。故意去破烦恼,并不是佛心,自悟方是禅宗主旨。十六世纪日本高僧山上宗二所著茶书《山上宗二记》指出茶道是从禅宗而来的,同时以禅宗为皈依。同时代的另一位日本高僧泽庵宗彭《茶禅同一味》则认为茶意即禅意,舍禅意即无茶意;不知禅味,亦即不知茶味。因此,品茶与参禅是异曲同工之效其意境相通,皆是心灵的提纯与升华,茶道禅心融于一味,茶道中有禅机。

结论

禅宗茶文化的产生与发展和历史时空的背景紧密相连,禅寺茶礼体现了世间法的一面,是禅宗茶文化显性层面的特征。同时禅茶相连,从品茶的茶之味的日常生活至品心灵之味的茶道人文精神;从参禅至识心见性的觉悟,是禅宗茶文化隐性层面的特征。禅茶一味是精神的妙悟,折射着禅宗的义理要旨。禅宗茶文化无论是表现于外的显性美学意境,还是修行于内的精神开释,其禅道和茶道的境界相通,皆是对佛性的参与悟。时至今日,禅宗茶文化不仅是佛门的文化景象,同时也是世间茶文化撷取的元素。茶文化在历史的演进中已化民成俗,融入了中国人的生活方式和习俗风尚,因此,研究和弘扬中华茶文化的精髓是缁素共承的善行。

(本文原载于径山万寿禅寺《径山茶宴研究论文集》)

注释:

[1]赵贞信校注:《封氏闻见记》,中华书局,2016年,第51页。

[2]苏军点校:《禅苑清规》,中州古籍出版社,2001年,第126页。

[3]苏军点校:《禅苑清规》,第13页。

〔4〕杨曾文校点:《敕修百丈清规》,中州古籍出版社 2011 版,第 193 页。

〔5〕苏军点校,《禅苑清规》,第 173 页。

〔6〕苏军点校,《禅苑清规》,第 171 页。

〔7〕(日)有马赖底著,刘建华译:《禅茶一味》,海南出版社,2014 年,第 16 页。宋·严羽:《沧浪诗话》,中华书局,2014 年,第 12 页。

〔8〕《全唐诗》(增订本)第十二册,中华书局,1999 年,第 9343 页。

〔9〕《全宋诗》,全宋诗库 0247。

〔10〕宋·严羽:《沧浪诗话》,中华书局,2014 年,第 12 页。

〔11〕《景德灯传录》卷九。

〔12〕《古尊宿语录》卷十四,中华书局,1994 年,第 243—244 页。

以茶禅关系为视角
分析虚堂智愚禅师的禅学思想

陈雁萍

摘要:本文以虚堂智愚禅师的著述《虚堂和尚语录》为研究文本,对其中涉及茶与禅关系的相关内容进行阐释,通过阐释我们可以管窥智愚禅师的禅学思想:继承前辈禅僧参究"吃茶去"公案的传统,以"绕路说禅"的解释方式来彰显禅理,启发学人采取机锋转语等教学方法;再者,通过对禅师之涉及茶的诗偈的分析与鉴赏,来体会智愚禅师对茶所蕴含的禅的精神的深切领悟。

关键词:虚堂智愚禅师,《虚堂和尚语录》,茶禅关系

虚堂智愚禅师(1185—1269),为南宋时期著名的禅僧,其法脉属临济宗杨岐派,即石霜楚圆—杨岐方会—白云守端—五祖法演—圆悟克勤—虎丘绍隆—应庵昙华—密庵咸杰—松源崇岳—运庵普岩—虚堂智愚。智愚禅师有著述《虚堂和尚语录》十卷行于世。《虚堂和尚语录》中记述了智愚禅师的禅学思想,其中涉及茶与禅的关系。本文即以智愚禅师之茶禅关系思想为着眼点进行探究。

一

我们知道,禅宗作为中国化的佛教宗派,不仅在禅理方面汲取中华传统哲学思想,在饮食等物质生活方面也是根植于中华传统;其中,饮茶、吃

作者单位:南开大学天津校友科贸学院

茶,由于其文化意蕴十分符合佛教的义理、精神,因此,很早就被禅门作为日常饮食生活必须之环节,这就是对中华传统饮食文化的继承吧。当然,饮茶、吃茶,不仅于滋养色身的物质层面有重要作用,它对于修禅者的修行悟道也是一种重要的助缘。禅宗诸多史籍、传记、公案等文献对于禅门饮茶的记载简直是不计其数,其中较早地记载将饮茶作为修禅悟道的公案之禅宗文献当属《祖堂集》。《祖堂集》中有很多处记载禅门饮茶,如《祖堂集》卷七的"雪峰(禅师传记)"就有:"雪峰和尚嗣德山,在福州。……问:'古人道:路逢达道人,莫将语墨对。未审将什摩对?'师云:'吃茶去。'师问僧:'此水牯牛年多少?'僧无对,师云:'七十七也。'"[1]再如《祖堂集》卷十八的"赵州(从谂禅师传记)"有:"赵州和尚嗣南泉,在北地。……师云:'七佛虚出世,道人都不知。'师问僧:'还曾到这里摩?'云:'曾到这里。'师云:'吃茶去。'师云:'还曾到这里摩?'对云:'不曾到这里。'师云:'吃茶去。'"[2]

北宋临济高僧汾阳善昭禅师(947—1024)对赵州从谂禅师的"吃茶去"的公案有这样的评论:"赵州有语'吃茶去',天下衲僧总到来。不是石桥元底滑,唤他多少衲僧回。"[3]记载善昭禅师语录的《汾阳无德禅师语录》也有:"上堂云:'雪消云散尽,雾卷日当天。吃茶去。'上堂云:'一轮才出海,万类尽沾光。吃茶去。'"[4]

北宋临济高僧石霜楚圆禅师(986—1039)在《石霜楚圆禅师语录》中有:"上堂,云:'风活活雨连连,坏堂古殿一时穿。吾峰孤高耸碧天,禅人到者尽皆嫌。雪未下,总言寒,那堪雪下更烧烟。转烦恼,吃茶去,珍重!'"[5]

临济宗杨岐派创立者杨岐方会禅师(992—1049)在《杨岐方会和尚语录》中有载:"师云:'败将不斩,且坐吃茶。'师问僧:'杨岐路僻,高步何来?'僧云:'和尚幸是大人。'师云:'嘎。'僧云:'和尚幸是大人师。'师云:'杨岐近日耳聋,且坐吃茶。'"[6]

南宋杨岐派松源崇岳禅师(1132—1202)于《松源崇岳禅师语录》中有关于赵州和尚"吃茶去"公案的偈颂:"《赵州吃茶去》有云:'赵州吃茶去,毒蛇横古路。踏着乃知非,佛也不堪做。'……《茶汤会求颂》有云:'春风吹落碧桃花,一片流经十万家。何似飞来峰下寺,相邀来吃赵州茶。’”[7]

以上列举的南宋以前禅门诸高僧以吃茶为参禅契机所引发的一些公案,我们从中可以看到,作为禅僧日常必不可少的饮食活动之一的吃茶,已经与禅修悟道的修行活动融为一体。而虚堂智愚禅师也继承了参究“吃茶去”公案的禅门传统,同时对此公案以自己的禅学思想进行了重新阐释;不仅如此,智愚禅师还以诗偈的形式表达了他对茶所蕴含的禅的精神的领悟。

二

《虚堂和尚语录》卷一记述了一则与茶相关的公案:

上堂,举赵州问僧:“曾到此间么?”僧云:“曾到。”州云:“吃茶去。”又问僧:“曾到么?”僧云:“不曾到。”州云:“吃茶去。”师云:“赵州一处打着,一处打不着。万松见僧,亦不招茶,亦不相问。何故? 自从贤圣法来,未尝杀生。”[8]

智愚禅师此处举赵州从谂禅师(778—897)“吃茶去”的公案。刚才我们引用了《祖堂集》中的赵州禅师“吃茶去”的公案;在另外一些禅宗史籍如《五灯会元》中也有相似的记载,《五灯会元》卷四之“赵州从谂禅师”载:

师问新到:“曾到此间么?”曰:“曾到:”师曰:“吃茶去。”又问僧,僧曰:“不曾到。”师曰:“吃茶去。”后院主问曰:“为甚么曾到也云吃茶去,不曾到也云吃茶去?”师召院主,主应喏。师曰:“吃茶去。”[9]

我们说,赵州从谂禅师不管来者是新到还是旧熟,反复以一句“吃茶去”告知来者,使之印入来者耳根;如果来者是利根之人,他就有可能借此机缘当下截断意识之流、进而悟道。所以,“吃茶去”不单单是招待来者的一种具有礼节性的话语了,它已经成为一种类似话头禅的“话头”了。可知,赵州禅师已经将启发学人的教育方法很自然地融入到平凡的生活习俗之中了。

让我们回到智愚禅师。智愚禅师对此公案的评语很耐人寻味,他说:“赵州一处打着,一处打不着。”这显然具有隐喻意味,“打着”“打不着”,应该是暗指(其“吃茶去”的教法)应了这个僧人的根性或者没有应那个僧人的根性;也就是说,智愚禅师认为赵州禅师参"吃茶去"的话头的教法并非能适应所有行者的根性并使其开悟。相比较来说,智愚禅师认为万松行秀禅师(1166—1246)的教法是"不招待来者吃茶,也不问来者的来历",但也能使行者悟道。智愚禅师的接下来的一句"自从贤圣法来,未尝杀生",与前面的"赵州一处打着,一处打不着",存在顺联的关系。当然,若从文学的修辞上看,这是双关语,就是说不采用类似赵州禅师的激烈的(当下截断行者的意识之流,与打人、杀人仿佛有类似处)教法,也能使行者开悟。

《虚堂和尚语录》卷三记述了另一则与茶相关的公案:

摘茶次,清凉和尚至,上堂。僧问:"沩山摘茶次,问仰山云:'终日只闻子声,不见子形。'仰山撼茶树,意旨如何?"师云:"钱出急家门。"僧云:"沩山云:'子只得其用,不得其体。'"师云:"出门不用频叮嘱。"僧云:"仰山云:'未审和尚作么生。'沩山良久,仰山云:'和尚只得其体,不得其用。'"师云:"子为父隐。"僧云:"沩山云:'放子二十棒!'"师云:"手臂终不向外曲。"[10]

此段是记载了智愚禅师与一僧人之间的机锋对话,内容涉及沩山灵祐禅师(771—853)与仰山慧寂禅师(804—890)在普请摘茶时师徒二人之间发生的机锋对辩的一则公案。这则公案在《潭州沩山灵祐禅师语录》(《沩山禅师语录》)、《景德传灯录》卷九等处均有记载。我们先将公案的完整内容展现一下:沩山灵祐禅师与仰山慧寂禅师在摘茶休息之际,沩山禅师问仰山禅师:"终日(摘茶),只听到你的声音,不见到你的身形。"此时,仰山禅师摇动茶树。沩山禅师说了:"你这是只得到了'用',没有得到'体'。"仰山禅师于是说:"不知道和尚您为什这样说。"沩山禅师沉吟良久。仰山禅师又说道:"和尚您只得到了'体',没有得到'用'啊。"沩山禅师于是说:"打你二十棒!"

让我们回到智愚禅师与一僧人之间的对话。这僧人说到公案的"沩山问仰山:'终日只闻子声,不见子形。'仰山撼茶树"之时,问智愚禅师这其中的原委;智愚禅师回答:"钱出急家门。"

我们先不急着解释智愚禅师的"钱出急家门"的回答是何意蕴,让我们看一看《沩山禅师语录》语录中所载的诸禅师大德对此公案的解释:

首山云:"夫为宗师,须具择法眼始得。当时不是沩山,便见扶篱摸壁。"琅琊觉云:"五更侵早起,更有夜行人。"又云:"若不是沩山,洎合打破蔡州。"白云端云:"父子相投,意气相合,机锋互换,啐啄同时。虽然如是,毕竟如何道得体用双全去?沩山放子三十棒,也足养子之缘。"蒋山勤云:"张公作与李公友,待罚李公一盏酒。倒被李公罚一杯,好手手中呈好手。"玉泉琏云:"直饶体用两全,争奈当头蹉过。过则且止,放子三十棒,又作么生?三盏酒妆公子而,一枝花插美人头。"[11]

诸禅门大德对此公案都有各自的评说,如首山省念禅师(926—993)评论说:"作为宗师,必须具备择法眼的能力才可以。如果不是沩山,就只能如扶篱摸壁那样、以意识分别来臆测佛法了!"意思是说,沩山禅师具有高深的佛法智慧,能够分辨弟子的根器,也能直接启发弟子悟道。再如琅琊慧觉禅师(《五灯会元》有传,北宋临济宗高僧)评论说:"五更(凌晨三点到五点)起床算够早的,但还有更早的即夜里就出行的人。"可见,琅琊慧觉禅师暗喻沩山与仰山禅师师徒在禅法上的智慧是"青出于蓝而胜于蓝";琅琊慧觉禅师还评论说:"若不是沩山,洎合打破蔡州。"我们说,这里面有历史典故,即1234年的金朝首都蔡州(今河南汝阳)被蒙、宋联军击破的史实;琅琊慧觉禅师意思是说:沩山禅师禅法智慧高深,否则会被弟子仰山问倒的。再如白云端禅师(《禅林僧宝传》有传,宋代临济宗禅师)评论说:"沩山与仰山禅师二人情同父子,意气相投;在禅法上,二人也是机锋互换、机宜相应。虽然是这样,毕竟沩山禅师作为弟子不能责备师父沩山禅师于禅法上不具备体用双全之慧;所以,沩山禅师要打仰山禅师三十棒,也还是具足了对仰山的养育之恩。"还有其他高僧的评论,不再赘述。可见,诸高僧对此公案的理解也是仁者见仁、智者见智的,但他们对此公案要解释的核心要义是基本一致的,即都赞叹沩山、仰山师徒二人于禅法智慧上的高超。

由此,我们来看智愚禅师的评论:"钱出急家门",与诸高僧的评论相比,确有不同之处。我们知道,"钱出急家门,财与命相连"是一谚语,出自明·冯惟敏《耍孩儿套·骷髅诉冤》:"常言道:钱出急家门,财与命相连。将钱买命非轻贱。"[12]显而易见,智愚禅师用了隐喻的手法,"钱出急家门"原意是:钱很急切地出了这一家的门,是为了以钱救命。沩山所说的"终日只闻子声,不见子形"之"不见子形",与沩山接下来说的"子只得其用,不得其体",相互呼应,即"不得体",这与"救命"(没了体),有意味相通之义:正因为没了体,才要救命,才应立刻出钱救命。后面智愚禅师又对"沩山云:'子只得其用,不得其体。'"进行评论:"出门不用频叮嘱",就是说,已经知道生命攸关,不用总重复地叮嘱;对"仰山云:'和尚只得其体,不得其用。'"进行评论:"子为父隐",此是双关之语,本意应是"儿子故意隐去父亲的过错",而这里智愚禅师意指仰山禅师作为法子,为了让师父有教导他的机会,故意"隐去了体"(沩山禅师才能批评仰山禅师说"只得其用,不得其体");对"沩山云:'放子二十棒!'"的评价"手臂终不向外曲",意即智愚禅师认为沩山禅师作为师父,还是心里偏袒弟子仰山,只是轻轻处罚了仰山而已。以上此段是笔者的解释,也可以说是依笔者的见解所做出的解释吧,是否完全符合智愚禅师的本意? 笔者确实不敢说,但是,作为公案,本来具有义域的开放性,即依照解释者所理解的佛理,在尽量合乎当时语境的情形下,对公案做出解释;而这种解释能一般地符合禅宗公案所具有的"绕路说禅"的特质以及具有类似文学上的"隐喻""一语双关"等修辞特征,当然也要符合公案的主人公禅师所具的禅法义理。

由此处智愚禅师与僧人的机锋对辩,我们还要看到的是,此情境中的"茶树""茶"等,作为禅师们于普请劳作之时的劳动对象,起到了重要的"道具"或曰"中介"的作用;即通过禅师对茶树的动作、操作以及说出与茶相关的蕴含禅理的言句(此处公案尚未涉及与茶相关的语句),以此启发学人于禅法修行上取得进展。若单单从采茶的普请劳作来说,确实具有收获茶叶等劳动成果;当然这是从物质生产的角度而言。若将两者合论,这也正体现了"农禅并举"这一深具中国特色的、融劳作与修行为一体的禅法修行的优势所在吧。

《虚堂和尚语录》卷九记述了另一则与茶相关的公案:

复举钦山同岩头、雪峰行脚会茶次。钦山云:"若不解转身通气,不得吃茶。"岩头云:"若恁么,我断不得茶吃。"雪峰云:"某甲亦然。"拈云:"亲师、择友之难,古之今之。钦山方致薄礼,便有人动他座子。径山则不然,但有来者,便请高挂钵囊,饱吃了常住茶饭,一任看山看水。恁么过,切不得漏泄,何故?"卓主丈。"恐百鸟献花无路。"[13]

此段是智愚禅师举钦山文邃禅师(? —887)、岩头全奯(通"豁")禅师(? —887)、雪峰义存禅师(822—908)于行脚间隙会茶之时进行机锋对话的公案。此公案载于《五灯会元》卷十三的"钦山文邃禅师"传记。公案记载:钦山文邃禅师说:"若不理解'转身通气'的意思,那人不能吃茶。"岩头禅师说:"如果这样说,我是肯定吃不到茶了。"雪峰义存禅师说:"我也吃不到。"此公案接着义存禅师的话,还有内容,但智愚禅师就举到此为止。智愚禅师评价说:"亲近师父、选择朋友,古往今来都是有难度的。(此公案中的)钦山文邃禅师刚刚送上了一点薄礼,就有人想动他的位子。"我们说,智愚禅师于此处运用了类似文学上的暗喻手法,意即钦山文邃禅师刚给大家道出了一则机锋("若不解转身通气,不得吃茶"),就有人想挑战他的禅法智慧。智愚禅师接着评价说:"(相比之下)径山法钦禅师(714—792)则不然,只要来了客人,就请他们饱餐茶饭;客人吃饱了之后,还任凭他们尽请地欣赏山水之美。但是,这些客人们切记不能漏泄掉所吃的茶饭(也包括不漏看一山一水)。为什这样呢?"我们说,智愚禅师于此处也是以暗喻来进行机锋转语,意即径山法钦禅师教给弟子们很多的禅理知识(包括修禅方法);但是,弟子们不能遗漏掉这些禅理及修行方法。为什么这样呢?智愚禅师以诗偈的语言来说:"恐百鸟献花无路。"意即百鸟献花,每一种鸟代表一种修行方法;若遗漏掉这其中的哪怕是一种方法,以这种方法来修行就走不通了。可见,智愚禅师分别以钦山文邃禅师和径山法钦禅师的教法为例,来说明他们采取不同的教法,会有不同的教学效果。

由智愚禅师所举此公案可知,茶、茶饭,作为禅师日常的饮食,既是禅师保养色身的不可或缺的物质食粮,也是禅师借此悟道的一种中介。

三

我们知道,智愚禅师还是一位诗人,《虚堂和尚语录》记载了智愚禅师的诸多诗作。让我们来看智愚禅师所做的有关茶的诗句,例一《谢芝峰交承惠茶》:

拣芽芳字出山南,真味那容取次参。

曾向松根烹瀑雪,至今齿颊尚余甘。[14]

此诗句是智愚禅师为答谢芝峰交承禅师赠送给他一钵新茶而作,我们从作为诗人的智愚禅师的诗句中,仿佛嗅到了新茶的馨香、品到了新茶的甘美:采自山南的新茶,尚为新芽;其味道真纯,一触即感,哪容意识分别来逐渐领受!曾以松根为薪、采来瀑雪,烹煮此茶,至今口中尚留有此茶的馨香。此诗句色调纯洁,茶味香洁,使人仿佛感受到了智愚禅师所具之内在精神世界。由诗人纯洁的心灵,而感得茶的芬芳洁净、松根的质朴、瀑雪的银白;而诗人齿颊尚余甘美,也使人感受到智愚禅师对交承禅师之友情的质朴和真挚。

此诗句中的新茶,既作为诗人参禅修行的助缘,又作为纯洁之心灵的映照;既作为甘美饮品供品鉴,又作为友人间真情的呈现;既作为普请的劳作成果,又作为与自然和谐共处的野珍。总之,茶联结了自然与内心,联结了两个同修的心灵世界;打通了平常劳作与参禅悟道之间的隔阂,打通了凡俗世界与真如境界之间的沟壑……

再举智愚禅师另一首诗作《茶寄楼司令》:

暖风雀舌闹芳丛,出焙封题献至公。

梅麓自来调鼎手,暂时勺水听松风。[15]

此诗中,智愚禅师发挥出丰富的想象力,将整座山峰以及山中的松风想象成调鼎煮茶的自然施设;在暖风、鸟雀争鸣的群芳中烘焙出茶,封好题条,准备献予至公;将勺水注入到煮茶的茶鼎之中,耳听阵阵的松风之声。使人感受到在生意灵动的暖意之中,茶出于天然——茶生长于山中,整座山峰也是烘茶之调鼎;亦有将茶赠予友人的真挚情感融于其中。

此诗中的茶,作为与人、自然共同构成的天人一体的要素,既是自然之精华,又映现出人的心灵的自然与素朴。此诗句所呈现的意境,已非无物之顽空,而是具有无限生机、充满生命灵动的妙有;而茶的自然、质朴、纯真,正增添了妙有的真实内涵。

(本文原载于径山万寿禅寺《径山茶宴研究论文集》)

注释：

[1]南唐·静、筠二禅师编撰,孙昌武等点校:《祖堂集》卷七,中华书局,第 348 页。

[2]南唐·静、筠二禅师编撰,孙昌武等点校:《祖堂集》卷十八,第 791 页。

[3]《禅林类聚》卷十八,《卍新纂续藏经》第 67 册,第 110 页中。

[4]《汾阳无德禅师语录》卷一,《大正藏》第 47 册,第 607 页上。

[5]《石霜楚圆禅师语录》,《卍新纂续藏经》第 69 册,第 190 页中。

[6]《杨岐方会和尚语录》,《大正藏》第 47 册,第 642 页上。

[7]《松源崇岳禅师语录》卷一,《卍新纂续藏经》第 70 册,第 104 页中。

[8]《虚堂和尚语录》卷一,《大正藏》第 47 册,第 992 页下。

[9]《五灯会元》卷四,《卍新纂续藏经》第 80 册,第 91 页中。

[10]《虚堂和尚语录》卷三,《大正藏》第 47 册,第 992 页下。

[11]《潭州沩山灵佑禅师语录》卷一,《大正藏》第 47 册,第 578 页中。

[12]张鲁原编著:《中华古谚语大辞典》,上海大学出版社,2011 年,第 204 页。

[13]《虚堂和尚语录》卷九,《大正藏》第 47 册,第 1057 页上。

[14]《虚堂和尚语录》卷七,《大正藏》第 47 册。

[15]《虚堂和尚语录》卷七,《大正藏》第 47 册。

多维度视野下的禅茶渊源探赜

鲍志成

摘要:禅茶文化是中国佛教文化和茶文化相互交流融合形成的一种民俗事象和文化形态,在中国传统文化体系中具有独特鲜明的个性和至高至美的境界,其思想核心集中体现在"禅茶一味"上。本文着重从饮茶风起与禅宗兴盛的同步、茶叶主产区与禅宗流播区的重合、茶叶药用功能与禅僧坐禅入定的契合、茶之德性与禅人法性的融合、茶之至味与禅之真味和合等方面,探讨了禅与茶之间的内在联系,认为禅得茶而兴,茶因禅而盛,禅与茶有机交融,形成了佛教中国化过程中与本土文化交融的典型礼俗,是值得珍惜和弘扬的人类宝贵的精神文化遗产。

关键词:禅宗　禅茶　茶礼俗　禅茶一味

佛教尤其是禅宗与茶和茶文化自古水乳交融,渊源根深蒂固,禅院茶礼俗蔚然成风,素有"禅茶一味"之说。近年来茶事炽盛,各地冠名"禅茶"者名目繁多,"禅茶之乡""禅茶小镇"竞相登场,茶界说茶论禅众说纷纭。检索以往论者多从茶禅历史因缘、文化关联、相互影响等角度说起,诸如僧史茶事、茶道禅意之类,论之者不可谓少[1]。禅与茶因缘几何?这里试着重从茶事、茶区、茶性、茶德、茶味之与禅兴、禅区、禅僧坐禅、禅人法性、禅之真味关系为之一说,请方家大德赐正。

一、饮茶风起与禅宗兴盛同步,茶叶主产区与禅宗流播区重合,禅得

作者单位:浙江省文化和旅游发展研究院。

茶而兴,茶因禅而盛,禅茶交融,互为一体,在佛教中国化进程中扮演了重要角色

1. 饮茶风起与禅宗兴盛的同步。现有考古和文献资料证明,茶叶的种植很可能早在新石器时期晚期的东南沿海杭州湾南岸[2]和先秦时期的西南巴蜀地区[3]就开始了。但从零星的种植到成规模的茶叶种植、形成茶产区,至少经过了二三千年的漫长过程。

茶事兴起与禅宗发展几乎同步。关于茶禅历史渊源,中日印等国流传着一则达摩祖师(?—536,一说528)撕下眼皮变成茶的故事,说达摩祖师当年在少林寺后山洞中打坐,因睡魔侵扰而打起盹来,愤而撕下眼皮掷在地上,日久长出一株茶树苗来,后来一有昏沉懈怠就摘茶叶嚼食,以提神醒脑[4]。后来的禅僧也学习祖师,在坐禅时用茶汤来驱赶睡魔、养助清思。这个故事听来有些佛教的法术神通,却是茶的早期起源与佛教禅宗息息相关的反映。

茶禅文化之渊源,理论上应是茶与禅发生关系之始。这就得从茶和禅起源的历史中来考察。于禅宗而言,系随佛教传入中原后派生而来,中土佛教肇于东汉,禅宗初祖为少林面壁的菩提达摩,以之为中土禅宗之始,已无异议。然于茶史而言,茶经历了由天然采集到人工栽培的漫长过程,人工种茶肇始虽有多说,如史前新石器时代河姆渡文化田螺山遗址说、先秦巴蜀地区说和备受争议的西汉吴理真蒙顶植茶说等,但都在佛教初传中原之前;故而佛教传入中原汉地之时,茶已经如顾炎武所说早在秦人取巴蜀后就从西南迁播开来[5],结合最新考古鉴定的西汉阳陵出土的茶芽[6],西汉时期茶在皇公权贵士宦阶层的流行情况,可能比文献记载和迄今研究的实际情况要流行得多。因此,笼统地说茶与中原佛教发生"第一次亲密接触"的时间在东汉时期应是比较可信的(巴蜀地区或许更早)。在三国、魏晋、南北朝时期,随着佛教的传播,茶叶种植的增多,茶与佛教的关系当有所发展。就在南梁时期,自称佛传禅宗第二十八祖、被尊为中国禅宗始祖的古印度南天竺人菩提达摩航海而来到广州,先至南朝都城建业会梁武帝,因面谈不契遂一苇渡江,北上北魏都城洛阳,后卓锡嵩山少林寺,面壁九年,传衣钵于慧可,开创中土禅宗之法脉。这个时期,

茶与禅宗发生直接的关系完全是可能的，达摩撕眼皮的传说很可能是把最早某个禅僧或一群禅僧发现饮茶参禅打坐的妙用后口耳相传、传播开来后附会到达摩名下的。

到了隋唐时期，随着佛教的开宗立派，茶与禅真正开始了亲密无间、水乳交融的特殊关系。相传隋炀帝建天台"大清国中之寺"天台国清寺，就因开山智𫖮以茶水治愈了他的眼疾。禅宗兴教于唐，茶事大兴于唐，禅宗的传播与饮茶习俗的流行几乎同步而一发不可收。据唐封演的《封氏闻见记》载：唐开元中（713—741），"泰山灵岩寺有降魔禅大兴禅教，学禅务不寐，又不餐食，皆许其饮茶，人自怀挟，到处煮饮，从此相仿效，遂成风俗。"[7]在唐宋之际，佛教中国化、社会化加深，唐朝诸宗大多渐次消亡，禅宗临济宗、曹洞宗、沩仰宗、云门宗、法眼宗五家，形成"一花五叶"，其中又以临济为盛，大行天下，分出黄龙、杨岐两派，合称"五家七宗"或"五派七流"。两宋更替之间，佛教从北宋时期的临济、云门两派称盛，天台、华严、律宗、净土诸宗式微，过渡到南宋时期的禅、净两宗兼容并进，其他各宗基本衰落的格局；南宋末年朝廷钦定的禅宗"五山十刹"寺院自然全部在南方地区，而北方辽、金地区的佛教也有较大发展。到元朝，西藏喇嘛教和西域外来宗教传入内地，原来的汉地佛教则出现禅律并传之态。整个宋元时期，临济宗在江南地区大兴其道，几乎占据了佛门的大半丛林，时有"儿孙遍天下"之说。其系出多为径山大慧派，史载"宗风大振于临济，至大慧而东南禅门之盛，遂冠绝于一时，故其子孙最为蕃衍"[8]。明清时期，全国佛教中心北移北京，临济宗黄龙派式微而杨岐派一枝独秀，几乎取代了临济宗甚至禅宗，在南方各地继续传承，直到晚清才逐渐式微。

自唐宋以迄明清，僧人普遍饮茶之风气相沿不绝，明代诗人陆容《送茶僧》诗云："江南风致说僧家，石上清泉竹里茶；法藏名僧知更好，香烟茶晕满袈裟。"[9]

2. 茶叶主产区与禅宗流播区的重合。茶树的广泛种植主要源自佛门寺院。常言道，天下名山僧占多，名山自古产名茶，名山往往多宜茶，名寺一般都产好茶、名茶。首开茶树规模培植之先河的，主要是寺院的僧人。

唐代出产名茶多半为佛门禅师所首植。陆羽《茶经》所记江南州郡出产的名茶中，许多与佛寺禅院有关。如天下第一名茶"绿茶皇后"西湖龙井，其前身就出产自唐代杭州西湖灵竺一带寺院，北宋时杭州的"香林茶""垂云茶""白云茶"等，也都产自西湖寺院[10]。唐《国史补》记载，福州"方山仙芽"、剑南"蒙顶石花"、洪州"西山白露"等名茶，也均产自寺院。根据史料记载以及民间传说，我国古今众多的历史文化名茶中，有不少最初是由寺院种植、炒制的。著名的余杭径山茶，为唐径山寺开山祖师法钦禅师所首植。福建武夷山出产的"武夷岩茶"前身"乌龙茶"，也以寺院采制的最为正宗，僧侣按不同时节采摘的茶叶分别制成"寿星眉""莲子心"和"凤尾龙须"三种名茶。庐山"云雾茶"是晋代名僧慧远在东林寺所植。现今有名的"碧螺春"，源自北宋时太湖洞庭山水月院的寺僧采制的"水月茶"。明隆庆年间（1567—1572）僧人大方制茶精妙，其茶名扬海内，人称"大方茶"，是后世皖南茶区所产"屯绿"的前身。此外，浙江普陀山的"佛茶"、天台山的罗汉供茶、雁荡山的毛峰茶，安徽黄山松谷庵、吊桥庵、云谷寺所产"黄山毛峰"，云南大理的"感通茶"，湖北的"仙人掌茶"，如此等等，最初都产自于当地寺院。

唐宋以降茶叶主产区与禅宗流播区的重合。通常认为，唐朝中期开始，以陆羽《茶经》所记载的南方产茶州郡为范围，初步形成了后世中国茶叶产区的地域分布格局。《茶经八之出》所记载的产茶之地，计有 8 道 43 州郡 44 县[11]，其范围相当于现今的湖北、湖南、陕西、河南、安徽、浙江、江苏、四川、贵州、江西、福建、广东、广西 13 省区，与现今江南、西南、华南、江北四大茶产区相比，基本一致。宋元至明清，我国茶产地代有变迁和扩展，但大范围始终没有突破秦岭——淮河以南、青藏高原东缘以东这一基本格局。

如果从唐宋时期佛教尤其是禅宗的流播和禅院的分布范围看，大致上与上述茶产区基本重合。从临济宗在宋元明清的传承渊源和法系分脉看，其分布主要集中在径山寺周遍的浙江杭州、湖州、嘉兴、绍兴、宁波、天台，江苏苏州、扬州、镇江、常州，上海，以及江西洪州、庐山，湖南潭州，及云南、四川等地，只有少数远播到北京等北方之地。直到今天，除了禅宗祖师菩提达摩道场少林寺在河南省登封县、临济宗祖师义玄道场临济寺在河北省正定县外,其他主要寺院,如禅宗第三代祖师僧璨道场山谷寺(在安徽省潜山县天柱山),第四代祖师道信道场四祖寺(在湖北省黄梅县西山),第五代祖师弘忍道场东山寺(在湖北省黄梅县东山),第六代祖师、南宗祖师慧能道场南华禅寺(在广东省韶关市),南岳系祖师怀让道场南岳般若寺(又名福严寺,在湖南省衡山),青原系祖师行思道场净居寺(在江西省吉安县青原山),沩仰宗祖师灵佑和大弟子慧寂道场十方密印寺(在湖南省宁乡县沩山)和栖隐寺(在江西省宜春市仰山),曹洞宗祖师良介和大弟子本寂道场普利院(在江西省宜丰县洞山)和荷玉寺(在江西省宜黄县曹山),曹洞宗正觉禅师道场天童寺(在浙江省宁波市),云门宗祖师文偃道场云门寺(在广东省乳源县),法眼宗祖师净慧道场清凉寺(在江苏省南京市清凉山),黄龙宗祖师慧南道场永安寺(在江西省武宁县黄龙山),杨歧宗祖师方会道场杨歧寺(在江西省萍乡县杨岐山),虎丘派祖师绍隆道场云岩寺(在江苏省苏州市虎丘山),径山派祖师宗杲道场径山寺(在浙江省杭州市径山镇),以及浙江杭州净慈寺、韬光寺,宁波天童寺,江苏苏州云岩寺、南京牛首山幽栖寺,江西庐山归宗寺、圆通寺,吉安净居禅寺,福建福清万福寺,湖南宁乡密印寺,广东新兴国恩寺等等,几乎全部在盛产茶叶的南方地区。禅宗流播区域和寺院分布范围呈现出明显的集聚南方特征,“禅区”与茶区基本重合,这是禅宗自身历史发展和空间分布所决定而形成的,也与禅宗、禅僧、禅义与茶的千丝万缕的内在联系有着密切关系。尤其是在宋元时期,禅僧在“儒士化”的同时,也因僧堂生活和修持实践离不开茶而日益“茶人化”,从而使禅与茶结下了越来越深的千古情缘。

禅宗盛行的南方尤其是东南地区,正是中唐以降形成的茶叶主产区,茶区和禅区两者的重合,反映了禅与茶在空间分布或文化地理上的紧密关系。

3. 禅茶兴盛在时空上的同步和重合,绝非偶然的巧合,而是茶作为植物的自然分布区系、适宜产区和禅僧坐禅去昏聩除瞌睡的生理需求相呼应的结果。植物的起源和分布取决于自然环境诸多条件的制约,形成“种群分布自然区系”[12]特征。植物的种植和移植虽然在一定程度上可以突破这种自然因素的制约,但仍需要符合植物生长的基本环境条件,诸如气温、日照、雨水、土壤等。这就决定了原产中国西南的茶叶人工种植区,只能是以亚热带为主要范围,茶叶产区也形成了以北纬 30 度为轴心的所谓"地球黄金纬度带"[13]。

正因为如此,茶的原生起源和人工种植以及规模生产地,都在也只能在适宜茶树生长的南方地区。在汉魏两晋南北朝时期茶树的早期栽种生产,多半是行游隐修于江南一带的道士、隐士、僧人为满足宗教修持活动时保持意识清醒和充足体能的需要的个体行为或少数人行为。到唐宋时期,随着饮茶风盛,随之而来的是消费群体的增多和市场需求的增加,茶叶生产转而成为规模化、专业化生产,榷茶制度应运而生。因此,可以说是禅僧、文士、权贵为主的饮茶群体倡导下导致社会化饮茶风尚的兴起,促进了茶叶生产的发展和茶叶产区的形成。为了便于自产自足和易于得到日常修持和法事活动不可或缺的茶叶,禅僧群体集聚在茶产区就不足为奇了。随着茶叶流通和行销范围向非茶产区的扩展,禅僧群体也开始随之较多地流迁到非茶产区。这个过程恰恰印证了唐宋禅宗主要兴盛于江南茶产区的历史事实。由此来看,茶产区与禅寺禅僧的汇聚区的重叠,是由禅对茶的内在客观需求决定的。

二、茶叶药用功能与禅僧坐禅入定相契合,茶之德性与禅人法性相和合,是禅茶自然天成、神妙化合的客观需要和根本原因

1. 茶叶药用功能与禅僧坐禅入定的契合。茶药同源,茶源自"百草"而为"本草"之长,自古就有茶乃"万病之药"的说法。古往今来,茶的养生保健功能诸如提神醒脑、清心明目、益思开悟、延年益寿,如此等等,不一而足。喝茶有醒脑提神,解除睡意之功,晋代张华在《博物志》中说:"饮真茶令人少睡,故茶别称不夜侯,美其功也。"饮茶又可去心中的烦闷,《唐国史补》载:"常鲁公随使西番,烹茶帐中。赞普问:'何物?'曰:'涤烦疗渴,所谓茶也。'因呼茶为涤烦子。"[14]这是对茶提神醒脑、清心净虑功能的高度概括。现代医学认为,从茶对人的生理作用而言,茶叶含有的咖啡碱能刺激中枢神经,使人脑清醒,精神爽朗,提神解乏,消除疲劳。达摩祖师与茶的故事说来玄乎,但其弦外之音恰恰是茶在坐禅时发挥的提神醒脑功能。

茶可提神醒脑、驱除困魔的功效,恰好为禅家坐禅所用。禅僧以茶供佛祖、菩萨、祖师,遂成丛林宗风。中唐时期茶风大兴,正是得益于禅风之兴盛。后世饮茶成风,禅师始作其俑之功不可没。从禅师坐禅以茶提神,礼佛以茶清供,到禅院普兴茶会茶礼之风,饮茶伴随禅宗的兴旺而发展起来。

唐宋禅院的僧堂仪轨以茶汤入清规,从《百丈清规》到宋元《禅院清规》,对禅院各种茶会记载详尽备至,以茶供佛、点茶奉客、以茶参禅均纳入丛林仪轨,成为禅僧修持和日常僧堂生活的一部分。当时寺院中的茶叶称"寺院茶",一般用于供佛、待客、自奉。寺院内设有"茶堂",专供禅僧辩论佛理、招待施主、举办茶会、品尝香茶;堂内置备有召集众僧饮茶时所击的"茶鼓"和各类茶器具用品;还专设"茶头",专司烧水煮茶,献茶待客;山门前有"施茶僧",施茶供水。寺院茶按照佛教规制还有不少名目:每日在佛前、灵前供奉茶汤,称作"奠茶",如天台山"罗汉供茶",每天需在佛前、祖前、灵前供茶,赋予茶以法性道体,以通神灵;按照受戒年限的先后饮茶,称作"普茶";化缘乞食的茶,称作"化茶"。而僧人最初吸取民间方法将茶叶、香料、果料同桂圆、姜等一起煮饮,则称为"茶苏"。

在宋元时期,以杭州余杭径山寺为代表的江南禅院还普遍举行各色"茶会",流行用开水冲泡抹茶的"点茶"法。当时江南地区禅宗寺院中的各类茶事臻于炽盛,每因时、因事、因人、因客而设席,名目繁多,举办地方、人数多少、大小规模各不相同,通称"煎点",时称"茶(汤)会",俗称"茶宴"。根据《禅苑清规》记载,这些禅院茶事基本上分两大类,一是禅院内部寺僧因法事、任职、节庆、应接、会谈等举行的各种茶会。如按照受戒年限先后举办的"戒腊茶",全寺上下众僧共饮的"普茶",新任主持晋山时举行的点茶、点汤仪式。《禅苑清规》卷五、六就记载有"堂头煎点""僧堂内煎点""知事头首点茶""入寮腊次煎点""众中特为煎点""众中特为尊长煎点""法眷及入室弟子特为堂头煎点"等名目。在寺院日常管理和生活中,如受戒、挂搭、入室、上堂、念诵、结夏、任职、迎接、看藏经、劝檀信等具体清规中,也无不参杂有茶事茶礼。当时禅院修持功课、僧堂生活、交接应酬以至禅僧日常起居无不参用茶事、茶礼。在卷一和卷六,还分别记载了"赴茶汤"以及烧香、置食、谢茶等环节应注意的问题和礼节。这类茶会多在禅堂、客堂、寮房举办。二是接待朝臣、权贵、尊宿、上座、名士、檀越等尊贵客人时举行的大堂茶会，即通常所说的非上宾不举办的大堂"茶汤会"。其规模、程式与禅院内部茶会有所不同，宾客系世俗士众，席间有主僧宾俗，也有僧俗同座。可以说，禅风之盛助益了茶风炽盛，茶在禅僧修习实践中发挥了举足轻重的作用。

宋徽宗（1082—1135）称茶"祛襟涤滞，致清导和"，"清和淡洁，韵高致静"[15]。"淡泊明志，宁静致远"[16]，是人们追求的智慧人生和高尚境界。"心常清静则神安，神安则精神皆安，明此养生则寿，没世不殆"[17]。茶道在人格修持和宗教实践中的重要作用在于静心。佛家修持实践有戒、定、慧三学，与儒家的宁静致远、道家的静心明道，都反映了人类高级精神活动的基本规律或普遍特征。在这个过程中，清静、安静、宁静、寂静是前提，是基础，是关键，心静则智慧现，心净则菩提来，否则其他的无从谈起。而茶道实践正是营造安静的环境，助益静心、静息、入定，从而灵台空明，生发智慧。

以茶问道、以茶参禅、以茶悟道，是禅僧茶事实践与参禅修持相结合的关键环节，其根本作用是破除昏寐瞌睡，保持清醒，进入并保持禅定状态。我这里打个比喻，就是"清醒地睡着"的状态，这是超乎平常知觉状态下的一种高级神经活动。根据巴甫洛夫创立的高级神经活动学说[18]，高级神经活动是大脑皮层的活动，是以条件反射为中心内容的，所以也称条件反射学说。人类的语言、思维和实践活动都是高级神经活动的表现，其基本过程是兴奋和抑制。所谓兴奋是指神经活动由静息状态或较弱的状态转为活动或较强的状态；所谓抑制是指神经活动由活动的状态或较强的状态转为静息的状态或较弱的状态。不能简单地把兴奋看作是活动，把抑制看作是静止的状态。兴奋和抑制都是一种神经活动的过程，它们指的是这种活动所指向的方向。从广义来看，中枢神经系统的高级机能，除条件反射外，还包含学习和记忆、睡眠与觉醒、动机行为等。由此可见，抑制大脑皮层的条件反射活动，使之处于静息状态或较弱状态，正是人类高级智能活动之一。

现代西方实验心理学研究人的脑电波,发现有两种状态。一种是当人处于放松式的清醒状态,在做"白日梦"或遐思时,就会呈现 α 脑波模式,其运行频率为每秒 8—12 周波。另一种是当人们处于清醒、专心、保持警觉的状态,或者是在思考、分析、说话和积极行动等有意识状态时,就会呈现 β 脑波模式,其运行频率为每秒 12—25 周波。实验证明,前者比后者的效率更高,作用更大。当人处于放松的情境,没有任何强加的控制,心无杂念的无意识境界时,就会进入天地与我同在的愉悦、清静、圆融之境。这种境界就是佛家的禅定状态,而老子名之曰"惚恍"[19]。

佛家的戒定慧,儒家的宁静致远,道家的静心明道,在思维开悟方法上无不与现代神经科学相吻合。尤其是佛教禅宗强调通过持戒摄心,由摄心而入定,由入定而开慧,明心见性,修成正果,了脱生死,觉悟成佛。"打坐"是佛家打开天眼、开发智慧的最有效方法。佛家的"开天眼"包括肉眼、天眼、慧眼、法眼、佛眼五个层次,根本目的是实现个人生命从身到心到灵的依次升华。盘腿一坐,杂念灭尽,一念全无,在寂静虚空中人的感官功能即条件反射功能丧失殆尽,进入"入定"状态,或者说"静息"状态,这时对外界信息的条件反射处于全然没有或较低较弱的状态,人的"自心""本真"开始清明浮现,从肉体游离开来,进入"空灵"状态,与天地宇宙开始"全息"交流(多维可视、超越时空),达成"明心见性"的觉悟之境。

禅宗在实践这一修持法门时与茶结下不解之缘,原因不外乎茶的提神醒脑助益参禅打坐,茶的药用作用符合、满足了禅僧特殊的修持活动——打坐参禅所需要的生理状态。禅宗从"吃茶去"的和尚家风、"以茶供佛"的佛门礼制、"以茶参禅"的修持实践,到把僧堂茶会茶礼仪轨纳入《禅苑清规》,把茶会茶礼当作禅僧法事修习的必修课和僧堂生活的基本功,从而形成完善严密的茶堂清规或茶汤清规,把茶的这种提神功能和助益作用发展到极致,可谓是人类探索高级神经活动或高级认知实践的独门绝法或成功案例,是对古印度佛教"瑜伽"的继承和发展,与儒家的"静坐""吐纳""宁静致远",道家的"气功""坐桩""坐忘""无己"等,也都有着异曲同工之妙。无论哪一门哪一种,都必须抛弃杂念,根除妄想,专心一志,全神贯注,其主要特征是超常入定,无人无我,空明无碍,开启智慧,感悟觉悟。

2. 茶之德性与禅之法性的和合。茶源自自然,是大自然的精华,是自然对人类的恩赐。陆羽说茶乃"南方之嘉木"[20],是大自然孕育的"珍木灵芽"。

茶性清净高洁,具有天赋君子美德。茶生于山野,餐风饮露,汲日月之精华,得天地之灵气,本乃清净高洁之物。儒家认为茶有君子之性,具有天赋美德。唐韦应物(737—792)称赞茶"性洁不可污,为饮涤尘烦"[21],北宋苏东坡用拟人化的笔法所作的《叶嘉传》,把茶誉为"清白之士"[22]。宋徽宗也称茶"清和淡洁,韵高致静"[23]。到现代,已故著名茶学家庄晚芳先生把"茶德"归纳为"廉美和静"[24],而中国国际茶文化研究会周国富会长积极倡导"清敬和美"的茶文化核心理念[25]。更有人集大成地提出了茶有"康、乐、甘、香、和、清、敬、美"八德之说[26]。茶德既是茶自身所具备的天赋美德,也是对茶人道德修养的要求。自古迄今,儒释道都赋予茶清正高洁、淡泊守素、安宁清静、和谐和美的品德,寄寓了深厚的人文品格,蕴含了高尚的人格精神。

"茶利礼仁","致清导和",符合禅人法性追求。唐末刘贞亮在《饮茶十德》文中提出饮茶"十德",其中"利礼仁""表敬意""可雅心""可行道"都属于茶道修持范畴。茶味苦中有甘、先苦后甘,饮之令人头脑清醒,心态平和,心境澄明。源自自然的茶本具清净、清静、清雅、清和的品质,宋徽宗说茶有"致清导和"的作用。而茶的品格在成就这样的人格的过程中,是最适宜发挥守素养正作用的。一杯清茶,两袖清风,茶可助人克一己之物欲以修身养廉,克一己之私欲而以天下为公,以浩然之气立于天地之间,以忠孝之心事于千秋家国。以茶助廉,以茶雅志,以茶修身,以茶养正,自古为仁人志士培养情操、磨砺意志、提升人格、成就济世报国之志的一剂苦口良药。

于禅门而言,以茶参禅问道,养性修行,正是对茶的妙用,可从茶的清趣中去除习气,涤除积垢,返璞归真,还我本来面目,达到参悟禅理,得天地清和之气为己用,于一壶袅袅茶香中抵彼岸,明心见性,彻悟大道。以茶供佛,以茶参禅,这茶不再是普通的解渴清心、涤烦提神的饮料,而是作为

"法食"被赋予了高洁神圣的"法性"。可见,茶性与禅人的法性高度契合,茶道与佛法的大道相互交融,臻于茶禅一味、禅茶一体的至高境界。

茶性与人性相通,人性与佛性相通,茶人赋予茶以人性光辉和天赋美德,使得茶在人类精神生活层面扮演重要角色,担当人神对话、参禅悟道的媒介;以茶问道,以茶参禅,助益人们开启智慧,看清人生社会,参透天地宇宙,明心见性,解脱自在,圆融无碍,得大自在,成就圆满觉悟人生;以茶悟道,悟的是人生正道、天下大道,参的是天地宇宙之至道。从陆羽的"精行俭德",到日本茶道的"清敬和寂",再到现代茶文化的核心价值理念"清敬和美",茶道思想自古就与儒佛道三教思想尤其是禅宗思想交融圆通,其原因正是因为茶道实践契合人类认识自我和世界、开启智慧法门的基本方法。在这个过程中,茶发挥了涤烦滤俗、澄心益思、格物致知的功能,使人在茶道实践中完成自省、超越、开悟、得道的过程,实现人格完善,达成理想人生。因此,茶堪称是人类通向和谐自由、和悦自在智慧之门的"心灵醍醐""灵魂甘露"。

3. 禅茶结缘,起始于功用的契合,成全于德性的和合,归根结蒂是两者在思想根源和文化价值上的一致。"禅",梵文 dhyana 音译"禅那"的略称,意译为"静虑""思维修"等,是佛教徒普遍采用的一种修习方法,其原意指静坐调心、制御意志、超越喜忧,以达定慧均等之"梵"境。早在释迦牟尼之前,印度就有以升天为坐禅目的之思想。到世尊时代,开始出现远离苦乐两边、以达中道涅槃为目的之禅。

禅是佛教普遍采用的一种修习方法。修禅可以静治烦,实现去恶从善、由痴而智、由染污到清净的转变,使修习者从心绪宁静到心身愉悦,进入心明清空的境。禅的意义就是在定中产生无上的智慧,以无上的智慧来印证,证明一切事物真如实相的智慧。《六祖坛经·坐禅品第五》:"外离相即禅,内不乱即定。外禅内定,是为禅定。"[27]

禅宗是中国化佛教的代表,自称"传佛心印",用参究方法觉悟众生本有佛心为宗旨,认为心性本净,佛性本有。在唐宋禅宗勃兴时期,禅宗从"不立文字"到"不离文字",从终日枯坐打禅的"默照禅"到青灯黄卷、穷经皓首的"文字禅",再到参话头、斗机锋的"看话禅",既反映了禅宗不同的修持方法和得道门径,也揭示了佛教中国化、禅宗主体化过程中传教弘法路径的随缘方便化。这是佛教社会化的必然趋势,也是禅宗适应中国社会、得以确立主导地位的法宝。但是,禅宗随缘应化的方便法门,并没有丝毫影响或降低其修习的水准和宗教法性上的提升。恰恰是这种社会化、生活化、方便化的无处不在的教团和修持方法,获得了广阔的生存空间和社会基础,而且在宗教实践中达到了至高至尊、自在妙用的修持境界,乃至在东方哲学、审美、文化等领域,都产生了无与伦比的深远影响。

众所周知,茶界公认茶道思想的核心价值是"和",源自中国传统文化中的"中庸""中正""中和"思想[28]。"和"是中国传统文化的重要哲学概念,"和而不同"是中国历代先贤所阐发的天下至道和天下愿景。儒家推崇的"中庸"思想,其实质就是不偏不倚的"中道",无过也无不及的"中和"。"喜怒哀乐之未发,谓之中;发而皆中节谓之和。中也者,天下之大本;和也者,天下之达道也。"[29]这里指出了"和"与"中"的关系,"和"包含中,"持中"就能"和","和"的根本意义和重要价值,就是中规中矩、恰到好处。这与"禅"起源时期的"中道"思想完全契合。

禅与茶的结缘,是因为茶叶药用功能与禅僧坐禅入定的契合,茶之德性与禅人法性的和合。从根本上来说,禅与茶的有机交融,归根结蒂还是两者在思想根源和文化价值上的契合和一致。正因为禅与茶在功用和德性上的契合,才导致茶之至味和禅之法味的无间融合。茶入佛法,可通禅机,禅僧以茶参禅,妙于点茶,藉此可通禅中三昧。禅宗之顿悟重在"当下体验",这种体验往往是只能意会、不能言传。恰恰就在这一点上,禅与茶"神合"得天衣无缝。

三、结语:茶之至味和禅之法味的神妙化合演化出意境高妙的禅院茶礼俗

茶入佛法,可通禅机,禅僧以茶参禅,妙于点茶,藉此可通禅中三昧。禅宗之顿悟重在"当下体验",这种体验往往是只能意会、不能言传。恰恰就在这一点上,禅与茶"神妙化合"。

北宋元祐四年(1089)年底,苏东坡第二次到杭州出任知州,公务余暇曾到西湖北山葛岭寿星寺游参,南山净慈寺的南屏谦师闻讯赶去拜会,并亲自为苏东坡点茶。苏东坡品饮之后，欣然赋诗相赠，诗序云："南屏谦师妙于茶事。自云得之于心，应之于手，非可以言传学到者。十二月二十七日，闻轼游落星，远来设茶。作此诗赠之：道人晓出南屏山，来试点茶三昧手。忽惊午盏兔毛斑，打作春瓮鹅儿酒。天台乳花世不见，玉川风腋今安有。先生有意续茶经，会使老谦名不朽。"[30]这里的"三昧"一词，来源于梵语 samadhi 的音译，意思是止息杂念，使心神平静，是佛教的重要修行方法，借指事物的要领、真谛。诗中称赞南屏谦师是点茶"三昧手"，意即是掌握点茶要领、理解茶道真谛的高人，足见当时杭州高僧精于茶事。在苏东坡看来，点茶与参法问道一样，达到化境自然悟得个中"三昧"。

茶的滋味很难描述出来，况且因人因时因地而异，百人恐有百念甚至千念万念，此味正合禅理。当一杯在手，品味着集苦涩香甜诸多味道于一身的茶汤时，正所谓当下一念，茶禅一味。禅宗僧史有则著名的公案，说的是有僧问天柱山崇慧禅师："达磨未来此土时，还有佛法也无？"师曰："未来且置，即今事作么生？"僧曰："某甲不会，乞师指示。"师曰："万古长空，一朝风月。"[31]隐指佛法与天地同存，不依达摩来否而变，而禅悟则是每个人自己的事，应该着眼自身，着眼现实，而不管他达摩来否。就像佛法禅理无时不在，犹如"万古长空"，而"一朝风月"只是当下一念而已。同样，村田珠光感悟到的"佛法存于茶汤"，意思是佛法源自生活，平日生活处处有禅，就如一杯茶汤，茶在水里，水里含茶，茶水交融，浑然一体，只有您端起茶杯吃上一口时，才会体会到茶的存在；茶之与水，犹如念之与禅，当下一念之与佛法禅理，禅无时不在，无处不有，而念只是一瞬之间、倏忽而过，茶汤是甘是香还是苦是涩，全在于喝茶人的当下一念，禅者是否得道开悟、明心见性，也就看他能否于平常处见异常，在机锋棒喝之下灵根一动，慧光电驰。

清人陆次云在《湖壖杂记》中称赞龙井茶时说："龙井茶，真者甘香而不洌，啜之淡然，似乎无味，饮过则觉有一种太和之气，弥瀹于齿颊之间，此无味之味，乃至味也。"[32]这是对龙井茶品饮的最高感悟。此处所谓"太和"，其实就是中医药中的"太和汤"[33]，也就是白开水，所谓"太和之气"，正是无论什么好茶饮过几遍都归于淡而无味、味同白开水的真实写照。而禅宗要达到的悟道境界,就是返璞归真,归于平淡,无味之味方为禅茶真味。在这一点上,茶的"至味"与禅的"法味",是殊途同归,异曲同工,美美与共,和而不同。

"和而不同"不是维持不同共存,或者是在求同存异;而是首先要承认"不同"是事物的本质特征,"和"不是简单的"同",是"不同共存"基础上的创新和发展;如果完全是"同",则事物发展将难以为继,唯有臻于不同共存基础上的"和",才可以"生物",也就是创新发展,生生不息;对不同的尊重、了解和学习是一种内在的需求,要在容存不同中共生共荣。诚如孔子所说:"君子和而不同,小人同而不和。"[34]《国语·郑语》也云:"和实生物,同则不继。以他平他谓之和,故能丰长而物归之,若以同裨同,尽乃弃矣。"[35]《中庸》更说得明白透彻:"中也者,天下之大本;和也者,天下之达道也。"[36]"和而不同"是自然之道,天地宇宙之天道,也是人类社会之正道,天下大同之达道。"和而不同"思想是自然界和人类社会普遍存在的客观规律和终极真理,具有哲学价值和普遍意义。禅茶的神合天成和妙化无穷,是佛教中国化的必然产物,是外来佛教文化在中国化进程中的代表"禅"与中国本土文化"茶"交流互鉴、融合共生的经典案例,堪称是美美与共、和而不同这一中华文化核心理念和人类命运共同体构想的最佳诠释。

禅,玄妙难言;茶,百人千味。禅是一首无字无声的诗,禅是一幅无形无色的画,禅是一杯甘苦自知、醇香清凉的茶,茶中有高妙的禅家智慧。禅得茶而兴,茶因禅而盛,禅与茶有机交融,在唐宋元明的江南禅院中形成了清雅高古、意境高妙的禅院茶礼俗,禅茶和合共生又和而不同,相映生辉,历久弥新,共同臻于和而不同、美美与共[37]的东方禅茶文化的至高至尊、至美至善的境界,是中华文化对人类文明作出的独特贡献,是值得珍惜和弘扬的人类宝贵的精神文化遗产。

[参考文献]

[1][唐]陆羽著.于良子注释.茶经[M].杭州:浙江古籍出版社,2011.

[2][北宋]宗赜.禅苑清规[M].郑州:中州古籍出版社,2001.

[3][北宋]赵佶.大观茶论[M].北京:中华书局,2013.

[4]刘枫主编.历代茶诗选注[M].北京:中央文献出版社,2009.

[5]庄晚芳.中国茶德——廉美和敬[J].茶叶,1991(3).

[6]陈香白.中国茶文化[M].太原:山西人民出版社,1998.

[7]陈红波.周国富全面系统阐述"清敬和美"当代茶文化核心理念[J].茶博览,2013(11).

[8]鲍志成编著.杭州茶文化发展史[M].上下册,杭州:杭州出版社,2014.

[9]鲍志成.宋元时期江南禅院茶会及其流[J].陈宏主编.径山历史文化研究论文集[M].杭州:杭州出版社,2015.

[10]鲍志成.径山茶宴[M].浙江省国家级非遗项目丛书,杭州:浙江摄影出版社,2016.

[11]苏叶嘉(作者笔名).茶禅何以一味[M].茶博览,2016(5).

[12]苏叶嘉(作者笔名).以茶参禅妙用无穷[M].茶博览,2016(11).

[13]鲍志成.东方茶文化的人文特质[J].丝瓷茶与人类文明(东方文化论坛2014—2018论文选编)[M].杭州:浙江工商大学出版社,2019.

[14]周国富主编.世界茶文化大全[M].北京:中国农业出版社,2018.

注释:

[1]董慧:《禅茶文化研究综述》,《农业考古》2012年第5期。

[2]赵相如、徐霞:《古树根深藏的秘密——综述余姚茶文化的历史贡献》,《茶博览》,2010年第1期(总81期);武吉华、张绅编著:《植物地理学》,第95页,高等教育出版社。

[3]常璩:《华阳国志》卷一《巴志》,齐鲁书社,2010年版。

[4]《达摩祖师与茶》,http://www.wuzusi.net。

[5]顾炎武著,栾保群等注:《日知录集释》,清代学术名著丛刊,上海古籍出版社,2006年。

[6]周艳涛:《中国专家确认汉阳陵现中国最早茶叶:由茶芽制成》,《科技日报》2016年1月13日;田进:《陕西出土茶叶被吉尼斯世界纪录认证为最古老茶叶》,中国新闻网,2016年5月13日。

[7]封演著,赵贞信校注:《封氏闻见记校注》卷六《饮茶》,1958年中华书局版。

[8]黄缙:《元叟端禅师塔铭》,《径山志》卷六《塔铭》。

[9]陆容:《送茶僧》,《列朝诗集·明诗卷》丙集第六。

[10]鲍志成:《关于西湖龙井茶起源的若干问题》,《东方博物》第11期,浙江大学出版社,2004年。

[11]陆羽:《茶经·八之出》,于良子注释,浙江古籍出版社2011年版。

[12]宋之琛、李浩敏等:《我国中新世植物区系》,《古生物学报》1978年第4期;陈

文怀《茶树起源与原产地》,《茶业通报》1981 年第 3 期。

[13]叶创兴:《茶树植物及其分布区域》,《生态科学》1989 年第 2 期;《地球黄金纬度带上的绿茶经典》,中国经济网。

[14]娄国忠:《茶在诗文中的几种常见别称》,《江南时报》2015 年 4 月 28 日。

[15]赵佶:《大观茶论》序,中华书局 2013 年版。

[16]刘安:《淮南子》卷九《主术训》,《新编诸子集成》第七册《淮南鸿烈集解》,中华书局版。

[17]万全:《养生四要》卷一《寡欲》,中国医药科技出版社 2011 年版。

[18]K·M·贝考夫,A·T·松尼克,吴钧燮:《巴甫洛夫高级神经活动学说》,《科学通报》1952 年第 5 期。

[19]《道德经·道经》第十四章云:"视而不见,名曰夷;听之不闻,名曰希;搏之不得,名曰微。此三者不可致诘,故混而为一。其上不徼,其下不昧,绳绳兮不可名,复归于无物。是谓无状之状,无物之象,是谓惚恍。迎之不见其首,随之不见其后。执古之道,以御今之有。能知古始,是谓道纪。"

[20]陆羽:《茶经·一之源》,于良子注释,浙江古籍出版社 2011 年版。

[21]韦应物:《喜园中茶生》,刘枫主编《历代茶诗选注》,第 18 页,中央文献出版社 2009 年版;参见温长路:《洁性不可污》,《家庭中医药》2016 年第 1 期。

[22]苏轼:《叶嘉传》,《苏轼文集》第 2 册 429 页,中华书局 1986 年版;然《四库全书》《提要》云:"观《扪虱新话》称:'《叶嘉传》乃其邑人陈元规作'"之说,待考。参阅王建:《读苏轼〈叶嘉传〉》,《农业考古》1993 年第 2 期;丁以寿:《苏轼〈叶嘉传〉中的茶文化解析(续)》,《茶业通报》2003 年第 4 期。

[23]赵佶:《大观茶论序》,中华书局 2013 年版。

[24]庄晚芳:《中国茶德——廉美和敬》,《茶叶》1991 年第 3 期。

[25]陈红波:《周国富全面系统阐述"清敬和美"当代茶文化核心理念》,以及《从大文化视角理解茶文化的核心理念》,《茶博览》2013 年第 11 期。

[26]《茶味八德》,刊《中国楹联报》2005 年 12 月 30 日第 2 版。

[27]释慧能著、郭朋校释:《坛经校释》,中华书局 1997 年版。

[28]陈香白:《中国茶文化》,第 43 页,山西人民出版社 1998 年版。

[29]《礼记·中庸》,中华经典藏书,北京:中华书局 2016.

[30]苏轼:《送南屏谦师》,《苏轼集》第二十六卷,中华书局 1982 年版。

[31]普济:《五灯会元》卷二《天柱崇慧章》,中华书局 1984 年版。

[32]陆次云:《湖壖杂记》,大学士英廉家藏本,收入来新夏主编《清人笔记随录》,中华书局 2005 年版。

[33]李时珍:《本草纲目·水二·热汤》,称其"助阳气,行经络,促发汗",人民卫生出版社 1982 年版。宋人邵雍曾用以指酒,如《无名公传》:"生喜饮酒,尝命之曰'太和

汤'。"《林下五吟》诗之一云:"安乐窝深初起后,太和汤酽半醺时。"

[34]《论语·子路》,中华经典藏书,北京:中华书局 2016.

[35]《国语·郑语》,中华经典藏书,北京:中华书局 2016.

[36]《礼记·中庸》,中华经典藏书,北京:中华书局 2016.

[37]1990 年 12 月东京"东亚社会研究国际研讨会"上,费孝通先生在《人的研究在中国》主题演讲时,提出了"各美其美,美人之美,美美与共,天下大同"的思想。

密庵咸杰与"径山茶汤会"

鲍志成

提要：在中日禅茶界关于"茶禅一味"的渊源一直是一个扑朔迷离的话题，尤其是到底有没有圆悟克勤四字墨迹，信其有者恒信其有，奉为圭臬，求实证者遍览藏经，不得其语。本文以此入题，探析"茶禅一味"的思想渊源及其传承流绪，认为从文本和实证的角度看，密庵咸杰住持径山寺时的"径山茶汤会"，应属当时禅院普遍流行的各类茶会茶礼之一，也是现今茶文化界俗称的"径山茶宴"的原型，为后世日本茶道茶会样式的渊源。

关键词：茶禅一味 日本茶道 密庵咸杰 径山茶汤会 密庵床

一、从"茶禅一味"的思想渊源和实践行者说起

在日本茶道界盛传着这样一桩公案：一日，被后世尊为日本茶道开创者的村田珠光用自己喜爱的茶碗点好茶，捧起来正准备喝的一刹那，他的老师一休宗纯突然举起铁如意棒大喝一声，将珠光手里的茶碗打得粉碎。但珠光丝毫不动声色地回答说："柳绿桃红"。对珠光这种深邃高远、坚忍不拔的茶境，一休给予高度赞赏。其后，作为参禅了悟的印可证书，一休将自己珍藏的圆悟克勤禅师的墨迹传给了珠光。珠光将其挂在茶室的壁龛上，终日仰怀禅意，专心点茶，终于悟出"佛法存于茶汤"的道理，即佛法并非什么特殊别的形式，它存在于每日的生活之中，对茶人来说，佛法就存在于茶汤之中，别无他求，这就是"茶禅一味"的境界。村田珠光从一休处得到了圆悟的墨宝以后，把它作为茶道的最高宝物，人们走进茶室时，要在墨迹前跪下行礼，表示敬意。由此珠光被尊为日本茶道的开山，茶道与

禅宗之间成立了正式的法嗣关系。

这则公案旨在借用中国禅门机锋棒喝一类的公案，喻示村田珠光（1423—1502）获得一休宗纯（1394—1481）的认可，从而确立其茶道开山之地位。村田珠光30岁时到京都大德寺师事一休宗纯，学习临济宗杨岐派禅法。文明六年（1474），一休奉敕任大德寺住持，复兴大德寺。村田珠光从一休那里得到杨岐派祖师圆悟克勤的墨迹，现在成为日本茶道界的宝物。珠光在大德寺接触到了由南浦绍明从宋朝传来的茶礼和茶道具，并将悟禅导入饮茶，从而创立了日本茶道的最初形式"草庵茶"，并做了室町时代第八代将军足利义政的茶道教师，改革和综合当时流行的书院茶会、云脚茶会、淋汗茶会、斗茶会等，结合禅宗的寺院茶礼，创立了"日本茶道"。

中日禅茶界一致公认日本茶道源自中国禅院茶礼，但在其源流、人物、内容和形式等方面，却存在不同的说法，甚至以讹传讹的版本。如关于禅茶起源，主张唐朝起源论的有赵州和尚说、夹山和尚善会（805—881）说、径山国一禅师法钦说，"茶禅一味"的思想渊源是圆悟克勤（1063—1135）及其《碧岩录》，还是源自禅宗临济宗众多大德高僧和《禅苑清规》，尤其是在制定、实施、推广、传播禅院修持法事活动、僧堂生活与茶事礼仪相结合的实践过程和东传日本中，到底是哪位高僧大德发挥了关键作用，迄无定论。尤其是当茶文化与茶产业、旅游等结合起来产生巨大的经济、社会、文化效益后，许多地方出于地方经济利益和文化名人的品牌效应，都在发掘本地禅茶历史文化和高僧名人资源，争抢禅茶文化发祥地、起源地、最初地之类的桂冠。圆悟克勤的禅门领袖地位和禅学成就无可置疑，他的《印可状》在日本茶道界的至高地位也值得肯定，他的法系子孙成为南宋和元朝兴盛江南的临济宗各大禅院的骨干中坚力量，也举世公认。但从禅院茶会的实践样式、流播时间和对日茶道的直接后续影响看，显然不是他本人，而是继承他法统的径山弟子大慧宗杲、密庵咸杰、无准师范等南宋临安径山禅寺的禅门宗匠。

进一步说，从《禅苑清规》关于僧堂茶汤会的详尽规定看，宋元时期的江南禅院都在流行以茶参禅的修习方法，许多高僧大德都是精于茶事、主持茶会的茶人。但是从现存的禅门公案、语录等看，却绝少提到茶事的。难怪乎有人为了找到"茶禅一味"的出处,证明村田珠光从一休宗纯那里得到的并非是圆悟克勤墨迹"茶禅一味",查阅了各个版本的《大藏经》、禅宗语录,都没有"禅茶"或"茶禅"的记录,也没有"禅茶一味"或"茶禅一味"这种特别的提法。究其原因,颇为符合人类认知存在的所谓的"灯下黑"现象,因为茶汤会在当时的禅院的法事活动和僧堂生活中无所不在,无处不在,习以为常,以至谁都不觉得这有什么要特别提及的,就像赵州和尚一句"吃茶去",其实不过是当时用来机锋棒喝的"口头禅"而已。同时,造成有所谓的"茶禅一味"的四字真诀墨宝,也是对日本茶道界"茶禅一味"的说法妄信和误见所致,日本茶道界本来就没说有圆悟克勤书写的四字墨宝,他们崇敬备至的只是一幅圆悟克勤写给弟子虎丘绍隆的的《印可状》而已。

二、南宋径山寺高僧密庵咸杰其人及其法系弟子

日本茶道源自禅道,而日本禅宗临济宗杨岐派的嗣法弟子,绝大多数都系出圆悟克勤门下的径山弟子,圆悟的另一法嗣大慧宗杲得道后在径山寺大开禅茶宗风,把种茶、制茶、茶会融入禅林生活,创立参话头的"看话禅",留下诸多语录,但传世文本并无关于茶汤会的明确记录。无准师范在对日佛教交流中堪称一代领袖,对禅风东被、法系传承以及日本五山文学的形成等,都做出了多方面的贡献。但是,在南宋和元代与日本禅茶有关的诸多临安大德高僧中,在语录中提及"径山茶汤会"的,恐怕只有密庵咸杰。虽然从广义和理论上来说,大慧宗杲、无准师范等都可列举为日本茶道的原型"径山茶汤会"(现在学界通称"径山茶宴")实践推广传播者,但是从文本和实证的角度看,这个人非密庵咸杰莫属。

密庵咸杰(1118—1186),生于北宋徽宗重和元年(1118),为福州福清郑氏子,自幼颖悟过人,早悟世间无常迅速。17岁时披缁出家,遍参诸方尊宿,得各山高僧大德教益。后往衢州明果寺参访应庵昙华禅师,勤侍四载。应庵为圜悟克勤之嗣虎丘绍隆嫡传弟子,道法高峻。密庵虽时时遭到呵斥,但始终面无愠色,殷勤相随,至诚受教。应庵知其为本色衲子,真正法器,暗下钟爱。有一天,应庵忽然厉声问密庵:"如何是正法眼?"也就是说:什么是佛法的真谛?密庵从容不迫地回答:"破沙盆!",意思是佛法的

真谛就是无用的破沙盆一样的道具。应庵颔首称是，私下证契。4 年后，密庵为了省亲告假还乡，应庵以偈送行，偈语曰："大彻投机句，当阳廓项门。相从今四载，微诘洞无痕。虽未付钵袋，气宇吞乾坤。却把正法眼，唤作破沙盆。此行将省觐，切忌便踉踉。吾有末后句，待归要汝遵。"以示对密庵的器重与期待之情。密庵后归寺嗣法，以衢州乌巨寺为出世道场。后奉敕迁住祥符、蒋山、华藏等名刹，大振杨岐宗风。淳熙四年（1177），孝宗敕命往余杭径山万寿禅寺住持法席，后又在杭州灵隐寺开堂安众。淳熙十一年（1184），退居明州太白山天童寺，于淳熙十三年六月十二日结跏趺坐，隐然示寂，世寿 69 岁，法腊 52 年。塔全身于寺之中峰。刑部尚书葛郯铭其塔，赞之曰："师应机接物，威仪峻盛。昼则正襟危坐，以表众观，夜则剔炬巡堂，以警众昏。纯白之行，终夜不移，坚固之身，至死一怀。"对密庵的道行予以了很高的赞赏。密庵咸杰作为南宋初期屈指的禅门巨匠，其德行风靡一世，播及四方。有《密庵禅师语录》行世。《密庵禅师塔铭》《古尊宿语要》卷四、《续传灯录卷》第三十四、三十五、《释氏稽古略卷》《佛祖历代通载》《明高僧传》等史籍传其事迹。

密庵门下英才辈出，道法广布东南。其中以灵隐寺的松源崇岳、卧龙寺的破庵祖先、荐福寺的曹源道生三哲最为杰出。密庵的禅门以松源派、破庵派、曹源派三大门流为主力，将杨岐禅推向了顶峰，与大慧系的诸贤并肩齐肘，成为南宋临济宗的主流。密庵咸杰门下三系及再传弟子，都对杭州禅茶文化的形成、发展与传播出了杰出的贡献。

第一支：密庵咸杰——松源崇岳（1139—1209）——运庵普岩——虚堂智愚（1185—1265）——南浦绍明（日）——宗峰妙超（日）——彻翁义亨（日）——言外宗忠（日）——华叟宗昙（日）——一休宗纯（日本家喻户晓的"聪明的一休哥"）——村田珠光（日本茶道的开山鼻祖）——武野绍鸥（日本茶道之先导者）——利休居士（日本茶道之集大成者）。传去日本后在日本禅宗史上呈现完整的法脉谱系和对日本茶道形成起到关键作用。其间，密庵咸杰大弟子松源崇岳的再传弟子兰溪道隆，还直接去日本传教弘法：密庵咸杰——松源崇岳——无明慧性——兰溪道隆（1213—1278，赴日）。兰溪道隆的日本弟子有约翁德俭和桃溪德悟。

第二支:密庵咸杰——破庵祖先(1136—1211)——无准师范——雪岩祖钦——高峰原妙——中峰明本。其中,无准师范禅师是宋代中日文化交流的代表人物。他的弟子中,无学祖元、兀庵普宁去日本弘法;日僧"圣一国师"圆尔辨圆直接上径山学法六年,嗣其法;嗣其法的日僧还有一翁院豪、悟空敬念、神子荣尊、妙见道祐等,密庵咸杰——破庵祖先——无准师范——1.无学祖元(1226—1286,赴日)——高峰日显(日僧,佛国禅师)——;2.兀庵普宁(赴日);3.圆尔辨圆(日,带《禅院清规》回日本第一人)——无住一圆(日)、东山湛照(日);4.一翁院豪(日,门下五百人,是传禅于关东的最有力人之一);5.悟空敬念(日);6.神子荣尊(日);7.妙见道祐(日)。密庵咸杰禅师的法孙大休正念、开山静照后来去日弘法。

第三支:密庵咸杰——曹源道生——痴绝道冲——无本觉心(日僧,他在径山2年,学会了制酱技术,回国后带到了纪州的兴国寺,于是就有了日本的"金山寺味噌"——"金山"与"径山"在日语中的发音是一样的;且在日本古代,高僧大德被喻为令人景仰之"金山")。

此外尚有蒋山道场寺的一翁庆如、灵隐寺的笑庵了悟、天童寺的晦岩大光、枯禅自镜、隐静寺的万庵致柔、净慈寺的潜庵慧光、承天寺的铁鞭允韵等承其法脉,以及在俗弟子木百庭文、约斋居士张镃等受其道化。

在密庵咸杰的传世语录中,收存了他在各大名山主持时的法语。淳熙十五年冬仲月九日,密庵禅师示寂后三年,他的得法真子灵岩了悟带着老师平生语录一编,来请密庵咸杰的俗家弟子张镃作序,张镃对密庵咸杰道行大为赞颂,在序中说:"老师一见应庵,便明大法,破沙盆语,盛播丛林,此无可序者。七镇名山,道满天下,一时龙象,尽出钳锤,此亦无可序者。入对中宸,阐扬般若,深契上意,益光宗门,此亦无可序者。"但他念自己"叨承衣付,义不容默",故谨为之序云:"《密庵语录》一帙,总八十八板,板二十行,行二十字。若于此荐得,许亲见密庵。如或未然,听取一转语。"

语录主要收编有密庵和尚住衢州西乌巨山干明禅院、衢州大中祥符禅寺、建康府蒋山太平兴国禅寺、常州褒忠显报华藏禅寺、临安府径山兴圣万寿禅寺、临安府景德灵隐禅寺、明州太白名山天童景德禅寺七寺时的语录,也就是张镃序中所谓的"七镇名山"。此外,还收录有密庵和尚的小参、普说、颂赞、偈颂、法语、塔铭等法语、颂偈等。

三、密庵咸杰《语录》中的"径山茶汤会"

在这些语录中,多出提到寺院茶事。在《建康府蒋山太平兴国禅寺语录》里讲到,木庵和尚遗书到来时,密庵咸杰拈香说法云:"大众还识遮尊慈么?虽与我同条生,不与我同条死。稔闻在七闽扬尘兼簸土,凌茂宗风不奈何。今朝喜见清平路,清平路既见,毕竟如何?"并"茶倾三奠,香爇一炉",行以茶祭奠之礼。在《临安府径山兴圣万寿禅寺语录》中,讲到他多次主持法会,上堂说法,其中"府中归上堂"一则说道:"一出一入,一动一静,洒肆茶坊,红尘闹市,猪肉案头,蓦然筑着磕着,如虎戴角,凛凛风生。及乎归来相见,依旧眉毛乌崒崒地,且道是佛法耶世法耶?"

特别值得注意的是,在后录的《偈颂》中,收录有《径山茶汤会首求颂二首》。

其一:

> 径山大施门开,长者悭贪俱破。
>
> 烹煎凤髓龙团,供养千个万个。
>
> 若作佛法商量,知我一床领过。

其二:

> 有智大丈夫,发心贵真实。
>
> 心真万法空,处处无踪迹。
>
> 所谓大空王,显不思议力。
>
> 况复念世间,来者正疲极。
>
> 一茶一汤功德香,普令信者从兹入。

这是迄今发现的南宋径山寺有关寺院茶事的唯一明确而直接的文字记载,是当时径山寺内流行僧堂茶事的铁证。从这两首偈颂,可解读出丰富的径山茶汤会信息。首先从题目看,全句可做如下分解:寺里举行的茶会名为"径山茶汤会",而不是时下流行的所谓"径山茶宴"。这里既没有说是"茶会""茶礼",而说"茶汤会",正与《禅苑清规》的僧堂茶事名称相一致。其次,这两首偈颂是密庵咸杰和尚应一次"径山茶汤会"的"会首"请求而作。这就透露出这样的茶汤会是有某种特定组织形式的,这个不知名的

"会首"就是这次茶汤会的组织者、主持人,他或许是寺内某位执事僧人,也可能是护法居士。从语录里收录的其他偈颂、颂赞等看,类似情况不是孤立的,而是普遍性的。三是从两首偈颂的内容看,是用佛教常用的类诗偈言形式对茶汤会以茶弘法的功德的肯定与赞颂。第一首说,径山寺大开山门,广施法雨,破除悭贪之心。烹煎了龙团凤饼,来供养千万个众生。如果当作法事来说的话,我就算是打了一床禅座吧。这里所说的"凤髓""龙团",按字面理解,当指当时的建茶极品"龙团凤饼",但考虑到唐宋时期南方流行蒸青散茶,径山寺当时产茶也以蒸青散茶可能性为大,以及南宋初年建茶进贡皇室所谓的"北苑试新",不过区区百来饼,十分难得,因此这里的"凤髓""龙团"也可能是用来比喻茶汤会上所用的茶品之名贵的。而所谓的"烹煎",实际上并非是唐朝时的"煎茶",即将茶叶直接放到鼎或釜中烹煮,加入各种调料,做成茶汤来饮用,而是宋时广为流行的煮水点汤,即烹煮的是水,再用水来冲点用茶碾把蒸青散茶或团饼茶磨成粉末状的茶末,后世日本抹茶道真是源于此法,延续至今。第二首是阐明真心发愿对学佛问道的重要和作用,用"一茶一汤"来接引信众从此皈依佛门,也是一种功德。从这些内容上推测,这次茶汤会的"会首",很可能是一位信佛的护法居士,他真是用举办径山茶汤会的方式,来传法播道,接引信众。

密庵咸杰语录的这些记载,给我们现在研究日本茶道的原型、所谓的"径山茶宴"提供了参照。

四、密庵咸杰墨迹《法语·示璋禅人》及"密庵床"

不仅如此,他的一件法语墨宝在后世日本茶道诞生过程中,也曾发挥过不亚于圆悟克勤写给虎丘绍隆的《印可状》墨迹的作用。现存唯一的密庵墨迹《法语·示璋禅人》,珍藏于日本京都市大德寺塔头龙光院内,为日本国宝级文物。纹绫绢本,长112厘米,宽27.5厘米,共26行289字,行书体,是密庵62岁时书赠随侍的璋禅人的警示法语。系他在南宋孝宗的淳熙六年(1179)己亥仲秋,于径山万寿寺方丈室"不动轩"所书。其内容是密庵向璋禅人垂示了将来如何修行佛道的奥义所在,其文如下:

宗门直截省要,只贵当人具大丈夫志气。二六时中,卓卓得不依倚一物。遇善恶镜界,不起异念,一等平怀。如生铁铸就,纵上刀剑树、入锅汤炉炭,亦只如如不动不变。如兹履践日久岁深,到着手脚不及处,蓦然一觑觑透、一咬咬断。若狮子王翻身哮吼一声,壁立千仞,狐狸屏迹、异类潜踪。世出世间,得人憎无过,者些子从上老尊宿得者。柄木霸入手,便向逆顺中,做尽鬼怪,终不受别人处分。普化昔在街头便道:"明头来,明头打;暗头来,暗头打;四方八面来,连架打。"盘山于猪肉案头又道:"长史!精底割一片来。"欲知二尊宿用处,皆是如虫御木,偶尔成文。若望宗门直截省要,更参三生六十劫,也未梦见在。璋禅人来此道聚,见其堂延广众,发心焉。众持钵出轴,欲语于一切人,结般若正因,书以赠之。时淳熙己亥仲秋月住径山密庵咸杰(白文印)书于不动轩。

文中的璋禅人为何许人,今不可查考。从文里面推想应是特来向密庵参学的年轻修行僧人。其时正值仲秋,径山万寿寺内僧众聚会于密庵的方丈不动轩,来求密庵说法开示。于是密庵即兴挥毫写下了这篇法语,开示了佛法微妙的奥义以及禅宗用功的心要。密庵为了勉励璋禅人,将此赠予,并在自己"咸杰"的署名上,郑重其事地盖了印。在文中密庵谆谆教诲璋禅人要抱冲天的志气,有成佛作祖的胆量。于善恶境界中不起分别,立大誓愿出离生死欲海。并引用唐普化禅师及宝积禅师的古则公案来提撕宗要,可谓老婆心切。通篇 26 行,写得酣畅淋漓,神满气足。挥笔于绫绢之上,枯湿浓淡相间,墨彩奕奕,无半点拖泥带水之痕,豪放中显露出安详之气韵,可谓得苏东坡醇厚圆劲之雄姿,也颇具米襄阳俊迈清丽之雅意,沉着痛快,风神高远,宋人雅范,尽见其中。

这件稀世墨宝传到日本后,一直备受珍重。茶圣千利休曾致信给其弟子瓢庵山上宗二,叮嘱他应如何装裱,并在裱好后又复信致谢。现在的这幅墨迹,后来又由茶人远州小堀氏按自己所嗜好的裱法重新装裱过。

此件墨迹本为横幅手卷,因茶家视之如神物一般,欲将之悬挂在茶席中瞻礼膜拜,故特改制成立轴,以便挂于茶室的圣域——床间,但是裱成后的幅度太宽,没有任何一间茶室的床间能够挂之,于是为此大德寺的塔头龙光院,重建了书院里的茶室,量其宽幅特制了床间,此即是享有盛名的"密庵床",由此龙光院中的茶席同时被称为"密庵席",可见日本茶人对此墨迹珍视程度了。"密庵床"这个名闻扶桑的茶室空间,成为日本茶道文化史上脍炙人口的美谈。

从视觉的角度上来言，将横幅手卷改裱成矮短的直幅立轴，应是不相称的，但经过茶人的苦心竭虑，特制了床间，又在装裱及用料、配色等方面，匠心独运后，显得十分得体。装裱以日式裱法的一文字直裱，料用紫色印金牡丹花绫，左右风带也用之。中缘部分用白色锦缎，上下天地用茶色纬绢配成。因此墨迹和环境浑然一体，形成了静穆庄严、妙趣横生的空间气氛和实现了茶道所崇尚的和、敬、清、寂的美学追求。密庵此幅墨迹，由于和日本的茶道文化史结下了不解之缘，故在日本文化史上有其不可估量的价值。在众多的禅宗墨迹里也是屈指可数的珍品，不愧为日本的国宝级文物。

密庵咸杰是径山寺"十方住持"后第二十五代主持，住持径山 3 年。在这短短的 3 年里，他秉承圆悟克勤的真传，弘传《碧岩录》，奉行"禅茶一味"，积极在径山推行《禅苑清规》，明确并强化了僧人日常要遵守的礼仪礼制，尤其是寺院僧人与外面来的僧俗两界客人以及寺院内部上下级之间和不同辈分人之间、与佛教有缘的法眷及人室弟子的接人待客时煎茶点汤的一些礼仪，形成了径山特有的茶汤会。他传世至今的《密庵禅师语录》，记录了 832 年前一位得道高僧、民间哲人的所思所想和禅法世界，充满智慧和活力。他留下的《径山茶汤会首求颂》告诉我们，1179 年前径山寺的茶和茶汤会就已经名扬禅门了。从密庵咸杰禅师开始，包括其弟子松源崇岳、破庵祖先、曹源道生，都十分重视寺院接人待物的茶规茶礼，形成了日本茶道的源头——宋元时期以径山寺为核心的江南禅院的茶汤会。他和他的法系弟子都对中日禅茶文化交流，以及日本禅宗发展和茶道形成，做出了杰出贡献。

在径山禅茶文化座谈会上的讲话

周国富

（2019 年 7 月 16 日）

各位高僧大德，各位专家学者，各位茶人朋友：

大家下午好！今天禅茶文化座谈会内容十分丰富，首先举行了授牌仪式，中国国际茶文化研究会授予杭州余杭径山"中日韩禅茶文化中心""中国径山禅茶文化园""中华抹茶之源"三块牌匾，为径山禅茶文化的传承发展注入了新元素、拓展了新空间；专家学者的交流发言从不同角度、不同层次畅谈了对禅茶文化的认识，分享了研究成果。下面，我按照会议的主题，结合大家的精彩发言，就禅茶文化传承与发展的有关问题，谈几点思考和想法，与大家共同探讨。

一、关于禅茶文化的概念

禅茶文化现在已经成为茶文化的一大热点话题，大家都在讲，人人都在说，但究竟什么是禅茶文化？还有"禅茶一味"的提法，听起来很神秘、很高深，茶文化界说了那么多年，也取得了一些研究成果，但禅和茶究竟怎么个"一味"，也还需要进行深入的探讨。

研究这个问题，我们不能停留在字面理解、望文生义上，也不能满足于模棱两可、似是而非的解说上，而是应该运用科学的研究方式，从禅与

作者简介：周国富，全国政协文化文史和学习委员会原副主任、浙江省政协原主席、中国国际茶文化研究会名誉会长。

茶的历史、文化、宗教、哲学渊源上入手，从禅茶和茶禅的内在本质、异同和特征上辨析，作出理性的解答。

首先，要正确认识和理解什么是禅？什么是茶？这个问题，可能大家会觉得很好回答，其实不然，不同的人会有不一样的答案。出家人和在家人，茶人和非茶人，答案会有不同。就是出家人和茶人，对禅和茶的理解，也会因人而异，千差万别。为什么这么说呢？因为禅众说纷纭，茶百人千味！

《辞海》里说，禅是梵语音译"禅那"的简称。中国文字博大精深，关于禅的字义，从广义上讲是指人类锻炼思维生发智慧的生活方式；从狭义上讲是指佛教的修行方法之一，即静思之意。广义和狭义的内涵既深刻又丰富，大致包括以下几层意思：一是禅是一个佛教宗派，是佛教中国化的代表，崇尚不立文字、直指人心、见性成佛；二是禅是佛教徒的一种修习方法，指的是静坐敛心、正思审虑，也就是通常说的打坐或坐禅；三是禅是一门研究人性和觉悟的学问，也就是研究以明心见性、悟道成佛为最高目的的方便路径和不二法门的学问；四是禅是一种独特的文化，是佛教文化传入中国后与儒家、道家等华夏文化交流融合形成的新的文化形态；五是禅是一种人生智慧、生活态度；六是禅是一种东方式的哲学思维，主张远离苦乐两边，以达到定慧均等、中道涅槃的至高至善境界。

同样，什么是茶，不同角度都有不同的解读。从物质上定义，茶是植物，是作物，是药物，是饮料；从社会功能和经济价值定义，茶是祭品，是法食，是礼品，是商品。茶的多重属性和多元价值，让我们从种植、生产、商贸、经济、技艺、礼俗、文化、宗教、哲学各个领域，都能对它作出不同层面的解读。

其次，要正确认识和理解什么是禅茶？什么是茶禅？通常我们不太会注意两者之间的差异，但佛教界和茶界在使用时会不自觉地加以区别。佛教界注重"禅"，把"茶"字当作前缀修饰，普遍提"茶禅""茶禅一味"。茶界尤其是经营茶的，偏爱用"禅茶"，借此提升茶的文化内涵，其实茶还是那个茶。从词语组合或望文生义的角度来看，"茶禅"和"禅茶"确实有区别，但从禅与茶产生关系和这种关系发生的主体来看,其实是一回事。大家知道,佛教传入中国中原汉地之初的汉魏两晋时期,道教修习者已经种茶并把茶作为修炼丹道、轻身羽化时提神清醒的"外丹"之一。佛教尤其是禅宗僧侣在打坐修禅时,参用茶的这种提神醒脑功效,以茶参禅,以茶供佛,从此成为唐宋时期的禅门家风和禅院清规,禅与茶结下了不解之缘。随着佛教的中国化、社会化加深,在禅僧与文士的积极倡导、推波助澜下,茶从禅院走向社会大众,风靡天下。禅得茶而兴,茶因禅而盛,禅与茶有机交融,形成一种全新的文化形态。在这个过程中,无论禅还是茶,也无论是茶禅还是禅茶,居主导地位、起关键作用的核心主体,是禅僧和深受禅宗思想影响的文士阶层。在唐宋时期也包括元朝这个禅宗大兴的历史阶段,我们现在所谓的"茶禅"和"禅茶"概念,其实是鲜有提及,也没有区分的,不存在前缀修饰的含义,两者不管孰前孰后,都是并列而独立的,就如一个硬币,形有两面而互为一体。所谓的"禅茶一味"或"茶禅一味",既不存在圆悟克勤的"四字真诀"(圆悟克勤是宋代高僧,俗姓骆,字无着,法名克勤,圆悟是宋高宗赐的号。相传他曾手书"茶禅一味"四字真诀流传到东瀛,藏于日本奈良大德寺,但这是一个误会,其实"茶禅一味"四字真诀并不存在),也不像是"佛法在茶汤里"那么简单,禅和茶深度融合真正互为一体,禅就是茶,茶就是禅,"吃茶去"就是"参禅去",也就是一句"口头禅"。

第三,要正确认识和理解什么是禅茶文化?通过上面的分析,我们看到佛教尤其是禅宗与茶和茶文化自古就水乳交融,渊源根深蒂固,虽然禅玄妙难言,茶百人千味,但两者和合共生,和而不同,相映生辉,历久弥新。因此,我们可以说,禅茶文化是佛教中国化过程中,产生的禅宗及其僧侣法事活动和茶及茶事活动有机融合后而产生的一种独特文化形态,在中国传统文化体系中具有独特鲜明的个性和至高至美的境界,其人文价值和核心思想,集中体现在"禅茶一味"上。禅茶文化的核心内涵——禅院茶礼,以其程式规范的法事形式,高古清雅的艺术风格,直指人心的禅法妙用,堪称是中华文化对人类文明做出的独特贡献,是值得珍惜和弘扬的人类宝贵精神文化遗产。

二、关于禅茶文化的主要内涵和特征

禅茶文化作为一种交叉互生的新型文化形态,有着文化共有的特征,也有其独特的内涵和鲜明的特征。

从禅茶文化的表现形式和内容构成来看,既有物质的、制度的,也有精神的,涉及寺院生产和禅僧修习生活的诸多领域。

物质的,主要指禅院的禅茶生产如种植、加工及其内部流通、品饮、供养等一切禅僧茶事活动形成的物态文化成果,集中体现为寺院茶园、生产工具、寺院茶事设施器具如茶寮、茶堂、茶器等物质文化遗产。

制度的,主要指禅院清规所规定的禅僧法事修习、寺院管理、僧堂生活和接应大众等清规戒律、法事仪轨、礼仪程式,如普茶、茶会、茶供、茶祭、茶礼等佛教寺院规制、禅宗仪轨,以及相应的方法门径等。

精神的,主要指禅僧在以茶礼佛、以茶参禅、以茶悟道的宗教实践中形成的茶艺技艺、茶道精神、价值观念,如禅院禅僧的茶道、茶艺、茶礼、技艺风格、茶事诗文、书画、梵呗;禅茶文献如禅僧茶事公案、语录、偈言;禅宗僧团或禅僧群体共同遵循的茶人僧格品德、禅茶精神,如精行俭德、和敬清寂等,以及以茶悟道、以茶喻理、以茶弘法的哲学价值观念;等等。通常我们所说的禅茶文化,往往指的是精神方面的,从大文化的视野看,这也是不够全面的。

关于禅茶文化的特征,既有文化的共同之处,也有可圈可点的独特之处,主要有如下几点:一是文化主体上禅僧为主、信仰为尊;二是艺术风格上高古清雅、庄谐有度;三是实践方法上独辟蹊径、不二法门;四是目标宗旨上明性见心、得道成佛;五是思想理念上开放包容、和合圆融;六是核心价值上美美与共、和而不同;等等。

三、关于新时期禅茶文化传承发展的思考

禅茶文化是中国传统文化百花园中的一朵奇葩,既是佛教中国化形

成的一大成果，也是茶事活动参与宗教实践、提升到精神文化和哲学高度的一大法宝！

在新时期如何更好地传承、创新禅茶文化，在复兴传统文化、树立文化自信中发挥禅茶文化的应有作用，是当前摆在茶文化界和佛教界的一大课题。这里提点不成熟的想法，供大家参考。

一是要坚持开放兼容，不断提升禅茶文化研究的学术品格。现在禅茶文化成为茶文化研究的新热点，但也存在一些问题和偏差。如一些禅茶研究人员鱼龙混杂，良莠不齐，甚至以为有几个穿着出家人衣服的人泡茶就叫禅茶，系统高端的研究成果尚欠不足；有的寺院和少数学者相互扯皮，缺乏开放包容、兼容并蓄的胸怀气魄；有的茶学者懂茶不怎么懂禅，有的出家人懂禅不怎么懂茶，往往似是而非，故弄玄虚，弄巧成拙。如此等等，导致禅茶文化研究缺乏贯通禅和茶、有深度有高度有广度的精品力作。

我们要本着开放兼容、禅茶并重、通力协作、务实求精的态度来开展禅茶文化研究。要善于从佛教文化和茶文化的角度深入剖析禅茶文化形成的历史过程和丰富内涵；要善于从多学科、全方位的学术视野来系统综合地研究禅茶文化的丰富内涵和外在特征；要善于从东方文化的高度来研究禅茶文化的历史定位和独特贡献。只有这样，我们才能跳出以茶论茶、以禅论禅的局限，深入到禅茶文化的堂奥，提高研究的专业性、学理性，提升研究成果的学术品位和格调。

二是要运用创新思维方式，不断推动禅茶文化的传承发展。禅茶文化在唐宋时期达到鼎盛，参与了中华文化从秦汉到明清的转型并做出了特殊的贡献。但在经历了晚清民国时期的兴衰变迁、沧海桑田之后，禅茶文化逐渐式微，支离破碎，难窥全貌。我们今天要传承禅茶文化，就要坚持不忘本来、吸收外来、面向未来的创新思维，在深入研究的基础上，最大限度地去还原其历史真实，并在传承中创新、在创新中突破，实现禅茶文化的"创造性转化，创新性发展"。这方面佛教界有得天独厚的优势，许多地方和寺院都进行了探索，取得了一定的成效。如杭州余杭"径山茶宴"成功申报列入国家级"非遗"名录，就是运用文化创意理念和方法进行创新、实现传承和发展的一个典型案例。这里我特别想说的，就是现在寺院佛茶、禅茶表演节目的编创和演绎，一定要具有禅茶文化的精气神，一定要有独特鲜明的艺术风格，一定要符合佛教义理和寺院清规制度，不要模仿社会上茶艺表演，切忌画虎成猫，不伦不类。

三是要顺应文旅融合发展大趋势，积极探索禅茶文化的发展。禅茶文化缘起于佛教文化和茶文化的交流融合，也势必要为当今中国的佛教发展和茶业振兴发挥作用。除了研究、保护、传承，归根结蒂还是要促进产业的发展。禅茶文化的发展并不是要寺院、和尚去种茶卖茶，而是要让禅茶产品和禅茶文化更广泛地惠及社会大众。禅茶起源寺院，但文化属于社会大众，禅茶文化的发展，并不是把茶叶贴上"禅茶"的标签那么简单，而是要走文化品牌培育、茶叶企业参与、社会消费共享的路径。

探索禅茶文化的发展，一方面我们应该明确，非寺院生产、饮用的茶，不可称"禅茶"；非僧侣法事活动和僧堂生活中的茶事，也不得谓"茶禅"。另一方面，我们也应承认，寺院茶叶产量有限，产品内部供应为主，不能满足社会大众对禅茶的需求。从历史看，现在一些茶叶品牌，也是禅茶演化而来的，如西湖龙井茶就起源于杭州天竺、灵隐二寺种的茶。

禅茶文化发展，也不仅仅是禅茶生产，一些禅茶文化非遗项目、茶村茶镇、休闲度假等可以探索禅茶融合、文旅发展的道路。像"径山茶宴"这样的国家级非遗项目，要探索活态保护、动态传承，只要在传承创新中体现出禅茶文化的精髓和灵魂，都可以在寺院和旅游景区展演，把禅茶艺术作品转化为文旅产品。总之，禅茶文创、文旅产品的创新发展，有助于禅茶文化的传承发展，有利于全民共享禅茶文化成果。

四是要面向国际交流，推动禅茶文化走出国门融入世界。从大历史、大文化的角度看，禅茶文化是印度佛教文化与中华本土文化交融产生的，具有中外文明交流互鉴的特征。在径山寺和禅茶文化的鼎盛时期，禅宗寺院的清规和茶会礼仪经由入宋入元的求法僧，传播到了东瀛日本。在此基础上,经过几百年的演变形成了"日本茶道",现在学术界公认,径山是日本禅茶文化的源头,径山寺是日本禅宗临济宗各派的祖庭,"径山茶宴"是"日本茶道"的原型。可以说,禅茶文化是古代陆上和海上"丝绸之路"中外文化传播交流的结果。在推动中国茶和茶文化融入"一带一路",以茶为媒,讲好中国故事,传播中国文化,促进民心相通,树立文化自信中,禅茶文化应当有所作为。

五是要站位高远,传承弘扬发展禅茶文化。中华文化自古具有历史悠久、源远流长的历史维度,开放包容、博大精深的胸襟气魄,生生不息、历久弥新的恒久活力,美美与共、和而不同的文明价值。禅茶文化是中华茶文化体系中具有多属性、高品格的代表性文化之一,是我们建设文化强国、树立文化自信的好载体,也是我们建设茶业强国辉煌、繁荣茶文化事业的好抓手。要抓住禅茶文化蕴含的深刻文化内涵、哲学思想和价值理念,创新禅茶文化的艺术形式和产品形态,用时代语言、时尚形式来传承禅茶文化的精气神,让禅茶文化走向社会大众,走入人们生活,打造新时代中国特色社会主义先进文化建设的新亮点!

谢谢大家!

图书在版编目（CIP）数据

径山茶文化研究论文集萃 / 杭州市余杭区茶文化研
究会编. -- 杭州：西泠印社出版社，2023.12
　ISBN 978-7-5508-4381-3

　Ⅰ．①径… Ⅱ．①杭… Ⅲ．①茶文化－余杭区－文集
Ⅳ．①TS971.21-53

中国国家版本馆 CIP 数据核字(2024)第 000540 号

径山茶文化研究论文集萃

杭州市余杭区茶文化研究会 编

责任编辑　张月好
责任出版　冯斌强
出版发行　西泠印社出版社
地　　址　杭州市西湖文化广场 32 号 E 区 5 楼
邮　　编　310014
电　　话　0571-87243079
经　　销　全国新华书店
印　　刷　杭州供销印刷有限公司
开　　本　710×1000 毫米　　1/16
印　　张　36
印　　数　0001—1000 册
书　　号　ISBN 978-7-5508-4381-3
版　　次　2023 年 12 月第 1 版　第 1 次印刷
定　　价　98.00 元